Ferdinand Heinrich Müller

Der ugrische Volksstamm

oder

Untersuchungen über die Ländergebiete am Ural und am Kaukasus in historischer, geographischer und ethnographischer Beziehung

Erster oder geographischer Theil

Abtheilung 2

Elibron Classics
www.elibron.com

Elibron Classics series.

ISBN 0-543-99989-0 (paperback)
ISBN 0-543-99988-2 (hardcover)

This Elibron Classics Replica Edition is an unabridged facsimile
of the edition published in 1839 by C.G. Luderitz, Berlin.

Der

Ugrische Volksstamm

oder

Untersuchungen über die Ländergebiete am Ural
und am Kaukasus

in

historischer, geographischer und ethnographischer Beziehung

von

Ferdinand Heinr. Müller.

Erster oder geographischer Theil.

Zweite Abtheilung.

Berlin, 1839.
Bei C. G. Lüderitz.

Historisch-geographische Darstellung des Stromsystems der Wolga

von

Ferdinand Heinr. Müller.

Berlin, 1839.
Bei C. G. Lüderitz.

Den Manen

der

zweiten Katharina

gewidmet.

Vorrede.

Nur wenig habe ich bei der Herausgabe dieses zweiten Theiles, welcher nach meiner Absicht schon viel früher erscheinen sollte, vorauszuschicken, und auch dies möchte für Viele noch fast überflüssig sein. Denn noch immer scheint das alte Lied habent sua fata libelli seine Wahrheit zu behalten. Ein Überfluß an Arbeiten ist auf diesem Gebiete meines Erachtens eben nicht vorhanden, und ohne äußere Theilnahme läßt sich, wie die Erfahrung lehrt, in dieser Gattung von wissenschaftlichen Bestrebungen nicht viel zu Tage fördern. Dergleichen ist nun aber diesem Buche nicht geworden und am wenigsten von der Seite, von welcher ich es erwarten zu können glaubte. Ja ich habe nicht selten von verschiedenen Seiten Vorwürfe hören müssen, daß ich mich so lange mit einem undankbaren und das allgemeinere Interesse wenig erregenden Gegenstande beschäftigt habe Das ist nun aber nur zum Theil wahr. Die Sache ist nicht undankbar, sie gewährt innere Befriedigung wie alle Wissenschaft; das Undankbare würde nur an denen liegen, die sich dafür interessiren und sie befördern könnten. Freilich setzt dies voraus, daß diese Arbeit einer solchen Theilnahme auch werth sei, und ich bin fern davon, einen hohen Werth derselben in Anspruch zu nehmen. Vielmehr bin ich mir ihrer Mängel und Schwächen sehr wohl bewußt, obschon ich selbst jetzt noch bei den mir zu Gebote stehenden wissenschaftlichen Mitteln nichts anderes würde leisten können, als was mir seit langer Zeit fertig vorlag.

Auf einem Gebiete aber, wo noch alles chaotisch durcheinander gehäuft liegt, wo noch so viel für die Geschichte, Geographie und Ethnographie zu thun übrig bleibt, und wo der Arbeiter sich nur so wenige einfinden, daß es so allein zu erklären ist, daß selbst Viele aus der gelehrten Welt, denen auch historische Studien nicht fern liegen, häufig nicht einmal wissen, wovon auf dem hier in Betracht kommenden Gebiete eigentlich die Rede ist, scheint doch auch der geringste Versuch, der gewissenhaft im Interesse der Wissenschaft unternommen wird, der Theilnahme nicht ganz unwerth zu sein. Wiederholen mag ich aber kaum, daß, wie ich schon früher geäußert habe, ich überzeugt bin, gewissenhaft zu Werke gegangen zu sein, und daß ich ohne äußere Zwecke zu verfolgen aus reiner Liebe zur Sache jahrelang diesen Studien mich hingegeben habe. Auch kann ich nicht verhehlen, daß ich gar viel bei ihnen gelernt habe und glauben durfte, daß die Mittheilung ihrer Resultate für manche Andere nicht minder lehrreich sein würde.

Nicht ohne Grund habe ich dem Andenken jener großen Fürstinn, an die ich bei meinen Studien auf diesem Gebiete so oft erinnert wurde, diese Arbeit gewidmet. Wenn sie noch lebte, die an der Thätigkeit der deutschen Gelehrten zur Förderung der wissenschaftlichen

Erforschung ihres weiten Reiches einen so lebhaften Antheil nahm und auch die geringsten Bemühungen in dieser Beziehung nicht unbeachtet ließ, so möchte vielleicht auch dies literärische Unternehmen schon weiter gefördert sein. Wenigstens möchte dann wohl minder zu befürchten sein, daß diese unglücklichen, schon bei ihrer Geburt halbtodt zur Welt gekommenen Ugern dem Grabe der Vergessenheit werden anheim gestellt bleiben, aus dem ich lange Zeit bemüht gewesen bin sie ins Leben hervorzurufen.

Immerhin will ich zugeben, daß diese Schrift nach ihrem Inhalte für viele Leser eben nichts Ersprießliches darbieten möge. Denn in der That handelt es sich hier um das Leben und Treiben der barbarischen Völker Ost-Europas, welche im Unterschiede von den gebildeten Bewohnern der eigentlichen Kulturwelt in West-Europa immer da zurücktreten müssen, wo es auf die Durchbildung der höchsten geistigen Interessen der Menschheit ankommt. Aber der wissenschaftlichen Erforschung erweist sich kein Gegenstand als gleichgültig, und welche Bedeutung auch diese Gebiete sowohl von der Naturseite als von Seiten des Völkerlebens haben, und welchen Einfluß sie in mannigfacher Beziehung auf die gesammte geistige Entwickelung der Welt ausgeübt haben, liegt klar genug zu Tage. Die Geringschätzung und Verachtung dieses Gegenstandes, der uns im Verhältniß zu den fernen ostasiatischen Regionen, denen man heut zu Tage, vielleicht nur aus äußern Ursachen, seine Aufmerksamkeit nicht entziehen zu dürfen glaubt, doch so nahe liegt und fast das äußere praktische Leben in Anspruch nimmt, würde sich nur als ein Zeichen der Unbildung ergeben.

Daß dieser zweite Theil, obgleich er auch unter

einem besondern Titel erscheint, nur als Fortsetzung sich an den ersten unmittelbar anschließt, zeigt sich leicht bei näherer Ansicht. Die Wahl eines besondern Titels wurde theils durch ganz äußerliche Umstände veranlaßt, auf welche leider Rücksicht zu nehmen war, theils auch dadurch, daß sich hier, wo nur ein einzelner, besonderer Abschnitt des Ganzen als Inhalt für einen ganzen Theil sich ergab, ein solcher von selbst darbot, während dies bei dem ersten Theile nicht möglich war. Nur beiläufig will ich erwähnen, daß der Titel des Werkes im ersten Theile nicht selten Anstoß erregt hat und meistens bei denen, die dasselbe niemals näher angesehen haben. Mit gutem Grunde habe ich ihn beibehalten. Denn welcher Name für meine Arbeit, wofern man meine Kräfte für dieselbe nicht für ganz ungenügend erklärt, der richtigste sei, muß ich natürlich am besten beurtheilen können. Wem aber die bestimmtere Bezeichnung des Werkes nach einem Volksstamme, der den Mittelpunkt für alle Untersuchungen abzugeben bestimmt war, nicht verständlich oder nicht zweckmäßig erscheinen sollte, der findet ja gleich darunter einen allgemeinern Titel gedruckt, der schwerlich Jemanden in Zweifel darüber lassen kann, was denn der eigentliche Inhalt dieser Arbeit sei.

Zwar ist, wie ich schon beim ersten Theile bemerken mußte, die geographische Grundlage ausführlicher geworden als es Anfangs mein Plan war, und dasselbe muß ich nun auch bei diesem zweiten Theile wiederholen, da dieser blos die Darstellung des Stromsystems der Wolga, aber in seinem weitesten Umfange mit Einschluß der waldaischen Tafelhöhen und des kaspischen Meeres umfaßt, so daß der Rest der geographischen Darstellung in den Stromsystemen des Dnepr und Don und in dem Gebirgssystem des Kaukasus noch einem dritten Theile überwiesen werden müßte: doch ist es eine bekannte Erscheinung, daß aus wissenschaftlichen Arbeiten auf bisher wenig bebauten Gebieten unter der Hand eines Verfassers immer etwas ganz Anderes wird, als ursprünglich von demselben beabsichtigt worden ist. Ob aber die Wissenschaft sich darüber zu beklagen habe, daß aus diesen Vorarbeiten für den historischen Theil des Werkes ein eigenes selbstständiges Werk erwachsen ist, darüber geziemt mir nicht zu urtheilen. Daß übrigens gerade aus diesem Abschnitte über die Wolga ein eigenes Buch entstanden ist, hat seinen Grund darin, daß ich bei meinen Studien über die geographischen Verhältnisse des hier in Betracht kommenden Ländergebietes gerade von dieser Naturform ausging, und daß ich bei der reichen historischen und physikalischen Mitgift derselben, als des Entwickelungsschauplatzes der wichtigsten ugrischen Völkerschaften, von besonderem Interesse dafür erfüllt wurde und, wenn auch zum Nachtheil der äußern Anlage des ganzen Werkes, dieses Gebiet nach allen seinen Verhältnissen wenigstens in den Hauptzügen darzustellen mich entschloß. Auch erhellt leicht von selbst, daß die übrigen noch zu berücksichtigenden Naturformen bei einem geringern Reichthum an allen historischen und physikalischen Erscheinungen nicht zu einem größern Umfange in der Darstellung werden nöthigen können, als es in dem ersten Theile bei den dort geschilderten Naturgebieten sich zeigt. Wenn aber jener erste Theil in der äußern Abrundung seines Inhalts auf gewisse Weise ein in sich fertiges und selbstständiges geographisches Werk genannt werden kann, so findet dies in einem noch weit größern Maaße bei diesem zweiten Theile statt, welcher als eine in sich abgeschlossene Monographie des wolgischen Landes einen großen Theil des osteuropäischen Länderraumes mit Rücksicht auf seine historischen und ethnographischen Verhältnisse darzustellen versucht, obschon das Ganze auch wieder so gehalten ist, daß es nur als ein Theil eines größern bestimmt in sich gegliederten historisch-geographischen Werkes erscheint.

Noch will ich hier zum Schluß einen Punkt in der Behandlung des Stoffes berühren. Wie aus der Anlage des ganzen Werkes hervorgeht, hat dasselbe eine historische Tendenz, so daß die geographische Darstellung nur als Grundlage und Mittel für jenen Zweck, sich ergiebt. Die historischen Parthien sind also immer als die Hinweisungen auf den eigentlich historischen Theil eingeflochten, und stehen wieder zu den geographischen Parthien als Erläuterung der Naturverhältnisse in einer bestimmten Beziehung, so daß sie keineswegs als bloßer Ballast, der mit den Naturverhältnissen eigentlich gar keinen Zusammenhang hätte, zur Ausfüllung des Raumes eingepfropft sind. Kaum braucht dabei bemerkt zu werden, daß es bei solcher Verknüpfung und Beziehung des historischen und geographischen Materiales auf einander nicht damit abgethan ist, allerlei zufällig aufgegriffene historische Einzelnheiten, welche nur als unverständliche Hieroglyphen daständen, beizubringen, sondern daß es darauf ankommt, das Allgemeine des historischen Stoffes zu geben oder mit andern Worten das reine Gegentheil von dem zu geben, was bei den Chinesen Geschichte heißt. Aus dieser historischen Tendenz des Buches erklärt sich dann auch die Ungleichmäßigkeit in der Ausführung der historischen Parthien, indem gerade diejenigen historisch-ethnographischen Verhältnisse, welche nach meiner Absicht bestimmt waren, in dem zweiten Haupttheile nach Anleitung der byzantinischen und arabischen Quellen weiter ausgeführt zu werden, hier nur kurz angedeutet sind, während wiederum alle diejenigen Verhältnisse, welche da mehr zurücktreten würden, ausführlicher behandelt worden sind.

Bei der Benutzung der russischen Geschichte habe ich mich zur Orientirung in diesem Gebiete patronymischer Namen für die Unterscheidung der einzelnen Fürstenlinien aus dem Geschlechte des Rurik bedient, welche aus meiner (bis jetzt noch ungedruckten) historisch-genealogischen Arbeit „der Fürstenstamm der Rurikingen" entlehnt sind, und welche schwerlich bei denjenigen, die mit diesem Gegenstande näher vertraut sind, Anstoß erregen werden, da sie sich aus der Natur der Sache leicht von selbst ergeben. Es bildet diese Schrift eine Nebenarbeit, welche ich bei der Ausführung des vorliegenden Werkes, um eine sichere Grundlage meiner Studien zu gewinnen, zu machen mich genöthigt sah. Auch wird Jeder, der sich mit den historischen Verhältnissen des osteuropäischen Gebietes in den Zeiten des Mittelalters beschäftigt hat, bald zu der Überzeugung gekommen sein, daß sich ohne eine genauere Kenntniß des Zustandes und des Verhältnisses der russischen Fürstenthümer zu einander, kein sicherer Schritt daselbst thun lasse. Da es nun an einer solchen Arbeit, die für mich, wie alle genealogischen Forschungen, noch einen ganz eigenthümlichen Reiz hatte und der ich durch die historischen Erläuterungen eine Beziehung auf die gesammte ältere russische Geschichte gegeben habe, bisher gänzlich gebricht, so darf ich mir hier wohl erlauben zu bemerken, daß mit jener Schrift allen denen gedient sein möchte, welche in dem Gange ihrer historischen Studien auf jene Gebiete Rücksicht zu nehmen genöthigt sind, oder welche überhaupt sich eine Übersicht über den Entwickelungsgang der Geschichte des russischen Reiches in der Zeit des Mittelalters verschaffen wollen. Gern werde ich erbötig sein, diese Arbeit einem Freunde genealogischer Studien zuzustellen, welcher sie zum Nutzen der Wissenschaft durch den Druck zu veröffentlichen geneigt wäre.

Zur Charakteristik derselben mögen für den Freund der Genealogie folgende Andeutungen hier noch ihren Platz finden. Der Text der Schrift umfaßt ungefähr 12 Bogen mit einigen 20 größern und kleinern Stammtafeln. Sie beginnt mit einer ausführlichen allgemeinen historischen Übersicht über das Gesammthaus der Rurikingen nach allen seinen Verzweigungen, und zwar von dem ersten Auftreten desselben um die Mitte des neunten Jahrhunderts bis zum Schlusse des sechzehnten Jahrhunderts. Sodann sind die einzelnen Verzweigungen dieses Geschlechtes nach den Theilfürstenthümern durchgenommen, welche eben so viele fest in sich abgeschlossene Staaten in den osteuropäischen Ebenen bildeten, und es werden nun die einzelnen Mitglieder der verschiedenen Fürstenhäuser aus jenem Stamm Schritt vor Schritt mit Beziehung auf die Geschlechtstafeln verfolgt und überall genau die Stellen angegeben, wo sie in der deutschen Originalausgabe des historischen Werkes von Karamsin (Riga 1820. XI. 8.) vorkommen. Denn jenes Werk bildet im Wesentlichen die Grundlage dieser Arbeit, obschon auch andere Hülfsmittel dabei benutzt worden sind, wodurch es allein erst möglich geworden ist, das genealogische System in seiner Vollständigkeit zu liefern.

Somit beginnt nun der besondere Theil dieser Arbeit mit der Darstellung der Entstehung und Ausbreitung des Geschlechtes des Rurik in der Familie Wladimirs des Großen und seiner Abkömmlinge auf dem großfürstlichen Stuhle zu Kiew, womit zugleich das unbedeutendere Fürstenhaus in Pinsk und Turow verbunden ist. Besonders behandelt sind aber das von Wladimirs ältestem Sohne abstammende Geschlecht der Isaslawitschen in Polozk in dem lettischen Rußland und das von einem seiner Enkel abstammende Geschlecht der Wolodarowitschen in West-Rußland, in Halitsch oder Galizien. Dann erfolgt die erste Hauptspaltung des Rurikingen-Geschlechtes, bei der ersten wirklichen Zertheilung des alten Rußland, in den Söhnen des ältern Jaroslaw, des Sohnes jenes Wladimir, und als nächst folgende Gruppe ergiebt sich das Doppelgeschlecht der wieder vielfach unter sich gespaltenen Olgewitschen sowohl in dem sewerischen Lande am Dnepr als in dem Lande an der Oka zu Rjäsan und Murom, woran sich wieder das Doppelgeschlecht des Hauses Monomachus anschließt, welches in seinen beiden Hauptlinien im Besitz der Herrschaft der wichtigsten Theile Rußlands geblieben ist. Denn die folgenden Abschnitte geben das Geschlecht der Mstislawitschen in dem Dnepr-Lande zu Kiew und Smolensk mit den davon wieder ausgehenden Verzweigungen der Romanowitschen oder des jüngern russischen Fürstenhauses in Halitsch und der Rostislawitschen zu Smolensk und zu Jaroslawl. An sie reiht sich sodann das großfürstliche Geschlecht der Jurjewitschen zu Wladimir im Lande Susdal, von welchem außer verschiedenen kleinern Linien als die wichtigsten und in besondern Abschnitten dargestellten Geschlechter sich abzweigen die Constantinowitschen zu Rostow und Bjelosersk, die Andrejewitschen zu Nischegorod und besonders die Jaroslawitschen in dem Großfürstenthum Twer. Die letzte Hauptpartie bildet das aus eben jenen wladimirschen Großfürsten hervorgehende großfürstliche Geschlecht der Iwanowitschen zu Moskau bis zum Erlöschen des Fürstenstammes der Rurikingen. Die Succession in den Großfürstenthümern von Kiew, Wladimir und Moskau, so wie eine Übersicht über die Verzweigung aller jener Linien ist noch auf besondern Tafeln dargestellt. Der Schluß des Textes giebt eine Darstellung des Ursprunges des Hauses Romanow, an welches sich bekanntlich das heutige russische Fürstenhaus Oldenburg oder Holstein-Gottorp von deutscher Herkunft durch weibliche Verwandtschaft anschließt.

Berlin, im Mai 1839.

Inhaltsverzeichniß.

Einleitung.

Sechster Abschnitt.

Die Tafelflächen der Waldai-Höhen und das Stromsystem der Wolga.

Die waldaischen Tafelhöhen.

Das Wasserbekken des Ilmen-Sees und die Handelsstadt Nowgorod.

S. 24 bis 74.

2. Der mittlere Lauf der Wolga.
S. 146 bis 511.

Der obere Theil des mittlern Laufes.

Der Wolga-Lauf von der Mologa bis zur Oka.

Das Oka-System.

S. 193 bis 307.

Die Herrscherstadt Moskau.

Der untere Lauf der Oka.

Der mittlere Lauf der Wolga von der Oka bis zur Kama.

Das Kama-System.

S. 325 bis 402.

Die Bewohner des permischen Landes.

1. Die Permier und Syrjänen.

2. Die Wotjaken.

Kasan und das alte Bulgaren-Land mit seinen Bewohnern.

S. 402 bis 475.

1. Die kasanischen Tataren.

2. Die Tschuwaschen.

3. Die Tscheremissen.

4. Die Mordwinen.

Der untere Theil des mittlern Laufes der Wolga.

3. Der untere Lauf der Wolga.

S. 511 bis 534.

Das Deltaland der Wolga.

Das kaspische Meer.

S. 634 bis 679.

Nachdem wir in der bisherigen Darstellung des Schauplatzes, auf welchem einstmals die finnisch-ugrischen Völker eine Rolle gespielt haben oder wo sie noch jetzt in ihren Überresten einheimisch sind, die nordöstliche Hälfte desselben, nämlich den einen großen Grenzstein zwischen dem asiatischen Morgenlande und dem europäischen Abendlande, das Gebirgssystem des Ural nebst den ihm angelagerten Stromgebieten und den sich weiter daran anschließenden Gebieten bis zum Altai im äußersten Südost und bis zum europäischen Nordkap im äußersten Nordwest kennen gelernt haben, bleibt uns zur weitern Betrachtung noch die Südwesthälfte jenes Entwickelungsschauplatzes übrig, und da ist vornehmlich der zweite große europäisch-asiatische Grenzstein nebst der mächtigen Stromrinne und Thalsenkung zu berücksichtigen, welche sich zwischen jenen beiden Grenzsteinen aus der Mitte des europäischen Ostens nach dem Innern des asiatischen Westens hinabzieht. Wenn wir von der Mitte jener großen Wasserscheidelinie (s. Abth. 1. S. 322.), welche Ost-Europa in eine baltische und pontische oder bestimmter in eine baltisch-polarische und eine pontisch-kaspische Hälfte theilt, aus der Mitte der weiten sarmatischen Ebenen den großen Wasseradern folgen, welche uns zu den kaspischen und pontischen Gestaden führen, so kommt als Hauptwassersystem hier zunächst das Stromgebiet der Wolga in Betracht als die erste große Naturform. Daran schließt sich gegen Westen an als die zweite in geographischer und historisch-ethnographischer Beziehung zu betrachtende Gruppe das Stromsystem des Dnepr. Zwischen diesen beiden mächtigen und auf den historischen Entwickelungsgang so einflußreichen Naturformen Ost-Europas liegt dann eine dritte hier zu berührende Gruppe, das Stromsystem des

Don. Auf die Darstellung dieser drei Wassersysteme haben wir sodann folgen zu lassen die Darstellung des alpinischen Gebirgssystems des Kaukasus als die vierte Hauptpartie. Daran wird sich ferner als Schlußpartie anreihen eine Charakteristik des taurischen Berginsellandes, da seine Naturverhältnisse zur Erläuterung der vier andern großen Naturformen, wie sie sich auf der europäisch-asiatischen Grenzmark berühren, wesentlich beitragen und die hier versuchte Darstellung des osteuropäischen Gebietes nach seinen Naturformen, mit Ausschließung jedoch von den westlichen Theilen, welche uns bei ihrer Betrachtung zu ganz andern, hier fern liegenden Verhältnissen führen würden, der räumlichen Ausdehnung nach vollenden.

Von jenen fünf großen Naturformen sind die des Stromsystemes der **Wolga** und des Gebirgssystemes des **Kaukasus** nach ihren physikalischen Verhältnissen und so auch nach den von ihnen abhängigen historischen Verhältnissen die beiden wichtigsten. Beide sind zugleich darum hier von um so größerer Bedeutung, weil sie von je an, so weit die Geschichte reicht, ein mehr oder minder festes Heimathsland des hier zu betrachtenden Volksstammes abgegeben haben, weil diese Völker in ihren Gebieten eigentlich die Glanzperiode ihres historischen Lebens gehabt, und weil sie sich hier noch in den historisch wichtigsten Überresten erhalten haben. Wenn man die Wolga auf dieselbe Weise, wie man den Rhein den Germanen-Strom zu nennen pflegt, mit einem ethnographischen Namen bezeichnen wollte, so könnte man sie nicht anders richtiger als den **Ugern-Strom** bezeichnen, weil dieser Volksstamm ihr einen welthistorischen Charakter aufgedrückt hat, so wie sein Leben durch den von ihr ausgehenden Einfluß beherrscht wurde. Ebenso kann man, um den Hauptnaturformen des östlichen Europa ihren Namen zu geben, den **Dnepr** den **Slaven-Strom** nennen, theils weil slavisches Leben an ihm immer das vorherrschende war, theils auch weil von seinen Uferlandschaften aus die östlichen oder russischen Slaven zuerst mit der übrigen Kulturwelt in Verbindung traten und sich zu einem höhern historischen Leben emporschwangen. Dennoch ist auch dieses Stromsystem hier nicht minder von Bedeutung als wie das der Wolga, da die Uferlandschaften des Dnepr, vornehmlich nach den pontischen Gestaden zu, wo die große pontische Heerstraße der Völker den Strom überschreitet, mehrere Jahrhunderte lang der Tummelplatz ugrischer Völker bei ihren Wanderungen nach Westen und nach den Niederungen der Donau gewesen sind, bis erst nach ihrem Verschwinden aus dieser Gegend das slavische Völkerleben hier durchdrang. Der mächtige Wasserlauf des Dnepr ist zugleich als äußerste westliche Grenzmark zwischen dem Osten und Westen zu betrachten, als Scheidelinie zwischen dem ugrischen und slavischen Volksstamm, nach dessen Überschreitung die ugrischen Völker dem Einfluß des asiatischen Orientes entrückt in den Entwickelungsgang des europäischen Westens eingriffen.

Eine ganz ähnliche Stellung, obschon mehr auf den Norden der alten Welt hingewiesen, hat das dem baltischen Gebiete zugehörige Stromsystem der **Düna**, oder der westlichen Dwina bei den Russen, welche mit der Wolga und dem Dnepr ein gemeinsames Quellgebiet theilt. Wenn es auch höchst wahrscheinlich ist, daß diese Düna in den ältesten Zeiten der nordischen Geschichte die Gebiete finnisch-ugrischer Völker bewässerte, indem sich dieser Volksstamm einstmals weit mehr gegen Südwesten an den baltischen Gestaden entlang ausgebreitet zu haben scheint, so zeigt sich doch die Stromlinie der Düna seit der historischen Zeit eigentlich als die bestimmte Grenzmark der finnischen Völker gegen die lettischen Völker, und diese Letten sind im weitern Sinne als ein Nebenglied des slavischen Volksstammes zu betrachten. Auf den Entwickelungsgang der Völker ugrischen Stammes ist das Stromsystem der Düna niemals von Einfluß gewesen, und wir können diese Naturform hier um so eher übergehen, als die in der Nähe wohnenden finnischen Völker an den baltischen Gestaden von den Mündungen der Newa bis zur Ausmündung der Düna frühzeitig durch deutsche Kolonisationen in einen ganz anderen Entwickelungskreis hineingeriethen als selbst ihre nächsten Stammgenossen jenseit des finnischen Golfes, und da sie von allen übrigen Völkern ihres Stammes getrennt, bald fremder Volksthümlichkeit erlagen, niemals eine allgemeinere historische Bedeutsamkeit erlangten und sich nur in geringen Überresten erhalten haben. Gerade diese für uns hier zurücktretenden Landschaften sind aber in historisch-politischer Beziehung für den großen slavischen Staat Ost-Europas die wichtigsten, weil hier das befruchtende deutsche Element im östlichen Europa heimisch geworden ist, und weil hier wie in historischer, so auch in geographischer Beziehung die Vermittelung und nächste Berührung des slavischen Ostens mit dem germanischen Westen Europas gegeben ist.

Sechster Abschnitt.

Die Tafelflächen der Waldai-Höhen und das Stromsystem der Wolga.

Wenn man auch mitten durch das östliche Europa hindurch von dem Karpathenzuge im äußersten Südwesten bis zum nördlichen Ural im äußersten Nordosten eine Wasserscheidelinie verfolgen kann, so besteht diese doch keinesweges, wie schon früher bemerkt, aus einem ununterbrochenen Höhenzuge, vielmehr zeigt sich gerade in dem Maximum der Annäherung der pontischen und baltischen Gestade, wo sich der breite Stamm des europäischen Kontinentes zu einem Isthmus von nur 150 Meilen Breite zwischen Odessa und Königsberg verengt, eine große Depression, in welcher in den litthauischen Sumpfniederungen die nach entgegengesetzten Richtungen ablaufenden Wasserzüge des slavischen Stromes, des Dnepr, und des lettischen Stromes, des Niemen, eine natürliche Kommunikation mit einander haben. Aber gleich im Nordosten dieser großen Niederung auf der rechten Uferseite der Düna, wo dieser Strom bei Witepsk und Polozk, ungefähr unter dem 55. Parallelkreise und in gleicher Breite mit dem Wolgaknie bei Kasan, nach Nordwesten zum Golf von Riga umbiegt, beginnt die allmählige Erhebung des Landes, und die Wasserscheide zieht sich da auf die niederen Höhen hinauf, welche sich in dem Quellgebiet der Düna, Wolga und des Dnepr im Südsüdost von St. Petersburg ungefähr zwischen dem 55. und 60. Parallelkreise von Süden nach Norden ausbreiten. Diese Höhen, an welche sich weiter gegen Nordost der sodann ostwärts fortlaufende Höhenzug des nord-russischen Uwalli anschließt, unterscheiden sich von dem letztern weniger durch ihre Erhebung und sonstige Naturverhältnisse als vielmehr nur durch eine größere Ausbreitung nach allen Himmelsrichtungen, indem bei ihnen mehr eine tafelförmige Ausdehnung mit breiten, ebenen Rücken hervortritt, während sich bei jenem Uwalli mehr die Natur eines einfachen niedern Höhenzuges mit einem zwiefachen Gesenke zeigt. So wenig in den weiten Flächen und niedern Ebenen des östlichen Europa innerhalb jener drei großen Grenzsteine irgend wo von eigentlicher Gebirgsbildung, mit Ausnahme etwa des finischen Gebietes, eine Spur vorhanden ist, so wenig auch hier. Dennoch haben wir hier innerhalb der großen Wasserscheidelinie die **gemeinsame erhabene Mitte**, von welcher aus nicht blos nach zwei, sondern nach vier verschiedenen Meeresbecken oder nach den vier das östliche Europa umsäumenden Meeren die mannigfaltigen Wasserzüge Ost-Europas sich hinabergießen. Es sind diese Tafelhöhen neben dem Gebiet der finischen Seegruppe die zweite große charakteristische Form, welche die Einförmigkeit jener Ebenen unterbricht, und um so bedeutender, als sie den Centralpunkt der verschiedenen Wassersysteme Ost-Europas abgeben. Doch liegen diese Höhen nicht sowohl in der Mitte jener Ebenen als vielmehr an ihrer Nordwestseite, jenem finischen Gebiete der zahllosen Seen und der Granitklippen nahe benachbart, gleich im Südosten des finischen Golfes; und deshalb mußte die Ausbildung der Wassersysteme nach der baltischen Seite hin sehr zurücktreten gegen die der entgegengesetzten Seite, wo wir in den pontischen und kaspischen Gesenken die kolossalsten Stromsysteme Europas finden.

Die waldaischen Tafelhöhen.

Unter verschiedenen Namen treten jene centralen Tafelhöhen bei den Anwohnern auf. Der bei den Auswärtigen nicht selten vorkommende und nach dem Vorgange der Alten hier fixirte

Name der Alaunischen Höhen ist bei den Einheimischen ganz unbekannt. Schon der in dem Norden der alten Welt so bewanderte Ptolemäus [1]) nennt uns in der Mitte der sarmatischen Ebenen den Alaunischen Berg (τὸ Ἀλαῦνον ὄρος) und als seine Anwohner die Alaunischen Scythen. Indessen auch abgesehen davon, daß nach seinen Bestimmungen diese Berghöhe mehr den pontischen Gestaden genähert in den südöstlichen Theilen Sarmatiens zu suchen wäre, scheint es kaum glaublich, daß eine so wenig bedeutend hervortretende Naturform wie die jener Tafelhöhen von ihm unter jenem Namen sollte bezeichnet worden sein. Nur dann möchte sich diese Annahme rechtfertigen lassen, wenn Ptolemäus diese Berghöhe als das Quellgebiet des großen sarmatischen Stromes, der Wolga, nennend, in dem bei den Neuern gewöhnlichen Irrthum gewesen wäre, daß das Wiegenland eines solchen Stromes auch nothwendig ein mächtiges Gebirge sein müsse. Dazu kommt, wie auch Mannert dafür hält [2]), daß der Name der Alaunen wohl nur irrigerweise statt des Namens der Alanen sich eingeschlichen hat, da diese wenigstens vom Marcianus [3]), welcher meistens nach dem Ptolemäus arbeitete, genannt werden. Jene Alanen erscheinen aber bekanntlich in der von Ptolemäus bezeichneten Gegend, in den südlichen Theilen des heutigen Rußland, schon in dem Verlauf des ersten Jahrhunderts unserer Zeitrechnung beim Dionysius Periegeta [4]) und Plinius [5]). Sehr leicht konnte sich der von dem Volke erst entlehnte Name der Berghöhe an verschiedene Erhebungen in dem mittleren Stromsystem der Wolga, die auch nicht selten fälschlich für Gebirge genommen sind, anschließen, und auf jeden Fall verliert der von den

1) Ptolemaeus, geograph. aut. Anton. Magino Patavino. Colon. 1597. 4. p. 69.

2) Mannert, Geographie der Griechen und Römer. Leipzig 1820. 8. Th. IV. S. 265.

3) Marcianus Heracl. p. 56. Bei Hudson, geogr. Graec. min. Oxon. 1698. 8. Tom. I.

4) Dionysius Perieg., descript. orb. v. 305, 308.

5) Plinius, hist. nat. IV, 25.

Neuern, wie von Georgi [6]) gebrauchte Name der Alaunischen Höhen seinen historischen Gehalt.

Mit Recht faßte der in diesen Gebieten ganz einheimische Nestor, der alte russische Geschichtschreiber, jene Tafelhöhen als das Centralland Ost-Europas auf, wo von einem gemeinsamen Punkte aus sich die Hauptflüsse nach den verschiedenen Meeresbecken hinabergößen; er nennt sie wegen ihrer ehemals weit dichtern und ausgebreitetern Waldbedeckung und als einen Hauptheil des großen nordrussischen Wolok den Wolkowschen Wald, nach Schlözers Angabe, oder den Wolchonskischen Wald (Wolchonskoi Bor) nach Georgi. Aus diesem Walde kommt, wie Nestor bemerkt [7]), der Dnepr, geht nach Süden und ergießt sich in das russische Meer; die Düna kommt aus eben dem Walde, geht nach Norden und ergießt sich in das warägische Meer, und auch die Wolga fließt aus diesem Walde nach Osten und ergießt sich in das chwalisische Meer. Diese von Nestor gebrauchten Bezeichnungen haben sich bis auf jetzt erhalten [8]), doch werden jene Höhen in den neuern Zeiten nach dem in ihrer Mitte liegenden Städtchen Waldai, nicht blos bei den Fremden, sondern auch bei den Einheimischen gewöhnlich die Waldai-Höhen genannt [9]). Um jedoch dieser Naturform gleich ihren charakteristischen Namen zu geben, könnte man sie am besten mit dem Namen des Wolga-Plateaus (Wolgskoi Werschina bei den Russen) bezeichnen [10]), weil diese Tafelhöhen in einem ganz besondern Verhältniß zu diesem großen Stromsystem stehen, indem dasselbe nicht nur in ihrem Herzen seinen Ursprung hat und ihren Wasserreichthum meistens in sich aufnimmt, sondern auch durch ein merkwürdiges

---

6) Georgi, geographische Beschreibung des Russ. Reiches. Königsberg 1797. 8. Th. I. S. 126.

7) Nestor, russische Annalen, herausgegeben von Schlözer II. S. 90.

8) William Coxe, Reise durch Polen, Rußland und Schweden, aus dem Engl. Zürch 1785. 4. Th. I. S. 190.

9) Sergei Plescheef, survey of the Russian empire, transl. by Jam. Smirnove. London 1792. 8. p. 20.

10) Georgi, geograph. Beschreibung I. S. 126.

Kanalsystem gerade durch die Mitte derselben hindurch mit den baltischen Gewässern in Verbindung tritt.

Schon dieser letzte Umstand beweiset, daß bei diesen centralen Tafelhöhen Rußlands keinesweges an ein Gebirge zu denken ist[11]), und damit stimmen auch die Berichte aller der zahlreichen Reisenden überein, welche, wie besonders die ältern russischen Akademiker, dies Gebiet auf ihren Reisen von St. Petersburg nach Moskau besucht haben. Die Höhen des Wolga-Plateaus breiten sich im Allgemeinen aus von den Ufern des Ilmen-Sees bei Nowgorod im Nordwest bis zu der Stadt Twer an der obern Wolga im Südost auf eine Strecke von ungefähr 50 Meilen, und noch weiter gegen Südost ziehen sich die äußersten sanften Erhebungen in einer theils offenen, theils mit Waldungen bedeckten Landschaft bis nach der alten Zarenresidenz Moskau hin[12]). Eine ähnliche Ausdehnung zeigt sich in der entgegengesetzten Richtung, wenn man von dem Orte Toropez an der obern Düna im Südwest[13]) bis zur Tschagodoschtscha im Nordost rechnet, wo der Tichwinka-Kanal die mittlere Wolga mit dem Ladoga-See in Verbindung setzt, oder eine doppelte Ausdehnung von 100 Meilen, wenn man von dem Düna-Knie bei Witepsk bis zum weißen See, dem Bjeloi Osero, rechnet. Das Plateau bildet eine von allen Seiten ganz sanft ansteigende Landhöhe; es ist, wie Falk angiebt, ein Flözgebirge von großer Ausdehnung, aber nur niedrig, das nirgends Gebirgsnatur zeigt, sondern mit fruchtbaren Thalflächen, Seen und Sümpfen überzogen ist[14]). Auch der jüngere Gmelin nennt es ein Flözgebirge, welches aus verschiedenen über einander gelagerten Erdschichten, besonders Kalk- und Thonarten nebst Schieferschichten bestehe, und welches meistens mit mächtigen Schichten Dammerde bedeckt sei, so daß man auf

11) Léon Renouard de Bussierre, voyage en Russie, lettres écrites en 1829. Paris 1831. 8. p. 65.

12) Coxe, Reise durch Polen und Rußland I. S. 308.

13) Güldenstädt, Reisen durch Rußland und im kaukasischen Gebirge, herausgegeben von P. S. Pallas. Petersburg 1787. 4. Th. I. S. 21.

14) Falk, Beiträge zur topographischen Kenntniß von Rußland. Petersburg 1785. 4. Th. I. S. 51.

seinem Rücken Ackerfelder und Wiesen finde[15]). Die ganze Bildung dieser Naturform innerhalb der weiten sarmatischen Ebenen scheint der Thätigkeit mächtiger Wasserfluthen anzugehören, wie auch so viele andere merkwürdige Erscheinungen dieses Gebietes darauf hinweisen. Nicht blos die Ufer des Ilmen-Sees und seine ganze Umgebung bestehen aus einem mit Muschelwerk und andern Seeprodukten angefüllten Kalkflötz, sondern die horizontal gelagerten Kalksteinschichten dieser mächtigen Flötzablagerung erstrecken sich gegen Nordost bis zum Swir-Fluß und bis zum Onega-See[16]), und gegen Nordwest verbreiten sie sich bis zum finnischen Golfe in Esthland, wo sie weiter nordwärts dem Granit des finnischen Gebietes unmittelbar aufgelagert erscheinen[17]).

Daher bemerkt auch Laxmann, das ganze sogenannte waldaische Gebirge scheine ein Werk mächtiger Ueberschwemmungen zu sein. Die außerordentlich häufigen Kalksteinmassen, die als ein gemeinschaftliches Fundament überall fortstreichen, sind ein bloßer Tuffstein und nicht zu den ältern Bergarten gehörig; sie sind von dem Meere angeschlemmt worden und haben ihr Dasein den zertrümmerten und zerstörten Meeresprodukten zu verdanken. Doch schienen ihm die Kalkflötze an den Quellen der Wolga von weit höherm Alter zu sein, als die mehr nordwärts an den Ufern des Ilmen-Sees ausgebreiteten. Gegen Südost ziehen sich diese Kalkflötze fort über Wolokolamsk im Süden von Twer, erstrecken sich bis gegen Moskau hin in wellenförmigen Lagen, bald sich erhebend, bald sich senkend, und bilden daselbst einen fruchtbaren mit Wäldern und Gebüschen bedeckten Boden[18]). Das gesammte Gebiet

15) Gmelin, Reise durch Rußland zur Untersuchung der drei Naturreiche, in den Jahren 1768 bis 1774. Petersburg 1770. 4. Th. I. S. 4, 5, 7, 8.

16) Laxmann, physikalische Reise durch einige nordische Statthalterschaften Rußlands bei Pallas, neue nordische Beiträge. Petersburg 1782. 8. Th. III. S. 159, 161, 167.

17) Eversmann, Reise von Orenburg nach Bochara. Berlin 1824. 4. S. 66.

18) Laxmann, Reise a. a. O. III. S. 162 bis 164.

dieser Erhebung, welches zwar durch seine weite Ausbreitung, aber nirgends durch Gipfelerhebung, sondern durch flache Ebenen auf seinem Rücken charakterisirt ist, wird von einem einheimischen Berichterstatter mit dem freilich allgemeinen Namen Wisokaja Plostschade bezeichnet als ein etwas erhaben aufsteigender Boden, dessen Oberfläche nur eine nach verschiedenen Seiten hin sich verzweigende Hügelbildung zeige [19]). Es sind hier niedere Tafelflächen, welche nach Parrots Angabe [20]) nur in einer Höhe von ungefähr 1000 Par. F., oder nach Andern [21]) in einer Höhe von 1150 Par. F. über dem Meeresspiegel liegen. Nach Humboldts Bestimmung erheben sie sich an 170 Toisen über das Niveau des Meeres [22]). Diese niedrigen Hochflächen, welche man häufig für ein Gebirge gehalten hat, liegen also eigentlich nur halb so hoch als die weiten Ebenen des Baiernlandes an der obern Donau, welche durch ihr kaltes, nordisches Klima weit eher an eine Gebirgslandschaft erinnern. Dennoch bildet jenes niedere Plateau die dominirende Naturform in den weiten sarmatischen Ebenen und den wahrhaften Centralpunkt durch die von dort ausgehende Entwickelung der großen Stromsysteme Ost-Europas. Es bildet zugleich eine große Naturgrenze zwischen dem baltischen und dem pontisch-kaspischen Theile jenes Gebietes. Denn schon Pallas fand es auffallend, daß die flache, offene Haidegegend von Wyschni Wolotschok auf dem Rücken dieser Ebenen mit unzähligen Feuersteinen von gelblicher, grauer oder weißlicher Farbe, die alle würfelartig gespalten waren, und mit zahlreichen versteinerten Seekörpern überdeckt war. Diese Versteinerungen,

---

19) Plescheef, survey of the Russ. empire p. 20. The mountains called Vhisokaja Plostchade, that is high rising ground lying in the middle of Russia; it is nothing but a high rising surface spreading into different branches called hills or mountains of Valdai.

20) Parrot, Reise nach dem Ararat. Berlin 1834. 8. Th. I. S. 8.

21) Erman, Reise durch Nord-Asien. Berlin 1835. 8. Th. I. S. 143.

22) Humboldt, fragmens de géologie et de climatologie asiatiques. Paris 1831. 8. Tom. II. p. 312. Vergl. dagegen die neuern Angaben bei Berghaus, allgem. Länder- und Völkerkunde. Stuttgart 1837. 8. Th. II. S. 434 und 561.

welche sich in den gegen Südost angelagerten Ebenen an der Wolga und Oka so häufig finden (s. Abth. 1. S. 203.), zeigen sich an der nördlichen, baltischen Seite der Waldai-Höhen so selten; dagegen finden sich dort die häufigen granitischen Kiesel und die zahlreichen Granittrümmerblöcke, wie in dem Gebiet der finnischen Seegruppe, welche auf der andern pontisch-kaspischen Seite fast gar nicht vorkommen. Mit Recht hielt er die Thätigkeit großer Wassergewalten für die Ursache dieser Erscheinung [23]).

Nur ein sehr kleiner Theil dieser Hochebenen, und zwar die nächste Umgebung des Städtchens Waldai, im Südost von dem alten Nowgorod, unter dem 58° N. Br. gelegen, zeigt eine mehr bergige Landschaft, und dort spricht man von dem Waldaischen Gebirge, während alle übrigen Theile aus sanft und mannigfach geneigten Flächen bestehen. Doch ist auch dort nach des englischen Reisenden Clarke Bemerkung [24]) nur Hügelboden, nicht Gebirgsbildung. Das waldaische Gebirge besteht aus steilen Hügeln, welche von tiefen Klüften durchsetzt werden, doch beträgt die größte Höhe derselben nur ungefähr 30 Faden über dem Niveau der gemeinsamen Grundlage. Die Thäler stehen selten mit einander in Verbindung, die Anhöhen sind überall mit Lehmboden und Gehölz bedeckt, zeigen also in ihrem Äußern nichts von einer Gebirgsnatur. Die Gipfel der Anhöhen sind mit großen wie durch Wassergewalten abgerundeten und angeschwemmten Granittrümmern bedeckt. Nach Güldenstädt [25]) breitet sich dieses Gebiet von Nordwest nach Südost nur an 43 Werst weit aus, in der weitesten Ausdehnung aber an 200 Werst von Norden nach Süden; in der Gegend von Torschok an der Twerza in der Nähe von Twer und bei dem Dorfe Tschudowo am Wolchow

---

23) Pallas, Reisen durch verschiedene Provinzen des russischen Reiches I. S. 10.

24) Edw. Clarke, travels in various countries of Europe, Asia and Africa. London 1811. 4. Tom. I. p. 30. In the province of Valdai the soil is hilly, not to say mountainous.

25) Güldenstädt, Reisen durch Rußland und im kaukasischen Gebirge II. S. 467, 468.

unterhalb Nowgorod sollen die letzten Kalksteinschichten zu Tage treten. Auf dem ganzen Wege von Moskau nach Petersburg, wo man dies Gebiet durchwandert, rühmt der englische Reisende Coxe die Umgegend von Waldai als die reizendste und abwechselndste, sie erhebt sich in verschiedenen kleinen Anhöhen, und hat einige schöne Seen, die in ihrer Mitte mit waldigen Inseln prangen, und deren Ufer mit Waldungen, Kornfeldern und Viehweiden bekränzt sind. Der größte von diesen Seen heißt Waldai, obschon von keiner bedeutenden Größe, wie alle die zahlreichen Seen auf diesen Tafelflächen. In seiner Mitte liegt eine Insel, worauf ein Kloster steht, dessen zahlreiche Thurmspitzen zwischen dem Gehölz hervorragen; es ist das schöne Iwerskoi Monastyr, das durch seinen Stifter, den russischen Geschichtschreiber Nikon, berühmt ist [26]). Dem Kloster gegenüber gegen Westen liegt das Städtchen Waldai, an anderthalb hundert Werst von Nowgorod, auf einer kleinen Anhöhe neben dem See, über welchen man eine reizende Aussicht hat [27]). So niedrig auch die waldaischen Berge sind, so sind sie doch die höchsten in dem weiten sarmatischen Gebiet, auf ihnen liegt in der Richtung von Südwest nach Nordost die eigentliche Wasserscheidelinie zwischen den Wasserläufen der Wolga und der Newa. Von ihrem Fuße an zeigt sich weiter keine schöne Abwechselung von Hügeln, Thälern und Seen, sondern nur einförmige Flächen mit mächtigen Morästen und Waldungen. Die Dörfer liegen meistens auf Sandhügeln, welche sich zwischen den Morästen erheben [28]).

Wenn auch das Wolga-Plateau jetzt nicht mehr die mächtige Waldbedeckung zeigt, als es wohl ehemals der Fall war, nach Art des nord-russischen Uwalli, da der zunehmende Anbau dieser Gegend seit der Gründung von Petersburg, und vornehmlich die Ausführung des großen Wolga-Kanalsystems für die Waldungen sehr kostbar sein mußte, so sind doch noch bis auf

26) Pallas, Reisen durch verschiedene Provinzen I. S. 8.

27) Joh. Heym, geographisch-topographische Encyklopädie des russischen Reiches. Göttingen 1796. 8. S. 937.

28) Coxe, Reise durch Polen und Rußland I. S. 316.

die neuern Zeiten diese waldaischen Höhen durch ihren Waldreichthum und durch die Mannigfaltigkeit ihrer Baumarten ausgezeichnet gewesen. Man findet hier noch zahlreiche Waldungen von Rothtannen, Fichten, Birken, Linden, Rüstern, Espen und Elsen und sogar auch zum Schiffbau taugliche Eichenbäume [29]). Gleich dem niedrigen karpathischen Waldgebirge, welches nur durch seine undurchdringlichen Walddickichte eine große Natur- und Völkergrenze bildet, scheinen auch die Tafelflächen des Quellgebietes der Wolga durch solche Waldwildnisse zum Theil den Ruf ihrer Höhe erlangt zu haben, und der Ruf der Waldeinöden des Wolchonskoi Bor, der sich von Nowgorod bis in die Nähe von Moskau ausbreitet, hat sich bis jetzt erhalten. Coxe durchsetzte auf seiner Reise von Litthauen nach Rußland einen südlichen Arm desselben, welcher sich von Wjasma am obern Dnepr ostwärts bis nach Moskau erstreckte, und aus Eichen, Buchen, Eschen, Pappeln, Fichten und Tannen in der buntesten Gruppirung bestand [30]). Diese Waldbekleidung der Wolga-Höhen ist aber darum von so großer Bedeutung, weil die Bewässerung der weiten sarmatischen Ebenen theilweise von ihr abhängig ist. Der Waldreichthum bedingt den großen Wasserreichthum, durch welchen diese Erdstelle in dem osteuropäischen Gebiete so ausgezeichnet ist, und woraus die Wolga nebst den andern großen Flüssen ihre Wasserfülle erhalten. Die Waldungen concentriren und bewahren in sich den atmosphärischen Niederschlag, und der wolchonskische Wald ist als ein Hauptrepräsentant der polarischen Zone, von der allein die Bildung mächtiger Stromsysteme ausgehen kann, innerhalb des nördlichen Theiles der gemäßigten Zone zu betrachten, da jenen Höhen durch ihre geringe Erhebung die eigentlich polarische Natur, in ewigen Schneefeldern und Eismassen bestehend, versagt ist. Nothwendig muß daher die Zerstörung und Lichtung jener Waldungen auf das Bewässerungssystem Ost-Europas nachtheilig einwirken, und die zunehmende Seichtigkeit der obern Quellströme der sarmatischen Flüsse, welche durch ihre Beschif-

29) Güldenstädt, Reisen durch Rußland II. S. 468.
30) Coxe, Reise durch Polen und Rußland I. S. 190, 191.

fung bis zu den Quellen aufwärts für das großartige Kanalsystem Rußlands so wichtig sind, zeigt, wie es auch in den jüngsten Zeiten die Aufmerksamkeit der russischen Regierung auf sich gezogen hat, daß hier in dem Gebiete zwischen den beiden großen Herrscherstädten Petersburg und Moskau die mit der Ausrottung der Waldungen verknüpfte Austrocknung des Bodens für den Verkehr und das gesammte Völkerleben in jenen Regionen nicht wohlthätig sein kann[31]). Unstreitig würden auch die weiten Ebenen des südlichen Rußland, welche jetzt zum Theil einen dürren, trockenen Steppenboden zeigen, eine größere Bewässerung zwischen den sie durchschneidenden großen Stromrinnen haben, wenn sie nicht im Verlauf der früheren Jahrhunderte ihrer Waldbekleidung entblößt worden wären.

Bis jetzt haben sich die Tafelhöhen des Wolga-Plateaus ihren Holz- und Wasserreichthum größtentheils noch bewahrt. Georgi nennt sie sehr wassersüchtig und überdeckt mit vielen größern und kleinern Seen, Brüchen, Sümpfen und Morästen[32]). Von den beiden russischen Gouvernements Nowgorod und Twer, an welche beide das Gebiet dieses niedern Hochlandes ziemlich gleichmäßig vertheilt ist, an jenes die nordwestliche, an dieses die südöstliche Hälfte, umfaßt das erstere an 10 bis 11 Mill. Desjät. Areal, und von diesen kamen noch am Ende des vorigen Jahrhunderts über die Hälfte oder wohl an drei Viertheile auf die Waldungen, Brüche, Moräste und Seen, da nur etwas über 2 Mill. Desjät. Areal auf die Felder, Wiesen, Gärten und Wohnplätze gerechnet wurden. Ähnlich

---

31) Zwar behauptete noch Coxe, daß die von Moskau nach Petersburg führende an 100 Meilen lange Straße in gerader Richtung durch einen einzigen Wald gehe, der blos durch einige Ortschaften unterbrochen werde, wo die Umgegend etwas offen und angebaut sei, und daß nur auf jeder Seite der Straße die Bäume auf 40 bis 50 Schritt ausgerottet seien, doch widerspricht dem schon sein etwas jüngerer Landsmann Clarke, welcher zu Anfang dieses Jahrhunderts jene Reise in umgekehrter Richtung machte, da er vielmehr jene Gegend offen und waldlos nennt. Coxe, Reise I. S. 318. Clarke, travels I. p. 30.

32) Georgi, geograph. Beschreibung I. S. 126 bis 128.

war es in dem zu Twer gehörigen Gebiete [33]). Ein nicht unbeträchtlicher Theil der schon mehr getrockneten Flächen dieses Naturgebietes wird auch zur Ackerkultur benutzt, und wenn dieselbe sich auch nicht mit der in den getreidereichen Gefilden gegen Südosten an der mittleren Wolga und Oka vergleichen läßt, so beweiset sie wenigstens, daß hier an ein eigentliches Gebirgsland nicht zu denken ist. Macht doch schon Herberstein zu seiner Zeit als Augenzeuge auf diese eigenthümliche Natur des Quellgebietes der Wolga aufmerksam, ohne daß von späteren Geographen seine Nachweisungen immer gehörig beachtet worden wären [34]). Wegen der Erhebung dieses gesammten Gebietes, besonders in dem nördlichsten Theile der gemäßigten Zone und mit der großen Naturgrenze des nordrussischen Uwalli zusammenhängend, und bei dem großen Wald- und Wasserreichthum, der der Einwirkung des wärmeren Strahles der Sonne hemmend entgegensteht, kann dasselbe nur ein sehr rauhes, nordisches Klima haben, und nähert sich im Allgemeinen in seinen klimatischen und vegetativen Verhältnissen den transuwallischen Gebieten von Wologda. Dafür zeigt sich aber wieder einiger Ersatz in der größeren Annäherung an das westliche baltische Meer, und so findet man hier außer der Kultur der gewöhnlichen mehr nordischen Cerealien auch noch den Anbau von Weizen, obschon ihm weder Klima noch Boden sehr günstig ist [35]). Übrigens ist auch hier die finnische Art der nomadischen Agrikultur auf Busch- und Waldfeldern üblich, und meistens sehr belohnend [36]); sie scheint wohl von der ur-

---

33) Georgi, a. a. O. II. 1. S. 145, 166.

34) Herberstein, rerum Moscovit. commentar. Basil. 1571. fol. p. 161. Oritur Volga e magnis vastisque paludibus. Sunt eae supra Moscham inter aquilonem et corum, emittuntque cunctos ferme amnes, qui diversas in regiones diffunduntur. Siquidem eae paludes pro montibus perenni scaturigine humorem affatim praebent, quum nulli omnino montes in ea regione multa etiam hominum peregrinatione reperiantur.

35) Georgi, a. a. O. II. 1. S. 148, 158, 172.

36) Georgi, a. a. O. II. 1. S. 147.

sprünglich hier einheimischen finnischen Bevölkerung sich erhalten zu haben und an die slavischen Ansiedler übergegangen zu sein.

Es theilen diese Tafelflächen des Quellgebietes der Wolga auch noch eine andere Eigenthümlichkeit mit dem Gebiet der finnischen Seegruppe. Denn unter dem Rasen und feuchten Moorboden findet man hier überall Eisenerz und Sumpfeisenstein verbreitet, und zwar so weit sich das Gebiet dieser Naturform erstreckt [37]). Im äußersten Nordosten desselben bei der Stadt Ustjuschna an der Mologa, einem Zustrom zur Wolga, gerade nordwärts von Twer gelegen, ist die Gegend so reich an Eisenstein, daß sie danach das Eisenfeld (Schelesopole) genannt wird und die Stadt selbst auch den Namen Schelesopolskaja führt [38]). Die dortigen Bewohner beschäftigen sich viel mit dem Verschmelzen des Eisenerzes in kleinen Handöfen, sie verschmieden das erzeugte Eisen zu mancherlei Haus- und Ackergeräthen, und verkaufen dieselben gegen Getreide und andere Bedürfnisse. Unter den verschiedenen Schichten dieser mächtigen von Meeresgewalten aufgehäuften Flötzablagerung des centralen Ost-Europa zeigen sich an verschiedenen Stellen auch Steinkohlen, welche, wie sie überhaupt selten in Ost-Europa sind, so auch hier bis jetzt wenig beachtet zu sein scheinen, obschon sie bei der nothwendigen Schonung der dortigen Waldungen ein wichtiges Feuerungsmittel abgeben könnten, so wie auch die in der jüngsten Zeit in den holzarmen Steppenebenen an den pontischen Gestaden bei Taganrog aufgefundenen Steinkohlenlager sogleich haben trefflich benutzt werden können [39]).

Die auf den waldaischen Höhen noch jetzt befindlichen Überreste einer Vorzeit, in alten Grabhügeln von verschiedener Höhe bestehend, geben ihnen auch in historischer Beziehung eine gewisse Wichtigkeit. Ähnlich wie diese Todtenhügel am Südwestfuße des Ural bei Ufa gelegen sind, so liegen sie auch hier, wie

37) Pleschéef, survey of the Russ. emp. p. 20. Georgi, geograph. Beschreibung I. S. 127, 128.

38) Georgi, a. a. O. II. 1. S. 158.

39) Storch, historische Zeitschrift für Rußland V. 2. S. 161.

wie Pallas sagt [40]), immer auf den höchsten Rücken der Hügel. Es sind in diesem Gebiete die äußersten nordwestlichsten, welche man in den weiten sarmatischen Ebenen findet; sie haben meistens eine halbkugelförmige Gestalt in einer Höhe von 2 bis 3 Faden, und verbreiten sich von diesen Höhen gegen Südosten hinab bis zu den Ufern der Moskwa, die zur Oka geht [41]). Clarke fand sie besonders merkwürdig in der Nähe von Waldai auf dem Wege nach Petersburg. Die Anwohner wußten auf seine Erkundigung nichts darüber zu berichten; sie sagten nur, daß sie uralt wären, und hielten sie für Grabhügel von im Kampfe gefallenen Kriegern [42]). Es führen aber diese Denkmale auf den finnisch-ugrischen Volksstamm zurück, da wir demselben schon ähnliche Denkmale in andern Gebieten auf den Grenzmarken des Orients und Occidents zuschreiben mußten, und da wir, so weit die Geschichte reicht, noch vor der Verbreitung slavischer Stämme nach diesem Norden hier keine andern Völker als eben die zu jenem Stamme gehörigen kennen.

Schon aus Nestors Berichten [43]) wissen wir, daß alle die Landschaften zu beiden Seiten des nordrussischen Uwalli und an der ganzen obern Wolga entlang, so wie westwärts die Gestadelandschaften des baltischen Meeres von finnisch-ugrischen Völkern, welche unter dem allgemeinen Namen der tschudischen bei ihm vorkommen, besetzt waren, und wir müssen diese Völker auch als die Ursassen des Wolga-Plateaus betrachten. Als nun aber später die Slavenstämme sich mehr nach Norden zogen, als der mächtige Slavenstaat Nowgorod am Ilmen-See mitten in dem ehemaligen Gebiet finnischer Völker aufblühete [44]) und an der obern Wolga das finnische Volkselement sich immer mehr an das slavische anschloß und darin aufging, so konnten bei der anfangs meist feindseligen Berührung beider Völker, eben so wie die Sumpfniederungen

---

40) Pallas, Reise durch Süd-Rußland. Leipzig 1799. 4. Th I. S. 4, 5.

41) Falk, topograph. Beiträge I. S. 51, 56.

42) Clarke, travels through various countries I. p. 32.

43) Nestor, älteste Jahrbücher der russischen Geschichte, herausgegeben von Scherer. Leipzig 1774. 4. S. 45.

44) Müller, Sammlung russ. Geschichte V. S. 382.

am obern Niemen für den lettischen Volksstamm im Kampfe mit Slaven und Deutschen, so auch die Waldeinöden und Sumpfgegenden der Waldai-Höhen ein sicheres Asyl für die dortigen finnischen Völker abgeben. Wenn dann nachmals im Verlauf der Jahrhunderte auch hier das slavische Element nachdrang und allgemeinere Verbreitung erlangte, so spricht doch Pleschtschejew [45]) noch in neuern Zeiten von finnischer Bevölkerung auf den Waldai-Höhen, und nach einem neuern Reisenden sollen die Finnen daselbst noch jetzt ziemlich zahlreich, ungemischt und im Besitz ihrer alten Stammsprache sich aufhalten [46]). In der Umgegend von Waldai findet man zwar nach Güldenstädt keine Spur von finnischer Bevölkerung mehr vor, wie es häufig behauptet worden ist, dagegen zeigt sich in dem Gebiete von Beschetzk weiter ostwärts an den Quellen der Mologa noch eine zahlreiche Bevölkerung von Finnen, welche sich von da gegen Norden und Nordwesten bis zum Bjeloi Osero und zum Ladoga-See verbreiten. Sie gehören zum Stamme der Karelen, nennen sich selbst Kargelane, und heißen bei den Russen Karely. Sie vermischen sich mit den Russen und haben dieselben Sitten; auch verstehen sie fast alle russisch, obschon sie unter sich ihre eigene finnische Sprache reden [47]). Georgi nennt diese Finnen um Beschetzk und Tichwin, letzteres auf der Südostseite des Ladoga-Sees gelegen, zwar Ischoren, doch scheinen dieselben nur ein Zweig des ehemals weit mehr verbreiteten Stammes der Ost-Finnländer oder Karelen zu sein [48]).

Die waldaischen Tafelhöhen bilden, wie schon der bloße Chartenanblick lehrt, eine große Naturgrenze in den sarmatischen Ebenen zwischen den baltischen und den pontisch-kaspischen Regionen, und dies wird durch die besondern Naturverhältnisse der verschiedenen Gebiete vollkommen bestätigt. Denn

45) Plescheef, survey of the Russ. emp. p. 52.

46) Christ. Schlegel, Reise durch mehrere russische Gouvernements. Meiningen 1819. 8. Th. IV. S. 184.

47) Güldenstädt, Reisen durch Rußland II. S. 460. 461.

48) Georgi, geograph. Beschreibung II. 1. S. 157. 180.

nur bis zur Nordwestseite der Waldai-Höhen reicht der Einfluß des Gebietes der finnischen Seegruppe, in welcher das Vorherrschen der flüssigen Form der Erdoberfläche charakteristisch hervortritt, während auf der Südostseite derselben sich die weiten trockenern Ebenen Ost-Europas ausbreiten. Mit der Ausbreitung der vielen Seen, mit welchen ganz Finnland erfüllt und der finnische Golf umgeben ist, reicht auch bis zu diesen Höhen der Einfluß des feuchten Klimas von West-Europa, und erstreckt sich über die Dwina-Landschaften im Osten und über die baltischen Küstengebiete oder die Düna-Landschaften im Süden bis nach Litthauen hinein. Dagegen reicht aber der Einfluß des asiatischen trocknen Klimas in dem Stromgebiet der Wolga weit aufwärts bis zum Fuße jener Höhen, und bewirkt dort die Unterschiede und Kontraste, welche auch abgesehen von der verschiedenen geographischen Breite beider Gebiete in den klimatischen und vegetativen Verhältnissen sich so charakteristisch zeigen. Der finnische Golf mit den zu ihm gehörigen Wasserbecken des Ladoga und Onega ist von einer Kette anderer zum Theil nicht unbeträchtlicher Seen umsäumet. Gleich am Fuße der Waldai-Höhen liegt der Ilmen-See, der sich von Norden nach Süden in einer Länge von 40 Werst und in einer Breite von 30 Werst ausdehnt [49]), und der sich durch den Wolchow in den Ladoga-See auslade. Westwärts davon liegt der Peipus-See auf der Grenzmark der drei Landschaften Ingermanland, Esthland und Livland. Er besteht eigentlich aus zwei Theilen, welche ein kurzer Durchbruch zu einem Ganzen verbindet. Der nördliche Theil, Peipus im engern Sinne genannt, oder auch nach seinen finnischen Anwohnern der Tschuden-See (Tschudskoi Osero) [50]), hat gegen 80 Werst Länge und eine Breite von 60 Werst; der südliche Theil, welcher nach der an ihm liegenden Stadt Pleskow (Pskow) benannt wird, hat nur eine Länge von 50 Werst und eine Breite von 40 Werst [51]). Durch die Narowa entladet

49) Rußlands Wasserverbindungen. Riga 1833. 8. S. 23.
50) Schlegel, Reise durch mehrere russ. Gouvern. 1. S. 338.
51) Rußlands Wasserverbindungen. S. 210.

sich der vereinigte See nordwärts in den finnischen Golf. Auf der Südostseite des Onega-Sees liegt sodann der Weiße See oder Bjeloi Osero, ein dem Ilmen-See an Größe gleiches Wasserbassin, und ihm im Nordosten benachbart der Latscha- und Wosche-See, aus welchen der Onega-Fluß seine Nahrung empfängt, und viele andere kleinere Seen. Merkwürdig ist dabei, daß, wie alle eigentlich finnischen Seen im allgemeinen eine gewisse Regelmäßigkeit ihrer Bildung zeigen, indem sie immer als mächtige von Südost nach Nordwest gestreckte Felsspalten in dem Gebiet der finnischen Granittafeln erscheinen, so auch diese Seen eine ähnliche Bildung beurkunden. Es haben zwar alle diese Seen, wie auch der Ladoga und Onega jetzt süßes Wasser, doch möchten diese Spalten ursprünglich wohl mit salzigem Meereswasser angefüllt gewesen sein, das erst allmählig von dem Durchspülen des frischen Flußwassers vertilgt wurde [52]).

Eine ganz ähnliche Naturbildung wie die, welche sich in dem Tafellande der Wolga zeigt, wiederholt sich oder setzt sich weiter fort westwärts oder nordwestwärts durch die baltischen Küstenlandschaften von der Newa bis zur Düna, nur daß hier statt einer Plateauform die Form einer Tiefebene eintritt, in welcher sich blos sanfte Anhöhen und mäßige Hügel zeigen. Die verschiedenen Schichten der Flötzablagerungen jener Höhen lassen sich bis zu den Gestaden des Meeres verfolgen, und bilden eine in sanften Stufen abfallende Senkung [53]). Die Uferlandschaften des finnischen Golfes wie an dem Narowa-Flusse und in der Landschaft Esthland bestehen aus mächtigen Bänken von einem gelblichen an Versteinerungen reichen Kalkstein. Diese Kalkflötze steigen bis zu einer Höhe von 1 bis 15 Faden auf, und stürzen steil zum finnischen Golf abwärts [54]); sie bewirken dadurch auch die Fälle und Strudel bei den verschiedenen sich in jenen Golf von Süden her ein-

---

52) Erman, Reise durch Nord-Asien I. S. 55, 56.

53) Wasil. Sujew, Reise von St. Petersburg nach Cherson. Leipzig 1789. 4. Th. I. S. 2.

54) Georgi, geograph. Beschreibung II. 1. S. 94.

mündenden Gewässern, wie an der Narowa, wo der Katarakt von 25 Fuß Höhe an 3 Werst vor der Stadt die Wasserverbindung mit dem Meere hemmt [55]). Alle steilen Flußufer zeigen eine Schichtung von schieferndem Flözkalk, Thon, Mergel, Sandstein, Gips; die niedrigsten Flächen werden von Morästen, Brüchen, Sümpfen und Seen eingenommen, und haben Morasterde häufig mit Sumpfeisenstein, auch Moostorf auf tiefern Sand-, Thon- oder Kalksteinlagern. Durch das ganze Gebiet sind häufige Granitgeschiebe, zum Theil in großen Blöcken verbreitet. Alles trägt, wie Georgi meint [56]), die Spuren einer ehemaligen Meeresbedeckung.

Es besteht dieses Gebiet aus den drei Küstenlandschaften Ingermanland, Esthland und Livland, durch deren Erwerbung im nordischen Kriege der russische Staat unter Peter dem Großen zuerst festen Fuß an dem baltischen Meere faßte, und seitdem erst Antheil nahm an der Entwickelung der europäischen Kulturwelt. Hier wohnen noch drei Zweige des ausgebreiteten finnischen Volksstammes, die Ischoren, Esthen und Liven. Davon sind jedoch die erstern, die Ischoren, wie sie bei den Russen, oder Ingern, wie sie bei den Schweden genannt werden [57]), nur als ein Zweig der Karelen zu betrachten, und zum Theil auch mit den Russen so verschmolzen, daß sie von ihnen nicht zu sondern sind, und nur die beiden letztern bleiben noch als zwei mehr selbstständige Zweige von dem großen finnisch-ugrischen Volksstamme übrig, dessen dreizehn noch jetzt vorhandene Glieder als schwache Überreste von einstmals zahlreichern Völkerschaaren vom Nordkap bis zum Südfuße des Ural hin zerstreut wohnen. Die Esthen und Liven bezeichnen jetzt nebst den Finnländern (Karelen, Tawasten und Kajanen) und Lappen die Gruppe der westlichen oder baltischen Finnen [58]). Die Esthen sind unter allen finnischen Völker-

55) Rußlands Wasserverbindungen. S. 210. Georgi, geograph. Beschreibung I. S. 318.

56) Georgi, geograph. Beschreibung II. 1. S. 95, 110.

57) A. W. Hupel, die Staatsverfassung des russ. Reiches. Leipzig 1792. 8. Th. I. S. 124.

58) Klaproth, Asia polyglotta. Paris 1823. 4. p. 184.

stämmen noch heut zu Tage die zahlreichsten, trotz der mannigfachen so ungünstigen Schicksale, welche dieselben von Anfang betroffen haben; man berechnet ihre Anzahl auf 500,000 Köpfe, während die Liven, von jenen Schicksalen erdrückt, bis auf eine geringe Schaar zusammengeschmolzen sind, welche nur an 1000 Köpfe betragen soll, und deren Wohnsitze an dem kleinen Flusse Salis an den Ufern des Golfes von Riga gelegen sind [59]. Wahrscheinlich sind sie zum Theil in die Esthen, zum Theil in die Letten aufgegangen, welche sich allmählig über die ganze Südhälfte des heutigen Livland, die daher auch den Namen Lettland führt [60]), verbreitet haben. Nach Art vieler ihrer Stammgenossen an der mittlern Wolga nennen die Esthen sich selbst Rahwas, d. h. Leute und ihr Land Marahwas [61]). Schon der erste nordische Geschichtschreiber, Schlözer, nennt die Esthen und Liven Stammgenossen der Finnen und von einem andern Stamme als die Letten [62]). Wenn daher ein neuerer Schriftsteller [63]) die Esthen und Liven zwar als Sprachgenossen anerkennt, und ihre Sprache auch für verwandt hält mit der der anerkannt finnischen Stämme an der mittlern Wolga, jene aber dennoch mit dem lettischen oder litthauischen Volksstamm in Verbindung bringt wegen der religiösen Gemeinschaft, welche sie ursprünglich gehabt haben sollen, obschon die Letten eine ganz heterogene Völkergruppe in Ost-Europa bilden und in näherer oder fernerer Beziehung zu dem slavischen Volksstamm stehen [64]), so zeigt sich dies leicht als eine willkührliche, unbegründete Annahme. Statt eines finnischen Volks- und Sprachstammes, welchen wir nach der hier allgemein anerkannten An-

---

59) Schubert, Statistik des russ. Reiches. S. 156.

60) Georgi, geograph. Beschreibung II. 1. S. 112.

61) Schlegel, Reise durch mehrere russ. Gouv. I. S. 328, 329, 334.

62) Schlözer, allgem. nordische Geschichte. S. 245.

63) J. L. v. Parrot, Versuch über die Sprache, Abstammung, Geschichte und Mythologie der Liwen, Lätten und Eesten. Stuttgart 1828. 8. Th. I. S. 10, 23, 32, 36.

64) Chr. G. v. Arndt, über den Ursprung und die Verwandtschaft der europäischen Sprachen, herausg. von Klüber. Frankfurt 1818. 8. S. 97 bis 103.

torität eines Sjögren setzen [65]), verwirft denselben Parrot [66]), und nimmt einen keltischen Volksstamm an, und zwar bezeichnet er diese Völkergruppe, zu welcher von ihm die allerverschiedenartigsten Völker auf den europäisch-asiatischen Grenzmarken gerechnet werden, als den Stamm der orientalisch-keltischen Völker. Ohne sich nicht einer babylonischen Sprachverwirrung aller ältern und neuern, ost- und west-europäischen Sprachsysteme schuldig zu machen, kann man auf jene Annahme gar keine Rücksicht nehmen.

Unter diesen von den Waldai-Höhen bis zu den baltischen Gestaden verbreiteten finnischen Stämmen faßten aber nach Nestors Angabe schon frühzeitig einige slavische Stämme, welche durch das Völkergedränge in den südlichen Theilen der sarmatischen Ebenen am Pontus und am Ister nach Norden gesprengt wurden, festen Fuß. Diese, wie es scheint, während des siebenten Jahrhunderts am meisten gegen Norden gleichsam keilförmig in jenes Gebiet der finnischen Völker sich eindrängenden Slaven-Stämme, welche am Ilmen-See sich niederließen und sich westwärts zum Theil bis zum Peipus-See erstreckten, bezeichnet jener älteste russische Chronist nur im allgemeinen als die Slaven am Ilmen-See, ohne ihnen einen bestimmteren Stammnamen zu ertheilen [67]). Diese älteste Slaven-Kolonie in der Nachbarschaft der jüngsten Prachtstadt Ost-Europas und der politischen und merkantilischen Metropole des weiten russischen Reiches, fast rings von finnischen und lettischen Völkern umgeben, ist deshalb so wichtig, weil bei ihnen die Stadt aufblühete, welche der historische Ausgangspunkt des russischen Staates geworden ist. Die Umgebung des Ilmen-Sees, nur wenige Meilen im Südost von St. Petersburg gelegen, ist das Wiegenland des russischen Staates, der klassische Boden, auf welchem das mächtige Nowgorod aufblühete, der erste Cen-

---

65) Sjögren, über die finnische Sprache und ihre Litteratur. Petersburg 1821. 8.

66) Parrot, a. a. O. I. S. 41 bis 48, 103 bis 116, 156, 177.

67) Nestor, älteste Jahrbücher der russischen Geschichte, nach Scherer. S. 42.

tralpunkt jenes Staates, welcher nach mancherlei Wanderungen in dem Verlauf von beinahe einem Jahrtausend nach den verschiedensten Regionen der sarmatischen Ebenen endlich hierher wieder zurückgekehrt ist, und wohl für immer hier in der Nähe seinen Hauptsitz fixirt hat. Die Geschichte von Nowgorod, welche sich übrigens an die Naturverhältnisse und Weltstellung ihres Gebietes genau anschließt, ist als Prototyp der russischen Geschichte überhaupt zu betrachten, insofern sie die Art und Weise ihres Beginnes und den Charakter der neuesten Zeit derselben bestimmt, und ist hier in doppelter Beziehung von Wichtigkeit, einmal als Ausgangspunkt jenes Staates, dem die letzte Entscheidung des Schicksals des hier zu betrachtenden Volksstammes von der Vorsehung anheimgestellt ist, und dann als ein selbstständiges Glied desselben, welches mehrere Jahrhunderte lang von dem größten Einfluß auf das Leben und die Schicksale jener Völker gewesen ist.

Das Wasserbecken des Ilmen-Sees und die Handelsstadt Nowgorod.

Das schöne Wasserbassin des Ilmen-Sees (Ilmen Osero), welches unmittelbar am Nordwestfuße der Waldai-Höhen gelegen ist [68]), wird von vielen wasserreichen Quellströmen ernährt, welche ihm von drei Seiten von Osten, Süden und Westen von jenen angelagerten Höhen zufließen. Darunter ist am bedeutendsten der von Süden von den niedern Sumpfhöhen von Weliki Luki, in der Nähe von Witepsk, kommende Lowat, welcher an 400 Werst durchläuft, und auf drei Viertel seines Laufes schiffbar ist [69]). An seiner Mündung sich mit zwei Nebenflüssen vereinigend, der Pola und Polista, ergießt sich der Lowat in den See bei dem durch seine Salzwerke bekannten Städtchen Staraja Russa, gerade westwärts von Waldai unter dem 58. Parallelkreise gelegen [70]). Von Osten her kommt die für die Wasserverbindung des centralen Rußland so wichtige,

68) Georgi, geograph. Beschreibung I. S. 320.
69) Rußlands Wasserverbindungen S. 23.
70) Georgi, geograph. Beschreibung II. 1. S. 151.

aber durch ihre Kataракten und Stromschnellen so gefahrvolle Msta. Sie hat ihre Quellen auf dem Tafellande der Wolga-Höhen bei dem Orte Wyschni Wolotschok im Südosten von dem Städtchen Waldai [71]), sie strömt nach Nordwesten bei Borowitsche vorüber, und geht von da in einem nordwärts gekrümmten Bogen gegen Westen zum Ilmen-See, den sie gleich unterhalb des Fleckens Broniza oder Bronizkoi Jam erreicht. Dieser Ort liegt schon am Fuße der Waldai-Höhen in einer weiten Ebene, welche mit mächtigen Trümmerblöcken von rothem und grauem Granit bedeckt ist [72]). Pallas traf hier die ersten hohen Grabhügel, mit welchen jene Tafelhöhen weiter gegen Südost besetzt sind [73]). Auf ihrem an 300 Werst langen Lauf von Wyschni Wolotschok bis zum Ilmen-See hat die Msta das bedeutende Gefälle von 730 Fuß [74]), und daraus ergiebt sich, daß, wenn man das Quellgebiet derselben ungefähr in eine gleiche Höhe mit den benachbarten Wolga-Quellen über dem Spiegel des Meeres setzt, der Spiegel des Ilmen-Sees nur an 100 Fuß hoch oder weniges darüber, also schon in einer Tiefebene gelegen ist. Obschon der jähe Fall der Msta durch ihre großen Krümmungen bedeutend gemindert werden muß, da der Abstand ihrer Quellen von der Mündung nur an 25 Meilen beträgt, und sie also eine doppelte Strecke zu durchlaufen hat, so zeigen sich in ihr doch fünf gefährliche Katarakten, der Salpinskoi Porog, 25 Werst von Wyschni Wolotschok, der Roschkinskoi Porog, wieder 25 Werst weiter abwärts, der Bossudinskoi Porog, an 35 Werst weiter abwärts, dann der Borowizkoi Porog, an 30 Werst weiter abwärts, und hier ist der größte und heftigste Fall der Msta. Diese Borowitzkischen Fälle betragen auf einer Strecke von 30 Werst an 30 Faden zwischen den beiden Stapelplätzen Opotschensk und Poterpelitz, und daher gehen die Fahrzeuge daselbst mit so großer Schnelligkeit, daß sie selbst im Sommer

71) Heym, geograph. topograph. Encyklopädie S. 513.
72) Coxe, Reise durch Polen und Rußland I. S. 317.
73) Pallas, Reisen durch versch. Prov. I. S. 6.
74) Rußlands Wasserverbindungen. S. 48.

bei einem geringen Wasserstande jene 30 Werst in 3 Stunden zurücklegen. Und früher, als man noch nicht das hohe Frühjahrswasser dämpfen konnte, vor Anlegung der großen Kanalbauten in diesem Gebiete, sollen kühne Bootsfahrer mit ihren Fahrzeugen bei einem Wasserstande von 5 Arschin am Pristan jene Fälle in der Zeit von nur 70 Minuten durchsetzt haben, wenn sie nicht das gar häufige Schicksal betraf zu scheitern. An 80 Werst weiter unterhalb folgt dann der fünfte Katarakt, der Svetlizkoi Porog, und mit nur noch unbedeutenden Hemmungen erreicht sodann die Msta den Ilmen-See [75]).

Nicht weit von ihrer Einmündung entladet sich jener See in seiner nördlichsten Spitze durch den in fast grader Linie nach Nordnordost abfließenden Wolchow-Fluß, welcher seine Wasserfülle zum Ladoga-See führt. Nur an 5 Werst von dem Ausflusse des Wolchow liegt die alte Metropole Nowgorod in einer sehr fruchtbaren Umgebung [76]). Sie besteht aus zwei Theilen, welche durch eine Brücke über den Fluß mit einander verbunden sind. Der westliche Theil heißt die Sophienseite (Sopheiskaja Storona) nach der Hauptkirche der heiligen Sophia, welche letztere nebst dem erzbischöflichen Palaste in einem mit steinernen Mauern umgebenen Schlosse, dem sogenannten Kreml, liegt. Der östliche Theil umfaßt die eigentliche Stadt, und er heißt die Handlungsseite (Torgowaja Storona) wegen des daselbst seit alten Zeiten betriebenen Handelsverkehrs [77]). Das Schloß ist zwar ziemlich ausgedehnt, aber in schlechtem Zustande, und soll nach dem Plane des Kremls von Moskau am Ende des funfzehnten Jahrhunderts angelegt sein [78]). Die ganze Stadt ist jetzt sehr in Verfall, hat kaum den funfzigsten Theil ihrer ehemaligen Bevölkerung und zeigt überall in ihren alten großen Bauten nur Überbleibsel ihrer gefallenen Größe und die traurigen Denkmale ihres ehemaligen Glanzes [79]). Von Nowgorod an ergießt sich der

---

75) Güldenstädt, Reisen durch Rußland II. S. 463, 464.

76) Pallas, Reisen durch versch. Prov. I. S. 4.

77) Müller, Sammlung russ. Geschichte V. S. 381.

78) Clarke, travels thr. various countries I. p. 29.

79) Coxe, Reise durch Polen und Rußland I. S. 330.

Wolchow durch eine niedere zum Theil mit Wald bedeckte Gegend in einer Breite von 200 Faden [80]). Wegen der starken Senkung seiner Stromrinne, welche bei der nur geringen Entfernung des Ilmen- vom Ladoga-See von 25 Meilen, noch gegen 100 Fuß betragen muß, hat er eine heftige Strömung, und dazu kommen, gleich wie in der Stromrinne der Newa, verschiedene Felsblöcke, welche kleine Katarakten und Stromschnellen bilden, wie die Ptschewskischen Fälle, deren Überwindung zur Sicherung der Schifffahrt erst in der neuesten Zeit gelungen ist [81]). Der Wolchow erreicht den Ladoga-See bei dem gleichnamigen Orte Nowaja Ladoga.

Schon seit den ältesten Zeiten der nordischen Geschichte spielt das gesammte Küstengebiet auf der Nordwestseite der Waldai-Höhen bis zum Ladoga-See und zum finnischen Golfe, wegen seiner eigenthümlichen Weltstellung, in der Geschichte der Völker eine bedeutende Rolle. Indem gerade hier die Centrallandschaften der osteuropäischen Ebenen am meisten gegen den germanischen Norden, Skandinavien, aufgeschlossen sind, mußte sich daraus frühzeitig eine Berührung und ein gewisser Verkehr der Bewohner des Ostens von Europa mit jenem Norden ergeben, und gerade von hier aus verbreitete sich der Einfluß des germanischen Lebens, insofern dasselbe die Entwickelungskeime für den Bildungszustand der neuern Welt enthielt, über den europäischen Osten, und erhob einen großen Theil des bis dahin noch schlummernden Slavenstammes zu einem höhern sittlich-politischen Leben. Sobald die Normannen anfingen das baltische Meer mit ihren kleinen Geschwadern zu bedecken und in dem Gebiete Finnlands sich festzusetzen, erscheinen sie auch in diesem finnisch-slavischen Littorale [82]), und unternahmen von hier ihre weitern Züge bis zu den Gestaden des Pontus und bis zu der alten Kaiserstadt am Bosporus. Schon lange vor der Begründung des russischen Staates zu Nowgorod wa-

80) Georgi, geograph. Beschreibung I. S. 321.

81) Rußlands Wasserverbindungen. S. 47.

82) Storch, historisch-statistisches Gemälde des russischen Reiches IV. S. 42, 60.

ren die Normannen bei den finnischen und slavischen Völkern dieser Gegend wohl bekannt [83]), und die frühzeitige Kunde von dem byzantinischen Reiche, dem sogenannten Grikia, im skandinavischen Norden spricht für den alten Verkehr der Normannen nach jenem Lande, wo sie als Waräger zu großem Ansehen gelangten, obschon der Name Grikia keinesweges immer nur auf das Byzantiner Reich zu beziehen ist, sondern im weitern Umfange auch die osteuropäischen Landschaften mit umfaßte [84]). Die Anknüpfung eines Handelsverkehrs zum Austausch der Produkte und vornehmlich zur Gewinnung der kostbaren Produkte des Orientes [85]) konnte hier der Ansiedlung der Normannen um so leichter folgen, als der alte Handelsweg der Aorsen nach Biarmaland in der Nähe dieser Gebiete das östliche Europa durchsetzte. Auf die Spaltung und Verzweigung dieser Handelsstraße in den Ländern der Chasaren und Bulgaren werden wir weiter unten in dem Stromgebiet der Wolga zurückzukommen haben. Das biarmische und slavische Holmgard waren die beiden großen Ausgangspunkte der orientalischen Handelsstraßen gegen den germanischen Norden.

So wie nun das baltische Meer bei den Normannen den Namen Austurveg ursprünglich führte als die große Heerstraße zu den Ländern des Ostens, so bekam auch jenes Littorale den Namen Austurgard oder Ostrogard, d. h. das Land gegen Morgen [86]). Auch möchte nach Schlözers Annahme das bei den Skandinaviern so berühmte Asgard nichts als eine Verkürzung jenes Namens sein. Dasselbe Gebiet erscheint sodann unter den Namen Gardarike und Holmgard, so

---

83) Depping, histoire des expéditions maritimes des Normands et de leur établissement en France. Paris 1826. 8, Tom. I. p. 63, 69.

84) Schlözer, allgem. nordische Geschichte. S. 541, 547. Vergl. Karamsin, russische Geschichte I. S. 37 bis 39 und 43 Anmerk. 111.

85) Fischer, Geschichte des deutschen Handels. Hannover 1785. 8. Th. I. S. 201, 208. Rasmussen, de Orientis commercio cum Russia et Scandinavia medio aevo. Havniae 1825. 4. p. 15—18.

86) Ewers, kritische Vorarbeiten zur Geschichte der Russen. Dorpat 1814. 8. S. 35. Müller, Sammlung russ. Geschichte V. S. 384.

daß der erstere wohl wieder nur durch Abkürzung aus dem letztern, nämlich Holmgards-rike, entstanden ist [87]). Denn Holmgard bedeutete, wie noch jetzt in der Sprache der Normannen, eine Inselstadt, und in einigen skandinavischen Sagen wird Holmgard ausdrücklich als Hauptstadt des Landes Gardarike genannt. Unentschieden muß es freilich dabei bleiben, ob dieser Name sich hier und in dem Mündungslande der Dwina in Bjarmien unabhängig von einander durch die Normannen fixirt habe, oder ob er von dort, wo sich derselbe auch an ein ursprünglich permisches Wort angeschlossen haben mag, hierher verpflanzt worden sei [88]). Wenn dann aber auch später der Name Holmgard die Stadt Nowgorod bezeichnete [89]), so kann dies, worauf schon die Bedeutung des slavischen Namens hinweiset, nicht von Anfang an der Fall gewesen sein. Daher bemerkt auch schon Strahlenberg mit Recht, Holmgard sei eine Landschaft im Osten von Esthland am Ladoga-See, und dort sei Aldejaborg, das spätere Ladoga, die alte Hauptstadt der holmgardischen Könige gewesen und schon vor Nowgorods Zeit der Stapelplatz des nordischen Handels [90]). Dieses Aldejaborg (Aldejgoburg oder Aldeigu Borgar) entweder an der Einmündung des Wolchow oder an dem Ausfluß der Newa aus jenem See gelegen, bei den Slaven mit dem entsprechenden Namen Starygorod, d. h. die alte Stadt, genannt, ist unstreitig das älteste baltische Holmgard, von wo sich dieser Name sodann durch die normannischen Russen im neunten Jahrhundert nach dem Orte am obern Wolchow verpflanzte, so daß wir nothwendig das Land von der Newa und von dem Ladoga-See an bis zum Ilmen-See hinauf als das Land Gardarike im engern Sinne und als das eigentliche und ursprüngliche Rußland oder das Land der normannischen Russen betrachten müssen [91]). Ob aber das Aldejaborg ursprünglich eine

87) Schlözer, a. a. O. S. 503.

88) Müller, a. a. O. V. S. 384.

89) Eymundar Saga, in den Dorpater Jahrbüchern. Riga 1834. 8. Th. II. S. 10.

90) Strahlenberg, der N. und O. Theil von Europa. S. 95.

91) Karamsin, russische Geschichte I. S. 93.

normannische oder slavische Gründung war, möchte sich wohl schwerlich entscheiden lassen, so wenig wie die genauere Lage desselben; Normannen und Slaven hatten wohl gleichen Antheil an der Entstehung des Ortes. Doch scheint, wie Schlözer vermuthet [92]), der Name des benachbarten Sees mit jenem Ortsnamen genau zusammenzuhängen, sei es nun, daß der Ort nach dem See, der auch Alda oder Aldoga geheißen haben soll, benannt sei, oder daß der See nach dem deutschen Namen der Stadt seine Bezeichnung bei den Slaven empfangen habe. Denn die slavischen und normannischen und vielleicht auch finnischen Namen sind hier wie bei Holmgard und Cholmogory durch die historische Entwickelung so mit einander verwachsen, daß eine bestimmtere Sonderung kaum mehr möglich scheint.

Im Gegensatz gegen Aldejaborg (Starygorod) scheint nun die Stadt am obern Wolchow als Herrschersitz der seit der Mitte des neunten Jahrhunderts hier auftretenden normannischen Dynastie den Namen Nowgorod empfangen zu haben, obgleich auch hier schon von den russischen Chronisten der Unterschied von einer ältern und jüngern Stadt hervorgehoben wird. Denn daß schon lange vor dem Auftreten jenes Herrscherstammes, der Dynastie Ruriks, hier ein Ort vorhanden war, steht fest, keinesweges aber daß von slavischen Ankömmlingen von Süden her schon im fünften Jahrhundert hier eine Stadt gegründet worden, so wenig wie es sich darthun läßt, daß in jenen Zeiten schon bis zu diesem Norden in die Mitte finnischer Völker eine slavische Ansiedlung vorgedrungen sei. Die von Nestor berichteten Wanderungen der slavischen Völker

---

92) Schlözer, allgem. nordische Geschichte. S. 501 Anmerk. 48. Vergl. Karamsin, russ. Geschichte I. S. 300 Anmerk. 268, S. 375 Anmerk. 451. Nach Karamsins Annahme würde Aldejaborg mit Alt-Ladoga an der Ausmündung des Wolchow in jenen See zusammenfallen. Russ. Geschichte I. S. 185, II. S. 20. Diese Annahme scheint sich auch um so mehr zu rechtfertigen, als man noch in des ältern Gmelin Zeit zu Staraja Ladoga, an 12 Werst oberhalb Nowaja Ladoga, Überreste einer alten Festung und beträchtliche Steinmauern vorfand, die auf einen mehr als gewöhnlichen slavischen Ort hinweisen möchten. Gmelin, Reise durch Sibirien IV. S. 680.

nach Norden [93]) hängen vermuthlich erst mit den Revolutionen in den pontischen Landschaften zusammen, welche die Zertrümmerung der großen Avaren-Herrschaft durch die Erhebung der Bulgaren gegen sie begleiteten und ihr folgten [94]). Die älteste slavische Ansiedlung in diesem Gebiete mag das von den nowgorodischen Chroniken erwähnte Slowensk gewesen sein, welches einige Werst oberhalb der jetzigen Stadt Nowgorod gestanden haben soll, dort wo man noch jetzt das Staroe Gorodischtsche nennt; und erst nach der Verwüstung jenes Ortes durch Pest und Krieg soll durch neu hinzukommende slavische Bevölkerung die neue Stadt am Ilmen-See begründet worden sein [95]). Der etwas dunkle Bericht des Jornandes [96]) im sechsten Jahrhundert von der Ausdehnung der Slaven zu jener Zeit, welchen der verdienstvolle russische Geschichtsforscher Müller, dem wir die erste Geschichte der merkwürdigen Stadt Nowgorod verdanken, als Beweis für den frühen Ursprung Nowgorods benutzen zu können glaubte, obschon auch er ihn nicht völlig zu deuten wußte, beweiset, wie schon von Schaffarik dargethan worden ist [97]), in dieser Beziehung gar nichts, und geht nach Vergleichung der bessern Lesearten des Textes des Jornandes auf ganz andere Verhältnisse [98]).

Schon früher ist von uns angedeutet worden, daß die osteuropäischen Ebenen seit Alters das große Passageland

---

93) Nestor, älteste Jahrbücher der russ. Geschichte nach Scherer. S. 41, 42.

94) Thunmann, Untersuchungen über die Geschicht der östlichen europäischen Völker. Leipzig 1774. 8. Th. I. S. 95, 97.

95) Müller, Sammlung russ. Geschichte V. S. 382, 383.

96) Jornandes, de rebus Geticis bei Muratori, scriptores rer. Ital. Mediolan. 1723. fol. Tom. I. c. 5. p. 194.

97) P. J. Schaffarik, über die Abkunft der Slaven nach Ler. Surowiecky. Ofen 1828. 8. S. 114 bis 124.

98) Leider besitzen wir seit jenem ersten Entwurfe der Geschichte Nowgorods noch keine besondere Bearbeitung dieses Gegenstandes, der hier nur seinen Hauptzügen nach verfolgt werden kann; denn das einzige Werk dieser Art von J. G. de Lizakevitz, essai abrégé de l'histoire de Nowgorod. Copenhague 1771. 8. ist nichts als ein dürftiger Auszug aus der Arbeit des russischen Staatsrathes.

des indisch-orientalischen Welthandels gewesen seien, und daß die Hauptzuglinie desselben dem Laufe der Wolga aufwärts nach dem Lande Bjarmien an der untern Dwina gefolgt, und dort frühzeitig mit der großen Seestraße der Normannen um die Nordenden Europas herum in Verbindung getreten sei. Aber das rege merkantilische Leben auf den Gewässern des baltischen Meeres und der blühende Zustand der wendischen und normannischen Emporien an seinen Gestaden schon vor dem neunten Jahrhundert [99]) beweisen noch das Dasein einer andern großen Handelsstraße, welche jene Ebenen von dem pontischen Meere aus zu den südöstlichen Küstengebieten des baltischen Meeres durchsetzte; und durch zahlreiche Zeugnisse der ältern deutschen und normannischen Berichterstatter wird dieselbe außer Zweifel gesetzt [100]). Der russische Chronist Nestor ist der erste, welcher uns diesen Handelsweg näher bezeichnet. Er führte von dem griechischen oder russischen Meere, wie Nestor den Pontus bezeichnet, den Wasserlauf des Dnepr aufwärts und auf dem Lowat-Fluß hinab zum Ilmen-See, und dann durch den Wolchow zum großen See Newa, und durch dessen gleichnamigen Ausfluß, die Newa, zum warägischen Meere [1]). Diese, wie es scheint, in die frühern Zeiten des Mittelalters zurückgehende Handelsstraße schließt sich aber offenbar an eine schon im Alterthum die Grenzgebiete zwischen dem östlichen und westlichen Europa durchsetzende Straße an, welche von den spätern preußischen Gestaden der Ostsee auf einem zwiefachen Wege, gegen Südost und gegen Südwest, den fernen Norden der alten Welt mit den Kulturländern des Südens verband [2]). . Der Bernsteinhandel bewirkte die Anknüpfung eines solchen Verkehrs, und lange vorher ehe die Römer von ihrer Donauprovinz Pannonien aus diese Verbindung

---

99) Fischer, Geschichte des deutschen Handels. Hannover 1785. 8. Th. I. S. 180, 192, 212.

100) Storch, Gemälde des russischen Reiches IV. S. 98.

1) Nestor, älteste Jahrbücher der russischen Geschichte nach Scherer. S. 42.

2) Joh. Voigt, Geschichte von Preußen. Königsberg 1827. 8. Th. I. S. 82, 90.

dung eröffneten [3]), und die Straßen den Barbaren zeigten, auf welchen diese später zuerst in das Römerreich einzudringen suchten, hatten schon die Griechen von ihren pontischen Kolonien aus und vornehmlich die Milesier, vermuthlich nach Anleitung der Phönicier, in deren Fußtapfen sie vielfach traten, mit jenen baltischen Küstenländern einen Verkehr unterhalten [4]).

Auf diesem Handelswege fanden die in den griechischen Hafenstädten am Pontus aufgestapelten indischen Waaren einen Abzugskanal nach dem Norden, und normannische Handelsleute waren es, welche dieselben nach den baltischen Küstenlandschaften führten, von wo sie durch die dort anlandenden normannischen und wendischen Handelsflotten sich über den Norden und Westen Europas verbreiteten [5]). Bald nahmen auch die slavischen Völkerschaften an diesem ihr Gebiet durchsetzenden Handelsverkehr Antheil, und so blüheten hier die beiden Emporien Kiew und Nowgorod empor, deren Ruhm sich weithin bei den deutschen und normannischen Völkern verbreitete [6]). Beide Emporien müssen schon im achten Jahrhundert vorhanden gewesen sein, und sie erhielten nun einen neuen Aufschwung durch die im Verlauf des neunten Jahrhunderts in beiden begründete normannische Herrschaft. Als der Normanne Rurik den russischen Staat in Nowgorod begründete [7]) und damit den Anfangspunkt für die eigenthümliche Entwickelung gab, welche freilich erst nach Verlauf von beinahe einem Jahrtausend in der von europäischer Seite aus beherrschten Verbindung zwischen dem Abendlande und Morgenlande zur Reife kommen sollte, fand er das eigentliche Rußland schon als Stapelplatz der morgenländischen Waaren vor. Die Befestigung des friedlichen Verhältnisses unter den von seinem Staate zu Nowgorod umfaßten Völkern von normannischer,

3) Plinius, hist. nat. XXXVII. 11. §. 2.

4) Schlözer, allgem. nordische Geschichte. S. 8, 26, 29, 34, 36. Fischer, Geschichte des deutschen Handels I. S. 121 bis 123.

5) Ihre und Erichsen, von den Reisen der Normänner und Isländer bei Schlözer a. a. O. S. 541.

6) Storch, Gemälde des russischen Reiches IV. S. 65.

7) Karamsin, russische Geschichte I. S. 93, 94.

slavischer und finnischer Abstammung, das Ankommen so vieler an Handel und Seefahrten gewöhnter Ausländer, die Kraft der neuen Regierung und die Verbreitung der normannischen Herrschaft in Verbindung mit einer gesetzmäßigen bürgerlichen Ordnung über so viele Gegenden und Völker, die früher kaum bekannt waren, mußten natürlich eben so viele Beförderungsmittel des Handels werden, dessen Vortheile sich die neue Residenz jener Normannen-Dynastie zueignete [8]). Zwar blieb Nowgorod nur an zwei Decennien der Sitz jenes Herrscherstammes, welcher weiter nach Süden, nach Kiew am Dnepr wanderte, doch büßte die Stadt dadurch nichts ein, indem auch Ruriks Söhne und Enkel Igor, Swätoslaw und Wladimir für die Erhaltung und Erweiterung des Handelsverkehrs auf dieser Straße über die beiden Hauptstädte ihrer Herrschaft bemüht waren [9]), und gerade dieser Umstand, daß Nowgorod dem politischen Centralpunkte des russischen Reiches mehr entrückt wurde, begünstigte die später dort eintretende eigenthümliche Entwickelung, durch welche diese Stadt unter allen slavischen so einzig ist. Durch Wladimir den Großen wurde zu Nowgorod auch die christliche Religion eingeführt und der erste Grund zu der Sophienkirche gelegt. Sein Sohn, der Großfürst Jaroslaw, welcher noch bei Lebzeiten des Vaters die Herrschaft zu Nowgorod geführt hatte, nahm besondern Antheil an der Blüthe derselben, und indem er ihr das berühmte Stadtrecht, die Prawda, ertheilte, die ersten schriftlichen Gesetze, welche mit den normannischen Rechtsnormen genau übereinstimmen [10]), legte er den ersten Grund zu der nachmaligen größern Selbstständigkeit und republikanischen Gestaltung Nowgorods. Überdies ertheilte ihr Jaroslaw mancherlei Vorrechte vor den übrigen Städten seines Reiches; auch mußte die Unter-

---

8) Storch, Gemälde des russ. Reiches IV. S. 76.

9) Karamsin, russische Geschichte I. S. 123, 135, 196.

10) Müller, Sammlung russ. Geschichte V. S. 394. Vergl. Prawda Ruskaja oder ältestes Gesetzbuch der Russen in G. Ewers und M. v. Engelhardt, Beiträge zur Kenntniß Rußlands und seiner Geschichte. Dorpat 1816. 8. Th. I. S. 299 bis 324.

jochung der benachbarten finnischen Stämme in den Küstengebieten von Esthland und Livland, theils durch Jaroslaw selbst, theils durch seinen Sohn Wladimir, welcher unter seiner Oberhoheit in den Jahren 1036 bis 1051 Nowgorod verwaltete und daselbst den Kreml und die Sophienkirche in Stein erbauete, zur Hebung der Stadt beitragen, und dies alles machte den Fürsten bei dem nowgorodischen Volke so beliebt, daß sein Andenken noch lange nach seinem Tode, im Jahre 1054, in dem Namen des fürstlichen Pallastes zu Nowgorod, in dem Jaroslawl Dwor, fortgedauert hat [11]).

Je mehr Nowgorod durch seine Lage den Partheikämpfen unter den zahlreichen russischen Theilfürsten nach des großen Wladimir Tode entrückt war, indem alle diese ihre Aufmerksamkeit mehr nach dem Süden und nach Kiew wandten, desto ungestörter konnte die Stadt emporblühen, und wenn auch die Ausbreitung nowgorodischer Herrschaft über die Gegenden des großen Wolok zwischen der Wolga und Dwina und über die eigentlichen nordischen Gebiete der sarmatischen Ebenen nicht mehr der Regierung Jaroslaws und überhaupt nicht der Zeit des eilften Jahrhunderts angehört [12]), so zeigen doch die Berichte von den Zügen der Nowgoroder nach den eisernen Pforten (s. Abth. I. S. 93), welch kühner Unternehmungsgeist die Handelsleute jener Stadt schon in den Zeiten Jaroslaws beseelte; und wie man schon damals an die Begründung einer nordischen Herrschaft, wie wir sie im zwölften Jahrhundert wahrnehmen und welche in vielfacher Beziehung mit der Herrschaft der Handelsstadt Karthago in Afrika zu vergleichen ist, gedacht habe. Um so weiter hatte sich aber schon im Verlauf des zehnten Jahrhunderts der Ruhm dieser Stadt nach Süden verbreitet. Denn theils der Zug der großen Handelsstraße über Kiew nach dem Pontus und nach der Kaiserstadt am Bosporus, theils die Kriegszüge der russischen Fürsten schon seit Ruriks Zeit nach dem byzantinischen Reiche, wie von Oleg, dem

---

11) Müller, Sammlung russ. Geschichte V. S. 396 bis 398.

12) Sjögren, in den Mémoires de l'Académie de St. Pétersbourg. 1832. 4. Sér. VI. Tom. I. p. 494.

Vormund von Igor, Ruriks Sohn, von Igor selbst und von Swätoslaw [13]) brachten die Stadt zur Kunde der Byzantiner, und der kenntnißreiche Kaiser Constantinus Porphyrogenneta um die Mitte des zehnten Jahrhunderts nennt uns Nowgorod (Nemogarda) als den nördlichen Ausgangspunkt der pontisch-baltischen Handelsstraße, obschon er irriger Weise eine völlige Wasserverbindung zwischen jener Stadt und Kiew am Dnepr voraussetzte [14]). Noch während des eilften Jahrhunderts war Nowgorod das einzige Emporium in den östlichen Küstenlandschaften des baltischen Meeres, von dessen Blüthe die der mehr abendwärts gelegenen Emporien Vinetha, Schleswig und Wisby auf der Insel Gothland, welche nach einander daselbst aufblüheten [15]), mehr oder minder abhängig war, und wenn seit jener Zeit sich auch noch einige andere Handelsstädte in dem nordwestlichen Gardarike erhoben, wie das selbst von den Byzantinern genannte Pleskow [16]), so behielt doch Nowgorod einen unbestrittenen Vorrang. Es entwickelte eine bedeutende politische Macht, und wurde gleich wie das alte Karthago eine erobernde Republik.

Seit dem Anfange des zwölften Jahrhunderts, sagt der Geschichtschreiber Nowgorods, fing eine Zeit von Unruhen an, wie man sie in solcher Stadt nicht vermuthen sollte. Es erwachte ein republikanischer Geist, genährt durch das Vorherrschen der merkantilischen Interessen, und dieser trat immer stärker hervor, als die politische Macht des russischen Staates, wie sie durch einen Swätoslaw, Wladimir den Großen und seinen Sohn Jaroslaw in dem Jahrhundert von 950 bis 1050 begründet worden, durch die vielfachen Zertheilungen des Reiches unter Wladimirs Söhne zersplittert und sodann durch die stets zunehmenden Zwistigkeiten und innerlichen Kriege der zahlreichen russischen Theilfürsten um den Besitz von Kiew und die

---

13) Karamsin, russische Geschichte I. S. 95, 106, 120, 141.

14) Constantinus. de administr. imperio bei Banduri, imperium orient. Paris 1711. fol. Tom. I. p. 59.

15) Fischer, Geschichte des deutschen Handels I. S. 180, 185, 212.

16) Storch, Gemälde des russ. Reiches IV. S. 106.

großfürstliche Würde fast gänzlich vernichtet worden war [17]. Zwar blieb Nowgorod auch noch im zwölften Jahrhundert von den Großfürsten zu Kiew abhängig, welche nach dem jedesmaligen Zustande ihrer Macht besondere Fürsten hierher setzten, aber die Nowgoroder wollten diese Fürsten nicht mehr als unumschränkte Herrscher ansehen, sie verlangten die genaue Anerkennung des ihnen angeblich von Jaroslaw ertheilten Freibriefes und nahmen überdies das Recht in Anspruch ihre Theilfürsten sich selbst zu wählen und sie wiederum zu verjagen, wenn sie ihren Interessen nicht zusagten [18]. So sehen wir denn die große Reihe der nowgorodischen Fürsten nach des russischen Geschichtschreibers, Müller, Angabe, welche sämmtlich nur nach Nowgorod zur Übernahme der Herrschaft kamen, um sie bald ihren Nachfolgern zu hinterlassen, und welche sich theils freiwillig der beschränkten Gewalt begaben, theils dazu gezwungen wurden. Die alte normannische Heldenkraft war, ähnlich wie bei den Merowingen, aus den zahllosen Enkeln des großen Wladimir fast gänzlich gewichen, die blutigen Bürgerkriege im Rurikingen-Stamme zwischen den Nachkommen des Oleg Swätoslawitsch und des Wladimir Wsewolodowitsch Monomachus, der beiden Enkel des Großfürsten Jaroslaw, um das Großfürstenthum zu Kiew in der Mitte des zwölften Jahrhunderts [19]) verursachten den baldigen Fall desselben und lösten immer mehr das Band, welches Nowgorod an den russischen Staat knüpfte, so daß es diese Stadt bald nicht ohne Glück wagen durfte der Macht des neu begründeten Großfürstenthums zu Wladimir und Susdal zu trotzen [20]).

Diese Zeit der politischen Umgestaltung im südlichen Rußland benutzte Nowgorod zu seiner eigenen Erhebung. Nach der Begründung von Wologda im Lande Sawolotschje folgte die Eroberung der weiten Landschaften im Stromgebiet der Dwina bis zum Ural, bis zum Lande Jugrien, und indem

---

17) Müller, Sammlung russ. Geschichte V. S. 403.
18) Karamsin, russische Geschichte II. S. 30.
19) Karamsin, a. a. O. II. S. 155.
20) Müller, Sammlung russ. Geschichte V. S. 407.

die Nowgoroder die alte Bekanntschaft der Slaven mit dem reichen Handelsvolke der Bulgaren an der mittleren Wolga benutzten, um auch dort Handelskolonien zu errichten, zogen sie mit der gleichzeitigen Unterjochung der Bulgaren durch die Großfürsten zu Wladimir [21]) den größten Theil des Waarenzuges von der kaspisch-wolgischen Handelsstraße die obere Wolga nach Westen aufwärts in ihr Gebiet. Die Nowgoroder wurden so in der zweiten Hälfte des zwölften Jahrhunderts die Erben des Handelsverkehrs der Bulgaren und Bjarmen an der mittleren Wolga, Kama und Dwina [22]). Dennoch durfte diese zu einem förmlichen Staate angewachsene Stadt aus mancherlei Gründen nicht daran denken, sich gänzlich von dem übrigen in sich zerfallenen russischen Staate loszureißen; Nowgorod entrichtete schon damals für seine fernen nordischen Besitzungen einen Tribut an die Großfürsten, der unter dem Namen des petschorischen bekannt ist, und die Ausdehnung der nowgorodischen Herrschaft nach Nordosten hin bestimmt genug bezeichnet [23]). Und so oft wieder ein kräftigerer Fürst den großfürstlichen Stuhl zu Wladimir und Susdal einnahm, wie der durch seinen Sieg an der Newa berühmte Großfürst Alexander Jaroslawitsch aus dem Stamme des Wladimir Monomachus in der ersten Hälfte des dreizehnten Jahrhunderts, so oft wurde auch das Band zwischen beiden Theilen wieder fester geknüpft. Denn vielfache Gefahren bedroheten seit dem Anfange jenes Jahrhunderts nicht nur den Handel, sondern auch die politische Existenz des nowgorodischen Staates in seinen weiten Besitzungen. Außer der Festsetzung der Deutschen in den baltischen Küstenlandschaften im Westen von Nowgorod und der Begründung einer mächtigen Herrschaft daselbst durch die deutschen Ritterorden in Livland und Esthland [24]), erfolgte damals auch die erobernde Ausbreitung der

---

21) Nestor, älteste Jahrbücher der russ. Geschichte, nach Scherer. S. 245, 246.

22) Storch, Gemälde des russ. Reiches IV. S. 120, 121.

23) Karamsin, russische Geschichte II. S. 149.

24) Voigt, Geschichte von Preußen I. S. 380, 411, 412.

Schweden über das finnländische Gebiet von Tawastland und Karelien [25]), und der Fürst Alexander Jaroslawitsch, welcher schon unter seinem Vater, dem wladimirschen Großfürsten Jaroslaw II. Wsewolodowitsch an zwanzig Jahre lang, von 1227 bis 1247, Nowgorod als ein Theilfürstenthum beherrschte, hatte selbst an der Newa die harten Kämpfe mit den Schweden zu bestehen, welche ihm den ehrenvollen Namen Newsky verschafften [26]).

Die Hauptgefahr für Nowgorod schien aber von Osten her, von Asien aus, zu kommen in den Eroberungs- und Verwüstungszügen der Mongolen und der turktatarischen Völker, von welchen der gesammte russische Staat überschwemmt und auf Jahrhunderte in Knechtschaft erhalten wurde. Zwar gelang es der Stadt selbst bei dem allgemeinen Untergange der früheren Ordnung der Dinge in den weiten sarmatischen Ebenen der Verwüstung durch die Raubhorden des Batuchan, welcher sich im Jahre 1238 nur bis auf 100 Werst derselben genähert hatte [27]), wie durch ein Wunder zu entgehen, aber die Verheerung seiner entlegenen Besitzungen durch die wilden Schaaren, welche sich plündernd und zerstörend bis zum äußersten Norden hin ergossen, konnte Nowgorod nicht verhindern [28]), und noch nachtheiliger mußte die gänzliche Unterbrechung und Vernichtung der von den pontischen und kaspischen Gestaden nach Nowgorod hinführenden Handelsstraßen werden. Dennoch beginnt jetzt erst die eigentliche Glanzperiode der Handelsstadt und die welthistorische Wichtigkeit derselben besonders rücksichtlich ihres Einflusses auf die Weiterentwickelung des fast zu Grabe gegangenen russischen Staates. Nowgorod mit dem Gebiet des alten Gardarike war der einzige Theil jenes Staates, welcher nicht unmittelbar von dem Gifthauche, der sich von den Barbarenhorden Kaptschaks an der untern Wolga über

---

25) Geijer, Geschichte von Schweden. Hamburg 1832. 8. Th. I. S. 142, 152.

26) Müller, Sammlung russ. Geschichte V. S. 413.

27) Karamsin, russische Geschichte III. S. 238.

28) Sprengel, Geschichte der geograph. Entdeckungen. S. 286, 288.

einen Theil Europas verbreitete, berührt wurde, wenngleich es der Abhängigkeit von ihnen sich nicht ganz entziehen konnte. Aber so wie früher mit der Ansiedelung der Normannen in der Stadt am Ilmen-See und mit der Verpflanzung germanischer Lebensverhältnisse hierher ein höheres sittlich-politisches Leben für das gesammte Ost-Europa erweckt wurde, so wurde nun bei der allgemeinen Erniedrigung in jenen Gebieten die alte Verbindung mit der germanischen Welt um so mehr erneuert, die einmal angepflanzten und von dem slavischen Volksleben nicht erstickten Keime entfalteten sich durch die erneute Verbindung befruchtet weiter, und erzeugten hier das germanisch-slavische Staatsleben, welches nachmals der aus seinem langen Schlafe erwachende russische Staat sich nur anzueignen hatte, um wieder in die Reihe der europäischen Staaten eintreten zu können. Nowgorods Blüthe, Macht und Bedeutsamkeit dauerte so lange, bis das am Ende des funfzehnten Jahrhunderts sich wieder erhebende Rußland das asiatische Sklavenjoch abschüttelte und sein altes ihm zum Theil entfremdetes Mutterland wieder in sich aufnahm. So wenig jedoch Nowgorod selbst in den Zeiten seiner größten Macht jemals den Versuch machte, das Band, durch welches es an den russischen Staat geknüpft war, gänzlich zu zerreißen, immer noch durch eine gewisse Pietät zu den von ihr ausgegangenen großfürstlichen Herrschaften zu Wladimir und später zu Moskau hingezogen wurde, und diese auch gegen mancherlei Feinde gleichsam als einen Rückhalt gebrauchte, so wenig konnten Wladimirs und Moskaus Fürsten der reichen Handelsstadt entbehren; und bezweifeln ließe es sich, ob diese, ohne den dort herrschenden Geist in sich aufgenommen zu haben und ohne durch Nowgorods materielle Hülfsmittel unterstützt zu sein, jemals ihr Befreiungswerk von asiatischer Despotie und die Erhebung ihres Staates hätten vollbringen können. Das Verhältniß und die Einwirkung der germanischen Küstenländer des baltischen Meeres zu dem slavischen Staate der Russen im centralen Ost-Europa bezeichnet seit Ruriks Zeit bis auf die Peters des Großen und bis auf die Gegenwart immer dessen wesentlichste Entwickelungsstufen. So lange der russische Staat während des dreizehnten, vierzehnten und funfzehnten Jahrhunderts tatarischer Herrschaft dienstbar war, so lange war auch Nowgorod der einzige Repräsentant desselben für das abendländische Europa.

Schon als im Jahre 1256 die Khane von Kaptschak eine Zählung in ganz Rußland veranstalten ließen, um danach den an die goldene Horde zu entrichtenden Tribut zu bestimmen, erschienen auch die ersten tatarischen Beamten, begleitet von dem Großfürsten Alexander Jaroslawitsch, der sich der schweren Zeit geschickt zu fügen wußte, in Nowgorod, damit die Stadt den verlangten Tribut nicht abschlüge [29]). Diese mittelbare Demüthigung war jedoch das einzige Zeichen der Abhängigkeit der Handelsstadt von jenem Khanate, und die Leistung des Tributes an sich konnte den Nowgorodern um so weniger schwer fallen, als die Quellen ihrer Einkünfte wieder reichlich zu fließen anfingen, seitdem bei den rohen mongolischen Schaaren sich die wilde Kriegs- und Eroberungslust etwas gelegt hatte. Kaum waren die Khane der goldenen Horde zu dem ruhigen Besitz ihrer Eroberungen in Ost-Europa vom kaspischen Meere bis zum Dnepr gelangt, so knüpften sie selbst die gewaltsam zerstörten oder abgerissenen Handelsverbindungen wieder an [30]), und die nähere Bekanntschaft der Europäer mit den asiatischen Horden brachte zugleich eine bessere Kenntniß der dort im Oriente einheimischen Produkte hervor. Aus den Trümmern der zerstörten Emporien an der Wolga erhoben sich neue Welthandelsstädte, die Khane von Kaptschak nahmen die Bedürfnisse und den Luxus eines gebildetern Lebens an, und beförderten wie alle orientalischen Despoten wenigstens Verkehr und Industrie [31]). Nur der eine wichtige Umstand ergab sich als Folge des furchtbaren Völkersturmes in jenen Gebieten in der ersten Hälfte des dreizehnten Jahrhunderts, daß die große über Kiew nach Norden führende pontische Handelsstraße jetzt einging, und daß das schon früher so herabgewürdigte Kiew nun ganz in Verfall gerieth. Denn die vom uralischen Völ-

29) Müller, Sammlung russ. Geschichte V. S. 414.
30) Fischer, Geschichte des deutschen Handels II. S. 22, 23.
31) Storch, Gemälde des russ. Reiches IV. S. 133.

kerthore nach den Seehäfen am Pontus leitende Straße für die orientalischen Waaren erhielt jetzt eine ganz neue Laufbahn durch die Venetianer und vornehmlich die Genuesen nach dem Mittelmeere hin [32]), und nur der die Wolga hinaufführende Handelsweg nach dem alten Bulgarenlande, wo nun erst Kasan aufblühete, erhielt sich in seinem früheren Zustande; und da zu gleicher Zeit die alte bjarmische Handelsstraße durch die Unterbrechung der Seefahrten der Normannen nach dem dwinischen Holmgard in Bjarmaland in Verfall gerieth [33]), so wurde nun die von dem Wolga-Delta nach dem baltischen Holmgard in Gardarike führende Straße die einzige, welche die sarmatischen Ebenen durchsetzte, und Nowgorod wurde somit die einzige große Ausgangspforte für den von dem reichen Indien und China führenden Waarenzug nach dem nordwestlichen Europa.

Um dieselbe Zeit als der orientalische Welthandel in seinem Gange nach dem europäischen Abendlande auf den Grenzmarken der beiden Haupttheile der alten Welt diese große Umgestaltung erfuhr, entstand an den Küsten der Ostsee ein Handelsbund, der durch seine ganze politische Existenz und durch seinen Einfluß auf Nowgorod und den dortigen Handelsverkehr zu den merkwürdigsten Erscheinungen jener Zeit gehört [34]). Die mit dem Verfall des deutschen Kaiserthums zusammenhängende Unsicherheit der Land- und Wasserstraßen bei dem damals sehr lebhaften Handel im nördlichen Europa, und die Bedrückungen, welche die Ostseestädte von den mächtigen Königen von Dänemark zu erleiden hatten, riefen den Handelsbund der Hansa hervor, zu welchem die Seestädte Lübeck und Hamburg im Jahre 1241 den ersten Grund legten [35]). Bald erweiterte sich der Bund durch den Beitritt der niederdeutschen, wendischen und preußischen Seestädte, und erhob sich noch am Ende des

32) Sprengel, Geschichte der geograph. Entdeckungen. S. 248.

33) Schlözer, allgem. nordische Geschichte. S. 462.

34) Sartorius, urkundliche Geschichte des Ursprungs der deutschen Hanse, herausgegeben von Lappenberg. Hamburg 1830. 4. Th I. S. 20.

35) Fischer, Geschichte des deutschen Handels II. S. 8 bis 10.

dreizehnten Jahrhunderts zu solcher Bedeutsamkeit, daß er auf einige Jahrhunderte die Herrschaft über das baltische Meer erlangte, mit Königen Kriege führen konnte und seine Handelsverbindungen über das ganze nördliche und westliche Europa ausbreitete. Die Hansa war auf geraume Zeit der Repräsentant des eigentlich politischen Lebens im Norden bis zur Begründung einer neuen Ordnung der Dinge und der Ausbildung der nordischen Staaten. Zur Vermehrung und Erweiterung ihrer politischen Macht und zur Beförderung ihrer merkantilischen Interessen suchte die Hansa überall Niederlassungen und Faktoreien zu errichten, und warf daher sogleich ihre Blicke auf die russischen Gebiete. Wisby war zu jener Zeit der einzige Stapelplatz für russische und indische Waaren in dem baltischen Meere [36]). Kaum aber hatte der hanseatische Bund einigen Bestand gewonnen, als Lübeck sogleich darauf bedacht war diese Waaren unmittelbar aus Rußland zu beziehen. Im Jahre 1260 ward die Errichtung einer Niederlage zu Nowgorod auf dem Hansetage zu Lübeck beschlossen, und schon drei Jahre nachher erwähnt die russische Geschichte eines deutschen Hofes daselbst [37]). Doch scheinen dies nur Niederlassungen von einzelnen Kaufleuten gewesen zu sein, denn die wirkliche Errichtung eines hanseatischen Komptoirs daselbst gehört erst dem Jahre 1276 an [38]).

Der erste Handelsweg der Hansa nach Nowgorod ging durch den finnischen Golf in die Newa, wo die Waaren aus den Kauffahrtheischiffen in Lodjen oder russische Fahrzeuge umgeladen und so durch den Ladoga-See und Wolchow nach Nowgorod transportirt wurden. Aber die Gefahren und Beschwerlichkeiten dieses Wasserweges brachten die hansischen Kaufleute frühzeitig auf den Gedanken sich einen sichern und bequemern Weg durch Livland auszumitteln, und der deutsche Ritterorden, welcher damals dort die Herrschaft führte und die aus

36) Sartorius, Geschichte der deutschen Hanse I. S. 12, 16, 17, 108.

37) Storch, Gemälde des russ. Reiches IV. S. 142.

38) Müller, Sammlung russ. Geschichte V. S. 418.

dem Durchgangshandel erwachsenden Vortheile nicht verkannte, unterstützte gern das Unternehmen [39]). Lübeck und Hamburg erhielten bedeutende Privilegien in Livland im Jahre 1277, und ebenso ertheilte der dänische König Erich VII. den Hansestädten durch das ihm gehörige Esthland einen freien Handelsverkehr nach Nowgorod im Jahre 1294 [40]). Schon damals waren die Städte Riga, Dörpt und Reval Mitglieder des Hansabundes, und durch mehrmalige Erneuerung des schon durch den Vertrag vom Jahre 1269 gewonnenen Handelsprivilegiums sicherte sich die Hansa vornehmlich zur Zeit des wladimirschen Großfürsten Andrei Alexandrowitsch um 1300 die Freiheit des Handelsverkehrs zu Nowgorod [41]). Aber so viele Vortheile auch dem hanseatischen Bunde und den Städten Livlands und Esthlands aus dieser Verbindung erwuchsen, so groß war auch der Nutzen, den Nowgorod selbst daraus zog. Diese Stadt hob sich jetzt auf die höchste Stufe des Wohlstandes, da sich der Handel aller übrigen Städte Rußlands in ihr vereinigte. Auch auswärtige Schriftsteller der damaligen Zeit sprechen von der Macht und dem Reichthum Nowgorods, mit Recht bekam sie damals den Namen des großen Nowgorod (Nowgorod Weliki), und bald ward es zum Sprüchwort: „Wer kann wider Gott und Groß=Nowgorod [42])?"

Die Macht dieser Stadt beruhete nicht blos auf dem ausgedehnten Handelsverkehr, welcher die Reichthümer Indiens durch die Hände ihrer Bewohner gehen ließ, sondern vornehmlich auch auf dem Besitz so ausgedehnter Landschaften, welche den ganzen Nordosten Europas bis zum Lande Jugrien hin umfaßten und in der zweiten Hälfte des dreizehnten Jahrhunderts schon ihren weitesten Umfang erreicht hatten. So verbanden sich für die Nowgoroder mit den kostbaren indischen Produkten die Schätze der jugrischen Pelzmärkte und der zu jener Zeit berühmten Silbergruben des jugrischen Gebirgs=

---

39) Sartorius, Geschichte der deutschen Hanse I. S. 110.
40) Fischer, Geschichte des deutschen Handels II. S. 31 bis 38.
41) Sartorius, Geschichte der deutschen Hanse I. S. 117 bis 121.
42) Storch, Gemälde des russ. Reiches IV. S. 147.

landes. Durch die merkwürdige Vertragsurkunde, welche uns noch in der Urschrift erhalten ist, und welche der Großfürst Jaroslaw III. Jaroslawitsch, als er bei seiner Erhebung auf den großfürstlichen Stuhl zu Wladimir auch von den Nowgorodern als Fürst anerkannt wurde, im Jahre 1264 mit denselben abschloß, lernen wir als die der Stadt Nowgorod unterthänigen Länder kennen Wologda, Sawolotschje, Kola, Perm, Petschora und Ugrien oder die Länder vom Ladoga-See an bis zum weißen Meere und zum Polarmeere und gegen Nordosten bis zum untern Obi-Strom [43]). Hier wird auch zum erstenmale der Stadt Wologda erwähnt, welcher nachmals so berühmte Ort nach den dasigen Kirchenregistern um das Jahr 1147 nur ein von Waldungen umgebener Handelsplatz war, und so die Annahme zu bestätigen scheint, daß die Ausbreitung der Nowgoroder über den Wolok und die Begründung ihrer Herrschaft in Sawolotschje erst dem Anfang des zwölften Jahrhunderts angehöre [44]). Diese von finnisch-ugrischen Völkerschaften besetzten Gebiete bildeten unter dem Namen der Wolosten oder Bezirke die abhängigen oder zinsbaren Länder Nowgorods und sie zerfielen in drei Distrikte: 1. Sawolotschje in Süden, 2. Ter oder das russische Lappland im Westen und 3. die Dwinischen Länder nebst Perm, Petschera oder Petschora und Jugra [45]). Davon war aber unterschieden das eigentliche Gebiet der Stadt Nowgorod, die sogenannten Pjätina oder Fünftheile nach ihrer Eintheilung in fünf Distrikte. 1. Die Wodskaja Pjätina, wovon der Ursprung der Bezeichnung nicht bekannt ist. Sie lag westlich von dem Flusse Wolchow, zu beiden Seiten der Newa, und umfaßte das südliche Karelien und Ingermanland bis zu den Grenzen von Esthland und Livland. 2. Die Oboneschkaja Pjätina benannt nach dem Onega-See, welchen dieser Bezirk auf allen Seiten umgab von dem Ostufer des Wolchow an

---

43) Karamsin, russische Geschichte IV. S. 78, 79.

44) Sjögren, in den Mémoires de l'Académie des sciences de St. Pétersbourg. 1832. 4. Tom. I. p. 494.

45) Oldekop, Petersburger Zeitschrift. 1824. 8. Th. XIV. S. 110.

ostwärts bis nach Kargopol am Latscha-See und bis zur Dwina hin. 3. Die Beschezkaja Pjätina von dem Ilmen-See ostwärts bis zum Mologa-Flusse oder die Gegenden von Beschezkoi Werch und Ustjuschna Schelesopolskaja oder ein großer Theil der waldaischen Tafelhöhen. 4. Die Derewskaja Pjätina, die Gegend im Süden des Ilmen-Sees zu beiden Seiten des Lowat und ostwärts bis an die Grenzen des Fürstenthums Twer. 5. Die Schelonskaja Pjätina, die Gegend im Westen des Ilmen-Sees um den sich in ihn einmündenden Schelona-Fluß, westwärts bis an die Grenzen des Gebietes der Stadt Pleskow [46]). Außerdem hatten die Nowgoroder im äußersten Osten an der Kama und Wjätka Kolonien angelegt, welche wie Chlynow, das spätere Wjätka, eine der Mutterstadt ähnliche freie Verfassung hatten, und mit der benachbarten Stadt Pleskow, welche einen eigenen Freistaat bildete, stand Nowgorod in einem Bündniß [47]).

Die Stadt Nowgorod selbst, welche gleich dem alten Karthago den eigentlichen politischen Kern des mannigfach gegliederten Staatsvereines bildete, hatte eine Verfassung, welche ganz nach dem Muster der deutschen freien Reichsstädte oder der Hansestädte scheint eingerichtet worden zu sein. Die gesetzgebende Macht des nowgorodischen Freistaates beruhete auf der ganzen Versammlung des Volkes, der sogenannten Wetscha, und diese war in mehrere Klassen getheilt. Eine große Sturmglocke, Wetschnei Kolokol genannt, wurde als das Palladium der Freiheit angesehen; wenn diese geläutet ward, versammelte sich das ganze Volk auf dem Markte, und hier durfte jeder seine Meinung über die öffentlichen Angelegenheiten vortragen. An der Spitze des Staates stand ein Stepennoi Posadnik, der mit dem regierenden Bürgermeister einer deutschen Reichsstadt zu vergleichen ist. Wer einmal ein solcher gewesen war, behielt auf seine Lebenszeit den Titel eines Posadnik, oder er wurde Staroi Posadnik genannt; auch konnte er wieder Stepennoi Posadnik werden, wenn die Wahl des Rathes ihn

---

46) Müller, Sammlung russ. Geschichte V. S. 464, 465.

47) Storch, Gemälde des russ. Reiches IV. S. 144.

diese Würde aufs neue zu bekleiden für würdig hielt. Ihm zunächst stand der Tysäzkoi oder Oberzunftmeister, dessen Name anzeigt, daß er für das Wohl vieler tausend Menschen zu sorgen habe, und welcher das Ansehen des Rathes mäßigen und die Rechte des Volkes wahrnehmen sollte. Der jedesmalige Oberzunftmeister hieß auch Stepennoi Tysäzkoi, während die abgetretenen aber wieder wählbaren Zunftmeister Starie Tysäzkie genannt wurden. Das Mittelglied zwischen diesen Verwaltungsbehörden und der Volksversammlung bildete der Rath, dessen Mitglieder wie die am großfürstlichen Hofe den Titel der Bojaren führten. Diese Rathsstellen wurden durch die allgemeine Wahl des Volkes besetzt aus dem vornehmern Theil der Bürgerschaft, aus den Schitii Ljudi, den Großhändlern, mit den sogenannten Geschlechtern in den deutschen Reichsstädten zu vergleichen. Von ihnen unterschieden sich die Kupzi oder Krämer, und die letzten unter der Bürgerschaft waren die Tschernie Ljudi (das schwarze, niedrige Volk), wozu alle Handwerker, Arbeitsleute und Tagelöhner, die in der Stadt wohnten, gerechnet wurden. Die Stadt war in fünf Konzi oder Quartiere eingetheilt, welche Nerowskoi, Gontscharskoi, Slowenskoi, Sagorodzkoi und Plotinskoi Konez hießen. Zu jedem Konez wurden gewisse Straßen gerechnet, und jede Straße hatte ihren Starosten oder Ältesten, der als ein Polizeimeister die Ordnung aufrecht zu erhalten und geringere Streitigkeiten zu schlichten hatte. Er berichtete an den Ober-Starost seines Quartiers, und dieser hatte die betreffenden Angelegenheiten wieder dem Stadtrathe vorzulegen [48]).

Als sichtbares Oberhaupt erkannte dieser Freistaat einen Theilfürsten aus dem alten Herrscherstamme der Rurikingen an. Doch war die Macht dieser Fürsten, welche das Mittelglied zwischen dem Freistaate und dem Großfürstenthum zu Wladimir und später zu Moskau bildeten, durch besondere Verträge eingeschränkt, und hatte theils die Vertheidigung des Staates gegen auswärtige Feinde, theils die Erhaltung der innern Ruhe zum Zweck. Nach den alten Gewohnheiten der

48) Müller, Sammlung russ. Geschichte V. S. 457, 461 bis 464.

Stadt durfte sich der Fürst keiner Sache annehmen, als welche durch Appellation des Stadtrathes an ihn gelangte. Aus jener Vertragsurkunde vom Jahr 1264 erhellt, daß die Privateinkünfte der Fürsten von Nowgorod nur in freiwilligen Gaben bestanden, und die eigentlichen Abgaben in den gemeinschaftlichen Schatz flossen; daß die Ernennung der Befehlshaber in den Wolosten zwar vom Fürsten abhing, daß es aber Nowgoroder sein mußten, und daß diese die Einwilligung des Posadnik bedurften; ferner daß einige von den nowgorodischen Distrikten ihre eigene von dem Fürsten unabhängige Gerichtsbarkeit hatten, und daß niemand aus dem nowgorodischen Gebiete weder mit Gewalt noch mit seinem freien Willen nach dem großfürstlichen Lande versetzt werden sollte, so wenig wie seine Bojaren oder Edelleute nowgorodische Kaufleute oder Landleute wegen Schulden als Pfand annehmen sollten. Auch ersieht man aus jener Urkunde, daß die Nowgoroder in den benachbarten großfürstlichen Landen vornehmlich einen Handel mit Hopfen und Flachs betrieben, denn die Kaufleute werden darin verpflichtet, zwei Eichhörnchen als Zoll von jedem Boote, jeder Fuhre und jedem Fuhrkorbe mit Flachs oder Hopfen zu zahlen. Nur nach feierlicher Anerkennung solcher Vorrechte und Vergünstigungen, wie sie die Nowgoroder schon von ihren Vätern und deren Vorfahren ererbt haben wollten, wurde der Großfürst Jaroslaw als Fürst von ihnen anerkannt und ihm überdies anempfohlen, nicht der eigenmächtigen Handlungsweise seines Bruders, des Fürsten Alexander Newsky, nachzufolgen[49]).

Trotz aller Hemmungen, welche der orientalische Handelsverkehr in dem durch mancherlei Revolutionen bewegten und zerrütteten Reiche Kaptschak an der untern Wolga erlitt, und trotz der Thätigkeit und Industrie der Venetianer und Genuesen hatte Rußland und zumal Nowgorod noch immer einen beträchtlichen Antheil an demselben und behielt ihn auch bis in die zweite Hälfte des vierzehnten Jahrhunderts. Eins der merkwürdigsten Zeugnisse über die Fortdauer jenes Waarenzuges

49) Karamsin, russische Geschichte IV. S. 79, 80.

zuges durch Rußland bis an die Ostsee hat uns Palmskjöld aus den Archivalnachrichten der Stadt Wisby aufbewahrt [50]). Nach seiner Beschreibung gingen noch im vierzehnten Jahrhundert indische, persische und arabische Waaren aus dem Hafen von Derbend über das kaspische Meer in die Wolga, diesen Fluß (und die Oka und Moskwa) hinauf nach Moskau, von wo sie theils zu Lande, theils zu Wasser über Nowgorod bis nach Wisby gelangten. In Nowgorod befand sich eine Niederlage jener Waaren, und die Stadt Wisby hatte dort ihr eigenes Komptoir errichtet. Zweimal im Jahre wurde die Stadt von wisbyschen Kaufleuten besucht, die hierher kamen um die morgenländischen Waaren abzuholen; diese Reisen wurden die Sommer- und Winterfahrt genannt. Die immerwährenden Streitigkeiten zwischen den Russen und Deutschen bewirkten zwar endlich, daß Nowgorod den levantischen Stapelhandel verlor, aber die morgenländischen Waaren fanden sogleich einen andern Weg von Moskau gerade nach Livland, wo sie von hanseatischen Kaufleuten, vorzüglich aus Lübeck, abgeholt und in die westlichen Länder Europas verführt wurden. Indessen mußte sich Nowgorod, wie man aus den Berichten über den Handelsverkehr der Hansa mit orientalischen Waaren nach England und nach den Niederlanden während der ersten Hälfte des vierzehnten Jahrhunderts entnehmen kann [51]), noch immer einen gewissen Antheil an jenem levantischen Waarenzuge erhalten, so lange als noch Wisby in seiner alten Blüthe dastand. Aber dieses blühende Emporium mußte allein die Rache entgelten, welche der gesammte hanseatische Bund durch seine Übermacht auf den nordischen Gewässern und durch seinen Monopoliengeist auf sich geladen hatte. Die Könige von Dämark waren von jeher die Hauptfeinde der Hansa gewesen und suchten der immer steigenden Größe des Handelsbundes, der allen nordischen Staaten Gesetze vorschrieb, Schranken zu setzen. Wisby ward das Opfer dieser Feindschaft [52]). Der Dänenkö-

50) Storch, Gemälde des russ. Reiches IV. S. 152.
51) Fischer, Geschichte des deutschen Handels II. S. 132, 137, 138.
52) Sartorius, Geschichte der deutschen Hanse I. S. 60.

nig Waldemar III. eroberte und verheerte jene reiche Handelsstadt im Jahre 1361, und wenn auch ein neunjähriger für die Hanseaten glücklicher Kampf gegen die Dänen die Folge davon war, so konnte sich doch trotz aller Bemühungen Wisby von dem schweren Unfall nicht wieder erholen, und die nachtheilige Rückwirkung auf den merkantilischen Zustand von Nowgorod erhellt daraus von selbst.

Aber wenn auch jene Quelle des Wohlstandes von Nowgorod immer mehr zu versiegen begann, so besaß diese Stadt doch noch mancherlei andere Hülfsquellen theils in ihren eigenen an mancherlei Schätzen reichen nordischen Besitzungen, theils in den Produkten der übrigen russischen Landschaften, welche den westeuropäischen Staaten mehr und mehr zum Bedürfniß geworden waren und denselben durch die Hansestädte zugeführt wurden. Daraus erklären sich auch die Streitigkeiten Nowgorods mit dem Großfürsten Iwan Danilowitsch, einem Enkel des Alexander Newsky, welcher zuerst die Stadt Moskau, wo er früher als wladimirscher Lehnsfürst geherrscht hatte, im Jahre 1328 zum Sitz des Großfürstenthums in Rußland erhob. Denn Iwan Danilowitsch, der den Plan zur Wiedervereinigung des so sehr zersplitterten russischen Staates faßte, und dessen Schatz durch die schweren Tribute an das Khanat sehr erschöpft war, strebte vornehmlich danach die permischen und jugrischen Besitzungen der Nowgoroder, aus welchen diese so viel Silber zogen, an sich zu bringen, und wenn sein Angriff auf die nowgorodischen Landschaften an der Dwina auch nicht glückte, so gelang es ihm doch jenem Freistaate die beiden Städte Torschok und Beschezk mit ihren Gebieten zu entreißen [53]). Noch größere Gefahr möchte den Nowgorodern gedroht haben, da der Großfürst Iwan die Verdoppelung des bisher üblichen Tributes verlangte um auch den Khan von Kaptschak befriedigen zu können, wenn nicht der Tod dieses unternehmenden Fürsten im Jahre 1340 jene von derselben befreit hätte [54]). Dennoch durften die Nowgoroder damals um

---

53) Karamsin, russische Geschichte IV. S. 186 bis 189.

54) Müller, Sammlung russ. Geschichte V. S. 424.

so weniger daran denken sich der großfürstlichen Oberhoheit gänzlich zu entziehen, als die Ausbreitung und feste Begründung der schwedischen Herrschaft über Karelien am Schlusse des dreizehnten Jahrhunderts von der andern Seite höchst gefahrdrohend wurde. Deshalb hatte schon des Großfürsten Bruder Jurje Danilowitsch, welcher zu Anfang des vierzehnten Jahrhunderts Fürst zu Nowgorod war, mit Kriegsvölkern dieser Stadt so wie von Pleskow im Jahr 1324 einen Feldzug gegen Wiborg unternommen, und zum Schutze der nowgorodischen Länder bauete er auf einer Insel am Ausfluß der Newa aus dem Ladoga-See eine Festung, die nach dem Namen der Insel Orechowetz genannt wurde. Denn die Insel hieß vormals Orechow-Ostrow d. h. die Nußinsel. Statt dessen kam dann der Name Oreschek auf, welcher später von den Schweden nach der Einnahme jenes Ortes im Jahre 1347 in Nöteburg umgewandelt wurde [55]).

Dazu gesellte sich noch ein anderer Feind in der emporstrebenden Macht der Litthauer, indem der Großfürst Gedimin die Nowgoroder nöthigte seinem Sohne Narimant die karelischen Gebiete an der Newa mit den Orten Ladoga, Orechowetz und Kexholm für ihn und seine Erben als Besitzthum abzutreten im Jahre 1333. Doch scheinen die Nowgoroder dies um so weniger ungern gethan zu haben, als sie mit dem Großfürsten Iwan von Moskau in Zwist, überdies den nahe bevorstehenden gänzlichen Fall des russischen Staates durch die Tataren und durch die Litthauer befürchteten und sich demnach an den letzteren eine Schutzwehr gegen die wilden Horden von Kaptschak und gegen die Schweden zu verschaffen hofften [56]). Diese Verhältnisse änderten sich indessen bald. Des Iwan Sohn, der Großfürst Simeon Iwanowitsch von Moskau, stellte das gute Vernehmen mit Nowgorod wieder her und erneuerte die alten Verträge, wonach die Stadt sich anheischig machte dem Großfürsten jährlich einen Tribut von 1000 Mark Silbers zu zahlen. Und auf der andern Seite gelang es den

55) Müller, a. a. O. V. S. 421.
56) Karamsin, russische Geschichte IV. S. 187.

Nowgorodern sich des wichtigen Punktes Orechowetz, aus welchem die Schweden die Litthauer im Jahre 1347 vertrieben hatten, im folgenden Jahre zu bemächtigen, und sie umgaben sodann den Ort mit steinernen Mauern [57]). Noch stand damals Nowgorods politische Macht fest begründet und erhielt sich auch noch in größerer oder geringerer Abhängigkeit über ein Jahrhundert. Denn in welchem losen Zusammenhange dasselbe mit dem russischen Staate selbst unter dem mächtigen und kräftigen Großfürsten Dmitri Jwanowitsch Donsky in der zweiten Hälfte des vierzehnten Jahrhunderts stand, erhellt daraus, daß es nicht nur ganz unabhängig, sondern selbst feindselig gegen Rußland und gegen das Khanat der goldenen Horde auftrat. Die Nowgoroder unternahmen Streifzüge zu Wasser auf der Wolga abwärts und plünderten die Landschaften an der Wolga, Kama und Wjätka. Ja im Jahre 1375 wagten es einige Schaaren von ihnen die großen Städte an der Wolga wie Kostroma und Jaroslawl anzugreifen, wo sie reiche Beute machten und die gefangenen Russen an die Bulgaren verkauften, und von dort segelten sie die Wolga hinab bis zum Hoflager der kaptschakschen Khane, und durchplünderten das ganze Gebiet bis zum kaspischen Meere. Zwar nöthigte der erzürnte Großfürst die kühnen Nowgoroder im Jahre 1386 wieder zur Unterwerfung, doch ohne daß dies von nachtheiligen Folgen für den politischen Zustand jenes Freistaates gewesen wäre [58]). Nowgorod befriedigte den Unwillen des Großfürsten durch ein Geschenk von 8000 Mark Silber, und nahm aufs neue einen Statthalter von ihm an [59]).

So wohlthätig es, auch anfangs auf das Emporkommen der Handelsrepublik Nowgorod eingewirkt hatte, daß sie in den Lebenskreis des hanseatischen Bundes hineingezogen war, so nachtheilig mußte dies zuletzt auch wieder sein, wenn jener Bund seine ursprünglichen Zwecke und seine Bestimmung vergessend sich engherzigen Interessen hingab; und die mächtige Republik

57) Müller, Sammlung russ. Geschichte V. S. 425.
58) Karamsin, russische Geschichte V. S. 74 bis 76.
59) Müller, Sammlung russ. Geschichte V. S. 427.

Nowgorod, welche durch den Umfang ihrer Besitzungen alle anderen Republiken ihrer Zeit übertraf und nur mit dem venetianischen Handelsstaate in dieser Beziehung verglichen werden konnte, gerieth doch in eine sehr drückende Abhängigkeit von jenem Bunde. Das vierzehnte Jahrhundert ist das Zeitalter der höchsten Blüthe der Hansa nach der Anzahl ihrer Bundesstädte und nach dem ausgedehnten Handelsverkehr und den daraus sich ergebenden Reichthümern, über welche sie zu gebieten hatte. Zu den vier großen Niederlagen, welche die Ruhepunkte in dem Gange des europäischen Welthandels wurden, gehörte auch Nowgorod für den europäischen Osten. An jenen Orten fand sich die gesammte handelnde Welt zum Verkehr ein, aber die Hansa zog überall den größten Vortheil, denn da ihre Kaufleute stets in Gesellschaft handelten, und da sie in allen Ländern, wo sie Faktoreien hatte, das Bürgerrecht genoß und also weniger Abgaben trug, so war sie in der Konkurrenz allen einzeln handelnden Kaufleuten weit überlegen [60]). Diese großen Vortheile führten den Hansebund bald zum Monopolgeist und zur Unterdrückung; sie begann allen nordischen Ländern Gesetze in Handelssachen vorzuschreiben, und mißbrauchte nicht selten ihre Übermacht um den Handel aller Städte zu Grunde zu richten, die nicht mit ihr verbündet waren [61]). Wenn dies nun auch weniger in dem westlichen Europa gelang, so mußten sich doch die Folgen dieses Monopolsystems für Rußland jenseit des baltischen Meeres, auf welchem die Hansa die unumschränkteste Herrschaft ausübte, um so fühlbarer zeigen. Als Rußland nach dem Verlust der baltischen Küstenlandschaften durch die Schweden und den deutschen Ritterorden während des dreizehnten Jahrhunderts und nach dem Falle von Wisby im vierzehnten Jahrhundert ganz um seinen schwachen Aktivhandel gekommen war, befand es sich völlig in den Händen der Hansa. Die Wichtigkeit des russischen Handels war für diese ein genügender Beweggrund jede andere Nation von der Fahrt nach Rußland auszuschließen, und dieses eigennützige System gelang ihr so

---

60) Storch, Gemälde des russ. Reiches IV. S. 166.

61) Fischer, Geschichte des deutschen Handels II. S. 129.

wohl, daß sie Rußland über zwei Jahrhunderte lang in einer fast völligen Unbekanntschaft mit der ganzen übrigen Handelswelt erhielt [62]).

So lange den Russen auf solche Weise die Gemeinschaft mit den andern handelnden Nationen völlig abgeschnitten war, und sie also keine Vergleichung weder über die Güte und den Werth der ausländischen Waaren noch über den Grad des Bedürfnisses und den verhältnißmäßigen Preis ihrer einheimischen Produkte anstellen konnten, so lange hätte auch die Hanse ungestört die Vortheile ihrer merkantilischen Politik genießen können. Doch sie begnügte sich nicht damit den Handelstarif zu Nowgorod nach Willkühr zu bestimmen, sondern sie erlaubte sich auch, wie mit den flamländischen Tüchern, welche in Rußland sehr begehrt wurden, offenbare Betrügereien. Als nun die nowgorodische Regierung zur Ahndung dieses Unwesens die hanseatischen Güter auf dem Handelshofe zu Nowgorod in Beschlag nehmen ließ, ward auf dem Hansetage zu Lübeck im Jahre 1388 sogleich beschlossen, allen Handel nach Rußland zu sperren. Zwar kam es bald darauf zu einem Vergleiche und die Hanse versprach die Einstellung jener Mißbräuche, doch beweisen andere Maaßregeln der Hanse, daß man von den einmal angenommenen Grundsätzen nicht gesonnen war abzuweichen [63]). Auch wurden die Unterschleife und der Handelsdespotismus der Hansa seit den letzten Zeiten des vierzehnten Jahrhunderts die Quelle fortwährender Streitigkeiten zwischen den hanseatischen und nowgorodischen Kaufleuten. Während des ganzen funfzehnten Jahrhunderts war der Handel nach Nowgorod bald gesperrt, bald wieder geöffnet; die oftmals geschlossenen Vergleiche wurden eben so oft wieder gebrochen. Die livländischen Städte, welche bei den öftern Unterbrechungen des Handels nicht leiden wollten, suchten ihn endlich selbst an sich zu ziehen. Obgleich es ihnen von der Hansa streng verboten war, sich in keine einseitige Unterhandlungen mit den Russen einzulassen, so schickten sie doch Abgesandte nach Now-

---

62) Storch, Gemälde des russ. Reiches IV. S. 168, 169.

63) Fischer, Geschichte des deutschen Handels II. S. 140, 141.

gorod, welche den unterbrochenen Handelsweg wieder eröffneten und den verbotenen Waaren einen Eingang nach Rußland verschafften [64]). Da wurden die Russen selbst immer mehr überzeugt, daß der Handelszwang, unter welchem sie bisher von der Hansa gehalten waren, ihrem Interesse äußerst nachtheilig wäre. Sie begünstigten die Versuche der Livländer englische und niederländische Waaren durch Preußen nach Nowgorod zu schaffen, und die Wiederherstellung des guten Vernehmens zwischen den Russen und den Hansegenossen ward nach und nach immer schwieriger [65]).

Auch die Verhältnisse Nowgorods zu Rußland, zu dem Großfürstenthum in Moskau, waren am Ende des vierzehnten Jahrhunderts von der Art, daß sie jenen Freistaat für die Zukunft nicht unbesorgt lassen konnten. Sie bezeichneten schon das Sinken seiner früheren Macht und Blüthe und deuteten seinen bevorstehenden Fall an. Des Dmitri Donsky Sohn, der Großfürst Wasilei Dmitriwitsch, der von 1389 bis 1425 in Moskau herrschte, gerieth bald nach seiner Thronbesteigung mit den Nowgorodern, deren Freiheiten seinem Plane zur neuen Begründung des russischen Staates hemmend entgegentraten, in Zwist und obschon diese Sache auch bald beigelegt wurde, so suchte er doch bei einer andern Gelegenheit sicherer zum Ziele zu gelangen. Schon Iwan Danilowitsch hatte die Absicht gehabt sich der nowgorodischen Wolosten, aus welchen jener Freistaat das sakamische Silber und das schönste Pelzwerk Sibiriens bezog, zu bemächtigen, sein Urenkel Wasilei Dmitriwitsch beschloß dies Vorhaben auszuführen, und es gelang ihm ohne alles Blutvergießen. Die Bewohner an der Dwina, welche nicht selten Bedrückungen von der habsüchtigen nowgorodischen Regierung erlitten, ergaben sich dem Großfürsten gern, und selbst die nowgorodischen Beamten erklärten sich für ihn. Dies setzte die Nowgoroder in große Bestürzung; der Verlust des Landes an der Dwina benahm ihnen nicht nur die Mittel sich die wichtigsten Erzeugnisse Sibiriens aus der

64) Fischer, a. a. O. II. S. 340 bis 345.
65) Storch, Gemälde des russ. Reiches IV. S. 171 bis 173.

ersten Hand zu verschaffen, sondern vernichtete auch ihren ganzen Handel mit den Deutschen, welche von ihnen die kostbaren Pelzwerke holten. Da die Nowgoroder vergeblich jetzt eine Ausgleichung mit dem Großfürsten suchten, so erwachte in ihnen der alte kriegerische Muth zur Aufrechterhaltung ihrer Herrschaft. Mit zahlreichen Kriegsschaaren brachen sie im Jahre 1398 in die Landschaften an der Dwina ein, eroberten Bjelosersk, Wologda und Ustjug, und während ein Theil in die Landschaften an der obern Wolga vordrang, nahm der andere die Festung Orlez [66]) ein, wo der großfürstliche Statthalter mit den frühern nowgorodischen Befehlshabern war, und stellte damit ihre Herrschaft wieder her. Dennoch boten die Nowgoroder dem Großfürsten einen Frieden an, und dieser, besorgt der Freistaat möchte sich an das damals mächtige Litthauen anschließen, ging denselben ein, und entsagte im Jahre 1399 seinen Ansprüchen auf die Dwina-Länder, auf das Gebiet von Wologda und die andern Besitzungen Nowgorods [67]). Denn Nowgorod stand damals in einem sehr guten Vernehmen mit dem litthauischen Fürstenstamm, welcher noch am Schlusse des vierzehnten Jahrhunderts unter Wladislaw Jagjel auf den polnischen Königsthron erhoben zu jener Zeit die politisch bedeutendste Rolle in den Gebieten von Ost-Europa spielte. Der Fürst Lugwenei, oder Simeon in der Taufe genannt, ein Sohn des Großfürsten Olgerd und Enkel des Gedimin von Litthauen, wußte sich von den Nowgorodern wieder den Besitz des Gebietes an der Newa zu Oreschek, welches einst sein Oheim Narimant inne gehabt, zu verschaffen, und vertheidigte dort siegreich die Grenzen des nowgorodischen Landes gegen die Angriffe der Schweden im Jahre 1392. Auch mit Olgerds Neffen, dem Großfürsten Witold, unter welchem Litthauen seine größte Ausdehnung gewann in der ersten Hälfte des funfzehnten Jahrhunderts, und welchem Nowgorod einen jährlichen Tri-

---

66) Dies Orlez ist vermuthlich die Slobode Orlowa in dem heutigen Gouv. Nowgorod im Kreise von Bjelosersk, wo noch jetzt viele Kaufleute wohnen. Heym, Encyklopädie des russ. Reiches. S. 589.

67) Karamsin, russische Geschichte V. S. 128 bis 132.

but entrichtete, scheint jene Stadt mehr in einem freundschaftlichen als feindlichen Verhältnisse gestanden zu haben [68]).

Ein merkwürdiger Umstand ist es, daß in dem alten Emporium von Nowgorod erst während der Zeit des russischen Großfürsten Wasilei Dmitriwitsch die Einführung geprägter Geldmünzen statt gefunden haben soll. Bis dahin war man daselbst wie in ganz Rußland gewohnt gewesen den Werth der Waaren nach Marderfellen oder nach Stücken derselben, die man Mortki nannte, zu bestimmen. Als aber die Marder seltener wurden, fing man an der Stirnläppchen von Eichhörnchen sich anstatt einer Scheidemünze zu bedienen. Auch sind die Waldungen der südlichen und mittleren Theile der sarmatischen Ebenen bekanntlich sehr reich an diesen letzteren Thierchen [69]), und sie spielen selbst in der älteren russischen Geschichte eine nicht unwichtige Rolle [70]). Damals waren nun wegen des lebhaften Handels mit den Hansestädten viele ausländische Münzsorten zu Nowgorod in Gang gekommen, worunter die polnischen Groschen und die deutschen Schillinge, welche man Artig, Artuga oder Ortuga nannte, die vornehmsten waren. Moskau und Twer hatten zwar schon früher ihre Münzen, die durch die tatarische Regierung eingeführt waren, doch waren diese von tatarischem Gepräge, anfangs blos mit tatarischer, später auf der einen Seite mit tatarischer, auf der andern mit russischer, und erst zuletzt blos mit russischer Überschrift versehen. Man nannte sie Dengi nach dem tatarischen Worte Tanga d. h. ein Zeichen, und dafür kam später, als der Ritter St. Georg mit der Lanze auf diese Münzen geprägt wurde, der Name Kopeika auf. Das Wort Denga erhielt sich indessen als allgemeine Bezeichnung für allerlei Münzsorten [71]). Die Nowgoroder konnten sich zwar nicht entschließen die in Moskau und Twer üblichen Münzen auch bei sich anzuerken-

68) Müller, Sammlung russ. Geschichte V. S. 428, 429.

69) Falk, topograph. Beiträge III. S. 311.

70) Nestor, älteste Jahrbücher der russ. Geschichte, von Scherer. S. 49.

71) Herberstein, rerum Moscovit. comment. p. 56, 57.

nen, um allen Schein als stünden auch sie unter der tatarischen Oberhoheit zu vermeiden, doch war die Bequemlichkeit des Silbergeldes so groß, daß man die Pelzläppchen fahren ließ; und da es auch bedenklich schien sich völlig der fremden Münzsorten zu bedienen, so entschloß man sich im Jahre 1420 selbst Geld zu prägen. Diesem Beispiele folgte auch vier Jahre später die Stadt Pleskow. Diese neuen Münzen, die sogenannten Nowgorodki, sollen übrigens die russisch-tatarischen Münzen nach ihrem innern Werth um das Doppelte übertroffen haben [72]).

Aber trotz dieses scheinbaren Beweises von dem Bestehen der alten Macht und Blüthe der nowgorodischen Handelsrepublik war das ganze funfzehnte Jahrhundert reich an mancherlei Unglücksfällen, welche den Fall jenes Freistaates schneller, als man erwarten konnte, vorbereiteten. Furchtbare Feuersbrünste verheerten die Stadt zu wiederholten Malen, dazu kamen Theuerung und Hungersnoth und in ihrem Gefolge ansteckende Krankheiten. Ganze Schaaren des Volkes kamen um, viele Bewohner entflohen nach Litthauen und selbst zu den Tataren; die einst so volkreiche Stadt begann zu veröden [73]). Auch mit dem neuen Großfürsten Wasilei Wasiljewitsch zu Moskau um die Mitte des funfzehnten Jahrhunderts herrschten viele Zwistigkeiten. Zwar wurden die Nowgoroder durch ihn wieder in den Besitz der ihnen früher entrissenen Gebiete von Wologda, Beschezk und Lamskoi Wolok im Jahre 1435 gesetzt, wegen der Unterstützung, welche sie dem Großfürsten bei dem Kampfe mit einem der russischen Theilfürsten gewährten, aber die Ursachen der beständigen Zwistigkeiten lagen zu sehr in der gesammten politischen Stellung beider Staaten zu einander, als daß sie durch bloße Verträge hätten gehoben werden können. Schwerlich konnten auch die Geldgeschenke, zu welchen die Nowgoroder, um kriegerische Drohungen der Großfürsten von sich

---

72) Müller, Sammlung russ. Geschichte V. S. 430 bis 434. Auch zu Herbersteins Zeit gab es nur von jenen vier Städten, Moskau, Twer, Nowgorod und Pleskow, Münzen und zwar silberne in Rußland, während als Goldmünzen die ungarischen Goldstücke üblich waren.

73) Müller, a. a. O. V. S. 435, 442 bis 444.

abzuweisen, immer gleich bereit waren, etwas anderes bewirken als den lang gehegten Wunsch der Rurikingen zu Moskau zu befördern, durch den Gewinn jener reichen Stadt an äußeren Kräften den tatarischen Khanen zu Kaptschak und später zu Kasan gewachsen zu sein [74]). Und wie im Vorgefühl des baldigen Unterganges des alten Freistaates durch den immer mehr emporstrebenden Staat zu Moskau schlossen sich die Nowgoroder immer enger an Litthauen an. Die Erbschaft des litthauischen Fürsten Narimant von dem nowgorodischen Gebiete gab dazu die nähere Veranlassung. Schon der mächtige Großfürst Witold (Alexander) hatte sich die Stadt fast tributpflichtig gemacht; seine beiden Nachfolger im Großfürstenthum von Litthauen seit 1430, der Fürst Suidrigel (Boleslaw), Olgerds Sohn und der Fürst Korybut (Sigismund), Witolds Bruder lebten mit den Nowgorodern in sehr freundschaftlichem Vernehmen. Ja der Großfürst Kasimir, Wladislaw Jagellos Sohn, schickte im Jahre 1443 eine Gesandschaft nach Nowgorod, wodurch er den Antrag machte von ihm einen Statthalter anzunehmen, indem er die Stadt gegen den Großfürsten von Rußland beschützen wolle. Dies wurde zwar nicht bewilligt, doch sah man es gern, daß die litthauischen Fürsten sich um die narimant'sche Erbschaft bekümmerten, weil man an ihnen gegen die Schweden und den deutschen Ritterorden eine Schutzwehr erwarten durfte. Diese Gemeinschaft mit den Litthauern ward indessen, wie der Geschichtschreiber dieser Stadt bemerkt [75]), wenn nicht die Ursache doch die Gelegenheit des Verlustes der nowgorodischen Freiheit.

Nach vielen Demüthigungen und Mißhandlungen durch die rohen tatarischen Horden erhob sich endlich gleich nach der Mitte des funfzehnten Jahrhunderts der russische Staat durch den kraftvollen Großfürsten Iwan Wasiljewitsch von Moskau. Die Fesseln des orientalischen Despotismus wurden abgeschüttelt, und nun erst war an eine Vereinigung des noch immer vielfach getheilten russischen Gebietes zu denken. Natür-

74) Müller, a. a. O. V. S. 439.

75) Müller, a. a. O. V. S. 444, 446.

lich mußte der neue Begründer des russischen Staates seine Blicke vornehmlich dahin wenden, wo das wahre politische Leben des nun schon an sechs Jahrhunderte bestehenden Staates bisher seinen eigentlichen Boden gehabt hatte, und dies war gerade das Wiegenland des russischen Staates. Kaum hatte Iwan Wasiljewitsch das kasanische Khanat von sich in Abhängigkeit gebracht, so wandte er seine siegreichen Waffen gegen das mächtige, reiche und republikanische Nowgorod. Die Landschaften an der Dwina oder die bjarmischen Wolosten unterlagen sogleich seinem Angriffe; den Plan, welchen nun die Nowgoroder faßten sich gänzlich von Rußland zu trennen und sich an Litthauen anzuschließen, ließ Iwan nicht zur Ausführung kommen, da seine Truppen das weit überlegene Heer der Nowgoroder besiegten und die Stadt zur Unterwerfung nöthigten. Damit war im Jahre 1471 der Fall des alten Freistaates entschieden; denn Nowgorod unterwarf sich zwar nur bedingungsweise der Oberhoheit des Großfürsten von Moskau, es blieb noch ein Freistaat und erhielt auch die verlornen Wolosten zurück, aber seine politische Macht und Bedeutsamkeit war doch in diesem Kampfe gebrochen. Iwan behielt nicht nur von jenen Eroberungen die Landschaft Mesen, sondern auch das Gebiet von Wologda, den alten Zankapfel zwischen den Nowgorodern und den Großfürsten und die eigentliche Pforte nach den Wolosten in Sawolotschje. Alle Landschaften des nowgorodischen Staates außer der Hauptstadt selbst waren in diesem Kriege verwüstet und in dem Zustande der größten Verwirrung; jene theilweise Erwerbung Iwans mußte zu weitern dauernden Eroberungen führen, und schon im folgenden Jahre gaben ihm die Nowgoroder selbst Veranlassung sich der permischen Landschaften zu bemächtigen, und indem dadurch Nowgorod von dem gewinnreichen Handelsverkehr nach den Gebieten von Jugrien und Sibirien abgeschnitten wurde, war auch der völlige Untergang des alten Lebens in politischer und merkantilischer Beziehung nahe [76]. Der republikanische Sinn der Nowgoroder, der sich heimlich und öffentlich gegen die Unter-

76) Karamsin, russische Geschichte VI. S. 32 bis 39.

werfung empörte, zwang den Großfürsten bald strengere Maaßregeln zu ergreifen. Er begab sich selbst nach Nowgorod, um sein wankendes Ansehen durch seine persönliche Gegenwart und durch das Schrecken seiner Gewalt zu befestigen. Der Reichthum dieser blühenden Handelsstadt schien ihm die Quelle ihres Übermuthes zu sein; er beschloß diesen durch die Vernichtung des erstern zu entkräften. Die Beute, die er vorfand, war unermeßlich, und giebt den besten Beweis für die Größe des Handels, der hier betrieben ward. Sie soll 300 Pfund Gold oder vierzehn Millionen an Werth betragen haben; an dreihundert Wagen waren erforderlich um diese Schätze nach Moskau zu führen [77]). Diese Strenge erbitterte jedoch die Nowgoroder mehr als sie dem Großfürsten nutzte. Bald nach seiner Abreise brachen neue Unruhen aus, deren Erfolg endlich dieser war, daß die Republik im Jahre 1477 ihre eigenthümliche Verfassung gänzlich verlor. Die letzten Zuckungen der sterbenden Freiheit wurden zu drei verschiedenen Malen durch die Wegführung der reichsten und angesehensten Bürger bestraft, welche sich in Moskau, Nischnei Nowgorod, Murom, Wladimir, Kostroma und andern Städten niederlassen mußten. Im Jahre 1487 traf dieses Schicksal an funfzig der ersten Kaufmannsfamilien, und 1489 mußten über tausend Einwohner ihre Heimath verlassen [78]).

Diese Unfälle, welchen die schwächere Republik Pleskow nur durch unbedingte Unterwerfung entgangen war, vernichteten den hanseatischen Handel nach Nowgorod fast gänzlich. Schon bei der ersten Einnahme der Stadt ward das dortige Komptoir zerstört, und die Mitglieder desselben mußten ihre Freiheit durch große Geldsummen erkaufen. Es ward zwar auf das Ansuchen der Hansa der Kaufhof zu Nowgorod wieder errichtet, aber sein Bestand war von keiner langen Dauer [79]).

---

77) Storch, Gemälde des russ. Reiches IV. S. 175. Doch sollten es nach Herbersteins Nachforschungen in Moskau selbst weit über 300 mit Gold, Silber und Edelsteinen beladene Wagen gewesen sein. **Herberstein**, rer. Moscovit. comment. p. 74.

78) Müller, Sammlung russ. Geschichte V. S. 481.

79) Fischer, Geschichte des deutschen Handels II. S. 349.

Die Hansa hatte den Zweck ihres Daseins erfüllt, ihre Zeit war um, mit der Ausbildung der Staatsmächte im europäischen Norden in Rußland, Schweden und Dänemark mußte sie naturgemäß fallen. Zu Anfange des sechszehnten Jahrhunderts hatte sie zu Nowgorod nur zwei Handelshäuser in Besitz, das deutsche und gothische. So lange nun die Hansa ihren Handel nach Nowgorod noch fortsetzen konnte, so lange erhielt sich wenigstens noch ein Schimmer der alten Blüthe jener Stadt, wie wir es aus Herbersteins Berichten kennen lernen [80]), welcher gerade damals auf seinen Gesandtschaftsreisen diese Stadt besuchte, und im Jahre 1522 kam selbst wieder ein Handelsvertrag mit dem Großfürsten Wasilei Iwanowitsch zu Stande, den drei und siebenzig Hansestädte unterzeichneten. Die Deutschen erhielten durch denselben einige Vergünstigungen, aber die Städte Dorpat und Reval hatten einseitig Artikel einrücken lassen, mit welchen die Hansa sehr unzufrieden war [81]). Der alte levantische Waarenzug von dem uralischen Völkerthor und von den kaspisch-pontischen Gestaden nach Holmgard in dem baltischen Gardarike war längst völlig unterbrochen, die Revolutionen im Reiche Kaptschak, die Verwüstungszüge Timurs, die Betriebsamkeit der Genuesen in Taurien, dann die Eroberungszüge der Osmannen und die Entdeckungen der Portugiesen hatten darauf den entscheidendsten Einfluß; nur für die sibirischen und russischen Produkte war Nowgorod noch der große Abzugskanal gewesen, aber auch dies änderte sich mit dem Falle der Hansa, als die livländischen Städte am Anfange des sechszehnten Jahrhunderts sich zum Erben des Monopols der Hansa in Rußland machten und sich damals auf den höchsten Gipfel des Wohlstandes schwangen [82]).

Diese äußern Umstände waren es aber nicht allein, welche den Handelsverkehr der Hansa nach Rußland zerstörten, im Innern des Bundes selbst entwickelte sich der Keim der Auf-

80) Herberstein, rerum Moscovit. commentar. p. 73—75.

81) Fischer, Geschichte des deutschen Handels II. S. 538 bis 540, 546 bis 550.

82) Storch, Gemälde des russ. Reiches IV. S. 178, 179.

lösung. Das wechselseitige Mißtrauen und lang gehegte Mißhelligkeiten zwischen den einzelnen Gliedern desselben kamen endlich zum offenen Ausbruch. Auf dem Hansatage vom Jahre 1535 zeigte sich schon das gänzliche Auseinanderfallen des Bundes, der Verein spaltete sich in abgesonderte Gesellschaften, nur der Kern in den norddeutschen Städten erhielt sich noch. Die Städte störten den Handel unter einander selbst, der gänzlich veränderte Gang des Welthandels und das Interesse der nun mehr ausgebildeten westeuropäischen Staaten daran mußten die Betriebsamkeit der Überreste des hanseatischen Bundes zu einem bloßen Schattenbilde des frühern großartigen politisch wichtigen Verkehrs machen. Dazu gesellte sich dann die große Katastrophe in den baltischen Gestadelandschaften von Gardarike durch die Eroberungspläne des gewaltigen russischen Zaren Iwan II. Wasiljewitsch, indem dieser Zerstörer der tatarischen Herrschaft in Rußland durch seinen Angriff auf Livland im Jahre 1557 die Zertrümmerung der Ordensherrschaft von der Düna bis zum finnischen Golfe hin veranlaßte[83]). Zwar erreichte Iwan II. nicht seinen Zweck, die Vereinigung jener so wichtigen Küstengebiete mit seinem schon bis zum uralischen Völkerthore ausgedehnten Staate, wodurch das immer mehr dahin sinkende Nowgorod sich wieder zu einer gewissen Blüthe hätte emporschwingen können, doch gelang ihm die Gewinnung von Narwa und Dorpat, und diesen Umstand suchte die Hansa sogleich zu benutzen[84]). Um den livländischen Städten das Monopol des russischen Handels zu entreißen, beeilte sie sich die Stadt Narwa, in deren Nachbarschaft schon Iwan I. Wasiljewitsch sein Iwangorod gegründet hatte, zu einem neuen Stapelplatz zu machen. Beide Städte, die russische und die deutsche, waren nur durch die Narowa von einander geschieden, und dieser Platz schien daher vorzüglich geeignet, um daselbst einen Markt für das benachbarte Rußland anzulegen[85]).

---

83) Karamsin, russische Geschichte VII. S. 400, 408.
84) Karamsin, a. a. O. VII. S. 413, 419.
85) Storch, Gemälde des russ. Reiches IV. S. 183.

Rußland hatte also im Jahre 1558, oder um dieselbe Zeit als auch durch die Wiederentdeckung des weißen Meeres durch die Engländer dies Land von jener Seite aus in eine unmittelbare Verbindung mit dem übrigen Europa treten konnte, einen Hafenort an dem baltischen Meere gewonnen, doch war der üble und besonders für die Folgezeit so nachtheilige Umstand damit verknüpft, daß das Gebiet der Ordensherrschaft in Livland im weitern Sinne an fünf verschiedene Herren kam [86]), unter welchen die Schweden, schon früher durch den Besitz von Karelien so gefährlich, eine immer mehr drohende Stellung zu Rußland einnahmen. Denn außer dem von Iwan eroberten Gebiete von Livland, bemächtigten sich die schwedischen Wasas der Landschaft Esthland mit Reval [87]), die Dänen nahmen die Insel Ösel in Besitz, der Ordensmeister Gotthard Kettler ward Herzog von Kurland unter polnischer Oberhoheit, und das eigentliche Livland mit Riga ward mit Polen vereinigt [88]). Diese Berührung sämmtlicher nordischen Mächte auf dem kleinsten Raume in dem Gebiet von Livland seit dem Jahre 1561 gab natürlich zu vielfachen Fehden Veranlassung, welche während des sechszehnten und siebzehnten Jahrhunderts unter dem Namen der livländischen Händel den Mittelpunkt der Politik der nordischen Mächte abgaben, und dadurch, wie durch die immer bedeutender hervortretende Übermacht Schwedens unter den Wasas, einen wichtigen Einfluß auf den russischen Handel äußerten. Obwohl der Zar Iwan II. die Hansa haßte, weil sie seinen Plan zu vereiteln gesucht, deutsche Handwerker und Künstler nach Rußland zu ziehen [89]), so bestätigte er dennoch aus Staatsklugheit die hanseatische Niederlassung in Narwa, und die Russen ladeten selbst die deutschen und andere fremde Kaufleute durch freundliche Aufnahme zum Besuche dieses neuen Stapels ein [90]). Die Hansa gewann hier

86) Karamsin, russische Geschichte VIII. S. 24, 25.

87) Geijer, Geschichte von Schweden II. S. 161.

88) Gadebusch, livländische Jahrbücher. Leipzig 1770. 8. Th. II. 1. S. 13.

89) Karamsin, russische Geschichte VII. S. 277.

90) Fischer, Geschichte des deutschen Handels III. S. 70.

hier also kein Monopol, und fand demnach bei diesem Verkehr auch nicht ihre Rechnung; denn außer der Konkurrenz mit den livländischen Städten fanden die Hanseaten hier auch Schiffe aus Holland, England und Frankreich vor, und die Preise der Einfuhrwaaren sanken so sehr, daß für bloße Zwischenhändler auf keinen großen Vortheil mehr zu rechnen war [91]).

Diese sogenannten Narwafahrten erzeugten dennoch viele Jahre hindurch bei allen handelnden Nationen an der Ostsee ein gegenseitiges Bestreben den Handel nach Rußland entweder zu befördern oder zu vernichten. Letzteres war vornehmlich der Endzweck von Schweden, Polen und den livländischen Seestädten [92]), und so entwickelte sich der erste Keim der livländischen Händel, welche anfangs für Rußland so nachtheilig zu werden droheten, aber zuletzt nach anderthalbhundertjährigen Kämpfen für diesen Staat unter der Leitung seines großartigsten Beherrschers so ruhmvoll und vortheilhaft endeten. Der aufblühende Handelsverkehr in Narwa war dem schwedischen Staatsinteresse nicht günstig, auch konnte Schweden so wenig wie Polen bei der wachsenden Macht des russischen Reiches und bei den großen Entwürfen, welche der zweite Iwan noch zur Vermehrung derselben verrieth, gleichgültig bleiben. Nicht leicht hat irgend eine Handelsangelegenheit so viele europäische Höfe in Bewegung gesetzt als diese Narwafahrt. Es wurden darüber in Dänemark, Schweden, Polen, Rußland, in den Hansestädten, am kaiserlichen Hofe, bei der Reichsversammlung, in England, Holland, Spanien und in den spanischen Niederlanden Unterhandlungen gepflogen, die sämmtlich nichts bewirkten. Eine solche außerordentliche Theilnahme ist ein Zeugniß für das große Interesse der streitenden Partheien an dieser Sache. Zugleich sieht man, welch einen großen Reichthum an Staatskräften die einzige Stadt Lübeck, der Kern und Mittelpunkt der alten hanseatischen Verbindung, in den darüber ausbrechenden Fehden auf dem baltischen Meere entwickeln konnte, um den Bemühun-

91) Storch, Gemälde des russ. Reiches IV. S. 227.

92) Fischer, Geschichte des deutschen Handels III. S. 69, 71 bis 80, 83 bis 90.

gen Schwedens zum Trotz den hanseatischen Handelsverkehr nach Rußland über Narwa aufrecht zu erhalten. Ungeachtet so vieler Hindernisse und Störungen, welche die Narwafahrten zu erleiden hatten, hob sich doch der Handel dieser Stadt während der Zeit der russischen Oberherrschaft zu einer bedeutenden Blüthe. Sie war der Sammelplatz aller nach Rußland handelnden Nationen und die Niederlage der mannigfaltigsten Produkte geworden. Und dies ist um so auffallender, da doch die Engländer, durch eine gänzliche Zollfreiheit begünstigt, alle russischen Waaren über Cholmogory aus der ersten Hand und zu den wohlfeilsten Preisen erhielten. Es mußte also die Nachfrage nach denselben außerordentlich groß sein, wenn die Kaufleute anderer Handelsstaaten trotz aller Hemmungen der Schifffahrt auf der Ostsee doch noch ihren Vortheil dabei fanden, russische Produkte von Narwa aus zu verführen [93]).

Die Waaren übrigens, welche Rußland dem übrigen Europa darbot, waren natürlich dieselben, durch deren Vertrieb Nowgorod nach dem Eingehen des großen levantischen Waarenzuges während des vierzehnten und funfzehnten Jahrhunderts seinen blühenden Zustand aufrecht erhalten und die großen Schätze gesammelt hatte, welche die Zaren von Moskau daselbst erbeuten konnten. In den Polizeigesetzen der Hansa findet man unter der Rubrik „Waaren, die der Russe liefert" außer vielen Gattungen von Pelzwerk besonders Häute, Leder, Juchten, Wachs, Talg, Holz, Flachs und Hanf genannt, also alles was zu den natürlichen oder daselbst zu gewinnenden Schätzen in den sarmatischen Ebenen gehört. Dagegen enthält die Rubrik der Waaren, die den Russen zugeführt werden, die Artikel Unzengold, Silberstangen, silberne und vergoldete Gefäße, Tücher, Sammet, seidene und wollene Zeuge, Meth, Salz, das aber nicht immer eingeführt werden durfte, und andere Sachen [94]). Silber scheint aber der wichtigste in Rußland eingebrachte Artikel gewesen zu sein, darauf verweisen die vielen Bestimmungen in den hanseatischen Handelsgesetzen, und demnach war der

---

93) Storch, Gemälde des russ. Reiches IV. S. 227 bis 235.

94) Fischer, Geschichte des deutschen Handels II. S. 543 bis 546.

Handel der Russen ein Gewinnhandel, indem der bedeutende Überschuß der Ausfuhr in edlen Metallen vergütet werden mußte. Auch erklärt sich daraus der große Reichthum an baarem Golde und Silber, den der erste Iwan bei der Einnahme von Nowgorod vorfand [95]).

Kaum hatte nun die Hansa ihren Handel zu Narwa etwas in Gang gebracht, als sie auch sogleich daran dachte, ihrem alten Komptoir in Nowgorod wieder aufzuhelfen. Schon seit 1540 war auf den Hansetagen darüber verhandelt worden, man erkannte allgemein das nowgorodische Komptoir für die beste Schule zur Erlernung der Peltereikenntniß und für die Grundlage aller andern Stapelplätze an [96]). Das Emporkommen von Narwa, welches eigentlich nur der Seehafen von Nowgorod war, mußte auf den merkantilischen Zustand des letztern wohlthätig zurückwirken, und so zeigte sich für die Hanse und für Nowgorod der letzte Strahl des alten Glanzes in der Handelsgeschichte des europäischen Nordens. Auch rühmt noch Richard Chancellor, welcher sie auf seiner Reise nach Moskau im Jahre 1554 kennen lernte, als die vornehmste und größte Handelsstadt im moskowitischen Reiche, welche der Residenzstadt an Größe nicht viel nachgebe [97]). Leider dauerte das nicht lange; denn Nowgorod erlitt einen neuen Unfall, der seiner ehemaligen Herrlichkeit vollends ein Ende machte. Diese unglückliche Stadt hatte sich durch so viele Beispiele der Strenge nicht von ihrem Faktionsgeist abschrecken lassen; ein neues Einverständniß mit Polen, welches damals gerade zu den gefährlichsten Feinden Rußlands gehörte, zog die Rache des schrecklichen Iwan über sie. Er kam selbst im Jahre 1570 nach Nowgorod, um den Geist des Aufruhrs durch eine unerhörte Strenge von Grund aus zu vertilgen. Wenn auch die Angaben der russischen Chronisten über die blutige Rache, welche

95) Storch, Gemälde IV. S. 201.

96) Storch, a. a. O. IV. S. 237.

97) **Hakluyt**, the principal navigations, voiages, traffiques and discoveries of the english nation. London 1598. fol. Tom. I. p. 251.

der Zar an den Nowgorodern genommen haben soll, übertrieben sein mögen, so ist doch gewiß, daß die Spuren der Verwüstung noch sieben Jahre nachher, als der dänische Gesandte Ulefeld durch jene Stadt reisete, in dem Mangel an Menschen, Vieh und Lebensmitteln noch merklich genug waren [98]). So sank das alte Groß-Nowgorod und hat sich von diesem Falle nicht wieder erholt; und die Hansa erfuhr bald ähnliche Unglücksfälle, welche ihre ganze Existenz vernichteten. Die fortdauernde Eifersucht und die sich daraus ergebenden Händel zwischen den Schweden und Russen hatten bei dem raschen Emporstreben des schwedischen Staates, mit welchem der russische, zum Theil noch in orientalischen Formen befangen, nicht gleichen Schritt halten konnte, den entscheidendsten Einfluß auf den Gang und Zustand des russischen Handels an den baltischen Meeresküsten. Die Eroberung Narwas durch die Schweden [99]) im Jahre 1581 war der erste Schritt auf der Siegeslaufbahn dieser Nation, welche sich bald zur herrschenden unter den nordischen Mächten aufwarf und Rußland und Polen Gesetze vorzuschreiben vermochte [100]).

Rußland hatte somit die unmittelbare Verbindung mit dem baltischen Meere wieder verloren, und sein Handelsverkehr von hier aus mit dem übrigen Europa gerieth ganz in Abhängigkeit von den Schweden und Polen, den Herren der Küstengebiete von dem alten Gardarike. Beide suchten alle Vortheile des russischen Handels an sich zu bringen, und wenngleich es die Hansa, worunter damals fast nur noch die Stadt Lübeck zu verstehen ist, doch noch für vortheilhaft hielt, sich um ihre alten Privilegien in Rußland zu bewerben, und mit dem Zaren Feodor Iwanowitsch im Jahre 1596 und besonders mit seinem Nachfolger dem Zaren Boris Fedorowitsch Godunow im Jahre 1603 Handelstrakte abschloß [101]), so konnten

98) Müller, Sammlung russ. Geschichte V. S. 512 bis 520. Karamsin, russische Geschichte VIII. S. 118 bis 123.

99) Gadebusch, livländische Jahrbücher II. 1. S. 232.

100) Geijer, Geschichte von Schweden II. S. 211, 212.

101) Müller, Sammlung russ. Geschichte V. S. 159 bis 168.

diese doch schwerlich den gehofften Gewinn bringen, da auch damals die Holländer mit großen Flotten das baltische Meer befuhren und einen großen Theil des Verkehrs an sich zogen[102]. Der Handel vertheilte sich von dem Innern Rußlands, von Moskau aus, auf verschiedenen Wegen nach den baltischen Küsten, je nachdem die politischen Verhältnisse Rußlands zu Schweden oder Polen die eine oder andere Straße mehr begünstigten. Das alte Nowgorod spielt dabei keine Rolle mehr. Zwar hatte der Friede zu Teusin im Jahre 1595 den feindlichen Zustand zwischen Rußland und Schweden beendigt[103], und sogleich blühete nun die Festung Nyenschanz an der Newa, deren Überbleibsel noch jetzt dem prächtigen Petersburg gegenüber neben dem Dorfe Ochta zu sehen sind[104], empor, weil dieser Ort außer seiner günstigen Lage auf der Grenze des schwedischen Gebietes gegen Rußland auch eine unmittelbare Wasserverbindung mit dem Innern Rußlands darbot, aber der Zwiespalt zwischen den beiden Herrscherlinien der Wasas in Schweden und Polen, der seit dem Ende des sechzehnten Jahrhunderts in einen lange dauernden verheerenden Krieg ausbrach, wirkte wieder auf eine andere Weise auf den Gang des russischen Handels an den baltischen Küsten nachtheilig ein. Dazu kam, daß in Rußland bald nach dem Aussterben des alten Herrscherstammes der Rurikingen, noch am Schlusse des sechszehnten Jahrhunderts ein blutiger Bürgerkrieg ausbrach[105], und daß der in Livland geführte Kampf zwischen den Schweden und Polen sich auch nach jenem Lande wälzte, so daß die drei nordischen Mächte sich dort zerfleischten, und daß dort ihre wilden Kriegsschaaren hauseten, wo früher die friedlichen Handelszüge ihre Bahnen gehabt hatten[106]. Rußland entwand sich zwar noch mit Mühe der Herrschaft der Fremden und der

---

102) Fischer, Geschichte des deutschen Handels III. S. 491.

103) Gadebusch, livländ. Jahrbücher II. 2. S. 154.

104) Storch, Gemälde IV. S. 285. Müller, Sammlung russ. Geschichte V. S. 573 bis 584.

105) Müller, Sammlung russ. Geschichte V. S. 65, 181.

106) Geijer, Geschichte von Schweden II. S. 320, 321, 348, 349.

innern Anarchie, aber das auf den Thron erhobene einheimische Fürstengeschlecht der Romanows mußte von dem übermächtigen Schweden die Beruhigung Rußlands theuer erkaufen durch die im Frieden von Stolbowa im Jahre 1617 zugestandene Abtretung von Ingermanland und des südlichen Karelien bis zum Ladoga-See, wodurch die russischen Grenzen noch weiter von den Ostseeküsten zurückgezogen wurden [107]). Der Krieg in Livland zwischen den Schweden und Polen dauerte fort, die Küsten wurden durch schwedische Schiffe gesperrt, im Innern wütheten Hunger und Pest, die in Verbindung mit den Kriegsübeln zur Vernichtung des Handels beitrugen [108]). Endlich nöthigte der große König Gustav Adolph Wasa, der Begründer des schwedischen Prinzipats im Norden, durch seine Siege auch die Polen in dem Frieden von Altmark bei Stum in Pomerellen im Jahre 1629 zur Abtretung der Landschaft Livland nebst Riga [109]).

So waren die Schweden die Herren in dem Küstengebiete des alten Gardarike und die Beherrscher des russischen Handels geworden. Zwar bemühete sich Gustav Adolph noch während seines Kampfes mit Polen, den er in den letzten Zeiten in Pomerellen führte, den alten Handelsverkehr wieder in Gang zu bringen, aber der dreißigjährige Krieg in Deutschland zerstörte dort völlig die Hansa, und die Dänen erschwerten die Ostseeschifffahrt durch die Beherrschung des Sundes, so daß sich Schweden erst durch einen neuen Kampf mit Dänemark die Zollfreiheit für seinen Handel in den livländischen Besitzungen erringen mußte. Dennoch kamen die alten Handelsstraßen immer wieder in Gang, sobald in jenen Gebieten nur ein Augenblick der Ruhe einkehrte. Die vier Seestädte Riga, Reval, Narwa und Nyenschanz waren zwischen Rußland und dem übrigen Europa die Pforten des Handelsverkehrs, dessen Vortheile trotz aller Unternehmungen des Zaren Alexei Michailo-

107) Gadebusch, livländ. Jahrbücher II. 2. S. 510.
108) Storch, Gemälde des russ. Reiches IV. S. 281.
109) Gadebusch, livländ. Jahrbücher II. 2. S. 642.

witsch gänzlich der schwedischen Krone zufielen [110]). Aus Kilburgers Nachrichten über den russischen Handel aus der zweiten Hälfte des siebzehnten Jahrhunderts [111]) ersieht man, daß zwischen den beiden nordischen Nachbarstaaten ein ziemlicher Handelsverkehr angeknüpft war, indem Rußland die schwedischen Fabrikate aus Eisen, Stahl und Kupfer bezog, während Schweden aus den russischen Kornkammern sich über Nowgorod mit Getreide versorgte. Zwar war Nowgorod damals nur noch eine Ruine der alten, glanzvollen Zeit, indessen war der Handelsverkehr daselbst, wie er von den Hamburgern, Lübeckern, Dänen und Schweden betrieben wurde, immer nicht unbedeutend zu nennen, und aus den Angaben eines Augenzeugen, des merkwürdigen Reisenden Joh. Jansen Struys (Strauß) ums Jahr 1668 geht hervor, daß Nowgorod trotz allen Verfalles noch eine reiche und wohlhabende Stadt genannt werden konnte [112]). Doch kam der allgemeine Verkehr nicht recht in Aufnahme, und Schwedens finanzielle Maaßregeln unter der Regierung Karls **XI.** besonders rücksichtlich der livländischen Provinzen bewirkten, daß der Handel mit Rußland sich immer mehr von der Ostsee weg nach Archangel hinzog, dessen Gewerbe sich alljährlich vergrößerte. Der Ausbruch des nordischen Krieges mit dem Beginn des achtzehnten Jahrhunderts brachte nun hier die Entscheidung, indem der Zar Peter Alexiewitsch, um sich von der drückenden Abhängigkeit von Schweden frei zu machen, durch einen Ukas vom Oktober 1701 die Ausfuhr über die schwedische Grenze gänzlich verbot und den gesammten europäischen Handel Rußlands ausschließlich nach Archangel verlegte. Jedoch des ersten russischen Kaisers großartigem Geiste entging nicht die Bedeutung der Küstengebiete von Gardarike für das Emporkommen seines Staates, ihre

110) Storch, Gemälde **IV.** S. 282 bis 288.

111) Kilburger bei Büsching, Magazin für Historie und Geographie III. S. 278, 279.

112) J. J. Straußens Reise durch Italien, Griechenland, Liefland, Moskau, die Tartarei, Medien, Persien und Indien in den J. 1647 bis 1673. Aus dem Holländ. übersetzt mit Anmerkungen. Gotha und Erfurt 1832. 8. S. 171, 172.

Gewinnung war das wichtigste Ziel seiner politischen Thätigkeit, und durch einen zweiten noch merkwürdigern Befehl vom Jahre 1713 rief Peter den Handelsverkehr von den Küsten des weißen Meeres wieder zurück nach der verödeten Gegend von Nyenschanz, in dessen Nachbarschaft unterdessen auf feindlichem Grund und Boden ein neuer und in der ganzen russischen Handelsgeschichte bei weitem der wichtigste Stapelplatz, die bald so glanzvolle Peters-Stadt, entstanden war, die zugleich zum politischen Centralpunkte des weiten russischen Reiches bestimmt wurde [113].

Nach den gewaltigsten Anstrengungen siegte endlich Rußlands ausdauernde Beharrlichkeit im Kampfe mit dem mächtigen Schweden. Der Friede von Nystadt im Jahre 1721 gewährte Peter dem Großen den lang erstrebten Besitz jener Ostseelandschaften bis zur Düna hin nebst einem Theile von Karelien [114], der Herrschersitz der russischen Fürsten wurde nach fast neunhundertjähriger Wanderung für immer nach dem alten Wiegenlande des russischen Staates in Gardarike und zwar nach einem noch weit günstiger gelegenen Orte, als es bei Nowgorod der Fall war, zurückverlegt, und der russische Staat dadurch nicht nur dem civilisirten West-Europa unendlich nähergerückt, sondern selbst erst in die Reihe der eigentlich europäischen Staaten eingeführt. Zugleich erfuhr der Gang des gesammten russischen Handels eine wesentliche Veränderung durch die Hinleitung aller seiner Straßen und Kanäle nach dem Mündungslande der Newa, und wenn das alte Nowgorod, wo auch während des siebzehnten Jahrhunderts sich noch immer zahlreich deutsche Kaufleute des Handels wegen aufgehalten hatten [115], sich noch einmal wieder heben zu wollen schien, so wurde es durch das schnelle Aufblühen von St. Petersburg, welches schon während des achtzehnten Jahrhunderts das großartigste Emporium in dem Gebiete der weiten sarmatischen Ebenen geworden ist, für immer erdrückt. Nicht einmal den Vor-

113) Storch, Gemälde des russ. Reiches IV. S. 289 bis 291.
114) Gadebusch, livland. Jahrbücher IV. 1. S. 101.
115) Müller, Sammlung russ. Geschichte V. S. 546 bis 550.

zug konnte sich jene alte Metropolis des russischen Staates bewahren, daß sie der politische Mittelpunkt von einem der zehn Gouvernements wurde, in welche Peter der Große zur bessern Verwaltung sein Reich eingetheilt hatte [116]). Auch diesen Vorzug entriß ihm Petersburg, dessen Gouvernement die Gebiete am finnischen Golfe nebst Nowgorod bis zu den Waldai-Höhen umfaßte, den größern Theil des alten Gardarike. Es ist die normannisch-slavische und später die deutsch-slavische Mark zu nennen, wo die neue Hauptstadt, dem eigentlichen Slaven-Lande im Centrum der sarmatischen Ebenen um Moskau mehr entrückt und dem germanischen Europa näher gebracht, schon dadurch ihren Hauptcharakter im Unterschiede von der alten Zarenresidenz am besten ausspricht. Des Stifters individuelles Leben ist als eigenthümliches Gepräge dem Leben seiner Stiftung für immer aufgedrückt. Erst im Jahre 1730 ward Nowgorod zum Mittelpunkte eines eigenen Gouvernements gemacht [117]), welches jedoch in einem ganz anderen Umfange als das heutige die fünf Provinzen von Nowgorod, Pskow, Welikie Luki, Twer und Bjelosersk umfaßte [118]). Dieses große Gouvernement ward später bei der neuen Organisation des russischen Reiches von Katharina II. im Jahre 1776 wieder umgestaltet und im verringerten Umfange nur aus den beiden Provinzen von Nowgorod und Olonez zusammengesetzt, bis nach der Errichtung der Landschaft von Olonez 1784 zu einem eigenen Gouvernement, erst 1796 vom Kaiser Paul Petrowitsch das noch jetzt bestehende Gouvernement Nowgorod seine Einrichtung erhielt [119]).

Schon am Ende des nordischen Krieges, wo das Gebiet von Petersburg erst an Rußland abgetreten wurde, war dieser Ort ein besuchter, blühender Seehafen. Die benachbarten Hä-

116) Strahlenberg, der N. und O. Theil von Europa. S. 183.

117) Schnitzler, la Russie et la Pologne. Paris 1835. 8. p. 152.

118) Büsching, neue Beschreibung des russischen Reiches. Hamburg 1763. 8. S. 728.

119) Georgi, geograph. Beschreibung II. 1. S. 142.

fen Narwa, Reval und Wiborg, früher die verschiedenen Abzugskanäle des russischen Handels, konnten sich von den Unglücksfällen jenes Krieges und bei der Rivalität des jüngsten Emporiums am baltischen Meere mit ihnen nicht wieder erholen; nur Riga, durch seine Weltstellung und durch seinen Hafen begünstigt, schwang sich wieder empor. Immer mehr hob sich um die Mitte des achtzehnten Jahrhunderts der Handelsverkehr zu Petersburg durch die Bemühungen der russischen Regenten [120]), und es wirkte darauf nicht blos die immer steigende Verbindung mit dem westlichen Europa ein, sondern auch die Umgestaltungen, welche seit Peters des Großen Zeit am Pontus, am uralischen Völkerthore und in den kaspischen Gestadeländern vor sich gegangen waren. Die Fäden des zum Theil unterbrochenen orientalischen Welthandels wurden wieder angeknüpft, der Wasserlauf der Wolga wurde nun auch für die neue Residenz am baltischen Meere von Wichtigkeit, und diese Umstände so wie das Bedürfniß einer unmittelbaren Verbindung der alten Herrscherstädte Moskau und Kasan mit St. Petersburg hatten schon Peter den Großen zu manchen großartigen Plänen mit jenem Wassersysteme gebracht, zu dessen näherer Betrachtung wir nun übergehen.

Das Stromsystem der Wolga.

Unter allen Wassersystemen Europas ist das der Wolga nicht nur das bei weitem mächtigste und wasserreichste, sondern auch durch die Mannigfaltigkeit seiner Naturverhältnisse, durch seinen Einfluß auf die Völkerentwickelung und durch den Reichthum der seinem Gebiete angehörigen historischen Erscheinungen eines der merkwürdigsten und wichtigsten. Das was der berühmte Rhein=Strom nach seiner Natur und Geschichte für das westliche germanische Europa ist, das ist der Wolga=Strom für das östliche slavische, finnische und tatarische Europa, und wenn auch dem Rhein als der Hauptpulsader des germanischen Bodens ein höherer geistiger Adel als charakteristi-

120) Storch, Gemälde des russ. Reiches V. S. 31, 34, 181, 182.

sches Gepräge durch die Geschichte aufgedrückt ist, insofern niemals Barbarenhorden an seinen Ufern gehauset haben und er immer auf die sinnliche und geistige Entfaltung des Lebens seiner Anwohner auf eine ganz besondere Weise eingewirkt hat, so ist die Wolga mehr von der Naturseite ausgezeichnet durch die Mächtigkeit ihrer Bildung und durch viele andere mehr oder weniger damit zusammenhängende physikalische Erscheinungen. Denn an achtmal übertrifft das Stromsystem der Wolga das des Rheins an räumlicher Ausdehnung, es ist das größte Stufenland von Europa, welches fast an die asiatischen Naturformen dieser Art erinnert. In der That ist auch dieses Stromsystem (wenn man von dem kleinasiatischen Halbinsellande absieht) das von der Natur bestimmte einzige große Verbindungsglied zwischen dem europäischen Abendlande und dem asiatischen Morgenlande nach allen physikalischen und historischen Verhältnissen, und indem die Wolga mit ihrem Quellgebiet weit in das Innere der sarmatischen Ebenen hineinragt und mit ihren untergeordneten Wasseradern einen großen Theil derselben umfaßt, zieht sie sich zwischen den beiden großen europäisch-asiatischen Grenzsteinen des Ural und Kaukasus in der Normaldirektion gegen Südosten gewandt gerade gegen das Innere des orientalischen Erdtheiles hin. Ja die Wolga spricht ihren Charakter als die vermittelnde Naturform zwischen jenen beiden Theilen der alten Welt darin am bestimmtesten aus, daß sie in ihrem unteren Laufe, in ihrem Deltalande, noch in den orientalischen Erdtheil hineinragt. In dieser Eigenthümlichkeit ihrer Weltstellung steht die Wolga ganz einzig unter den Stromsystemen der alten Welt da, und damit hängt auch genau ihre historische Bedeutung und ihr Einfluß auf den Gang der Völkerentwickelung zusammen. In der Nähe des baltischen Meeres entspringend wendet sich von dort die Thalrinne der Wolga, im Widerspruche mit allen sonstigen Stromsystemen, und dem bocharischen Zwillingsstrompaare des centralen Asien gerade entgegengesetzt, zu der großen continentalen Depression der östlichen Halbkugel, welche, zwar im Herzen von Asien gelegen, doch an das europäische Abendland anstreift, und welche der neuere große

Naturforscher beider Hemisphären mit Recht das Krater-Land der alten Welt genannt hat [1]).

Die Wolga ergießt sich zugleich in den großen Steppensee des kaspischen Meeres, welcher die niedrigste Einsenkung jener Depression erfüllt, und steht dadurch in dem größten Gegensatze zum Rhein. Denn während der germanische Strom zum offenen Ocean hinausführt und eine oceanische Schifffahrt seiner Anwohner befördert, wie sich dies in der Entwickelung des holländischen Volkes ausspricht, führt die Wolga von dem Littorale des alten Gardarike zu einem von großen Wüsten umgebenen und von Gebirgs- und Hochländern ummauerten Steppensee und somit zu dem kontinentalsten Ländergebiete der alten Welt. Der untere Lauf der Wolga liegt noch innerhalb des asiatischen Steppengebietes und zwar auf der großen Heerstraße der Völker bei ihren Wanderungen von Asien aus durch das uralische Völkerthor nach den pontischen Gestadelandschaften, wo sie immer mehr oder weniger zu verweilen pflegten, ehe sie weiter nach Westen vordrangen. So haben fast durch alle Jahrhunderte der Geschichte hindurch aus Asien auswandernde Barbarenhorden an den Ufern der unteren Wolga ihre Sitze aufgeschlagen, Jahrhunderte lang drang von dort barbarische Sitte und Herrschaft den Wasserlauf der Wolga aufwärts in das Innere der sarmatischen Ebenen vor, und bedrohete von ihren Uferlandschaften aus auf der Grenzmark von Asien und Europa das letztere mit Knechtschaft und Barbarei. Diese Weltstellung und der Antheil der Wolga an zwiefachen Naturverhältnissen ist unstreitig auch die Hauptursache, daß es diesem Stromsysteme wenigstens schon seit einem Jahrtausend an der ethnographischen Einheit gemangelt hat, welche dem Rhein so eigenthümlich ist, und deren Mangel auch der Donau, dem dritten großartigen Stromsysteme Europas und der Übergangsform von seinem Osten zum Westen, bis jetzt so nachtheilig gewesen ist. Seit Jahrhunderten ist die Wolga berüchtigt geworden als der Sitz der barbarischen Hor-

1) Humboldt, fragmens asiatiques II. p. 324. Pays-cratère de l'Aral et du Sihoun.

den der turktatarischen und mongolischen Völker, welche, zum Reiche der Khane der goldenen Horde gehörig, den Naturgrenzen zum Trotz die Wolga größtentheils Europa entrissen und dem asiatischen Erdtheile vindicirten.

Aber nicht minder wie die Weltstellung jenes Stromsystemes auf die Wanderungen und Niederlassungen der von Osten nach Westen ziehenden Stämme einwirkte, einen eben so großen und wohl noch wichtigern Einfluß übte sie auf den Gang der vom Orient nach dem äußersten Norden und Westen der alten Welt leitenden Handelsstraßen aus. Schon seit zwei Jahrtausenden kennen wir die sarmatischen Ebenen als das Passageland des orientalischen Welthandels, und je mehr die mittlere große indische Handelsstraße, welche durch die Mitte West-Asiens nach den levantischen Häfen hinführte, durch die zunehmenden Kriegsunruhen zwischen den parthischen Arsaciden und den Römern Hemmungen und Unterbrechungen erlitt, desto mehr mußte der nördliche große, sich an die Banianen-Straße über Bactra anschließende Weg zu den pontischen Gestaden hin in Aufnahme kommen, und das im äußersten Norden der alten Welt erwachende Leben der Völker mußte zur weitern Verzweigung jener Bahnen nach Norden hin die von der Natur schon gegebenen Wege benutzen. Gerade durch die Bahnen der merkantilischen Betriebsamkeit der Völkerschaften in dem Gebiet der Wolga wird uns dieses Stromsystem zuerst bekannt, und wenn die wolgischen Landschaften auch Jahrhunderte lang unter der Herrschaft barbarischer Horden geseufzt haben, so haben doch auch stets die merkwürdigsten Handelsvölker in ihnen ihre Sitze und ihre Heimath gehabt, deren Thätigkeit die älteste Verbindung zwischen dem Norden und Westen mit dem fernen Süden und Osten der alten Welt zuzuschreiben ist. Die großen weit gegen Norden und Nordwesten in das Innere der sarmatischen Ebenen hineinführenden Wasserarme des wolgischen Stromsystemes bewirkten schon in den ältesten Zeiten der nordischen Geschichte einen Verkehr in jenen von der übrigen Kulturwelt so entlegenen Gebieten, wie man ihn kaum erwarten sollte, und veranlaßten das Aufblühen des doppelten Emporiums Holmgard in Bjarmaland und Gardarike zu einer Zeit, als kaum noch die ersten Spuren geordneter Staatsverhältnisse in jenen Ebenen sich zu zeigen begannen.

Durch alle Jahrhunderte der Geschichte hindurch finden wir in der Mitte und am untern Ende des wolgischen Stromsystemes die merkwürdigsten Lokalitäten, welche theils als große Stapelplätze, theils als glanzvolle Herrschersitze die von der Natur bestimmten Stellen bezeichnen, wo die Hauptglieder in der Kette der merkantilischen Stämme jenes Gebietes und die einheimischen Herrscher oder die von außerhalb kommenden Eroberer ihre Sitze hatten. So blühete seit Alters in der Mitte des wolgischen Gebietes die Trias der Emporien und Residenzen Bulghar, Kasan und Nischnei Nowgorod und in dem untern Theile die zweite Trias nämlich Atel, Serai und Astrachan. Aber so wie das nach dem Herzen des orientalischen Erdtheiles sich senkende Stufenland der Wolga Jahrhunderte lang die wilden Völkerschaaren Asiens und die friedlichen Karavanenzüge des Handelsmannes in das Innere der sarmatischen Ebenen hineinführte, so mußte nun später naturgemäß, nach der Feststellung europäischer Herrschaft in denselben, dies Stufenland dazu dienen europäische Überlegenheit in politischer Beziehung in Verbindung mit europäischer Kultur in das Innere Asiens zurückzubringen. Nachdem die Wolga viele Jahrhunderte lang ein asiatisch-europäischer Zwitterstrom gewesen war, wurde sie erst seit einem Jahrhundert ein wirklich europäischer Strom durch den Begründer des neueren russischen Staates, durch Peter den Großen. Die Wolga ward durch ihn der Transportstrom eines großen europäischen Heeres nach Asien, sie trug zum erstenmale eine aus den uralischen Waldungen gezimmerte Flotte nach dem kaspischen Meere und nach den Gestaden von Persien; Kasan wurde der Mittelpunkt der Wolga-Schifffahrt, und seitdem erst beginnt die erhöhete Wichtigkeit der Wasserlinie der Wolga nicht blos als einer Hauptquelle des Reichthums des russischen Staates, sondern auch als eines integrirenden Gliedes zu den beiden Gebirgssystemen auf den Grenzen Europas gegen den Orient, durch deren Beherrschung die Sicherheit und Überlegenheit des ersteren im Verhältniß zu Asien allein aufrecht erhalten werden kann.

Schon durch ihre **Größenverhältnisse** gehört die Wolga zu den einflußreichsten Naturformen Europas. Der direkte Abstand ihrer Quellen von der Mündung beträgt schon an 225 geogr. Meilen, und diese bedeutende Länge wird durch die eigenthümliche rechtwinklige Krümmung derselben gegen Osten zum Ural noch verdoppelt. Denn wenn der Rhein mit seiner Stromentwickelung nur eine Länge von ungefähr 175 Meilen und die mächtige Donau nur eine Länge von 380 Meilen hat, so hat die Wolga eine Stromentwickelung von mehr als 3000 Wersten oder von 430 Meilen [2]), und dieser Größe entspricht auch das Areal des Stromgebietes. Zu dem Stromgebiet des berühmten Rhein gehört nur das geringe Areal von 3600 □Meilen, die gewaltige Donau beherrscht nur ein Gebiet von 14'000 □Meilen, aber die Oberfläche des Netzes der Wolga umspannt einen Flächenraum von über 30'000 □Meilen, also ein Gebiet, welches nur um weniges von dem des kolossalen Nil-Stromes übertroffen wird. Unter dem Einfluß des Wolga-Systemes steht demnach ein Länderraum, welcher das rheinische Stromgebiet etwa achtmal an Größe übertrifft, und der das Dreifache von dem gesammten deutschen Gebiete beträgt. Es ist als wenn ganz Deutschland, Frankreich und die hispanische Halbinsel nur von einem einzigen gemeinsamen Strome bewässert und beherrscht würden. Aus dieser großen Ausbreitung des wolgischen Stromsystemes erklärt sich auch sein großer **Wasserreichthum**. Von allen Seiten nimmt die Wolga eine Menge tributärer Flüsse in sich auf, sie sammelt fast den gesammten im Innern der sarmatischen Ebenen in Quellbächen aufgehäuften Wasserschatz, der dort auf einem Gebiete von mehr als 200 Meilen Länge von Osten nach Westen und über 200 Meilen Breite von Norden nach Süden zwischen den Wasserbecken des Irtisch und Obi, der Petschora, Dwina, Newa, Düna, des Dnepr, Don und Jaik verbreitet ist, und was um so auffallender erscheint, sie führt diese Was-

2) Rußlands Wasserverbindungen. S. 99. Nach Storch hätte die Wolga, wohl mit Einschluß ihrer sämmtlichen Krümmungen, eine Länge von über 570 Meilen. **Storch**, Gemälde des russ. Reiches VII. S. 7.

serfülle durch eine eng begrenzte Stromrinne, gleich wie der Indus in seinem untern Laufe, zwischen Wüsten und Steppen hindurch zum Schlunde des kaspischen Meeres. Die Wolga durchströmt an acht russische Gouvernements; unter ihren vielen Zuströmen auf diesem Laufe würden die Oka und die Kama in dem westlichen Europa selbst schon für bedeutende große Flüsse gelten, so daß, obschon die Wolga sich anfangs mit einem Thale von einigen Wersten in der Breite zu ihrer Strömung begnügt, sie zuletzt eine Fläche von 20 bis 30 Wersten nöthig hat, durch welche sie in einem Bett von mehr als 500 Faden Breite majestätisch dahin fließt. Die Landschaften, welche die Wolga durchströmt, gehören zu den schönsten, fruchtbarsten und bevölkertsten des russischen Reiches; treffliche Wiesen, fruchtbare Getreidefluren, die Kornkammern Ost-Europas, Hanf- und Flachsfelder, zahlreiche Obstgärten und die schönsten Eichenwälder wechseln ununterbrochen mit einander ab. Ihr Wasserlauf begünstigt die ausgedehnteste Flußschifffahrt in dem continentalsten Theile Europas, und die wichtigsten Handelsstädte des innern Rußlands wie Twer, Jaroslawl, Kostroma, Nischnei Nowgorod, Kasan, Simbirsk, Saratow, Astrachan liegen an ihren Ufern, und bilden die Stationen des Handelsverkehrs zwischen dem kaspischen und baltischen Meere.

Wenn der englische Reisende Clarke [3]) schon den Don, den untergeordneten Nachbar der Wolga, mit dem berühmten Nil-Strom vergleichen zu dürfen glaubte, so findet diese Verwandtschaft der Naturverhältnisse bei einer ziemlich gleichen Größe noch weit mehr zwischen der Wolga und dem Nil statt. Denn gleich wie der ägyptische Strom durch seine merkwürdigen Anschwellungen und durch deren Einfluß auf die Kultur seiner Uferlandschaften so berühmt geworden ist, so finden sich auch an der Wolga diese regelmäßigen Anschwellungen und die Befruchtung eines Theiles ihrer Uferlandschaften, und das in das kaspische Meer vorgeschobene Deltaland der Wolga verdankt

3) Clarke, travels through various countries of Europe etc. I. p. 270.

dankt unstreitig wie das Delta des Nil zum Theil den Anschwemmungen und Schuttablagerungen des gewaltigen Stromes der asiatisch-europäischen Grenzmark sein Dasein. Dazu kommt dann noch eine andere für die gesammte Bevölkerung der sarmatischen Ebenen höchst wichtige Eigenthümlichkeit, daß die Wolga der fischreichste unter allen europäischen Flüssen ist. Auch bemerkt Pallas [4]) ausdrücklich, daß man schwerlich irgend wo in der Welt so vielfache, zum Theil ganz eigene und recht sinnreiche Arten und Maschinen zum Fischfange habe als an diesem Strome üblich seien. Durch eben diesen Fischreichthum verbreitet die Wolga ihren unmittelbaren Einfluß weit über die osteuropäischen Gebiete hinaus, und erstreckt ihn selbst bis über das westliche Europa.

Der Name der Wolga.

Unter den verschiedensten Bezeichnungen kommt dieser Strom, der jetzt bei den Russen und bei den westeuropäischen Völkern den Namen Wolga führt, im Laufe der Jahrhunderte vor, und wenn irgend wo scheint es hier von Wichtigkeit zu sein, auf die Namen dieses Stromes zu achten, welche von den verschiedenartigsten Völkern, die seit den ältesten Zeiten bis jetzt an seinen Ufern gehauset haben, ihm zu Theil geworden sind, da sie bei dem noch ziemlich dunklen Völkergewirr in jenen Gebieten nicht selten als Hinweisungen auf ethnographische Verhältnisse dienen können. Der jetzt übliche Name der Wolga stammt erst aus späteren Zeiten und ist, so viel wir wissen, niemals bei irgend einem Stamme ihrer Anwohner in Gebrauch gewesen. Bekannt ist es übrigens, daß dieser Strom mit Sicherheit erst im zweiten Jahrhundert unserer Zeitrechnung uns von dem letzten Geographen des Alterthums genannt wird, doch fragt sich, ob bei den mancherlei Nachrichten, welche den Alten vor seiner Zeit von jenen Gegenden durch die Anwohner der pontischen Gestade zu Theil wurden, ihnen nicht auch über diesen mächtigen Strom irgend etwas zukam. Zwar war gerade den Alten in den letzten Jahrhunderten vor Christi Geburt die

4) Pallas, Reisen durch verschied. Provinzen I. S. 131, 134.

Gegend an der Nordseite des kaspischen Meeres ein sehr unbekanntes Gebiet, wie aus ihren Vorstellungen vom kaspischen Meere selbst erhellt, aber bei der ausgebreiteten Kenntniß des Vaters der Geschichte und Geographie von jenen nordischen Regionen könnte man wohl bei ihm die ersten Angaben über dies Stromsystem erwarten.

Mit Recht bemerkt daher auch Mannert [5]), daß Herodot bei seiner genauen Darlegung der großen von dem Pontus aus nach dem Innern von Asien führenden Karavanenstraße nothwendig die Wolga gekannt und unter einem von den im Osten des Tanais vorkommenden Flußnamen aufgeführt haben müsse; doch ist dabei nicht zu übersehen, daß bei der immer nur mangelhaften Kenntniß Herodots von jenen Gegenden, die er nicht aus eigener Anschauung kannte, und bei der unläugbaren Verwechselung verschiedener Flüsse daselbst, Herodot die Wolga auch nennen konnte, ohne sie in der Reihe der auf der Karavanenstraße nach Asien liegenden Flüsse anzugeben. In dieser Beziehung spielt nun der Araxes-Fluß in der herodoteischen Geographie eine merkwürdige Rolle, und so wie es sicher ist, daß Herodot mit diesem Namen zwei ganz verschiedene Stromsysteme bezeichnete [6]), nämlich das des armenischen Aras und das der bocharischen Flüsse Oxus (Dschihon) und Jaxartes (Sihon), welche beide letzteren, als an den Nordgrenzen des Perser-Reiches liegend, er leicht mit einander vermischen konnte, eben so geneigt muß man sein zu glauben, wie es auch schon von anderen bemerkt worden ist [7]), daß Herodot auch die Wolga mit diesem unstreitig appellativischen Namen bezeichnet habe. Denn die Angabe von dem Mündungslande des Araxes kann kaum von einem anderen Strome als von dem Deltalande der Wolga entlehnt sein [8]), und es würden

5) Mannert, Geographie der Griechen und Römer IV. S. 110.

6) Herodot. IV, 40. I, 201. 202.

7) Kephalides, de historia maris Caspii. Götting. 1814. 8. p. 357—375. Vergl. Sprengel, Geschichte der geograph. Entdeckungen. S. 38, 65.

8) Herodot. I, 202. Auch wird man durch die weitern Bemerkungen Herodots über die Lebensart der Anwohner des Araxes unwillkühr-

demnach die verschiedenen, radienförmig zu dem gemeinsamen Steppenbecken des kaspischen und aralischen Sees zusammenfließenden Ströme von Osten, Westen und Norden her unter diesem Namen umfaßt sein. Damit würde sich immer noch gut vereinigen lassen, daß Herodot von einer anderen Seite her dasselbe Stromsystem unter einem anderen Namen aufführe, der überdies noch eine gewisse Verwandtschaft mit dem des bei den Alten sehr vielfach vorkommenden Araxes trägt. Denn über die scythischen Landschaften an den pontischen Gestaden hatte Herodot noch eine andere Quelle, aus der er schöpfte, und zwar in dem großen persischen Feldzuge nach Scythien unter Darius nur ein halbes Jahrhundert vor seiner Zeit. Aus der Bestimmung der Frage, wie weit das Perser-Heer in das scythische Gebiet eingedrungen sei, muß sich sogleich ergeben, ob die Griechen zu Herodots Zeit genauere Kenntniß von der Wolga haben konnten oder nicht.

Aus Herodots Berichten von dem Zuge des persischen Heeres durch die pontischen Landschaften scheint nun allerdings hervorzugehen, daß dasselbe nordostwärts bis zur Wolga vorgedrungen sei, und wenn auch dieser ganze Feldzug in seiner Erläuterung immer manches schwierige enthält und Männer wie Ukert [9]) und Niebuhr [10]) seine Unwahrscheinlichkeit in dem angegebenen Umfange behaupteten, so hat dennoch nicht nur Reichard [11]), sondern auch der berühmte Commentator jenes Geschichtschreibers, James Rennell, sich dafür entschieden, daß

---

sich an die Wolga erinnert. Ὁ δὲ Ἀράξης ποταμὸς στόμασι ἐξερεύγεται τεσσαράκοντα, τῶν τὰ πάντα πλὴν ἑνὸς ἐς ἕλεά τε καὶ τενάγεα ἐκδιδοῖ. ἐν τοῖσι ἀνθρώπους κατοικεῖσθαι λέγουσι ἰχθῦς ὠμοὺς σιτεομένους, ἐσθῆτι δὲ νομίζοντας χρᾶσθαι φωκέων δέρμασι. τὸ δὲ ἓν τῶν στομάτων τοῦ Ἀράξεω ῥέει διὰ καθαροῦ ἐς τὴν Κασπίην θάλασσαν.

9) Ukert, Geographie der Griechen und Römer. Weimar 1816. 8. Th. I. 1. S. 59.

10) Niebuhr, kleine historische Schriften. Bonn 1828. 8. Th. I. S. 372.

11) Reichard, des Darius Hystaspis Feldzug im Lande der Scythen in Berghaus, Hertha 1828. Th. XI. S. 3 bis 81.

Darius mit seinem Heere bis zur Wolga bei Saratow oberhalb ihres Durchbruches durch den Obstschei Syrt gelangt sei [12]). Denn Herodot berichtet, daß Darius vom Ister an bis zum Tanais in der Verfolgung der Scythen vordrang, daß beide den Fluß überschritten und das sauromatische Land bis in das budinische durchzogen. Von dort kamen die Perser an eine wüste Steppe von sieben Tagereisen, jenseit welcher die Thyssageten wohnten, die uns Herodot als ein zahlreiches Jägervolk schildert, und welche Rennell in der Voraussetzung, daß der Tanais der heutige Don sei, in der Gegend vom obern Don bis zur Wolga oder von Woronesch bis nach Saratow sucht. Aus diesem Lande der Thyssageten sollen nach Herodot vier große Flüsse sich zum mäotischen Sumpfe hin ergießen [13]), das heißt wenigstens nach Süden hinströmen, nämlich der Lycus, Oarus, Tanais und Syrgis, und da bleibt dann freilich im Osten des Don kein anderer großer Fluß übrig als die Wolga, deren Richtung von jener Gegend aus gegen Südsüdwest wohl die Vorstellung von ihrer Einmündung in den mäotischen See veranlassen konnte. Der Oarus-Fluß, dessen Name auch an verschiedene spätere Bezeichnungen dieses Stromes erinnert, scheint nun die Wolga zu sein, von wo Darius, nachdem er acht kleine Festungen erbauet hatte, deren Ruinen noch zu Herodots Zeit vorhanden sein sollten, seinen Rückzug antrat und die Verfolgung der flüchtigen Scythenschaaren aufgab. Auffallend bleibt es aber dabei, daß Herodot [14]) da, wo er die von dem unteren Tanais nach Asien und zunächst nach dem Südfuße des Ural-Gebirges hinführende Karavanenstraße angiebt, des Oarus, welcher, wenn er die Wolga ist, doch nothwendig überschritten werden mußte, weiter gar nicht gedenkt,

12) Jam. Rennell, the geographical system of Herodotus examined and explained. London 1830. 8. ed. 2. Tom. I. p. 135. The Oarus, which we have taken for the Wolga, was the utmost term of the march of Darius, and we fix the term of his expedition about the great bend of the Wolga near Saratow.

13) Herodot. IV, 122—125. cf. Rennell, l. c. I. p. 116—118.

14) Herodot. IV, 21—23.

und wenn sich von den von ihm genannten vier Flüssen auch eine dunkle Tradition auf die späteren Zeiten verpflanzt zu haben scheint, indem Plinius des aus den katheischen Bergen kommenden Lagous-Flusses erwähnt [15]), in welchen sich der Opharus ergießen soll, so ist das Ganze doch so unbestimmt gehalten, daß man nicht weiß, ob man sie in der Nähe der uralischen oder kaukasischen Gebirgshöhen suchen soll. Reichard glaubte aber, durch diese unbestimmte Angabe des Plinius verleitet, die Lage der vom Darius erbauten Kastelle an der Oka suchen zu müssen, wodurch der Lagous die Stelle der Wolga einnehmen würde [16]).

Nach Herodots Zeit mangeln eigentlich alle Nachrichten über die Gegenden im Norden des Kaukasus und des kaspischen Meeres, das gleichsam schattenartige Hervortreten jenes mächtigen Stromsystemes verschwindet wieder auf mehrere Jahrhunderte in der allgemeinen Dunkelheit, und wenn ein Strabo und der belesene Plinius uns nichts über diesen Strom zu berichten wissen, so wird man von dem dürftigen Mela um so weniger erwarten dürfen. Daß die Erwähnung der Wolga bei ihm [17]) unter dem später bei den Alten vorkommenden Namen nur erst ein späteres Einschiebsel ist, hat schon Mannert bemerkt [18]). Dafür erscheint dann aber bei dem Fürsten der alten Geographie, bei dem kenntnißreichen Ptolemäus um die Mitte des zweiten Jahrhunderts unserer Zeitrechnung die Wolga zum erstenmale unter dem Namen Rha, das Dunkel an ihr ist seitdem verschwunden, sie bleibt fortan ein weltberühmter und bekannter Strom [19]). Erst gegen das Ende der alten Geschichte mit dem Sinken des römischen Kaiserthums enthüllt sich hier den Blicken der alten Kulturwelt eine ganz neue, weit ausgedehnte nordische Welt, die auf mehrere Jahr-

15) Plinius, hist. nat. VI, 7. Lagous amnis, ex montibus Catheis, in quem defluit Opharus (wohl derselbe, der gleich nachher Ocharius genannt wird).

16) Reichard bei Berghaus a. a. O. XI. S. 62.

17) Mela, de situ orbis III, 5.

18) Mannert, Geographie der Griechen und Römer IV. S. 347.

19) Ptolemaeus, geograph. aut. Magino Patav. p. 126, 155.

hunderte einen Hauptschauplatz der Völkerentwickelung abgeben sollte. Zugleich erscheint die Wolga beim Ptolemäus schon als ein sehr wohlbekannter Fluß, dessen wahren Lauf er vollkommen genau bestimmt. Zwei Quellen im äußersten Norden, aber um 20 Längengrade auseinander entfernt (offenbar die Wolga und Kama oder, wie sie auch selbst jetzt noch heißen, die große und kleine Wolga) geben ihm sein Dasein; über dem 58. Grade der Breite vereinigen sich beide, um durch einen westwärts gewandten Lauf dem Tanais bis auf wenige Meilen nahe zu kommen, und nach langer südöstlicher Richtung wirft sich dann der Strom in das kaspische Meer. Nur der südliche Theil des Laufes von der Annäherung an den Tanais an erhielt eine etwas zu große Länge, weil auf der einen Seite der mäotische See zu weit gegen Norden und das kaspische Meer zu weit gegen Süden gezogen ist. Der Rha bildet bei Ptolemäus die Ostgrenze von dem asiatischen Sarmatien gegen das Scythien zu seiner Zeit. Auf jeden Fall bleibt die genaue Kenntniß dieses Stromes beim Ptolemäus sehr auffallend; wahrscheinlich war es aber nicht allein der damals immer lebhafter werdende Karavanenhandel in jener Gegend, welcher diesen Geographen so vertraut mit den nordischen Gebieten machte, sondern auch wohl die verschiedenen römischen Expeditionen gegen die Völkerschaften im Norden des Kaukasus zwischen dem pontischen und kaspischen Meere zu des Kaiser Trajanus Zeiten [20]).

Der durch Ptolemäus eingeführte Name der Wolga erhielt sich fortan in der alten klassischen Welt. Agathemerus aus dem Anfange des dritten Jahrhunderts [21]) zählt sie unter die größten Flüsse und nennt sie mit dem nur wenig veränderten Namen Rhos; und Ammianus Marcellinus [22]) spricht nicht

---

20) Mannert, alte Geographie IV. S. 156, 341.

21) Agathemerus, geogr. II, 1. p. 48 in Hudson, geogr. Graec. minores. Oxon. 1703. 8. Tom. II.

22) Ammianus Marcell. XXII, 8. Tanai Rha vicinus est amnis, in cujus superciliis quaedam vegetabilis ejusdem nominis gignitur radix, proficiens ad usus multiplices medelarum.

blos vom Flusse Rha in der Nähe des Tanais, sondern er giebt dabei noch die interessante Nachricht, daß an seinen Ufern eine Wurzel mit ähnlichem Namen wachse, die in der Arzneikunst von vielfachem Gebrauche sei. Es ist bekanntlich die Rhabarberpflanze (Rha barbarum nach dem Flusse genannt), welche zwar nicht in der beschriebenen Gegend erzeugt, aber durch die Karavanenzüge der Seren und Aorsen aus dem fernen Osten der alten Welt, wo sie allein einheimisch ist, nach dem Deltalande der Wolga gebracht und von dort nach den römischen Handelsplätzen am Kaukasus und Pontus verführt wurde [23]).

Aber gerade am Ende der Geschichte der alten Welt, bei dem Übergange zum Mittelalter verlassen uns die Nachrichten über diesen Strom, und bei den beiden ersten bedeutenden byzantinischen Historikern während des sechsten Jahrhunderts, beim Procopius und Agathias sehen wir uns vergeblich nach Belehrung um, so wichtig auch die Bezeichnung desselben in ethnographischer Beziehung sein möchte. Die Wanderungen und Kriegszüge der hunnischen Völkerschaften in jenen Gegenden am kaspischen Meere scheinen für beide Autoren das wolgische Gebiet wieder mit einem gewissen Dunkel bedeckt zu haben. Denn so viel auch Procopius von den Steppenebenen auf der Nordseite des Kaukasus spricht, die Sitze der hunnischen Stämme daselbst angiebt, und selbst weitläuftig erörtert, ob man den Tanais oder den kaukasischen Phasis, wie es schon Herodot gethan habe, als Grenzstrom zwischen Asien und Europa annehmen müsse, so geschieht dabei ohne Rücksicht auf den Vorgang des Ptolemäus jenes Stromes doch keiner Erwähnung [24]). Auch Agathias beschreibt die Sitze der hunnischen Völker im Nordosten des Tanais in den weiten Ebenen, welche sich bis zum Imaus hinerstrecken sollten, ohne die Wolga zu erwähnen [25]). Um so merkwürdiger und wichtiger ist es

23) Ritter, allgemeine Erdkunde. Asien (1832) Th. I. S. 179, 180.

24) Procopius ed. Dindorf. Bonn. 1823. 8. de bello Goth. IV, 6. p. 481—484. cf. d. b. G. IV, 2. p. 468.

25) Agathias, hist. ed. Niebuhr. Bonn. 1828. 8. V, 11. p. 300.

dagegen, daß wir noch am Schlusse des sechsten Jahrhunderts bei einem minder bedeutenden byzantinischen Berichterstatter, dem wir aber für jene nordischen Gebiete viele schätzbare Nachrichten verdanken, die Wolga wieder genannt finden, und zwar unter einem Namen, der nun schon über ein Jahrtausend lang der einzige für diesen Fluß bei allen morgenländischen Völkern geblieben ist. Zu des Kaisers Mauricius Zeit vernehmen wir zum erstenmale den türkischen Namen der Wolga, der sich nur wenige Jahre vorher zu den Byzantinern verbreitet haben muß, und bei ihnen fortan wie bei den Völkern des Orients im Gebrauche blieb. Denn indem Menander von der Gesandtschaftsreise des Zemarchus, unter dem Kaiser Justinus II. im Jahre 569, an das Hoflager des Türken-Khans im innern Asien berichtet [26]), bemerkt er, daß derselbe auf seiner Rückreise um das aralische und kaspische Meer herum über den Fluß Ich (wahrscheinlich die Jemba oder Emba) gekommen sei, dann über den Daich (Jaik oder Ural) und so durch eine sumpfige Gegend zum Attila-Flusse.

Diese Bezeichnung Attila, welche zuerst jener Zemarchus kennen gelernt und in seine Heimath verpflanzt zu haben scheint, ist eine rein türkische; mit dem Namen des berühmten Hunnenkönigs, welcher sich in dem wolgischen Gebiete niemals aufgehalten haben kann, hat sie nur eine zufällige Übereinstimmung gemein, obgleich man, von dieser Namensähnlichkeit ausgehend, die Hunnen auf den mongolischen Volksstamm zurückzuführen versucht hat [27]), wovon aber auch schon durch Klaproth der Ungrund dargethan worden ist [28]). Bei den türkischen Völkern wird die Wolga genannt Etel, Itel, Itil oder Idel.

---

26) Menander, excerpta de legat. Bonn. 1829. 8, p. 300. Ὁ δὲ Ζήμαρχος κατὰ δὴ τὸ ψαμμαθῶδες τῆς λίμνης παροδεύων ἐπὶ ἡμέρας δέκα καὶ δύο, δυσβάτους τέ τινας χώρους παραμειψάμενος, ἐγένετο κατὰ τὰ ῥεῖθρα τοῦ Ἴχ, οὐ μὴν ἀλλὰ καὶ κατὰ τὸν Δαΐχ καὶ διὰ λιμνῶν ἑτέρων αὖθις ἐς τὸν Ἀττίλαν.

27) Bergmann, nomadische Streifereien unter den Kalmücken. Riga 1804. 8. Th. I. S. 129.

28) Klaproth, tableaux historiques de l'Asie. Paris 1826. 4. p. 239, 240.

Nach dem Autor des Dschihan Numa aus dem siebzehnten Jahrhundert ist das Wort auszusprechen Itil, bedeutet einen Fluß und vorzugsweise auch einen großen Fluß, und die türkischen und turktatarischen Völker des sarmatischen und sibirischen Nordens fügen dies Appellativum noch zu den Eigennamen der Flüsse hinzu, wie Jaik Idel, Tana Idel (Don), Tscholman Idel (Kama). Die Wolga selbst wird überdies noch zuweilen als Ulug-Idel d. h. der große Strom bezeichnet[29]. Wenn uns also schon Menander mit dem türkischen Namen der Wolga bekannt macht, so darf dies bei seinem etwas jüngeren Zeitgenossen, dem Theophylactus Simocatta im Anfange des siebenten Jahrhunderts um so weniger befremden, und schon oben (s. Abth. I. S. 110) ist darauf hingewiesen, daß der von ihm genannte Fluß Til, auf dessen Ostseite das mächtige und kriegerische Volk der Ogor wohnte, die große Thalsenkung der Kama und Wolga bezeichne. Denn diese Ogor werden die Stammgenossen der an der Donau auftretenden Hunnen und Awaren genannt, welche von der Ostseite der Wolga her in Europa eingewandert waren, und die Sitze der Ogor verweisen somit auf das Land der Ugern oder Jugrien am jugrischen Gebirge. Nun bemerkt Theophylactus zwar[30], daß der Fluß Til bei den Türken den Namen des schwarzen führe, doch erhellt aus seinem Berichte weder, daß die Ogor selbst zum türkischen Volksstamm gehörten, indem er vielmehr

29) d'Ohsson, des peuples du Caucase et des pays au nord de la mer noire et Caspienne dans le dixième siècle ou voyage d'Abou el Cassim. Paris 1828. 8. p. 30.

30) Theophylactus Simoc. hist. Bonn. 1834. 8. ed. Bekker VII, 7. p. 283. Οὗτοι δὴ (οἱ Ὀγὼρ) πρὸς ταῖς ἀνατολαῖς τὰς οἰκήσεις ποιοῦνται, ἔνθα δ Τὶλ διαῤῥεῖ ποταμὸς, ὃν Μέλανα Τούρκοις ἀποκαλεῖν ἔθος. Sollte Theophylactus etwa wirklich eine Übersetzung des Namens Til geben wollen, so könnte man sich nur durch die Conjektur helfen, daß das Wort Til in den älteren türkischen Dialekten dieselbe Bedeutung habe wie Kara in den jüngeren Dialekten dieses Sprachstammes, oder daß ein über diesen großen Fluß berichtender und des Griechischen nicht ganz mächtiger Türke das Wort μέγας mit dem Worte μέλας verwechselt habe.

die türkischen und hunnisch-ugrischen Völker bestimmt unterschidet, noch auch daß der Name Til in der türkischen Sprache einen schwarzen Fluß bedeute. Da überdies an dieser Stelle als am Westfuße des Ural-Gebirges nur von der Kama die Rede sein kann, so konnte dieser große und wasserreiche Nebenstrom der Wolga wegen seiner dunkeln Fluthen im Gegensatz gegen seine aus den uralischen Kalkgebirgen kommenden Zuströme, welche wie vornehmlich die Bjelaja durch ihre weißlichen Gewässer ausgezeichnet sind (s. Abth. I. S. 30), wohl der schwarze Strom genannt werden, und so wie die Bjelaja noch jetzt den entsprechenden türkischen Namen Ak Idel führt, so konnte die Kama (der obere Lauf des Atel oder Til) bei den älteren türkischen Völkern auch Kara Idel genannt werden. Die ähnlichen Bezeichnungen von Ak-su und Kara-su wiederholen sich noch jetzt durch das ganze westasiatische Morgenland [31]), und sind auch in dem großen chinesischen Zwillingsstrompaare kenntlich genug.

Aber wenn auch schon frühzeitig türkische Namen bis zum europäischen Boden vordrangen, so war damit noch keineswegs die Verbreitung türkischer Völkerschaften nach Ost-Europa gegeben, denn diese läßt sich vor dem neunten Jahrhundert mit Sicherheit nicht nachweisen, und kann durch alles, was man auch über die Chasaren beigebracht hat, nicht dargethan werden. Zwar erscheinen beide fast zu gleicher Zeit auf dem Schauplatze der Geschichte in Beziehung auf das europäische Abendland, doch lassen sich von den Chasaren schon früher im fünften Jahrhundert bei den abendländischen Autoren Spuren nachweisen [32]), und zwar in ihren späteren Sitzen an der unteren Wolga, während wir rücksichtlich der türkischen Völker zu jener Zeit bei den chinesischen Autoren nur von einer Versprengung und Zurückdrängung nach dem westlichen Asien hin ver-

31) Wathen, memoir of the Usbek state of Kokan im journal of the asiatic society of Bengal. Calcutta 1834. 8. Tom. III. p. 372. Pallas, Reisen durch versch. Prov. II. S. 677.

32) Thunmann, Untersuchungen über die Geschichte der östlichen europäischen Völker. S. 110.

nehmen. Zwar erwähnt schon Plinius einer scythischen Völkerschaft der Türken (welche wieder an die von Herodot [33]) genannten Jürken erinnern) als Nachbarn der Thyssageten in der Gegend der mittleren Wolga und als Anwohner des Ural, aber die Angabe dieses Namens wie so vieler uns ganz unbekannter Völkernamen beim Plinius [34]) kann bei dem Mangel an allen weiteren Nachrichten und bei allem, was wir sonst von den Völkerverhältnissen jener Gebiete in den früheren Jahrhunderten unserer Zeitrechnung wissen, keineswegs für die Verbreitung des türkischen Volksstammes zu jener Zeit nach Westen hin etwas beweisen. Wenn daher Mannert die Ableitung dieser Türken der älteren klassischen Zeit von dem finnischen Volksstamme für wahrscheinlich hält [35]), so ist dies in so fern richtig, als wir, wie später darzuthun ist, in jener Gegend mit Bestimmtheit keine anderen als zu diesem Stamme gehörende Völker vorfinden.

Erst um die Mitte des sechsten Jahrhunderts zur Zeit des justinischen Kaiserhauses in Byzanz lernen wir das Aufblühen einer mächtigen Türkenherrschaft auf der Grenzmark des östlichen und westlichen Asien an dem berühmten Goldgebirge des Ektagh Altai kennen [36]), welche ihren Einfluß weit nach Westen hin erstreckte, und welche zum erstenmale das östliche Asien mit dem europäischen Abendlande in politische Verbindung brachte, wie ein merkantilischer Verkehr durch die Seren schon seit mehreren Jahrhunderten bestanden hatte. Schon bald nach der Begründung dieser türkischen Herrschaft am Altai finden wir dieselbe westwärts bis zu den beiden großen Grenzsteinen zwischen dem Morgenlande und Abendlande, dem Ural und Kaukasus ausgedehnt, obschon uns leider über die Art und Weise, wie dies geschehen, die Berichte nicht genügenden Aufschluß geben. Wir hören nur, daß der hunnische Stamm der

33) Herodot. IV, 22.

34) Plinius, hist. nat. VI, 7. Turcae, Tussagetae etc. usque ad solitudines saltuosis convallibus asperas; ultra quas Arimphaei, qui ad Riphaeos pertinent montes.

35) Mannert, Geographie der Griechen und Römer IV. S. 346.

36) Klaproth, tableaux historiques de l'Asie. p. 115.

Ephthaliten (Hayatheleten) in dem Blachfelde der heutigen Kirgisen und auf der Ostseite des aralischen Sees von den Türken unterjocht wurde, daß letztere dadurch mit den persischen Sassaniden in Iran in Feindschaft geriethen, und daß dies wieder die Veranlassung gab zur näheren Berührung und zum diplomatischen Verkehr zwischen den türkischen Khanen am Altai und den oströmischen Kaisern am Bosporus [37]). Von den pontischen Gestaden am Kaukasus aus wanderten diese Gesandtschaften der Römer nach dem centralen Asien durch die kaspischen Steppen bis zum sibirischen Norden immer durch die den türkischen Khanen unterthänigen oder tributpflichtigen Gebiete, denn gegen die Byzantiner rühmte sich der Großkhan der Türken, daß ihm die Alanen und die Stämme der Utiguren (auch Uniguren oder Uguren genannt), deren Sitze am Kaukasus waren, zinsbar wären [38]), und auf der andern Seite gehorchten ihm die Varchoniten, welches der wahre Name der Awaren ist, am Ural [39]). Nur durch diese Ausbreitung türkischen Einflusses in politischer Beziehung, wenn auch nicht des türkischen Volksstammes selbst, ist das Vorkommen des türkischen Namens für die Wolga in so früher Zeit zu erklären.

Der Name Atel erhielt sich seitdem zur Bezeichnung der Wolga bei den Byzantinern, und derselbe mußte sich um so mehr fixiren, als seit dem neunten Jahrhundert nachweisbar die ersten türkischen Völkerschaften durch das uralische Völkerthor bis zur Wolga vordrangen und sich in ihren Gebieten niederließen, so daß sie, mehr oder weniger mit anderen Völkerstämmen gemischt, noch bis jetzt zu den wichtigsten Bewohnern dieses Stromsystemes gehören. Die Stämme der Petschenegen (Patzinakiten) und Uzen eröffneten den Zug dieser andringenden Völkerschaaren, und der kenntnißreiche Kaiser Constantinus Porphyrogenneta [40]), welcher uns im zehnten Jahr-

37) Menander, excerpt. de legat. ed. Bonn. p. 295, 298.

38) Menander, l. c. p. 401.

39) Theophylactus, histor. ed. Bonn. VII, 8. p. 285.

40) Constantinus, de administ. imper. bei Banduri, imperium orient. I. p. 105. Ἰστέον ὅτι οἱ Πατζινακῖται τὸ ἀπ᾽ ἀρχῆς εἰς

hundert die so wichtige Beschreibung der pontischen, sarmatischen und kaukasischen Gebiete hinterlassen hat, nennt sie dort als Anwohner der beiden Flüsse Atel und Geech und als Nachbarn der ugrischen Mazaren (Madscharen). Ebenso erscheint die Wolga bei Constantins jüngerem Zeitgenossen dem Theophanes unter dem Namen Atal oder Atalis [41]), nur erhellt zugleich, wie verworren die Kenntniß jener doch dem Ptolemäus so bekannten Gebiete bei den damaligen Gelehrten in der griechischen Kaiserstadt war, wenn er den Don als einen Nebenfluß des Atel angiebt, und dennoch den ersteren auf den kaukasischen Gebirgen bei den iberischen Pforten entspringen läßt. Mit Recht wurde daher diese Unkenntniß dem Theophanes schon von Schlözer [42]) zum Vorwurf gemacht, aber leider herrscht eine ähnliche Verwirrung über diese Stromgebiete auch bei anderen Autoren jener Zeit wie beim Guido von Ravenna [43]), welcher überdies die Wolga gar nicht zu kennen scheint.

Wie zu den Byzantinern so ging der türkische Name der Wolga durch die Verbreitung der türkischen Völkerschaften über die Länder des großen Chalifates auch zu den **Arabern** über und ward durch deren ausgebreitete Litteratur der herrschende und einzige bei allen westasiatischen Völkern. Als die Araber im Verlauf des siebenten Jahrhunderts die halbe Welt erobert und unterworfen hatten und sie sich dem Norden dadurch nähergerückt sahen, konnte ihnen auch dieser und somit ein Theil von Ost-Europa nicht unbekannt bleiben. Bereits vor der Zeit der Gründung des russischen Staates waren die Araber durch ihre Eroberungskriege im Norden [44]) mit einem der wichtigsten

---

τὸν ποταμὸν Ἀτὴλ τὴν αὐτῶν εἶχον κατοίκησιν, ὁμοίως δὲ καὶ εἰς τὸν ποταμὸν Γεὴχ.

41) **Theophanes**, chronographia ed Goar. Paris 1655. fol. p. 296, 297. Εἰς ἣν (λίμνην Μαιῶτιν) εἰςάγεται ποταμὸς μέγιστος, λεγόμενος Ἄταλις, εἰς ὃν ἄγεται ὁ Τάναις ποταμὸς, καὶ αὐτὸς ἀπὸ τῶν Ἰβηρίων πυλῶν ἐξερχόμενος · τῶν ἐν τοῖς Καυκασίοις ὄρεσιν.

42) **Schlözer**, allgem. nordische Geschichte. S. 526.

43) **Anonymus Ravennas**, geographia ed. Porcheron. Paris 1688. S. p. 95, 249.

44) **d'Ohsson**, des peuples du Caucase. p. 46.

Völker auf der Nordseite des Kaukasus, mit den Chasaren, in Berührung gekommen, und als später nach vielen blutigen Kriegen Waffenruhe zwischen den Arabern und Chasaren eintrat, und als seit dem achten und neunten Jahrhundert auch der Islam bei den letzteren Wurzel schlug, da trieb die Wißbegier und der Forschungsgeist die Araber auch zu den Chasaren und über deren Gebiet hinaus in den hohen Norden. So wurde, um die fabelhaften Regionen von Gog und Magog kennen zu lernen, Sallam der Dolmetsch kurz vor der Mitte des neunten Jahrhunderts von dem Hofe des Chalifen zu Bagdad ausgesandt, so um bei den wolgischen Bulgaren den Islam zu begründen Ahmed Ebn Foslan von dem Chalifen Moktader zu Anfange des zehnten Jahrhunderts. Um dieselbe Zeit muß sich Istachry im Lande der Chasaren und Bulgaren aufgehalten haben, und bald nachher scheint Massudi im Lande der ersteren gewesen zu sein. Nach der Mitte desselben Jahrhunderts finden wir den weit gereisten Kaufmann Ebn Haukal auch in Bulghar und anderen Wolga-Ländern. Später treffen wir in Bulghar noch andere Araber, im zwölften Jahrhundert den Abu Hamid Andalusi (den Spanier), den Abu Abdullah Muhamed Gharnati (aus Granada) und im vierzehnten Jahrhundert den größten Reisenden Ebn Batuta Magrebi (aus Tanger), dem berühmten Venetianer rücksichtlich seiner Reisen vergleichbar [45]).

Zwar ist Ahmed Ebn Foslan der älteste unter den arabischen Berichterstattern, von welchem die Wolga erwähnt wird, indem er berichtet, daß die Stadt Bulghar, der Zielpunkt seiner weiten Reise in die nordischen Gebiete, am Flusse Itil gelegen sei; aber leider besitzen wir den Originalbericht dieses Gesandten und Missionärs nicht selbst, er wird von den übrigen arabischen Autoren auch gar nicht genannt, und nur von dem späteren Jakut vom Jahre 1200 unserer Zeitrechnung ist uns in seinem großen geographischen Wörterbuch die Nach-

---

45) Frähn, Ebn Foslan und anderer Araber Berichte über die Russen älterer Zeit. Petersburg 1824. 4. Vorr. S. IX, X.

richt über ihn und seine Reise aufbewahrt worden [46]. Bestimmtere Angaben finden wir daher auch zuerst nur bei Abu Ishak Farsi aus Istakhar, daher gewöhnlich genannt Istachry d. h. aus Persepolis, welcher in der ersten Hälfte des zehnten Jahrhunderts ein Buch der Klimate schrieb, das eigentlich die von William Ouseley unter dem Namen des Ebn Haukal herausgegebene Geographie ist [47]. Denn Ebn Haukal selbst, oder eigentlich Abul Kasim Muhamed Haukali, war ein etwas späterer Zeitgenosse des Istachry, ein Kaufmann aus Mosul, der von unwiderstehlicher Reiselust getrieben und für Länder- und Völkerkunde beseelt vom Jahre 943 an dreißig Jahre lang viele weite Reisen unternahm. Die Frucht seiner großen Wanderungen, die ihn auch in den Kaukasus und in das Bulgaren-Land führten, ist das große wichtige Werk der „Reiserouten und Königreiche", welches er im Jahre 976 verfaßte und das auf den Bibliotheken von Oxford und Leyden vorhanden noch nicht herausgegeben ist. Istachry oder der Pseudo-Ebn Haukal bemerkt ganz richtig [48], daß der Atel-Fluß aus dem Lande der Russen und der Bulgaren komme; auch hörte er, daß dieser Fluß zu der Jahreszeit, in der er seine größte Wasserfülle habe, größer sei als der Dschihon (Oxus oder Amu). Aber weniger verständlich ist die Angabe, welche er bald darauf hinzufügt, daß der Atel aus dem Gebiete der Dscherdschir komme, sich von dort zu dem der Kaimak und der Ghuz ergieße, dann zu dem der Bulgaren und sich in der Nähe des Gebietes der Bertas in das Meer einmünde.

Ganz vornehmlich lehrreich für die nordischen Gebiete ist aber Abul Hassan genannt Massudi aus Bagdad um das Jahr 950 unserer Zeitrechnung, ausgezeichnet durch die vielen

---

46) Frähn, Ebn Foslan. Vorr. S. LII. bis LV.

47) Frähn, Ebn Foslan. Vorr. S. XXI, XXIV und S. 256. Uylenbroek, dissertatio de Ebn Haukalo Geographo et descriptio Iracae Persicae. Lugduni Batav. 1822. 4. p. 4, 50—62.

48) Ebn Haukal, the oriental geography ed. William Ouseley. London 1800. 4. p. 185, 187. The river of Atel comes from the borders of Jerjir, and from that goes on to Kaimak and to Ghuz, and so on to Bulgar and falls into the sea near Bertas.

weiten Reisen, die er unternahm, so wie durch seinen Forschungsgeist und seine ausgebreitete Gelehrsamkeit. Von den zwei historisch-geographischen Werken, die er verfaßte, giebt uns das eine, die goldenen Wiesen und Gruben von Edelsteinen genannt, wichtige Kunde von den Gegenden am Kaukasus und an der Wolga. Massudi sagt [49]), der Fluß Atel komme von den Höhen des Landes der Türken, und dort trenne sich von ihm ein Arm, gehe durch das Land Berghas und ergieße sich in den See Manthis (Pontus oder Mäotis). Übrigens kannte Massudi den Atel als einen großen wasserreichen Strom, und er wußte, daß der Hauptarm desselben durch das Chasaren-Land ging und sich in das kaspische Meer (Bahar Dscherdschan bei den Arabern) ergoß. Daher führte der Atel auch den Namen des Chasaren-Flusses [50]). Die berühmte chasarische Handelsstadt Atel in dem Wolga-Delta, nach dem Flusse benannt, war es unstreitig, welche die Aufmerksamkeit der arabischen Reisenden und Gelehrten, wie eines Istachry und Massudi, zunächst auf das Wolga-Gebiet hinlenkte. An zwei Jahrhunderte später folgt sodann der berühmte Scherif al **Edrisi**, der gewöhnlich den Namen des nubischen Erdbeschreibers führt. Er sammelte um das Jahr 1153 am Hofe des Fürsten Roger II. von Sicilien seine „geographischen Gemüthsergötzungen" zur Erklärung einer silbernen Erdkugel, welche dieser König 800 Mark schwer hatte verfertigen lassen. Selber hatte er von den beschriebenen Ländern nur einen kleinen Theil gesehen, dennoch ist er in der Beschreibung der nördlichen und nordöstlichen Gebiete der alten Welt ausführlicher als irgend ein anderer

---

49) Massudi nach Sylv. de Sacy, übersetzt von Abicht bei Klaproth, Rußlands Vergrößerungen am Kaukasus. Berlin 1814. 8. S. 195, 211. Mit Recht bemerkt d'Obsson, daß der arabische Geograph den Don für einen Arm der Wolga gehalten habe. Auch liest er statt „das Land der Berghas" das Bulgaren-Land, wenn schon die hier genannten Berghas offenbar die sonst von Massudi vielfach erwähnten Berthas sind, eine türkische Völkerschaft im unteren Theile der mittleren Wolga. Des peuples du Caucase. p. 31.

50) Frähn, Ebn Foslan. S. 61.

anderer Erdbeschreiber seiner Nation [51]). Daraus erklärt sich auch die bei ihm wie fast bei allen seinen Landsleuten und den byzantinischen Autoren herrschende falsche Vorstellung, daß der untere Don und die untere Wolga nur zwei nach verschiedenen Meeren gehende Arme eines und desselben Stromsystemes seien, eine Vorstellung, welche durch den eigenthümlichen Lauf beider Flüsse von dem Wolok von Zarizyn oder von dem Maximum ihrer Annäherung an, wo sich beide Stromsysteme zu durchkreuzen scheinen, für jemanden, der an Ort und Stelle nicht selbst gewesen, leicht veranlaßt werden konnte. Denn der Russen-Fluß, sagt Edrisi, der auch Athel genannt wird, durchströme das Land der Türken (Tork), und ergieße sich ostwärts bis zum Lande der Bulgaren (Bolghar), dann aber theile er sich in zwei Arme, und davon gehe der eine in das Chasaren-Meer (Bahar el Chozar), der andere nach Westen und ergieße sich in das Meer Nites (Pontus oder Mäotis, dasselbe welches Manthis oder Nithis bei Massudi genannt wird oder auch Maittus, alles nur verschiedene Schreib- und Lesearten der griechischen Namen Πόντος und Μαιῶτις), welches bei Constantinopel mit dem großen Meere in Verbindung stehe [52]). Befremden darf übrigens die Erwähnung der türkischen Völker in dem mittleren wolgischen Gebiete nicht, denn, wenn auch Frähns Bemerkung [53]) ganz richtig ist, daß der Name der Türken bei den arabischen Autoren eben so allgemein und unbestimmt gebraucht werde, wie es mit dem der Scythen bei den den Alten geschah, so müssen doch zu Edrisis Zeit in den jetzigen kasanischen Gebieten, wo uns schon von Ebn Haukal und Massudi die Berthas (Bertas) genannt werden, schon mancherlei türkische Völkerschaften ihre Sitze genommen haben, noch ehe die große Überschwemmung jener Landschaften durch türkische Schaaren im Gefolge der Mongolen-Heere unter Tschutschichan und Batuchan im dreizehnten Jahrhundert erfolgte. Dem entspricht auch der ziemlich unverständliche Bericht Edrisis über

---

51) Sprengel, Geschichte der geograph. Entdeckungen. S. 149.
52) Edrisi, geograph. Nubiensis. Paris 1619. 4. p. 243.
53) Frähn, Ebn Foslan ꝛc. S. 41.

den sogenannten östlichen Arm der Wolga, wobei ohne Zweifel durch einen besseren Text des arabischen Geographen die Sache leicht aufgehellt werden möchte. Denn es heißt, der östliche Arm des Athel komme aus den Gegenden von Charchir und ergieße sich zwischen den Ländern Kaimachia und Olgaria, welche er beide trenne, dann wende er sich gegen Westen bis er das Land Bolgar erreiche, werde von dort gegen Osten zurückgeworfen, bespüle sodann die Länder der Russen, Bulgaren und dann der Bertas, und ergieße sich zuletzt in das Chasaren-Meer [54]).

Der Geograph Ebn al Wardi, welcher in der ersten Hälfte des dreizehnten Jahrhunderts zu Aleppo in Syrien eine Beschreibung der bekannten Erde lieferte in seiner sogenannten Wunderperle, ist zwar bei der Darstellung der nordischen Gebiete im Verhältniß zu seinem Heimathslande sehr kurz und unbefriedigend, doch kennt er den großen Atel-Fluß sehr wohl [55]). Dort wohnte die angeblich türkische Völkerschaft der Khozar, und unter ihnen sollte es einige geben, welche man Ateliten nannte, weil sie an dem Atel entlang wohnten. Es gab in der That eine Zeit, wie Frähn sagt [56]), wo die Araber mit den Gegenden und Völkern zwischen dem kaspischen und schwarzen Meere und an der Wolga bis zum Norden hinauf besser vertraut waren als diese der gesammten Christenheit damals bekannt waren. Zwar finden wir bei Al Wardis Landsmanne, dem berühmten Abulfeda, Fürsten von Hamath, nur sehr dürftige Nachrichten über jene Gebiete, aber dieser verdienstvolle Geograph kannte auch viele der ältesten und für diese Gegenden wichtigsten arabischen Autoren gar nicht. Indessen hatte Abulfeda doch Kenntniß von dem Atel-Strom und seinen Landschaften bis zu der Heimath der Bulgaren hin; die be-

54) Edrisi, geogr. Nubiens. p. 244. Leider gewährt die neu begonnene französische Ausgabe des Edrisi von Améd. Jaubert, Paris 1836. 4. noch keine Auskunft in dieser Beziehung.

55) Ebn al Wardi bei Deguignes, notices et extraits des manuscr. de la bibliothèque du Roi. Paris 1789. 4. Tome II. p. 54.

56) Frähn, Ebn Foslan rc. Vorr. S. XXVII.

rühmten Städte an seinen Ufern wie Bolgar, Okak, Sarai und Atel selbst waren ihm nicht fremde; er bezeichnet ganz genau die Lage des sonst so wenig in dieser Beziehung uns bekannten Sarai, des großen Königssitzes der Tataren von der goldenen Horde, indem er sagt, daß der Atel auf der Südwestseite von ihm vorübergehe und sich zwei Tagereisen unterhalb in der Richtung von Nordwest nach Südost in das kaspische Meer einmünde [57]). Unter den Augenzeugen in den wolgischen Gebieten ist dann aber vornehmlich zu nennen der unermüdliche Wandersmann Abu Abdullah Muhammed genannt Ebn Batuta aus Tandschah (Tingis) in Magreb, welcher während der ersten Hälfte des vierzehnten Jahrhunderts, nur wenig später als der bekannte venetianische Reisende, von Reiselust und Wißbegierde getrieben den ganzen Erdkreis, von Senegambien bis China und bis zum äußersten Norden im Lande der Finsterniß, durchwanderte [58]). Ebn Batuta nennt den Athal einen der größten Flüsse der Welt; er kommt aus den nördlichen Gegenden aus dem Gebiete der Bulgaren, von wo aus der stumme Handel nach dem Lande der Finsterniß hin betrieben wird, und er belegt sich alljährlich gleich dem großen Dschihon auf fünf Monate mit so festem Eise, daß man auf ihm Reisen machen kann, welches nach Ebn Batutas Angabe auf Heubündeln geschehen sollte [59]).

Noch ist hier zum Schluß der Reihe der arabischen Geographen und Reisenden der „Merkwürdigkeiten unserer Erde" von Bakui zu erwähnen, welcher ein Jahrhundert nach Abulfeda und ein halbes Jahrtausend nach Ebn Foslans Reise in den hohen Norden, um das Jahr 1400, uns in der That merkwürdigere und ausführlichere Nachrichten über jene entlegenen Gebiete denn irgend ein anderer seiner Landsleute mittheilt.

---

57) Abulfeda, geograph. nach Reiske bei Büsching, Magazin für Historie und Geographie. Halle 1767. 4. Th. V. S. 365.

58) Kosegarten, de Mohammede Ebn Batuta Arabe Tingitano ejusque itineribus commentatio academ. Jenae 1818. 4.

59) Ebn Batuta, travels transl. and illustrated by Samuel Lee. London 1829. 4. p. 79, 86.

Bakui kennt die Russen als Nachbarn des Atel-Stromes, obschon er sie ein Volk von türkischem Stamme nennt und von den Seklab (Slaven) unterscheidet. Sie trieben nach seiner Angabe Handel auf dem Flusse, wie es zu jener Zeit auch aus anderen Berichten bekannt ist [60]). Dieser bei allen Arabern übliche Name Atel zur Bezeichnung der Wolga erhielt sich auch bei allen späteren morgenländischen Schriftstellern, bei Arabern, Persern und Türken, so viele derselben nur jenes mächtigen sarmatischen Flusses zu erwähnen Gelegenheit hatten [61]). Auch der tatarische Geschichtschreiber Abulgasi im siebzehnten Jahrhundert nennt häufig die Flüsse Tin (Tanais, Don), Atel und Jaik zusammen, welche die weiten Steppenebenen von Kiptschak bewässerten [62]).

Derselbe türkische Name des Wolga-Stromes wanderte sodann durch die zahlreichen Reisenden, welche aus dem europäischen Abendlande aus politischen und merkantilischen Interessen in den asiatischen Orient eindrangen, auch nach Europa, und kam bei den dortigen Völkern auf einige Jahrhunderte bis gegen das Ende des Mittelalters hin in Gebrauch. Die Anknüpfung politischer Verhältnisse mit dem mächtigen Mongolen-Reiche in Hochasien, welches seit dem Beginn des dreizehnten Jahrhunderts sich von der chinesischen Mauer bis zum Dnepr erstreckte, war es, welche den Minoriten Wilhelm Rubruquis als Gesandten des französischen Königs Ludwig des Heiligen [63]) im Jahre 1253 als einen der ersten Abendländer zu den pontischen und kaspischen Steppenebenen führte, die nach seiner Angabe von den Kaptschat-Komanen bewohnt wurden. Hier lernte er die Etilia als den größten Fluß kennen, welchen er je gesehen hatte, und offenbar vernahm er diese Bezeichnung des Stromes von seinen Anwohnern den Komanen

60) Bakui bei Deguignes, notices et extraits des manuscr. etc. Tome II. p. 533.

61) Sadik Isfahani, geographical works. London 1832. 8. p. 1.

62) Abulgasi, histoire généalogique des Tatares. p. 22, 45.

63) Sprengel, Geschichte der geograph. Entdeckungen. S. 288.

von türkischem Stamme. Die Etilia, sagt Rubruquis, kommt von Norden aus dem Lande Groß-Bulgarien und ergießt sich gerade gegen Süden in ein sehr großes Meer oder eigentlich See; er nennt sie viermal größer als die Seine und sehr tief, sie wachse an und überschwemme die Länder umher im Sommer wie der Nil. Dort wo er den Strom erreichte, dem Hoflager des Khans der goldenen Horde gegenüber, war derselbe zehn große Tagereisen vom Tanais entfernt, mehr gegen Süden sollte aber der Abstand beider Flüsse von einander weiter sein[64]). Ostwärts von dort gelangte er dann nach zwölf Tagereisen zum Flusse Jagag, der aus dem Lande der Pascatir sich herabergoß. Nur wenige Jahre später berührte der berühmteste Reisende des Mittelalters, der Venetianer Marco Paolo, diese Gebiete gleichfalls auf seiner Reise nach dem fernen Orient von Hinterasien[65]). Er nennt das kaspische Meer (mare di Abaccù), in welches sich außer vielen anderen großen Flüssen auch der Herdil (offenbar aus dem türkischen Namen Etil entstanden), der Geichon (Dschihon), Kur und Araz ergössen. Sein etwas jüngerer Zeitgenosse ist der armenische Fürst Haithon, welchen man nach seinem geistigen Leben wohl nicht mit Unrecht zu den Abendländern zählen darf. In seiner zu Anfange des vierzehnten Jahrhunderts in Frankreich niedergeschriebenen orientalischen Geschichte schildert er die weiten Steppenebenen des Landes der Kumanen, durch dieselben ergieße sich gegen Süden ein großer Fluß, welchen er zwar nicht mit seinem Namen bezeichnet, aber bemerkt, daß er bei der Stadt Etil vorübergehe. Alle Jahre belegt er sich mit Eis, und

64) Rubruquis bei Bergeron, voyages faits principalement en Asie. A la Haye 1735. 4. p. 26, 30, 39.

65) Marco Polo, viaggi bei Batt. Ramusio, delle navigationi et viaggi. Venetia 1583. fol. Tom. II. fol. 5. In questo mare di Abaccù mettono capo Herdil, Geichon, Cur et Araz e molti altri grandissimi fiumi. Diese Stelle findet sich übrigens weder in der lateinischen Ausgabe des Marco Polo bei Andr. Müller, noch in der französischen bei Bergeron, wohl aber in der englischen bei Marsden, the travels of Marco Polo, a Venetian, in the thirteenth century. London 1818. 4. p. 54.

manchmal ist er das ganze Jahr hindurch gefroren, so daß Menschen und Thiere auf ihm wie auf dem Lande reisen können. Haithon konnte schwerlich einen anderen Namen des Flusses, als welchen er von der Stadt an ihm angiebt, kennen, und vermuthlich ist da eine Verwechselung vorgefallen, da die alte gleichnamige Chasaren-Stadt nicht mehr existiren konnte, und man vielmehr an das erst seitdem erscheinende Astrachan erinnert wird [66]). Denselben Namen des Wolga-Stromes würde uns auch ohne Zweifel der Florentiner Balducci Pegolotti um die Mitte des vierzehnten Jahrhunderts nennen, wenn er bei seiner Beschreibung des Handelsweges von Tana nach Kathai denselben hätte angeben wollen. Denn obschon dieser Florentiner der beiden Orte Serai und Astrachan an der Wolga erwähnt und der zwischen ihnen auf dem Strome stattfindenden Wasserverbindung, verschweigt er doch den Namen desselben [67]).

Um so verschiedenere Formen dieses Namens finden wir dafür bei dem Venetianer Josaphat Barbaro in seinen Reiseberichten in den pontischen und kaspischen Landschaften um die Mitte des funfzehnten Jahrhunderts. Doch sieht man, daß sie sämmtlich aus dem allgemein üblichen türkischen Worte entlehnt sind, und sich an die bei Marco Paolo vorkommende Form anschließen. Die weiten Ebenen des Tataren-Landes, sagt Barbaro, werden auf der Ostseite begrenzt von dem Flusse Erdil, derselbe ist der größte und wasserreichste Strom, welcher sich in das Meer von Baku ergießt; er geht bei der reichen Handelsstadt Kasan vorüber, ist wie das Meer von Baku durch seinen Fischreichthum ausgezeichnet und gewährt den Moskowiten eine leichte Wasserfahrt nach Astrachan, unterhalb welcher Stadt er sich ausmündet [68]). Nur einmal bezeichnet Bar-

---

66) Haithoni Armen., historia orient. ed. Andr. Müller. Colon. Brand. 1671. 4. p. 5. Bei Bergeron, voyages en Asie, p. 9.

67) Sprengel, Geschichte der geograph. Entdeckungen. S. 257.

68) Ramusio, delle navigazioni e viaggi II. f. 92, 97. La pianura di Tartaria a uno, che fusse in mezo di quella, ha dalla parte di Levante il fiume d'Erdil; questo è fiume grossissimo e larghissimo, il qual mette capo nel mar di Bachu.

baro diesen Strom auch mit dem Namen Erdir, und wenn dies vielleicht auch ein Versehen sein sollte, so finden wir doch die Wolga an derselben Stelle in einer anderen Ausgabe von Barbaros Reisebericht von Manutius mit dem Namen Ledil (vermuthlich aus al Atel entstanden) bezeichnet [69]). Weiter ist uns jedoch nicht bekannt, daß der orientalische Name der Wolga bei den Abendländern in Gebrauch gewesen wäre, vielmehr mußte die Verdrängung der italienischen Seestaaten aus den pontischen Gebieten, die größere Berührung der Russen mit den übrigen Europäern und die Bekanntschaft dieses großen Stromsystemes für die Abendländer von einer anderen als von der tatarischen Seite her dazu beitragen, die bei den Russen übliche Bezeichnung desselben mehr in Aufnahme zu bringen.

Fragt man aber, wie der Wolga-Strom bei den seit Alters an ihm einheimischen Völkern genannt werde, so erhellt von selbst, daß die kasanischen Tataren, wie sie bei den Russen heißen, von ächt türkischem Stamme, die nun mindestens schon ein halbes Jahrtausend seine Uferlandschaften bewohnen und deren Stammväter zum Theil schon viele Jahrhunderte früher daselbst mögen eingezogen sein, für die Wolga keinen anderen als den allgemein üblichen türkischen Namen haben können. Sie nennen ihn Idel d. h. Fluß [70]). Abweichender sind dagegen die Bezeichnungen bei den verschiedenen uralten finnischen Völkerschaften, welche wir als die Bewohner jener Gebiete im mittleren Stromlaufe im Lande Kasan kennen, bei den Mordwinen, Tscheremissen und Tschuwaschen. Nur die letzten, die Tschuwaschen, haben sich gleich den Baschkiren vielfach mit den türkischen und turktatarischen Anwohnern gemischt und dadurch zum Theil ihre alte Sprache eingebüßt. Sie nennen die Wolga mit dem Namen Adal oder auch Asli Adal d. h. der große Fluß [71]). Auch ist dieser türkische Name, der sich fast bei allen Völkern eingebürgert

69) Viaggi fatti da Vinetia alla Tana, in Persia etc. ed. Manutius. Vinegia 1543. 8. p. 20.

70) Georgi, Reisen im russischen Reiche II. S. 905.

71) Müller, Sammlung russ. Geschichte III. S. 337.

hat, zu den jüngeren ostasiatischen Kolonisten, zu den **Kalmücken** vom westmongolischen Stamme an der unteren Wolga übergegangen, indem sie, wie vermuthlich auch ihre älteren Stammgenossen vom Reiche der goldenen Horde, den Strom **Ischil** oder **Ischil-gol** benennen [72]. Die **Tscheremissen** nennen ihn **Jul**, davon die Bedeutung bei den Berichterstattern nicht weiter angegeben wird [73]. Bei den **Mordwinen** (Morduanen), den südlichsten jener drei finnischen Völkerschaften auf dem rechten, westlichen Ufer der Wolga führt dieser Strom den Namen **Rau** (Rhau), welcher unwillkührlich an den uns zuerst vom Ptolemäus mitgetheilten Namen erinnert [74], und es ist selbst wahrscheinlich, daß die Griechen denselben von jenem seit den ältesten Zeiten daselbst einheimischen Volke empfangen haben, indem nicht nur Constantinus Porphyrogenneta [75] uns ihre Sitze in derselben Gegend angiebt, sondern sie schon in weit früheren Zeiten der gothische Geschichtschreiber Jornandes daselbst nennt [76]. Finnische Völker gehören zu den Ursassen der unteren wolgischen Gebiete, und die vor und nach Ptolemäus Zeit dort auftretenden Aorsen, Siraken und Alanen wie Hunnen stehen in der bestimmtesten Beziehung zu ihnen. Übrigens scheint das Wort Rau in der mordwinischen Sprache jetzt keine passende Erklärung mehr zu finden, da wenigstens die verwandten Wörter nach Klaproths Sprachatlas nicht damit zusammenhängen können [77]. An diesen mordwinischen Namen können sich auch Herodots Flußnamen Oarus und Araxes anschließen, und nur zufällig würde dann die Übereinstimmung des aus den verschiedenen Sprachen der Mordwinen und Armenier entlehnten Doppelnamens Araxes sein, da

72) **Georgi**, Reisen II. S. 905.

73) **Müller**, Sammlung russ. Geschichte III. S. 337.

74) **d'Ohsson**, des peuples du Caucase. p. 30.

75) **Constantinus**, de admin. imperio bei Banduri l. c. I. p. 106.

76) **Jornandes**, de rebus Geticis bei Muratori, script. rer. Ital. I. c. 23. p. 202.

77) **Klaproth**, Asia polyglotta. Paris 1823. 4. Sprachatlas S. XX. und XXI.

ihm im Armenischen eine ganz andere Wurzel zum Grunde liegt [78]).

Bei den slavischen Völkern und zumal bei den Russen führt aber dieses größte europäische Stromsystem seit alten Zeiten den Namen Wolga, und niemals scheint eine andere Bezeichnung bei ihnen üblich gewesen zu sein. Die früheste Erwähnung dieses Namens finden wir daher bei dem ältesten russischen Chronisten, bei Nestor ums Jahr 1100, und von den Russen ging derselbe allmählig zu allen den abendländisch-europäischen Völkern, welche mit ihnen irgend wie in Verbindung standen, über. Die Wolga kommt nach Nestor [79]) aus dem wolchowischen Walde, geht nach Osten nach Bolgarien und Chwalisien, und ergießt sich durch siebzehn Ausmündungen in das chwalinskische Meer. Schwierig ist jedoch die Bestimmung, ob dieser Name ein einheimisch slavisches oder von außerhalb entlehntes Wort sei, da dasselbe wenigstens in seiner jetzigen Gestalt sich an keine slavische Wurzel anzuschließen scheint. Zwar bemerkte schon Georgi [80]), der Name Wolga bedeute im im Sarmatischen den Großen, aber die sarmatische Sprache selbst ist uns unbekannt. Wenn man darunter das Altslavonische versteht, so hat dies, wie auch Maltebrun erinnert, manche Wahrscheinlichkeit, ist jedoch unerwiesen, indem das Wort Wolkoi, Wolkoja oder Wolkaja gleich Weliki genommen wird. In den finnischen Dialekten bedeutet aber das Wort Volgi ein Thal, so wie noch jetzt Vagy im Lappischen und Volgy im Ungarischen [81]), und es könnte das Wolga-Becken als das große Thal von Rußland bezeichnet sein. Dennoch ist es unwahrscheinlich, daß die älteren Russen, deren Herrschaft nur das Quellgebiet und die oberen Theile des Wolga-Laufes umfaßte, den Strom auf solche Weise benannt haben sollten, wenngleich

78) Saint-Martin, mémoires historiques et géographiques sur l'Arménie. Paris 1818. 8. Tome I. p. 38, 39.

79) Nestor, russische Jahrbücher nach Scherer. S. 40, 42.

80) Georgi, geograph. Beschreibung des russ. Reiches I. S. 265.

81) Maltebrun, précis de la géographie universelle. Paris 1826. 8. Tome VI. p. 429, 497.

sie ihn bis zu seiner Ausmündung ins kaspische Meer früh genug kennen zu lernen Gelegenheit hatten, indem man eher eine solche Bezeichnung für den Dnepr zu erwarten berechtigt sein könnte. Wenn man dann ferner wohl häufig behauptet hat, daß das Volk der Bulgaren, welches für die byzantinische Geschichte eine so wichtige Rolle spielt, von dem Wolga-Strom seinen Namen bekommen habe, indem dasselbe von dort aus nach den pontischen Gebieten ausgewandert sei, so läßt sich dies aus den byzantinischen Autoren am wenigsten darthun, und mit der größten Wahrscheinlichkeit muß man annehmen, daß der große sarmatische Strom erst von den Bulgaren bei den Russen den Namen Wolga empfangen habe [82]). Schon frühzeitig lernten die Russen das mächtige Volk der Bulgaren an der mittleren Wolga kennen [83]), mit welchem sie in vielfachen theils friedlichen, theils feindlichen Verkehr traten, und da sie dies Volk nie mit einem anderen Namen bezeichnen, so muß man voraussetzen, daß sie das große deren Land durchströmende Gewässer den Bulgaren-Strom genannt haben. Noch früher lernten freilich die Byzantiner die Bulgaren kennen, als diese bei ihren Einwanderungen in die südlicheren Länder schon gleich nach dem Untergange des großen Hunnen-Reiches noch am Ende des fünften Jahrhunderts an der unteren Donau als gefürchtete Raubschaaren auftraten, doch ist es bemerkenswerth, daß wir erst ein volles Jahrhundert später ihren eigentlichen, nachmals an der Donau und Wolga so berühmten Namen erwähnt finden. Die schon unter den Kaisern Zeno und Anastasius in das byzantinische Reich einbrechenden hunnischen Stämme sind keine anderen als die Bulgaren, und die vom Procopius [84]) und Agathias [85]) am Tanais und Pontus vielfach genannten hunnischen Stämme der Uturguren und Kuturguren sind

---

82) Forster, Geschichte der Entdeckungen im Norden. S. 132. Anmerkung.

83) Karamsin, russische Geschichte I. S. 166, 167.

84) Procopius ed. Dindorf, de bello Goth. IV, 4. p. 474. IV, 5. p. 479.

85) Agathias ed. Niebuhr. V, 11. p. 300.

eben dieselben, welche nachmals Bulgaren genannt werden, obschon dieser Name ihnen noch unbekannt gewesen zu sein scheint. Nur könnte man in den vom Agathias ebendaselbst erwähnten Burugunden, welche uns sonst ganz unbekannt sind, die erste Spur dieses Namens bei den Byzantinern zu entdecken geneigt sein. Bestimmt erscheint dagegen dieser Name der Bulgaren zuerst bei dem afrikanischen Chronisten Victor von Tunnuna [86]) gegen das Ende des sechsten Jahrhunderts, und dann erwähnt ihrer auch Theophylactus [87]) um dieselbe Zeit unter der Regierung des Kaisers Mauricius in Kämpfen mit den Byzantinern an der Donau. Alt genug ist also der Name der Bulgaren und wurde auch später von den byzantinischen wie abendländischen Autoren, wovon weiter unten die Rede sein wird, als an der mittleren Wolga einheimisch betrachtet.

Der erste Abendländer, bei welchem wir den Namen Wolga finden, ist der italienische Minorit Johann de Plano Carpini [88]), welcher kurz vor Rubruquis im Jahre 1246 seine Reise durch Ost-Europa nach dem Hoflager der Großkhane der Mongolen zu Karakorum antrat, und welcher von den vier großen Flüssen Dnepr, Don, Volga und Jaik berichtet, die er in den Ebenen des Romanen-Landes zu überschreiten hatte. Ihre Namen hörte er unstreitig von den Russen. Auch Rubruquis vernahm, daß der Fluß, den er von den Tataren Etilia nennen hörte, bei den Russen Volga genannt würde [89]). Aber erst an zwei Jahrhunderte später scheint die Kenntniß dieses Namens zu den Italienern gekommen oder derselbe bei ihnen doch erst üblich geworden zu sein, denn Josaphat Barbaro bemerkt wenigstens zuerst, daß der Erdil-Fluß

---

86) Victor Tunnunens., chronicon im thesaur. tempor. ed. Jos. Scaliger. Lugduni Batav. 1606. fol. p. 11.

87) Theophylactus Simoc., hist. ed. Bekker. IV, 4. p. 276.

88) Plan Carpin bei Rich. Hakluyt, the principal navigations, voiages, traffiques and discoveries of the English nation. London 1598. fol. Tome I. p. 65. Bei Bergeron l. c. p. 5.

89) Rubruquis bei Bergeron, voyages faits en Asie. p. 26, 135.

auch sonst den Namen Volga führe[90]). Sein Landsmann, der Venetianer **Ambrosio Contarini**, welcher als Unterhändler zwischen der Republik Venedig und dem Zar Iwan I. Wasiljewitsch im Jahre 1476 die wolgischen Gebiete zwischen Moskau über Astrachan nach Persien bereisete, nennt in seinem Berichte den Strom immer nur **Volga**, ohne eines anderen Namens zu erwähnen[91]). Die politischen Verhältnisse, in welche seit jenes Iwans Zeit die verschiedenen abendländischen Höfe so wie auch der päpstliche Stuhl mit dem mächtig emporstrebenden russischen Staate traten, trugen dann weiter dazu bei, den bei den Russen üblichen Namen der Wolga im Abendlande zum herrschenden zu machen, aber merkwürdiger Weise trat zu gleicher Zeit auch wieder der alte durch Ptolemäus bekannt gewordene Name zum Vorschein. Der Baron von Herberstein, welcher sich am Anfange des sechzehnten Jahrhunderts zu Moskau am Hofe des Zaren Wasilei Iwanowitsch als kaiserlicher Gesandter aufhielt, kennt daher die Wolga, deren Gesammtlauf von den Quellen bis zur Mündung er genau beschreibt, nur unter diesem Namen, obschon er dabei bemerkt, daß es derselbe Fluß sei, den Ptolemäus **Rha** genannt habe, und der noch damals bei seinen tatarischen Anwohnern **Edel** genannt werde[92]). Dagegen bedient sich sein Zeitgenosse Albertus Campensis in seinem Bericht über das moskowitische Land und Reich an Papst Clemens VII. gewöhnlich des Namens **Rha** zur Bezeichnung des größten Flusses des asiatischen Sarmatien, wie er sich ausdrückt, wenngleich auch ihm der russische Name nicht unbekannt war[93]). Bei dem gleichzeitigen Paolo Giovio in einem ähnlichen Berichte nach den Angaben

---

90) **Ramusio**, delle navigazioni e viaggi II. fol. 92. Il fiume d'Erdil, altramente detto la Volga.

91) **Ramusio** l. c. f. 121, 122. Il luogo di Citracan è sopra la fiumara della Volga.

92) **Herberstein**, rerum Moscovit. comment. p. 71, 165.

93) **Albertus Campensis** bei Ramusio, delle navigazioni e viaggi II. fol. 127, 128. La Volga over Rha, fiume grandissimo. Quel gran fiume dell' Asiatica Sarmatia, il quale essi lo chiamano Vuolga, è maggior più del terzo dei fiumi della nostra Europa.

des moskowitischen Gesandten Demetrius wird der Name Wolga als der übliche und einheimische gebraucht und scheint seitdem bei den Italienern festgestellt zu sein [94]). Vermittelst der Italiener ging dann auch dieser Name im sechzehnten Jahrhundert an die Spanier über, denn wir sehen wenigstens, daß der Spanier Cieza in seiner Beschreibung des Karavanenweges von Indien nach dem kaspischen Meere und nach der Stadt Astrachan bemerkt, daß sie an dem Flusse liege, der jetzt Volga genannt werde [95]). Um die Mitte jenes Jahrhunderts war es dann ferner, daß die Engländer über das weiße Meer hin mit Rußland in Verbindung traten und die Kenntniß dieses Landes und Stromes nach ihrer Heimath hin verbreiteten. Schon Richard Chancellor, der Entdecker des weißen Meeres, lernte auf seiner Reise von dort nach Moskau den großen sarmatischen Strom kennen und sagt, daß unter allen den zahlreichen und großen Flüssen jenes Landes derjenige am größten und berühmtesten sei, welchen die Russen in ihrer einheimischen Sprache Volga nennen und der sonst auch Rha heiße [96]). Denselben Namen finden wir auch bei den späteren englischen Reisenden, welche wie Anthony Jenkinson, Thomas Randolfe, Giles Fletcher und andere im Auftrage der russischen Handelsgesellschaft in England diese Gebiete besuchten, um einen Handelsverkehr mit Indien in Gang zu bringen [97]), und damit können wir die Verbreitung des von den Russen ausgegangenen Namens jenes Stromsystemes über das gesammte übrige Europa als abgeschlossen betrachten.

---

94) Paulus Jovius, descriptio Moschoviae. Basil. 1561. 8. p. 20.

95) Sprengel, Geschichte der geographischen Entdeckungen. S. 256.

96) Rich. Hakluyt, the principal navigations, voiages etc. I. p. 247, 248. The country of Moscovie hath also very many and great rivers in it, and is marish ground in many places, and as for the rivers the greatest and most famous amongst all the rest is that, which the Russes in their owne tongue call Volga, but others know it by the name of Rha.

97) Hakluyt, the principal navigations etc. I. p. 312, 324, 377, 476.

So wie schon einst Nestor darauf hinwies, daß alle die großen Ströme Rußlands aus einem gemeinsamen niedern, waldigen Quellgebiet kämen, so auch die verschiedenen deutschen, italienischen und englischen Berichterstatter, durch welche dieses Land am Ende des Mittelalters und am Anfange der neueren Zeit für das übrige Europa erst wieder entdeckt wurde [1]). Die Quellen der Wolga liegen ganz nahe benachbart von fast allen übrigen auch nach den entgegengesetzten Senkungen laufenden Strömen Ost-Europas, und daraus, wie aus der Oberflächenbildung jenes Gebietes erklärt sich leicht die sich frühzeitig bildende Hypothese von einem Zusammenhange der verschiedenen Quellströme desselben. Wenngleich nun aber die Wolga, dieser mächtigste Strom Europas, von so niederen Tafelhöhen herabkommt und doch dabei einen so weiten Lauf zurückzulegen hat, so kommt ihr dabei die Eigenthümlichkeit zu Statten, daß ihr Gefälle doch tiefer ist als das aller anderen europäischen Ströme. Es steht nämlich das Centralplateau Rußlands in einem doppelten Verhältniß zum Meere, zu dem Spiegel des baltischen und pontischen Meeres auf der einen Seite und zu dem des kaspischen Meeres auf der anderen Seite. Letzteres liegt aber, wenn auch nicht wie man bisher meinte an 300 bis 350 Fuß, doch noch an 100 Fuß unter dem Spiegel jener beiden anderen Meere oder des Oceans, und die Wolga gewinnt dadurch ein Gefälle, welches selbst die absolute Fallhöhe aller übrigen Ströme der Erde übertrifft. Schon bei dem Durchbruch der Wolga durch den Obstschei-Syrt unterhalb der Stadt Saratow tritt sie in das Niveau des baltischen Meeres ein, und von Kamyschin an bis nach Astrachan hin fließt sie unter dem Spiegel des Oceans fort. Demnach würde bei einer absoluten Höhe der waldaischen Tafelflächen von 1000 bis 1100 Fuß das Gefälle dieses Stromes immer noch die Tiefe von 1100 bis 1200 Fuß gewinnen, und dies

1) Herberstein, rerum Moscov. comment. p. 165. Hakluyt, the principal navigations I. p. 248. Alberto Camp. bei Ramusio, delle navigazioni II. p. 128.

ist, zumal wenn man es mit dem Gefälle des Rhein, von dem Austritt aus dem Alpengebirge oder von dem Spiegel des Boden-Sees an gerechnet, wo das Niveau an 1200 Fuß beträgt [2]), vergleicht, immer hinreichend, um einem Strom von dieser Ausdehnung seinen anhaltenden Lauf zu geben. Diese eigenthümliche hydrographische Beschaffenheit der weiten sarmatischen Ebenen mit einem zwiefachen Meerniveau in Verbindung mit der doppelartigen Senkung der Landschaften zu verschiedenen Meeren und nach entgegengesetzten Himmelsrichtungen muß von großem Einfluß auf die gesammte Vegetation sein und zur Individualisirung dieser sonst so einförmigen Gebiete wesentlich beitragen.

Übersehen wir den gesammten Lauf des Wolga-Stromes, so sind wie bei allen großen, ausgebildeten Stromsystemen drei Haupttheile zu unterscheiden. Der obere Lauf oder das Quellgebiet der Wolga, welcher sonst bei den Riesenströmen innerhalb des Gebirges zu liegen pflegt oder auf Hochebenen im Rücken von Gebirgen, welche in Kataraktcn und Stromschnellen durchbrochen werden, liegt hier auf niederen Tafelflächen, welche der Strom, von Anfang an schiffbar, ohne besondere Hemmungen zu überwinden, verläßt. Er reicht bis dahin, wo der Strom nach entgegengesetzter Richtung unter rechtem Winkel umbiegt, um in seinem mittlern Laufe die niederen Thalebenen Rußlands zu bewässern. Dieser Theil erstreckt sich in gerader Distanz von Nordwest nach Südost an 20 Meilen weit. Wir verfolgen aber den Strom noch etwas weiter abwärts bis nach Twer und bis zur Einmündung der Twerza in denselben, weil mit diesem ersten historisch-merkwürdigen Nebenfluß das Kanalsystem von Wyschni Wolotschok gegeben ist, welches einen Hauptpunkt in der Betrachtung des Quellgebietes der Wolga abgiebt. In derselben Normaldirektion von Nordwest nach Südost erstreckt sich der untere Lauf und das Deltaland der Wolga, und zwar von unterhalb des Durch-

2) G. Schwab, der Bodensee nebst dem Rheinthal von St. Luziensteig bis Rheinegg. Stuttgart 1827. 8. S. 292.

bruches durch den Obstschei Syrt von dem Knie bei Zarizyn bis zur Einmündung in das kaspische Meer bei Astrachan. Dieser Theil hat eine an drittehalbmal größere Länge oder von 50 Meilen. Der bei weitem größere Theil der Stromentwickelung kommt sodann auf den **mittleren Lauf**, welcher mit seinen vielfachen Windungen und Verzweigungen durch die schönsten und fruchtbarsten Landschaften des sarmatischen Gebietes hindurchführt. Denn in diesem mittleren Laufe nimmt die Wolga außer vielen anderen wasserreichen Zuströmen auch ihre beiden Hauptnebenflüsse in sich auf, die **Kama** und die **Oka**, durch welche sie als wie mit zwei großen Armen weit nach Norden und nach Süden hinreicht, einen großen Theil des von ihr nicht unmittelbar beherrschten Gebietes der sarmatischen Ebenen unter ihren wohlthätigen Einfluß bannt und auf der einen Seite auf das weiße Meer, auf der anderen Seite auf das schwarze Meer hinweiset, während sie selbst durch ihr Haupt und ihre Ausmündung auf das baltische und kaspische Meer zeigt. Eine günstigere Naturbildung in dem einförmigsten Theile des sonst durch seine Gliederung und Individualisirung so ausgezeichneten Europa konnte die Natur nicht hervorbringen. Es besteht aber der mittlere Lauf der Wolga wieder aus zwei wesentlich verschiedenen Theilen, welche durch das **große Knie** bei Kasan an der Kama-Einmündung schon für den bloßen Anblick bestimmt genug hervortreten. Die obere Hälfte desselben erstreckt sich aus der Gegend von Twer bis nach Kasan in der Normaldirektion von Westen nach Osten in gerader Distanz an ungefähr 120 Meilen aber mit mancherlei Krümmungen und Windungen; die untere Hälfte, der ihre Normaldirektion von N. N. O. nach S. S. W. durch den Kama-Lauf bestimmt ist, erstreckt sich in ziemlich gerader Linie an 110 Meilen weit von Kasan bis nach Zarizyn an dem Wolga-Knie in der Steppenregion schon unterhalb des Durchbruches durch den Absatz des höheren, fruchtbaren Kulturlandes gegen die Salzniederung am kaspischen Meere.

1. Der obere Lauf der Wolga und das Kanalsystem von Wyschni Wolotschok.

Das Quellgebiet der Wolga besteht aus einer Reihe kleiner Korallenseen, welche ungefähr an zehn Meilen im S. S. W. des Städtchens Waldai unter 57° 10′ N. Br. oder unter dem Parallelkreise der Stadt Riga, an 60 Meilen ostwärts davon liegen. Ein aus unbedeutenden Quellen zusammenfließender Bach bei dem Dorfe Wolchino Werchowia giebt dem mächtigen Wolga-Strome seinen Ursprung. Jene Quellbäche sollen höchstens eine absolute Höhe von 140 Toisen oder 840 Fuß haben [3]). Der vereinigte Bach ergießt sich in den 7 Werst langen aber schmalen See Stertsch; dieser hat seinen Abfluß nach dem großen See Oselok, welcher wiederum mit dem Piana-See in Verbindung steht, und mit dem Wolga-See, in welchen sich der Piana-See ausladet, nimmt die Reihe der Korallenseen ein Ende [4]). Der gemeinschaftliche Abzugskanal aller dieser Seen und der ihnen zuströmenden Bäche ist schon ein ansehnliches Gewässer, das sich sogleich weiter im Osten mit dem von Norden kommenden Ausflusse eines noch weit beträchtlicheren Sees vereinigt. Denn nur an 5 Meilen gerade im Süden des Städtchens Waldai breitet sich der langgestreckte Seliger Osero aus, welcher bei einer Breite von 7 bis 8 Werst eine Länge von 40 Werst von Norden nach Süden hat; er ist mit vielen Inseln erfüllt, deren man über siebenzig zählt, und auf einer derselben, nur 7 Werst von Ostaschkow entfernt, liegt das berühmte Kloster zum heiligen Nikolaus. An diesem See sollen noch jetzt die Spuren von der Thätigkeit alter Wassergewalten in diesem Gebiete sichtbar [5]) sein. Bei dem Städtchen Ostaschkow, im Meridian von Waldai, unter 57° 10′ N. Br. und 51° O. L. entladet sich der See gegen Süden durch die Selischerowka, welche sich nicht weit abwärts gegen Südost mit der Wolga von Westen

---

3) Humboldt, fragmens asiatiques II. p. 312.

4) Georgi, geograph. Beschreibung I. S. 265. Güldenstädt, Reisen durch Rußland I. S. 19.

5) Güldenstädt, Reisen durch Rußland I. S. 23.

her verbindet, so daß dadurch die beiden vereinigten Quellströme schon eine Breite von 20 Faden oder 120 Fuß gewinnen[6]). Unmittelbar benachbart den wolgischen Quellseen liegen auch die der Düna, die gegen Südwesten abfließt, und hier mag es vielleicht zu manchen Jahreszeiten schwierig sein die Wasserscheide genau zu bestimmen, wie man auch darüber beim Johannes-See bei Tula (s. unten) lange in Ungewißheit war; aber ganz bestimmt geschieden liegen die mehr gegen Süden gerückten Dnepr-Quellen, obschon gerade von diesen die Tradition seit alten Zeiten sich erhalten hat, daß sie mit denen der Wolga zusammenfielen. So finden wir es schon in dem ersten englischen Reiseberichte durch die sarmatischen Gebiete von Richard Chancellor[7]), und doch hatte schon Herberstein mit Recht diesen Irrthum bekämpfen zu müssen geglaubt[8]). Wenn aber derselbe aufmerksame Beobachter in jenen Gebieten die Quellseen der Wolga mit dem Namen des weißen Sees bezeichnet, so darf man um so weniger eine Verwechselung mit dem noch jetzt unter diesem Namen bekannten, dem Bjeloi Osero, voraussetzen, als nicht nur sein Zeitgenosse, Albertus Campensis dasselbe berichtet[9]), vielleicht nach seinem Vorgange, so wie auch der englische Reisende Thomas Randolfe im Jahre 1568, der überdies den russischen Namen (Beal Ozera) angiebt[10]), sondern Herberstein auch selbst jenen Bjeloi Osero nebst dem Schlosse Bjelosersk genau davon unterscheidet[11]). Uns ist sonst dieser Name für jene Seegruppe weiter nicht bekannt.

Der vereinigte Wolga-Strom zieht sich nun in gerader Linie südostwärts durch eine ebene, sanft geneigte Fläche hinab,

6) Rußlands Wasserverbindungen. S. 99.

7) Rich. Chanceler bei Hakluyt, the principal navigations etc. I. p. 248. The Rha and Boristhenes yssuing both out of one fountaine.

8) Herberstein, rerum Moscovit. comment. p. 72.

9) Ramusio, delle navigazioni etc. II. fol. 128.

10) Hakluyt, the principal navigations etc. I. p. 377.

11) Herberstein, rerum Moscov. comment. p. 77, 165. Oritur Volga e magnis vastisque paludibus, qui Candidi lacus appellantur.

in welcher er in einem Gestade von einigen Wersten Breite fließt. Bis zum Seliger-See reichen auch die Granitgeschiebe des finnischen Gebietes, aber bei Ostaschkow hören sie auf, von da an zeigen sich die Kieselarten, Kalksteine und häufigen Versteinerungen, ferner Thon und mergelichte Erdarten, welche die Binnenlandschaften der sarmatischen Ebenen repräsentiren[12]). Die Gestadeufer der Wolga sind bis nach Rschew Wladimirow, an 10 Meilen in grader Richtung von der Vereinigung der Wolga und Selischerowka abwärts, ziemlich erhaben und bestehen aus einem mit Sand gemischten Thon; von da an aber beginnen Kalkflötze an ihrem Ufer, welche bis nach Subzow hin in nicht unbeträchtlicher Höhe emporsteigen[13]). Hier bei den beiden Orten Rschew Wladimirow und Subzow unter 56¼° N. Br. an der Einmündung des ersten von Süden kommenden bedeutenderen Zustromes, der Wasusa, biegt die Wolga unter rechtem Winkel nach Nordosten um, und indem sie damit gleich unterhalb bei Stariza aus ihrem Wiegenlande heraustritt, beginnt sie den oberen Theil ihres mittleren ununterbrochen ostwärts gewandten Laufes bis nach Kasan. Die Wasusa, auch Wesuga genannt[14]), kommt mit ihren verschiedenen Quellbächen, worunter besonders der Gschat gehört, gerade von Süden her zwischen den Quellen des Dnepr im Westen und der Moskwa im Osten in der Nähe von Wjasma auf der großen Heerstraße von Smolensk nach Moskau. Ihre Schiffbarmachung hatte schon Peter der Große angeordnet, doch kann sie nur im Frühjahr von kleineren Fahrzeugen benutzt werden[15]). An der Einmündung der Wasusa an dem ersten großen Wolga-Knie, der Stadt Subzow gegenüber, hat die Wolga schon eine Breite von 30 Faden oder 180 Fuß, und von hier an befahren schon bedeutendere Schiffe den Strom. Denn die Wolga hat das Eigenthümliche, welches mit der

12) Laxmann, physikal. Reise bei Pallas, N. Nord. Beiträge III. S. 162.

13) Güldenstädt, Reisen durch Rußland I. S. 24.

14) Georgi, geograph. Beschreibung I. S. 271. II, 1. S. 173.

15) Rußlands Wasserverbindungen. S. 21.

flachen, gebirgslosen Natur ihres Wiegenlandes zusammenhängt, daß sie bis zu ihren Quellen hinauf beschifft wird, und deshalb sind die beiden Orte Rschew Wladimirow und Subzow, von welchen das erstere selbst das alte berühmte Nowgorod an Population jetzt übertrifft, zwei wichtige Stapelplätze des Handelsverkehrs auf der Stromlinie der Wolga. Zu Subzow laden jährlich im Durchschnitt an 100 bis 125 Barken, und noch weiter aufwärts geht die Fahrt auf der Wolga in kleineren Fahrzeugen bis nach dem Stapelplatz Selischerowka an der Vereinigung des gleichnamigen Flusses mit der Wolga, von wo frische und gesalzene Fische nach Twer hinabgeführt werden[16]. Nicht weit unterhalb Subzow liegt der Flecken Staritza, wohin sich die Wolga in nordnordöstlicher Richtung wendet; bis dahin reichen die ungemein hohen aus weißem Tuffstein bestehenden Ufer der Wolga, von dort an beginnt ein flaches Gefilde[17]. Unter mancherlei Windungen setzt der Strom seinen nordöstlichen Lauf fort, und erreicht zunächst die berühmte alte Stadt Twer an dem rechten oder südlichen Stromufer, der Einmündung der Twerza gegenüber.

Die Stadt Twer liegt wieder in gleichem Parallel mit der Vereinigung der beiden Quellströme der Wolga, unter 56° 50′ N. Br., aber an 20 Meilen weiter ostwärts auf dem erhabenen Ufer des Stromes, welches zwar einige Faden ansteigt, aber flach ist und sich sanft senkt[18]. Sie ist die erste große Gouvernementsstadt, welche die Wolga erreicht und zu deren Bezirk das gesammte obere Gebiet dieses Stromes gehört. Ihren Ursprung verdankt sie dem Großfürsten Wsewolod Jurjewitsch von Wladimir, dem jüngeren Sohne des eigentlichen Begründers der russischen Herrschaft in den mittleren Wolga-Gegenden, indem derselbe dort, wo die Twerza in die Wolga fällt, im Jahre 1182 eine kleine Festung erbauete, um sein Land gegen die Überfälle der Bewohner von Nowgorod und Torschok zu sichern. Aber die unbequeme Lage des Ortes

16) Rußlands Wasserverbindungen. S. 54.
17) Laxmann, physikal. Reise a. a. O. III. S. 163.
18) Güldenstädt, Reisen durch Rußland II. S. 457, 458.

veranlaßte die Verlegung desselben auf die südliche, erhabene Seite der Wolga, und indem der Großfürst Jaroslaw II., jenes Wsewolod Sohn, eine andere Citadelle auf der Stelle erbauete, wo die jetzige Festung steht, legte er zugleich im Jahre 1240 den Grund zu der neuen Stadt, welche wegen ihrer günstigen Lage an Volksmenge und Wohlstand bald so zunahm, daß sie zur Hauptstadt eines eigenen Fürstenthums werden konnte [19]). Sein Sohn Jaroslaw III., ein jüngerer Bruder des Alexander Newsky, bekam dieses wladimirsche Theilfürstenthum zu seinem Erbtheil, welches nach der Stadt das Fürstenthum Twer genannt wurde, und er hatte eine lange Reihe von Abkömmlingen zu Nachfolgern, welche später auch den großfürstlichen Titel in Anspruch nahmen, nachdem die wladimirschen Großfürsten ihre Selbstständigkeit hatten anerkennen müssen [20]) War gleichwohl die Stadt Twer durch ihre Gründung in der ersten Hälfte des dreizehnten Jahrhunderts dem furchtbaren Verwüstungszuge der Mongolen, welcher sich durch eben diese Gegenden nur zwei Jahre früher auf dem Wege nach Nowgorod bis zum Seliger-See heranwälzte, noch glücklich entgangen, so vermochte sie doch nicht gänzlich späteren Stürmen durch diese Horden zu entgehen. Denn als ein gewisser Schewkal, ein Verwandter des Khans Usbek, des Beherrschers der goldenen Horde, bei seinem Versuche den muhamedanischen Glauben in Rußland zu verbreiten, deshalb bei einem großen Aufruhr in Twer erschlagen ward, nahmen die Tataren blutige Rache, und die Städte Twer und Torschok und mehrere andere sanken im Jahre 1327 in Asche und wurden mit ihren Einwohnern vernichtet [21]). Doch erholte sich Twer bald wieder, und blühete aufs neue empor, unstreitig wegen ihrer günstigen Lage auf der großen wolgischen Handelsstraße nach Nowgorod, wohin die twerschen Theilfürsten auch nicht selten zur Beherrschung dieser Republik berufen wurden [22]).

19) Coxe, Reise durch Polen und Rußland I. S. 309.

20) Karamsin, russische Geschichte IV. S. 63, 78, 118, 127.

21) Strahl, Beiträge zur russischen Kirchengeschichte. Halle 1827. 8. Th. I. S. 156.

22) Müller, Sammlung ruff. Geschichte V. S. 421, 438.

Der letzte Fürst aus jener Herrscherlinie der Jaroslawitschen war Michael Borissowitsch, dessen Schwester Maria mit dem Großfürsten Iwan I. Wasiljewitsch von Moskau vermählt war. Beide benachbarte Fürsten lebten lange in gutem Vernehmen mit einander, und knüpften die Verbindung noch fester durch jene Verschwägerung; aber wenige Jahre nachher veranlaßten entweder wechselseitige Eifersucht oder die herrschsüchtigen Absichten Iwans einen Bruch zwischen ihnen, und der letztere belagerte Twer im Jahre 1485 mit einem starken Heere. Michael, nicht im Stande zu widerstehen, verließ die Stadt und floh nach Litthauen, wo er in Dürftigkeit starb [23]). Nach seiner Flucht übergaben die Bewohner die Stadt Twer an den Großfürsten Iwan, welcher sie sammt dem Fürstenthum dieses Namens seinem ältesten Sohne Iwan als ein Theilfürstenthum überließ, und da dieser schon im Jahre 1490 mit Tode abging, vereinigte der Großfürst das Fürstenthum Twer mit seinen übrigen Ländern [24]). Als ein Theil von dem Lande Groß-Rußland oder von dem Hauptlande der Russen kam die Landschaft Twer später an das große Gouvernement Nowgorod bis auf die neue Organisation des russischen Reiches durch die Kaiserin Katharina II.; denn die Statthalterschaft Twer war die erste von den kleineren, welche zugleich zur Probe für die neue von jener Kaiserin beabsichtigte Umgestaltung des Reiches eingerichtet wurde. Da diese Organisation für zweckmäßig befunden wurde, so erfolgte nun im Jahre 1780 die Auflösung aller früheren größeren Gouvernements in kleinere; das von Twer erhielt seine bestimmte Einrichtung im Jahre 1781, und dieselbe ist auch vom Kaiser Paul 1796 bestätigt worden [25]).

Die Stadt Twer hat eine schöne Lage auf dem erhabenen Ufer der Wolga; sie liegt, wie der englische Reisende Coxe sagt, in der Mitte einer großen Ebene, welche hier und da mit kleinen Erhöhungen besetzt ist, die jedoch kaum den Namen von Hügeln verdienen; die umherliegende Ebene gewährt einen rei-

---

23) Karamsin, russische Geschichte VI. S. 139 bis 142.
24) Coxe, Reise durch Polen und Rußland I. S. 309.
25) Georgi, geographische Beschreibung II, 1. S. 164.

den Ertrag an Weizen, Roggen, Gerste, Hafer, Hanf und Flachs und aller Art von Vegetabilien; die Wälder, welche sie umschließen, bestehen aus Eichen, Birken, Erlen, Pappeln, Eschen, Tannen und Föhren [26]). Der Ort selbst besteht aus einer alten und neuen Stadt, von welchen letztere auf dem Norduser der Wolga liegt, und diese erhob sich nach der großen Feuersbrunst im Jahre 1763, welche sie gänzlich zerstörte, durch die Freigebigkeit der Kaiserin Katharina mit neuem Glanze aus der Asche, indem dieselbe sie durch geschickte Baumeister nach einem regelmäßigen und schönen Plane aufführen ließ, so daß die Stadt zu den Prachtbauten der Kaiserin zu rechnen war, und nach eines neueren Reisenden Angabe jetzt zu den schönsten Ortschaften Rußlands gehören soll [27]). Wegen ihrer wichtigen Lage an der großen Wasserstraße von Sibirien und Süd-Rußland nach Petersburg ist Twer ein sehr beträchtlicher Handelsplatz, und liegt überdies an der großen Heerstraße von Petersburg über Nowgorod nach Moskau. Deshalb befindet sich auch hier in der Sommerzeit eine Schiffbrücke über den Strom, die einzige, welche derselbe in seinem weiten Laufe trägt [28]). Die Wolga und Twerza sind stets mit Fahrzeugen bedeckt, denn bis hieher gehen größere Schiffe die Wolga aufwärts, der Strom ist zwar schon oberhalb ziemlich breit, aber noch seicht, und verstärkt sich erst bedeutend durch die Vereinigung mit der tiefen und reißenden Twerza, so daß die Wolga nun hier eine Breite von 100 Faden oder 600 Fuß gewinnt [29]). Hier ist der Stapelort für die Fische der Wolga und des kaspischen Meeres, welche nach Petersburg gehen, und ebenso betreibt diese Stadt einen wichtigen Verkehr mit jenem Orte in Getreide, Eisen und anderen Produkten des südlichen Rußland und des Ural [30]). Schon in der zweiten Hälfte des

26) Coxe, Reise durch Polen und Rußland I. S. 308, 312. Heym, Encyklopädie. S. 903.

27) J. v. Klaproth, Reise in den Kaukasus und nach Georgien. Berlin 1814. 8. Th. I. S. 94.

28) Georgi, geograph. Beschreibung II, 1. S. 169.

29) Rußlands Wasserverbindungen. S. 99.

30) Klaproth, Reise in den Kaukasus I. S. 94.

achtzehnten Jahrhunderts gingen hier jährlich an 2550 Fahrzeuge durch. Die Fahrzeuge haben aber wegen der vielen Untiefen in der Wolga einen flachen Boden, wie es schon den ersten englischen Entdeckern Rußlands daselbst auffiel [31]), sie werden aus neuen Brettern gemacht, welche einschrumpfen und große Zwischenräume lassen, die mit dünnen Holzspänen ausgefüllt und mit eisernen Klammern zusammen befestigt, zuweilen auch mit Werg verstopft werden. Die Ruder dieser Schiffe haben ein sonderbares Ansehen. Die Handhabe ist ein ungefähr 50 Fuß langer Baum, an dessen vorderem Ende eine Stange ist, die senkrecht in das Wasser hineinragt, wo ein breites Stück Holz daran befestigt ist, das auf der Oberfläche des Wassers schwimmt. Der Steuermann steht auf einem Gerüst, ungefähr 30 bis 40 Fuß von dem Hintertheile des Schiffes entfernt, und lenkt das Ruder vermöge der Länge des Stieles. Alle diese Fahrzeuge werden nur für eine Reise gebauet, denn bei ihrer Ankunft in Petersburg zerstückt man sie, und verkauft sie für Brennholz. Die große Holzverschwendung, welche ehemals bei dem Bau dieser Fahrzeuge statt fand, indem die Bretter blos mit der Axt gezimmert wurden, erhellt von selbst, und nahm auch endlich die Aufmerksamkeit der Regierung in Anspruch. Es erschien daher der Befehl, daß jedes bei Twer vorbeifahrende Schiff, in welchem ein mit der Axt verfertigtes Brett war, eine Strafe von 60 Gulden zu bezahlen hatte. Dadurch gewann man im ersten Jahre, wie es scheint um die Mitte des vorigen Jahrhunderts, an 60,000 Gulden Strafgelder, im zweiten Jahre nur an 15,000, im dritten Jahre nur 1000, und im vierten Jahre nichts mehr, so daß damit dieser für die Waldungen so verderbliche Mißbrauch aufgehoben war [32]).

Die Twerza, nach welcher die Stadt Twer ihren Na-

31) Thom. Randolfe bei Hakluyt, the principal navigations etc. I. p. 377. The Volga is portable thorow of very great vessels with flat bottomes, which farre passe any that our countrey useth.

32) Coxe, Reise durch Polen und Rußland I. S. 310, 311.

men führt, ist der erste bedeutende und historisch wichtige, linke Zustrom zur Wolga. Denn indem sie wie die Wolga auf dem Rücken der waldaischen Tafelflächen bei Wyschni Wolotschok entspringt, bildet sie mit der gleichfalls dort entspringenden Msta den Hauptweg des ganzen Kanalsystems von Wyschni Wolotschok und steht mit seinen Schleusen, Wasserbassins und Wasserleitungen in vielfacher Verbindung. Die Quellen der Twerza liegen unmittelbar neben der Stadt Wyschni Wolotschok, sie selbst wird aber erst zwei Werst von der Stadt am großen Wege bei der Kapelle Kasanskoe bemerkbar [33]); sie ergießt sich von dort in einer dem Msta-Flusse vollkommen entgegengesetzten Richtung von Nordwest nach Südost von den Tafelhöhen hinab zur Wolga und zwar in vollkommenem Parallelismus mit dem oberen Laufe des Hauptstromes von Ostaschkow bis Subzow, nur gegen 15 Meilen weiter gegen Nordosten gerückt. Diese eigenthümliche Durchschnittslinie der waldaischen Tafelflächen durch die Stromrinnen der Msta und Twerza auf einer Strecke von ungefähr 35 Meilen, und die ganze rostartige Vertheilung der Stromlinien und Thäler in diesem Gebiete in der Diagonale der Parallelkreise und Meridiane mögen wohl mit der eigenthümlichen Natur des Bodens in geognostischer Beziehung im Zusammenhange stehen, um so mehr wenn man die Gesammtrichtung der Wolga-Thalsenkung und die Richtung der zahlreichen mit Seen erfüllten Felsspalten des finnischen Gebietes, welche sich gerade hier einander berühren, damit in Verbindung bringt. Die Ufer der Twerza in ihrem mittleren Laufe bestehen aus hohen, zum Theil an 10 Faden aufsteigenden Kalksteinschichten, ihre Umgebung ist bedeckt mit Waldungen von Rothtannen, aber gleich der Msta hat sie auch drei Wasserfälle oder Stromschnellen, die unter den Namen Los Porog, Borowskoi Porog und Prutinskoi Porog auf einander folgen und für die Schifffahrt immer sehr beschwerlich gewesen sind [34]). Die Stadt Torschok, ein seit den ältesten Zeiten der russischen Geschichte berühmter Ort,

---

33) Rußlands Wasserverbindungen. S. 22.

34) Güldenstädt, Reisen durch Rußland II. S. 460, 461.

liegt an der Kataraktenregion ähnlich wie Borowitsche am Msta, 71 Werst von Wyschni Wolotschok und 63 Werst von Twer entfernt [35]). Die wolgische Wasserfahrt und die moskowitische Heerstraße, welche hier durchgehen, machen den Ort sehr lebhaft. Die Twerza erreicht ihren Hauptstrom in der Thalebene von Twer nach einem Laufe von 177 Wersten [36]); sie führt uns zur näheren Betrachtung eines der merkwürdigsten Kanalisationssysteme der alten Welt.

Wenn der Engländer Coxe [37]) schon während der zweiten Hälfte des vorigen Jahrhunderts sagen konnte, daß es vielleicht kein Reich in der Welt gäbe, in welchem die binnenländische Schifffahrt so ausgebreitet sei als in dem russischen, indem man von Astrachan bis nach Petersburg, vom kaspischen bis zum baltischen Meere, eine ununterbrochene Wasserverbindung von 535 Meilen habe, so glaubte doch auch noch sein jüngerer Landsmann Clarke vor kaum drei Decennien mit Recht behaupten zu können, daß man in der ganzen Welt kein Beispiel einer so ausgedehnten Binnenschifffahrt habe, welche durch so künstliche Mittel und durch so wenig Mühe wie hier für eine Wasserstraße von 5000 Wersten bewirkt werde [38]). Seitdem Peter der Große von Kasan aus auf seinem persischen Feldzuge die Wolga mit einer europäischen Flotte beschifft hatte, beginnt auch die Wichtigkeit dieses Stromes als einer Hauptquelle des Reichthums von Rußland; Kasan wurde der Mittelpunkt der Wolga-Schifffahrt, und die Wolga ward die Haupthandelsstraße des Innern von Rußland. Die Stadt Astrachan wurde, wie sich ein neuerer Schriftsteller mit

---

35) **Clarke**, travels through various countries I. p. 37.

36) Rußlands Wasserverbindungen. S. 22.

37) Coxe, Reise durch Polen und Rußland II. S. 197.

38) **Clarke**, travels through various countries I. p. 36. I believe, that there is not in the world an example of inland navigation so extensive, obtained by artificial means and with so little labour; for the Volga is navigable almost to its source, and three versts, at the utmost, is all that has been cut through in forming the canal.

Recht ausdrückt [39]), das Alexandrien dieses scythischen Nils, und wenngleich die Ausmündung dieses sarmatischen Stromes in ein Binnenmeer in der Mitte eines von rohen Stämmen durchschwärmten Steppenbodens ungünstig zu sein scheint, so können wir doch nicht in die Vorwürfe mit einstimmen, daß dieser große Strom nicht die Bestimmungen erfülle, zu welchen er gebildet zu sein scheine, da dies von der Geschichte schon zur Genüge widerlegt ist, und die Wolga mehr als manche andere zu dem freien Ocean sich ausmündende Riesenströme der Erde nach der ihr eigenthümlichen Natur zur Verbindung des Centrums der alten Welt mit ihrer Peripherie oder des centralen Asien mit dem europäischen Abendlande beigetragen hat.

Der mittlere Lauf der Wolga nebst dem Stromgebiet der Oka war immer das Hauptland des russischen Volkes, dort liegt die alte Zarenresidenz Moskau zwischen jenen beiden Flüssen, da ist das eigentliche Groß-Rußland. Indem nun das Quellgebiet der Wolga tief in das Innere von Ost-Europa gegen das baltische Meer einsetzt und über den niederen Wasserscheiderücken daselbst hinwegführt, mußte frühzeitig der Gedanke einer Wasserverbindung zwischen den entgegengesetzten Stromsenkungen entstehen, vornehmlich seit der Besitznahme der baltischen Küstenlandschaften durch Peter den Großen und seit der Gründung von Petersburg als Hauptstadt und Hauptseehafen des russischen Reiches. Seitdem ward eine Verbindung von Moskau im Wolga-Gebiete mit der neuen Residenzstadt am finnischen Meerbusen sogar nothwendig. Seit der Zeit von Peter dem Großen beginnt auch die Entwickelung des großen Kanalsystemes, welches Ost-Europa netzartig durchschneidet, die vier Meere der vier Hauptabdachungen mit einander in Wasserverbindung setzt, und die geschlossenen breiten Ländermassen Ost-Europas in ihrem Innern weit zugänglicher macht, als es selbst das gegliederte und zersplitterte West-Europa ist.

39) Maltebrun, précis de la géographie universelle VI. p. 429. Le Volga est la principale route commerciale intérieure de la Russie; la ville d'Astrakan est pour ainsi dire l'Alexandrie de ce Nil de la Scythie etc.

Das große System der Kanalverbindung zwischen den acht großen Wassersystemen Wolga, Dwina, Newa, Düna, Memel, Weichsel, Dnepr und Don in den weiten Ebenen zwischen dem Ural, Kaukasus und Karpathen ist auch von den Nachfolgern Peters des Großen, wie von der zweiten Katharina mit Eifer fortgesetzt worden, und hat besonders seit den Zeiten der Regierung Alexanders unter der Leitung des Prinzen Georg von Oldenburg und später des Prinzen Alexander von Würtemberg einen hohen Grad von Vollkommenheit erreicht 40). Wie sehr der Handelsverkehr durch die erweiterte Ausbildung jenes Kanalisationssystemes in den jüngsten Zeiten gewonnen hat, ergiebt sich leicht aus einer Vergleichung der verschiedenen Perioden in den vier letzten Decennien. Denn wenn am Anfange des letzten Decenniums des vorigen Jahrhunderts sämmtliche Wassersysteme Ost-Europas mit ihren künstlichen Wasserstraßen von durchschnittlich nur 8000 Fahrzeugen aller Art beschifft wurden, so war diese Anzahl schon am Schlusse jenes Jahrhunderts auf 10,000 Fahrzeuge gesteigert. Aber seitdem hat sich diese letztere Anzahl mit dem Beginn unseres Jahrhunderts schon verdoppelt und verdreifacht. Denn am Schlusse des ersten Decenniums (1810) rechnete man schon an 20,000 Fahrzeuge außer den Flössen, welche die Schifffahrt auf sämmtlichen Wasserbahnen beschäftigte, und gegen das Ende des dritten Decenniums (1827 und 1828) waren es über 28,000 beladene Fahrzeuge, die die verschiedenen Systeme passirten und an 20,000 Flösse von Bauholz, von welchen über ein Viertheil mit Waaren beladen waren.

So wie von der beabsichtigten Kommunikation der Wolga mit den anderen Stromsystemen die Entwickelung dieses Systemes der Kanäle ausgegangen ist, so bildet dieser Strom auch

---

40) Rußlands Wasserverbindungen. S. 1 bis 18. Ohne diese ausgezeichnete officielle Schrift, welche ähnliche Arbeiten über andere Theile und Gebiete der Kunde des russischen Reiches sehr vermissen läßt, würden wir keine genaue Einsicht in diese so höchst wichtigen Verhältnisse jenes Staates haben. Leider wird das Buch durch seine vielen Druckfehler wieder eben so unbrauchbar als es sonst brauchbar ist.

noch jetzt den Mittelpunkt und die vornehmste Wasserlinie für alle in dem osteuropäischen Gebiete unternommenen Kanalisationen. Von der Wolga aus führen zwei Wasserstraßen gegen Norden hin zum weißen Meere, drei gegen Westen zur Ostsee und zwei gegen Süden zum schwarzen Meere. Gegen Osten fehlt eine künstliche Wasserverbindung, die Wolga selbst führt in die Mitte des asiatischen Kontinentes hinein, und wenn die alte Mündung des Oxus-Flusses zum kaspischen Meere wieder hergestellt würde, so würde die Schifffahrt von Petersburg über das kaspische Meer bis nach dem indischen Kaukasus und zum Quellgebiet des Indus hinführen. Von jenen sieben wolgischen Kunst-Wasserstraßen gehen die beiden südlichen und die beiden nördlichen von dem mittleren Stromgebiet der Wolga aus und kommen also erst weiter unten in Betracht, von den drei westlichen Straßen zum baltischen Meere, dem Marien-Kanal, Tichwinka-Kanal und Wyschni Wolotschok-Kanal, kommen die beiden ersteren auch erst weiter unten in Betracht, weil sie gleichfalls von dem mittleren Stromlaufe ausgehen, wenigstens das Quellgebiet der Wolga nicht berühren, und auch mit den nördlichen Straßen in Berührung stehen. Hier bleibt also zunächst zur näheren Betrachtung nur übrig

das Kanalsystem von Wyschni Wolotschok.

Dieses Kanalsystem ist zugleich das älteste und daher zum Theil auch das verwickeltste, aber eine in ihrer Art einzige Anlage. Ein ganzes Jahrhundert war nothwendig um diese größte Wasserfahrt in Europa zu ihrer jetzigen Vollkommenheit zu bringen, von Peter dem Großen wurde das Kanalsystem begonnen und erst von dem Kaiser Alexander vollendet. Es ist ein sehr complicirtes System, welches nur durch die Benutzung und Verbindung der vielen kleinen Strombetten und Wasserbassins auf dem Rücken der waldaischen Tafelhöhen zwischen der Twerza und Msta und somit zwischen der Wolga und dem Wolchow zum Ladoga-See zu Stande kommen konnte. Die Concentration der Gewässer, ihre Vertheilung und Ablassung und die Überwindung der Stromschnellen und Fälle in den kleinen Flüssen und zuletzt die sich daran anschließende Umgehung der Gefahren des stürmischen Ilmen-Sees so wie des Ladoga-Sees sind die Hauptpunkte der Arbeiten an diesem Kanalsysteme im weiteren Umfange von Twer an der Wolga bis nach der Kaiserstadt am finnischen Golfe gewesen. Das ganze System führt seinen Namen nach der Stadt Wyschni Wolotschok, an 14 Meilen im Nordosten von Ostaschkow gelegen, unter 57° 35′ N. Br. und 52° 20′ O. L., an 400 Werst von Petersburg und 300 Werst von Moskau, jetzt schon mit einer Population von 6500 Bewohnern, welche größtentheils dem Handel ihren Wohlstand verdanken. Denn die Stadt war noch vor einem Jahrhundert nur ein Postdorf (Jam), und wurde erst durch die Kaiserin Katharina II. ums Jahr 1760 zur Stadt erhoben [41]). Ihre Lage ist aber nicht als der höchste Punkt des Systemes zu betrachten, indem dieser unweit Ostaschkow zwischen dem Seliger-See und dem benachbarten kleinen Welje-See zu suchen ist; indessen liegt sie doch bedeutend höher als Twer und 93 Faden höher als die Quellen des Wolchow, und daher eignete sich diese Gegend bei ihrem Wasserreichthum zu dem Theilungspunkte des Kanalsystemes [42]).

Die beiden Flüsse, welche jetzt den Hauptnerv des Systemes von Wyschni Wolotschok ausmachen, wurden schon in uralten Zeiten für den Handel Nowgorods benutzt, aber der schmale Landstrich, der sogenannte Msta-Twerza-Wolok, mußte auf Wagen übersetzt werden. Zudem gestatteten die Seichtigkeit der Flüsse und der Mangel jeder Kunsthülfe nur einen unbedeutenden, oft unterbrochenen Verkehr. Die Breite des Wolok betrug zwar nur 8 bis 12 Werst, aber ein neues Umladen der Waaren mußte bei der Umgehung der Fälle von Borowitsch statt finden. Als nun Peter der Große gleich nach

---

41) Der Name des Ortes erklärt sich übrigens aus seiner Lage auf dem Wolok zwischen der Msta und Twerza.

42) Rußlands Wasserverbindungen. S. 54, 55. Der hier gebrauchte Ausdruck „Quellen des Wolchow“ ist nicht klar, da er weder auf die Quellen der Msta oder auch der Wolga, noch auf den Spiegel des Wolchow bei Nowgorod gehen kann.

der ersten Grundlegung seiner neuen Hauptstadt an der Mündung der Newa bei einer Durchreise im Jahre 1704 die Örtlichkeit von Wyschni Wolotschok untersuchte und die leichte Kanalverbindung zwischen jenen beiden Flüssen zu erkennen glaubte, befahl er einen Durchschnitt von $2\frac{1}{4}$ Werst zwischen der Zna, einem Quellstrom der Msta, und der Twerza zu graben, und so ward der erste Grund zu dem jetzigen Riesensysteme von Wolotschok gelegt. Das Werk wurde rasch unternommen, und schon nach acht Jahren sah man den Twerza-Kanal vollendet und befahren. Die erste authentische Nachricht von seiner Beschiffung ist vom Jahre 1712. Denn mehrere in Kasan erbauete Seeschiffe wurden mit unendlicher Mühe vom Frühjahr bis zum Herbst von Twer bis Borowitsch geschafft und kamen 1713 in Petersburg an. Das erste Werk der neuen Flußverbindung war die Schleuse der Twerza am Ende des Twerza-Kanales, sie ward später mehrmals umgebauet und zuletzt im Jahre 1786 aus Stein. Das jetzige Reservoir von Sawod bestand damals schon als Mühlenteich mit Mühlen und Anlagen zum Bierbrauen und dergleichen. Diese Sperrwerke wurden benutzt um den niedrigen Spiegel der Twerza von Zeit zu Zeit zu erhöhen, und mit diesen schwachen Mitteln wuchs in den ersten Jahren ihrer Entstehung die Schifffahrt bis 300 und 400 Barken und beladenen Flössen an, welche die Twerza und Msta befuhren; jedoch mußte bei den Fällen von Borowitsch ihre Ladung entweder ganz auf dem Landwege transportirt oder wenigstens gelichtet werden. Was der Mühlenteich von Sawod nicht an Wasserbedarf zu liefern vermochte, das kauften nöthigenfalls die Barkenführer den am Ufer der Msta und Twerza liegenden Mühlen ab. Bald nach der Anlegung der Twerza-Schleuse ward gleich unterhalb der heutigen Stadt an der Zna, obschon an einem sehr ungünstigen Orte, eine andere Schleuse aufgeführt, und so ward die Grundlage des Systemes, nämlich ein Theilungsbassin durch beide erwähnten Schleusen und ein Reservoir durch die Mühlenwerke von Sawod, entfaltet; aber die Zna-Schleuse ward schon vom ersten Frühjahrswasser fortgerissen und so der Fehler ihrer niedrigen Lage erkannt. Man entschloß sich daher später eine Krümmung der Zna in der Landzunge (Wolotschok) auf 500 Faden zu durchstechen, und dadurch entstand der schiffbare Zna-Kanal, der mit einer stehenden Schleuse ungefähr in seiner Mitte versehen wurde. Hiermit ward das erste Bassin auf einen festen Wasserhorizont gebracht und vollendet [43]).

Unter allen den Mühlenbesitzern jener Gegend von welchen die Barkenführer das aufgestauete Wasser zu erkaufen pflegten, zeigte sich ein nowgorodischer Müller, Michael Serdukow, welcher die Gegend um das wolotschokische Bassin besaß, besonders thätig in den Aufstauungen des Wassers und in dessen Verwendung zum Besten der Schifffahrt. Der Kaiser sah seine Unternehmungen mit Wohlgefallen, und gab ihnen bald einen ausgedehnteren Wirkungskreis. Denn er übertrug ihm im Jahre 1719 das erst in seinen rohesten Umrissen vollendete Kanalsystem von Wyschni Wolotschok. Serdukow ward also entweder durch eine Art von Pacht oder durch Schenkung fast Eigenthümer des Systemes, machte sich anheischig die Werke in Stand zu erhalten, und bedung sich dafür das Recht einer von jedem Fahrzeuge zu erhebenden Abgabe aus. Die Kaiserin Elisabeth Petrowna vermehrte nachmals seine Privilegien und belohnte den verdienstvollen Eifer dieses Mannes mit der Adelswürde. Doch scheint sich sein Wirkungskreis nicht weiter als über die beiden früher genannten Schleusen, so wie über die Mühlen von Sawod erstreckt zu haben. Auf der Twerza selbst wie auf der Msta mußten die kleinen Karavanen [44]) sich selbst

---

43) Rußlands Wasserverbindungen. S. 33, 34.

44) Unter dem Worte Karavane versteht man in diesem Kanalsystem einmal diejenige Anzahl von Fahrzeugen, welche durch eine Operation d. h. nachdem das Wasser hinlänglich gestauet auf einmal aus dem Bassin von Wyschni Wolotschok herausgelassen oder hineingeführt wird, dann eine Anzahl Barken, welche von einem gemeinsamen Stapelort abfahren, z. B. von Subzow, Rybinsk, und drittens eine gewisse Anzahl Barken, welche einem und demselben Eigenthümer gehören. Demnach ist die Anzahl der Fahrzeuge der Karavanen sehr verschieden; Karavanen der ersten Art zählen zuweilen an 1700 Barken, während die letzten oft nur aus 8 bis 10 bestehen. Rußlands Wasserverbindungen. S. 32. Anmerk.

selbst zu helfen suchen, wozu sie die Mühlenteiche der Seitenbäche von den Müllern zum momentanen Gebrauch noch immerfort erkauften, Regengüsse abwarteten oder auch ephemere Sperrdämme im Flusse (Saprudi) aufführten. So wie die Schifffahrt indeß hier zunahm, wurde das Bedürfniß einer bessern Organisation immer dringender, und da die Hauptbedingung derselben von Wyschni Wolotschok an in einem hinlänglichen Wasservorrath besteht, so wie in zureichenden Mitteln, diesen Wasservorrath willkührlich und kunstgemäß anzuwenden, so entstanden im Laufe eines ganzen Jahrhunderts eine Menge hydrotechnischer Werke, deren Zweck es war jene Bedingungen zu erfüllen. Übrigens wurde schon in den ersten Regierungsjahren Katharina's II. dieses ganze Etablissement den Erben Serdukows für eine bedeutende Summe abgekauft und der öffentlichen Administration gänzlich einverleibt [45]).

Das System von Wyschni Wolotschok theilt sich in drei Hauptzweige. 1. Die Bergfahrt in der Twerza von Twer bis zur Twerza-Schleuse. Die Twerza bedarf der Kunsthülfe einmal zu ihrer Speisung, dann um die sogenannten Fälle oder eigentlich Stromschnellen zu überwinden, und drittens um einen schicklichen Uferweg zum Ziehen der Barken zu bilden. Diese Hülfe ist nun auf folgende Art durch die Kunst gewährt. Außer dem Wasser, welches das Theilungsbassin zur Speisung hergiebt, sind zwei einfallende Flüsse, die Ossuga und der Osetschno, durch Freischleusen zu Wasserbehältern umgeschaffen, die nur auf den aufsteigenden Theil der Schifffahrt wirken können. Vor der Umschaffung des Behälters von Sawod war auf der Twerza keine bedeutende Schifffahrt ohne Beihülfe der Ossuga möglich; seitdem ist ihre Wichtigkeit sehr gesunken. Das Reservoir von Osetschno ist vollkommen unbedeutend, und wird seit mehr als zehn Jahren gar nicht mehr beachtet. Der Hauptfall der Twerza befand sich unweit Torschok bei Prutna, der Prutinskoi Porog; seine Überfahrt war früher höchst schwierig und zeitraubend, bis eine im Jahre 1812 gebaute Derivationsschleuse das Übel in der Wurzel vernichtete. Was dann

45) Rußlands Wasserverbindungen. S. 4 und 35.

den dritten Punkt anbelangt, so ergießen sich in das Bette der Twerza eine Menge kleiner Flüßchen, Bäche oder sumpfige Niederungen, die bis zum Jahre 1810 ohne Brücken für das Ziehen der Barken höchst beschwerlich zu passiren waren. Ein mehr als 12,000 Faden langer Kunstuferweg, aus Faschinen, Dämmen und Holzbrücken bestehend, half dem Übel wegen des Andrangs der Frühjahrswasser nur unvollkommen ab. Erst seit 1820 ist hier ein auf Steinbauten beruhender und größere Dauer und Sicherheit gewährender Kunstuferweg errichtet worden [46].

2. Das Bassin von Wyschni Wolotschok. Es dient einmal zum Hafen für die aufsteigenden Karavanen, um sich für den absteigenden Zweig oder die Thalfahrt auszurüsten, und dann zum allgemeinen Reservoir, um die relative Speisung jedes Zweiges (der Twerza oder Msta) für sich oder beider zugleich zu leiten. Doch unterscheidet man bei dem gesammten Bassin das Reservoir und den Hafen. Ersteres erhält seinen Hauptzufluß durch drei nicht unbedeutende Flüßchen, welche zugleich als die eigentlichen Quellströme der Msta betrachtet werden müssen, durch mehrere ansehnliche und viele kleine Landseen und eine Menge von Bächen. Die ersteren sind die Zna und Schlina und die Granischa, von denen die Schlina wieder durch die bekannte, an 27 Werst lange und in den Jahren 1797 bis 1804 erbauete Wasserleitung von Welje [47]) mit dem See Welje, dem Seliger Osero benachbart, in Verbindung steht. Die Zna, an deren rechtem Ufer die Stadt Wyschni Wolotschok liegt, neben welcher wiederum die Twerza in einem Moraste entspringt, hat ihre Quellen an 50 Werst im Südwesten der Stadt, und vereinigt sich bei derselben mit der von Westen kommenden Schlina. Nur eine halbe Meile im Norden der Stadt ergießt sich der vereinigte Fluß, der von dem Sawodschen Wasserbassin an auf 6 bis 7 Werste schiffbar ist, unter dem Namen Schlina in den Mstino-See (Mstinskoje Osero),

46) Rußlands Wasserverbindungen. S. 36.

47) Storch, historische Zeitschrift für Rußland. Petersburg 1804. 8. Th. I. S. 51.

der an 12 Wersten lang, aber nur einige Wersten breit ist [48]). Er erscheint fast nur als eine zufällige Erweiterung des Wasserlaufes der Schlina, denn in entgegengesetzter Richtung entfließt ihm die Msta. Auf der Halbinsel zwischen der Schlina und Zna liegen besonders die beiden größeren Seen Gorodoljubje, der an 3 Wersten lang ist, und der Klutschino, die durch Kanäle mit der Zna und Schlina in Verbindung stehen und sämmtlich ihre Gewässer auf einen Punkt, das Bassin von Sawod, hinführen. Der Stauhorizont dieses letzteren hatte sich von Begründung dieses Systemes an bis 1821 nur von 2 Arschin 15 Werschok bis auf 3 Arschin 14 Werschok heben lassen [49]), und einiger Wassermangel im Sommer und Herbst, so wie Überfülle und Verheerungen durch das Wasser im Frühjahr waren die Folgen eines Systemes übertriebener Vorsichtigkeit für die Erhaltung der hydrotechnischen Werke, welches den Gang der Schifffahrt lähmte, furchtbare Überwinterungen, zuweilen für mehrere tausend Barken, zur Folge hatte und dem Handelsstande wie der Regierung außerordentliche Kosten verursachte. Endlich seit 1821 begann man einzusehen, daß der Schlüssel des Systemes im Reservoir von Sawod liege. Seine Stauung ward in kurzen Intervallen von 3 Arschin 14 Werschok auf 6 Arschin 12 Werschok gehoben und sein Produkt dadurch verzehnfacht. Die Anwendung eines neu erfundenen Sperrapparates, wozu vier Freischleusen an eben so vielen kleinen Seen gehören, bot hierzu ein eben so sicheres als wenig kostspieliges Mittel dar, und seit dieser Zeit ist alle Furcht vor übermäßigem Andringen des Wassers im Frühjahr so wie vor Mangel im Sommer verschwunden. Das eigentliche Bassin oder der **Hafen** von Wolotschok besteht jetzt aus vier großen, vollkommen eingerichteten Schleusenkammern, deren Bau erst im Jahre 1830 vollendet worden. Der Hauptzweck derselben besteht in der völligen Regulirung der Wassersektion, die zur Speisung der Msta und Twerza erforderlich ist, sowohl zur

---

48) Güldenstädt, Reisen durch Rußland II. S. 463.

49) Ein russischer Faden ist gleich 7 Fuß Englisch und enthält 3 Arschinen, jede Arschine aber 4 Viertel oder 16 Werschok.

Zeit der Schifffahrt auf beiden Zweigen zugleich, als auch auf einem der letzteren insbesondere. Untergeordnete Systeme des Bassins, um seine Füllung zu erleichtern, bilden die Seen um Beresai und Jaschino, zu beiden Seiten des Mstino-Sees, an welchen auch kleine Freischleusen angelegt worden sind[50]). Die gesammte Länge des vereinigten Twerza- und Zna-Kanales, welcher die Stadt Wyschni Wolotschok mitten durchschneidet, beträgt übrigens nur die unbedeutende Strecke von $4\frac{1}{2}$ Werst, wovon zwei Drittheile auf den ersteren und ein Drittheil auf den letzteren kommen[51]).

3. Die Thalfahrt von dem Mstino-See auf der Msta abwärts. Das starke Gefälle derselben verstärkt sich vorzüglich auf der Strecke von Opotschenskoi Posad bis Poterpelitz auf 30 Werst Länge zu den bekannten Katarakten (s. oben S. 25), deren Fall gegen 30 Faden beträgt. Außer mehreren Arbeiten im Flußbette selbst gegen die Gefahren des Stromes, woran nach dem Vorgange von Peter dem Großen schon Katharina II. solchen Antheil nahm, daß sie im Juni 1787 selbst mit einem großen Theile ihres Hofes eine Reise dahin unternahm, sind auf die höchsten Uferstellen jener Gegend Flaggenstangen unter dem Namen der Telegraphen vertheilt. Durch diese theilt man dem oberen Pristan oder Anfuhrt Nachricht von Unglücksfällen oder Scheiterungen auf den Katarakten mit, um dem Abfahren der Barken sogleich Einhalt zu thun; denn bei der Enge des Flusses und seinem Absturze mit steilen Wendungen würde es dem nachfolgenden Flußfahrer schwer werden einem ähnlichen Schicksale zu entgehen. Erst wenn das Fahrwasser wieder frei geworden ist, wird auf ein telegraphisches Zeichen mit der Passage fortgefahren. Zum Speisungssysteme der Msta gehört eine ganze Reihe von kleinen Flüssen und Seen, worunter besonders der Uwer-Fluß von Wichtigkeit ist, auf dessen Benutzung das bekannte Umgehungsprojekt der Fälle von Borowitsch beruht, welches so sehr die Thätigkeit Peters des Gro-

50) Rußlands Wasserverbindungen. S. 22, 37 bis 39.

51) **Vsévolojsky**, dictionnaire géographique-historique de l'empire de Russie. St. Pétersbourg 1833. 8. Tome II. p. 303, 343.

ken in Anspruch nahm. Jüngere Untersuchungen machen jedoch die Möglichkeit der Ausführung jenes Planes sehr zweifelhaft, und überdies hat durch die gewonnene Wassermasse und die Gefahrlosigkeit der Fälle von Borowitsch vermittelst des schützenden Apparates der elastischen Schutzflösse, der sogenannten Upruzich Säplawei, jener Gedanke seinen Zweck verloren. Unterhalb des Falles hängt die Schifffahrt wenig mehr von der künstlichen Speisung ab, indem die Msta durch einfallende bedeutende Flüsse noch Wasser gewinnt um selbstständig fortwirken zu können [52]).

Auf solche Weise ward während eines Jahrhunderts durch eine Reihe ausgezeichneter Männer und vornehmlich unter der jüngsten Leitung des Herzogs Alexander von Würtemberg ein Kanalsystem zur Vollendung gebracht, welches so kolossal in seinen Verhältnissen, wie bewunderungswürdig in seinem Mechanismus ist [53]). Die jüngsten Verbesserungen und Einrichtungen desselben unter der Regierung des Kaisers Alexander in den Überwindungen der Naturhemmungen und in der Gewinnung und Beherrschung einer genügenden Wassermasse, welches wegen der Versorgung der Residenzstadt aus den übrigen Provinzen des Reiches von so außerordentlicher Wichtigkeit ist und auch dem Handelsverkehr eine größere Sicherheit gewährt, übertrafen selbst die kühnsten Erwartungen der früheren Direktionen der hydrotechnischen Werke dieses Systemes. Man lernte durch die vieljährigen Arbeiten in der Ökonomie der Flußspeisung solche Ersparnisse anbringen, daß die Fortschaffung von Karavanen in einer Masse möglich ward, die früher in zwei Hälften getheilt, beide groß geschienen hätten. Der große Reichthum an Wasser,

52) Rußlands Wasserverbindungen. S. 39 bis 41, 48.

53) Über den früheren Zustand dieses Kanalsystemes ist zu vergleichen Coxe, Reise durch Polen und Rußland II. S. 197 bis 200. Dabei ist auch ein Grundriß dieses Systemes so wie des Ladoga-Kanals. Nach Coxes Angabe durchsetzten den Kanal von Wyschni Wolotschok im Jahre 1777 gegen 3500 Fahrzeuge und den Ladoga-Kanal im Jahre 1778 fast gegen 5000 Fahrzeuge. Vergl. Storch, Gemälde des russ. Reiches VII. S. 62 bis 76 und die dazu gehörigen Pläne jener beiden Kanäle im Supplementbande.

den man gewann, erlaubte die Ladung der Bärken um 2 Werschok im Sommer zu verstärken, so daß sie nicht nur dem Reglement gemäß bei 12 Werschok Tiefe, sondern mit 14 Werschok das System durchschiffen konnten. Was früher in fünf Fahrzeuge geladen werden mußte, dazu reichen jetzt vier hin; die Kosten des Transportes und des Schiffskapitales fielen um zwanzig Procent, und was noch mehr als dies werth ist, ist vornehmlich der Gewinn an Fahrzeugen, wodurch eine Quelle, die dem übermäßigen Verbrauche des schönsten Schiffsbauholzes einigermaßen Schranken setzt, eröffnet ward[54]).

War indessen auch so eine unmittelbare Wasserverbindung zwischen Twer an der Wolga und Nowgorod am Ilmen-See zu Stande gekommen, so schien es hier noch ein Bedürfniß zu sein den eigentlichen oberen Lauf der Wolga oder den großen Stapelplatz Subzow mit jener Stadt durch die Vereinigung des Seliger- und Ilmen-Sees in Verbindung zu bringen. Dieser Plan einer zweiten Wasserstraße von dem kaspischen zum baltischen Meere, im Westen der von Wyschni Wolotschok oder die Verbindung des Wolga-Quellgebietes durch die schiffbare Selischerowka aus dem Seliger-See mit dem Seebecken von Nowgorod, stammt schon aus der Zeit von Peter dem Großen, und beurkundet wie mehrere andere Pläne zur Errichtung von Wasserstraßen in diesem Gebiete auf der Wasserscheide jener beiden Meere sowohl das lebhafte Interesse des Kaisers für diese Unternehmungen als auch seinen außerordentlich hellen und kühnen Geist. Man hoffte dazu den kleinen Jawan-Fluß benutzen zu können, indem man dessen Quellsee, den Welje, durch einen Kanal mit dem benachbarten Seliger-See, von dem er nur 5 Werst entfernt liegt, vereinigte. Der Jawan ergießt sich dann nach einem Laufe von 70 Werst westwärts in die Pola, und diese erreicht wieder nach einer gleichen Strecke, die die Hälfte ihres Gesammtlaufes beträgt, nordwärts gewandt den Ilmen-See in dem Mündungslande des Lowat. Da jedoch die Kosten zu diesem Unternehmen mit den daraus zu gewinnenden Vortheilen nicht im Verhältniß

54) Rußlands Wasserverbindungen. S. 41, 42.

stehen möchten, so wird dieser Plan auch wohl nicht ausgeführt werden [55]). Dagegen ist noch eine andere Anlage zu erwähnen, der sogenannte Katharinen-Kanal (nach der Großfürstin Katharina Paulowna benannt), welcher in der Stadt Twer einen Überwinterungshafen für diejenigen Barken bilden sollte, welche sich auf der Wolga befänden und wegen der späten Jahreszeit ihren Weg nicht mehr fortsetzen könnten. Es war dies, wie es im Jahre 1811 bestimmt wurde, eine Kanallinie von 2390 Faden von der Wolga bis zur Tmaka, und von da bis zum Ausfluß der Tmaka in die Wolga, als Umgehungskanal jenes Flüßchens, über 700 Faden. Indessen wenn früher große Überwinterungen auf der Wolga bei Twer oft eben so unvorhergesehen als unvermeidlich waren, so ist diese Gefahr durch die vervollkommnete Organisation des Systemes von Wyschni Wolotschok wenn auch nicht gänzlich beseitigt, doch durch andere Verhältnisse minder schädlich gemacht, und daher hat der besondere Hafen bei Twer auch seine große Wichtigkeit verloren [56]).

Mit der Benutzung jener Wasserstraße von Wyschni Wolotschok für diese continentale Schifffahrt verhält es sich nun auf folgende Weise. Nachdem man durch die Reservoirs der Ossuga und zum Theil aus dem Bassin von Sawod die Twerza gespeiset, läßt man die Karavanen, welche auf diesem Flusse und selbst bis Twer hin sich gesammelt haben, denselben bis zum Bassin hinaufgehen. Zum Hinaufziehen bedient man sich der Pferde, und zwei bis drei Menschen bilden eine hinlängliche Bemannung des Fahrzeuges. Sobald die Karavane in Wyschni Wolotschok angelangt, worauf die Twerza-Schleuse geschlossen wird, werden frische Bootsleute, ein gewöhnlicher Lootse und zwölf bis vierzehn Arbeiter angenommen, und ein bis dahin gebrauchtes schweres Steuerruder wird mit vier leichten Balken von 7 bis 10 Faden Länge, die zu Rudern umgestaltet werden, vertauscht. Die Masten werden abgenommen und die Spitze der Karavane steigt durch die Zna-Schleuse in den

55) Rußlands Wasserverbindungen. S. 23, 46.
56) Rußlands Wasserverbindungen. S. 45.

Mstino hinab. Die Mstino-Schleuse wird nun geöffnet, sobald die ganze Karavane in dem Mstino-See sich versammelt hat, ausgenommen zur Zeit des hohen Wassers, wo seine Fülle erlaubt, beide Zweige der Schifffahrt zu gleicher Zeit wirkend zu erhalten. Der Msta-Fluß, in den man sodann eintritt, wird aus dem See und seinen eigenen Reservoirs gefüllt. Der seichte Bach schwillt rasch zu einem rauschenden Strome an, und bringt so die Karavanen über seine Fälle und Untiefen nach dem Ilmen-See. Sobald die Barken passirt sind, schließt man die Mstino-Schleuse und nach Maaßgabe des verminderten Bedarfes auch die anderen Reservoirs, und an der Twerza beginnt dasselbe Spiel mit der folgenden Karavane von neuem. Im Jahre 1829 verspätete sich die Schließung der Twerza-Schleuse bis zum 8. Juni, und doch fiel das Bassin von Sawod nur bis auf 6 Arschin 8 Werschok, war aber am 27. Juni schon wieder voll [57]). Die Zeit der Schifffahrt dauert von der Mitte April bis Mitte October. Denn so war im Jahre 1808, mit Einschluß der Schleusenreparaturen, die Twerza vom 16. April bis zum 29. October, also 196 Tage, die Msta aber vom 12. April bis zum 20. October, also 190 Tage, vom Eise frei und schiffbar; doch versteht es sich von selbst, daß in dieser Zeit nicht fortwährend Barken passiren, weil die Wasser der Twerza und Msta künstlich geschont werden, und man von denselben nur nach gewissen Regeln zur Schifffahrt Gebrauch macht [58]).

Eine ganze Reihe von **Stapelplätzen** für die Verladung von Waaren nebst verschiedenen Anfuhrten, welche alle erst in Folge der hier seit einem Jahrhundert aufgeblüheten Schifffahrt entstanden oder erst emporgekommen sind, liegt an der merkwürdigen Wasserstraße über die waldaischen Tafelhöhen von Twer bis zum Ilmen-See. Dahin gehören, außer den schon oben genannten Rschew Wladimirow und Subzow, die jedoch außerhalb dieser Linie liegen, an der Twerza die beiden Stapelplätze Mednowskaja und Nowotorschkaja, dann in dem

57) Rußlands Wasserverbindungen. S. 42.

58) Rußlands Wasserverbindungen. S. 44.

Mittelpunkte des Systemes selbst das blühende Wyschni Wolotschok, welches schon Clarke am Anfange dieses Jahrhunderts als einen ausgedehnten stattlichen Ort, mit mancherlei Gebäuden und Läden erfüllt, rühmte, der ihm um so mehr mit den Ortschaften auf dem übrigen Wege von Petersburg nach Moskau zu contrastiren schien [59]). Die hiesigen Verladungen bestehen in den verschiedensten Getreidearten und in mancherlei Natur- und Kunstprodukten der mittleren und südlichen Provinzen Rußlands. An der Msta folgen der Stapelplatz Solpa, 2 Werst unterhalb der Schleuse, wo dieselben Waaren wie an der Twerza, nämlich alle Arten von Getreide und getrockneter Hülsenfrüchte geladen werden, dann die beiden Anfuhrten Noschkinskaja und Bassutinskaja, wo die Schiffe nur vorbeigehen, aber keine Ladungen stattfinden. Dann folgt der Stapelplatz Opotschenskaja am Anfang der Fälle von Borowitsch, wo Getreide und Bau- und Brennholz verladen werden. Bedeutender ist der Stapelplatz Poterpelitz, und daran schließt sich noch die Anfuhrt von Ust-Wolensk, wo die Fahrzeuge blos anhalten um Lootsen oder Arbeiter zu wechseln [60]).

Mit der Vervollkommnung dieses Kanalsystemes von Wyschni Wolotschok seit den letzten Decennien mußte natürlich die Zunahme des Handelsverkehrs und der Binnenschifffahrt gleichen Schritt halten, wie sich dies aus einer Vergleichung der verschiedenen Perioden derselben leicht entnehmen läßt. Wenn schon im Jahre 1812 über 5700 Fahrzeuge und über 400 Flösse dieses System befuhren, so gingen ein Decennium später oder im Jahre 1824 hier auf dem Wege nach Petersburg hindurch an 7915 beladene und 486 leere, zurück aber 353 beladene und 1853 leere Fahrzeuge außer den Holzflössen. Und diese Anzahl steigerte sich im Jahre 1828 wieder auf 8841 beladene und 275 leere Fahrzeuge nebst 1378 Holzflössen, welche nach Petersburg gingen, und auf 280 beladene und 2231 leere Fahrzeuge, welche von dort zurückkamen. Der Werth der nach Petersburg geführten Waaren beläuft sich schon auf 100 Millio-

59) Clarke, travels through various countries I. p. 36.
60) Rußlands Wasserverbindungen. S. 54.

nen Rub. B., der der Rückfracht nur auf ungefähr eine Million, also nur auf den hundertsten Theil. Zu den im zuletzt genannten Jahre nach Petersburg beförderten Produkten gehörten an 2,570,000 Pud Mehl und Getreide aller Art, 2,187,000 Pud Eisen, 271,000 Pud Kupfer, 1,578,000 Pud Hanföl, 120,000 Pud Leinsaat und verschiedene andere [61]). Die Barken und anderen Fahrzeuge, welche dies Kanalsystem befahren, werden im Innern des Landes in den holzreichern Gegenden gebaut, und mit geringer Ausnahme bleiben sie in der Residenz und werden daselbst größtentheils zu Brennholz verbraucht; daher müssen zu jedem Transport solche neu besorgt und angekauft werden, wodurch denn natürlich der Transportpreis in Verbindung mit der Miethe für Schiffsleute als Lootsen, Wasserausschöpfer und gewöhnliche Ruderer und Arbeiter, welche an den Hauptpunkten dieser Wasserstraße gewöhnlich abwechseln, bedeutend vermehrt wird. Wenn auch die Regierung, um den Rückgang der Flußfahrzeuge zu begünstigen, schon durch einen Ukas vom Jahre 1781 Prämien für die rückkehrenden Schiffe aussetzte, so vortheilten doch nur sehr wenige Schiffer davon, und daher hörte man mit der Austheilung der Belohnungen bald auf. Jetzt jedoch bei den mehr vervollkommneten Wasserstraßen sieht man, wie aus dem obigen erhellt, häufiger leere und beladene Fahrzeuge den Rückweg von der Kaiserstadt nach der Wolga antreten [62]).

Aber bei allen diesen vielfachen und merkwürdigen Bauten an der großen Wasserstraße von Wyschni Wolotschok hatte man nur erst eine sichere Passage von Twer an der Wolga bis zum Ilmen-See, und somit wohl eine Wasserverbindung zwischen dem kaspischen und baltischen Meere, aber noch hatte man eine gefahrvolle Schifffahrt auf dem Ilmen-See, man hatte noch den Wolchow mit seinen Stromschnellen zu befahren, dann folgte der für die Barken durch seine Stürme so gefährliche Ladoga-See, und zuletzt noch die Stromhemmungen in der Newa, ehe man die Residenzstadt am finnischen Golfe erreichte.

---

61) Rußlands Wasserverbindungen. S. 43.
62) Rußlands Wasserverbindungen. S. 57.

Diese vier Wassersysteme, welche auch jetzt vier wichtige Glieder jenes Kanalsystemes im weiteren Umfange bilden, mußten nothwendigerweise noch berücksichtigt werden, wenn jene anderen hydrotechnischen Werke auf den waldaischen Höhen und auf der Twerza und Msta ihren Zweck vollkommen erreichen sollten. Die demnach schon frühzeitig am Ladoga=See unternommenen Kanalbauten sind ferner um so wichtiger, als sie nicht blos auf die waldaische Wasserstraße, sondern auch auf die beiden anderen wolgisch=baltischen Straßen ihre wesentliche Beziehung haben. Kaum bedarf es der Erwähnung, daß auch hier, wie bei dem gesammten großartigen System, Peter der Große die nöthigen Bedingungen zu einer bequemen und sicheren Verbindung der Wolga mit der Mündung der Newa durchschauete, und schon er hatte den Plan zu dem wichtigen Werke entworfen, durch die Kanalverbindung der Msta mit dem Wolchow, dem Ausläufer des Ilmen=Sees, allen möglichen Gefahren durch Unwetter auf jenem See zu entgehen. Doch blieb derselbe unausgeführt, bis im Jahre 1775 der Graf Sievers sich von der Wichtigkeit desselben überzeugte und einen Entwurf desselben anfertigen ließ. Aber erst im Jahre 1797 wurde der Bau wirklich nach jenem Entwurfe unternommen, und im Jahre 1803 vollendet. Der Kanal hat in seiner ganzen Ausdehnung $8\frac{1}{2}$ Werst Länge[63]) und 12 bis $14\frac{1}{2}$ Faden Breite, und durchschneidet vom Msta aus die beiden kleinen Seen Donezere und Petschere, und endigt im Wolchowez, einem Seitenarm des Wolchow bei Nowgorod. Darum führt dieses Werk auch den Namen Kanal von Nowgorod oder der Sievers=Kanal. Er leidet zuweilen aus örtlichen und klimatischen Ursachen Mangel an Wasser, da die Kunstwasser von Wyschni Wolotschok fast keine Wirkung mehr auf ihn äu=

---

63) Nach Storchs Angabe hat der Kanal selbst eine Länge von 7 Werst 110 Klafter, und dazu kommt noch eine Strecke von 550 Klaftern auf dem Wolchowez, also zusammen 7 Werst und 660 Klafter oder 8 Werst 160 Klafter. Storch, Gemälde des russ. Reiches VII. S. 78, 79. Historische Zeitschrift für Rußland. Petersburg 1804. 8. Th. I. S. 51. Th. V, 2. S. 93.

ßern. Diesem Übelstande hat man in neueren Zeiten dadurch abgeholfen, daß durch einen in den Msta hineingeschlagenen Damm ein Theil des Wassers, das, um den Msta zu solcher Zeit schiffbar zu machen, aus den Behältern ausgelassen wird, statt sich in den Ilmen-See zu ergießen, hierher geleitet wird. So kann man selbst in dem dürrsten Jahre, wie 1826, die größten Karavanen glücklich hindurchführen [64]).

Mehr Mühe und Arbeit erforderte der Wolchow-Fluß. Seine Fälle hatten schon unter Peter dem Großen die Aufmerksamkeit der Regierung gefesselt, doch blieben alle Versuche ihnen abzuhelfen bis auf die Zeit Alexanders fruchtlos. Damals gelang es durch eine besondere Vorrichtung im Flußbette des Wolchow einen Kanal auszuhöhlen, der eine Länge von 400 Faden und eine Breite von 10 Faden erhielt. Die ganze Arbeit dauerte vom October 1806 bis zum April 1807 den ganzen Winter hindurch, und im Jahre 1809 wurde eine Fortsetzung der Reinigungsarbeiten vorgenommen. Doch waren die Fälle bei Gostinopol noch immer so bedeutend, daß in den Jahren 1818 bis 1821 jährlich im Durchschnitt an 212 Barken verunglückten. Indessen sind seitdem andere Maaßregeln getroffen, um die Beschiffung der sämmtlichen Wasserfälle gefahrloser zu machen, daher auch im Jahre 1828 nur an 9 Barken Schaden litten; ja die berüchtigten Ptschewskischen Fälle sind im folgenden Jahre so gereinigt worden, daß die Fahrzeuge dieselben ohne Lootsen passiren können. Doch sind die Arbeiten am Wolchow noch keinesweges als beendigt zu betrachten, und noch immer ein Gegenstand der Fürsorge der Direktion der Wasserbauten [65]). Von den Stapelplätzen des Verkehrs durch den Wolchow hindurch kommen hier in Betracht zunächst das alte Nowgorod, die Hauptstadt des gleichnamigen Gouvernements, 182 Werst von Petersburg und 515 von Moskau, mit der nur so geringen Population von 8000 Bewohnern. So sehr ist diese Metropole des sarmatischen Nordens gesunken. Es werden hier alle möglichen Arten von Le-

64) Rußlands Wasserverbindungen. S. 31.
65) Rußlands Wasserverbindungen. S. 47.

bensmitteln nebst den Produkten aus dem Pflanzen- und Thierreiche zur Versorgung der Residenz verladen, so wie auch mancherlei Fabrikwaaren. Dasselbe findet auch statt an dem zweiten großen Stapelplatz am Wolchow, zu Gostinopol, und an der Ausmündung des Flusses folgt als der dritte Stapelplatz Nowaja Ladoga, das seine Entstehung und Blüthe nur der Schifffahrt verdankt vornehmlich seit der Vollendung der gleichnamigen Kanalbauten an dem größten europäischen Landsee[66]).

Von allen Kanälen Rußlands ist der Ladoga-Kanal der berühmteste oder wenigstens im Auslande der bekannteste; er wird ein ewiges Denkmal der glanzvollen Regierung des eigentlichen Begründers des russischen Staates bleiben. Denn kaum schienen die von Peter begründeten Anlagen von Wyschni Wolotschok zum gewünschten Ziele zu führen, eine Wasserverbindung mit Petersburg zu gewähren, so wandte der Kaiser seine Blicke auf den Ladoga-See, bei welchem die Schwierigkeiten, die seine Klippen und die auf ihm herrschenden Stürme zeigten, überwunden werden mußten. Im Jahre 1718 wurde der Plan bestätigt und im folgenden Jahre ein Kanal zu graben angefangen, welcher den Wolchow mit Umgehung des Ladoga-Sees unmittelbar mit der Newa in Verbindung bringen sollte. Da aber dieser Kanal an den Ufern des Sees entlang führen mußte, so hatte jener Kaiser noch einen anderen kühnen Plan im Auge, nämlich den Wolchow durch seinen westlichen Nebenfluß Tigoda mit der Newa durch ihren südlichen Zufluß Tosna in Verbindung zu setzen. Dieses Projekt ist jedoch nicht zur Ausführung gekommen, so wenig wie ein anderer merkwürdiger Plan des unternehmenden Fürsten, die Mologa (wovon weiter unten die Rede sein wird) mit der Msta zur Umgehung des eigentlichen Systemes von Wyschni Wolotschok und somit auch der waldaischen Tafelhöhen durch Kanalbauten zu vereinigen[67]).

Wie sehr aber dem Kaiser die Ausführung des ladogischen Kanales am Herzen lag, sieht man aus seinen vielfältigen Be-

66) Rußlands Wasserverbindungen. S. 55.
67) Rußlands Wasserverbindungen. S. 46, 49.

suchen bei diesen Arbeiten, an welchen er sich nicht scheuete selbst Hand ans Werk zu legen. Indessen der General Pissarew, welcher diesen Bau leitete, war demselben nicht gewachsen, und trotz dem daß 1720 selbst gegen 20,000 Kosacken zum Bau commandirt wurden, waren im Jahre 1723 nur erst an 12 Werst gegraben. Dagegen setzte der nachmals so berühmte Feldherr, der Graf Münnich, welcher nun die Leitung erhielt, diesen Bau mit um so größerer Schnelligkeit fort, indem er zugleich die von seinem Vorgänger gemachten Fehler verbesserte. Die Beweise des Wohlwollens, welche Münnich von Katharina I. und Peter II. erhielt, vermehrten seinen Eifer, und 1728 hatte er den Kanal schon so weit gebracht, daß die Schifffahrt eröffnet werden konnte. Seine Beendigung fällt jedoch erst in die Zeit der Kaiserin Anna, welche im September des Jahres 1732 mit dem ganzen Hofe auf 80 Fahrzeugen den Kanal von einem Ende bis zum anderen beschiffte. Nach Münnichs erster Anlage waren 16 Schleusen an der Nordseite und eben so viele an der Südseite angebracht außer den Schleusen am Ladoga-See und der Newa, die das Wasser bis 9 Fuß hoch aufstaueten. Er hat eine Länge von 104 Wersten, seine Breite beträgt 10 bis 14 Faden, seine Tiefe im Frühjahr 7 bis 10 Fuß, in gewöhnlicher Jahreszeit 3½ bis 7 Fuß. Die Fahrzeuge, die mit Ladungen ihn befahren, gehen danach 1½ bis 2½ Arschinen tief (nur was aus Wyschni Wolotschok kommt, nicht tiefer als 14 bis 15 Werschok). Die östliche Mündung des Kanales ist im Wolchow-Flusse, die westliche in der Newa. Bei der ursprünglichen Anlage bestand jede dieser Mündungen aus einem einzigen Arme; bis im Jahre 1798 Kaiser Paul bei Neu-Ladoga drei neue Mündungen mit Kammerschleusen aus Granit anlegen ließ, und 1800 bei Schlüsselburg noch eine zweite Mündung erbaut wurde. Hierzu ist ein Kanal von ungefähr 700 Faden Länge gegraben, durch den die Barken in einen von einer schmalen Insel der Newa gebildeten Nebenarm gelangen, wodurch denn die Schiffe bei jedem Winde aus- und eingehen können[68]). Neun theils stei-

---

68) Storch, historische Zeitschrift für Rußland I. S. 55. Nach

nerne, theils hölzerne Freischleusen führen von der Nordseite des Kanals das überflüssige Frühjahrswasser ab. Mehrere Ausgrabungen und Vertiefungen des Bettes haben in den Jahren 1748 bis 1757 und später 1775, 1817 und 1818 stellenweise stattgefunden. Auf dem südlichen Ufer des Kanals sind bei den Reservoirs im Jahre 1826 die Dämme erhöht, wodurch über 3 Millionen Kubikfaden Wasser gewonnen wurden, die durch acht theils hölzerne, theils steinerne Schleusengänge in den Kanal gelassen werden können. Außerdem sind seit der im genannten Jahre stattgehabten Dürre, wo der Schifffahrt auf dem Kanal die größte Gefahr drohete, auch besondere Dampfmaschinen angebracht, die noch Wasser in den Kanal schaffen können und zwar nach einer gemachten Berechnung 15,000 bis 18,000 Kubikfaden in 24 Stunden. Die ursprüngliche Mündung des Ladoga=Kanals in die Newa soll mit einer neuen vierfachen steinernen Schleuse versehen werden, die dem gigantischen Baue des Ganzen durch Zierlichkeit und Zweckmäßigkeit entspricht. Zwei dieser Schleusenkammern, deren jede 166 Fuß Länge und 29 Fuß Breite hat, wurden schon im Jahre 1823 zu bauen angefangen; im Jahre 1826 wurden sie vollendet und die Navigation eröffnet. Die beiden letzteren, deren Bau 1829 begonnen wurde, sollten im Jahre 1831 vollendet werden. Die Kosten zu diesem Bau allein würden sich über 4 Millionen Rubel belaufen [69]).

In wie fern der Ladoga=Kanal auch wirklich diese Vorsorge der Regierung seit jeher verdiente, erhellt am besten aus einer Vergleichung der in den verschiedenen Perioden hier stattgefundenen Schifffahrt. Schon im Jahre 1763 gingen aus diesem Kanale in die Newa über 4000 Fahrzeuge oder 2789 beladene Barken, 185 Halbbarken, 1153 Kähne und kleinere beladene und 14 leere Fahrzeuge, und dazu 6287 Holzflösse; zurück gingen aus der Newa 43 leere Barken, 3 beladene und 7 leere Halbbarken, 141 beladene und 532 leere kleinere Fahr=

Storchs Angabe beträgt die Länge nur 625 Faden oder 1 Werst 125 Faden. So auch in s. Gemälde des russ. Reiches, VII. S. 83.

69) Rußlands Wasserverbindungen. S. 26 bis 30.

zeuge. In dem Decennium von 1774 bis 1783 passirten den Ladoga-Kanal nicht weniger denn 53,400 Fahrzeuge an Barken, Halbbarken, einmastigen Schiffen und Booten, und dazu an 67,393 Flösse. Im Anfange dieses Jahrhunderts im Jahre 1808 befuhren denselben 8683 Fahrzeuge und 7585 Holzflösse, und die Schifffahrt auf demselben hat seitdem immer mehr zugenommen. Doch ist dabei nicht zu übersehen, daß die beiden anderen seit dem Anfange dieses Jahrhunderts zu Stande gekommenen Wasserstraßen von der mittleren Wolga aus nach der Newa, der Tichwinka- und Marien-Kanal, gleichfalls durch den Ladoga-Kanal zur Residenzstadt hinführen und somit den Schiffsverkehr hier vermehren. Daher waren es zwei Decennien später oder im Jahre 1828, ungerechnet die aus der Residenz nach dem Innern des Landes zurückgehenden Fahrzeuge, an 12,936 beladene und 702 leere Fahrzeuge und 8388 Holzflösse, welche jenen Kanal passirten, und ihr Waarenwerth belief sich im Durchschnitt schon auf 130 Millionen Rubel B. Was die Zeit der Schifffahrt betrifft, so ist der Kanal in der Regel vom April bis Ende October offen, im Jahre 1808 war er vom 21. April bis zum 2. November, also 195 Tage, vom Eise frei [70]).

Schlüsselburg, das alte russische Oreschek und das Nöteburg der Schweden, berühmt als Festung und durch seine vortrefflichen Schleusen, an der Ausmündung der Newa aus dem Ladoga-See, ist, wenn man das unbedeutende Roschkowskaja mehr unterhalb an der Newa in der Nähe von Petersburg ausnimmt, der letzte große Stapelplatz des Handelsverkehrs an der Wasserstraße von Wyschni Wolotschok, wo alle Fahrzeuge und Holzflösse, welche auf jenem Wege und durch die Tichwinka- und Marien-Wasserstraße von der mittleren Wolga kommen und deren Anzahl sich jährlich auf einige 20,000 beläuft, durchpassiren müssen, um auf der Newa abwärts, deren unbedeutende Stromhemmungen wie bei Pella längst überwunden sind (s. Abth. I. S. 406), nach langer Fahrt endlich das gewünschte Ziel, die Kaiserstadt am finnischen Golfe

70) Rußlands Wasserverbindungen. S. 30.

Golfe, zu erreichen Denn die gesammte Wasserpassage von Twer an der Wolga bis nach Petersburg hat eine Länge von 838 Werst (nämlich von Twer bis nach Wyschni Wolotschok 177 Werst, durch den Mstino-See auf der Msta abwärts bis zum Kanal von Nowgorod 286 Werst, auf diesem Kanal, auf dem Wolchow und durch den Ladoga-Kanal auf der Newa abwärts 375 Werst) oder gerade eine Strecke von 120 Meilen [71]). Solche Verbindung ist aber von der größten Wichtigkeit für den innern Verkehr der Völker jenes Reiches, ein großer Theil des centralen Rußlands verdankt derselben seine Belebung, aber noch immer bedarf es großer Kosten zur Unterhaltung dieses Kanalsystemes. Die Fahrt consumirt eine große Quantität von Holzmaterial aus den Waldungen des mittlern Rußlands, und dies um so mehr als die Rückfahrt auf dieser Straße mit der Passage nach der Residenz zur Versorgung derselben mit allen Bedürfnissen des Unterhaltes und des Handelsverkehrs aus den reichern Provinzen des russischen Staates in keinem angemessenen Verhältnisse steht [72]). Welchen nachtheiligen Einfluß dies auf die Waldungen ausübe und namentlich auf die der waldaischen Tafelhöhen, ist schon früher berührt, und somit erwartet dieses System bei aller seiner in technischer Beziehung vollendeten Ausbildung auch jetzt noch eine immer größere Vervollkommnung.

Nicht befremden darf es, daß bei der trefflichen Organisation des Wasserbauwesens im russischen Reiche zur Beförderung des Handelsverkehrs auch dem Straßenbau eine gleiche Sorgfalt gewidmet ist, und da ist in dieser Beziehung noch zu erwähnen die große moskowische Heerstraße, welche über Wyschni Wolotschok führend von Petersburg aus bis nach Moskau das Gebiet der waldaischen Tafelhöhen quer durchschneidet [73]). Es ist eine vortrefflich gebaute Heerstraße, die erst den letzten Decennien ihr Dasein verdankt. Sie ist mit den schönsten Brücken geziert, wie die über den Maloi Wolchowez,

71) Rußlands Wasserverbindungen. S. 84.
72) Storch, Gemälde des russischen Reiches VII. S. 89.
73) De Bussierre, voyage en Russie p. 72.

vier Werst von Nowgorod, und über den Wolchow bei Nowgorod, und bildet ein würdiges Seitenstück zu den römischen Heerstraßen. Ihre Vollendung gehört erst dem Jahre 1830 an, wo die letzten Arbeiten zwischen Twer, wo sie die Wolga überschreitet, und Klin beendigt wurden [74]).

2. Der mittlere Lauf der Wolga.

Dieser mittlere Lauf des größten Stromes von Europa durchsetzt die reichsten und fruchtbarsten Theile der sarmatischen Ebenen; dieser bei weitem größere Theil des wolgischen Stromgebietes ist zugleich der in historischer Beziehung wichtigste; hier ist der Entwickelungsschauplatz des russischen Staatslebens, hier ist die Heimath der merkantilischen Kulturvölker der Bulgaren und Bjarmen, und wie hier die Herrscherstädte Kasan, Wladimir und Moskau geblüht haben, so blühten hier auch die reichen Emporien Bulghar, Tscherdyn und Nischnei Nowgorod. Dieser mittlere Lauf der Wolga ist es ferner, von welchem die sechs andern großen Wasserstraßen von dem System der Wolga aus nach Norden, Westen und Süden oder nach dem weißen, baltischen und schwarzen Meere hinführen. Nach den beiden oben bemerkten Haupttheilen dieses mittlern Laufes, wie sie durch das eigenthümliche Stromknie bei Kasan bestimmt werden, betrachten wir zunächst

den obern Theil des mittlern Laufes.

Den von Subzow an dem ersten Knie der Wolga gegen Nordosten gerichteten Lauf verfolgt die Wolga über Twer hinaus zwar unter mancherlei Windungen, aber immer gegen Nordosten gewandt, so daß sie zuletzt selbst eine ganz nördliche Richtung annimmt, bis nach der Stadt Mologa an der Einmündung des gleichnamigen Flusses. Die Wolga hat dadurch bei einer direkten Entfernung ihres Stromlaufes von Westen nach Osten von gegen 35 Meilen durch die diagonale Richtung eine mehr als doppelt so große Strombahn durch zwei Breitengrade hindurch oder von 56° 15′ bis 58° 12′ durchlaufen,

---

74) Rußlands Wasserverbindungen. S. 65, 142.

und ihr Quellgebiet weit nach Norden hin überstiegen. Aber von Mologa nimmt sie auch wieder ihre Hauptrichtung nach Osten und Südost an. Von Twer an, welches ungefähr in einer geraden Entfernung von 30 Meilen von Mologa liegt, beträgt die Stromentwickelung bis dahin noch an 317 Werst oder 45 Meilen [75]). Die Wolga nimmt bis dahin eine Menge kleiner aber wasserreicher Zuflüsse in sich auf, so von Süden her die Lama, welche von Wolokolamsk herkommt, und die Sestra, welche in der Gegend von Klin an der großen Heerstraße von Twer nach Moskau entspringt, und welche zu einem neuen Vereinigungsplane der Wolga mit der Moskwa bei Moskau dienen soll. Von der linken Seite ergießt sich zur Wolga die nicht unbeträchtliche Medwädiza, die in der Nähe von Wyschni Wolotschok entspringt und im Parallelismus mit der Twerza von Nordwest nach Südost nach einem Laufe von 180 Werst den Hauptstrom erreicht [76]). Unterhalb der Medwädiza strömt die Wolga bei dem Städtchen Kaljasin, auf dem rechten Ufer des Flusses an 168 Werst von Twer gelegen, vorüber, verläßt sodann das Gouvernement Twer, welches sie von ihrem Quellgebiet an durchströmt hat, und betritt das Gouvernement Jaroslawl, wo sie die alte russische Stadt Uglitsch, einen wichtigen Handelsort, gleichfalls an dem rechten Flußufer gelegen und zwar in einer Entfernung von 49 Werst unterhalb Kaljasin, erreicht [77]). Doch mag dieses Uglitsch wohl einstmals blühender gewesen sein, ehe es durch Boris Godunow, in das Schicksal des unglücklichen Dmitri Iwanowitsch verwickelt, welcher dort sein Ende fand, als Opfer für das vergossene Blut in Trümmer sank [78]). Die zwischen Twer und Uglitsch in der Wolga befindlichen großen Steinblöcke, welche Strudel und kleine Katarakten verursachen, und deren Gestein Güldenstädt für von derselben Art mit dem an den Katarakten des Dnepr unterhalb Kiew hielt, bezeichnen wohl die äußerste südöstliche Grenze des

75) Rußlands Wasserverbindungen. S. 84.
76) Rußlands Wasserverbindungen. S. 101.
77) Georgi, geographische Beschreibung II, 1. S. 178, 195.
78) Karamsin, russische Geschichte IX. S. 202.

Einflusses der finnischen Felsregion, da man wenigstens ähnliche Stromhemmungen an der Wolga weiter abwärts nicht kennt [79]). Von Uglitsch an, unter $57\frac{1}{2}°$ N. Br., nimmt der Strom eine völlig nördliche Richtung an und behält dieselbe auf eine Strecke von 81 Werst bis nach Mologa.

Bei dem Stapelplatz Mologa hat die Wolga den äußersten Punkt ihres nordöstlichen Stromlaufes erreicht, sie hat sich hier dem nordrussischen Uwalli am meisten genähert, und muß von da an unter rechtem Winkel gegen Südost wieder umwenden. In sofern ist dieses zweite große Wolga-Knie mit der ähnlichen Naturbildung des Donau-Knies bei Regensburg zu vergleichen. Es hat sich die Wolga bei Mologa der Stadt Wologda im Nordosten und zwar jenseit des großen Wolok des Uwalli bis auf die geringe Distanz von nur 20 Meilen genähert, und der ganze Suchona Lauf, deren Quellströme bei Wologda liegen, ist gleichsam als die nordöstliche Fortsetzung des großen Thaleinschnittes der Wolga von Subzow bis Mologa zu betrachten, eine Stromlinie, welche im Parallelismus mit dem nordrussischen Uwalli nicht nur die Normaldirection der Wolga selbst, sondern auch aller übrigen großen Stromthäler und Thalsenkungen der baltisch-polarischen und pontisch-kaspischen Länderabdachungen der weiten sarmatischen Ebenen (s. Abth. 1. S. 198, 322.) rechtwinklicht durchschneidet. Dieses nördlichste Wolga-Knie ist darum zugleich von solcher Wichtigkeit, weil von hier aus durch die beiden dort auf der linken Stromseite sich einmündenden Zuströme, die Mologa und Scheksna, die zwei andern großen kaspisch-baltischen Wasserstraßen, von der mittlern Wolga her mit Umgehung der waldaischen Tafelhöhen, haben eröffnet werden können, womit sodann auch wieder eine von den beiden nördlichen Kunst-Wasserstraßen zum weißen Meere zusammenhängt. Denn gerade an der Spitze des Knies nimmt die Wolga zunächst in sich auf die Mologa. Sie hat ihre zahlreichen Quellströme im Südwesten ihrer Einmündung in die Wolga bei den Ortschaften Krasnoi Cholm und Be-

79) Güldenstädt, Reisen durch Rußland II. S. 457. Georgi, geograph. Beschreibung I. S. 272.

schezk, wendet sich aber nicht direkt zu ihrem Hauptstrom hin, sondern entfernt sich vielmehr von ihm in einem großen westwärts und nordwärts gewandten Bogen, und durchströmt das sogenannte Eisenfeld (Schelesopole) bei Ustjuschna, eine niedere, waldige, sumpfige und mit Sumpfeisenstein erfüllte Gegend [80]), bis sie gleich unterhalb jener Stadt durch ihren linken, von Nordwesten kommenden Zustrom, die Tschagoda, in völlig entgegengesetzter Richtung mit ihrem bisherigen Laufe gegen Südosten zur Wolga zurückgewandt wird. Diese Tschagoda oder Tschagodoschtscha entspringt aus einem gleichnamigen See, welcher auf dem flachen seen- und sumpfreichen Landrücken liegt, der im Nordosten der Stadt Borowitsch zwischen dem 58 bis 59° N. Br. die nach entgegengesetzten Richtungen, aber parallel gehenden Wasserläufe der Tschagoda-Mologa und der Msta von einander sondert. Es nimmt die Tschagoda wiederum die von Nordwest kommenden Quellströme Somina und Gorjun in sich auf, so daß die Gesammtlänge dieses kleinen Wassersystemes vom äußersten Nordwesten bis zum Wolga-Knie bei Mologa im Südosten an 40 Meilen beträgt, und daß seine äußersten Quellströme noch keine 20 Meilen von der Mündung des Wolchow in den Ladoga-See entfernt liegen. Die Tschagoda ergießt sich nach einem Laufe von 180 Werst in die Mologa bei dem Dorfe Leontiewo, an 20 Meilen im Nordwest von dem Wolga-Knie gelegen, und letztere erreicht ihren Hauptstrom nach einem Laufe von 400 Wersten [81]).

Nur an 32 Werst im Südosten von Mologa ergießt sich bei Rybinsk, dem großen Stapelplatz des Handelsverkehrs auf der Wolga, der zweite Zustrom, die Scheksna, in dieselbe. Sie kommt weit von Norden her aus dem seit Alters berühmten weißen See, dem Bjeloi Osero, dessen großen Abzugskanal sie bildet. Es liegt dieser Bjeloi Osero fast unter gleicher Breite mit Petersburg an der Newa-Mündung oder zu beiden Seiten von 60° 10′ N. Br., obschon ein halbes hundert Meilen weiter ostwärts, und unter 55° O. L. oder im

80) Georgi, geograph. Beschreibung II, 1. S. 158.
81) Rußlands Wasserverbindungen. S. 68.

Meridian von Moskau, obschon einige 60 Meilen weiter nordwärts. Von der Färbung seines sonst hellen und klaren Wassers von dem weißthonigen Schlamme seines Grundes, wenn er von Stürmen in Bewegung gesetzt wird, soll er den Namen des weißen Sees haben [82]). Ovalförmig breitet sich derselbe an 50 bis 55 Werst von Osten nach Westen aus bei einer Breite von 40 Werst. Er ist ausgezeichnet durch sein ruhiges Wasser uud zur Schifffahrt trefflich geeignet, weshalb er nicht nur ein Hauptglied in dem System des Marien-Kanals bildet, sondern auch zu einer von den beiden nordwärts führenden Wasserstraßen der Wolga in bestimmter Beziehung steht. Der See hat in der Mitte eine Tiefe von 24 Fuß, und auch an den Ufern, an 5- bis 600 Faden vom Lande, noch immer eine Tiefe von 3 bis 5 Fuß [83]). Er ist rings von sumpfigen, wasserreichen Gestaden umgeben, und sollte, wie Herberstein zu seiner Zeit erfuhr, an 360 Gewässer in sich aufnehmen, und nur den einzigen Ausläufer, den er Schoksna nennt, haben. Er rühmt vornehmlich als ganz ausgezeichnet die Fische, welche aus der fischreichen Wolga in jenen Fluß und See hinaufstiegen, indem sie durch dieses Wasser die Güte erlangten, so daß selbst nach ihrer Rückkehr in die Wolga die Fischer ihren längern oder kürzern Aufenthalt in demselben zu erkennen im Stande wären [84]).

Schon in den ältesten Annalen der Geschichte des sarmatischen Nordens spielt das Seebecken des Bjelosero eine wichtige Rolle. Nach Nestors Berichten [85]) wohnte in der Umgebung dieses Sees der tschudische Stamm der Wessen, der nicht zu den unbeträchtlichsten Zweigen dieser großen Völkergruppe gehört haben kann, da auch schon der alte gothische Geschichtschreiber Jornandes eben desselben Volkes unter dem Na-

82) Georgi, geograph. Beschreibung I, S. 272. Gmelin, Reise durch Sibirien IV. S. 650.

83) Rußlands Wasserverbindungen S. 78, 79.

84) Herberstein, rerum Moscovit. comment. p. 77.

85) Nestor, älteste Jahrbücher der russischen Geschichte, von Scherer S. 44.

men Vas erwähnt[86]), welches mit zu der ausgedehnten Herrschaft des Gothenkönigs Hermanarich gehörte. Und selbst als schon jede Spur dieses Volkes verschwunden und dasselbe in den slavischen Volksstamm aufgegangen war, finden wir dasselbe noch bei dem späten arabischen Geographen Bakui, obgleich wohl nach ältern Berichten erwähnt[87]), indem das Land und Volk der Wisu, wie auch Sjögren dafür hält[88]), wegen seiner Lage jenseit des Bulgaren-Landes kaum ein anderes Gebiet bezeichnen möchte. Diese Wessen stehen aber in der bestimmtesten Beziehung zu dem ältesten russischen Staate, da sie in ethnographischer Hinsicht mit zu den Bestandtheilen gehören, aus welchen derselbe ursprünglich erwachsen ist[89]). Hier war es, wo Sineus, einer der drei warägischen Brüder, der Gründer des russischen Staates, den Sitz seiner Herrschaft nahm, welche bei seinem Tode mit der seines Bruders Rurik zu Nowgorod vereinigt ward[90]). Diese tschudischen Wessen wohnten demnach auf dem großen Wolok im Nordosten von Nowgorod oder im südlichen Sawolotschje im weitern Sinne, und nicht unwahrscheinlich ist es nach der frühzeitigen Erwähnung derselben in der gothischen Geschichte, daß sie sich früher mehr gegen Süden und Südost bis zur obern Wolga oder bis nach Twer und Jaroslawl ausgebreitet haben[91]). Obschon nun diese Wessen von den slavischen Anwohnern frühzeitig absorbirt wurden, so haben sich doch noch bis jetzt mancherlei Überreste von Tschuden daselbst erhalten, welche man wohl als die Abkömmlinge jener Wessen betrachten darf, und mancherlei Ortsnamen weisen noch jetzt bis zur obern Wolga auf die Spuren

86) Jornandes, de rebus Getic. bei Muratori, script. rer. Ital. I. c. 23. p. 202.

87) Bakui bei Deguignes, in den Notices et extraits des manusc. de la bibl. du roi II. p. 543.

88) Sjögren, in den Mémoires de l'Académie imp. des sciences de St. Pétersbourg. Sér. VI. Tom. I. p. 276.

89) Karamsin, russische Geschichte I. S. 93, 99.

90) Nestor, Jahrbücher der russ. Geschichte von Scherer S. 50.

91) So wird das Gebiet der Wessen auch dargestellt bei Karamsin auf seiner Charte von dem ältern Rußland in der Originalausgabe.

früherer tschudischer Bevölkerung hin. Doch scheinen sich in der Gegend des Sees selbst von dem Namen Weß unter den jetzigen Tschuden keine Spuren erhalten zu haben. Der Name des Volkes ist vielleicht selbst zu erklären aus dem finnischen Worte Wesi d. h. Wasser, wie nach Sjögrens Meinung damals auch der Bjelosero genannt worden sein möchte [92]). Daß die jetzt dort noch einheimischen Tschuden ihn jedoch nicht Wesijärwi nennen, wie es Sjögren zu erwarten scheint, ist wohl natürlich, da sie ihn nur als Wesi oder Järwi d. h. Wasser oder See bezeichnen könnten, sondern sie nennen ihn mit dem dem Russischen entsprechenden Namen Walgetjärwi d. h. weißer See [93]). Bei diesen Wessen in Sawolotschje, welche mit den von Nestor genannten Jemen oder Jamen im genauen Zusammenhange stehen, und welche wir schon als die Tawasten der Schweden von westfinnischem Stamme kennen gelernt haben, ließ schon Rurik eine Stadt erbauen, welche als Stützpunkt seiner Herrschaft durch alle Zeiten der russischen Geschichte eine wichtige Lokalität geblieben ist [94]).

Die Stadt Bjelosersk, deren Ursprung demnach bis in die zweite Hälfte des neunten Jahrhunderts zurückgeht, liegt an dem Südostufer des Sees, nach welchem sie den Namen trägt. Sie ist auf einer Anhöhe erbaut, auf deren Gipfel sich ein mit Wall und Graben-befestigtes Schloß befindet [95]). Dieses wurde wegen seiner festen, sichern Lage von den ältern Großfürsten von Moskau als Schatzkammer benutzt, denn der Ort ist rings von Sümpfen umgeben und galt für uneinnehmbar, indem nur zwei Wege von Moskau aus dahin führten, der Winterweg westlich über Uglitsch und der Sommerweg öst-

---

92) Oldekop, Petersburger Zeitschrift 1824. Th. XIII. S. 369.

93) Sjögren, in den Mémoires de l'Académie de St. Pétersbourg. Sér. VI. Tom. I. p. 276.

94) Nestor, Jahrbücher der russ. Geschichte von Scherer S. 50. Nach Gmelin's Angabe (Reise durch Sibirien IV. S. 655.) sollte die alte Stadt aber ursprünglich auf der Nordseite des Sees gelegen haben, sodann von Wladimir dem Großen nach der Südseite hin verlegt sein und noch später ihre jetzige Lage erhalten haben.

95) Gmelin, Reise durch Sibirien IV. S. 651.

lich über Jaroslawl [96]. Die Bewohner von Bjeloserſk nähren ſich daher außer von dem Handelsverkehr, der hier jetzt hindurchgeht, vornehmlich vom Barkenbau, von der Waſſerfahrt und der Fiſcherei in dem fiſchreichen See. Denn die geſammte Umgebung des weißen Sees zwiſchen dem Quellgebiet der Suchona bei der Stadt Wologda im Südoſten und den Uferlandſchaften des Onega-Sees im Nordweſten, welche von den niedrigen Landrücken des nordruſſiſchen Uwalli bis zu den waldaiſchen Tafelhöhen durchzogen wird, iſt größtentheils mit ſumpfigen Waldungen erfüllt. Wegen dieſes Umſtandes und wegen ſeiner nördlichen Lage hat dieſer nordöſtliche Theil des jetzigen Gouvernements Nowgorod oder die Gebiete von Bjeloserſk, Uſtjuſchna und Tichwin ein ſehr rauhes nordiſches Klima. Auch iſt die Bevölkerung und Anſiedlung nur gering, und concentrirt ſich vornehmlich nur um die beiden großen hier durchgehenden Waſſerſtraßen an der Mologa und Scheksna zum Ladoga- und Onega-See. Die Ackerkultur iſt nicht ſehr bedeutend, wenn gleich wie um Tichwin noch Weizen gebaut wird. Der Roggen belohnt ſich im Durchſchnitt an vierfältig oder fünffältig; Gerſte, Hafer und Erbſen, ſo wie auch Lein und Hanf geben eine dreifache oder vierfache Erndte. Die zahlreichen Waldungen und der ſeit den neuern Zeiten hier hindurchgehende lebhafte Handelsverkehr gewähren aber den Bewohnern eine reichliche Beſchäftigung in der Erbauung von Flußfahrzeugen der verſchiedenſten Art, deren Mannigfaltigkeit ſich nach den verſchiedenen Waſſerſyſtemen beſtimmt, und von denen weiter unten die Rede ſein wird. Überdies breitet ſich mit der waldigen Sumpfregion auch das Gebiet des Sumpfeiſenſteins von dem Eiſenfelde bei Uſtjuſchna nordoſtwärts bis nach Bjeloserſk hin aus, und giebt den Bewohnern vielfache Gelegenheit in der Verarbeitung deſſelben zu allerlei Acker- und Hausgeräthen, die ſelbſt zu Gegenſtänden des Tauſchhandels für Getreide und andere Lebensbedürfniſſe dienen [97].

Die Scheksna, der Abzugskanal der Gewäſſer des wei-

---

96) Herberstein, rer. Moscov. comment. p. 77.

97) Georgi, geograph. Beſchreibung II, 1. S. 157 bis 163.

ßen Sees, verläßt denselben in der Nähe von Bjelosersk und ergießt sich nach Süden. Durch ihre vielen Zuströme ist sie sehr wasserreich und hat bis zu ihrer Einmündung in die Wolga einen Lauf von 398 Werst zurückzulegen. Die zahlreichen Stromschnellen und Untiefen in der Scheksna, wie besonders der Iwans-Kopf (Iwanowa Golowa), der Kuprian-Stein, die Slawianka-Untiefe und andere scheinen zu beweisen, daß ihr Quellsee, der Bjelosero, noch eine ziemliche Erhebung über dem Wasserspiegel der obern Wolga bei Rybinsk habe, obschon uns weiter keine Angaben darüber bekannt sind. Bei dem Städtchen Tscherepowez unter 59° N. B., im Westen von Wologda, macht die Scheksna eine eigenthümliche Biegung nach Westen, und nimmt dort ihren wichtigsten Zustrom, die Suda, in sich auf, deren Quellströme weit gegen Nordwesten hin auf dem wasserreichen Landrücken zwischen dem Ladoga-See im Westen und dem Bjelosero im Osten liegen [98]). Nach der Aufnahme dieser Suda bei Tscherepowez wendet sich die Scheksna in der Direktion ihres Zustromes gegen Südosten bis zu ihrer Ergießung in die Wolga bei Rybinsk unter 58° N. Br., so daß wir hier das vierte große, in der Diagonale der Parallelen und Meridiane nach der Gesammtrichtung der Wolga streichende, Stromthal haben, nehmlich die obere Wolga selbst, die Twerza, die Tschagoda-Mologa und die Suda-Scheksna, sämmtlich in der Richtung von Nordwest nach Südost, welche Richtung nun die mittlere Wolga von jenem Stromknie an selbst verfolgt.

Die beiden Kunst-Wasserstraßen des Tichwinka- und Marien-Kanals, welche vermittelst der beiden Flußsysteme der Mologa und Scheksna zu den beiden großen Wasserbassins der finnisch-slavischen Grenzmark oder zum Ladoga- und Onega-

---

98) Rußlands Wasserverbindungen S. 66, 79. Nach den Angaben von C. v. Pansner, über Höhenmessungen in Rußland, würde der Spiegel der Wolga bei Twer noch eine abs. Höhe von 403 Par. Fuß haben, doch scheinen jene Angaben, wenn man sie mit einander vergleicht, zu wenig in Übereinstimmung zu stehen, als daß man sie für völlig sicher halten könnte. Bei Berghaus, Annalen der Erd- und Völkerkunde. Jahrg. XII. Nr. 140 und 141. S. 97 bis 119.

See hinführen, sind fast nach gleichen Grundsätzen angelegt, und lassen eine gleichmäßige, ununterbrochene Schifffahrt zu, indem beide mehr der Kunst als der Natur ihr Dasein verdanken. Wie überall hatte auch hier schon Peter der Große mit seinem durchdringenden Blicke die Naturverhältnisse durchschaut, um eine neue Kommunikationsstraße zwischen der Wolga und der Newa zu begründen. Er ging von dem richtigen Gedanken aus, die Somina, die zur Tschagoda geht, mit der Tichwinka zu verbinden, welche sich mittelst des Sjas-Flusses in den Südostwinkel des Ladoga ausmündet. Doch kam damals dieser Plan noch nicht zur Ausführung. Erst unter seiner Tochter Elisabeth Petrowna wurde derselbe wieder aufgenommen, und der General Schuwalow schlug im Jahre 1753 eine Wasserpassage vor durch die Mologa, Tschagoda, Gorjun, Somina nebst dem See Somino, durch die Woltschinska und den See Krupino, und sodann durch die Tichwinka und den Sjas, von welchem letztern ein Kanal unmittelbar in den Wolchow, gegenüber dem Ladoga-Kanale, führen sollte. Siebzehn Schleusen sollten die Tichwinka hierauf in schiffbarem Stande erhalten, und zum Theilungspunkte war der See Krupino bestimmt. Kaiser Peter III. befahl auch die Ausführung dieses Projektes im Jahre 1762, aber bei genauerer Untersuchung des Bodens fand man den entworfenen Plan doch als unzweckmäßig, und schlug statt der Mologa die Benutzung der Scheksna vor. Es sollte nehmlich die Tichwinka mit der Lyda, einem der Quellströme der Tschagoda, durch einen 76 Werst langen Kanal verbunden, und sodann durch einen zweiten Kanal von 7 Werst die Lyda mit dem Kolp, einem Quellstrom der Suda, die zur Scheksna geht, vereinigt werden [99]. Die Kaiserin Katharina II. übertrug im Jahre 1764 diese Angelegenheit dem Grafen Münnich. Dennoch blieb auch jetzt das Werk unausgeführt, und erst seit dem Anfange dieses Jahrhunderts wurden unter der Regierung des Kaisers Alexander die Blicke der Verwaltung wieder auf diesen Punkt hingelenkt, und nach aberma-

99) Nach Storchs Angabe wäre dies der von Peter dem Großen entworfene Plan gewesen. Storch, Gemälde des russ. Reiches VII. S. 95.

ligen Untersuchungen ergab sich, daß alle frühern Verbindungsvorschläge untauglich waren, dagegen in Peter des Großen Plane, einer Verbindung der Flüsse Tichwinka und Somina, die leichteste Auflösung des Problems lag. Der Bau ward darauf 1802 begonnen und ging mit solcher Thätigkeit vor sich, daß schon im Jahre 1811 an 17 Kammer- und 10 Stauschleusen beendigt waren, auch schon im August desselben Jahres gegen 200 Fahrzeuge den Kanal passiren konnten. Seine Vollendung erhielt er 1814. Jedoch erst durch die letzten wichtigen Arbeiten von 1822 bis 1828, wo mehrere Schleusen sogar ganz neu erbaut wurden, ist diese Wasserstraße vollkommen brauchbar gemacht [100]).

Die ganze Verbindung beträgt von der ersten Schleuse an der Somina bis zur letzten Schleuse an der Tichwinka 175 Werste, und auf dieser Ausdehnung findet man aus Holz erbaut an 36 Schleusen von einer und zwei Kammern, 50 Stauschleusen und 2 Dämme zum Ablassen des Wassers bei den Reservoirs. Der Fall des Wassers vom Theilungspunkte, die Tichwinka hinab gegen Norden, bis zum Ladoga-See beträgt 564 Fuß, und gegen Süden auf der Tschagoda bis zu ihrer Einmündung in die Mologa 162 Fuß [1]). Der Kanal ist 7 Werste lang und 6 Faden breit, und an mehreren Stellen der beiden Flüsse Somina und Tichwinka, wo sie Krümmungen bilden, sind Durchschnitte gemacht, welche zusammen auch gegen 5 Werste betragen. Der Gang dieser merkwürdigen Wasserverbindung ist demnach die Mologa aufwärts zur Tschagoda oder Tschagodoschtscha, welche die Fahrzeuge durch ihren Zustrom, den Gorjun, zum See Watschinskoe führt. Von hier geht der Weg längs dem Stapelplatze Sominsk auf dem gleich-

---

100) Rußlands Wasserverbindungen, S. 71, 72.

1) Aus obiger Angabe erhellt, daß der dortige Wasserscheiderücken zwischen der mittlern Wolga in ihrem obern Laufe und jenem Seebecken noch immer über ein halbes Tausend Fuß emporsteigt, und da der Fall der Mologa von der Aufnahme der Tschagoda wohl kaum mehr als 100 Fuß betragen kann, so würde jener Theil des Wolga-Laufes am Fuße des nordrussischen Uwalli noch an 300 Fuß über dem Spiegel des baltischen Meeres erhaben liegen.

namigen Flusse, wo sich die erste Halbschleuse, die Wjatkoscha, befindet, durch den See Somino zum See Eglino, sodann auf einem 10 Werste langen Kanal zu dem kleinen See Lebidini, dessen Ausfluß die nach der entgegengesetzten oder nordwestlichen Seite hinabführende Tichwinka ist [2]). Diese Tichwinka strömt sodann bei der Stadt Tichwin oder Tichwinskaja vorüber, nach welcher das ganze Kanalsystem benannt ist, und ergießt sich nicht weit unterhalb in den von Süden her kommenden Sjas-Fluß. Bei jenem Orte befindet sich die letzte Schleuse an der Tichwinka. Der Sjas ist zwar schon an 186 Werst weit flößbar, doch beträgt sein Lauf von der Aufnahme der Tichwinka bis zum Ladoga-See, den er gleich ostwärts von der Wolchow-Einmündung erreicht, nur noch 88 Werst. Mehrere kleine Flüßchen wie die Bystraja, Waltschina, Ljubatschei, Nedan, Rybeschka und andere nebst sechs Seen speisen noch besonders diese Wasserstraße, während ihr Hauptreservoir durch den Pjätino-See gebildet wird [3]).

Die Wichtigkeit dieser Kommunikationslinie ergiebt sich leicht aus der Vergleichung des jetzigen lebhaften Handelsverkehrs im Verhältniß zu der frühern Zeit. Vor der Zeit der Einrichtung dieses Kanalsystemes während des vorigen Jahrhunderts war der Verkehr von der Wolga aus nach dem Ladoga-See und der Newa sehr unbedeutend, weil noch alle Waaren über einen 90 Werste langen Wolok transportirt werden mußten. Aber schon am Schluß des ersten Decenniums unsers Jahrhunderts noch vor der Beendigung der Arbeiten waren es über tausend Fahrzeuge, welche von dem Stapelplatze Tichwinsk aus nach Petersburg geführt wurden. Seitdem hat sich die Anzahl derselben schon verdoppelt. Denn im Jahre 1824 befuhren diese Straße 1643 beladene und 210 leere Fahrzeuge, auf der Rückfahrt aber 722 beladene und 776 leere Fahrzeuge, im Jahre 1828 dagegen 1815 beladene und 276 leere Fahrzeuge nebst 1448 Holzflößen, welche sämmtlich nach Petersburg

2) Vergl. den Plan dieser Wasserstraße bei Storch a. a. O. im Supplementbande.

3) Rußlands Wasserverbindungen. S. 73.

gingen, während die Rückfahrt an 887 beladene und 665 leere Fahrzeuge machten. Die Summe des auf diesen Fahrzeugen verführten Waarenwerthes auf der Fahrt nach der Residenzstadt und nach der Wolga zurück ist im Durchschnitt ziemlich gleich und beläuft sich für jede jährlich auf 15 Mill. Rubel [4]).

Die Schifffahrt des tichwinschen Kanals zeichnet sich eben so sehr durch die Kleinheit ihrer Dimensionen als durch den Realwerth ihres Ertrages aus. Ihr Brennpunkt ist die Messe von Nischnei Nowgorod. Kolonialwaaren, theure Produkte inländischer, europäischer und asiatischer Industrie beleben diese Handelsstraße; daher kommt es auch, daß die kleinen Boote des tichwinschen Kanals ein mehr als um das Doppelte größeres Kapital in Umsatz bringen als das Marien-System mit seinen schwerfälligen Barken und mächtigen Gallioten. Für Waaren, welche bei geringem Umfange und Gewicht theuer im Preise stehen, hat der Transport auf dem tichwinschen System einen unbestreitbaren Vorzug vor dem Systeme von Wyschni-Wolotschok, aber wenn größere Massen inländischer Erzeugnisse und ihre Transporte in Betracht kommen, so verschwindet der tichwinsche Kanal als unbedeutend vor den imposanten Hülfsmitteln des gigantischen Bassins von Wolotschok. Die Zeit der Beschiffung dieses Systemes ist in der Regel von der Mitte April bis Ende October; so war im Jahre 1808 die Mologa vom 15. April bis zum 1. November, also 199 Tage, und die Somina vom 14. April bis zum 31. October vom Eise frei und beschiffbar. Da der Fall des Wassers durch die Schleusen sehr unmerklich gemacht worden ist, so haben auch die Frühjahrswasser wenig Einfluß auf die Größe der Ladungen, und als Grundsatz ist angenommen, daß während der ganzen Zeit der Beschiffung des Kanals die Fahrzeuge bei einer Länge von 7 bis 8 Faden und 2 Faden Breite nur eine Ladung von 1000 bis 1200 Pud tragen und 9 bis 14 Werschok tief im Wasser gehen können. Früher dauerte der Durchgang eines Fahrzeuges durch das ganze System 9 bis 13 Tage, aber durch die in den jüngsten Zeiten daselbst vorgenommenen

---

4) Rußlands Wasserverbindungen. S. 74.

Verbesserungen ist die Fahrt auf 5, ja selbst auf 3 Tage verkürzt worden. Die Fahrzeuge, welche hier gebraucht werden, sind offen und flach, an 6 bis 9 Faden lang, ungefähr 12 Fuß breit und werden Tichwinki und Sominki genannt, je nachdem sie auf dem einen oder andern Flusse gebaut sind [5]).

Die wichtigsten Stapelplätze des Handelsverkehrs an dieser mittlern wolgischen Wasserstraße entlang, welche sich von Süden nach Norden durch zwei Breitengrade oder vom 58 bis 60° N. Br., aber in der Diagonale von Südost nach Nordwest ausdehnt, sind folgende. Zunächst Mologa auf dem linken Wolga-Ufer neben der Einmündung des gleichnamigen Flusses, von wo vornehmlich Bau- und Brennholz und Getreide nach der Residenzstadt verschifft werden. Dann Wesjegonskaja, mehr oberhalb an der Mologa, ferner Ustjtschagodsk, dessen Name seine Lage bezeichnet (wohl dasselbe mit Leontiewo), dann der unbedeutendere Stapelplatz Sominsk und zuletzt Tichwinsk, wo in neuern Zeiten ein lebhafter Verkehr aufgeblüht ist, nebst Roschestwensk am Sjas [6]). Um jedoch diesen Verkehr mehr zu sichern und die Waarentransporte nach der Hauptstadt nicht den Stürmen des Ladoga-Sees auf der Fahrt von der Sjas-Mündung bis zur westwärts liegenden Wolchow-Mündung preiszugeben, mußte noch ein neuer Kanal gegraben werden, der dieses Kanalsystem mit dem von Wyschni Wolotschok in nähere Verbindung brachte. Schon die Kaiserin Katharina II. hatte im Jahre 1765 die Vereinigung der beiden Flüsse Sjas und Wolchow angeordnet. Es wurden indessen nur einige Werste gegraben, und erst unter der Regierung des Kaisers Paul nahm man die Fortsetzung der Arbeit vor, worauf der Kanal im Jahre 1802 beendigt wurde [7]) Er ist ohne alle besondere Vorrichtungen ausgeführt, und erst seit 1827 hielt man für zweckmäßig, zur Regulirung des Sjas-Flusses eine Granitschleuse zu erbauen. Dieser Sjas-Kanal führt an den Ufern des Ladoga-Sees entlang, so daß er als eine östliche Fortsetzung

---

5) Rußlands Wasserverbindungen. S. 75.

6) Rußlands Wasserverbindungen. S. 92, 130.

7) Storch, historische Zeitschrift für Rußland I. S. 50.

desselben zu betrachten ist; er ist in gerader Linie gezogen und hält bei einer Länge von 10 Werst und einer Breite von 8 Faden 5 Fuß mit dem Ladoga-See einen gleichen Wasserhorizont. Die Fahrzeuge, die ihn beschiffen, dürfen bei großem Wasser nicht über 6 bis 7 Viertel-, im Sommer nicht über 6 Viertel-Arschin tief gehen [8]).

Aber gleich nach der Vollendung des Sjas-Kanals wurde derselbe noch weiter ostwärts ausgedehnt zum Behuf eines andern Schifffahrtssystemes, und dies führt uns noch zur Betrachtung der dritten großen östlichen Wasserstraße von der Wolga aus zum baltischen Meere oder zum Marien-Kanalsystem, das zwar minder wichtig, aber doch gleich interessant wie die beiden andern Wasserstraßen ist. Auch hier war der Gedanke zu einer Verbindung der Scheksna mit der Newa von Peter dem Großen ausgegangen, und im Jahre 1711 hatte der Kaiser selbst die Gegend übersehen, die er zu dieser Verbindung tauglich glaubte. Einige zwanzig Schleusen sollten nebst einem Kanal von nur wenigen Wersten zur Verbindung der beiden Flüsse Kowscha und Wytegra beitragen, welche auf dem nur an 15 Meilen breiten Isthmus zwischen dem Bjelosero im Südost und dem Onega-See im Nordwest nach entgegengesetzten Seiten ablaufen. Einige tausend Arbeiter wurden sogleich in Bewegung gesetzt, dennoch unterblieb das Werk, bis in neuerer Zeit unter Katharina **II.** im Jahre 1785 wieder eine genaue Untersuchung und ein Nivellement des Terrains vorgenommen und demnach ein 60 Werst langer Kanal mit 40 Schleusen in Vorschlag gebracht wurde. Wegen der bedeutenden damit verknüpften Kosten kam das Werk nicht zur Ausführung, und so mußte der Plan im Jahre 1799 zum drittenmale vorgenommen werden auf Betrieb des schon oben genannten Grafen Sievers, und erhielt nun die Bestätigung des Kaisers Paul. Die Freigebigkeit der Kaiserin Maria Feodorowna, der Gemahlin des Kaisers Paul Petrowitsch, war es vornehmlich, welcher dies Werk sein Dasein verdankt, und es ist zum Andenken daran mit ihrem Namen bezeichnet worden.

Schon

---

8) Rußlands Wasserverbindungen. S. 85.

Schon im Sommer 1802 konnten die ersten Fahrzeuge durch einen Theil des Kanals gehen, die Vollendung des Baues fällt aber erst in das Jahr 1808, wo eine vollständige Schifffahrt statt fand [9]).

Die Schifffahrt beginnt von der Wolga aus bei Rybinsk und führt die Scheksna aufwärts, deren Stromschnellen nur einige Schwierigkeiten entgegensetzen. Bei niedrigem Wasserstande muß man hier an die Barken 36 bis 40 Pferde anspannen, während an andern Orten nach Verhältniß der Ladung kaum 7 bis 10 Pferde erfordert werden. Bei den steinigen Untiefen von Nelowezkoe oberhalb Tscherepowez müssen die Schiffe sogar ausgeladen werden, weshalb ein neuer Kanal, den man auf dem linken Ufer der Scheksna auf einer Distanz von 17 Wersten anzulegen gedenkt, und der zugleich der Fahrt von Rybinsk bis zum weißen See alle Schwierigkeiten benehmen würde, von sehr großem Nutzen sein dürfte. Der Bjelosero selbst bietet wegen seiner ruhigen Gewässer eine sehr leichte und sichere Schifffahrt dar, weshalb auch der Plan eines Umgehungskanales nicht ausgeführt worden ist. In ihn ergießt sich der Ausmündung der Scheksna schräg gegenüber auf seiner Nordwestseite die Kowscha, welche aus dem an 8 Meilen im Norden des weißen Sees gelegenen Kowschkoe Osero kommt. Diese Kowscha gehen die Fahrzeuge an 35 Werst und 100 Faden aufwärts, und gelangen dann durch einen Kanal in das Bassin, woran die Katharinen-Anfuhrt (Jekaterinskaja Pristan) liegt, und dann durch einen neuen Kanal (zusammen auf eine Strecke von 7 Werst 180 Faden) in den Matko Osero, welcher sich an 1 Werst 220 Faden weit ausdehnt [10]). Von ihm aus gelangt man durch eine dritte Kanalstrecke von gleicher Länge wie jede der beiden vorigen in die Wytegra, deren Quellen westwärts von dem Kowschkoe Osero liegen und die sich in nordwestlicher Richtung zum südöstlichsten Busen des Onega-Sees hinabergießt. Die Wytegra hat von dem Theilungspunkte an gerechnet bis zur Stadt Wytegra, unter 61°

9) Rußlands Wasserverbindungen. S. 76.

10) Storch, Gemälde des russ. Reiches VII. S. 101.

N. Br. nur anderthalb Meilen oberhalb der Einmündung des gleichnamigen Flusses in den See gelegen, einen Fall von 302 Fuß auf eine Strecke von 57 Wersten und auf 24 Schleusen, während die Kowscha von jenem Punkte an bis zur Constantin-Schleuse einen Fall von 53 Fuß auf 34 Werst hat. Die ganze Distanz beträgt gegen 103 Werste, wobei die Kanäle mit inbegriffen sind [11].

Im Ganzen findet man auf diesem Systeme an 26 Schleusen mit einer oder zwei Kammern, eine an der Wytegra mit vier Kammern, 5 Halbschleusen, 5 Zugbrücken, eine Wasserleitung und 20 Sperrdämme. Die Hauptnahrung erhält der Kanal durch die Constantin- oder Kowscha-Wasserleitung, die den Wasservorrath des Kowschkoe Osero in das Katharinen-Bassin leitet, und zum Theil auch aus dem Matko Osero, der einen Wasserbehälter von 45,000 Faden bildet. Auch hier sind in den jüngsten Zeiten, wie besonders von 1822 bis 1828, bedeutende Verbesserungen vorgenommen worden, indem an 5 Dämme und 18 Schleusen fast von Grund aus umgebaut wurden. Der Nutzen dieses Kanalsystemes für den innern Handelsverkehr des russischen Reiches ergiebt sich sogleich durch die Menge der Fahrzeuge, die ihn befahren haben, und durch die reichen Ladungen, die auf demselben verführt worden sind. In den zwei bis drei letzten Decennien hat sich die Schifffahrt auf ihm verdoppelt und verdreifacht. Betrug die Anzahl der Fahrzeuge auf diesem Kanalsysteme am Schlusse des ersten Decenniums in diesem Jahrhundert nur an 1000, so waren es anderthalb Decennien (1825) später schon an 1700 beladene und 140 leere Fahrzeuge, und im Jahre 1828 an 2280 beladene, 150 leere Fahrzeuge und über 5500 Holzflöße, welche nach Petersburg hindurchgingen, während eine nicht unbeträchtliche Anzahl theils beladen, theils leer wieder zurückging. Bei der Tiefe des Wassers können die Schiffe, welche diesen Kanal befahren, mehr als 10 Jahre gebraucht werden ohne abgenutzt zu sein. Die Summe des hier nach Petersburg verschifften

---

11) Rußlands Wasserverbindungen S. 78, 79. Vergl. den Plan dieser Wasserstraße bei Storch a. a. O. im Supplementbande.

Waarenwerthes belief sich in den letztgenannten Jahren im Durchschnitt auf 10 Millionen Rubel, während die des zurückgehenden auf eine halbe bis eine ganze Million [12]).

Die Zeit der Beschiffung dieses Kanales gleicht der des Tichwinka-Kanales. Im Jahre 1808 war die Scheksna vom 17. April bis 1. November, also 197 Tage, und der Marien-Kanal selbst vom 29. April bis 23. October, also 176 Tage, offen und schiffbar. Die Fahrzeuge, welche die Scheksna heraufkommen, können bis 9000 Pud laden und 4 Fuß 8 Zoll bis 5 Fuß 3 Zoll tief gehen, aber bei dem Kanal müssen sie die Ladung bis auf den Wasserbedarf von 4 Fuß 1 Zoll erleichtern. Sie gebrauchen zur gesammten Schifffahrt in der Regel 30 bis 45 Tage, wovon 12 bis 14 Tage bei größerm, und 25 bis 35 Tage bei kleinerm Wasser auf der Fahrt von Rybinsk bis zum Bjelosero (4 Stunden auf diesem See, bei schlechtem Wetter 12 Stunden), anderthalb Tage bis zur Constantin-Schleuse, 8 Tage auf dem Marien-Kanal und 4 bis 5 Stunden auf dem Onega-See hingehen [13]).

Auch an dieser östlichsten wolgischen Wasserstraße zum baltischen Meere, welche sich von Süden nach Norden gerade an drei Breitengrade ausdehnt vom 58 bis 61° N. Br., liegt eine ganze Reihe von Stapelplätzen und Hafenanfuhrten. Die Linie beginnt mit Rybinsk an der Wolga unter 58° N. Br., dann folgt an 400 Werst davon entfernt Tscherepowez an der Einmündung der Suda in die Tschagodà unter 59° N. Br., wo Holz, Getreide und Fabrikwaaren verladen werden, dann das Städtchen Bjelosersk am Südostufer des weißen Sees unter 60° N. Br., und 40 Werst davon am Ausfluß der Scheksna aus jenem See der Stapelplatz Krochinsk. Am Anfange des Marien-Kanals folgt der Stapelplatz Badoschsk und ein ähnlicher an der Constantin-Schleuse, wo alle Arten von Getreide, Lebensmittel, Fabrikate, Metalle und die Produkte aus den dortigen Waldungen verladen werden, und es endigt diese Linie

12) Rußlands Wasserverbindungen. S. 80.
13) Rußlands Wasserverbindungen. S. 82.

mit dem Städtchen Wytegra unter 61° N. Br., wo die Verschiffungsgegenstände dieselben wie die genannten sind [14]).

Die beiden großen wolgischen Wasserstraßen des Tichwinka= und Marien=Kanalsystemes führen also von dem obern Theile der mittlern Wolga nach den beiden großen natürlichen Wasserbassins auf der finnisch=slavischen Grenzmark; aber so wie es für die erstere dieser beiden Straßen nothwendig wurde, sie zur Vermeidung der Gefahren des Ladoga=Sees mit dem Kanalsystem von Wyschni Wolotschok in Zusammenhang zu bringen, so wurde dies Bedürfniß noch weit bedeutender bei der Marien=Straße, da sie noch erst den Onega=See zu durchsetzen hatte, um nur von ihm aus durch den schiffbaren Swir=Fluß in den Ladoga=See zu gelangen. Demnach war der Zweck des in den neuern Zeiten begonnenen Onega=Kanals die Umgehung des Onega=Sees, und der Entwurf dazu ward im Jahre 1800 vom Kaiser Paul bestätigt. Die ganze Länge des Wasserweges mit Einschluß von 28 Wersten, die durch Flüsse und Seen gehen sollten, betrug 64 Werst. Nach dem ursprünglichen Plane sollte der Kanal den ganzen südlichen Golf des Onega=Sees von der Einmündung der Wytegra in ihn bis zum Ausfluß des Swir aus demselben umgehen, doch hat man sich später nur auf den wichtigsten Theil dieses Planes beschränkt, und die Vollendung des Baues erfolgte erst im Jahre 1820. Es hat dieser Onega=Kanal auf einer Distanz von $19\frac{1}{2}$ Werst an $12\frac{1}{2}$ Faden Breite und 7 Fuß Tiefe. Die Ausgrabung ist bis unter den Horizont des Onega=Sees, der Kanal selbst fängt ungefähr 14 Werst oberhalb der Einmündung der Wytegra an, und ist in der Hälfte seiner Länge mit dem See in Verbindung gesetzt [15]).

So gelangen die Fahrzeuge durch diesen Kanal und über eine kleine Strecke des Onega=Sees zum Swir=Flusse bei Wosnesensk, und auf diesem Flusse abwärts durch den an 20 Meilen breiten Isthmus zwischen dem Onega= und Ladoga=See, welchen der Swir von Nordost nach Südwest mit einer Strom=

14) Rußlands Wasserverbindungen. S. 91.
15) Rußlands Wasserverbindungen. S. 86.

entwickelung von 190 Wersten durchsetzt. Um nun aber von seiner Ausladung in den See zur Mündung des Sjas, an der Tichwinka-Straße, oder zur Mündung des Wolchow, an der Wolotschok-Straße, zu gelangen ohne den See selbst zu übersetzen, mußte hier eine zweite westliche Erweiterung des Marien-Kanalsystemes vorgenommen werden. Wie jener Onega-Kanal ward auch dieser sogenannte Swir-Kanal auf Betrieb des Grafen Sievers vom Kaiser Paul im Jahre 1800 genehmigt, die Arbeiten begannen jedoch erst 1803 und wurden im October 1810 beendigt. Er ist 40 Werste lang ohne alle Schleusen mit einer Breite von 13 bis 22 Faden, und ist bis auf 7 Fuß unter dem Niveau des Ladoga-Sees ausgegraben; nur an seinem nördlichen Ende engen ihn jetzt zwei Dämme ein, und bilden auf drei Werste in einem Seebusen (Sagubskoi) einen eigenen Kanal[16]. Es läuft dieser Swir-Kanal in den Sjas-Kanal aus, und bildet die östlichste oder nordöstliche Erweiterung des Ladoga-Kanals, so daß die gesammte breite Südostseite des mächtigen Ladoga-Sees von der Swir-Einmündung bis zur Newa-Ausmündung von einer Kanallinie umzogen wird, die eine Länge von 154 Wersten oder 22 Meilen hat, und in welche sich bei dem in ihrer Mitte liegenden großen Stapelplatze Nowaja Ladoga die Wolotschok- und Tichwinka-Wasserstraßen öffnen.

Der Handelsverkehr auf der Verbindungslinie des Marien-Kanalsystems mit den beiden andern zu Neu-Ladoga zusammenfallenden Handelsstraßen wird durch folgende Hauptstapelplätze getragen. Zunächst Petrosawodsk, die Hauptstadt des Gouvernements Olonez (s. Abth. 1. S. 408.) am Westufer des Onega-Sees unter $61\frac{3}{4}^{\circ}$ N. Br., dann Powenez am nördlichsten Golf jenes langgestreckten Sees gelegen, fast unter 63° N. Br., und Pudosch auf der Ostseite des Onega-Sees an der Wodla, welche sich an 3 bis 4 Meilen unterhalb, der Stadt Petrosawodsk gegenüber, in den See einmündet. Von diesen drei rings um den See herumgepflanzten Stapelplätzen werden vornehmlich Eisenwaaren, Fliesen und Marmor nebst

16) Rußlands Wasserverbindungen. S. 85.

Jaspissachen aus den benachbarten Steinbrüchen, so wie die aus den Waldungen gewonnenen Produkte verladen. Auch hat man, um den Holzhandel in den Uferlandschaften des Onega-Sees zu beleben und die reichen Waldungen in den Gouvernements von Olonez und Archangel für den Schiffbau benutzen zu können, sich bemüht die Wodla nebst den kleinen sich in sie ergießenden Flüssen von ihren Fällen und Stromschnellen zu reinigen, und durch die Arbeiten in den Jahren 1828 und 1829 ist man so weit gekommen, daß jetzt die Holzflöße von Tannen, Fichten und Lerchenbäumen ohne Hindernisse zum Bedarf der Admiralität und des Handels in den Onega-See gebracht werden können und vermittelst des Swir nach Petersburg gelangen [17]). Am Swir folgen dann ferner als Stapelplätze Wosnesensk am Ausfluß des Swir aus dem Onega gelegen, Ostretschensk, Mjatussowsk und vornehmlich Ladeinopolskaja, von wo Getreide, Hülsenfrüchte, Fische, Wild, Eisenwaaren, Schleifsteine und Holz verladen werden [18]). Auch ist dabei noch zu erwähnen, daß zu größerer Sicherheit der Schifffahrt auf dem Ladoga-See, welche an seinen südlichen Gestaden entlang geht, vier Leuchtthürme erbaut sind, nehmlich der eine an der Mündung des Swir, der zweite an dem Ausfluß der Newa und die beiden letzten auf den Sandbänken Sucho und Karedschi [19]).

So wie die drei bisher betrachteten Kunstwasserstraßen von der obern und mittlern Wolga aus in der Kaiserstadt an der Mündung der Newa ihren gemeinschaftlichen Concentrationspunkt erreichen, obgleich sie schon von Schlüsselburg an zusammenfallen, während sie in ihrem mittlern Laufe zwischen dem Ilmen Osero im Südwesten und dem Bjelosero im Nordosten an 50 Meilen weit auseinander gehen, so finden sie auch ihren gemeinschaftlichen Ausgangspunkt in der Stadt Rybinsk an der Wolga, welche in gerader Distanz von Petersburg über 70 Meilen weit gegen Südosten gelegen ist [20]). Rybinsk ist

17) Rußlands Wasserverbindungen. S. 87.
18) Rußlands Wasserverbindungen. S. 92.
19) Rußlands Wasserverbindungen. S. 90.
20) Heym, Encyklopädie. S. 683.

erst seit 1772 zu einer Kreisstadt des Gouvernements Jaroslawl erhoben, dessen gleichnamige Hauptstadt an 78 Werst abwärts an der Wolga gelegen ist, und obwohl sie nur eine Population von ungefähr 3000 Bewohnern hat, bildet sie doch wegen ihrer eigenthümlichen Lage nebst Nischnei Nowgorod und Astrachan einen der drei großen Stapelplätze, welche dem Handel und der Schifffahrt des gesammten Wolga-Systemes gleichsam zu Stützpunkten dienen und sich durch ihren bedeutenden Verkehr auszeichnen. Sie liegt an dem rechten Wolga-Ufer der Einmündung der Scheksna gegenüber an 661 Werst von Petersburg und 322 Werst von Moskau in einer Gegend, wo schon in frühern Zeiten während des vierzehnten und funfzehnten Jahrhunderts ein berühmter Handelsort Cholopy Gorodok (das Städtchen der Knechte) stand, der von deutschen, griechischen, italiänischen und persischen Kaufleuten besucht worden sein soll[21]). Die dortigen Märkte, welche den russischen Großfürsten zu Moskau die wichtigsten Einnahmen gewährten, galten bis zum sechzehnten Jahrhundert für die bedeutendsten in Rußland, und noch zu Herbersteins Zeit war die Stadt ein angesehener Handelsort[22]). Rybinsk ist gleichsam der Centralpunkt für den Handel des ganzen Reiches, indem daselbst die gewöhnlichen Umladungen der Waaren von den größern Wolga-Fahrzeugen auf die kleinern Schiffe, welche die benachbarten Fluß- und Kanalsysteme beschiffen sollen, statt finden. Zu diesem Zwecke befinden sich bei Rybinsk sieben besondere Pristane, und zwar 1. die Tagowschtschinskaja auf dem rechten Wolga-Ufer bei dem Dorfe gleiches Namens; 2. Butyrska, gleichfalls auf dem rechten Wolga-Ufer; 3. Peski, auf der Stadtgrenze; 4. Glawnaja, bei der Stadt selbst an der Mündung des kleinen Flüßchens Tscheremucha in die Wolga. In dieses Flüßchen werden auch die Fahrzeuge, welche bei Rybinsk überwintern sollen, im Spätherbst heraufgebracht, obschon dasselbe noch einer besondern Reinigung bedarf, um tiefern Ankergrund den größern Schiffen darzubieten. An der Scheksna lie-

21) Karamsin, russische Geschichte IV. S. 203.
22) **Herberstein**, rerum Moscovit. comment. p. 58.

gen die übrigen drei Pristane, die nach den in ihrer Nähe befindlichen Dörfern benannt sind, nehmlich 5. Wasilkowskaja, wo der vorzüglichste Ankerplatz befindlich ist; 6. Petrowskaja, und 7. Losewskaja. Die Uferbekleidung bei diesen Anlegeplätzen ist jedoch schlecht, und bedarf bei der Wichtigkeit dieses Handelsplatzes noch einer Verbesserung. Die beiden jährlich in Rybinsk gehaltenen Jahrmärkte, von denen der im Sommer vom 29. Juni bis zum 6. August in Verbindung mit dem Handelsgewühl durch die Schifffahrt eine ganz andere Belebung gewährt, als nach der geringen Bevölkerung statt finden könnte, setzen gegen 400,000 Rubel um, kommen aber mit dem durch die Schifffahrt herbeigeführten Verkehr in keine Vergleichung. Im Jahre 1828 sah man daselbst auf 1753 größern Schiffen für mehr als 30 Millionen Rubel Waaren anlangen, und auf 2861 Barken, 110 Kolomenkis und 3139 großen Booten wurden von dort her für mehr als 56 Millionen Rubel Waaren auf den drei Wasserstraßen nach Petersburg geschafft. Zwischen Rybinsk und Debrowka gehen jetzt schon über 6000 Wolga-Schiffe, welches ein genügender Beweis der Lebhaftigkeit des dortigen Handels ist [23]).

Vergleicht man die drei großen Wasserstraßen mit einander, welche von der Wolga aus nach der Residenz führen, und welche mit ihren Verzweigungen aller Art ein großes Rechteck-Areal einnehmen, das sich bei einer Breite von 58 bis 61° N. Br. über 40 Meilen und bei einer Länge von 48 bis 57° O. L. an 60 Meilen weit ausdehnt, so erscheint hinsichtlich der Kürze des Weges das Tichwinka-Kanalsystem als das vorzüglichste, weil es jenes große Gebiet von drittehalb tausend Geviertmeilen in der Diagonale von Südost nach Nordwest durchsetzt, und das von Wyschni Wolotschok als das minder vortheilhafte, dessen Passagelinie von Rybinsk nach Petersburg in der That noch ausgedehnter ist als die des Marien-Systemes über jene beiden großen Seebecken des finnisch-slavischen Grenzgebietes. Nehmlich auf dem Tichwinka-Systeme beträgt die Passage von Rybinsk auf der Wolga 32 Werst, auf der Mo-

23) Rußlands Wasserverbindungen. S. 123, 124.

loga 175 Werst, auf der Tschagodoschtscha, Gorjun und Tschagodoschtscho Osero 180 Werst, auf der Somina und Somino Osero und Weltschino Osero 34 Werst, auf dem Tichwinka-Kanale 7 Werst, auf dem Eglino Osero und der Tichwinka 160 Werst, auf dem Sjas 88 Werst, und auf dem Sjas- und Ladoga-Kanale nebst der Newa 172 Werst oder zusammen 848 Werst oder 121 Meilen, und wenn die Schiffe von der Mündung des Sjas den Weg über den Ladoga-See gerade nach der Newa wählen, obschon Wind und Wetter nicht immer den nähern Weg zulassen, so werden noch 22 Werst gewonnen, und die Passage beträgt nur 826 Werst oder 118 Meilen. Beträchtlich länger ist schon die östliche Wasserstraße durch das Marien-System, welche gleich bei Rybinsk die Wolga verläßt. Die Passage auf der Scheksna beträgt 423 Werst, auf dem Bjelosero 40 Werst, auf der Kowscha 78 Werst, auf dem Marien-Kanal $7\frac{1}{2}$ Werst, auf der Wytegra 82 W., über den Onega-See 60 W., auf dem Swir 189 W., auf der Kanallinie von der Swir-Mündung bis nach Schlüsselburg 154 W., und auf der Newa 58 Werst, zusammen eine Summe von 1088 Werst oder 155 Meilen, wobei man nur an 36 Werst sparen kann, wenn man von der Swir-Mündung den Ladoga-See quer durchsetzt, aber doch immer eine Wasserstraße von anderthalb hundert Meilen. Noch bedeutender ist aber die Passagelinie von Wyschni Wolotschok durch das Quellgebiet der Wolga, denn hier hat man zunächst von Rybinsk bis nach Twer eine Passage von 349 Werst oder 50 Meilen zurückzulegen, und dazu kommt dann die schon oben bemerkte Passage von Twer bis nach Petersburg von 838 Wersten oder 120 Meilen, zusammen also eine Wasserstraße von 1188 Werst Länge oder von 170 Meilen, wobei, wenn man von der Mündung des Wolchow gerade über den Ladoga-See geht, der Weg nur um 19 Werste verkürzt wird. Zieht man aber im Allgemeinen genommen den wahren Vortheil des Transportes in Erwägung, so wird trotz der größern Weite der Fahrt durch den Wolotschok-Kanal doch das Verhältniß umgekehrt; den besten Beweis davon liefern die Kapitale, welche auf allen drei Wasserstraßen jährlich in Bewegung sind. Die vereinigten Massen des Umsatzes auf dem Tichwinka- und Marien-System reichen noch lange nicht an die Gesammtmasse des Transitos von Wyschni Wolotschok. Die cursirenden Kapitalien auf den drei Straßen von Ost nach West gerechnet verhalten sich nach dem Obigen nur zu einander wie 1, 3 und 10, und der heutige Zustand der westlichen Straße gewährt die beste Rechtfertigung für den Scharfsinn und die unermüdete Thätigkeit ihres ersten Begründers vor einem Jahrhundert [24]).

Die Stadt Rybinsk ist aber darum ein so wichtiger Ort in dem gesammten Flußsystem der Wolga, weil nicht nur die drei baltischen Wasserstraßen nach Petersburg von hier aus sich theilen, sondern weil auch von eben diesem Orte eine der beiden nördlichen Wasserstraßen von der Wolga aus zur Dwina sich abzweigt, oder die westliche der beiden Straßen, welche Moskau und Nischnei Nowgorod mit dem Emporium Archangel und somit das kaspische mit dem weißen Meere in Verbindung setzt. Da die Eröffnung einer solchen Passage zugleich auch die Verbindung zwischen Archangel und der Residenzstadt Petersburg gewähren mußte, so hatte man schon seit der Zeit von Peter dem Großen mit diesem Plane sich beschäftigt. Man glaubte zunächst die sich in die Ostseite des Onega-Sees unterhalb Pudosch ergießende Wodla benutzen zu können, indem man ihre jetzt gesprengten Fälle beschiffbar machte, um sodann auf dem Flüßchen Tscheremja oder Tscherewija durch Schleusen bis zum Dorfe Wolok, und von hier durch einen 5 Werste langen Kanal in den Woloschkoe Osero, der zum Theilungspunkte dienen sollte, zu gelangen [25]). Aus diesem See geht das Flüßchen Woloschko in den Ken Osero, aus welchem sich wieder der Ken als ein ansehnliches Wasser in den Onega-Fluß ergießt. Auf diesem Onega, welcher weit von Süden her aus den beiden Seen Wosche und Latscha bei Kargopol im

---

24) Rußlands Wasserverbindungen. S. 82 bis 84.

25) Auf Schubert's hydrographischer Charte von Rußland sind nur die Namen Swinoe Osero und Kend Osero für den nördlichen und südlichen Theil eines gemeinsamen kleinen Sees unter 62° 10′ N. Br. im Osten der obern Wodla eingetragen, aus welchem See sich sodann ostwärts die Kena zur Onega ergießt.

Nordosten vom Bjelosero kommt, müßte man abwärts gehen bis zum Dorfe Markomus, ungefähr unter 63° N. Br., von wo aus ein 5 bis 6 Werst langer Kanal durch den Markomuskaja Wolok bis zum Flüßchen Jemza gehen sollte [26]), aus dem man durch den Tschelezk in die Dwina unter $63\frac{1}{2}$° N. Br., also nur noch einen Grad von Archangel entfernt, gelangen würde. Aber die im Jahre 1800 wiederholten Untersuchungen zeigten solche Schwierigkeiten, daß man von dem Plan, Petersburg mit Archangel auf diesem direktesten Wege in Verbindung zu setzen, abstand. Dagegen kamen bei dieser Gelegenheit zwei neue Vorschläge in Anregung. Der erste Vorschlag war, durch einen 5 Werst langen Kanal bei 25 Fuß Gefälle die Seen Blagoweschenskoe, woraus sich die Porosowiza zum Kubenskoe Osero ergießt, Kemsi, Wassirinskoe, Ulomskoe und Siewerskoe mit dem Flusse Slawjanka zu verbinden, welcher unweit jenes Kubenskoe Osero seinen Ursprung nimmt und in umgekehrter Richtung mit der Porosowiza von Ost gegen West sich zur Scheksna ergießt. Die Slawjanka ist im Frühjahr drei Wochen lang schiffbar, und wurde schon früher zum Waarentransport nach Archangel benutzt [27]). Der Kanal sollte sechs, die Porosowiza zwei Schleusen erhalten. Dagegen führte der zweite Plan die Linie fast durch dieselben Seen, nach der Uloma, welche in der Nähe der Slawjanka-Quellen entspringt und sich gleichfalls westwärts zur Scheksna ergießt. Doch hätte die Uloma erst schiffbar gemacht werden müssen. Nach abermaligen Untersuchungen des Bodens wurden nun auf Grundlage dieser beiden letzten Vorschläge die Arbeiten im Jahre 1825 eröffnet, und der Kanalbau im Jahre 1828 vollendet. Diese Wasserstraße, welche Anfangs nach der in der Nähe gelegenen Stadt Kirilow benannt wurde, ist von dem Kaiser Nikolaus zu Ehren ihres Erbauers der Kanal des Herzogs Alexander von Würtemberg benannt worden; sie dient also zur Verbindung der obern Wolga und der Newa (über den Bjelosero) mit der Dwina, aber nur

26) Storch, Gemälde des russ. Reiches VII. S. 54 bis 56, 110, 111.
27) Rußlands Wasserverbindungen. S. 67.

mit deren westlichem Quellstrom, der Suchona, in welche letztere man durch den schmalen, langgestreckten Kubenskoe Osero gelangt [28]).

Diese Alexander-Straße besteht aus fünf Verbindungskanälen zwischen den die Stadt Kirilow umgebenden kleinen Seen, und zwar führt ein Kanal mit fünf Schleusen aus der Scheksna in den Siewerskoe Osero; aus diesem geht ein zweiter in den Babje Osero, und durch das Flüßchen Posdyschna, das vertieft worden, in den Saulomskoe Osero. An diesem ist am Einfluß der Uloma eine Stauschleuse angebracht. Dieser See, der 11 Fuß tiefer als der Wassirinskoe Osero liegt, ist mit demselben durch einen Kanal, an welchem die sechste Schleuse befindlich ist, verbunden; von hier geht der vierte Kanal mit der siebenten Schleuse in den Kischemskoe Osero, sodann durch den fünften Kanal mit der achten und neunten Schleuse in die Itkla, aus dieser in den Blagoweschenskoe Osero und so zur Porosowiza, an welcher sich die zehnte bis dreizehnte Schleuse befinden, und welche zum Kubenskoe Osero abfließt. Das ganze System nimmt eine Distanz von 140 Wersten ein. Die Verbindungen von der Scheksna bis zum Kubenskoe Osero betragen aber 69 Werst, und im Durchschnitt können Barken diese Passage in einer Zeit von 26 Stunden durchsetzen. Als Theilungspunkt des ganzen Systemes ist der See Wassirinsk anzusehen, von welchem der Fall bis zur Scheksna 39 Fuß, bis zum Kubenskoe Osero 45 Fuß beträgt [29]).

Für Archangel ist diese neu eröffnete Verbindung unstreitig von der größten Wichtigkeit, da alle Waaren jetzt mit leichter Mühe dahin geschafft und dagegen Holz, Fische, Salz und andere Produkte von dort bezogen werden können. Besonders wird der Transport von Kriegsbedürfnissen aus Petrosawodsk nach der archangelskischen Admiralität außerordentlich erleichtert, und die reiche Ausbeute der Salzwerke zu Totma und Jarensk an der Suchona und Wytschegda findet eine bequeme Verschiffung. Schon im ersten Jahre passirten diesen Weg 33 bela-

---

28) Rußlands Wasserverbindungen. S. 88.
29) Rußlands Wasserverbindungen. S. 89.

dene Fahrzeuge und 3 Holzflöße, und im Jahre 1829 kamen auf diesem Kanal 76 Fahrzeuge und 275 Holzflöße an, welche ihren Weg nach Petersburg, Rybinsk und Archangel fortsetzten. Der Gesammtwerth der Frachten und Flöße beläuft sich schon auf 300,000 Rubel, und nothwendig werden dereinst alle Produkte, die früher den Landweg von Wytegra aus über Kargopol an der Onega und am Tschelezk abwärts, oder von Wologda aus an der Waga abwärts über Welsk und Schenkursk zur Dwina passirten und deren Werth sich auf ungefähr 10 Mill. Rubel belief, diese Wasserstraße benutzen, und zwar um so mehr als auf derselben der Transport in einem Jahre bewerkstelligt wird, während auf dem Landwege an zwei Jahre dazu nöthig gewesen sein sollen [30]). In dem Mittelpunkte dieses nach Norden zu führenden Kanalsystemes liegt die schon früher von uns berührte (s. Abth. 1. S. 337.) alte und volkreiche Handelsstadt Wologda, 710 Werst ostwärts von Petersburg, einer der bedeutendsten Stapelplätze des innern Rußlands, von je an blühend durch seine Lage auf dem großen Kreuzwege zwischen der obern Wolga, der Mündung der Newa und der Mündung der Dwina, wo die verschiedensten Emporien der verschiedenen Zeiten geblüht haben, und seit der jüngsten Zeit auch auf dem Kreuzwege von zwei großen Kunstwasserstraßen, welche von dem Süden und Osten her zum Norden und Westen hindurchsetzen. Der Werth der von hier aus versandten Produkte an Getreide, Flachs, Hanf, Eisenwaaren, Salz, Holz und Fabrikwaaren beläuft sich schon über 2 Millionen Rubel, und zum Theil muß diese Blüthe auch wieder auf das benachbarte alte Emporium Weliki Ustjug wohlthätig zurückwirken [31]).

Wenn wir zum Schluß dieser Darstellung der Kanalisationsverhältnisse der obern Wolga noch die Fahrzeuge berücksichtigen, welche die Hülfsmittel und Werkzeuge in der Benutzung jener merkwürdigen Systeme bilden, so sind diese nach Maaßgabe der verschiedenen Gewässer, auf denen sie dienen, so wie der Produkte, welche sie verfahren, von sehr mannigfaltiger Art.

---

30) Rußlands Wasserverbindungen. S. 90.
31) Rußlands Wasserverbindungen. S. 244.

Fast jedes Flußsystem hat seine eigene Art von Schiffen. Man zählt überhaupt auf den verschiedenen Gewässern, welche die Bahnen für den Binnenhandel des weiten russischen Reiches bilden, einige 40 Arten von Fahrzeugen, die sich durch ihre Größe und ihren Bau von einander unterscheiden. Sie sind alle mit wenigen Ausnahmen auf dem Wolga-System üblich, wenn auch nur in den verschiedenen Theilen seines Laufes, wie es bekanntlich auch auf dem Rhein-Strom nach seinen verschiedenen Distanzen der Fall ist. Es werden daher diese Fahrzeuge, welche fast mächtige Flotten im Innern des Landes bilden, auch größtentheils aus dem Waldreichthum des großen osteuropäischen Holzmagazines des nordrussischen Uwalli erbaut, indem nur wenige Arten dieser Fahrzeuge den sibirischen Gewässern eigenthümlich sind. An allen von dem nordrussischen Uwalli herabkommenden Gewässern finden sich ausgedehnte Schiffswerfte zur Erbauung von Flußschiffen, und letztere gewährt einer zahlreichen Population in jenen von der Natur weniger begabten Gebieten eine reichliche Beschäftigung und Unterhalt, so wie nicht minder die Bemannung und Regierung der Schiffe als Ruderer und Lootsen, welche vornehmlich auf allen Kanalgewässern von großer Wichtigkeit sind. Schon aus der Angabe läßt sich die große Thätigkeit der dortigen Population in dieser Beziehung entnehmen, daß allein an der Scheksna jährlich an 2000 Barken erbaut werden [32]), wobei freilich der Umstand zu berücksichtigen ist, daß die auf der obern Wolga und ihren Seitengewässern üblichen kleinern Fahrzeuge an den Orten, wo sie ihre Waaren ausladen, bleiben und daselbst als Brennholz verbraucht werden, während nur die größern Fahrzeuge der untern Wolga zwischen Rybinsk und Astrachan mehrere Fahrten machen. Außer den größern Wolga-Schiffen, welche auf der untern Wolga Roschiwi heißen, sind auf den übrigen Flüssen die größern Barken und Halbbarken (Barki und Polubarki bei den Russen) die gewöhnlichsten. Die Leichterfahrzeuge führen den Namen Wodowiki und Pauski; die sogenannten Gallioten sind mit Kielen versehen und wer-

32) Rußlands Wasserverbindungen. S. 66.

den vornehmlich auf dem Mariensystem gebraucht. Häufig führen die Fahrzeuge ihren Namen nach den Flüssen, wo sie gebaut sind oder welche sie befahren. So werden an der Mologa und Scheksna besonders erbaut die Tichwinskija und Sominskija Lodki, welche eine Breite von 2 Faden und eine Länge von 8 Faden haben, größtentheils offen und flach sind, an 1600 Pud tragen und jene Kanalsysteme bis Petersburg befahren. An der Scheksna erbaut man ferner die Bjeloserskija Suda, eine Galliotenart mit einem Kiel, von einer Breite von 3½ Faden, und einer Länge von 12 Faden, und eine Last von 7000 Pud tragend. Sie dienen besonders auf der obern Wolga und dem See, wonach sie benannt sind. Die Barken, welche nebst den Halbbarken hier hauptsächlich in Betracht kommen, haben eine Breite von 3 bis 4 Faden und eine Länge von 17 bis 18 Faden und führen 5 bis 7000 Pud Ladung. Die Halbbarken haben aber bei einer ähnlichen Breite nur eine Länge von 12 Faden und tragen eine Last von 4 bis 5000 Pud. Die früher mehrfach erwähnten Dostschenniken auf den sibirischen Gewässern sind von einer gleichen Länge wie die Halbbarken, obschon drei- bis viermal so breit, tragen auch eine ähnliche Ladung und haben das Eigenthümliche, daß sie fast ganz ohne Eisen sind [33]). Von mehreren andern Arten der Fahrzeuge wird bei der untern Wolga und ihren großen Seitenarmen die Rede sein.

Der Wolga-Lauf von der Mologa bis zur Oka.

Den schon von der Stadt Mologa aus gegen Südost angenommenen Lauf behält fortan die Wolga auf eine Strecke von beinahe sieben Längengraden oder von 56° 15′ bis 63° O. L. bis unterhalb Nischnei Nowgorod bei, obschon mit dem zweimaligen Versuch eine blos östliche Richtung anzunehmen. Die Wolga durchströmt hier als ein schon ansehnlicher, wasserreicher Strom am Südfuße des nordrussischen Uwalli die beiden Landschaften Jaroslawl und Kostroma, bevor sie in

33) Rußlands Wasserverbindungen. S. 76. Vergl. die Tabelle über die verschiedenen Arten und Größe der Fahrzeuge.

das Gebiet von Nischnei Nowgorod eintritt, um sich dort mit ihrem großen Südarm, der Oka, zu vereinigen. Die Wolga hat in diesem Theile ihres Laufes ein mehrere Wersten bis zu einer deutschen Meile breites Gestade, an welchem sich häufig ein hohes, steil abgerissenes Ufer erhebt. Flötzhügelstriche zeigen sich hier an den Ufern bald auf der einen, bald auf der andern Seite, was zum Theil von den in die Wolga einfallenden Flüssen abhängig ist, die ein bergiges Ufer haben, und jene Flötzhügel laufen bald eine kürzere, bald eine längere Strecke an der Wolga fort. Diese Flötzhügelreihen, welche sich in einer Höhe von 5, 10 und 20 Faden hoch erheben, bilden das sogenannte Bergufer (Gornoi Bereg), die gegenüberliegende niedere Seite, welche im Verhältniß zu jener sich nur wenig erhebt und gleich in das flache Land übergeht, heißt das Wiesenufer (Lugowoi Bereg), und nur selten ist es, daß solche Flötzhügelbildung sich auf beiden Seiten des Stromes zugleich zeigt und denselben einengt. Die steilen Uferwände zeigen in ihrer Zerklüftung durch die Wasser des Stroms bei seinem Anschwellen und durch die Regengüsse, daß sie Flötzablagerungen sind, bestehend aus Flötzkalk, Thon, Mergel, Gips, aus mancherlei Schiefer, Sandstein und Steinkohlen. Diesen Typus der Uferbildung, der sich durch das ganze Ost-Europa wiederholt und mit dem Bau und der Bildung des Ural-Gebirges zusammenhängt, haben wir auch schon früher an den uralischen Gewässern so wie an denen des Irtisch- und Obi-Systems und des Dwina-Systems kennen gelernt, seine großartigste und vollkommenste Bildung wird sich weiter unten an der Wolga in dem zweiten Theile ihres mittlern Laufes ergeben. Das Gestade selbst ist Morast, Torfmoor, Wiese und zu einem großen Theil mit Gehölz und Gebüsch bedeckt, zwischen welchem die Thalrinne der Wolga sich hinzieht [34]).

Von dem nördlichsten Stromknie der Wolga an strömt dieselbe als erweiterte Fortsetzung der Thäler der Mologa und Scheksna gegen Südost, und geht bei der alten Stadt Romanow

---

34) Georgi, Reisen durch Rußland II. S. 905. Vergl. Georgi, geograph. Beschreibung des russ. Reiches I. S. 266.

now auf dem linken Ufer gelegen vorüber, welcher Stadt gegenüber sich der jüngere Ort Borissoglebsk erhoben hat [35]. Sie erreicht sodann 77 Werst unterhalb Rybinsk die volkreiche und blühende Gouvernementsstadt Jaroslawl, welche auf dem rechten oder südwestlichen Ufer der Wolga liegt oberhalb der Einmündung des kleinen Zustromes Kotorosl. Die erhabene Landecke zwischen der Mündung des Kotorosl und der Wolga an ihrem steil abstürzenden Ufer nimmt die durch einen hohen Erdwall und Thürme geschützte Festung ein, welche den Haupttheil der Stadt nebst dem Kaufhofe umfaßt, während der mehr abwärts gelegene Theil derselben offen ist [36]. Jaroslawl gehört mit zu den ältern Städten Rußlands, wie es scheint schon gegen die Mitte des eilften Jahrhunderts von Wladimir des Großen Sohn, dem Großfürsten Jaroslaw, gegründet [37], da sich hier die große Wolga-Fuhrt befindet, die von dem alten Wladimir und von Moskau aus durchsetzt werden mußte, um nach dem nordischen Sawolotschje zu gelangen [38], dessen Pforte und Schlüssel, die Stadt Wologda, nur gegen 25 Meilen gerade im Norden von Jaroslawl gelegen ist. Natürlich ging deshalb auch über diese Stadt die große Heer- und Handelsstraße, welche sich die Engländer seit der Mitte des sechszehnten Jahrhunderts von der Mündung der Dwina aus über Wologda nach Moskau eröffneten, wohin der Weg von Jaroslawl gegen Südwest nur noch an 35 Meilen weit über Rostow und Pereslawl führte [39]. Wenn auch eine Zeitlang ein eigenes russisches Theilfürstenthum unter den Feodorowitschen aus dem Hause der smolenskischen Mstislawitschen bildete die Landschaft von Jaroslawl mit Einschluß des benachbarten Kostroma doch immer einen integrirenden Theil der Großfürstenthümer Wladimir und Moskau, von welchem letztern es seit dem allmähligen Emporkommen der dortigen Großfürsten während des funfzehnten Jahrhunderts nicht mehr ge-

35) Heym, Encyklopädie S. 95, 672.
36) Georgi, Reisen durch Rußland II. S. 892.
37) Karamsin, russische Geschichte II. S. 74.
38) Herberstein, rerum Moscovit. comment. p. 79.
39) Müller, Sammlung russ. Geschichte VII. S. 69 bis 71.

trennt worden ist [40]). Als ein Theil des von Peter dem Großen eingerichteten Gouvernements Moskau wurde bei der neuen Organisirung des russischen Reiches durch Katharina II. das Fürstenthum Jaroslawl nebst Kostroma in den Jahren 1777 und 1778 in zwei besondere Gouvernements umgestaltet und diese Einrichtung auch von dem Kaiser Paul im Jahre 1796 bestätigt [41]).

So wie wir oben in dem Gebiet des nordrussischen Uwalli vom weißen See südwärts bis nach Twer hin die Heimath der alten Wessen kennen gelernt haben als des ersten der finnisch-ugrischen Völker in dem Stromgebiet der Wolga, so finden wir hier im Südosten von den Wessen in dem obern Theile der mittlern Wolga das zweite Volk dieses Stammes in den Meren oder Meränen, deren Sitze uns Nestor an dem See von Rostow angiebt, und deren Name sich noch lange Zeit in dem der alten Stadt Rostow, die ehemals Meri genannt wurde, erhalten hat [42]). Auch die Meren erscheinen schon in weit frühern Zeiten der Geschichte als Unterthanen der Gothen-Herrschaft des Hermanarich gleich den Wessen im vierten Jahrhundert [43]). Sie werden sodann später während des neunten Jahrhunderts als ein mächtiges Volk genannt, welches einen Hauptbestandtheil des jungen russischen Staates der Waräger zu Nowgorod bildete [44]), aber allmählig seine Nationalität verlor und in das slavische Volksthum aufging, welches die mannigfaltigen finnisch-ugrischen Elemente an der obern Wolga und auf dem großen Wolok von Sawolotschje sich assimilirte, so daß von diesen Meren als solchen jetzt keine Überreste mehr vorhanden zu seyn scheinen. Denn die wenigen Tscheremissen, welche sich in dem Gebiete von Jaroslawl vorfinden [45]), sind

40) Oldekop, Petersburger Zeitschrift 1824. Th. XIV. S. 110.

41) Georgi, geograph. Beschreibung II, 1. S. 183, 205.

42) Nestor, Jahrbücher der russ. Geschichte nach Scherer S. 44. Vsévolojsky, dictionnaire géogr. histor. de la Russie I. p. 269.

43) Jornandes, de rebus Getic. bei Muratori, script. rer. Ital. I. c. 23. p. 202.

44) Karamsin, russische Geschichte I. S. 93, 99.

45) Georgi, geographische Beschreibung II, 1. S. 186.

wohl eher als vereinzelte Kolonisten des mehr ostwärts wohnenden Volkes dieses Namens, denn als die jetzt mit jenem bekanntern Namen bezeichneten Überreste der alten Meren zu betrachten. Doch weiset die auch noch jetzt in diesen Gebieten bemerkbare dialektische Verschiedenheit des Slavischen auf die in ältern Zeiten hier statt findende Verschiedenartigkeit der Bevölkerung hin [46]).

Das Quellgebiet jenes wolgischen Zustroms, des Kotorosl, wird von der großen Heerstraße von Jaroslawl nach Moskau durchschnitten, welche sich durch eine sanft hüglige Landschaft an den Ufern von zwei kleinen Seen entlang zieht, von denen der eine im Südwesten Plestschewo (Plestschowa) oder Klestschino Osero, der andere im Nordosten Nero oder Nera Osero heißt, und welche sodann über das reiche und historisch berühmte Dreifaltigkeitskloster des heiligen Sergius [47]), an neun Meilen von Moskau, führt. Der erstere und kleinere jener beiden Seen hat nur eine Länge von 8 Werst, und liegt gerade auf der Mitte des Weges zwischen jenen beiden Städten, ungefähr 18 Meilen von jeder derselben entfernt. An seinem Ostufer erhebt sich die alte, berühmte, schon von dem Großfürsten Jurje Dolgoruky um die Mitte des zwölften Jahrhunderts gegründete Stadt Perejaslawl oder Pereslawl Salesky d. h. jenseit des Waldes [48]). Der See ist durch seine Tiefe so wie durch die Klarheit seiner Gewässer ausgezeichnet, und dadurch merkwürdig, daß Peter der Große vor der Errichtung einer Flotte auf ihm, wie es auf dem kubenskischen See geschah (Abth. 1. S. 338.), Schifffahrtsübungen anstellte, wovon in dem benachbarten Kirchdorfe Weskowa noch jetzt zwei kleine Fregatten zum Andenken aufbewahrt werden [49]). Durch das Flüßchen Sara, welches in seiner Nähe in einem Moraste entspringt, soll er nordostwärts mit dem Nero Osero in Verbindung stehen, während er durch den Fluß Nerl, auch der

---

46) Oldekop, Petersburger Zeitschrift 1822. Th. VI. S. 96 bis 100.
47) Karamsin, russische Geschichte IV. S. 234., XI. S. 82.
48) Storch, Materialien zur Kenntniß des russischen Reichs I. S. 81.
49) Georgi, Reisen II. S. 902.

große Nerl genannt, eigentlich seinen Abfluß westwärts zur Wolga hat, die derselbe bei Kaljasin unterhalb Twer erreicht. Der Nero Osero, in der Mitte des Weges zwischen ihm und Jaroslawl gelegen, dehnt sich an 12 Werst weit aus bei einer Breite von 8 Werst. Er hat einen thonigen Grund und empfängt von allen Seiten aus der flachen, etwas welligen Umgebung zahlreiche Zuflüsse, so daß aus ihm der Kotorosl oder Katorost sich als ein wasserreicher Zustrom zur Wolga ergießt [50]. Die Stadt Rostow, an dem Norduser des Sees gelegen, nach welcher der letztere auch benannt wird, ist eine der ältesten in Rußland, indem sie schon auf Geheiß des Fürsten Rurik erbaut wurde und ihre ersten Bewohner aus einer normännisch-finnischen Bevölkerung erhielt [51]. Rostow ist daher eine durch alle Zeiten der russischen Geschichte angesehene Stadt gewesen, und hat als Sitz eines der vornehmsten Prälaten der russischen Kirche in der mit Befestigungen umgebenen eigentlichen Stadt eine prachtvolle Kathedrale [52]. Auch sie war lange Zeit ein eigenes Theilfürstenthum des Großfürstenthums Wladimir und zwar unter der Familie der Constantinowitschen, welche als die bedeutendste Seitenlinie der zu Wladimir herrschenden Jurjewitschen alle Gebiete der alten Meren und Wessen an der obern Wolga von Rostow bis nach Bjelosersk beherrschten, bis nach dem allmähligen Verfall dieses Geschlechtes das Fürstenthum Rostow gleichzeitig mit dem Fall des Fürstenthums der Jaroslawitschen zu Twer von dem Großfürsten Iwan Wasiljewitsch für immer mit dem Lande Moskau vereinigt ward [53].

Gleich unterhalb der Aufnahme des Kotorosl wendet sich die Wolga wieder nach Osten um, und erreicht an 65 Werst weiter abwärts die Stadt Kostroma oder die dritte Gouvernementsstadt an ihren Ufern, wo ihr Lauf durch die zwar von

---

50) **Vsévolojsky**, dictionnaire géogr. hist. de la Russie I. p. 108., II, p. 6. Rußlands Wasserverbindungen S. 100.

51) Nestor, Jahrbücher der russ. Geschichte nach Scherer S. 50.

52) Georgi, Reisen II. S. 898.

53) Karamsin, russische Geschichte III. S. 120., VI. S. 143.

Nordosten herkommende, doch in südöstlicher Richtung sich in sie einmündende Kostroma wieder in die Normaldirektion nach Südosten zurückgelenkt wird. Die Kostroma, welche nebst den beiden weiter ostwärts gelegenen wolgischen Zuflüssen der Unscha und Wetluga sich von dem Rücken des nordrussischen Uwalli zu diesem obern Theile des mittlern Laufes der Wolga hinabergießt, bestätigt das oben bemerkte Gesetz der mit den Parallelkreisen und Meridianen immer in diagonaler Richtung gehenden Hauptflüsse und Nebenflüsse des Stromgebietes der Wolga. Denn jene drei linken Zuströme, die Hauptgewässer, welche die der Wolga nordwärts angelagerten Uferlandschaften auf eine Ausdehnung von 80 Meilen von Westen nach Osten oder von der Scheksna bis gegen die Kama hin bewässern, ergießen sich immer in der Richtung nach Südwest oder Südost, umgekehrt wie es bei den Gewässern des Dwina-Systemes auf der andern Seite des großen Uwalli der Fall ist. Zugleich nehmen sie an Größe von Westen nach Osten zu, je mehr die Divergenz der Thalrinne der Wolga mit dem Uwalli einen größern Raum zur Entwickelung darbietet. Die Quellströme der Kostroma liegen mitten auf dem Rücken des quellreichen nordrussischen Uwalli bei dem Städtchen Sol-Galitschkaja gerade im Süden der Stadt Totma an der Suchona, unter 59° N. Br., wo, wie aus Georgis Reisebericht erhellt, die Wasserscheidehöhe zwischen den beiden mächtigen Stromsystemen des nördlichen und östlichen Rußland nur aus relativ sehr niedrigen und nur zum Theil mit Waldungen bedeckten Hügelreihen besteht [54]), so daß die relativen Erhebungen des Uwalli selbst hier zwischen der mittlern Wolga und der Stadt Totma so wenig Schwierigkeiten für die Passage darbieten, wie etwas mehr westwärts zwischen Jaroslawl und Wologda, während im äußersten Osten und Westen, wo eine fast natürliche Wasserverbindung der Zuströme der Wolga und Dwina statt findet, der niedere Höhenzusammenhang noch mehr unterbrochen zu sein scheint.

Einer der bedeutendsten Quellströme der Kostroma kommt

54) Georgi, Reisen II. S. 878, 879.

aus dem See Tschuchloma, welcher von ähnlicher Größe mit dem von Rostow im Südosten von Sol-Galitschkaja liegt, weshalb man letztern auch wohl als ihre Quelle zu betrachten pflegt. In südwestlicher Richtung ergießt sich die Kostroma bei dem Orte Bui vorüber, wo sie als linken Zustrom die Weksa empfängt, den Ausläufer eines zweiten nur an fünf Meilen südlicher gelegenen etwas größern Sees, an dessen Ostufer die in der ältern russischen Geschichte vielfach genannte Stadt Galitsch sich befindet. Beide Seen sind durch ihr reines, süßes Wasser und durch ihren Fischreichthum ausgezeichnet [55]), und sind von einer ebenen, wenig hügligen Landschaft umgeben. Der Ort Galitsch (Halitsch), dessen Name wohl erst von der schon in frühern Zeiten vorkommenden rothrussischen Stadt Halitsch (Galitsch [56]), daher auch Halizien oder Galizien, das jetzige östreichische Polen oder das alte Roth-Rußland) übertragen sein mag, theilt mit jener Lokalität die Eigenthümlichkeit, auf einem an Salz reichen Boden zu stehen, womit höchst wahrscheinlich, wie es auf deutschem Gebiete überall der Fall ist, der Name selbst zusammenhängt, und worauf die jüngere Nachbarstadt, das Salz-Galitsch oder Sol-Galitschkaja, noch bestimmter hinweiset. Galitsch hat noch jetzt zwei alte Festungen, von welchen die eine die Burg der alten Fürsten dieser Landschaft als Vasallen der Großfürsten von Wladimir gewesen ist [57]). Von Bui an ist die Kostroma im April und Mai so wie Ende August und September auf eine Strecke von fast 150 Wersten schiffbar, im Frühjahr steigt sie gegen 8 Faden an und überschwemmt dann weit ihr Ufer, wo dasselbe nicht von erhabenen Flötzhügelreihen, die sich bald auf der einen, bald auf der andern Seite befinden, eingeengt wird [58]). Erst in der Nähe ihrer Einmündung wendet sich die Kostroma gegen Süden und Südosten, um sich oberhalb der gleichnami-

---

55) Georgi, a. a. O. II. S. 878, 888.

56) Nestor, älteste Jahrbücher der russischen Geschichte, nach Scherer S. 191.

57) Georgi, Reisen II. S. 888.

58) Rußlands Wasserverbindungen. S. 101.

gen Stadt in die Wolga zu ergießen. Die Stadt Kostroma, erst in jüngern Zeiten zu einer Provinzialhauptstadt erhoben, während sie früher zum Lande von Jaroslawl gehörte, und gleich vielen andern Städten dieses Gebietes ihren Ursprung schon dem bekannten Großfürsten Jurje Dolgoruky im zwölften Jahrhundert verdanken soll, liegt auf dem linken hohen Ufer des großen sarmatischen Stromes, und hat ihre Festung, wie sich dergleichen in allen ältern russischen Städten vorfinden, und wie es durch das Bedürfniß in ältern Zeiten und zum Theil auch jetzt noch in den asiatisch-europäischen Grenzgebieten hervorgerufen wurde, in ihrer Mitte von drittehalb hundert Faden im Durchmesser [59]. Kostroma ist wie Jaroslawl einer von den großen Stapelplätzen des Handels an der Wolga [60]), beide tragen aber nebst den zu ihnen gehörigen Gebieten noch einen ganz eigenthümlichen Charakter, der hier noch näher zu berühren ist, ehe wir das Stromsystem der Wolga weiter abwärts bis zu dem großen Emporium an der Oka-Einmündung in dieselbe verfolgen.

Die beiden Landschaften Jaroslawl und Kostroma, welche sich längs des obern Theiles der mittlern Wolga am Fuße des großen nordrussischen Uwalli von Westen nach Osten ausbreiten, bestehen aus weiten, flachen Ebenen, die nur von mäßigen Hügelreihen durchzogen werden, und wo vornehmlich nur die bergähnlichen, aus Flötzmassen bestehenden Höhen, die sogenannten Bergufer der Flüsse, einige Abwechselung darbieten. Die nördlichen Theile an dem großen Landrücken haben einen ziemlich nassen, morastigen und kalten Boden, ausgedehnte Waldungen mit Morästen, welche Sumpfeisenstein und Moostorf enthalten, und auch kaltes, mäßig fruchtbares Ackerland. Nur hier und da zeigen sich auch ansehnliche theils offene, theils waldige Heiden mit Heidekraut. Die südlichern Theile nach der Wolga zu haben zwar mehr offenes, trockenes Land, aber auch dies ist nur von mäßiger Fruchtbarkeit, und besteht meistens aus Thon, Mulm und Sand. Demnach kann die Acker-

59) Georgi, Reisen II. S. 890.
60) Heym, Encyklopädie S. 238, 384.

kultur, wenn sie auch noch eine wesentliche Beschäftigung der Mehrzahl der Bewohner dieser Gebiete bildet, nicht in einem blühenden Zustande sein, da sie überdies durch das rauhe nordische Klima zu beiden Seiten des 58. Parallelkreises nicht begünstigt wird; denn die Luft ist zwar in dem westlichen Theile wegen des vielen offenen Landes und trockenen Bodens meistens heiter, rein und gesund, aber in dem östlichen Theile an der Unscha und Wetluga wegen der nassen Waldungen sehr dunstvoll und noch rauher. Roggen und Gerste geben eine vier- und fünffache Erndte, höchstens eine sechsfältige; Weizen, Sommerroggen, Hafer und Erbsen geben meistens nur einen drei- bis vierfachen Ertrag. Dagegen werden Flachs und Hanf überall gebaut, sie gewähren zwar nur einen dreifachen Ertrag, sind aber doch eine weit vortheilhaftere Kultur als Getreidebau [61]). Der Flachsbau, sagt Georgi, welcher diese Gebiete vornehmlich durchwanderte, ist hier ein bereicherndes Hauptgewerbe der Landleute, man sieht überall große, Kornfeldern gleiche Flachsfluren. Den ersten Saamen erhalten die Landleute aus Alt-Nowgorod, der, wenn er im vierten Jahre ruht, sechs Jahre gut ist; dann aber verliert er und muß durch neuen ersetzt werden. Die besten Flachsfelder sind niedriges, mergeliges Mulmland [62]). Diese Flachs- und Hanfkultur, deren Behandlung uns jener Reisende genauer schildert, bildet nun ein wichtiges Element für die Thätigkeit der Städtebewohner dieses Gebietes, denn in Jaroslawl und Kostroma befinden sich sehr bedeutende Fabriken zur Verarbeitung von Hanf und Flachs für die Bedürfnisse der russischen Marine, ähnlich wie es auch in Kaluga an der Oka der Fall ist [63]).

So wie die nordwestlichen Theile von England oder die Gegenden von Birmingham und Manchester die eigentlichen Fabriklandschaften und die Heimath der Industrie genannt werden können, so sind dies für das östliche Europa die Gebiete

61) Georgi, geograph. Beschreibung II, 1. S. 185, 187, 207.

62) Georgi, Reisen II. S. 896.

63) Storch, historische Zeitschrift für Rußland V, 2. S. 78. Historisches Gemälde des russischen Reiches II. S. 320 bis 324.

von Jaroslawl und Kostroma, woran sich noch mehrere andere Eigenthümlichkeiten anschließen [64]). Hier ist das wahre Spinnerland der Russen; die eigenthümliche Industrie der Damast- und Leinenweberei ist hier vornehmlich zu Hause, und wird in den beiden Hauptstädten dieses Gebietes im großartigsten Maaßstabe betrieben. Auch in den kleinern Städten und Dörfern beschäftigen sich viele Tausende mit der Zurichtung des rohen Stoffes des Flachses und Hanfs und mit dem Garnspinnen, wozu schon Kinder benutzt werden, während die Männer und Weiber sich in den Leinwandfabriken als Weber vermiethen. Für diese geübten periodischen Weber, welche nur in den Wintermonaten arbeiten, stehen in den Fabriken immer Webergestelle in Bereitschaft [65]). Dazu rühmt Georgi in jenen beiden Städten so wie auch in Kasan die Fabriken von Juften, welche zu den wichtigsten im ganzen russischen Reiche gehören, nehmlich die rothen, welche von Rinderhäuten, und die schwarzen Juften, welche von Pferdehäuten bereitet werden [66]). Über alle Dorfschaften dieses Gebietes ist der Gewerbefleiß und technische Betriebsamkeit verbreitet. Ein großer Theil der Landleute beschäftigt sich mit der Verarbeitung von Holz, Eisen, Leder, Tuch auf die mannigfaltigste Weise; alle Acker- und Hausgeräthe werden von ihnen selbst aus Sumpfeisenstein verfertigt, die Bewohner der waldigen Gegenden an der Wetluga schnitzen und drechseln alle Arten von Haus- und Küchengeräthen; wo die Linden häufig sind, wird deren Bast zu Matten verwebt und in großer Menge ausgeführt [67]). Andere verfertigen irdene Geschirre, Seile, Pferdegeschirre, Wagen, Pelzkleidungen und anderes, und durch Fertigkeit und leichten Absatz sind ihre Produktionen wohlfeil, dauerhaft und von gutem Ansehn und werden weit hin verführt. Der durch Kostroma und Jaros-

---

64) Iwanow, über die Geschichte und den gegenwärtigen Zustand der russischen Manufakturen, in den Dorpater Jahrbüchern 1834. Th. III. S. 449 bis 471.

65) Georgi, geograph. Beschreibung II, 1. S. 188, 210.

66) Georgi, Reisen II. S. 893.

67) Storch, Gemälde des russischen Reiches III. S. 68, 78, 101, 229 bis 232.

lawl hindurchgehende Handelsverkehr auf der wolgischen Wasserstraße muß auf die innere Betriebsamkeit dieser Landschaft wohlthätig zurückwirken, und muß wiederum beide Städte als Stapelplätze des Transitohandels, wo der Süden und Norden und der Osten und Westen ihre Produkte gegenseitig austauschen, so wie als Mittelpunkte des einheimischen Verkehrs sehr beleben. Wenn daher die Engländer schon im sechzehnten Jahrhundert [68]), lange vor der großen Umgestaltung des Völkerlebens in Rußland, den Handelsverkehr in Jaroslawl rühmen konnten, so muß dies jetzt noch weit mehr der Fall sein, und hier wie in Kostroma schätzt man den Werth der jährlich verschifften Waaren über 4 Millionen Rubel [69]).

Mit der Naturbeschaffenheit des hier betrachteten Gebietes und mit der besondern Thätigkeit seiner Bevölkerung hängt die eigenthümliche Erscheinung genau zusammen, daß, wie es von manchen Landschaften des westeuropäischen Alpensystemes bekannt ist, ein nicht unbeträchtlicher Theil der Bewohner auf bestimmte Zeiten seine Heimath verläßt, und des Erwerbes wegen nach andern Gegenden auswandert. Schon seit ältern Zeiten findet man, daß die arbeitsfähigen Mannsleute von 15 bis 50 Jahren aus den Gebieten von Jaroslawl und Kostroma nach der Wolga, nach den Residenzstädten Petersburg und Moskau und andern großen Provinzialstädten auswandern, um als Arbeitsvolk, Fuhrleute, Maurer, Zimmerleute und Schiffer sich etwas zu verdienen [70]). Vornehmlich ist es den Bewohnern von Jaroslawl und Rostow eigen, daß sie als Gärtner unter den Benennungen als Selentschiki und Ogorodniki d. h. Leute, die mit Grünem handeln oder Küchengärtner, nach Petersburg gehen, in kleinen Gesellschaften sogenannte Gartenländer auf einige Jahre sehr theuer pachten, und auf ihnen mit außerordentlichem Fleiße und Geschicklichkeit in dem rauhen Klima alles, auch das empfindlichste Gartenwerk, in großer Menge, von vorzüglicher Güte und sehr früh erzielen,

---

68) **Hakluyt**, the principal navigations and voyages I. p. 251.
69) Rußlands Wasserverbindungen. S. 129.
70) Heym, Encyklopädie S. 240, 384.

und ihre Produkte auch den ganzen Winter hindurch zu erhalten wissen [71]). Georgi glaubte wegen dieser eigenthümlichen Lebensart die Bewohner von Galitsch mit den schwedischen Dalekarlen vergleichen zu dürfen [72]). Ganz besonders nimmt aber die Schifffahrt auf der Wolga die Thätigkeit dieser Leute in Anspruch. Schon der Bau der Fahrzeuge auf der Wolga, von welchen selbst zu Anfange dieses Jahrhunderts jährlich an 5000 gezimmert wurden, beschäftigt eine große Menge von Menschen in den Wäldern, auf den Sägemühlen und Werften an den zahlreichen Zuströmen zur Wolga in den waldreichen Landschaften ihres obern und mittlern Laufes; an der Wolga, Kama, Oka, Wjätka und ihren Seitenarmen giebt es große, reiche Dörfer, welche blos von Schiffszimmerleuten bewohnt werden, bei welchen die Landwirthschaft nur ein Nebengewerbe der Weiber ist [73]). Viele tausend Schiffsleute, die sogenannten Burlaki, werden dann zur Bemannung der Barken und zum Hinaufziehen derselben gebraucht, und dazu kommen die mannigfaltigen Nahrungszweige, welche für eine auswanderungslustige und betriebsame Population durch den Aufenthalt der Fahrzeuge in den an der Wolga gelegenen Städten und Pristanen (Flußhäfen) verursacht werden. Das Schiffsvolk besteht größtentheils aus Bauern, welche aus jenen Gegenden mit Pässen versehen vom Frühling bis in den Herbst auswandern. Sie vermiethen sich gewöhnlich in geschlossenen Gesellschaften (Artels) und machen ihren Kontrakt für jede Reise und oft für jede Station besonders. Nach beendigter Fahrt kehren sie ebenfalls truppweise und zu Fuß nach ihren, oft mehrere hundert Meilen entlegenen Wohnsitzen zurück. Der Prikaschtschik oder Aufseher eines Fahrzeuges ist ein betrauter Officiant des Befrachters, der die Ladung empfängt und abliefert, die Schiffer miethet und bezahlt und während der Reise den Befehl über sie führt [74]). Die Landwirthschaft solcher Landleute bleibt den Weibern, Alten und Kindern überlassen, kann daher nicht im

71) Georgi, geograph. Beschreibung II, 1. S. 189.
72) Georgi, Reisen II. S. 889.
73) Storch, Gemälde des russ. Reiches III. S. 93 bis 101.
74) Storch, Gemälde VII. S. 11, 12.

blühenden Zustande sein, und ist selbst für die heimischen Bedürfnisse nicht ausreichend. Die Zurückkehrenden aber können für das erworbene Geld das fehlende Getreide kaufen, davon ihre Abgaben entrichten und auch den Winter über mäßig und gut leben. Doch soll, wie Georgi bemerkt, trotz dieses nicht unerheblichen Gewinnstes und ungeachtet die Ausfuhr der einheimischen Fabrikate gegen die Einfuhrartikel so überwiegend ist, bei dem Landvolke nur ein mäßiger Wohlstand herrschen, theils weil das stärkste Arbeitsvolk dem Ackerbau entzogen wird, theils weil das im Sommer Gewonnene im Winter häufig verschwendet wird [75]).

Von Kostroma an, wo die Wolga durch zwei nah gegenüberstehende Bergufer etwas eingeengt wird, gewinnt sie weiter abwärts wieder ein 5 bis 10 Werst und zum Theil noch breiteres Gestade; an 5 bis 6 Meilen weit setzt sie ihren Lauf gegen Südost fort, und wendet sich dann, wie zwischen den beiden Städten Jaroslawl und Kostroma, zum zweitenmale gegen Osten, wo sie bei dem Stapelplatze Kineschma [76]), an ihrem südlichen rechten Ufer und an 100 Werst unterhalb Kostroma gelegen, vorübereilt, bis sie erst bei dem Städtchen Jurjewez nach Süden umbiegt, wie um der Vereinigung mit ihrem rechten großen Seitenarm, der Oka, entgegen zu kommen. Jurjewez oder Jurjew Powolsky d. h. an der Wolga gelegen, im Unterschiede von andern gleichnamigen Städten so genannt, steht am Abhange des rechten, erhabenen Stromufers, und soll, wie auch der Name darauf hinweiset, von einem Fürsten Jurje von Nischnei Nowgorod erbaut worden sein. Durch seinen Beinamen unterscheidet es sich vornehmlich von der Stadt Jurjew Polsky d. h. in dem Blachfelde oder in der Steppe gelegen, welche schon von dem Großfürsten Jurje Wladimirowitsch Dolgoruky nur wenige Meilen ostwärts von Perejaslawl Salesky um die Mitte des zwölften Jahrhunderts gegründet wurde [77]). Wahrscheinlich ist unter dem in der Tradition ge-

75) Georgi, geograph. Beschreibung II, 1. S. 209, 210.
76) Rußlands Wasserverbindungen. S. 129.
77) Karamsin, ruß. Geschichte II. S. 232.

nannten Fürsten Jurje der wladimirsche Großfürst Jurje II. Wsewolodowitsch, der Erbauer von Nischnei Nowgorod, um die Zeit des Tataren-Einbruches in Rußland zu verstehen, so daß die Entstehung von Jurjewez Powolsky erst dem dreizehnten Jahrhundert angehören würde, wenn gleich Tatischtschew ihre Gründung dem ältern Jurje Dolgoruky um 1150 zuzuschreiben scheint [78]). Noch jetzt erheben sich über die Stadt die Überreste der alten von jenem Fürsten erbauten Festung, in Mauern, Gräben und Wällen bestehend, die eine quellreiche Fläche zwischen zwei Regenklüften von 200 Klaftern Länge und Breite umfassen. Die Schifffahrt auf der Wolga und ein geringer Kornhandel bilden das Hauptgewerbe der Bewohner von Jurjewez [79]). Ihr gegenüber mündet sich der zweite nördliche Zustrom dieses Gebietes, die Unscha, in den wolgischen Hauptstrom ein.

Die Unscha entspringt in einem morastigen Walde mitten auf dem großen nordischen Uwalli aus zahlreichen Quellströmen, welche, sämmtlich zwischen dem 59 und 60° N. Br. im Südosten von Totma an der Suchona und im Nordosten von Solgalitschkaja liegen, und von dort ergießt sie sich in vollkommenem Parallelismus mit den eigentlichen Quellströmen der Wolga und deren linken Zuflüssen auf eine Strecke von 25 Meilen Weges von Nordwest nach Südost hinab, und geht in dieser Richtung bei dem Städtchen Kologriw vorüber. An der rechten Seite bringt sie einen kleinen Flötzrücken mit, der sie bis zur Wolga begleitet, und von demselben erhält sie abwechselnd 8 bis 12 Klafter hohe, zum Theil abgestürzte Ufer, deren Abhänge mit Dorfschaften besetzt sind. Die Uferflötze sind erfüllt mit mancherlei versteinertem Holz- und Pflanzenwerk, Felsenbrocken und zahlreicher versteinerter Meeresbrut, wie Ammonshörner, Gryphiten, Nautiliten und Belemniten, von welchen letztern durch die Frühjahrsfluth häufig einige von der Größe eines Kinderarmes ausgewaschen werden. Die linke niedrige Flußseite ist ganz unbewohnt und mit Waldungen bedeckt.

78) Storch, Materialien I. S. 58.
79) Georgi, Reisen II. S. 869.

Das Flußgestade hat abwechselnd eine Breite von 2 bis 10 Wersten, und ist theils mit Gebüsch besetzt, theils offene Wiese. Die Unscha fließt schnell, ihr Grund ist sandig, lettig und das Wasser nicht sehr hell, aber reich an kleinen Wolga-Fischen [80]). An 7 bis 8 Meilen unterhalb Kologriw, gegen den 58° N. Br., wendet sich aber die Unscha plötzlich unter rechtem Winkel gegen Südwest um, und durchfließt wieder eine Strecke von 20 Meilen Weges in gerader Richtung, bis sie sich nach einem Laufe von 400 Werst in die Wolga einmündet. In dieser untern Hälfte ihres Laufes liegt ungefähr in der Mitte das Städtchen Unscha auf dem rechten, hohen Ufer, und es soll dasselbe erst im Jahre 1439 bei Gelegenheit der Flucht des heiligen Makarius vor den Tataren erbaut sein, als derselbe sich mit seinen Mönchen auf einer Höhe zwischen zwei Regenklüften vertheidigte, die er durch einen Graben verband. Auf dieser Stelle steht noch jetzt die Hauptkirche des Ortes [81]). Denn an zwei Meilen unterhalb Unscha liegt auf derselben westlichen Uferseite das Kirchdorf und Kloster Makariew, welches zum Unterschiede von dem berühmten gleichnamigen Orte an der Wolga auch den Namen Makarewoi Unschinskoi Monastir führt, und erst in den neuern Zeiten wegen seiner Bevölkerung und lebhaften Handelsverkehrs zur Kreisstadt gemacht worden ist. Das Kloster ist mit sieben schönen Kirchen von Stein prächtig erbaut, und in einer derselben befindet sich ein metallener Sarg mit den Gebeinen des heiligen Makarius, der auf seiner Flucht vor den Tataren von der Wolga her an diesem Orte starb. Die Stadt hat den Handel mit den Landesprodukten der ganzen Umgegend, daher ist nicht nur der hiesige Jahrmarkt im Juli, sondern auch der Wochenmarkt sehr lebhaft und von Kaufleuten aus Kostroma, Jaroslawl und andern Orten besucht [82]). Die Unscha hat hier schon eine Breite von 30 Klaftern, und im Frühlinge können selbst ansehnliche Boote bis nach Kologriw hinaufgehen.

80) Georgi, Reisen II. S. 873.
81) Georgi, Reisen II. S. 874.
82) Georgi, Reisen II. S. 870.

Von der Einmündung der Unscha an wendet sich die Wolga gerade nach Süden auf eine Strecke von etwa 7 Meilen und nimmt dann erst ihre Richtung nach Südost wieder an. Hier verläßt die Wolga die Landschaft Kostroma und betritt das vierte an ihren Ufern sich ausbreitende Gouvernement Nischnei Nowgorod. Wenn man von Osten, von Kasan her, dem Laufe der Wolga aufwärts folgt, wie Georgi berichtet, welcher an den Ufern dieses Stromes von seinem Deltalande an über Kasan und Nischnei Nowgorod bis nach dem oben genannten Jurjewez Powolsky und nach einem nördlichen Umwege über Makariew und Galitsch wieder von Kostroma bis nach Jaroslawl entlang reisete, so hört das Bergufer dieses Flusses, welches unterhalb Nowgorod sich ununterbrochen an der rechten Seite desselben ausdehnt, mit der Oka in diesem steten Zusammenhange auf. Die Wolga hat von hier bald an der einen, bald an der andern Seite, bald an keiner, bald auch an beiden zugleich, einzelne kürzere oder längere Strecken flötziger Hügelrücken, welche meistens mit den einfallenden Flüssen herabkommen, aber sich auch zum Theil ohne Zusammenhang auf der Fläche von selbst erheben. Diese bleibt an der linken Seite bis nach Kostroma hinauf waldig, an der rechten ist sie wegen ihrer ziemlichen Fruchtbarkeit mit kleinen Ackerdörfern besetzt. Das Flußgestade erhebt sich an vielen Orten ohne ein bestimmtes Ufer gegen die höhern Flächen, weshalb auch dessen Überschwemmung von so abwechselnder Breite ist. Es gleicht sonst an kleinen Wäldern von Laub- und Nadelholz, einzelnen hohen Stellen, die zum Theil mit Dörfern besetzt sind, Wiesen, Mooren und Brüchen dem Gestade des untern Flusses, und giebt auch wie dasselbe dem Flusse zwei bis fünf Klafter hohe, thonige Ufer. Die eigentlichen und großen Wolga-Dörfer stehen auf den hügligen Ufern, die der Fluß berührt, also bald auf der einen, bald auf der andern, meistens aber an der rechten Seite [83]). Nur in dem Winkel der südöstlichen Umbiegung der Wolga befindet sich auf ihrem linken Ufer eine an 10 Werst weit sich erstreckende Flötzhügelreihe, die sogenannten

83) Georgi, Reisen II. S. 859.

Balaklanowa Gora, die an 15 Faden emporsteigen, und an deren Abhang das Dorf Gorodez liegt [84]). Das Dorf hat seinen Namen von den Wällen einer ehemaligen Festung (Gorodischtsche), welche in demselben auf dem hohen Ufer liegt. Ein drei bis vier Faden hoher Erdwall mit einem Graben schließt eine Bergfläche von 600 Klaftern Länge und gegen 500 Klafter Breite an das Ufer, während ein etwas geringerer Wall einen Platz von 400 Klaftern im Durchmesser an das östliche Ende der Festung und an die Wolga anschließt. Der Hauptplatz enthält trotz seiner Höhe einen quelligen Teich, um welchen ein Theil des Dorfes und die älteste Kirche desselben steht. Viele Gruben befinden sich daselbst, vielleicht von frühern Wohnungen, nirgends aber Steinschutt. Auf dem Walle stehen einige, wenigstens zweihundertjährige Fichten. Nach einer Überlieferung hat der Fürst Feodor Wasiljewitsch von Nischegorod diese Festung in der Mitte des dreizehnten Jahrhunderts gegen die Tataren angelegt und Maloi Kidesch genannt, sie sei aber vor ihrer Vollendung von dem bekannten Batu-Chan erobert worden [85]). Darum habe der Fürst nachher Bolschoi Kidesch an dem kleinen Kirsencz-Flusse, der sich unterhalb Nischegorod von Norden her in die Wolga ergießt, befestigt, sei aber in einem Treffen mit Batu geblieben. Das ansehnliche Dorf Gorodez, fast ohne Ackerland, lebt eigentlich nur von seiner Industrie. Die Bauern betreiben alle möglichen Gewerbe, deren Erzeugnisse wegen ihrer Güte gesucht werden; auch sind sie ausgezeichnet im Schiffbau, welches ihr Hauptgewerbe ist, befrachten die Fahrzeuge mit Getreide und verkaufen beides in den Stapelplätzen an der Wolga [86]). Merkwürdig ist hier zugleich das Kloster der Feodorowschen Muttergottes, welches mit zwei Kirchen an dem alten Wall im Felde steht. Denn der tapfere und berühmte Großfürst Alexander Newsky

84) Georgi, geograph. Beschreibung I. S. 274.

85) Solcher Fürst Feodor Wasiljewitsch hat aber nie existirt, am wenigsten in jener Zeit, und jedenfalls findet da eine Verwechselung statt, um so mehr als das damals eben erst gegründete Nischegorod noch keine eigenen Fürsten hatte.

86) Georgi, Reisen II. S. 863.

Newsky ließ sich in demselben vor seinem Ende zum Mönch einkleiden, und starb hier in diesem Stande im Jahre 1263 [87]). Seine Zelle ward in eine Kapelle verwandelt, in deren Altartafel der Großfürst in Lebensgröße als Mönch abgemalt steht. Die Leiche ward zunächst nach dem Herrschersitze Wladimir geführt und später, im Jahre 1724, in dem Newskischen Kloster bei Petersburg beigesetzt [88]).

Als ein schon ansehnlicher Strom von ungefähr anderthalbhundert Faden Breite geht die Wolga unterhalb jener linken Uferhöhen in südöstlicher Richtung bei dem Stapelplatze Balachna vorüber. Balachna liegt auf einem niedrigen, sandigen, von Süden herkommenden Landrücken auf dem rechten Ufer des Stroms, so daß der Ort bei der Frühjahrsfluth der Wolga meistens von Wasser umgeben wird. Früher noch ansehnlicher durch die dortigen Salzquellen, welche jetzt aber erschöpft sind [89]), erhält sich derselbe nur durch den Verkehr auf der großen Wasserstraße der Wolga, indem hier Getreide, Salz, Leinwand und Hausgeschirre, deren Werth sich auf eine Million Rubel beläuft, verladen werden [90]). Nur an 32 Werst unterhalb nimmt die Wolga ihren rechten, großen Seitenarm, die Oka, von Südwesten her in sich auf.

Das Oka-System.

So wie uns der bisher betrachtete obere Lauf und der obere Theil des mittlern Laufes der Wolga durch Gebiete geführt hat, welche nun zwar schon seit Jahrhunderten völliges Besitzthum des slavischen Volksstammes, aber in den frühern Zeiten und wohl noch vor dem Schlusse des ersten Jahrtausends unserer Zeitrechnung von verschiedenen Zweigen des finnisch-ugrischen Volksstammes bevölkert gewesen sind, so daß sich hier erst ein verjüngtes und gleichsam erst versetztes slavisches Volksleben entwickelt hat, welches, wie die Erfahrung lehrt,

87) Storch, Materialien I. S. 58.
88) Georgi, Reisen II. S. 865.
89) Georgi, Reisen II. S. 860.
90) Rußlands Wasserverbindungen. S. 129.

nicht zum Nachtheil der reinen slavischen Volksthümlichkeit eingetreten ist: so führt uns nun die Oka mit ihren Verzweigungen in die Mitte der Heimath der Russen hinein und in die uralte Heimath des slavischen Volksstammes, wenn gleich ihr unterer, dem Stromthal des sarmatischen Hauptflusses genäherter Theil gleichfalls noch den Charakter jenes bisher betrachteten Theiles der Wolga trägt, und nicht blos ein erst slavisch gewordenes ugrisches Land genannt werden muß, sondern auch noch manche Überreste dieses Stammes in seinen Uferlandschaften beherbergt. Aber es leitet uns doch der Lauf der Oka durch ein Gebiet, wo über ein halbes Jahrtausend lang oder seit der Zeit kurz vor dem Einbruch der wilden mongolischen Schaaren bis auf Peter den Großen die Herrschersitze des russischen Staates wie in Wladimir und Moskau aufgeschlagen waren, und schon daraus ergiebt sich die Wichtigkeit dieses Stromgebietes und seiner Landschaften für die Entwickelung der Bewohner jenes Staates. Man kann sagen, daß an den Ufern der Oka das russische Volk sein Mittelalter verlebt habe, wo dasselbe durch die Khane der goldenen Horde einer strengen und harten Zucht unterworfen eine Zeit der Trübsale verlebte, in welcher die glanzvollen Tage der Kindheit an den Ufern des Dnepr verlebt fast vergessen wurden. Zwar ging hier von dem Herzen der weiten sarmatischen Ebenen auch die Erhebung des russischen Volkes aus, zwar konnte von hier aus wohl Asiens Übermacht über Europa gebrochen und die wilde tatarische Herrschaft in den europäisch-asiatischen Grenzmarken zertrümmert werden, aber noch war mit diesem äußern Erheben nicht das innere Erwachen gegeben. Der Staat mußte hier als Rückwirkung der Zeit asiatischer Herrschaft einen asiatischen Charakter behalten, das Mittelalter Rußlands konnte erst aufhören, als mit dem Erringen eines neuen Bodens fern von den orientalischen Grenzen, und seinem alten Grund und Boden entrückt, an den Ufern des baltischen Meeres der russische Staatsgeist durch den Hauch germanischen Lebens sich wieder verjüngte.

Die Oka, deren Name, wie sich aus den ältesten russischen Annalen zu ergeben scheint, sicher slavischen Ursprungs ist und außer welchem uns kein anderer bekannt ist, durchströmt auf eine Strecke von 600 oder mit den Krümmungen an 1000 Werst zum Theil die reichsten Landschaften Rußlands. Sie bildet mit ihren vielfachen Verzweigungen ein eigenes großes Flußsystem, welches, wenn es auch nicht mit dem der Kama, dem nördlichen Nebensystem der Wolga, rücksichtlich des Hauptstromes zu vergleichen ist, doch demselben an Umfang des Areals nahe kommt und viele ansehnliche westeuropäische selbstständige Flußsysteme übertrifft. Denn die Oka bewässert an sieben russische Gouvernements, welche zu den fruchtbarsten und bevölkertsten gehören, nehmlich Orel, Tula, Kaluga, Moskau, Wladimir, Rjäsan und Nischnei Nowgorod, und dazu kommt noch ein großer Theil des Gouvernements Tambow. Ihr Flußsystem breitet sich von Westen nach Osten oder aus der Gegend von Smolensk bis zur Sura hin, die bei Pensa vorüber nordwärts zur Wolga abfließt, an 100 Meilen weit aus, und von Südwest nach Nordost, welches die Hauptrichtung ihres Thales ist, von den Quellen bis zur Einmündung bei Nischegorod an 90 Meilen weit. Die Stadt Rjäsan an ihren Ufern, nur einige 20 Meilen im Südosten von Moskau gelegen, liegt gerade in der Mitte dieses Systemes, welches ein Areal von 6000 □Meilen umfaßt 1). Wenn auch der obere Theil dieses Flusses in der Richtung von Süden nach Norden geht, so ist doch die Normaldirektion der Oka von Südwest nach Nordost ähnlich wie die der Kama, obgleich in umgekehrter Richtung, und beide würden unter rechten Winkeln die große Thallinie der Wolga, die von Nordwest nach Südost geht, durchschneiden.

Durch die Oka greift die Wolga zwischen den pontischen Stromsystemen des Dnepr und Don in den Süden der sarmatischen Ebenen hinein, und kann dort auch die Kommunikationen durch jene beiden Gewässer mit dem pontischen Meere darbieten. Die beiden Quellbäche der Oka, welche Oka und Otschka heißen, liegen fast im Meridian von Twer an der obern Wolga bei dem Dorfe Otschki oder Otschkow unter 52° 20′ N. Br. und 54° O. L. im Nordwesten der ukrainischen

1) Schubert, Statistik des russischen Reiches S. 130.

Stadt Kursk, und zwar auf einem niedern flachen Landrücken, welcher, wie Georgi meint[2]), vom Ural bei Samara aus die westlichen Ebenen durchsetzen soll. Läßt sich nun auch nicht das Dasein eines solchen Landrückens, der ein kleines Analogon des nordrussischen Uwalli bilden würde, bestimmt nachweisen, da derselbe wenigstens durch zwei große Stromsysteme wie der Wolga und des Don völlig durchbrochen sein würde, so erkennt man doch auf jeden Fall, daß sich unter dem 52 bis 54 Parallel eine Reihe niederer, wasserscheidender Höhen hinzieht, welche für die stets nach entgegengesetzten Seiten ablaufenden wolgischen und donischen Zuflüsse charakteristisch genug hervortreten[3]), während weiter westwärts unter derselben Breite jenseit des Dnepr die große litthauische Sumpfniederung am Pripiec eintritt. Denselben quellreichen Anhöhen im Nordwesten von Kursk, denen die Oka entströmt und deren Quellen nur an 80 Meilen von den pontischen Gestaden entfernt liegen, entfließt ostwärts auch die Sosna zum Don, und gegen Süden und Südwest ergießen sich zahlreiche Quellströme, welche durch den bei Kursk vorübergehenden Sem westwärts zur Desna und so zum Dnepr abgeführt werden. Nirgends zeigen sich bedeutende relative Erhebungen, die Oka fließt ohne alle Fälle und Stromschnellen, sie ergießt sich während ihres ganzen Laufes nur durch eine mehr oder weniger wellige Ebene, wo sich nur an den Flußufern die bekannten Erhebungen zeigen, und aus der geringen Höhe Moskaus über dem Meeresspiegel, die nur an 76 Toisen oder 456 Fuß beträgt[4]), erhellt klar genug, daß hier auch keine große absolute Erhebung statt findet.

Schon bei der Stadt Orel, unter 53° N. Br., nur 65 Werst von ihren Quellen abwärts an der Aufnahme ihres

2) Georgi, Reisen II. S. 835. Vergl. besonders Szujew, Reise von St. Petersburg nach Cherson I. S. 96, 97. Nach Szujews Aussage besteht jene Gegend aus einer offenen, fruchtbaren, aber steppenmäßigen Ebene, die jedoch ziemlich erhaben liegen müsse, weil man beim Brunnengraben nur erst in einer Tiefe von fünf bis sechs Faden auf Wasser stoße, welches überdies wegen des unterhalb befindlichen weichen Thonbodens trübe sei.

3) Szujew, Reise von Petersburg nach Cherson I. S. 74.

4) Humboldt, fragmens asiatiques II. p. 313.

linken Zustromes Orel ist die Oka schiffbar. Sie hat daselbst eine Breite von 30 Faden, und ihr rechtes Ufer steigt hier über 15 Faden empor, aus Sandstein- und Kalksteinmassen bestehend, so wie überhaupt an der rechten Seite das Bergufer der Oka sich entlang zieht [5]). Die Oka ist schon hier sehr fischreich, und sie würde auch noch weiter aufwärts befahren werden können, wenn dort nicht Mühlendämme angelegt wären; doch hat man noch in den letzten Zeiten bei Orel einen Damm gebaut, um die Sommerschifffahrt zu erleichtern und das Wasser zu heben, da einige kleine Untiefen, die sie stellenweise hat, den Flußfahrzeugen Hindernisse in den Weg stellten [6]). Die Stadt Orel, auf der Halbinsel zwischen der Vereinigung der Oka mit dem Orel gelegen, ist erst seit dem Jahre 1778 zu einer Gouvernementsstadt erhoben, da sie bis dahin nebst ihrem Gebiete einen Theil des Gouvernements Bjelgorod am obern Donez bildete, und diese selbstständige Landschaft Orlow wurde auch vom Kaiser Paul 1796 bestätigt [7]). Wegen seiner günstigen Lage ist Orel seit den jüngern Zeiten ein sehr blühender und volkreicher Ort geworden, indem er für die gegen Osten, Süden und Südwest angelagerten kornreichen Landschaften der Stromgebiete des Don und Dnepr zum Stapelplatze dient, von wo deren Produkte auf der Wasserstraße der Oka abwärts sowohl nach Moskau als auch nach den andern wolgischen Handelsstädten verfahren werden [8]). Durch eine wellige, fruchtbare und zum Theil auch waldige Gegend strömt die Oka in gerader nördlicher Richtung fort und nimmt von beiden Seiten viele kleine aber wasserreiche Nebenflüsse in sich auf; so von der rechten Seite die Suscha, welche unterhalb des nicht unbeträchtlichen Stapelplatzes Mzensk nur an 5 bis 6 Meilen von Orel abwärts sich in die Oka einmündet [9]). Darum wächst ihre Breite auch bald bedeutend an, und bei

---

5) Güldenstädt, Reisen durch Rußland II. S. 433 bis 435.

6) Rußlands Wasserverbindungen. S. 105.

7) Georgi, geograph. Beschreibung II, 2. S. 614.

8) Klaproth, Reise in den Kaukasus I. S. 105. Georgi a. a. O. II, 2. S. 619.

9) Szujew, Reise von Petersburg nach Cherson I. S. 76.

dem Eintritt in das Gouvernement Kaluga, ungefähr unter 54° N. Br., beträgt dieselbe schon an 50 Faden [10]). Dort ist es zugleich, wo man schon seit längerer Zeit durch zwei von Osten und Westen her in die Oka sich einmündende Zuflüsse diesen Strom mit dem Don und dem Dnepr in Verbindung zu setzen gesucht hat. Wir hätten also hier, kaum 20 Meilen im Norden von dem Handelsorte Orel, die Stelle, von welcher die beiden südlichen großen Wasserstraßen von der Wolga aus vermittelst der Oka zum pontischen Meere hinführen, obgleich leider beide Passagen bis jetzt nicht zur Ausführung gebracht sind.

Die gesammte Umgebung von Orel zeigt ein merkwürdiges Durcheinandergreifen der zahlreichen und zum Theil schiffbaren Quellströme der Oka mit denen des Don und Dnepr, und mit Recht macht Güldenstädt [11]) an verschiedenen Stellen seines Reiseberichtes auf die leicht mögliche Verbindung der entgegengesetzten Wasserläufe dieses Gebietes von Orel, das sich westwärts bis zur Desna, einem Nebenfluß des Dnepr, und ostwärts bis zum Don ausbreitet, aufmerksam. Jene beiden Zuströme zur Oka sind von Osten her die Upa, die sich gerade unter 54° N. Br. in ihren Hauptfluß einmündet, und von Westen her die Schisdra, deren Ausmündung nur wenig weiter abwärts ist. Sie bilden beide die Hauptgewässer der Gouvernements Tula und Kaluga, welche sich zu beiden Seiten der Oka ausbreiten.

Es scheint ein Lieblingsplan Peter des Großen gewesen zu sein, die Wolga mit dem Don in Verbindung zu setzen [12]), und ist erklärlich aus seinem ursprünglichen Bestreben die russische Herrschaft an den pontischen Gestaden zu begründen, ehe er noch die sichere Aussicht hatte bei Schwedens damaliger Übermacht sich an den baltischen Gestaden festsetzen zu können. So wie er daher mit dem Versuche begann die untere Wolga mit dem untern Don zu verbinden, so wurde ein ähnlicher Versuch

10) Rußlands Wasserverbindungen. S. 105.
11) Güldenstädt, Reisen durch Rußland II. S. 435.
12) Rußlands Wasserverbindungen. S. 1, 2.

und zwar an zwei verschiedenen Stellen von der Oka aus zum obern Don hin gemacht. Denn theils sollte ein östlicher Zustrom zum obern Don mit der mittlern Oka in Verbindung gesetzt werden, theils die Don-Quelle selbst mit der obern Oka vermittelst der Upa. Diese letztere entspringt ganz in der Nähe des obern Don im Südosten der Stadt Tula, bei welcher sie vorüberströmt und etwas oberhalb derselben von Osten her den kleinen Zustrom Schat empfängt. Dort liegt nun der kleine Johannes-See (Iwanowskoe Osero) unter 54° N. Br. und 55° 50′ O. L., welcher, wie man meinte, die Quellen des Don, der gegen Südosten abfließt, und die des Schat, der gegen Westen abfließt, enthalten sollte [13]). Deshalb nahm dieser See Peters Aufmerksamkeit in Anspruch, und er glaubte in Verbindung mit seinen andern Arbeiten bei Wyschni Wolotschok auf solche Weise eine sehr bequeme Vereinigung des kaspischen, pontischen und baltischen Meeres zu Stande bringen zu können. Daher wurde der Johannes-See gereinigt, seine Ufer in der Form eines länglichten Viereckes mit einem Erddamm umgeben, der Ursprung des Don und des Schat durch Erhöhung der Ufer in Kanäle umgewandelt und an diesen Flüssen steinerne Schleusen errichtet. Die Arbeiter bei diesem Werke, das gleichzeitig mit dem Beginn des nordischen Krieges unternommen wurde, waren meistens kriegsgefangene Schweden. Peter besichtigte das Werk im Jahre 1703, und vier Jahre später waren die Arbeiten so weit gediehen, daß schon gegen 300 Fahrzeuge den Kanal passirten [14]). Dennoch gerieth dieser Iwanow-Kanal in Verfall, und erst ein Jahrhundert später wurde auf Kaiser Alexanders Geheiß diese Arbeit aufs neue vorgenommen. Die zerfallenen Schleusen wurden ausgebessert und neue zugefügt, aber da man nicht genug Wasser für die Schifffahrt bemerkte, wurden seit dem Jahre 1810 die Arbeiten an diesem Kanal gänzlich aufgegeben, und man beschränkte sich auf die Reinigung der Upa für die Schifffahrt. Denn man machte bei genauerer Untersuchung bald die Entdeckung, daß nur von

---

13) Güldenstädt, Reisen II. S. 442.

14) Rußlands Wasserverbindungen. S. 121.

der einen Seite des Sees der Don wirklich ausflösse, von der andern Seite aber kein Fluß, sondern daß vielmehr das Wasser in den See ginge. Dies veranlaßte, daß man den Ursprung des Wassers und auch die Quellen des Schat aufsuchte. Da fand sich, daß das von der einen Seite in den See fließende Wasser aus einer nahe gelegenen Erhöhung oberhalb des Dorfes Iwanowskoje entspringe, und daß eben dieses Wasser, welches auf der entgegengesetzten Seite sich wieder aus dem See ergoß, die eigentliche Quelle des Don bilde. Der Schat aber entspringt weit mehr unterhalb des Iwanowskoe Osero. Daraus erhellt, daß eigentlich kein einziger Fluß aus jenem See entspringt trotz aller frühern Angaben darüber, indem er nur von dem Don durchsetzt wird [15]).

Die Gouvernementsstadt Tula liegt nur wenig unterhalb der Einmündung des Schat in die Upa, wo letztere mit flachen, niedrigen Ufern an beiden Seiten eine Breite von 20 Faden hat. Die Festung der Stadt, welche ein regelmäßiges Viereck von 100 Faden Länge und Breite bildet, und deren Ringmauern aus Quadern und Ziegeln aufgeführt aus der Zeit des Großfürsten Wasilei Iwanowitsch aus dem Anfange des sechzehnten Jahrhunderts herrühren, liegt an dem linken südlichen Ufer der Upa, sie enthält die prachtvolle Kathedrale und die Regierungsgebäude und um die Festung herum ist der Haupttheil der Stadt erbaut, während der kleinere Theil, die eigentliche Fabrikstadt, auf der nördlichen gegenüberliegenden Seite des Flusses liegt [16]). Denn das volkreiche Tula gehört zu den durch ihre Industrie berühmtesten Städten Rußlands. Hier befindet sich die von Peter dem Großen im Jahre 1714 angelegte große Gewehrfabrik, welche bisher dem russischen Heere die meisten Waffen geliefert hat, und die durch ihre Eisen- und Stahlarbeiten weithin berühmt ist [17]). Schon in der zweiten Hälfte

15) Oldekop, Petersburger Zeitschrift 1824. Th. XIII. S. 239, 240.

16) Güldenstädt, Reisen durch Rußland II. S. 442, 443.

17) Clarke, travels through various countries I. p. 181. Clarke nennt diese Stadt das Sheffield von Rußland, obgleich er sich über ihre Arbeiten eben nicht vortheilhaft äußert.

des vorigen Jahrhunderts waren daselbst an 5000 Arbeiter beschäftigt [18]). Dazu kommen viele andere Fabriken und Manufakturen, welche die Stadt zu einem blühenden Handelsorte machen, indem die Erzeugnisse des Kunstfleißes nebst den natürlichen Produkten der Nachbarlandschaften theils zunächst nach Moskau, theils auch zu den großen Ausgangspforten Rußlands am baltischen Meere, Petersburg und Riga, verführt werden [19]).

Unter mannigfachen Krümmungen erreicht die Upa, westwärts fließend, ihren Hauptstrom, die Oka, unter 54° N. Br., und nur wenige Meilen abwärts empfängt sodann die Oka als linken Zustrom die von Südwesten kommende Schisdra, welche zu einer Wasserstraße mit dem Dnepr benutzt werden sollte. Denn die Quellströme der Schisdra liegen nahe benachbart der Bolwa, eines linken nördlichen Zustromes der zum Dnepr gehenden Desna. Sie strömt bei dem Stapelplatze Koselsk vorüber, etwas oberhalb ihrer Einmündung in die Oka, hat dort eine Breite von 25 Faden mit einer Tiefe von einem Faden, und an ihren Ufern werden im Frühjahr Fahrzeuge gezimmert und Holz abgeflößt. Projekte zur Verbindung dieser Schisdra mit der Bolwa durch Kanalbauten sind schon seit dem Anfange dieses Jahrhunderts entworfen und die Pläne davon im Kartendepot des Departements der Wasserkommunikationen vorhanden [20]). Leider sind sie bis jetzt nicht ausgeführt, und doch ergäbe sich hier eine so wichtige Verbindung der innern Landschaften Rußlands mit dem schwarzen Meere, und vornehmlich würden die beiden alten Herrschersitze Rußlands, Moskau und Kiew, die Hauptstädte von Groß- und Klein-Rußland, durch die Verbindung der Wolga und des Dnepr in ihrem mittlern Laufe auf die nächste und leichteste Weise in Kommunikation mit einander gesetzt werden können.

Ununterbrochen setzt die Oka ihren ursprünglichen nach Norden gerichteten Lauf fort, bis sie bei der Aufnahme der Ugra unter 54½° N. Br. plötzlich unter rechtem Winkel nach

18) Szujew, Reise von Petersburg nach Cherson I. S. 45 bis 64.

19) Georgi, geograph. Beschreibung II, 2. S. 406.

20) Rußlands Wasserverbindungen. S. 107, 176.

Osten umbiegt, und dort liegt gleich unterhalb der Ort Kaluga, die dritte große Gouvernementsstadt ihres Gebietes. Die Ugra selbst gehört nicht zu den unbedeutendsten Strömen des Oka-Systemes, ihr Quellgebiet bezeichnet die westlichste Grenze desselben, indem es auf die flache Anhöhe hinführt, welche unter 51° O. L. ganz in der Nähe von Smolensk auch das Quellgebiet der nach Süden zu abfließenden Desna bildet. Dort war früher auch die Grenze des Großfürstenthums Moskau gegen das litthauische Gebiet [21]). Von dort strömt sie mit mancherlei Krümmungen, aber stets nach Osten gewandt zur Oka, welche sie nach einem Laufe von 200 Wersten erreicht. Auf die ganze Strecke ihres bisherigen Laufes von Süden nach Norden wird die Oka an ihrer rechten Seite von Flötzhügelmassen begleitet, welche an 30 und mehr Faden emporsteigen, und welche aus Kalkstein und Konglomeraten petrificirter Muscheln bestehen. Diese Flötzmassen enthalten zum Theil Eisenerze, an welchen auch die ganze Umgebung von Tula und Kaluga nicht arm ist, und bei dem letztern Orte will man auch einige Silbererze entdeckt haben [22]). Die Stadt Kaluga liegt an dem linken, erhabenen Ufer der Oka, und ist gleich ihrer benachbarten Hauptstadt an der Upa ein wichtiger Fabrikort des russischen Reiches [23]). Ähnliche Fabriken in der Verarbeitung von Hanf und Flachs für die Ausrüstung der russischen Marine wie in Jaroslawl und Kostroma befinden sich auch in Kaluga [24]), und dem entspricht auch ein sehr bedeutender Handelsverkehr vornehmlich als Zwischenstation zwischen Orel und Moskau [25]). Übrigens waren die beiden Landschaften von Tula und Kaluga, welche sich von Westen nach Osten an 40 Meilen weit zu beiden Seiten der Oka ausbreiten, seit alter Zeit Theile des Großfürstenthums Moskau, obgleich sie niemals Theilfürstenthümer desselben gewesen sind. So bedeutend

---

21) Karamsin, russische Geschichte VI. S. 195.

22) Güldenstädt, Reisen durch Rußland II. S. 448.

23) Szujew, Reise von Petersburg nach Cherson I. S. 21 bis 27. Georgi, geograph. Beschreibung II, 2. S. 384.

24) Storch, historische Zeitschrift für Rußland V, 2. S. 78.

25) Rußlands Wasserverbindungen. S. 132.

beide Städte auch jetzt sind, so gehören sie doch nur zu den jüngern Ortschaften Rußlands. Wenigstens werden sie in der Zeit vor der tatarischen Herrschaft in Rußland nicht genannt, obgleich in den ältern russischen Annalen bei Nestor und seinen Fortsetzern die Gegend an der Oka bei den vielfachen Fehden zwischen den Fürsten von Wladimir und von Kiew als Kriegsschauplatz so häufig genannt wird, und selbst viele andere jetzt unbedeutendere Ortschaften, wie Mzensk, Koselsk, Kolomna und andere daselbst erwähnt werden [26]). Jene Städte scheinen daher erst während der tatarischen Zeit entstanden zu sein, sie treten erst beim Beginn der neuern Zeit, seit dem Anfange des sechzehnten Jahrhunderts, mit einiger Bedeutsamkeit hervor; sie lagen damals, wie Herberstein bemerkt [27]), an der Grenzmark der russischen Herrschaft gegen das Steppengebiet der tatarischen Horden im Südosten, und der Großfürst Wasilei hielt hier Besatzungen zum Schutze seines Landes gegen die Einbrüche und Überfälle jener Horden, womit denn auch die Errichtung der Festung von Tula zusammenhängt. Was den Ursprung von Kaluga anbetrifft, so scheint derselbe schon ins dreizehnte Jahrhundert zurückzuführen, da die Stadt wenigstens schon mehrmals ihre Lage gewechselt hat. Denn anfangs stand sie an dem kleinen Flusse Kaluschka, nach welchem sie auch benannt ist, und der sich an sieben Werst unterhalb zur Oka ergießt. Dort sieht man noch jetzt die Spuren der ehemaligen Lage, so wie sich etwas näher nach der heutigen Stadt ein altes Gorodischtsche am Flüßchen Jatschenka befindet, das ihre spätere Verlegung beurkundet, ehe sie die jetzige Stelle einnahm [28]). Auf ähnliche Weise führt Tula von der sich ihr gegenüber in die Upa ergießenden Tuliza den Namen. Dort entstand sie aus einem ganz von Schmieden und Eisenarbeitern bewohnten Orte, der daher den Namen Kusnezkaja Sloboda führte, seitdem ihm gegenüber sich die Stadt Tula erhob. Unter diesen

---

26) Nestor, Jahrbücher der russ. Geschichte nach Scherer S. 209, 212, 215, 240.

27) Herberstein, rerum Moscovit. comment. p. 66, 68.

28) Szujew, Reise von Petersburg nach Cherson I. S. 30 bis 33.

Schmieden, welche frühzeitig mancherlei Privilegien von der russischen Regierung erhielten, und welche schon zur Zeit des Zaren Alexei Michailowitsch Feuergewehre zu verfertigen verstanden, war auch die Familie der berühmten Demidows, mit deren Hülfe Peter der Große die Anlegung der Hüttenwerke im Ural begründete [29]. Die Gebiete beider Städte waren bis in die neuern Zeiten Theile von dem ausgedehnten, durch Peter den Großen eingerichteten Gouvernement Moskau, welches den Kern von Groß-Rußland umfaßte, und sie wurden erst durch Katharina II. im Jahre 1777 als besondere selbstständige Gouvernements eingerichtet [30].

Von Kaluga an beginnt mit dem Umbiegen der Oka ihr eigenthümlicher Zickzacklauf, der bald nach Osten, bald nach Nordost oder Südost geht und durch die ihren Ufern angelagerten Flötzhügelstriche veranlaßt zu sein scheint. Sie sucht gleichsam erst ihre Normaldirektion nach Nordosten, bis sie dieselbe in der Nähe von Murom, gegen 50 Meilen in gerader Richtung nordostwärts von Kaluga gelegen, erreicht, während sie in ihren vielfachen Krümmungen bis dahin fast eine doppelte Strecke zurückgelegt hat. Von Kaluga aus geht die Oka anfangs ostwärts, dann nach Norden, bis sie in der Nähe des 55. Parallelkreises bei dem Städtchen Serpuchow wieder nach Osten umbiegt und diese Richtung auf 10 Meilen Weges behält, worauf sie sich wieder bis nach Kolomna hin nach Nordost wendet. Zwischen beiden Orten Serpuchow und Kolomna bildet die Oka den südlichen Grenzstrom der Landschaft von Moskau gegen die von Tula im Süden und Rjäsan im Südost; bis nach Kolomna hin, wo sich die Moskwa von Moskau her in sie einmündet, wird sie ununterbrochen auf ihrer rechten Seite von jener oben erwähnten erhabenen Flötzhügelreihe begleitet [31], sie hat hier schon die ansehnliche Breite von 200 Faden oder 1200 Fuß gewonnen [32]. Die beiden Orte Serpu-

29) Szujew, Reise I. S. 65, 66.
30) Georgi, geograph. Beschreibung II, 2. S. 374, 396.
31) Güldenstädt, Reisen durch Rußland II. S. 448.
32) Rußlands Wasserverbindungen. S. 105.

chow und Kolomna, im Süden und Südosten von Moskau, ersterer 88 Werst, letzterer 100 Werst von demselben entfernt, liegen für jene Centralhauptstadt Rußlands an den beiden großen Fuhrten an der Oka, wo die großen nach Süden und Südosten führenden Heerstraßen hindurchgehen, indem erstere nach Tula, letztere nach Rjäsan führt. Daraus ergiebt sich die Wichtigkeit beider Lokalitäten seit der Verlegung des großfürstlichen Herrschersitzes nach jener Stadt an der Moskwa.

Serpuchow liegt auf einer etwas erhabenen Stelle an dem linken, niedrigen Ufer der Oka und zwar an dem kleinen Flusse Nara, der sich an 4 Werst unterhalb in die Oka einmündet [33]). Schon seit dem Anfange des vierzehnten Jahrhunderts soll der Ort erwähnt werden, scheint aber doch erst im Jahre 1374 von dem Großfürsten Dmitri Iwanowitsch Donsky von Moskau, dem Urgroßvater des ersten Iwan Wasiljewitsch, zu einer Stadt eingerichtet worden zu sein [34]). Sie sollte wohl als Vormauer und Bollwerk für das erst emporblühende Moskau gegen die immer von Süden her aus den Steppen am untern Don und an der Wolga anstürmenden Barbarenhorden dienen. Doch war sie noch nicht stark genug diese Bestimmung zu erfüllen, als wenige Jahre später der furchtbare Toktamisch, Khan von Kaptschak, sie im J. 1382 erstürmte und verheerte, was nun zur Folge hatte, daß die Herrscherstadt Moskau ein gleiches Schicksal von den wilden Schaaren der goldenen Horde erleiden mußte [35]). Später im Jahre 1410 wurde Serpuchow aufs neue verheert durch den litthauischen Großfürsten Suidrigel, als dieser aus dem Gebiet von Rjäsan in seine Heimath zurückkehrte; doch ward die Stadt immer wieder aufgebaut und wohl mehr als vorher befestigt. Die jetzige Festung wurde aber erst von dem Zaren Iwan Wasiljewitsch **II.** im Jahre 1556 auf einer Anhöhe neben der Stadt erbaut und mit einer Festungsmauer von weißen Steinen umgeben, die jedoch verfallen und jetzt abgetragen ist. Serpuchow war seit jener Zeit das

33) Güldenstädt, Reisen durch Rußland II. S. 449.

34) Klaproth, Reise in den Kaukasus I. S. 100. Vsévolojsky, dictionnaire géogr. hist. de la Russie II. p. 196.

35) Karamsin, russische Geschichte V. S. 63 bis 69.

Hauptbollwerk für Moskau gegen die räuberischen Tataren-Horden in der Krim, vor deren Überfällen auch noch lange nach dem Untergange der tatarischen Herrschaft an der Wolga die russische Herrschaft sich zu schützen hatte, und so war eben hier zur Zeit des Zaren Boris Godunow im Jahre 1598 der Sammelplatz aller russischen Truppen, um die von Süden her drohenden Einbrüche der krimschen Tataren abzuwehren [36]). Wie Serpuchow liegt auch das schon seit der Mitte des zwölften Jahrhunderts vorkommende Städtchen Kolomna, 95 Werst weiter unterhalb, am linken Ufer der Oka, aber an der rechten Seite der dort sich einmündenden Moskwa. Ihre mit hohen Mauern und Thürmen geschützte Festung auf einer Anhöhe neben der Moskwa wurde schon im Jahre 1525 von jenes Iwans Vater, dem Großfürsten Wasilei Iwanowitsch, erbaut [37]).

Die Moskwa ist, wenn auch nicht einer der bedeutendern, doch unstreitig der seit älterer und neuerer Zeit berühmteste Nebenfluß der Oka, an deren Ufern die eigentliche Zarenresidenz des russischen Reiches gelegen ist. Die Quellen der Moskwa liegen in der Nähe des Städtchens Gschat im Südosten des ersten großen Wolga-Knies bei Subzow; sie durchströmt nicht weit von ihrem Ursprunge das Schlachtfeld von Borodino, geht bei dem Orte Moschaisk vorüber auf der großen Heerstraße von Smolensk nach Moskau, und strömt ostwärts bis zu jener Herrscherstadt, von wo sie nach Südosten umbiegt um sich zur Oka zu ergießen. Sie ist an 160 Werst weit schiffbar, und kann im Frühjahr von ansehnlichen Fahrzeugen, die eine Länge von 19 Faden bei einer Breite von 4 bis 5 Faden haben, befahren werden [38]). Denn wenn die Moskwa auch im Sommer als ein seichtes und unbedeutendes Gewässer erscheint, so bildet sie im Frühjahr doch einen majestätischen und reißenden Strom, der sich an 30 Fuß über seinen Sommerspiegel zu erheben pflegt [39]). Die Moskwa hat zwar einen

---

36) Storch, Materialien zur Kenntniß des russischen Reiches I. S. 190.

37) Storch, Materialien I. S. 204.

38) Rußlands Wasserverbindungen. S. 107.

39) Rob. Lyall, the character of the Russians and a detailed history of Moscow. London 1823. 4. p. 38, 39.

sandigen Grund, aber doch klares, gesundes Wasser und ist sehr fischreich. Sie dient vornehmlich zum Getreidetransport nach jener Hauptstadt von der Oka aus, so wie von oberhalb Bau- und Brennholz für dieselbe auf ihr herabgebracht wird. Sie gefriert erst in den letzten Tagen des November und geht im März und April wieder auf [40]).

Übersehen wir im Allgemeinen die Naturverhältnisse der bisher betrachteten Gebiete an der obern Oka oder der Landschaften von Orel, Tula, Kaluga und Moskau, welche sich in dem Herzen von Rußland vom 53. bis zum 56. Parallelkreise ausbreiten, so gehören sie zwar zu den schönern, fruchtbarern und zu den bevölkertsten Theilen des weiten russischen Landes, doch ist hier noch nicht das Land der eigentlichen russischen Agrikultur. Das ganze Gebiet bildet eine weite Fläche, welche nur von niedern Landrücken, mäßigen Hügelgruppen und den erhabenen Bergufern der Flüsse unterbrochen wird, und sie ist zum Theil mit Waldungen bedeckt, wie vornehmlich das Gebiet von Kaluga [41]). Die Oberfläche des offenen Landes besteht aus Thon, Mulm oder Dammerde, Mergel und Sand und giebt nur ein mäßig fruchtbares Ackerland, zwischen welchem sich viel magerer Heideboden ausbreitet, der zum Theil eine steppenartige Natur hat [42]). Unter der Oberfläche zeigt sich überall eine flötzartige Masse, verwester Moostorf auf einem Grunde von Sand und Thon, reich erfüllt mit versteinerter Meeresbrut, und alles scheint, wie Georgi meint, dafür zu sprechen, daß hier einst ein allgemeiner Meeresgrund gewesen sei. Es werden hier alle gewöhnlichen Getreidearten gebaut, geben aber nur einen mäßigen Ertrag. Der Roggen nebst der Gerste, die Hauptgetreideart in der Landschaft von Moskau, gewährt eine vier-, fünf- auch sechsfältige Erndte; Weizen, Hafer und Gerste belohnen sich dort nur dreifach und vierfach, Buchweizen selbst nur zwei- und dreifach [43]). Doch zeichnet

40) Storch, Materialien I. S. 138.
41) Szujew, Reise von Petersburg nach Cherson I. S. 6, 7, 17, 19.
42) Georgi, geograph. Beschreibung II. 2. S. 300, 375, 397, 615.
43) Georgi, a. a. O. II, 2. S. 305.

sich die Landschaft von Tula durch ihre mehr südliche Lage und durch die Annäherung an das fruchtbarste Ackergebiet Ost-Europas schon sehr aus vor der von Moskau, indem bei dem mildern Klima und der reichlicher hier angeschwemmten Kulturerde auch weit reichere Erndten gewonnen werden. Dort findet sich außer dem einträglichen Hirsebau auch die Obstkultur, wenn gleich nur die gewöhnlichen Äpfel und Kirschen fortkommen, Birnen und Pflaumen aber nicht ohne Gefahr[44]). Dennoch bildet die Agrikultur einen Hauptzweig der Thätigkeit der Bewohner in diesem Gebiet von Orel im Süden bis Moskau im Norden, und je nach der Beschaffenheit des Bodens bedient man sich zu seiner Überwältigung des Messerpfluges (Kosal) bei dem härtern, thonigen Boden, oder aber, wie vornehmlich mehr im Süden, des Hakenpfluges (Socha) für das mildere Land[45]).

Aber der bei weitem größere Theil des Oka-Gebietes gehört durch seine Naturverhältnisse in klimatischer und vegetativer Beziehung noch mit zu dem Gebiet der obern Wolga in den Landschaften von Jaroslawl und Kostroma, die wir als das Land des Gewerbefleißes und der Fabriken und Manufakturen bezeichnet haben. Denn auch die großen Ortschaften dieses Gebietes, wie Tula, Kaluga, Moskau und andere, sind im Allgemeinen als Fabrikstädte zu bezeichnen[46]), indem der andere Hauptzweig der Thätigkeit der Bewohner in diesen Landschaften statt der unmittelbaren Naturbezwingung vielmehr der Ausbildung des geselligen Lebens in technischer Beziehung zugewandt ist, so daß dieses Oka-Gebiet auf jeden Fall den vermittelnden Übergang zwischen dem russischen Fabriklande im Norden und dem Agrikulturlande im Süden darbieten und die Eigenthümlichkeit beider theilen würde. Die Grenzmark gegen das letztere, mehr südwärts gelegene Gebiet, würde sich durch eine Linie bezeichnen lassen, welche in der Richtung von Südwest nach Nordost die sarmatischen Ebenen durchzieht, welche von

44) Georgi, a. a. O. II, 2. S. 400, 404.
45) Georgi, a. a. O. II, 2. S. 399.
46) Iwanow, in den Dorpater Jahrb. 1834. Th. III. S. 450.

von den Quellen der Oka nordostwärts im Süden von Tula und Rjäsan vorüberstreicht, dann ostwärts die Zna und Mokscha, die rechten Zuströme der Oka, überschreitet und sich dann wieder nordostwärts bis zur Wolga an der Einmündung der Sura hinzieht. Von hier folgt die Linie ostwärts dem Laufe der Wolga abwärts und der untern Kama aufwärts, ostwärts fort über Ufa bis zum Fuße des südlichen Ural [47]). Alles im Norden dieser Linie gelegene Land kann man, wenn es auch zum Theil durch den schönsten Ackerboden und die trefflichste Agrikultur ausgezeichnet ist, doch das industrielle Rußland nennen, es umfaßt die ganze obere Hälfte des mittlern Wolga-Laufes, das Oka-Gebiet, das große Stromgebiet der Kama und Wjätka im Norden von Kasan, und ostwärts die Landschaft Permien am mittlern Ural. Diese breite Länderzone, welche sich durch die Mitte Rußlands hinzieht, umfaßt in ihrer westlichen Hälfte von Kaluga bis nach Kasan das Gebiet der Fabriken und Manufakturen in Städten und Dorfschaften, und in ihrer östlichen Hälfte das Gebiet des Bergbaues und Hüttenwesens im katharinenburgischen und werchoturischen Ural des Landes Permien. Schon oben ist auf das industrielle Leben in Tula und Kaluga hingewiesen worden, und damit hängt wieder ein lebhafter Handelsverkehr zusammen, der jene ganze Region Rußlands, die von der Natur sonst minder bevorzugt erscheint, in Bewegung und Thätigkeit setzt. Die berühmten Eisen- und Stahlfabriken in Tula [48]) sind indessen doch unläugbar in ihrem ersten Entstehen aus einem von der Natur dargereichten Schatze hervorgegangen, der, wie wir ihn schon in dem obern Theile des Wolga-Gebietes kennen gelernt haben, so auch in diesem obern und mittlern Oka-Gebiete weit verbreitet erscheint. Dies sind die merkwürdigen Eisensteinlager, die sich überall in den Thonmassen theils in kleinen Lagen, theils in Stufen oder Brocken zerstreut, theils auch nesterweise vorfinden, und dazu zeigen die vielen kleinern Moräste und Moore häufig Sumpf- und Morasteisenstein. In der

47) Obige Angabe ist nach einer Privatmittheilung.

48) Clarke, travels through various countries etc. I. p. 186.

Verarbeitung dieses Materiales zu Geräthschaften haben sich auch die Bewohner vieler sonst unbedeutender Städte und Ortschaften des Gebietes von Tula und Kaluga rühmlichst bekannt gemacht [49]).

Die Herrscherstadt Moskau.

Der Centralpunkt des merkantilischen und industriellen Lebens in dem Oka-Gebiet ist die alte Zarenresidenz Moskau, welche noch immer als die große Centralhauptstadt des weiten russischen Reiches gelten muß, wenn auch seit einem Jahrhundert eine andere Stadt ihr den Vorrang als Residenz abgewonnen hat. Nur diese Stadt kann für unsere Untersuchung von Wichtigkeit sein, weil sie während der Zeit der Jahrhunderte der Sitz der russischen Herrscher gewesen ist, als nicht nur das Schicksal der verschiedenen ugrischen Völkerschaften am Ural und an der Wolga entschieden wurde, sondern auch das Schicksal der furchtbarsten Herrschermacht, die an den Ufern jenes Stromes jemals ihren Sitz aufgeschlagen hatte und Europa stets mit Schrecken erfüllte. Moskau, welches bei den Russen immer nur mit dem Flusse gleichnamig Moskwa genannt wird, liegt unter 55° 45′ N. Br. und 55° 12′ O. L. [50]), in einer flachen, offenen Gegend und gewährt in einiger Entfernung gesehen den majestätischen Anblick der alten Roma [51]). Gleich jener Stadt soll Moskau sich auch auf sieben mäßigen Hügeln erheben, zwischen welchen die Moskwa in ihrem eigenthümlichen Schlangenlaufe sich hinzieht [52]). In der That bietet auch diese sarmatische Hauptstadt durch ihre zahlreichen Monumente aller Art eben so viele historische Erinnerungen an die Völker und Staaten in jenen osteuropäischen Ebenen seit einem halben Jahrtausend dar, als wie jene italische Hauptstadt in Beziehung auf das westeuropäische Abendland. Wenn man von Westen aus

49) Georgi, geograph. Beschreibung II, 2. S. 301, 376, 398, 411, 615.

50) Storch, Materialien I. S. 119.

51) Clarke, travels thr. various countries etc. I. p. 40.

52) De Bussierre, voyage en Russie p. 166.

dem eigentlichen Abendlande herkommt, so findet man in Moskau zuerst die Scheidung des abendländischen und orientalischen Lebens; nach ihrer gesammten historischen Entwickelung und nach dem Geiste ihrer Bewohner ist diese Stadt immer nur eine halb europäische und ihrem Hauptcharakter nach orientalische Stadt gewesen. Dem entspricht auch ihr Äußeres, und wenn schon der ältere Reisende Coxe bemerkte, daß man Moskau als eine nach asiatischen Formen gebaute Stadt ansehen könne [53]), so behauptet dasselbe auch einer der jüngsten Reisenden in jenem Gebiete, welcher sie nach der großen Katastrophe vom Jahre 1812 besucht hat [54]). Der sonderbare Anblick von Smolensk, sagt Coxe, hatte mich überrascht, aber bei dem Anblick der ungeheuern Größe und dem abwechselnden Gemisch von Moskau ward ich ganz von Erstaunen hingerissen. Eine so unregelmäßige, ungemein sonderbare und in sich contrastirende Stadt hatte ich nie gesehen. Die Straßen sind überhaupt sehr lang und breit, einige davon sind mit Steinen gepflastert, andere, wie besonders die in den Vorstädten, sind mit Balken oder Brettern belegt. Elende Hütten wechseln mit geräumigen Pallästen ab, kleine Häuserchen stehen neben den prächtigsten und kostbarsten Gebäuden. Viele steinerne Häuser haben hölzerne Giebel und Dächer von Eisenblech. Überall sieht man zahlreiche Kirchen, die auf eine besondere Art gebaut sind, einige derselben haben Kuppeln von Kupfer, andere von Zinn, vergoldet oder grün bemalt, und manche haben auch hölzerne Dächer. Kurz einige Theile dieser ungeheuern Stadt gleichen einer einsamen Wüste, andere einer bevölkerten Stadt, noch andere einem verächtlichen Dorfe und manche einer großen Hauptstadt [55]). Dasselbe Gemälde giebt uns von dieser Stadt sein jüngerer Landsmann Clarke aus der Zeit kurz vor ihrer Zerstörung [56]), und wenn auch nach derselben in den beiden letzten

53) Coxe, Reise durch Polen und Rußland I. S. 196.

54) De Bussierre, voyage p. 96, 178. Moscou, renaissant de ses ruines, est restée asiatique, comme nos soldats l'avaient trouvée en la saluant du premier cri d'admiration et de triomphe.

55) Coxe, Reise durch Polen und Rußland I. S. 195.

56) Clarke, travels thr. various countries I. p. 45.

Decennien bei der Wiederherstellung der von den Flammen verheerten zwei Drittheile der Stadt manche Veränderungen und Verbesserungen vorgenommen sind, so trägt sie, wie aus der jüngsten ausführlichen Schilderung Lyall's hervorgeht [57]), im Wesentlichen noch immer denselben Character. Auch jetzt noch zeigt das stolze Moskwa, die Stadt mit den goldenen Dächern, wie sie Renouard de Bussierre nennt [58]), dies dem Orientalischen eigenthümliche Gemisch von Glanz, Hoheit und Dürftigkeit, die bunteste Gruppirung von Pallästen, Kirchen, Klöstern, Hütten, Gärten, Feldern, Wiesen und kleinen Seen. Die ältern Monumente der Architektur tragen zugleich den Stempel der verschiedenen Zeitalter der abendländischen und morgenländischen Welt, welche in ihrem weithin wirkenden Einflusse hier im Norden sich berührend die eigenthümlichen Entwickelungsstadien des russischen Staats= und Volksgeistes bestimmt genug charakterisiren. Der arabische, griechische, gothische, persische und tatarische Styl der Bauwerke zeigt sich überall in der größten Mannigfaltigkeit, und der todten Vergangenheit in der Architektur entspricht die lebendige Gegenwart in der Bevölkerung, denn durch Moskaus Straßen drängen sich Russen, Kosacken, Griechen, Türken, Tataren, Perser, Bucharen, Chinesen, Deutsche, Polen, Engländer, Franzosen und Italiäner, sämmtlich in ihren verschiedenen Nationaltrachten prangend [59]). Moskau hat mit Einschluß der Vorstädte den mächtigen Umfang von mehr als 40 Wersten gleich der großen chinesischen Residenzstadt Peking, obgleich die Stadt nicht eine dem Umfange angemessene Bevölkerung zeigt [60]).

Der topographische Zustand der Stadt Moskau ist noch jetzt ganz derselbe wie vor der großen Katastrophe am Anfange dieses Jahrhunderts, und dieser kommt hier für unsere Zwecke

57) **Lyall**, the character of the Russians and a detailed history of Moscow p. 4.

58) **De Bussierre**, voyage p. 97. 166, 167. Derselbe bezeichnet (l. c. p. 233.) diese Stadt auch als das tatarische Rom.

59) **Clarke**, travels thr. various countries I. p. 46.

60) **Vsévolojsky**, dictionnaire géogr. hist. de la Russie I. p. 287.

zunächst in Betracht. Moskau besteht aus fünf Haupttheilen, welche sich fast alle in immer größern Kreisen um einen gemeinsamen Mittelpunkt ausbreiten. Dieser letztere und vornehmste Theil der Stadt ist der Kreml, der von den Tataren von dem Worte Krem, Krim, d. h. Festung, den Namen empfangen haben soll, so daß noch jetzt alle befestigten Punkte in größern russischen Städten mit demselben bezeichnet werden. Dieser Kreml, die Akropole von Moskau, liegt in der Mitte auf dem Rücken einer flachen, sanften Anhöhe am Zusammenfluß der Moskwa und der Neglina, die sich von Norden her zur erstern ergießt [61]). Der Kreml breitet sich in Dreiecksgestalt aus von anderthalb Stunden im Umfange, im Süden von der Moskwa, im Westen von der Neglina bespült, und ist rings umgeben von hohen Mauern von Bruch- und Backsteinen, welche unter dem ersten Iwan Wasiljewitsch im Jahre 1491 von Peter Solarius, einem geschickten Baumeister aus Mailand; erbaut wurden [62]), wie die über dem Hauptthore eingehauene, den vollständigen Titel des damaligen Großfürsten enthaltende Inschrift beurkundet. An fünf Thore führen aus dieser Akropole nach den übrigen Stadttheilen hinaus. Der Kreml wird durch keine hölzernen Häuser verunstaltet, er enthält den alten Zarenpallast, die Kathedrale, verschiedene Kirchen, Klöster, den Pallast des Patriarchen, das Zeughaus und ein einziges Privathaus, das dem Boris Godunow angehörte, ehe er den Thron bestieg [63]). An diese Akropole knüpfen sich die wichtigsten historischen Erinnerungen des russischen Staates während der Zeit seines Mittelalters; nur ein Unterschied von drei Jahrhunderten ist es, daß die Fahnen der Khane der goldenen Horde und die des französischen Kaiserreiches auf ihren Zinnen aufgepflanzt waren [64]). Der zweite Theil der Stadt heißt Ki-

---

61) Lyall, the character of the Russians and a detailed history of Moscow p. 120.

62) Karamsin, russische Geschichte VI. S. 61.

63) Storch, Materialien I. S. 120. Clarke, travels I. p. 128. Vergl. den Grundriß bei Clarke.

64) De Bussierre, voyage p. 173. 178.

taigorod, was nach Einigen die Chinesen-Stadt heißen soll, obschon der Name lange bevor die Russen mit den Chinesen in Verbindung traten üblich war. Die bessern einheimischen Autoren stimmen darin überein, daß der Name von den Tataren eingeführt wurde als sie Moskau beherrschten [65]). Daher findet sich auch eine Stadt Kitaigorod in der Ukraine und in Podolien. Dieses Kitaigorod breitet sich neben dem Kreml auf seiner Ost- oder Nordostseite von der Neglina bis zur Moskwa aus, und ist auch auf der äußern Seite von einer mit fünf Thoren versehenen Backsteinmauer umschlossen, die aber etwas niedriger ist und von dem zweiten Iwan Wasiljewitsch vom Jahre 1538 herrührt [66]). Dieser Theil nimmt einen doppelt so großen Raum als der Kreml ein, und er enthält unmittelbar am Fuße der hohen Mauern des Kreml den großen Kaufhof, den Gostinoi Dwor, mit vielen tausend Buden, wo der gesammte Kleinhandel der Stadt Moskau geführt wird. Es hat dieser Ort dieselbe Einrichtung wie der Basar in allen bedeutenden orientalischen Städten [67]).

In einem großen Halbkreise breitet sich um jene beiden ersten Theile von Moskau das sogenannte Beloigorod, d. h. die weiße Stadt, als der dritte Theil aus, an drei Wersten weit von Osten nach Westen, aber nur auf der Nordseite der Moskwa. Sie soll ihren Namen von der weißen, aus Kalksteinquadern bestehenden Mauer haben, mit welcher sie von dem Zaren Feodor Iwanowitsch im Jahre 1586 umgeben wurde, und wovon jetzt nur noch einige Überbleibsel vorhanden sind [68]). Denn als sie allmählig verfiel, wurde sie auf Befehl der zweiten Katharina größtentheils eingerissen und statt ihrer Baumgänge daselbst angelegt. Alle diese drei Theile werden sodann von einem vollständigen Ringe umfaßt von dem Semlanoi-

65) Müller, Sammlung russ. Geschichte VIII. S. 538 bis 541.

66) Storch, Materialien I. S. 123. Karamsin, russ. Geschichte VII. S. 217, 218.

67) Coxe, Reise durch Polen und Rußland I. S. 196, 254. De Bussierre, voyage p. 170.

68) Storch, Materialien I. S. 125. Karamsin, russische Geschichte IX. S. 144.

gorod, welches von den rings umher angelegten Erdwällen benannt worden ist; durch diese Befestigung, welche gleichfalls von dem Feodor Iwanowitsch im Jahre 1591 und 1592 angelegt wurde, führten ursprünglich an 36 Pforten hindurch, von welchen sich jetzt nur die beiden steinernen erhalten haben. Semlanoigorod, zum Theil auch auf der Südseite der Moskwa gelegen, breitet sich mit Einschluß der vorigen Theile von Osten nach Westen und von Norden nach Süden an 4 bis 5 Werst weit aus. Bis auf die neuere Zeit bestand es nebst dem Beloigorod aus einer seltsamen Gruppirung von Kirchen, Klöstern, Pallästen, steinernen und hölzernen Häusern und elenden Hütten, während Kitaigorod durch seine zusammenhängende Häusermasse mehr den Anblick einer wirklichen Stadt darbot [69]). Dann folgen fünftens die Sloboden oder Vorstädte, welche in einem mächtigen Zirkel alle jene vier Bezirke der Stadt umfassen und wiederum mit einem niedrigen Wall und Graben umgeben sind [70]). Diese Vorstädte enthalten nebst den Gebäuden von allen Gattungen auch Kornfelder, Viehweiden und einige kleine Seen, aus denen die Neglina entspringt; mit ihnen breitet sich Moskau an 9 Werst weit von Norden nach Süden und von Osten nach Westen hin aus. Außer der Neglina ergießt sich durch die Stadt noch die Jausa von Nordosten her zur Moskwa, dort wo der dritte und vierte Theil der Stadt sich an ihrem Ufer berühren. Wenn auch bedeutender als die Neglina bilden beider Betten im Sommer doch fast nur trockene Gräben, da auch selbst die Moskwa außer im Frühling nur mit Flößen befahren werden kann [71]).

Die Stadt Moskau ist nicht so alt wie Nowgorod, Kiew und selbst Wladimir, und doch hat sie bald den Vorrang vor allen jenen russischen Metropolen davon getragen. Denn sie wird zuerst im Jahre 1147 als im Lande Susdal gelegen erwähnt, und verdankt ihre Entstehung dem Fürsten Jurje Wla-

69) Coxe, Reise durch Polen und Rußland I. S. 197.

70) **De Bussierre**, voyage p. 176.

71) Coxe, Reise I. S. 197. Übrigens soll die Neglina jetzt durch einen unterirdischen Kanal abgeleitet sein, so daß Baumgänge nun ihr Bett gegen ihre frühere Mündung hin erfüllen.

dimirowitsch Dolgoruky von Susdal[72]), dem Sohn des berühmten Großfürsten Wladimir Monomachus. Noch war damals Kiew die Hauptstadt des Landes und der Sitz des Großfürstenthums, zu welcher Würde jener Jurje Dolgoruky im Jahre 1155 gelangte. Dieser Fürst war einst auf einer Reise durch seine Länder von einem angesehenen Bojaren Stephan Kutschko beleidigt worden, er ließ ihn tödten und zog seine Güter, welche die Gegend von dem jetzigen Moskau umfaßten, ein. Die Lage dieser Gegend am Zusammenfluß der Moskwa und Neglina gefiel ihm so sehr, daß er hier den Grund zu einer neuen Stadt legte, die er nach dem Namen des Hauptflusses benannte, obgleich sie auch lange Zeit Kutschkowo geheißen haben soll. Nach Jurjes Tode ward die neue Stadt von dessen Sohne, dem Großfürsten Andreas, welcher den Sitz der Herrschaft von Kiew nach Wladimir bei Susdal verlegte[73]), nicht vernachlässigt; aber unter dessen Nachfolgern gerieth sie vornehmlich während der Zeit des dreizehnten Jahrhunderts sehr in Verfall, worauf unstreitig die unglücklichen Zeitverhältnisse unter der tatarischen Herrschaft in Rußland den größten Einfluß hatten. Daher gilt auch der Fürst Daniel Alexandrowitsch (ein Sohn des berühmten Großfürsten und Siegers an der Newa aus dem Stamme der wladimirschen Großfürsten), welcher als sein Erbtheil das Fürstenthum Moskowien bekommen und hier seinen Sitz aufgeschlagen hatte, mit Recht für den eigentlichen Begründer der Stadt[74]). Der Platz, worauf jetzt der Kreml steht, war damals mit einem dicken Walde und Morast bedeckt, in dessen Mitte eine kleine Insel lag, worauf eine einzige Hütte stand. Auf dieser Stelle erbaute Daniel Kirchen und Klöster und noch andere Gebäude, welche er alle mit einer aus Holz aufgeführten Befestigung umgab[75]). Daniel Alexandrowitsch nahm zuerst den Titel eines Fürsten

72) Karamsin, russische Geschichte II. S. 181.

73) Karamsin, russische Geschichte II. S. 236.

74) Karamsin, a. a. O. IV. S. 134.

75) Heym, Encyklopädie S. 495. Coxe, Reise durch Polen und Rußland I. S. 192, 193.

von Moskau an, und so wie er für das Emporkommen der neuen Stadt gesorgt hatte, so folgte diesem Beispiele sein Sohn Iwan Danilowitsch, welcher daselbst von 1304 bis 1340 herrschte, und welcher bei der Erlangung der großfürstlichen Würde im Jahre 1328 die Stadt Moskau, wo er bisher als wladimirscher Theilfürst geherrscht hatte, zur Residenzstadt erhob [76]). So wurde Moskau mit dem Beginn des vierzehnten Jahrhunderts die Hauptstadt des russischen Reiches und bald der dominirende politische Mittelpunkt in den weiten osteuropäischen Ebenen, da diese Stadt trotz jener Unglückszeit unter der tatarischen Herrschaft doch immer eine andere politische Macht als einstens Kiew im eilften und zwölften Jahrhundert entfalten konnte, weil alle spätern russischen Großfürsten in ununterbrochener Reihe von jenem Iwan, dem Enkel des Alexander Newsky, abstammten.

Schon unter Iwan Danilowitsch wurde die neue Hauptstadt beträchtlich erweitert; im Jahre 1326 legte er den Grund zu der ersten steinernen Kirche in Moskau und baute später daselbst viele andere Kirchen. Auch mußte dadurch diese Stadt an Ansehn sehr gewinnen, daß der russische Metropolit Peter, welcher diese Würde von 1308 bis 1326 bekleidete, noch im Jahre 1325 den erst kürzlich von Kiew nach Wladimir verlegten Metropolitenstuhl von dort wieder nach Moskau verlegte, wodurch diese Stadt fortan der feste politische und kirchliche Mittelpunkt des russischen Staatslebens wurde [77]). Bald nahm sie auch in merkantilischer Beziehung eine wichtige Stellung ein, welche ihr bei ihrer Lage in der Mitte der sarmatischen Ebenen auf der großen Straße von der Wolga und den kaspischen Gestadeländern nach Nowgorod und den baltischen Küstenländern nothwendig gebührte [78]). Denn aus den Archivalnachrichten der berühmten Handelsstadt Wisby erfahren wir, daß in dem vierzehnten Jahrhundert die indischen, arabischen und persischen Waaren von Derbend über das kas-

76) Karamsin, russische Geschichte IV. S. 181, 182.
77) Strahl, Beiträge zur russischen Kirchengeschichte I. S. 156, 158.
78) Karamsin, russische Geschichte IV. S. 203.

pische Meer in die Wolga und so die Oka und Moskwa aufwärts nach Moskau gebracht wurden, von wo sie weiter nach Nowgorod und von da nach Wisby gelangten [79]). Zwar schien dieser levantische Handelszug über Moskau mit der Zerstörung der Stadt Wisby durch den Dänen-König Waldemar **III.** im Jahre 1361 eine große Unterbrechung leiden zu müssen [80]), doch hörte deshalb keineswegs alle Handelsverbindung auf. Der Durchfuhrhandel der morgenländischen Produkte hatte diese letztern in Rußland so bekannt gemacht, und die Russen so sehr an den Gebrauch derselben gewöhnt, daß sie in diesem Lande selbst schon einen sehr beträchtlichen Absatz fanden. Die Tataren und Morgenländer, welche einmal gewohnt waren, ihre Waaren nach Moskau zu bringen, ließen sich durch den verminderten Absatz nicht sogleich abschrecken, und aus dem Zeugnisse des Paulus Jovius am Anfange des sechzehnten Jahrhunderts [81]) erhellt, daß die oben erwähnte Handelsstraße auf jenen Flüssen aufwärts bis nach Moskau bis auf seine Zeit immer noch ein viel besuchter Pfad war, auf welchem die levantischen Waaren nach Riga und andern baltischen Emporien gelangten. Moskau blieb also trotz aller Revolutionen, welche das mittlere Asien bald darauf durch die Erneuerung der tatarischen Verwüstungszüge unter Timur erfuhr, der Sammelplatz persischer, armenischer und tatarischer Handelsleute, welche hier zwar nicht in regelmäßigen Karavanen, aber doch von Zeit zu Zeit, wenn Kriege und Verwüstungen den Handel nicht störten, zusammentrafen [82]).

So nahm also die Stadt Moskau während des vierzehnten Jahrhunderts an Wohlstand, Umfang und Volksmenge zu, und wenn sie im Jahre 1364 das gar häufige Schicksal der russischen Städte hatte, durch eine große Feuersbrunst, welche alle vier Stadtviertel mit den Kirchen und Klöstern verzehrte [83]),

---

79) Storch, Gemälde des russischen Reiches IV. S. 153, 470.

80) Fischer, Geschichte des deutschen Handels II. S. 135.

81) Paulus Jovius, descriptio Moschoviae. Basil. 1561. 8. p. 5.

82) Storch, Gemälde des russ. Reiches IV. S. 159.

83) Strahl, Beiträge zur russ. Kirchengeschichte I. S. 163. Vergl.

fast vernichtet zu werden, so gab dies dem ausgezeichneten Großfürsten Dmitri Iwanowitsch Donsky, dem Enkel jenes Iwan Danilowitsch, die beste Gelegenheit, die Stadt in einem bessern Zustande wiederherzustellen. Damals, im Jahre 1367, erhielt der Kreml zuerst eine bessere Befestigung durch eine Backsteinmauer [84]). Dennoch war dies nicht genügend, um diese russische Herrscherstadt vor einer furchtbaren Verwüstung zu schützen, welche sie bald darauf wie auch noch später mehrmals durch die wilden tatarischen Horden des Reiches Kaptschak betraf. Der Sieger am Don war der Macht des Toktamisch, des Khans der goldenen Horde, noch nicht gewachsen, und so erfolgte mit der Verwüstung des ganzen russischen Landes auch die furchtbare Verheerung Moskaus im August 1382, und sie erdrückte wieder das mit der Blüthe dieser Stadt zusammenhängende und kaum erst erwachte politische Leben des russischen Staates [85]). Bald drohte selbst eine neue größere Gefahr, als der gewaltige Eroberer Timur im Kampfe mit dem kaptschakschen Khane Toktamisch, die Schrecken eines Batuchan erneuernd, zur Zeit des Großfürsten Wasilei Dmitriwitsch im Jahre 1395 in die pontischen und wolgischen Gebiete eindrang, und durch allgemeine Verheerung seinen Pfad bezeichnend mit seinen Horden sich bis gegen Moskau heranwälzte. Nur wie durch ein Wunder entging die Stadt der erneuten Zerstörung, der Vernichtungsstrom wandte sich plötzlich nach Süden [86]).

Mit großer Schnelligkeit hob sich Moskau aus seinen Trümmern, der Handelsverkehr bewirkte trotz aller noch oft wiederholten Verwüstungsscenen immer wieder ein neues Gedeihen und so wird denn schon am Anfange des funfzehnten Jahrhunderts Moskau wieder als eine prachtvolle, mit Kirchen und

---

Karamsin, russische Geschichte V. S. 9. Es ist der in den Annalen sogenannte große Feuerschaden Allerheiligen.

84) Coxe, Reise durch Polen und Rußland I. S. 193.

85) Karamsin, russische Geschichte V. S. 63 bis 69.

86) Cherifeddin Ali, histoire de Timur Bec. Paris 1722. 8. Tome II. p. 356—360.

Klöstern gefüllte Stadt gerühmt [87]). Auch entging die Stadt wie zu Timurs Zeit zwar selbst einer neuen Gefahr, die ihr damals drohte, doch mußte das Land um so mehr dafür büßen. Denn im Jahre 1410 ward Moskau zum drittenmale von den tatarischen Horden des mächtigen kaptschakschen Fürsten **Edigei** umlagert und sehr geängstigt. Verheerend breiteten sie sich über alle Landschaften des Großfürstenthums aus, und wenn sie auch durch die einheimischen Angelegenheiten bald abgerufen wurden und ihre den Heuschrecken der Wüste ähnlichen Schaaren ebenso schnell verschwanden wie sie zu kommen pflegten, so blieben die Spuren dieses schrecklichen Überfalles doch lange unvertilgbar [88]). Diese Unglückszeiten schienen aber ein Ende nehmen zu müssen, als mit der Regierung des Großfürsten **Iwan I. Wasiljewitsch**, eines Urenkels des Siegers am Don, während der zweiten Hälfte des funfzehnten Jahrhunderts Rußland seine Unabhängigkeit erkämpfte und der erste Grund zu der nachmaligen Größe dieses Staates gelegt wurde. Moskau verdankt diesem Fürsten seinen größten Glanz, unter ihm erhob es sich zur ansehnlichsten und größten Stadt des russischen Reiches [89]), und der erste Iwan erkannte sehr wohl, daß durch die Beförderung des Handelsverkehrs, der damals in jener Stadt schon sehr lebhaft und ausgebreitet war [90]), die materiellen Hülfsmittel in der Aufrechterhaltung der Selbstständigkeit seines Staates und der Überlegenheit desselben über die tatarischen Herrschaften an der Wolga und am Pontus zunehmen mußten. Moskau wuchs immer mehr an Ausdehnung und Wohlstand, und der Fall des alten Nowgorod im Jahre 1485 konnte nur vortheilhaft für Moskau sein, welches seitdem der **große Stapelplatz des Handelsverkehrs** in jenen Gebieten wurde [91]).

Als der venetianische Abgesandte Ambrosio Contarini im

87) **Strahl**, Beiträge zur russ. Kirchengeschichte I. S. 178.
88) **Karamsin**, russische Geschichte V. S. 156 bis 160.
89) **Karamsin**, a. a. O. VI. S. 58 bis 61.
90) **Fischer**, Geschichte des deutschen Handels II. S. 346.
91) **Müller**, Sammlung russ. Geschichte V. S. 481.

Jahre 1475 seine Rückreise aus Persien antrat, fuhren dortige Kaufleute mit ihm über das kaspische Meer nach Astrachan, welche Reis, Seide und seidene Zeuge geladen hatten, um diese Waaren an die Russen und Tataren zu verkaufen. Er meldet bei dieser Gelegenheit, daß der Khan von Astrachan jährlich Abgesandte nach Moskau zu schicken pflegte, in deren Gefolge gewöhnlich viele tatarische Kaufleute mitgingen [92]). Auch die Russen nahmen selbst thätigen Antheil an diesem Handel und reisten gleichfalls nach Astrachan und bis nach Persien hinein, wo Contarini russische Kaufleute antraf. Die erste Eroberung Kasans durch Iwan I. verschaffte dem russischen Handel zu Moskau eine erweiterte Ausdehnung, und seitdem verdoppelten sich des Großfürsten Iwans Bemühungen, den levantischen Handel über das kaspische und pontische Meer durch das russische Gebiet hindurch nach Moskau und nach den baltischen Gestadeländern wieder in Gang zu bringen, und ihm wieder die Bedeutsamkeit zu geben, welche er vor dem Falle von Wisby und Nowgorod und vor der Thätigkeit der Venetianer und Genuesen in den levantischen Ländern gehabt hatte. Den lebhaften Handelsverkehr der moskowitischen Kaufleute zu Kasan beweiset das große unter ihnen von dem Khan von Kasan angerichtete Blutbad zur Zeit der Sommermesse im Jahre 1505, obschon dadurch dieser Verkehr nur auf geringe Zeit unterbrochen werden konnte [93]). Auch war es blos der plötzliche Tod des Großfürsten noch in demselben Herbst, der ihn Rache zu nehmen verhinderte. Sein Sohn Wasilei Iwanowitsch erhielt Gesandschaften aus Indien und von den nogaischen Tataren wegen des Handels, und er gab Letztern die Erlaubniß, frei und ungestört nach Moskau zu handeln. Seit dieser Zeit scheinen jährlich regelmäßige Handelskaravanen aus den tatarischen Ländern in Moskau angekommen zu sein. Sie waren stets von einer Gesandtschaft begleitet, entweder um die Zollfreiheit zu genießen, welche damals allen Kaufleuten im Gefolge eines fremden Gesandten zugestanden wurde, oder auch

---

92) Ramusio, delle navigazioni e viaggi II. fol. 120, 121.
93) Karamsin, russische Geschichte VI. S. 265.

um die Fortdauer des guten Einverständnisses zu bewirken. So findet man in den Jahrbüchern, daß Iwan II. Wasiljewitsch im Jahre 1534 eine Gesandtschaft von den nogaischen Tataren erhielt, welche aus 70 Mursen (Vornehmen oder Fürsten) und eben so vielen Gesandtschaftspersonen bestand, und in deren Gefolge 4700 Kaufleute mitreiseten, die 8000 Pferde bei sich führten. Auch gab es in der Stadt einen eigenen nogaischen Hof, welcher als Wohnung der Gesandten dem großen Kaufhofe gegenüberstand. So stand also Moskau bis um die Mitte des sechzehnten Jahrhunderts immer in einem ununterbrochenen Verkehr mit den reichen orientalischen Ländern, und wenn gleich die russischen Annalen nur von tatarischen Karavanen nach jener Stadt sprechen, so erhellt doch aus den Nachrichten des Contarini so wie aus der Angabe der dort hingebrachten Waaren, daß es außer den Tataren auch Perser, Bucharen und andere westasiatische Völker waren, welche diese Handelsverbindung unterhielten [94].

Erst seit dem Ende des funfzehnten Jahrhunderts zog Rußland, nachdem es sich von der tatarischen Oberherrschaft frei gemacht hatte, die Aufmerksamkeit der übrigen Europäer auf sich; schon Iwan I. und noch mehr sein Sohn Wasilei Iwanowitsch sah an seinem Hofe Abgesandte vom Kaiser, vom Papste, vom osmannischen Sultan, von der Republik Venedig und von den Königen von Polen und Dänemark [95]. Daher wurde auch erst damals die Stadt Moskau, mehr als es früher durch die Genuesen von den pontischen Gestaden aus geschehen konnte [96], im Auslande bekannt, und ihr Name sogar die allgemeine Bezeichnung für den russischen Staat und seine Bewohner. Der Freiherr Siegmund von Herberstein, welcher zu zwei verschiedenen Malen als Abgeordneter der Kaiser Maximilian und seines Enkels Ferdinand in Rußland war, ist der erste auswärtige Schriftsteller, der eine Beschreibung von

94) Storch, Gemälde des russ. Reiches IV. S. 163 bis 165.

95) Der erste Abgesandte von der Pforte nach Moskau erschien daselbst von dem Sultan Selim I. im Jahre 1514. Karamsin, russische Geschichte VII. S. 48.

96) Karamsin, russische Geschichte V. S. 96.

Moskau bekannt gemacht hat, bei welcher sich außer den merkwürdigen Charten von Rußland oder dem gesammten Ost-Europa auch ein Plan der Stadt Moskau oder eigentlich nur des Kreml befindet. Herberstein giebt uns zugleich eine genaue Darlegung des Handels dieser sarmatischen Hauptstadt. Die Waaren, berichtet er, welche nach Moskau kommen, müssen sogleich bei den Zollbeamten eröffnet und angezeigt werden. Diese besichtigen sie zu einer gewissen Stunde und schätzen sie; hierauf aber dürfen sie nicht eher verkauft werden, als bis sie dem Großfürsten gezeigt sind. Wenn dieser eine Waare kaufen will, so darf der Verkäufer sie Niemandem feil bieten, auch darf niemand darauf handeln, weshalb es sich oft zuträgt, daß die Kaufleute lange aufgehalten werden. Nach Moskau dürfen blos Litthauer, Polen und litthauische Unterthanen handeln, die Schweden, Livländer und Deutschen gehen nur nach Nowgorod. Den Türken und Tataren ist die Stadt **Chloppigrod** oder Cholopy Gorodok (welche an der Ausmündung der Mologa in die Wolga gelegen haben soll) zum Handel angewiesen [97]), wo zur Meßzeit vielerlei Nationen aus weit entlegenen Ländern zusammenkommen. Doch haben die auswärtigen Gesandten das Recht, fremde Kaufleute aus allen Ländern unter ihrem Schutz nach Moskau mitzunehmen, welche alsdann frei und sicher ohne allen Zoll durchgelassen werden, eine Gelegenheit, welche man selten unbenutzt läßt. Dann berichtet Herberstein weiter von den wichtigsten Einfuhr- und Ausfuhrartikeln, von der Art und Weise, wie die Russen den Handel betreiben, von dem großen steinernen Kaufhofe, ferner von den Zöllen und von den Münzsorten in Rußland, welche letztere nur von Silber waren und blos in den vier Städten Moskau, Nowgorod, Twer und Pleskow geprägt wurden [98]).

Das Gemälde, welches uns Herberstein vom russischen Handel entwirft, lehrt, daß derselbe zu jener Zeit ungeachtet seines hohen Alterthums doch noch gewissermaßen in seiner

---

97) **Storch**, Gemälde des russ. Reiches IV. S. 476. **Karamsin**, russ. Geschichte IV. S. 203.

98) **Herberstein**, rerum Moscovit. comment. p. 56—60.

Kindheit war. Die Grundsätze, nach welchen er von der Regierung geleitet wurde, zeigen eine noch wenig ausgebildete Staatshaushaltung. Auf der einen Seite ist der Verkehr mit Ausländern auf einzelne Städte beschränkt, auf der andern Seite erlaubt eine ängstliche Politik allen Kaufleuten ohne Unterschied die zollfreie Einfuhr ihrer Waaren unter dem Schutze eines mißverstandenen Völkerrechtes. Die Tataren und die asiatischen Handelsleute wußten diese Inconsequenz listig genug zu benutzen; sie schickten fast jährlich Gesandtschaften nach Moskau, und erwarben sich dadurch fortdauernd alle Vortheile eines freien Handels. Der Zoll ist in den Händen der Regierung noch kein Mittel den Handel zu beherrschen; er wird blos als eine Finanzquelle betrachtet, und ist daher für alle Aus- und Einfuhrwaaren derselbe. Der Tauschhandel, der Wucher, die Bedrückungen der fremden Kaufleute und anderes zeugen noch von einem barbarischen Zustande, der das Andenken der langen Unterjochung erneuert, von welcher die russische Nation sich nur so eben erst durch einen mächtigen Aufschwung zu befreien gesucht hat[99]). Manche Einrichtungen weisen noch auf einen orientalischen Ursprung hin, so die Kaufhöfe, ein Abbild der asiatischen Karavanserais und Basars, und das Vorkaufsrecht des Fürsten, ein Gebrauch, der noch bis in spätere Zeiten in Persien üblich war[100]). Im Allgemeinen sieht man aber, daß Moskau schon damals eine große Thätigkeit entwikkelte und einen ausgebreiteten Verkehr besaß, der nicht ohne Rückwirkung auf die äußere Blüthe und Wohlhabenheit der Stadt sein konnte[1]).

Eine neue, glänzendere Periode des moskowitischen Handels mußte aber eintreten, als um die Mitte des sechzehnten Jahrhunderts fast zu gleicher Zeit an zwei von den Meeren, welche die sarmatischen Ebenen begrenzen, sehr wichtige Veränderungen vor sich gingen, welche die Erneuerung der alten Bahnen

99) Storch, Gemälde des russ. Reiches IV. S. 194 bis 196.

100) Tavernier, les six voyages en Turquie, en Perse et aux Indes. Paris. 1676. 4. Tom. I. p. 464—470.

1) Karamsin, russische Geschichte VII. S. 168.

nen des indischen Welthandels durch diese Gebiete, wie sie schon vor der tatarischen Zeit bestanden, zur Folge hatten. Denn einmal brachte die Wiederentdeckung des weißen Meeres durch die Engländer im Jahre 1553 Rußland aufs neue in unmittelbare Verbindung mit dem europäischen Abendlande [2]), welche durch die politischen Verhältnisse in den baltischen Gestadeländern vielen Hemmungen und Störungen unterworfen war, und dann brachte die Eroberung des Khanates Astrachan mit den Gestadeländern des kaspischen Meeres durch den Zaren Iwan II. Wasiljewitsch im Jahre 1554 Rußland in unmittelbare Verbindung mit den reichen asiatischen Ländern [3]), da auch dieser Verkehr bisher mehr oder weniger von den tatarischen Herrschern an der Wolga abhängig gewesen war. Somit wurde Moskau fortan der große Stapelplatz des Verkehrs der russischen Handelsgesellschaft in England, und die Städte Wologda und Jaroslawl die Stationen desselben auf dem Wege zu dem Seehafen am weißen Meere [4]), so wie auf der andern Seite der Handelsverkehr der Bucharen von den kaspischen Gestadeländern nach Moskau hin immer lebhafter wurde. Auch wußten die Engländer diese Vortheile sogleich zu benutzen, und schon bei ihrer vierten Fahrt nach der Mündung der Dwina erhielt Anthony Jenkinson den Auftrag, für die Gesellschaft einen freien Handel durch Rußland nach dem kaspischen Meere auszuwirken, wozu der Zar Iwan auch gern seine Einwilligung gab [5]). So unternahm Jenkinson im Jahre 1558 seine Reise von Moskau aus über Astrachan nach der Bucharei, und wenn gleich diese Reise nach den Landschaften auf der Ostseite des kaspischen Meeres in merkantilischer Beziehung nicht die gewünschte Ausbeute gewährte, so wurde doch durch Jenkinsons weitere Unternehmungen nach den Gebieten auf der Westseite jenes Meeres eine Handelsverbindung Englands mit Persien angeknüpft, welche während der

---

2) Forster, Geschichte der Entdeckungen im Norden S. 315.
3) Karamsin, russische Geschichte VII. S. 370 bis 372.
4) Müller, Sammlung russ. Geschichte VII. S. 469.
5) Hakluyt, the principal navigations and voyages I. p. 347.

zweiten Hälfte des sechzehnten Jahrhunderts von der größten Wichtigkeit war. Moskau wurde also der merkantilische Verknüpfungspunkt für das nun aufblühende Archangelsk am weißen Meere und für Astrachan am kaspischen Meere; der Verkehr dieser Hauptstadt dehnte sich alljährlich immer weiter aus[6]), sie war nicht blos der Mittelpunkt alles russischen Handels zu jener Zeit, sondern auch der große continentale Stapelplatz des orientalischen und abendländischen Welthandels, ähnlich wie Samarkand im Herzen von Asien und wie damals Lissabon auf dem Seewege zwischen beiden Theilen der alten Welt. Die Emporien Nowgorod, Pleskow, Narwa und Cholmogory waren die großen Pforten Moskaus für das europäische Abendland, wie Kasan und Astrachan für das asiatische Morgenland. Nicht nur die Engländer hatten ihre Niederlassungen in Moskau, und der Zar Iwan hatte für ihr Komtoir ein eigenes steinernes Gebäude, den sogenannten Gesandtenhof, erbauen lassen, den erst später der Zar Alexei Michailowitsch aus Unwillen über die Hinrichtung des englischen Königs Karl I. in eine Buchdruckerei verwandeln ließ[7]); sondern auch die Deutschen, welche über jene baltischen Hafenstädte kamen, waren hier in so großer Anzahl vorhanden, daß sie zwei lutherische Kirchen erbaut hatten. Die Nogaier von turktatarischem Stamme, welche an der untern Wolga und am Don nomadisirten, brachten jährlich über 40,000 Pferde nach Moskau, die wegen ihrer Schnelligkeit und Ausdauer vorzüglich geschätzt wurden. Selbst die Osmannen machten Versuche, einen regelmäßigen Handel nach Moskau in Gang zu bringen, denn diese Hauptstadt sah im Jahre 1558 einen türkischen Kaufmann in ihren Mauern, der vom Sultan mit ansehnlichen Geschenken an Gold- und Seidenstoffen für den Zar

---

6) Die wichtigsten Angaben über diesen Zustand Moskaus im sechszehnten Jahrhundert finden sich bei G. F. Müller, Geschichte der Schifffahrt und Handlung auf dem kaspischen Meere in der Sammlung russ. Geschichte VII. S. 426 bis 489, und daraus bei Storch, Geschichte des russ. Handels in s. Gemälde des russ. Reiches IV. S. 239 bis 256.

7) Müller, Sammlung russ. Geschichte VII. S. 470.

abgeschickt war, um einen freien Handel zwischen Rußland und der Türkei zu bewirken [8]).

Dieser blühende Zustand von Moskau ward aber noch während des sechzehnten Jahrhunderts mehrmals sehr getrübt. Schon im Jahre 1547 war diese Stadt durch viele und starke Brände fast ganz zerstört worden [9]), wobei die meisten Kirchen und die alten Denkmale der Geschichte der Stadt mit zu Grunde gingen [10]), und kaum hatte sich Moskau wieder aus der Asche erhoben, als durch die tatarischen Horden aus der Krim eine neue große Katastrophe über die Stadt hereinbrach, welche sie mit einer völligen Vernichtung bedrohte. Der Fall der tatarischen Reiche von Kasan und Astrachan und die Aufreizungen des osmannischen Sultans trieben im Jahre 1571 den Khan der Krim mit seinen Reiterschaaren gegen die von ihrem Zaren verlassene Hauptstadt des russischen Reiches. Ganz Moskau mit Ausnahme des Kreml ging in Flammen auf, viele Tausende von der großen daselbst zusammengedrängten Menschenmasse kamen in den Flammen und unter den Trümmern der zusammenstürzenden Gebäude um. Wer dieses Schauspiel gesehen hat, schreiben als Augenzeugen die daselbst anwesenden englischen Kaufleute der russischen Handelskompagnie, der wird sich immer mit erneuertem Grausen daran erinnern und Gott bitten es nicht zum zweitenmale zu sehen [11]). Es war auch die letzte Zerstörung Moskaus durch die tatarischen Horden. Denn wenn gleich die verheerenden Einbrüche derselben in das russische Land fernerhin nicht unterblieben und auch Moskau noch öfter geschreckt wurde, so blieb doch die Stadt von einem solchen Unglück verschont. Zwar noch einmal gelang es dem krimschen Khane Kasi Kerai zur Zeit des

8) Storch, Gemälde des russ. Reiches IV. S. 257, 258.

9) Karamsin, russische Geschichte VII. S. 264.

10) Strahl, Beiträge zur russ. Kirchengeschichte I. S. 208.

11) Karamsin, russische Geschichte VIII. S. 145 bis 147. Vor jenem Brande soll Moskau an sechsmal so groß gewesen sein, und nach den Angaben des Jesuiten Possevini ums Jahr 1580 hätte Moskau damals nicht mehr als 30,000 Bewohner oder sechsmal weniger als ehemals gezählt. Karamsin, a. a. O. IX. S. 87. Anmerk. 122.

letzten Fürsten aus dem Hause Rurik im Jahre 1591, mit seinen Schaaren die Oka zu überschreiten und sich vor Moskau zu lagern, aber diesmal wurden die Tataren zurückgeschlagen, und sie verschwanden nach ihren Steppen so schnell, als wie sie herbeigerückt waren[12]. Dort wo das Zelt des Khans vor Moskau gestanden, dort wurde zum Andenken an diese letzte Schreckenserscheinung im folgenden Jahre das berühmte donsche Kloster erbaut[13].

Aber aus allen diesen Zerstörungen ging Moskau gleich wie ein Phönix mit großer Schnelligkeit immer wieder glänzender hervor. Immer lebhafter wurde der politische Verkehr Rußlands mit den andern europäischen Staaten, immer häufiger wurden die Gesandtschaften der andern Mächte nach Moskau, und diese Stadt füllte sich mit Fremden, besonders mit Deutschen, Engländern und Holländern. Schon seit der Zeit des zweiten Iwan Wasiljewitsch gab es in Moskau eine nach den dort ansässigen Deutschen benannte Vorstadt Nemezkaja Sloboda, welche ostwärts vom Kreml an der Jausa gelegen war[14]. Die auswärtigen Nachrichten von dem russischen Handelsverkehr werden daher immer zahlreicher und ausführlicher, doch geben uns Männer wie ein Clemens Adam, Anton Possevini und Alexander Guagnini, welche als Gesandte in verschiedenen Angelegenheiten Rußland während der zweiten Hälfte des sechzehnten Jahrhunderts besuchten, in ihren Tagebüchern und Beschreibungen im Wesentlichen dieselben Nachrichten über den russischen Handel, welche wir schon aus dem trefflichen Berichte Herbersteins kennen gelernt haben.[15]. Der Hauptsitz und Mittelpunkt dieses Handels, Moskau, welches bis zum funfzehnten Jahrhundert mit Ausnahme der Kirchen und Stadtmauern nur aus hölzernen Gebäuden bestand[16], erscheint am Schlusse des sechzehnten Jahrhunderts als eine große und

12) Karamsin, a. a. O. IX. S. 204 bis 212.

13) Strahl, Beiträge zur russ. Kirchengeschichte I. S. 222.

14) Büsching, Geschichte der evangelischen Gemeinden in Rußland. Altona 1766. 8. Th. II. S. 180.

15) Fischer, Geschichte des deutschen Handels III. S. 66 bis 69.

16) Karamsin, russische Geschichte V. S. 320.

glanzvolle Stadt, welche im Kreml allein an 35 Kirchen von Stein und überhaupt, ohne die Kapellen, mehr als 400 Kirchen zählte, in denen nicht weniger als 5000 Glocken an den Festtagen ertönten. Die Stadt hatte schon damals mehr als zwanzig Werst im Umfange. Zwar bestand der größte Theil der Wohnhäuser noch aus Holz, woraus sich sowohl die Häufigkeit als die Furchtbarkeit der Feuersbrünste erklärt, aber nach jedem Brande vermehrte sich die Anzahl der steinernen Gebäude, und schon damals bestanden viele von den großen Gebäuden, welche, wie der Kaufhof, die Gesandtschaftshöfe und andere, bis auf die neuere Zeit sich erhalten haben [17].

Nicht unter glücklichen Vorzeichen eröffnete sich für Moskau das siebzehnte Jahrhundert, als der Abgang des Fürstenstammes der Nurikingen Rußland zum Kriegsschauplatz zwischen Schweden und Polen machte und letztere als Herren in Moskau sich jede Gewaltthat und Zügellosigkeit erlaubten. Dieses Unglück des Landes und seiner Hauptstadt und die gänzliche Störung des Handelsverkehrs wurde wiederum gekrönt durch die Einäscherung Moskaus durch die Polen im Jahre 1611, so daß nur die Kirchen und andere steinerne Gebäude der allgemeinen Zerstörung durch die Flammen entgingen [18]. Erst seit der Erhebung des Hauses Romanow nach der Vertreibung der übermüthigen Polen stand auch Moskau wieder aus der Asche auf, und in den nach jenem ersten blutigen Decennium folgenden Friedensjahren des siebzehnten Jahrhunderts, welche der Zar Michael Feodorowitsch noch um jeden Preis von den Polen und Schweden erkaufte, konnte sich Moskau allmählich wieder erholen, um noch bald seine glanzvollste Zeit unter jenes Fürsten Sohn und Nachfolger zu erleben, bis unter seinem Enkel Moskau's Zeit als Mittelpunkt des russischen Staatslebens abgelaufen war. Denn als nur drittehalb Decennien nach jener polnischen Katastrophe Olearius mit der holsteini=

17) Karamsin, russische Geschichte IX. S. 304 bis 306. Über den Reichthum Rußlands und die Einkünfte der Regierung zu jener Zeit s. Th. IX. S. 284, 285.

18) Karamsin, a. a. O. XI. S. 238 bis 241.

schen Gesandtschaft auf seiner Reise nach Persien den Zar Michael an seinem Hofe zu Moskau besuchte, waren die Spuren jenes Unglücks schon längst wieder verwischt; die eigentliche Stadt bestand damals nur aus den drei innern Hauptheilen, und war umgeben von der hölzernen Stadt oder Skorodom, d. h. die schnell aufgebaute, im Osten, Norden und Westen, und von der Strelitzka Sloboda auf der rechten Seite der Moskwa im Süden [19]). Die Stadt hatte schon an drei Meilen im Umfange, doch bemerkt auch Olearius, daß die Wohnhäuser mit Ausnahme der der russischen Großen, der reichen Kaufleute und der Deutschen, welche steinerne Palläste auf ihren Höfen hätten, meistens von Holzbalken erbaut seien, weshalb auch die beständigen Feuersbrünste nicht in Verwunderung setzen dürften. Daher pflege man bei solcher Gefahr auch nicht mit Wasser zu löschen, sondern vielmehr die benachbarten Häuser einzureißen, und damit die steinernen Palläste und Kaufgewölbe nichts von dem fliegenden Feuer zu befürchten hätten, wären sie nur mit kleinen Fensteröffnungen versehen und diese durch Laden von Eisenblech geschützt. Es könnten aber diejenigen, welche ihre Häuser durch den Brand verlieren, sehr bald zu neuen Häusern kommen, denn in der Vorstadt gebe es einen eigenen Häusermarkt, wo viele Häuser theils zusammengesetzt, theils zerlegt stehen, welche man kaufen und mit wenigen Unkosten auf seine Stelle führen und aufsetzen lassen könne.

Die Stadt Moskau hatte zu jener Zeit schon ihre noch jetzt bestehende Einrichtung. Im vierzehnten Jahrhundert, als die Stadt unter dem Großfürsten Dmitri Iwanowitsch das Unglück betraf fast ganz abzubrennen, zählte sie bereits vier Theile, nehmlich den Kreml, den Posad (Vorstadt), Sagorodje, d. h. außerhalb der Stadt, und Saretschje, d. h. jenseit des Flusses [20]). Aber auch noch ein Jahrhundert vor Olearius Zeit unter dem Großfürsten Wasilei Iwanowitsch galt der Kreml allein für die Stadt, alle übrigen Theile des schon

---

19) Ad. Olearius, moskowitische und persianische Reisebeschreibung. Schleswig 1633. Fol. S. 144 bis 150. Vergl. dabei den Plan der Stadt.

20) Karamsin, russische Geschichte V. S. 9.

sehr ausgebreiteten Moskau hießen Vorstädte, denn sie hatten außer spanischen Reitern nicht die geringsten Befestigungen. Zwischen den Wohnungen der Vorstädte lagen Getreidefelder und Wiesen, und nur der Kaufhof auf seiner Stelle im spätern Kitaigorod war mit steinernen Mauern umgeben [21]). Aber da schon Wasilei den Kreml für die Volksmenge Moskaus zu eng und zur Vertheidigung gegen einen feindlichen Angriff unzureichend fand, so erhob sich gleich im Beginn der Regierung des zweiten Iwan Wasiljewitsch als zweiter und befestigter Hauptheil der Stadt Kitaigorod, d. h. die tatarische oder, wie man es auch erklärt, die mittlere Stadt [22]). Daran schloß sich dann ein halbes Jahrhundert später als dritter befestigter Hauptheil Moskaus unter dem Zaren Feodor Iwanowitsch das nach ihm benannte Zarew-Gorod oder später genannt Bjely-Gorod (Beloigorod) [23]). Der holländische Reisende Strauß, welcher diese russische Hauptstadt im Jahre 1668 besuchte, rühmt sie wegen ihrer Größe, welche neun Stunden im Umkreise betrage, obschon sie vor der tatarischen Verwüstung noch einmal so groß gewesen sein sollte [24]). Ihren Anblick von außerhalb nennt er wegen der großen Menge von Kirchen und Thürmen sehr prächtig, und sie zerfiel nach seiner Angabe in vier Theile. Als den ersten Theil bezeichnet er Kitaygorod, weil er mitten in der Stadt liege; er sei mit einer steinernen Mauer umgeben, die bei den Russen Krasna Stenna, d. h. die rothe Mauer, heiße. Die Hälfte von diesem Theile nehme aber das Schloß mit seinen Pallästen und 56 Kirchen und Kapellen ein, welches bei den Moskowiten Krimgorod (Kreml) genannt werde. Der zweite Theil der Stadt, der Czaargorod heiße, umgebe den erstern in der Gestalt eines halben Mondes, und sei mit einer starken Mauer umgeben, die bei den Moskowiten Bjela Stenna, d. h. weiße Mauer, genannt

21) Karamsin, a. a. O. VII. S. 168.
22) Karamsin, a. a. O. VII. S. 217.
23) Karamsin, a. a. O. IX. S. 144.
24) Straußens Reise durch Italien, Griechenland, Liefland, Moskau u. s. w. aus dem Holländ. Gotha 1832. 8. S. 184.

werde. Der dritte Theil heiße Skorodom, welcher, erst seit 1591 erbaut, jenes Czaargorod im Osten, Norden und Westen umgebe, und welcher den Häusermarkt enthalte, wo man für ein geringes Geld kleine und große, aus Balken zusammengesetzte Häuser kaufen könne. Der vierte Theil war die Strelitza Sloboda auf der Südseite der Moskwa nach der Gegend der Tatarey, wie sich Strauß ausdrückt. Er ist das früher sogenannte Saretschje, welches auch Samoskworetschje, d. h. jenseit des Flusses Moskwa, genannt wurde[25]) und durch eine hölzerne und steinerne Brücke mit Kitaygorod verbunden war. Dieser Stadttheil war nicht allein mit hölzernen, sondern auch mit Erdbollwerken verstärkt, und war danach benannt, daß die Strelitzen dort ihren Sitz hatten. Innerhalb dieser vier Stadttheile mit ihren Vorstädten sollten damals an 95,000 Häuser mit 1700 Kirchen und Klöstern stehen. Unter dieser großen Anzahl Häuser finde man aber sehr wenig steinerne, sondern meistentheils hölzerne Häuser, in welchen die Moskowiten große Ziegelöfen hätten und oftmals so einheizten, daß bei ihrer großen Fahrlässigkeit Haus und Hof zugleich in den Ofen gesteckt werde[26]). Aus jenem Skorodom und der Strelitza Sloboda scheint das jetzige Semlanoigorod erst im achtzehnten Jahrhundert entstanden zu sein.

Die großen Einkünfte des russischen Zaren, von welchen Olearius berichtet[27]), daß sie durch die Zölle und Abgaben vom Handelsverkehr eingebracht würden, beweisen, daß Rußland und seine Hauptstadt damals wieder aufgeblüht waren und der Segnungen des merkantilischen Lebens sich erfreuten. Besonders wird in dieser Beziehung der Seehafen Archangel hervorgehoben, worin die wohlthätigen Nachwirkungen der von den Engländern durch Rußland über Moskau nach den Ländern am kaspischen Meere eröffneten Handelsstraßen nicht zu verkennen sind, und wenn auch der englische Handel selbst zu jener Zeit

25) Karamsin, russische Geschichte IX. S. 305, 306.

26) Straußens Reise durch Moskau S. 184 bis 187.

27) Olearius, moskowitische und persianische Reisebeschreibung S. 248 bis 250.

schon ziemlich in Verfall gerathen war, so waren die Russen doch in ihre Fußstapfen getreten, und unterhielten selbst die merkantilische Verbindung zwischen Persien und Moskau [28]). Durch den französischen Reisenden Tavernier, welcher als Edelsteinhändler in der ersten Hälfte des siebzehnten Jahrhunderts den persischen Hof der Sofis zu Ispahan besuchte, werden wir auch näher mit der großen Handelsstraße bekannt gemacht, welche von Persien aus über Astrachan nach Moskau führte [29]). Nicht minder spricht der glanzvolle Empfang, welcher der holsteinschen Gesandtschaft am Hofe des Zaren Michael zu Theil wurde, dafür, daß Moskau sich wieder in den friedlichen Sitz des Reichthums und des Wohllebens verwandelt hatte, welcher damals zugleich durch den Einzug eines osmannischen Gesandten mit reichen Geschenken als freundschaftlicher Huldigung der für Rußland noch immer furchtbaren Pforte verherrlicht wurde [30]). Einen ganz ähnlichen Bericht über den Zustand Moskaus finden wir nur wenige Jahre später in den Angaben der kaiserlichen Gesandtschaft, welche unter dem Freiherrn von Meyerberg in Folge der Händel mit den Kosacken im Jahre 1661 an den Zaren Alexei Michailowitsch gerichtet wurde, und auf welche ihrer Bedeutsamkeit wegen in der jüngsten Zeit mit Recht die Aufmerksamkeit wieder hingelenkt worden ist [31]). Dieser Zar Alexei war es, welcher durch seine gewaltige Kraft das alte Ansehn des russischen Staates, wie es unter dem vorletzten Fürsten aus dem Stamme der Rurikingen gewesen, erneuerte und durch seine unermüdliche politische Thätigkeit, in der er nur von seinem Sohne noch übertroffen wurde, seine Residenz Moskau zu einem nicht unwichtigen Punkte des nordischen Staatslebens von Europa machte. Von Wien, Constantinopel und Stockholm bis nach Peking erstreckten sich seine politischen Verhandlungen, während seine merkantilischen Ver-

28) Müller, Sammlung russ. Geschichte VII. S. 489.

29) Tavernier, voyages en Turquie, en Perse et aux Indes I. p. 305—308.

30) Olearius, moskowitische Reisebeschreibung S. 30 bis 44, 248, 249.

31) Aug. v. Meyerberg und seine Reise nach Rußland, herausgegeben von Fr. Adelung. Petersburg 1827. 8. S. 29 bis 67.

bindungen nicht minder die Generalstaaten im Haag, wie die Höfe von Paris, London und Madrid und selbst die kleinen Fürstenhöfe Italiens umfaßten [32]), so daß sich daraus allein Meyerbergs Angabe erklärt, daß an seinem Hofe an 13 erste und an 60 zweite Dollmetscher für verschiedene Sprachen besoldet wurden [33]).

Da der Zar Alexei Michailowitsch dem Handelsverkehr seine besondere Aufmerksamkeit widmete, so kann es nicht befremden, daß er die große Bahn des orientalischen Welthandels, welche erst unter dem zweiten Iwan Wasiljewitsch durch die Entdeckung und Eroberung Sibiriens eröffnet worden war, für die äußere Wohlfahrt seines Reiches eifrig zu benutzen suchte. Erst seit seiner Zeit kam der sibirische Handel recht in Aufnahme [34]), erst seit seiner Zeit konnten mit dem chinesischen Reiche, in welchem eben damals die tungusische Dynastie der Mantschu eine neue Ordnung der Dinge begründete, Verbindungen angeknüpft werden, und die Vortheile dieses Verkehrs mit dem reichen Orient flossen wieder der Residenzstadt Moskau zu, welche als Stapelplatz die morgenländischen Waaren in sich aufspeicherte, die sodann durch die Häfen am baltischen und weißen Meere dem übrigen Europa zugeführt wurden. Aber auch der Pelzhandel, von welchem Olearius berichtete, daß er eine Hauptquelle des Einkommens des Zaren sei, konnte natürlich erst zu dieser Zeit mit der vollendeten Besitznahme des weiten sibirischen Nordens bis zu den Gestaden des Eismeeres hin sich im größten Schwunge zeigen; Geschenke an kostbarem Pelzwerk waren die vornehmsten Gaben, welche die Zaren an fremde Gesandte oder an auswärtige Fürsten verleihen konnten, und in Verwunderung müssen in der That die überaus reichen Geschenke setzen, welche schon Feodor Iwanowitsch in dieser Beziehung dem Kaiser Rudolph II. gemacht

---

32) Storch, Geschichte des russischen Handels in s. Gemälde des russ. Reiches IV. S. 360.

33) Meyerberg bei Adelung S. 78. Not. 34.

34) Müller, Nachrichten von der Handlung in Sibirien in s. Sammlung russ. Geschichte III. S. 413 bis 612.

haben soll[35]. Tobolsk war damals der große Stapelplatz für die Schätze des Ostens und Nordens, ehe sie die Barriere des Ural überschritten, um nach Moskau, dem Ort ihrer Bestimmung, zu gelangen. Nun führten von Moskau aus zwei Straßen nach jenem Orte, die gewöhnlichste Passage der russischen Kaufleute von Europa nach Asien, indem sie nehmlich entweder von Moskau aus über Jaroslawl, Totma, Ustjug an der Dwina, Kaigorodok und Solikamsk an der Kama und über Werchoturie, Turinsk und Tjumen nach Tobolsk gingen, oder über Wladimir, Murom, Nischegorod, Kosmodemjansk, Jaransk, Chlynow (Wjätka) und über Kaigorodok und Solikamsk nach Werchoturie. Beide Straßen vereinigten sich also zu Kaigorodok an der obern Kama, und überschritten dann zu Werchoturie, wo das sibirische Hauptzollamt war, den Ural; beide waren von gleicher Länge, von 2380 Werst oder 340 Meilen, obschon die Nordstraße von den Kaufleuten im Allgemeinen vorgezogen wurde, theils weil man dort weniger Städte berührte, theils von den an der Wolga sich aufhaltenden Räubern weniger beunruhigt wurde. Die von der Natur dargebotene Wasserstraße auf der Oka, Wolga und Kama pflegten nur diejenigen Kaufleute zu benutzen, welche über den Markt zu Makariew und Kasan ihren Handel führten. Aber auch von Kasan aus trieben außer den russischen Bewohnern viele reiche Tataren Handel nach jenem sibirischen Stapelplatz, und auch hier gab es einen doppelten Weg, indem die eine Straße der Kama aufwärts folgte über Sarapul, Ossa, Jaguschicha (jetzt Perm) und über Solikamsk nach Werchoturie und nach Tobolsk an 1711 Werst oder 244 Meilen, während die andere Straße von Ossa aus nach Kungur abbog und über Katharinenburg und Tjumen nach Tobolsk führte an 1418 Werst oder über 200 Meilen[36]. Letztere Straße ist zwar außerdem, daß sie kürzer ist, auch bei weitem bequemer als die erstere, aber da einmal das Zollamt zu Werchoturie eingerichtet war, wurde jene von der russischen Regierung im

35) Olearius, moskowitische Reisebeschreibung S. 225, 249.
36) Müller, Sammlung russ. Geschichte III. S. 417 bis 420.

Jahre 1659 nicht nur ausdrücklich verboten[37]) (s. Abth. 1. S. 97.), sondern dies Verbot, da man es doch umgangen zu haben scheint, selbst noch im Jahre 1739 wieder erneuert[38]).

Als Augenzeuge für den Umfang und die Bedeutsamkeit dieses sibirischen Handelsverkehrs ist Joh. Phil. Kilburger zu nennen, welcher als Begleiter einer schwedischen Gesandtschaft in Moskau unter jenem Zaren Alexei im Jahre 1674 uns darüber die lehrreichsten und bestimmtesten Nachrichten mitgetheilt hat[39]). Unter den nach Sibirien hin ausgeführten Waaren, welche sich bis in die Länder der Mongolen und Chinesen verbreiteten, nahmen den Hauptplatz ein die rothen und schwarzen Juften aus Moskau, Kasan und den großen Städten an der mittlern Wolga und die kasanischen Safiane, die sogenannten Koslinski. Daran schlossen sich die wollenen und leinenen Fabrikate, ferner Metallwaaren, verschiedenartige Hausgeräthe in Holz, Leder und Metall, mancherlei Naturprodukte und nicht minder auswärtige Fabrikwaaren, wie aus Deutschland, Holland, England und Frankreich[40]). Dagegen spendete nun der Norden und Osten des asiatischen Erdtheiles als die nächsten und wichtigsten Schätze das mannigfaltigste und vortrefflichste Pelzwerk, welches in Rußland und vornehmlich in vielen Theilen des Orients nicht minder zum Bedürfniß als zum Luxus gehört, nehmlich von Zobeln, Mardern, Hermelinen, Eichhörnern, Bibern, Füchsen der verschiedensten Art, von Wölfen, Luchsen, Bären, Rennthieren und andern. Eben so gewährte das sibirische Jugrien Seehundsfelle, Schwanenhäute, die Daunen der arktischen Gänsearten, Mammuthknochen und Wallroßzähne[41]). Gegen die europäischen Fabrikate konnte aber auch das durch die Industrie seiner Bewohner seit Alters berühmte China mit andern Fabrikaten auftreten und die Waarenlager zu Moskau füllen, besonders mit baumwollenen Zeugen, Ki=

37) Fischer, sibirische Geschichte I. S. 298, II. S. 541.

38) Müller, Sammlung russ. Geschichte III. S. 433.

39) Kilburger, Nachrichten vom russischen Handel bei Büsching, Magazin für Historie und Geographie III. S. 252 bis 278.

40) Müller, Sammlung russ. Geschichte III. S. 480 bis 494.

41) Müller, a. a. O. III. S. 495 bis 565.

taika[42]) bei den Russen nach ihrem Vaterlande genannt, und mit seidenen Zeugen in den verschiedensten Farben und Mustern[43]).

Dann aber fand damals zu den russischen Märkten zum erstenmale eine Waare Zugang, welche seit langer Zeit im Orient zu einem allgemeinen Bedürfniß geworden anfangs keine günstige Aufnahme finden zu wollen schien, bald aber so allgemeinen Beifall auch im ganzen Abendlande fand, daß ihre Konsumtion in unserer Zeit bis ins Ungeheure gestiegen ist. Dies ist der Thee, dessen Heimath im Wesentlichen nur auf China beschränkt ist, und dessen Gewinnung jetzt einer der theuersten Tribute der europäischen Völker an den Beherrscher des himmlischen Reiches geworden ist. Die Verbreitung des Theetrinkens durch das mittlere Hochasien bei den mongolischen Völkern hängt unstreitig mit der Begründung der mongolischen Herrschaft in China während des dreizehnten Jahrhunderts zusammen, wenigstens war der Genuß des Thees schon in der Mitte des funfzehnten Jahrhunderts bei den von Kublaichan abstammenden Fürsten in Gebrauch[44]), und sie scheinen diese Sitte bei ihrer Vertreibung aus China nach dem Hochlande mitgenommen zu haben. Von diesen Ost-Mongolen verbreitete sich sodann der Gebrauch desselben bald zu den Fürsten der westmongolischen Stämme der Kalmücken in der Nähe der Irtischquellen, wo die Russen diese Pflanze unter dem Namen Tschai kennen lernten[45]). Diese noch jetzt bei den kalmückischen Stämmen übliche Theeart ist nun der sogenannte Ziegelthee, welcher mit einem Zusatz von Salz und Milch ohne Zucker, auch wohl mit gedörrter und gestoßener Gerste und etwas Fett zubereitet wird[46]). Es führt dieser Ziegelthee, Kirpitschnoi Tschai bei den Russen und Tschuandscha bei den Chi-

42) Kilburger bei Büsching, Magazin III. S. 313.

43) Müller, a. a. O. III. S. 574 bis 584.

44) Ssanang Ssetsen, Geschichte der Ost-Mongolen und ihres Fürstenhauses, aus dem Mongol. von J. J. Schmidt. Petersburg 1829. 4. S. 181.

45) Fischer, sibirische Geschichte II. S. 694, 697.

46) Potocky, voyages dans les steps d'Astrakhan et du Caucase ed. Klaproth. Paris 1829. 8. Tome I. p. 64.

nesen genannt, seinen Namen davon, daß er in große viereckige, platte Kuchen in der Form von Ziegelsteinen (Kirpitschi) zusammengepreßt ist, und bei allen mongolischen und turktatarischen Völkern und bei den Bucharen wird er am meisten geschätzt [47]). Gleich nach der Begründung der jüngsten tungusischen Herrschaft in China geschah es nun, daß der Zar Alexei Michailowitsch zur Anknüpfung eines freundschaftlichen politischen und merkantilischen Verhältnisses mit jener Dynastie im Jahre 1654 eine Gesandtschaft unter Feodor Baikow nach jenem Lande abgehen ließ. Es war die erste russische Gesandtschaft nach China, wenn auch schon früher die beiden Kosacken-Häuptlinge Petrow und Jalytschew in Auftrag des zweiten Iwan Wasiljewitsch bei der Erforschung der asiatischen Gebiete im Jahre 1567 bis nach Peking mögen vorgedrungen sein [48]), und indem sie von Tobolsk aus am Irtisch aufwärts den nächsten Weg durch das mittlere Hochasien über das songarische Steppengesenke einschlug [49]), das noch lange nachher bis auf die Organisirung der Kiachta-Straße die große moskowitische Heerstraße nach Peking bildete, wurden die Gesandten in dem Hoflager eines kleinen kalmückischen Fürsten, der seine Herrschaft am westlichen Altai am Upsa Nor hatte, damals mit Thee bewirthet und auch selbst wider ihren Willen als mit einer in Rußland noch nicht brauchbaren Waare beschenkt [50]). Die Gesandtschaft kam glücklich in Peking an, und mit dieser Eröffnung eines unmittelbaren Handels mit China gelangte nun auch zum erstenmale der Thee nach Moskau. Aber erst zwei Decennien später zu Kilburgers Zeit fing der Thee an bei den übrigen Europäern mehr Eingang zu gewinnen; er nennt ihn noch ein Kraut, das zu medicinischen Zwecken brauchbar sei, besonders zur Verhütung oder zur Vertreibung des Rausches. Er kaufte das Pfund Thee in Moskau

---

47) Müller, Sammlung ruff. Geschichte III. S. 585.
48) Karamsin, russische Geschichte IX. S. 6.
49) Thevenot, recueil de voyages. Paris 1681. 8. p. 1—18.
50) Fischer, sibirische Geschichte II. S. 697.

zu 30 Kopeken [51]). Seitdem nahm die Konsumtion des Thees in Rußland und dem übrigen Europa immer mehr zu, in gleichem Verhältniß stieg auch die Ausfuhr aus China nach Moskau, und in der ersten Hälfte des achtzehnten Jahrhunderts nennt uns Müller schon acht verschiedene Theearten, welche durch den sibirischen Handel nach jenem Stapelplatz im mittlern Rußland gebracht wurden [52]).

Die Stadt Moskau war damals der Mittelpunkt des ganzen innern Handels. Hier befand sich der Schatz des Zaren und das große Magazin seines Monopolhandels. Keine Stadt in Europa war so mit Kaufmannsgewölben angefüllt wie Moskau. Jede Gattung von Waaren hatte ihre eigene Gasse oder Markt, aber mitten in der Stadt, in Kitaigorod, befand sich die eigentliche Kaufmannsstadt, wo zwei große, von Stein erbaute, abgesonderte Kaufhöfe oder Gostinoi Dwor durch den Zar Michael im Jahre 1626 und durch seinen Sohn Alexei im Jahre 1662 sich erhoben. Unter den auswärtigen Kaufleuten waren die Deutschen und die Perser die zahlreichsten, von welchen die letztern auch einen beträchtlichen Geldhandel betrieben, und dazu fanden sich zahlreiche Griechen ein, welche ihren eigenen Kaufhof hatten und ansehnliche Freiheiten im Handel genossen [53]). So erlebte Moskau unter der Regierung des mächtigen Zaren Alexei Michailowitsch seine glanzvollste und ruhmvollste Zeit; von dem halben Jahrtausend, welches seit der tatarischen Zeit das Mittelalter der Entwickelung des russischen Staatslebens umfaßt, hatte diese Stadt an vier Jahrhunderte lang die Rolle einer Herrscherstadt gespielt. Alles was der russische Staat, in den Formen des orientalischen Lebens befangen, hatte werden können, war er durch jenen Herrscher geworden. Immer mehr schloß sich der russische Staat der europäischen Kulturwelt auf und an dieselbe an, und schon am Ende des siebzehnten Jahrhunderts suchte der große Peter

---

51) Kilburger, Nachrichten vom russischen Handel bei Büsching, Magazin III. S. 271.

52) Müller, Sammlung russ. Geschichte III. S. 584, 585.

53) Storch, Geschichte des russischen Handels IV. S. 429 bis 434.

Alexiewitsch für die ganz neue fortan zu betretende Laufbahn des russischen Staatslebens in den Formen europäischer Bildung auch einen neuen Mittelpunkt seines Reiches, für welchen die centrale Landstadt Moskau bei ihrer natürlichen Abgesondertheit von dem übrigen Europa nicht mehr genügte. Somit war auch Moskaus Schicksal gekommen, seine historische Bedeutung erfüllt. Als den letzten Augenzeugen für die Herrlichkeit der Stadt zu jener Zeit ist der holländische Reisende Cornelius le Bruyn zu nennen, welcher sie auf seiner Reise durch Rußland nach Persien auf dem gewöhnlichen Wege der Holländer über Archangel und Wologda nach Jaroslawl im Jahre 1702 besuchte in eben dem Augenblicke, als der Zar Peter im Begriff war, den Grund zu der neuen Residenz am baltischen Meere zu legen, wohin Moskaus Glanz und Herrlichkeit verpflanzt werden sollte. Noch immer erhielt sich zum Zeichen des starken Verkehrs mit dem übrigen Europa die große deutsche Vorstadt in Moskau, le Bruyn rühmt die Menge der glanzvollen Kirchen so wie der Klöster und der öffentlichen Gebäude; doch bestand damals auch noch der vierte Stadttheil, der Skorodom, nur aus Holzhäusern, und gleich Olearius berichtet jener Reisende dasselbe über den Häuserhandel daselbst [54]).

Indessen wenn mit der Gründung von St. Petersburg der Herrschersitz auch aus Moskau verlegt wurde, wenn die alte Zarenstadt sich mit der schnell aufblühenden Kaiserstadt auch nicht messen konnte, wie schon aus Hanway's Bemerkungen aus der ersten Hälfte des achtzehnten Jahrhunderts hervorgeht [55]), so konnte doch Moskau seines alten Ansehns nicht so leicht und gänzlich verlustig gehen. Knüpfte sich doch das ganze Volksleben nur an jene Stadt, auf welche das russische Volk mit allen seinen Erinnerungen hingewiesen war, seitdem es aus der mittelaltrigen Lethargie erwachend sich nicht nur der tatarischen Herrschaft erwehrt, sondern auch von hier aus die asiatischen Für-

54) Corn. le Bruyn, voyages par la Moscovie, en Perse et aux Indes orientales. A la Haye 1732. 4. Tome III. p. 65. 119—132.

55) Hanway, historical account of the british trade over the Caspian sea. London 1762. 4. Tome I. p. 61.

Fürstenthümer zu Kasan, Astrachan und Sibirien sich unterthänig gemacht hatte. Moskau, in dem Herzen der weiten Landschaften der slavischen Russen gelegen, mußte immerdar die Hauptstadt derselben bleiben, und kann als continentale Stadt, gestützt auf seine historische Bedeutung, auch ferner jenes Vorrecht nicht verlieren, so lange der auf diese Stadt hingewiesene Volksstamm dasjenige, was ihm seit der ältesten Zeit der Geschichte eigenthümlich ist, nehmlich der continentalste des europäischen Erdtheiles zu sein, nicht aufgeben kann [56]). Diese natürliche Bestimmtheit des russischen Volksstammes muß aber um so stärker und dominirender hervortreten, je mehr noch der bei weitem größte Theil dieses Volkes den Standpunkt des unmittelbaren Naturlebens einnimmt. Rußlands Herrscher haben dies nie übersehen, und so sehr auch die Residenzstadt und das größte Emporium des russischen Reiches sich ihrer Begünstigung zu erfreuen hatte und die alte Metropole bald überflügelte, so sehr waren sie auch besorgt für das Wohl und den Glanz der Hauptstadt des alten Groß-Rußlands, während ein Kiew und Wladimir, wie die Wiegenstadt des russischen Staats, Nowgorod, durch eine gleiche Gunst nicht erfreut, kaum noch Spuren der alten Herrlichkeit in sich aufzubewahren vermochten. Vornehmlich war es unter der Regierung der großen Fürstin Katharina II., daß die alte Hauptstadt des Reiches mit prächtigen Kron- und Privatgebäuden geschmückt wurde [57]), und wenn dieser Stadt am Anfange des neunzehnten Jahrhunderts bei der französischen Invasion noch einmal das Schicksal zu Theil ward, welches sie so oft von den tatarischen Horden zu erleiden gehabt hatte [58]), so hat sie sich doch, wie aus den Berichten des jüngsten oben angeführten Augenzeugen erhellt, auch

56) Vsévolojsky, dictionnaire géographique-historique de l'empire de Russie I. p. 287. Moscou ne cesse de s'agrandir et de s'embellir journellement; étant au centre de l'empire et habitée par une nombreuse et riche noblesse, elle sera toujours la vraie capitale de la Russie, malgré la présence de la cour à Pétersbourg.

57) Heym, Encyklopädie S. 495.

58) Lyall, the character of the Russians and a detailed history of Moscow p. 486—502.

von diesem Unfall wieder erholt, und nimmt mit Ausnahme jener baltischen Residenzstadt auf's neue die erste Stelle unter allen Ortschaften in den weiten sarmatischen Ebenen ein.

Moskau war, wie Coxe bemerkt, bis auf die Zeit der Regierung der zweiten Katharina immer die volkreichste Stadt des russischen Reiches geblieben. Hier wohnen, wie er sagt, die angesehensten Edelleute, die nicht zum Hofstaat der Kaiserin gehören, sie können hier eine große Anzahl ihrer Lehnsleute in ihren Diensten halten; besonders schmeicheln sie hier gern ihrem Geschmack für eine mehr auffallende und verschwenderische Pracht nach dem Muster der alten Lehnsherrlichkeit, und werden nicht wie in Petersburg von dem großen Glanze des Hofes verdunkelt [59]). Dies gilt auch noch von der Gegenwart. Man berechnete am Ende des vorigen Jahrhunderts die Bevölkerung dieser Stadt auf 200,000 Einwohner in der Sommerzeit; aber im Winter, wenn ein zahlreicher Adel aus allen Gegenden des Reiches, so wie die russischen und fremden Kaufleute hier zusammenströmten, wuchs die Bevölkerung auf 300,000 Bewohner an [60]), und mit diesen Angaben stimmen auch die neuesten Berechnungen überein [61]). Denn da Moskau neben Nischegorod noch immer den Hauptmittelpunkt des binnenländischen Handels von Rußland bildet, die Moskwa aber vornehmlich nur im Frühjahr zur Zeit der Schneeschmelze der Schifffahrt günstiger ist, so muß der Hauptverkehr in dieser Stadt zur Winterszeit statt finden, wann durch die sichere Schlittenbahn der Transport der Waaren nach und von Moskau so sehr erleichtert wird [62]).

An sechs große Handelsstraßen sind es, welche sich in dem Mittelpunkt der sarmatischen Ebenen, in Moskau, vereinigen und die Schätze der übrigen Länder der alten Welt daselbst aufhäufen. Von Westen und Nordwest her kommt die Straße von den baltischen Seehäfen von der Mündung der Newa

59) Coxe, Reise durch Polen und Rußland I. S. 194.
60) Heym, Encyklopädie S. 506.
61) Schnitzler, la Russie et la Pologne p. 87.
62) Coxe, Reise durch Polen und Rußland I. S. 254.

bis zu der Düna, welche Moskau mit dem europäischen Abendlande in Verbindung setzen. Nordwärts geht die große Handelsstraße nach Archangel, welche jene Hauptstadt mit den aus dem Polarmeere gewonnenen Schätzen versorgt; ostwärts folgt dann die berühmte chinesisch-sibirische Handelsstraße über Kasan und Nischnei Nowgorod, und daran schließen sich die beiden andern asiatischen Handelsstraßen, welche zu beiden Seiten des kaspischen Meeres Moskau mit dem centralen und dem westlichen Asien verknüpfen. Die eine ist die orenburgische Straße, auf welcher die Bucharen durch die Länder der Kirgisen nach Moskau gelangen, die andere die astrachanische Straße, auf welcher die Perser die Produkte ihrer Heimath und der Nachbarländer nach jener Stadt bringen. Die sechste Handelsstraße ist die türkische, welche von Südwest her über die pontischen Häfen Moskau mit den Erzeugnissen aus den alten griechischen Gebieten, wie vornehmlich mit Wein versorgt, und daran schloß sich früher noch eine siebente, westliche Handelsstraße, welche Moskau durch Polen hindurch mit Deutschland auf dem Landwege in Verbindung setzte [63]).

Außer diesen Landhandelsstraßen kommt noch die Wasserstraße auf der Oka und Moskwa in Betracht, welche besonders für die Versorgung einer so bedeutenden Population, wie sie in jener Hauptstadt aufgehäuft ist, von großer Wichtigkeit sein muß. Bei einem vom April bis Ende October in der Regel offenem Fahrwasser werden jene Flüsse jetzt jährlich von ungefähr 1300 Fahrzeugen beschifft. Im Frühling geht die Fahrt auch bei voller Fracht überall ungehindert fort, im Sommer aber muß, wenn gleich weniger geladen wird, doch fast beständig ein Lotse mit einer Stange das Fahrwasser erforschen. Denn die Oka ist zwar auch im Sommer bei Kaluga noch über 40 Faden breit, wird aber doch zuweilen so seicht, daß die Bauern der Stadt gegenüber mit ihren Wagen durchfahren. Auch zu anderer Zeit entstehen in ihr von dem zusammengeführten Sande an vielen Stellen Untiefen und Sandbänke, die häufig ihre Lage verändern und sich selbst zu förmlichen Inseln

63) Heym, Encyklopädie S. 506 bis 508.

bilden. Gerade diese Untiefen und Sandbänke sind es, welche den Fahrzeugen, die den Fluß hinuntergehen, am gefährlichsten sind [64]). Zu den hier gebräuchlichen Fahrzeugen gehören hauptsächlich die Strusen, die bei einer Länge von 18 bis 19 Faden und einer Breite von ungefähr 4 Faden eine Last von 25,000 Pud tragen, während die kleinern Fahrzeuge, die Podschalki, von 15 bis 18 Faden Länge und einer gleichen Breite mit den erstern, 15,000 Pud tragen. Bei kleinerem Wasser gehen nur Barken, die an 4000 Pud laden können. Aus solchen Fahrzeugen bilden sich die kleinen Karavanen, welche außer den aus der Fremde kommenden Waaren den Getreidereichthum der ukrainischen Gebiete die Oka abwärts nach Moskau führen. Im Jahre 1828 eröffnete die Karavane von Orel, welche bei Orel und Mzensk geladen hatte, die Schifffahrt mit dem großen Frühlingswasser, und führte für siebentehalb Millionen Rubel Waaren mit sich, wovon ein Theil bei Kaluga ausgeschifft und der andere nach Moskau geschafft wurde, wohin von der untern Oka und ihren Zuflüssen eine Waarenmasse und Produkte von einem ähnlichen Werthe gebracht wurden. Der Werth der auf der Oka nach Moskau verführten Waaren beläuft sich jetzt schon auf 15 bis 19 Mill. Rubel, und der auf ihr von Moskau zurückgehenden auf ein bis zwei Millionen Rubel [65]).

Von ganz besonderer Wichtigkeit mußte es aber sein, diese binnenländische Hauptstadt Rußlands mit der Residenzstadt am baltischen Meere, so wie beide schon durch eine große Kunststraße in Verbindung gesetzt waren, auch durch eine direkte Wasserstraße zu verbinden, um den mühsamen und weitläuftigen Weg über Nischnei Nowgorod, Jaroslawl und Twer zu vermeiden. Solche Straße schien die Natur durch die Kanalverbindung zwischen der obern Wolga und der obern Moskwa leicht darzubieten. Dies konnte auf zwiefachem Wege geschehen, entweder durch eine Verbindung der Dubna, Sestra und

64) Szujew, Reise von Petersburg nach Cherson I. S. 28.

65) Rußlands Wasserverbindungen. S. 108, 109.

Istra oder durch die Vereinigung der Jausa mit der in die Schuscha fallenden Lama. Die Schwierigkeiten auf dem letztern Wege entschieden für den erstern, und noch auf Geheiß des Kaisers Alexander begannen die Arbeiten im Jahre 1825, und waren auch 1830 noch nicht beendigt. Die ganze Verbindung zwischen Moskau und der Wolga wird eine Distanz von 218½ Werst oder 31 Meilen einnehmen, und von 36 steinernen Schleusen beherrscht werden. Die Fahrzeuge werden dann von Twer aus an 62 Werst die Wolga hinabgehen, sodann in die Dubna und 10 Werst davon in ihren Nebenfluß, die Sestra, hineinschiffen. Acht Werste von dem Städtchen Klin auf der großen Heerstraße zwischen Twer und Moskau gehen die Fahrzeuge in einen Kanal, der in einem Thale, wo die Landstraße durchgeht, gegraben ist, und steigen sodann die Sestra bis zum Theilungspunkte, den der See Gulzino bildet, hinauf. Dieser See wird von dem Flüßchen Kljutschewa gespeiset, und ergießt sich durch die Mazicha in die Istra. Die Sestra wird durch einen Damm von 30 Fuß Höhe gesperrt, und bildet so das gemeinschaftliche Bassin, das 10 □Werst Oberfläche und über eine Million Kubikfaden Wasser enthält. Von hier gehen die Barken in den Vereinigungskanal, der 7 Werste lang und 4 Faden an der Sole breit ist; von da in das Thalbette des Flusses Libinka, und sodann durch die größere Istra bei dem Flecken Woskresensk vorüber zur Moskwa, von wo der Weg nur noch 40 Werst bis zur Hauptstadt beträgt. Der Fall dieser Wasserstraße des moskowischen Kanalsystems beträgt vom Theilungspunkte bis zur Moskwa 232 Fuß und bis zur Wolga 286 Fuß. Rücksichtlich der Größe der für dies System tauglichen Fahrzeuge ist bestimmt worden, daß sie denen im Tichwinka-System gleich sein sollen, und die Zeit der Schifffahrt durch diese Wasserstraße ist auf 84 Stunden berechnet worden. Auch hängt mit diesem Werke noch ein anderes Unternehmen zusammen, nehmlich der Umgehungskanal an der Moskwa, welcher zur Vermeidung der Untiefen und Fälle in der Nähe des Kreml den obern und untern Theil dieses Flusses bei Moskau verbinden soll, um dadurch eine vollkommen gesicherte und leicht erreichbare Verbindung der obern Wolga mit der Oka zu gewinnen [66]).

Die rings um Moskau an der obern Oka umherliegenden Landschaften, welche schon seit vielen Jahrhunderten den Mittelpunkt der Länder der russischen Slaven bilden, sind auch von je an, so weit wir nehmlich in der Geschichte der sarmatischen Ebenen zurück die Völkermassen nach ihrem ethnographischem Gepräge unterscheiden können, von slavischer Bevölkerung besetzt gewesen. Denn wenn auch abgesehen von Scythen und Sarmaten, über deren Verhältniß zu den bekanntern ethnographischen Völkergruppen des östlichen und westlichen Europa bis jetzt noch wenig Sicheres gewonnen ist, die Gothen und Hunnen in den ersten Jahrhunderten unserer Zeitrechnung als Völker von anerkannt anderm Stamme als die Slaven hier als Eroberer eine große Rolle gespielt haben, so waren sie doch hier nicht einheimisch und ihre Erscheinung eine schnell vorübergehende. Dagegen lernen wir nun in diesem Gebiete gleich am Ende der sogenannten Völkerwanderung als Insassen die zahlreichen Stämme der Anten von anerkannt slavischem Stamme kennen [67]), über deren Einwanderung uns nichts berichtet wird, und so wie es nicht unwahrscheinlich ist, daß diese Anten mit den von Herodot genannten Sarmaten [68]) als Stammvätern der spätern Slaven zusammenhängen, so möchte auch Schaffariks Annahme sich empfehlen, daß dieser Name der Anten, welcher später spurlos verschwindet, derselbe alte Volksname der Slaven bei den germanischen Völkern gewesen sei, mit welchem die Gothen in der Zeit der Völkerwanderung die östlichen Stämme der Slaven bezeichneten, wie nachmals die deutschen Völker an der Elbe die westlichsten Stämme derselben als Wenden bezeichneten [69]). Und auf gleiche Weise, wie wir diese slavischen Anten zu Prokops Zeit auf der südlichen und südöstlichen Seite von den hunnischen Völkerschaften

66) Rußlands Wasserverbindungen. S. 118 bis 120.

67) Procopius, de bello Goth. IV, 4.

68) Herodotus IV, 57. 117.

69) Schaffarik, über die Abkunft der Slaven S. 125, 126, 193.

der Uturguren und Kuturguren umgeben finden [70]), so werden uns auch in der gleich darauf folgenden Zeit von den ältesten russischen Chronisten die slavischen Bewohner jenes Gebietes als von tschudischen Völkerschaften umgeben genannt.

Ohne uns hier auf die Urgeschichte, Abstammung und Verbreitung des slavischen Volksstammes einlassen zu wollen, dessen Verhältniß zu dem ugrischen Volksstamme von so großer Bedeutung ist, und dessen zahlreiche, über ein halbes hundert Millionen Menschen betragende Völkerschaften die vorherrschende Bevölkerung von ganz Ost-Europa und selbst von einem Theile des westlichen Europa bilden, bemerken wir nur, daß nach den jüngsten Untersuchungen eines Schaffarik über diese Verhältnisse die Slaven, von den alten Sarmaten stammend, sich selbst mit dem Namen der Serben als von gleicher Wurzel mit Sarmat bezeichnet haben sollen, daß sie seit Alters von den germanischen Völkern, unter und neben welchen sie in Ost-Europa lebten, Wenden oder Anten genannt worden seien, und daß sie später den schon früh bei einigen Stämmen üblichen Namen der Slowenen oder Slaven als allgemeinere Bezeichnung ihres ganzen Stammes aufgenommen haben [71]). Von den verschiedenen und zahlreichen östlichen Stämmen der Slaven, welche nachmals durch den historischen Verlauf in den sarmatischen Ebenen unter dem Namen der russischen Slaven erscheinen, nennt uns Nestor in seinen Annalen in der Aufzählung derselben als Bewohner des obern Oka-Gebietes die Wjätitschen, welche zur Zeit der Gründung des russischen Staates im neunten Jahrhundert die östlichsten aller slavischen Völker waren [72]), und im Norden, Osten und Südosten von den

70) Procopius, de bello Goth. IV, 5.

71) Schaffarik, über die Abkunft der Slaven S. 105, 191 bis 194. Wenn das neueste große und ausgezeichnete Werk über die europäische Ethnographie auch zum Theil hiermit übereinstimmt, so weicht es doch in seiner Auffassung von einer völligen Verschiedenheit der Sarmaten und Slaven von einander wieder sehr davon ab. Vergl. K. Zeuß, die Deutschen und die Nachbarstämme. München 1837. 8. S. 275 bis 302. und 592 bis 666.

72) Nestor, älteste Jahrbücher der russischen Geschichte nach Scherer S. 46.

finnisch-ugrischen Völkern der Meren, Muromen, Mordwinen und Chasaren umgeben wurden, während im Süden in den pontischen Gestadeländern statt der frühern ugrischen Völker der Avaren und Bulgaren verschiedenartige türkische Stämme, wie besonders die Petschenegen, auf der großen Wanderstraße der Völker von Osten nach Westen sich mehrere Jahrhunderte lang umhertummelten. Gleich vielen andern slavischen Stämmen Ost-Europas waren die Wjätitschen dem mächtigen Herrschervolke in dem Deltalande der Wolga, den Chasaren, unterthan; erst ein Jahrhundert nach der Begründung des russischen Staates gelang es dem kriegerischen Fürsten Swätoslaw ums Jahr 965, dieses Volk auf der Grenzmark des Slaven-Landes gegen Osten mit dem russischen Staate der Normannen zu Nowgorod und Kiew zu vereinigen, und sein Sohn, der Großfürst Wladimir, befestigte durch die Unterwerfung der aufrührerischen Wjätitschen die Verbindung sämmtlicher Stämme der östlichen Slaven vom obern Dniester und vom Ilmen-See bis zur mittlern Oka zu dem russischen Staate, dem überdies außer den tschudischen Meren und Wessen an der obern Wolga schon die Muromen an der untern Oka einverleibt waren [73]).

So günstig auch die Lage des Wjätitschen-Landes an der obern Oka für die Begründung einer Herrschaft in den sarmatischen Ebenen war, so ungünstig war diese Lage doch für dies Land, so lange der Mittelpunkt des russischen Staats noch in dem Lande am Dnepr war, und besonders seitdem durch die Zertheilung des russischen Landes unter die Söhne des Großfürsten Jaroslaw Wladimirowitsch in der Mitte des eilften Jahrhunderts aus dem Gebiete von Neu-Rußland in dem Halbinsellande zwischen der Oka und Wolga das Erbtheil des Wsewolod Jaroslawitsch gemacht wurde. Denn nun mußte bei den an zwei Jahrhunderte lang fordauernden Kämpfen und Bürgerkriegen unter den Rurikingen um die großfürstliche Würde zu Kiew zwischen den Olgewitschen, welche zu Tschernigow in Sewerien ihren Sitz hatten und denen auch das Wjätitschen-Land nebst dem Lande der Muromen an der untern Oka

73) Karamsin, russische Geschichte I. S. 140, 165.

gehörte, und dem Hause Monomachus oder den Wladimirowitschen, welche zu Susdal in Neu-Rußland herrschten, gerade das Wjätitschen-Land der blutgetränkte Boden der Partheikämpfe werden [74]), und erst mit dem allmähligen Sinken der Macht der Erstern gelang es den Letztern, seitdem sie den großfürstlichen Stuhl zu Wladimir errichtet hatten, hier die Oberhand zu gewinnen. Als dann später seit dem Beginn des dreizehnten Jahrhunderts mit der Eroberung und Zerstörung von Kiew und Tschernigow durch die tatarischen Horden die Herrschaft der Olgewitschen gänzlich vernichtet ward [75]), herrschten nun in diesem Lande die wladimirschen Großfürsten der Jurjewitschen unbestritten, wenn gleich auch ohne Glanz, bis wiederum durch die von ihnen abstammenden Iwanowitschen dieses Wjätitschen-Land mit dem dort schon begründeten Moskau zum Mittelpunkt und Sitz der russischen Herrschaft bestimmt wurde, dessen glückliche Wahl durch die Geschichte vollkommen bestätigt worden ist [76]).

Mit dem Beginn des vierzehnten Jahrhunderts wurde also das Gebiet an der obern Oka der Mittelpunkt der Länder der russischen Slaven, und lag um so mehr wirklich in der Mitte derselben, als die Bewohner der östlichen und nordöstlichen Gebiete, die Muromen, Meren und andere längst in die slavische Volksthümlichkeit aufgegangen, auf der westlichen und südwestlichen Seite aber nach dem alten Kiew zu von der gewaltig emporstrebenden Macht der Großfürsten von Litthauen dem russischen Lande große Verluste beigebracht waren. Von diesem Centrallande an der Oka aus konnten nun die moskowitischen Großfürsten aus dem Stamme der Iwanowitschen den von Anfang an von ihnen versuchten Plan nach einer Vereinigung des so vielfach zersplitterten russischen Landes und Staates mit mehr Glück als ihre Vorgänger in Wladimir verfolgen; schon Iwan Danilowitsch Kalita wurde von seinem Volke der Vereiniger der russischen Lande genannt, und sein Sohn,

---

74) Karamsin, russische Geschichte II. S. 56, 179.
75) Karamsin, a. a. O. IV. S. 7 bis 10.
76) Karamsin, a. a. O. IV. S. 181.

der kluge und gewandte Großfürst Simeon Iwanowitsch, um die Mitte des vierzehnten Jahrhunderts, nahm als Wahrzeichen der fortan unablässig verfolgten Politik seines Hauses zuerst den Namen eines Großfürsten von ganz Rußland an [77]. Wenn also nach Maaßgabe des Verlaufes des russischen Staatslebens ursprünglich die Gegend am Wolchow, dann die am mittlern Dnepr um Kiew —, und diese immer ganz vornehmlich [78] —, dann die an der Kljasma um Wladimir als das eigentliche Rußland bezeichnet wurden, so mußte dies mit der Gegend um Moskau um so mehr der Fall sein, als der Staat hier zu einer ganz andern Macht erwuchs, als er sie je in den andern Gebieten hatte entwickeln können. Gerade hieran oder an die Ausdehnung des von den Iwanowitschen neu begründeten russischen Staatslebens von Moskau aus über einen großen Theil der mittlern Gebiete der sarmatischen Ebenen schließen sich die eigenthümlichen Bezeichnungen von Groß-Rußland und von Weiß-Rußland, welche beide genau zusammenhängen.

Was zunächst den Namen von Groß-Rußland betrifft, so steht derselbe im Gegensatz gegen Klein-Rußland oder zu dem Lande am Dnepr um Kiew, und hat sich erst im historischen Verlauf im Gegensatz dagegen gebildet; aber so leicht es auch ist, die Entstehung und Verbreitung dieses Namens nachzuweisen, so schwierig ist es doch, wie auch ein neuerer Schriftsteller bemerkt [79], den Umfang des durch ihn bezeichneten Landes zu bestimmen, da er in den verschiedenen Zeiten der russischen Geschichte im verschiedenen Sinne genommen worden ist. Eine merkwürdige Erscheinung bleibt es immer, daß der russische Staat, welcher der zeitlichen Dauer nach die meisten der europäischen Staaten übertrifft, und der sich wie selten ein anderer einer so langen und ununterbrochenen Herrscherdynastie wie der Rurikingen durch eine Zeit von achtehalb Jahrhunderten zu erfreuen gehabt hat, nicht nur seines ursprünglichen Namens bei den übrigen europäischen Völkern verlustig gegangen, sondern auch so ganz in Vergessenheit gerathen ist, daß er für das übrige

77) Karamsin, russische Geschichte IV. S. 201, 231.

78) Karamsin, a. a. O. II. S. 193.

79) Schnitzler, la Russie et la Pologne p. 34.

Europa gleichsam hat wieder entdeckt werden müssen. Freilich war dies nicht ohne seine eigene Schuld und wird durch drei Ursachen näher begründet. Einmal geschah es durch die mannigfachen Wanderungen des eigentlichen Mittelpunktes des Staatslebens in jenen weiten, dem übrigen Europa ziemlich entlegenen Ebenen; dann schloß sich der Staat durch seine Religionsform von der gesammten abendländischen Kulturwelt zu seinem eigenen Nachtheil völlig ab, wie es bei keinem andern Volke der modernen Welt der Fall war, und dazu kam zuletzt das verhängnißvolle Geschick der tatarischen Knechtschaft, welches wiederum gleichsam als Vergeltung dafür, daß der Staat dem morgenländischen Lebensprinzip sich hingegeben hatte, denselben auch in politischer Beziehung nicht nur der Theilnahme, sondern auch der Aufmerksamkeit der abendländischen Welt entzog. In Folge dieser Umstände kam es nun, daß der russische Staat nach seinem Länderumfange vor der tatarischen Katastrophe während des zwölften und dreizehnten Jahrhunderts in drei ganz verschiedene Gebiete zerfiel, die sich im Wesentlichen an die großen Naturformen innerhalb der sarmatischen Ebenen anschlossen. Es sonderte sich zunächst der Nordwesten oder die Gestadelandschaften des baltischen und weißen Meeres, welche in Nowgorod ihren Mittelpunkt fanden, es sonderte sich sodann der Südwesten oder die Dnepr-Landschaften, welche in Kiew ihren Mittelpunkt hatten und zuletzt der Osten des alten Staatsgebietes oder die Centrallandschaften der sarmatischen Ebenen an der obern Wolga und Oka. Es zerlegten sich also hier nach räumlichen Gebieten die Elemente des orientalischen und abendländischen Lebens, welche der Staat als die eigenthümlichen Momente seines Lebens in der Einheit in sich enthalten und in der Wechselwirkung auf einander in seinem Innern sich entfalten lassen soll. Das war eben die Zeit des Unglücks des Staates, und damit hängt das Schicksal seines Namens, auf den er auch in seiner rein orientalischen Form nie entsagt hat, genau zusammen. Die Wiedergewinnung seines alten Namens für das übrige Europa bezeichnet das Zusammenfassen seiner räumlich geschiedenen Momente, was erst im Verlauf des achtzehnten Jahrhunderts vollendet wurde.

Die Unterscheidung der Länder in Groß und Klein ist eine auf dem osteuropäischen Gebiete häufig vorkommende Erscheinung, und bezeichnet auf ähnliche Weise, wie es durch die Beiwörter von weiß und schwarz geschehen soll [80]), im Wesentlichen so viel als Hauptland und Nebenland oder das von dem Stammvolke und das von den von ihm ausgegangenen Kolonievölkern bewohnte Land. Schon die Byzantiner, wie ein Theophanes [81]), nannten das alte an der Wolga gelegene Bulgaren-Land das große, und so unterschied auch Rubruquis das Land Groß-Bulgarien an der Wolga als das Stammland dieses Volkes von dem Lande Klein-Bulgarien an der Donau [82]). Diesem Sprachgebrauch folgen auch die russischen Autoren, und wie bei jenem Lande unterscheiden sie das Land Groß-Perm an der Kama von dem nordwärts gelegenen Klein-Perm an der zur Dwina gehenden Wytschegda [83]). Auch noch weiter westwärts bei den polnischen Stämmen zeigt sich eine solche Unterscheidung zwischen dem Lande Groß-Polen an der Warte und dem Lande Klein-Polen, auch Ober-Polen genannt, am Fuße der Karpathen und an der obern Weichsel [84]). Nun ersehen wir aus Nestors Annalen, daß das Land am Dnepr um Kiew, wo der russische Staat seine glanzvolle Jugendzeit verlebt hatte, stets im engern Sinne mit dem Namen Rußland bezeichnet wurde [85]), und daß man davon das Land des Hauses Monomachus zu Susdal, wo der Großfürst Jurje Wladimirowitsch Dolgoruky sein Erbtheil hatte, genau unterschied. Dort am Dnepr hat sich der Name Rußland, wie er

80) Ewers, kritische Vorarbeiten zur Geschichte der Russen S. 13.

81) Theophanes, chronographia ed. Goar p. 297. Ἡ παλαιὰ Βουλγαρία ἐστὶν ἡ μεγάλη.

82) Rubruquis bei Bergeron, voyages faits en Asie p. 47.

83) Rytschkow, Orenburg. Topographie bei Büsching a. a. O. V. S. 490, 491. Heym, Encyklopädie S. 614.

84) Maltebrun et Chodzko, tableau de la Pologne ancienne et moderne. Paris 1830. 8. Tome I. p. 133, 134.

85) Nestor, älteste Jahrbücher der russ. Geschichte nach Scherer S. 209, 212, 215, 244.

dem Abendlande durch die merkantilischen Verhältnisse rühmlichst bekannt geworden, immer erhalten, so wenig dieses Gebiet auch bald mit der Entwickelung des eigentlichen russischen Staates zu thun hatte. Denn die verschiedenen russischen Fürsten dieser südwestlichen Gegenden vom Dnepr bis zum obern Dniester an den Karpathen, wie weit sich Wladimir des Großen und seiner Söhne Herrschaft erstreckte, behielten diesen Namen auch nach dem Falle Kiews im zwölften Jahrhundert so gut wie die Großfürsten von Wladimir, von denen sie übrigens wenig abhängig waren, und mußten ihn um so mehr behalten, als sie durch die Polen und Ungarn mit dem Abendlande in mannigfacher Verbindung blieben, während jene demselben durch die tatarische Herrschaft fast ganz entrückt wurden. Die russischen Fürsten am obern Dniester, die mächtigsten unter diesen Theilfürsten des südwestlichen Rußland, nannten sich in der ersten Hälfte des vierzehnten Jahrhunderts Fürsten des ganzen russischen Landes, von Galizien und Lodomirien (Halitsch und Wladimir in Wolynien), und Georg, der letzte Fürst von Halitsch aus dem alten russischen Fürstenstamme, welcher im Jahre 1336 starb, nannte sich einen Herrn von ganz Klein-Rußland [86]). Während nun bei seinem Tode die Tataren, Polen, Ungarn und Litthauer um den Besitz dieser westlichsten Theile des alten Rußland oder über Galizien, Podolien und Wolynien mit einander kämpften [87]), wurde auch das gesammte südliche Rußland durch das Emporkommen und die Eroberungen der Litthauer dem russischen Staate, der damals schon seinen Sitz in Moskau aufgeschlagen hatte, entfremdet. Denn der litthauische Fürst Gedimin, der eigentliche Begründer der Staatsmacht seines Volkes, entriß das Land Kiew am Dnepr den tatarischen Herrschern an der untern Wolga, und nannte sich seitdem Großfürst von Litthauen und Rußland [88]). So war also fast in denselben Gegenden, wo der alte russische Staat unter den ersten warägischen Fürsten aufgeblüht war,

86) Karamsin, russische Geschichte IV. S. 174, 177.
87) Karamsin, a. a. O. IV. S. 225.
88) Karamsin, a. a. O. IV. S. 177.

nun auf seinen Trümmern der litthauische Staat emporgewachsen und hatte selbst den alten Namen in sich verschlungen.

Aber während dessen war der erste Grund zu dem neuen russischen Staate in dem Lande zwischen der Oka und Wolga gelegt, und da die Großfürsten von Moskau sich, wie oben bemerkt, nicht mit Unrecht den Titel als Großfürsten von ganz Rußland gaben, überdies auch das Oberhaupt der griechischen Kirche im russischen Lande zu jener Zeit seinen Sitz zunächst nach Wladimir und dann nach Moskau verlegte [89]), während in dem verödeten Kiew mit dem Emporkommen der lateinischen Religion ein unirter Metropolit seinen Sitz nahm, so gab es nun, das germanischartige Nowgorod abgerechnet, zwei ganz verschiedene, sich feindselig gegenüberstehende Rußland, das von den Litthauern unter den Jagellonen beherrschte abendländische und das von den Rurikingen beherrschte morgenländische Rußland. Beide betrachteten sich als das eigentliche und ganze Rußland, obschon natürlich das von den Tataren unterjochte und von den Litthauern gemißhandelte, östliche Rußland mit mehr Recht als das andere. Denn hier war in kirchlicher und politischer Beziehung die Concentration aller der zahlreichen slavischen Stämme, welche seit dem zehnten Jahrhundert unter dem Namen der russischen Slaven erscheinen, und an Volksmenge allen übrigen so sehr überlegen sind. Für das übrige Europa gab es damals nur ein zum polnisch-litthauischen Reiche gehöriges und der römischen Kirche unterthäniges Rußland; sonst kannte man nur im äußersten Osten das Reich der Moskowiten [90]), dessen Name, wie man mit Recht bemerkt hat, als gleichbedeutend mit dem der Scythen und Tataren die Vorstellung der größten Barbarei in sich schloß [91]). Aus Nationaleifersucht ist nun dieser Name bei den Polen und sodann auch bei den übrigen Europäern zu einem Verachtungsnamen für den russischen Staat geworden, woran sich selbst die sonderbare Vorstellung anschloß, daß der Staat zu Moskau mit dem ursprünglichen russischen

---

89) Strahl, Beiträge zur russischen Kirchengeschichte I. S. 153, 156.
90) Straußens Reise durch Moskau S. 169, 183.
91) Schnitzler, la Russie et la Pologne p. 23.

Staate zu Kiew gar nichts zu thun habe, und daß er sich erst durch die Erwerbung von Kiew und durch die Eroberung Litthauens diesen Namen angemaßt habe [92]).

Wenn gleich nun schon durch Herbersteins trefflichen Reisebericht jener Irrthum frühzeitig zur Genüge widerlegt worden war [93]), so konnte sich die Vorstellung doch um so mehr befestigen, als auch die nordischen Völker Europas nur vermittelst der russischen Stadt Nowgorod mit dem Innern der sarmatischen Ebenen in Verbindung traten, wo ihnen unter den verschiedenen Theilfürsten jenes ostrussischen Landes immer wieder der Großfürst von Moskau als der bedeutendste genannt wurde; und es scheint selbst, daß der Name der Moskowiten auch bei den Russen wegen des Ruhmes, den er im sechzehnten Jahrhundert in der neuen Begründung des russischen Staates durch die Zertrümmerung der tatarischen Herrschaft gewonnen hatte, unbeschadet des eigentlichen und nationalen Namens zuweilen üblich war. Doch verschwand niemals ganz das Bewußtsein darüber, daß der Staat zu Moskau das eigentliche und wahre Rußland sei [94]). Der Name Groß-Rußland als gleichbedeutend mit dem Fürstenthum Moskau erscheint nun zwar nicht in den Urkunden vor dem sechzehnten Jahrhundert, doch muß derselbe schon an zwei Jahrhunderte früher in Gebrauch gewesen sein, weil, wie bemerkt, der Name von Klein-Rußland von dem letzten Fürsten von Halitsch schon zu Anfang des vierzehnten Jahrhunderts in Gebrauch war [95]). Der erste Iwan Wasiljewitsch nannte sich in seinen Unterhandlungen mit dem römisch-deutschen Kaiser Maximilian einen Beherrscher von ganz Rußland, Wladimir, Moskwa, Nowgorod, Jugorien, Permien, Bulgarien und andern Ländern [96]); auf gleiche Weise nannte sich sein Sohn Wasilei Iwanowitsch einen Zaren und Beherrscher von ganz Rußland und Großfürsten von Wladimir,

92) Maltebrun et Chodzko, tableau de la Pologne ancienne et moderne. II. p. 351.

93) Herberstein, rerum Moscovit. comment. p. 1, 60.

94) Straußens Reise durch Moskau S. 194, 212.

95) Karamsin, russische Geschichte IV. S. 177.

96) Karamsin, a. a. O. VI. S. 170.

Moskwa, Nowgorod [97]) u. s. w., und wiederum erscheint auch der letzte Rurik in Rußland, der Fürst Feodor Jwanowitsch, nur unter dem Titel als Zar von ganz Rußland und Großfürst von Wladimir und Moskwa [98]). Der Name Groß-Rußland, als das russische Staatsgebiet umfassend, welches rings um Moskau herumgelegen seit älterer Zeit mehr oder minder die Oberhoheit der dort herrschenden Großfürsten anerkannte, soll jedoch schon in Urkunden unter der Regierung eben jenes letzten Ruriks vorkommen, wenigstens nannte sich der falsche Demetrius im Jahre 1604 schon einen Zaren von Groß-Rußland [99]), aber in einem Ukas vom Jahre 1654 finden wir zum erstenmale den Fürsten Alexei Michailowitsch bezeichnet als einen Zaren von Groß-Rußland, Klein-Rußland und Weiß-Rußland, da er es war, welcher die von seinen Vorfahren angeerbte Herrschaft in dem alten Rußland am Dnepr, dem damaligen Klein-Rußland, wieder geltend machte [100]).

Es hat zwar das sogenannte Groß-Rußland nach den verschiedenen Zeiten der Entwickelung des russischen Staates einen verschiedenen Umfang, es ließe sich aber wohl am besten bezeichnen als das Land des obern Wolga-Gebietes im weitern Sinne oder als der rings um Moskau sich ausbreitende Theil der sarmatischen Ebenen, welcher seit dem zwölften Jahrhundert oder seit der Zeit des Wladimir Monomachus von russisch-slavischen Völkerschaften bewohnt, auch das Gebiet des sich wieder erhebenden russischen Staates unter den beiden Jwan Wasiljewitsch war. Demnach würde Groß-Rußland oder das Land der großrussischen Völkerschaften gerade in dem Herzen der sarmatischen Ebenen sich ausbreiten westwärts bis über das obere Gebiet des Dnepr und ostwärts bis zur Sura, einem südlichen Zustrom der Wolga, wo das finnisch-ugrische und tatarische Gebiet beginnt, und von Süden nach Norden würde es reichen von dem Quellgebiet der Oka, wo südwärts in der Ukraine

97) Karamsin, a. a. O. VII. S. 147.
98) Karamsin, a. a. O. IX. S. 168.
99) Karamsin, a. a. O. X. S. 113.
100) Müller, Sammlung russ. Geschichte VIII. S. 544, 545.

Ukraine das von den Litthauern eine Zeitlang beherrschte Klein-Rußland begann, nach Norden hin bis zu jener großen Naturgrenze des Uwalli in Sawolotschje. Nur im weitern Sinne würd man noch dazu rechnen können das germanisch-slavische Gebiet von Nowgorod und die Landschaften von Sawolotschje an der Dwina, in sofern dieselben von großrussischen Kolonisten slavisirt worden sind [1]). In jenem Umfange bezeichnet auch Strahlenberg das Welikaja Russia im Unterschiede von Klein-Rußland am Dnepr, von Groß-Permien an der Kama und Dwina und von den tatarischen Ländern Kasan und Astrachan an der Wolga, und er bestimmt demnach als seine Haupttheile die acht Fürstenthümer Nowgorod Weliki nebst Pskow, Moskau und Wladimir, Twer, Rjäsan, Jaroslawl, Rostow, Bjelosersk und Nischnei Nowgorod [2]).

Eben dieses Groß-Rußland ist nun dasselbe, welches ursprünglich auch Weiß-Rußland genannt wurde. Denn bei den Verhandlungen mit der römischen Kurie in der zweiten Hälfte des funfzehnten Jahrhunderts nannte der erste Iwan Wasiljewitsch in seinem Titel bei der Aufzählung aller einzelnen Theile des moskowitischen Staates dieses Gebiet überhaupt Weiß-Rußland, das heißt, wie Karamsin sagt, das große oder alte, nach dem Sinne dieses Wortes in den orientalischen Sprachen [3]). Auch von dem päpstlichen Hofe selbst wurde Iwan Großfürst von Weiß-Rußland genannt, und aus Contarinis Angabe geht hervor, daß dieser Name zur Bezeichnung des Gebietes von Moskau zu jener Zeit schon ein allgemein üblicher war [4]). Wenn nun auch Karamsin's Behauptung gegen Tatischtschew etwas ungenau erscheint, daß nehmlich diese Bezeichnung vor der Zeit des ersten Iwan Wasiljewitsch nicht vorkomme, da auch abgesehen von Contarinis Angabe selbst aus Nestors An-

1) A. W. Hupel, die Staatsverfassung des russischen Reiches. Riga 1791. 8. Th. I. S. 32.

2) Strahlenberg, der N. und O. Theil von Europa S. 180.

3) Karamsin, russische Geschichte VI. S. 47, 277.

4) Ramusio, delle navigazioni e viaggi II. fol. 122 b. La terra di Moscovia, ch'è del Duca Zuanne Signor della gran Rossia bianca.

nalen sich das Gegentheil erweisen läßt, so zeigen sich desto mehr Schwierigkeiten bei der bestimmtern Erklärung dieses Namens, in welchem Verhältniß er ferner zu einigen damit verwandten Namen stehe, und wie es gekommen, daß er jetzt nur zur Bezeichnung eines bestimmten und erst später zum Gebiet von Moskau gezogenen Theiles gebraucht werde. Denn neben dem sogenannten Weiß-Rußland findet man, wenn auch nicht seit ältern Zeiten, doch seit den letzten Jahrhunderten die Namen von Schwarz- und Roth-Rußland, und obschon die Zusammenstellung dieser drei Farbennamen zur Bezeichnung des gesammten russischen Gebiets, mit Ausnahme jedoch von Klein-Rußland, sich ähnlich wie bei der Unterscheidung der Holzarten bei den Russen selbst gebildet zu haben scheinen möchte, steht es doch fest, daß die beiden letztern Namen ihr Dasein nur den Polen und Litthauern verdanken, welche so lange Zeit in den ältern russischen Gebieten geherrscht haben, bis erst in den jüngsten Zeiten die ursprünglichen Verhältnisse zwischen diesen drei großen slavischen Volkszweigen wiederhergestellt worden sind.

Eine bekannte Erscheinung ist es, daß bei den orientalischen Völkern die Farbennamen in einem bildlichen Sinne gebraucht werden. Die weiße Farbe bedeutet ein freies, selbstständiges und glückliches Leben, die schwarze Farbe Abhängigkeit und Knechtschaft. Diese Bezeichnungsweise sollen die Russen durch ihre Verbindung mit den orientalischen Völkern sich angeeignet haben, so daß nun durch Bjelaja Semlja ein von Abgaben freies Land, durch Tschernaja Semlja das einem Zins unterworfene Land bezeichnet werde [5]). Bei den Dschingischaniden war nach Marco Paolo's Angabe die weiße Farbe die Herrscherfarbe [6]), wie bei den jüngern chinesischen Kaisern die gelbe Farbe, und daher rührt es, daß die mongolischen Völker alle großen Herrscherstädte weiße Städte oder Zagan Balgassun zu nennen pflegen, was dem häufig vorkommenden Ak Schehr oder Ak Serai bei den türkischen Völkern und dem Bjeligorod oder Belgrad bei den slavischen Völkern entspricht. In

---

5) Fischer, recherches sur les peuples de la Sibérie p. 131—133.
6) Forster, Geschichte der Entdeckungen im Norden S. 178.

Rußland selbst sollen nach Strahlenberg's Angabe alle Domänen und die Güter des Adels, die von Steuern frei sind, die weißen Plätze und Gründe, die Bauernhöfe aber und Bürgerplätze schwarze Plätze genannt worden sein, so wie die untern Stände überhaupt das schwarze Volk genannt werden [7]). Ein solcher Gegensatz zeigt sich auch bei der Bezeichnung der Bergbewohner im Altai, welche die Russen im siebzehnten Jahrhundert als die weißen und schwarzen Kalmücken kennen lernten [8]), und eine ähnliche Unterscheidung und Bezeichnung durch Farben fanden schon im sechzehnten Jahrhundert die Kosacken-Häuptlinge, welche damals die erste Kunde von China einziehend die schwarzen Mongolen im Westen und die gelben Mongolen im Osten kennen lernten [9]), oder die beiden Gebiete von China und der Mongolei, welche schon seit Alters mit den Namen Katai und Kara=Kitai (Karakatai), d. h. das schwarze Katai, bezeichnet wurden [10]).

Schon hieraus scheint hervorzugehen, daß mit Absonderung des Namens von Roth=Rußland, welcher vermuthlich nur durch einen Irrthum entstanden ist und sich nach Analogie der beiden andern geltend machte, die Namen von Weiß= und Schwarz=Rußland allein von historischem Gehalte sind und in ihrem Gebrauche durch den Entwickelungsgang der russischen Geschichte näher bestimmt wurden. Denn der Name von Roth=Rußland, welcher das später sogenannte Galizien und Lodomirien oder die von dem kleinrussischen Stamme der Russienen bewohnten Gebiete an der Nordostseite der Karpathen bezeichnet [11]), wo Jahrhunderte lang russische Fürsten aus dem Stamme der Rurikingen herrschten, ehe dasselbe eine Beute der eroberungslustigen Ungarn, Litthauer und Polen wurde, hängt mit einer dort

---

7) Strahlenberg, der N. und O. Theil von Europa S. 180.

8) Müller, Sammlung russ. Geschichte IV. S. 250., VI. S. 135. Cf. Ab. Remusat, recherches sur les langues Tartares. Paris 1820. 4. Tome I. p. 239.

9) Karamsin, russische Geschichte IX. S. 6, 7.

10) Forster, Geschichte der Entdeckungen im Norden S. 135.

11) J. Chr. v. Engel, Geschichte von Halitsch und Wladimir. Hall 1796. 4. S. 417, 418.

befindlichen Lokalität zusammen. Denn schon Wladimir der Große verband nach der Eroberung des Ortes Tscherwen in jenem Lande an den Karpathen ums Jahr 980 die dortigen slavischen Stämme mit seinem Reiche zu Kiew, und nach jenem Orte, der sich noch bis jetzt als der Flecken Tschernejew in der Nähe der polnischen Stadt Chelm erhalten hat, nannte man das ganze Gebiet, woraus nachmals das Reich Halitsch erwuchs, das tscherwenische Land [12]). Indem man nun dieses Tscherwennaja Russia (oder Rus Tscherwona) verwechselte mit Russia Tschermnaja, bildete sich so durch einen Mißverstand der Name Roth-Rußland [13]), und zwar gehört diese Verwechselung des Eigennamens Tscherwen mit dem Worte Tschermnoi, d. h. roth im Polnischen, nur einer späten Zeit an, da erst der polnische Annalist Martin Cromer in der zweiten Hälfte des sechzehnten Jahrhunderts diese falsche Bezeichnung eingeführt haben soll [14]).

Jene beiden andern Namen schließen sich aber an dieselbe Anschauung der morgenländischen und mancher abendländischen Völker an, welche schon oben bei dem Unterschiede von Klein und Groß in der Bezeichnung der Länder bemerkt worden ist, womit sich dann weiter die Vorstellung von Selbstständigkeit und Unselbstständigkeit verbindet [15]). So wie das große Land das Stammland eines Volksstammes bezeichnet, so das weiße Land, daß das dort wohnende Stammvolk frei und selbstständig sei. Nur ist dabei nicht zu übersehen, daß die beiden Farbennamen weiß und schwarz auch nicht selten ohne Rücksicht auf jene Nebenbedeutung blos zur Unterscheidung zweier Stämme eines gemeinsamen größern Volkes gebraucht werden, wie wenn der russische Annalist Nestor von der Auswanderung der weißen und schwarzen Ugern aus den uralischen Gebieten berichtet, wobei man, da hier die ugrischen Stämme der Chasaren und Ungern ohne Zweifel bezeichnet werden, an jenes Verhältniß zwischen ihnen eben nicht denken darf [16]). Aber so wie

12) Karamsin, russische Geschichte I. S. 165. Anmerk. 410.
13) Strahl, Geschichte von Rußland I. S. 106.
14) Engel, Geschichte von Halitsch und Wladimir S. 425 bis 429.
15) Forster, Geschichte der Entdeckungen im Norden S. 135.
16) Nestor, russische Annalen nach Schlözer II. S. 114, 118.

das von Rubruquis im dreizehnten Jahrhundert auf der Westseite des mittlern Ural genannte Groß-Bulgarien als das Stammland des bulgarischen Volkes auch unter dem Namen von Weiß-Bulgarien erscheint, so werden von den russischen Autoren der ältern Zeit die von dort ausgegangenen Bulgaren an der untern Donau auch nur die schwarzen Bulgaren genannt[17]), und unter dem Namen von Maure Bulgaria erscheint das alte Land Mösien zwischen dem Hämus und der Donau, wo jenes Kolonievolk seinen Hauptsitz genommen hatte, immer nur bei den byzantinischen Geschichtschreibern im Mittelalter[18]). Denselben Unterschied finden wir auch bei den Stammgenossen der ugrischen Bulgaren, bei den Ungern, und zwar in ihrem neuen Heimathslande in dem alten Pannonien und Dacien an der mittlern und untern Donau. Denn indem daselbst ums Jahr 1000 zur Zeit des ersten christlichen Königs Stephan des Heiligen von einem Schwarz-Ungarn die Rede ist, welches als ein kleineres Gebiet den südöstlichen Theil des Landes zwischen der Theiß und Donau umfaßte, mußte nothwendig das ungrische Hauptland in dem heutigen Ober-Ungarn den Namen Weiß-Ungarn führen[19]).

Auf eine ähnliche Weise finden wir bei dem Kaiser Constantinus im zehnten Jahrhundert zwei slavische Völker, welche zu den westlichsten Stämmen dieser Völkergruppe gehören, durch den Beinamen der Weißen bezeichnet, und zwar im Unterschiede von andern kleinern davon ausgegangenen Zweigen derselben. Er nennt die Belochrobaten und Beloserbier in den karpathischen Gebieten in den Gegenden des heutigen Polen und Böhmen[20]), von welchen die Croaten und Serwier noch jetzt als gleichnamige Stämme an der Donau bekannt sind, und wenn nun gleich Hupels Behauptung, daß es ein Weiß-,

17) Nestor, Jahrbücher der ruff. Geschichte nach Scherer S. 74. Vergl. Karamsin, ruff. Geschichte I. S. 125. Anmerk. 341.

18) Constantinus, de administ. imperio bei Banduri, imp. orient. I. p. 62. Ἡ μαύρη λεγομένη Βουλγαρία.

19) Gebhardi, Geschichte von Ungarn. Leipzig 1778. 8. Th. I. S. 430.

20) Constantinus, de administ. imperio bei Banduri l. c. I. c. 30. 31. p. 95. 99.

Schwarz- und Roth-Croatien und Serwien gegeben habe[21]), unerwiesen ist, so führt doch schon die Erklärung jener Bezeichnung bei den ältern abendländischen Chronisten auf das richtige Verständniß und die ursprüngliche Bedeutung derselben. Denn indem der ungenannte baiersche Geograph bemerkt, daß Groß-Chrovatien dasselbe Land sei, welches auch das weiße genannt werde, erkannte Schaffarik wohl mit Recht[22]), daß die Bezeichnungen Bjelaja und Welikaja Semlja oder die Wörter Bjeli und Weliki von einem gemeinsamen Wurzelworte Bel oder Wel herstammen, das beide Bedeutungen noch ungesondert in sich enthält. Daraus erklärt sich ganz natürlich, daß dasselbe Land, welches in den sarmatischen Ebenen als Groß-Rußland erscheint, auch von Anfang an Weiß-Rußland genannt worden sein müsse. So wird diese Bezeichnung auch von den jüngern russischen Schriftstellern selbst gebraucht, wie wenn Rytschkow sagt[23]), Weiß-Reußen, d. h. Groß-Rußland, sei von Batuchan erobert worden. Und nach der Angabe der ältern russischen Annalen erklärte sich Andreas Jurjewitsch, des Dolgoruky Sohn und erster Großfürst zu Wladimir, zum Großfürsten von ganz Weiß-Rußland, und ebenso heißt sein Nachfolger und Bruder Wsewolod Jurjewitsch von Wladimir Fürst von Weiß-Rußland[24]). Sollte aber auch diese Bezeichnung etwa nur bei den jüngern russischen Annalisten vorkommen, so haben wir dazu noch das Zeugniß der Nestorischen Chronik selbst, wo ausdrücklich die Gegend von Ost-Rußland oder das Gebiet des Großfürstenthums Wladimir als Weiß-Rußland bezeichnet wird[25]), und dies muß um so auffallender sein, als sie ursprünglich nicht einmal am Namen Rußland Antheil hatte,

---

21) Hupel, die Staatsverfassung des russ. Reiches II. S. 386.

22) Schaffarik, über die Abkunft der Slaven S. 93. Der Anonymus geogr. Bojoar. sagt: Magna Chrovatia, quae etiam alba cognominatur.

23) Rytschkow, Orenburg. Topographie a. a. O. V. S. 493.

24) Strahl, Beiträge zur russ. Kirchengeschichte I. S. 262. Vergl. Aufsätze über die russische Geschichte aus dem Russ. von C. G. Arndt. Riga 1787. 8. Th. II. S. 320, 321.

25) Nestor, Jahrbücher der russischen Geschichte nach Scherer S. 245.

vielmehr derselbe eigentlich nur Süd-Rußland oder das Land am Dnepr bezeichnete. Aber jenes Ost-Rußland war seit dem Ende des zwölften Jahrhunderts als der Sitz des Großfürstenthums das russische Hauptland geworden, und hieß demnach Belorussia in doppelter Bedeutung.

Unstreitig hängt hiermit auch die eigenthümliche, schon in frühe Zeiten zurückgehende Bezeichnungsweise von einem weißen Zaren zusammen, wie der russische Fürst bei den orientalischen Völkern genannt wird, und wie er danach auch bei den Russen selbst zuweilen scheint benannt worden zu sein[26]). Der Name des russischen Kaisers als Auk Khan oder Ak Khan bei den heutigen turktatarischen Völkern in Asien[27]) erscheint schon über ein Jahrtausend früher bei den slavischen Völkern im sechsten Jahrhundert in Europa in dem Belisar am Hofe des Kaisers Justinianus, und macht die slavische Abstammung jenes berühmten Feldherrn um so wahrscheinlicher, als das slavische Element zu jener Zeit an der untern Donau und im byzantinischen Reiche selbst eine so wichtige Rolle spielte[28]). Mit dem Namen Belisar als Bezeichnung des russischen Kaisers würde nach J. v. Hammer's Meinung auch die Benennung der weiße Schnurbart (Akbiik) zusammenhängen, unter welcher Peter der Große in der türkischen Reichsgeschichte vorkommt[29]). Nach der sich an jene beiden Farbennamen schwarz und weiß anschließenden Vorstellung von Selbstständigkeit und Abhängigkeit wären, wie man gemeint hat, die russischen Großfürsten die weißen Zaren genannt worden, so lange sie ihre Freiheit vor den Tataren sich bewahrten, und nachmals sollten sie schwarze Zaren genannt worden sein[30]). Üblich ist diese letztere Bezeichnung wohl nie gewesen; aber auffallend erscheint es, daß eine solche Unterscheidung doch der etwas dun-

---

26) Karamsin, russische Geschichte VII. S. 369., IX. S. 12, 230.

27) Wathen, memoir of the Usbek state of Kokan im journal of the asiat. soc. of Bengal III. p. 374.

28) Schaffarik, über die Abkunft der Slaven S. 147.

29) J. v. Hammer, in den Wiener Jahrbüchern der Litteratur 1832. Th. LVII. S. 144.

30) Fischer, recherches sur les peuples de la Sibérie p. 133.

keln Stelle bei dem byzantinischen Geschichtschreiber Laonikus Chalkokondylas zu Grunde liegt, wenn er von einem weißen und schwarzen Sarmatien spricht [31]). Heut zu Tage aber sind beide Namen nur noch bekannt in dem Gebiete des lettischen Rußland oder von dem Niemen und Bug ostwärts bis zum obern Laufe des Dnepr um Smolensk.

Gleich nach der Wiederherstellung der Freiheit Rußlands vom tatarischen Joche war der Name von Weiß-Rußland noch allgemein gebräuchlich zur Bezeichnung des Landes von Moskau oder von Groß-Rußland. Paulus Jovius nennt zu Anfange des sechzehnten Jahrhunderts das Gebiet von Moskau ausdrücklich Weiß-Rußland und zwar im Unterschiede von einem andern Rußland [32]), und sein Zeitgenosse, der kaiserliche Gesandte v. Herberstein, vernahm, daß der Großfürst von Moskau der weiße König genannt wurde, obschon er den Grund dieser Benennung nicht erfahren konnte [33]). Selbst noch Chancellor hörte nach der Mitte des sechzehnten Jahrhunderts, daß das Gebiet von Moskau mit jenem Namen bezeichnet wurde [34]), aber seit jener Zeit scheint er sich daselbst verloren und für eine andere Gegend fixirt zu haben. Wenigstens ist seitdem bei den Verhandlungen der russischen Großfürsten mit den Großfürsten von Litthauen von Weiß-Rußland immer in einem ganz andern Sinne die Rede. Daher bemerkt auch Karamsin, das heutige Weiß-Rußland sei das Land der alten Kriwitschen, welche sich von dem obern Dnepr bei Smolensk bis zur Düna nach Witepsk und Polozk nordwestwärts ausdehnten [35]). Dieses Gebiet kam aber während des Laufes des vierzehnten Jahr-

31) Schnitzler, la Russie et la Pologne p. 376.

32) Paulus Jovius, descriptio Moschoviae. Basil. 1561. 8. p. 14. Litthuaniae partem appellant Russiam inferiorem, quum ipsa Moschovia Russia alba nuncupetur.

33) Herberstein, rerum Moscovit. comment. p. 16. Sunt qui principem Moscoviae Album regem nuncupant.

34) Hakluyt, the principal navigations etc. I. p. 247. Moscovie, which hath also the name of Russia the white, is a very large and spacious country.

35) Karamsin, russische Geschichte IV. S. 179.

hunderts in die Gewalt der Litthauer, und in dem litthauischen Rußland bildete sich der jetzt übliche Gegensatz von Weiß- und Schwarz-Rußland aus.

Die litthauischen Sumpflandschaften oder das Quellgebiet des Niemen, Bug und der westlichen Quellströme des Dnepr gehörten mit zu dem ältern russischen Reiche, welches in dem Dnepr-Lande seine eigentliche Heimath hatte. Die später dort emporkommende litthauische Macht erhob sich auf russischem Boden, obschon freilich die Bevölkerung mehr einen lettischen als slavischen Charakter hatte. Der Name Rußland erhielt sich zugleich fort, doch war die Verbindung mit dem übrigen Rußland in Wladimir und Moskau schon lange gelöst. Nun aber gelang es den Litthauern zuletzt auch am Anfang des funfzehnten Jahrhunderts, nachdem Polozk schon längst gefallen und der altrussische Fürstenstamm aus Ruriks Geschlecht daselbst erloschen war, sich der Stadt und des Gebietes von Smolensk zu bemächtigen [36]), welches wegen seiner nähern Verbindung mit dem Großfürstenthum zu Wladimir und Moskau immer als ein Theil von Groß- oder Weiß-Rußland gelten mußte. Diese jüngste litthauische Erwerbung, das äußerste östliche Ziel der Eroberungen der Litthauer, konnte also um so leichter als Provinz des Großfürstenthums Litthauen den Namen von Weiß-Rußland erlangen, als sie desselben schon früher theilhaftig war in Verbindung mit dem großen Weiß-Rußland, und als sich der Zar Alexei Michailowitsch der Stadt Smolensk im Jahre 1654 wieder bemächtigte, nahm er zu seinen andern Titeln als Zaren von Groß- und Klein-Rußland auch den von Weiß-Rußland an, um seine Herrschaft über das wiedergewonnene Smolensk zu bezeichnen [37]). Es erhellt daraus zugleich, daß das Gebiet von Moskau oder von Groß-Rußland damals jenen andern Namen nicht mehr führte oder führen sollte, und auch was von den sonderbaren Ableitungen dieses Namens, wie man sie früher aufstellte, zu halten sei [38]).

---

36) Karamsin, a. a. O. V. S. 125, 146.

37) Müller, Sammlung russ. Geschichte VIII. S. 544.

38) Die Angabe dieser Ableitungen des Namens von Weiß-Rußland,

Das Gebiet von Smolensk konnte aber auch noch in einem andern Sinne von den Litthauern schon den Namen des weißen Rußland empfangen haben, um ein schönes, reiches und fruchtbares und wohlbevölkertes Land zu bezeichnen, und zwar im Unterschiede von den andern mehr westlich gelegenen litthauischen Gebieten am Niemen; und diese, welche auch immer den Namen Rußland führen, so wie überhaupt das ganze Land Litthauen nur auf russischem Grund und Boden erscheint, mußten dann den Namen Schwarz-Rußland tragen, da sie aus Waldeinöden und Sumpflandschaften bestanden, die niemals der Sitz einer Kultur gewesen sind. Zwar läugnet der Staatsrath Müller, welcher diese verschiedenen Namen Rußlands zuerst zum Gegenstande der Untersuchung machte ohne etwas darüber bestimmen zu können, daß es jemals ein Schwarz-Rußland gegeben habe und meint, daß das schon einmal durch Mißverständniß entstandene Tschermnaja Russia (Roth-Rußland oder Halitsch, Galizien) aufs neue von den Litthauern in Tschernaja Russia verderbt worden sei, weil man einen Gegensatz von Bjelaja Russia haben wollte[39]. Aber es steht doch fest, daß der Anschauung der slavischen Völker der Unterschied von einem schwarzen und weißen Lande gegenwärtig war, und so muß man es auch hier im litthauischen Rußland voraussetzen, und nur darum scheint der Name von Schwarz-Rußland nicht zur officiellen Geltung gekommen zu sein, weil die von ihm umfaßten litthauischen Landschaften nur erst in der neuesten Zeit mit dem russischen Staate vereinigt worden sind, wo jene ältern Namen bedeutungslos geworden waren. Von dem ältern Litthauen also, wie es sich zur Zeit des Großfürsten Witold, eines Vetters des Jagello von Polen im funfzehnten Jahrhundert, von dem Niemen im Westen bis zum obern Dnepr im Osten ausbreitete[40]), und nordwärts bis über die Düna bis nach Pskow am Peipus-See, südwärts aber bis nach Woly-

---

aber nur in Beziehung auf das Gebiet von Smolensk und der westwärts daranstoßenden Landschaften bei Schnitzler, la Russie et la Pologne p. 373, 374.

39) Müller, Sammlung russ. Geschichte VIII. S. 550 bis 553.

40) Karamsin, russische Geschichte V. S. 125, 126.

nien reichte, nannte man die westliche Hälfte Schwarz-Rußland und die später gewonnene östliche Hälfte Weiß-Rußland. Die erstere, die heutigen Landschaften von Wilna und Grodno am mittlern und obern Niemen, ist aber wieder in sich zu unterscheiden, indem das Gebiet auf der Ostseite des mittlern Niemen, wo in der Jagellonen-Zeit Wilna sich erhob, als das Hauptland der lettischen Litthauer immer im eigentlichsten Sinne den Namen Litthauen führte[41]), während die gegen Südosten angrenzenden Gebiete um die Quellen des Niemen und des zum Dnepr gehenden Pripjez in dem jetzigen Gouvernement Grodno (der frühern Woiwodschaft Nowogrodek) den Namen Schwarz-Rußland trugen[42]). Denn hier, in Schwarz-Rußland, befindet sich eine aus Letten und russischen Slaven gemischte Bevölkerung, indem die Russen durch die langjährige Verbindung mit den Litthauern und Polen zum Theil ihre Sprache und Nationalität eingebüßt haben und dadurch zu Russienen geworden sind wie die Malorussianen in Kiew und in der Ukraine[43]). Aber je mehr nach Osten nach dem obern Dnepr, desto mehr tritt die Nationalität der Groß-Russen dominirend hervor[44]), und beweist die ursprüngliche Verbindung des litthauischen Weiß-Rußland mit dem großrussischen Staate zu Moskau.

Wie weit aber der Umfang von dem litthauischen Weiß-Rußland nach Westen hin reicht, ergiebt sich aus den verschiedenen Verhandlungen der Zaren zu Moskau mit den Königen von Polen und Großfürsten von Litthauen im sechzehnten Jahrhundert. Denn das Fürstenthum Smolensk, welches geraume Zeit im engern Sinne den Namen Weiß-Rußland führte[45]), war schon vor der Zeit des Zaren Alexei während des sechzehnten Jahrhunderts wieder mit Groß-Rußland verei-

---

41) Georgi, geograph. Beschreibung II, 2. S. 741, 752.

42) Maltebrun et Chodzko, tableau de la Pologne I. p. 281, 326.

43) Georgi, geograph. Beschreibung II, 2. S. 753, 779. Schnitzler, la Russie et la Pologne p. 371, 372.

44) Georgi, geograph. Beschreibung II, 2. S. 646.

45) Hupel, die Staatsverfassung des russ. Reichs I. S. 32.

nigt und erst zu Anfange des siebzehnten Jahrhunderts wieder verloren gegangen, und doch verlangten die russischen Zaren jener Zeit von den Beherrschern Polens und Litthauens stets die Abtretung von Weiß-Rußland [46]), worunter man natürlich die westwärts an Smolensk angrenzenden Gebiete und vornehmlich das Fürstenthum Polozk an der Düna oder das Land der slavischen Polotschanen verstand, wo in ältern Zeiten eine abgetheilte Fürstenlinie aus Ruriks Stamm geherrscht hatte, die erst am Schluß des dreizehnten Jahrhunderts von der emporkommenden Macht der litthauischen Fürsten verdrängt worden war [47]). Als sodann in Folge der ersten polnischen Theilung im Jahre 1772 die beiden weißrussischen Landschaften Mogilew und Polozk, welche sich im Westen von Smolensk vom Dnepr bis zur Düna hinüberziehen, mit Rußland wieder vereinigt wurden, wurden sie zunächst im Jahre 1778 zu zwei besondern gleichnamigen Gouvernements eingerichtet, aber im Jahre 1796 durch den Kaiser Paul unter dem Namen des weißrussischen Gouvernements mit der Hauptstadt Witepsk an der Düna mit einander verbunden [48]). Das ist das letzte Vorkommen dieses Namens, welcher somit seit Nestors Zeit von der untern Oka im Osten bis zur Beresina im Westen in der neuern Zeit gewandert ist, indem er jetzt mit der Wiederherstellung der beiden Gouvernements Witepsk und Mogilew verschwunden ist [49]). Denn das noch mehr westwärts liegende Gouvernement Minsk, welches sich von der Beresina, einem Zustrom des Dnepr, bis nach der eigentlichen Landschaft Litthauen ausbreitet, umfaßt nur einen Theil des litthauischen Weiß-Rußland [50]), und die Stadt Minsk, auf der Wasserscheide der beiden Stromgebiete des Dnepr und Niemen gelegen, ist als die Grenzmark zwischen Weiß-Rußland und Schwarz-Rußland in historischer Beziehung festzustellen.

---

46) Karamsin, russische Geschichte VII. S. 213., VIII. S. 91.
47) Karamsin, a. a. O. IV. S. 67, 68.
48) Georgi, geograph. Beschreibung II, 2. S. 640, 641.
49) Schubert, Statistik des russischen Reiches S. 131.
50) Georgi, geograph. Beschreibung II, 2. S. 774, 776.

Gleichwie der große slavische Volksstamm, welcher zu den drei zahlreichsten Gruppen der europäischen Völkerstämme gehört, in dem ihm gehörigen Gebiete des östlichen Europa im Allgemeinen in seinen Sitzen nur auf die mehr innern Theile desselben angewiesen ist, indem er an den Meeresgestaden rings umher von lettischen, tschudischen und turktatarischen Völkern umgeben wird, so bewohnen wiederum die slavischen Russen, unstreitig der vornehmste Zweig unter allen slavischen Völkern, und zwar näher die Groß-Russen das eigentliche Centrum der sarmatischen Ebenen. In den rings um Moskau umherliegenden Gebieten, welche wir in dem obern Theile des Stromsystemes der Wolga als das eigentliche Groß-Rußland bezeichnet haben, finden wir auch eine verhältnißmäßig sehr dicht gedrängte Bevölkerung des Stammes der Russen. Diese heutigen Russen sind aber erwachsen aus den zahlreichen kleinern ostsarmatischen Stämmen slavischer Abkunft, wie sie uns Nestor in dem Lande am Dnepr und in einem Theile des Stromsystemes der Wolga nennt[51]), und welche im Gegensatz gegen die westsarmatischen Stämme slavischer Abkunft im Gebiet des Stromsystemes der Weichsel durch die Thätigkeit der Normannen unter der Anführung des Rurik und seiner Nachkommen zu einem politischen System vereinigt wurden. Indem die verschiedenen Slaven-Stämme in jenem Gebiete wie die Poläner am Dnepr, die Derewier, Dregowitschen, Polotzen, Sewerier, Wjätitschen und andere seit der Zeit des neunten Jahrhunderts ein gemeinsames politisches Leben begonnen, in welches auch bald ein Theil der finnisch-ugrischen Völker an der obern Wolga aufgenommen wurde, bildete sich seitdem unter dem gemeinsamen Namen der Russen, in den ihre besondern Namen aufgingen, eine individuelle Volksthümlichkeit aus, welche durch den eigenthümlichen Gang ihrer politischen wie intellectuellen Entwickelung nicht nur im Verhältnisse zu den eigentlich abendländischen Völkern Europas, sondern auch zu den übrigen slavischen Völkern des östlichen Europas einen ganz besondern Charakter annehmen mußte.

---

51) Karamsin, russische Geschichte I. S. 28.

Schon die Form des kirchlichen Lebens, in welche das russische Volk seit der Zeit Wladimirs des Großen hineingezogen wurde, gab dieser Nation einen ganz eigenthümlichen Zug seines gesammten geistigen Lebens, indem mit der Hinneigung zu dem Sitze des griechischen Lebens in politischer und kirchlicher Beziehung und mit der Abschließung gegen die römische Kirche, welche das ganze abendländische Völkersystem selbst mit einem großen Theile der slavischen Stämme umfaßte, alle diejenigen Impulse der geistigen Entwickelung hier verloren gehen mußten, welche dort auf so mannigfaltige Weise gewirkt haben. Dazu gesellte sich dann das besondere Unglück, unter die lang dauernde Knechtschaft einer asiatischen Despotie zu fallen, ehe noch diejenigen politischen Elemente in der Ausbildung eines Bürgerthums vorhanden waren, welche eine schnelle Wiedergeburt des Reiches hätten bewirken können, und indem überdies bei der immer fortdauernden Zerrissenheit des Staates und Volkes für die Russen sich ein neuer Feind in den Litthauern erhob, welche als das eigentliche Grenzvolk des abendländischen und morgenländischen Lebens in Europa durch ihre Raubzüge und Eroberungen den russischen Staat noch mehr nach Osten zurückdrängten und ihn gänzlich von der Verbindung mit dem Abendlande abschnitten, veranlaßten diese Litthauer zum Theil die Entstehung des Unterschiedes unter den russischen Stämmen selbst von Groß-Russen und Klein-Russen [52]), von welchen nur die erstern als der eigentliche Kern der russischen Nation hier zunächst in Betracht kommen.

Als diese Groß-Russen innerhalb des Gebietes der vier Großfürstenthümer Wladimir, Rjäsan, Twer und Moskau unter den Jwanowitschen von Moskau am Schlusse des funfzehnten Jahrhunderts das tatarische Joch abwarfen und wiederum eine Stelle unter den europäischen Völkern einzunehmen suchten, traten sie gleichsam als Fremdlinge für das übrige Europa auf. Seit einem halben Jahrtausend durch die Form ihres kirchlichen Lebens von den übrigen Europäern geschieden, waren sie den abendländischen Völkern völlig entfremdet in der Un-

52) Storch, Gemälde des russischen Reiches I. S. 68.

terthänigkeit unter einer asiatischen Despotie, und während das römisch-katholische Abendland, mit Ausnahme mehrerer dazu gehörigen slavischen Völker, im Kampfe mit dem muhamedanischen Orient in den Kreuzzügen und durch die in seinem Innern sich entwickelnden Gegensätze vornehmlich der weltlichen und geistlichen Gewalt die großartigsten Fortschritte in der Ausbildung des geistigen und sinnlichen Lebens gemacht hatte, waren für die Russen in jener tatarischen Unglückszeit noch alle die aus Byzanz empfangenen Keime für die Entwickelung einer höhern Bildung in politischer und intellektueller Beziehung vernichtet worden. Wenn daher auch der Staat der Groß-Russen seit dem Anfange des sechzehnten Jahrhunderts sich an den Kreis der übrigen europäischen Staaten anzuschließen suchte, so mußte er doch noch immer durch eine große Kluft von ihnen getrennt bleiben, und mußte auch einen wesentlich verschiedenen Entwickelungsgang des politischen Lebens im Verhältniß zu jenen zeigen. Mag auch immerhin in äußerlichen Verhältnissen der Einfluß der tatarischen Herrschaft auf das russische Volk nicht so bedeutend sein, als man anzunehmen geneigt sein muß, so wird doch selbst von einem Karamsin anerkannt, daß diese Zeit dem Charakter und der Denkungsart des Volkes ein besonderes und zwar nicht erfreuliches Gepräge mitgetheilt habe. Der asiatische Charakter des ursprünglich slavischen Lebens nach seinen guten und bösen Seiten hat sich demnach nicht nur hier erhalten, sondern sich noch mehr in sich befestigt [53]). Aber gerade dieser Umstand machte dieses Volk auch wieder so geschickt in die Angelegenheiten der orientalischen Völkerwelt einzugreifen, und das vermittelnde Glied für das geistige Leben der orientalisch-asiatischen und der abendländisch-europäischen Völker zu werden, ohne doch einer dieser beiden Gruppen selbst unmittelbar anzugehören.

Wie sehr die Russen bei ihrem ersten Auftreten am Anfange des sechzehnten Jahrhunderts eine für die übrigen Europäer fremdartige Erscheinung bildeten, und wie sehr damals ihr ganzes kirchliches, politisches, bürgerliches und geselliges Leben

---

53) Karamsin, russische Geschichte V. S. 294 bis 309.

noch in asiatischen Banden befangen war, erhellt aus den Zeugnissen der ersten Berichterstatter über sie, wie eines Paolo Giovio [54]) und vornehmlich des Augenzeugen, des kaiserlichen Gesandten, des Baron von Herberstein am Hofe zu Moskau. Auch giebt der Letztere bestimmt zu erkennen, welchen nachtheiligen Einfluß die Herrschaft asiatischer Barbaren auf die Sittlichkeit und den Charakter des Volkes ausgeübt habe [55]). Der politische Zustand, in den der Staat durch die Thätigkeit der Iwanowitschen gekommen war, konnte, so vortheilhaft er auch für die Begründung und Bewahrung der äußern Freiheit sein mußte, doch nicht eben so günstig auf den sittlichen und intellektuellen Zustand des Volkes zurückwirken, und die größere Berührung mit dem europäischen Abendlande im sechzehnten Jahrhundert, wie mit Polen, Schweden und England, konnte auf das russische Volk nur einen sehr bedingten Einfluß haben. Denn von dem selbst noch barbarischen Polen konnte man, auch wenn nicht beständige Kriege zwischen ihnen geherrscht hätten, nichts gewinnen, aber auch mit Schweden fand immer nur eine feindselige Berührung statt, eben weil Rußland nach dem Besitz der Verbindungsländer mit dem europäischen Abendlande strebte, auf welche Schweden für seine Vorherrschaft im Norden nicht entsagen konnte; und so konnte allein von England aus, wie auch schon früher bemerkt worden (Abth. 1. S. 382.), eine solche wohlthätige Einwirkung statt finden, wenn gleich diese bei der geographischen Lage beider Länder und Völker zu einander immer beschränkt bleiben mußte. Demnach kann es nicht befremden, daß auch ein Jahrhundert nach Herbersteins Zeit die Russen noch immer eine ganz eigenthümliche Erscheinung in der europäischen Völkerwelt bildeten [56]), und daß der damalige holsteinische Reisende Olearius noch genug von dem besondern Le=

54) Paulus Jovius, descriptio Moschoviae p. 29—35.

55) Herberstein, rerum Moscovit. comment. p. 45—52, 55, 64. Gens Moscoviae caeteris omnibus astutior et fallacior esse perhibetur, fluxa inprimis in contractibus fide; cujus rei ipsi haud ignari, si quando cum externis commercia habent, quo majorem fidem obtineant, non Moscovitas se sed advenas esse simulant.

56) Olearius, moskowitische Reisebeschreibung S. 179 bis 330.

Leben und den besondern Sitten jenes Volkes zu berichten wußte; und aus den etwas jüngern Reiseberichten des Holländers Strauß aus der zweiten Hälfte des siebzehnten Jahrhunderts lassen sich noch vielfache Züge des orientalischen Lebens entnehmen. Scheint es doch fast, als habe man damals in dem übrigen Europa die Russen als ein so eigenthümliches Volk betrachtet, als wie man jetzt die Überreste der finnisch-ugrischen Stämme an der Wolga betrachtet [57]).

Seit dem Anfange des achtzehnten Jahrhunderts wurde nun zwar in Folge des nordischen Krieges der russische Staat in eine ganz neue Laufbahn hineingebracht, und die dadurch gegebene größere Berührung und Annäherung an die übrigen europäischen Völker vornehmlich germanischen Stammes konnte nicht ohne Einfluß auf die Sitten, Lebensweise und den Charakter des Volkes bleiben, doch läßt sich nicht verkennen, daß die größere Masse des Volkes und zwar die Groß-Russen, welche die centralen und eigentlich continentalen Theile der sarmatischen Ebenen bewohnen, im Allgemeinen davon noch wenig berührt ist. Gerade da, wo die gediegenste Masse der Bevölkerung des russischen Stammes in dem alten Lande von Moskau sich vorfindet, da hat sich auch das ursprüngliche Leben und der ursprüngliche Charakter des neuern russischen Volkes am festesten erhalten. Es erscheinen die Russen da noch als ein Naturvolk, welches, die Einflüsse abgerechnet, welche ihm durch den Gang der historischen Entwickelung mitgetheilt worden sind, eben so sehr die Vorzüge und Tugenden aller andern Naturvölker [58]), wie vornehmlich mancher orientalischen Völker an sich zeigt, als es deren Schattenseiten und Laster offenbart. Wenn man daher, wie es von Clarke geschehen ist [59]), ohne Mühe die dunkeln Seiten in den Sitten und dem Charakter des russischen Volkes hervorheben kann, so kann man eben so leicht und so muß man auch, der Gerechtigkeit gemäß, die lichten Seiten dieser volksthümlichen Erscheinung hervorheben und anerkennen, wie

57) Straußens Reise durch Moskau S. 194 bis 216.

58) Schnitzler, la Russie et la Pologne p. 30—33.

59) Clarke, travels thr. various countries etc. I. p. 87—92, 142

es von seinem jüngern Landsmann Lyall geschehen ist [60]). Es ist ein unentwikkelter Zustand, welcher, wie etwa bei den Arabern, eben so sehr verblenden als zurückschrecken kann, und dessen Werth oder Unwerth erst als das Resultat der selbstbewußten Entwickelung sich ergiebt.

Der Volksstamm der Slaven, welcher als einer der drei Hauptstämme der Bevölkerung Europas in seinen verschiedenen und zahlreichen Zweigen seit den ersten Jahrhunderten unserer Zeitrechnung die weiten Gebiete von Ost-Europa als seine eigentliche Heimath angewiesen erhalten hat, bildet in seiner, über ein halbes Hundert Millionen begreifenden Bevölkerung ein Viertel von der Gesammtmasse der Bewohner Europas. Unter ihnen bilden aber wiederum seit mehreren Jahrhunderten die Russen den bei weitem überwiegendsten Zweig im Verhältniß zu den übrigen slavischen Stämmen, welcher den ansehnlichsten Zweigen unter den Völkern germanischen und romanischen Stammes in West-Europa in dieser Beziehung sich an die Seite stellen kann. Denn man berechnet jetzt an 38 Millionen Russen, und von ihnen bilden allein die Groß-Russen eine Masse von 32 Millionen, so daß sich daraus die dichteste und verhältnißmäßig gedrängteste Bevölkerung des sich rings um Moskau ausbreitenden großrussischen Landes ergiebt [61]). Auch erhellt daraus von selbst das Übergewicht, welches diese Russen über die übrigen slavischen Stämme, wie vornehmlich über die Polen, die nach ihnen den bedeutendsten der Zweige dieses Stammes bilden, davontragen mußten. Denn selbst nach den Angaben polnischer Autoren belief sich in dem alten Reiche Polen noch vor der Zeit der Theilungen dieses Staates die Anzahl der eigentlich polnischen Bevölkerung nur auf 7 Millionen [62]), welche jetzt zusammen unter russischer, preußischer und östreichischer Oberhoheit stehen. So wie nun in dem alten polnischen Reiche die Polen selbst noch nicht einmal ein Drittheil der Gesammtbevöl-

60) Lyall, the character of the Russians. London 1823. 4.

61) Schubert, Statistik des russischen Reiches S. 154.

62) Stanislaw Plater bei Maltebrun et Chodzko, tableau de la Pologne I. p. 499—509.

kerung desselben bildeten, so stellt sich noch auffallender das Verhältniß der Polen zu den Russen in Ost-Europa nur wie 1 zu $5\frac{1}{2}$, und der polnische Stamm konnte durch die Verbindung mit dem Volksstamm der Letten in den litthauischen Gebieten um so weniger dem russischen das Gleichgewicht halten, als sich der lettische Stamm, der sich von dem slavischen übrigens wieder unterscheidet, in seiner Bevölkerung nur auf 2 Millionen beläuft [63]).

Das von Moskau aus beherrschte russische Gebiet, welches zur Zeit des ersten Iwan Wasiljewitsch aus den drei, im eigentlichen Groß-Rußland liegenden Großfürstenthümern Moskau, Twer und Rjäsan und aus den Gebieten der beiden Republiken Nowgorod und Pskow bestand [64]), und welches sodann im Verlauf des sechzehnten und siebzehnten Jahrhunderts im Osten durch die Erwerbung der tatarischen Reiche Kasan und Astrachan und im Westen durch die Erwerbung der altrussischen Länder von Smolensk und von Klein-Rußland am mittlern Dnepr vergrößert wurde, ward zuerst durch Peter den Großen organisirt und deshalb im Jahre 1708 in acht große Gouvernements getheilt [65]), die man gleich darauf bis auf zehn vermehrte und von welchen Moskau, als den alten Kern des Landes umfassend, das wichtigste war [66]). Zwar wurde dieses große Gouvernement Moskau im Jahre 1719 noch vergrößert durch Theile der benachbarten Gouvernements Archangel im Norden, Smolensk im Westen und Petersburg im Nordwest, aber es wurde dann auch später unter der Regierung der Kaiserin Elisabeth Petrowna 1758 in eilf Provinzen zertheilt, welche jetzt größtentheils zu eigenen Gouvernements erwachsen sind [67]). Diese eilf Provinzen waren Moskau, Uglitsch, Jaroslawl, Kostroma, Susdal, Jurjew Polsky, Perejaslawl

---

63) Schubert, Statistik S. 155.

64) Oldekop, Petersburger Zeitschrift 1824. Th. XIV. S. 210.

65) W. v. Wichmann, chronologische Übersicht der russischen Geschichte. Leipzig 1821. 4. Th. I. S. 59.

66) Strahlenberg, der N. und O. Theil von Europa S. 183.

67) Schnitzler, la Russie et la Pologne p. 36.

Salesky, Wladimir, Perejaslawl Rjäsansky, Kaluga und Tula[68]). Aus der ersten dieser Provinzen wurde sodann bei der neuen Organisation des Reiches durch Katharina II., in Folge der seit 1775 angeordneten Statthalterschaftsverfassung, die neue Statthalterschaft **Moskau** im Jahre 1782 eingerichtet, und sie erhielt wie St. Petersburg zur Unterscheidung von den übrigen Statthalterschaften (Namestnitschestwa) den Namen Gouvernement (Gubernija). Erst seitdem hat die Landschaft Moskau ihren jetzigen Umfang erhalten, der ihr auch vom Kaiser Paul Petrowitsch im Jahre 1796 bestätigt worden ist[69]).

Der untere Lauf der Oka.

Wenn wir von Kolomna an oder von der Aufnahme der Moskwa den Lauf der Oka weiter verfolgen, so wendet sie sich in der Richtung der Moskwa gegen Südost und bewässert zunächst als ein nicht unbedeutender Fluß die Landschaft von Rjäsan, bei deren gleichnamigen Hauptstadt sie vorübereilt. Die ganze Landschaft ist flach und eben mit Ausnahme der erhabenen Flußufer; sie zeigt zwar eine ähnliche Naturbeschaffenheit wie die Gebiete an der obern Oka und an der Moskwa, doch bemerkt man, von Moskau kommend, schon einen verschiedenartigen landschaftlichen Charakter, der mehr auf den Süden hinweiset, wie sich dies auch in den eigenthümlichen Sitten und Gebräuchen ihrer Bewohner ausspricht[70]). Es hängt dies mit der Geschichte dieses Gebietes zusammen. Denn die Stadt **Rjäsan**, auf dem rechten Ufer der Oka gelegen, spielt in der ältern russischen Geschichte eine nicht unbedeutende Rolle, wenn gleich die heutige Stadt mit dem ursprünglichen alten Rjäsan, welches schon am Ende des eilften Jahrhunderts erscheint, nicht zu verwechseln ist[71]). Jenes Staraja Rjäsan lag an 50 Werst

68) **Büsching**, neue Beschreibung des russischen Reiches. Leipzig 1763. 8. S. 747 bis 758.

69) **Georgi**, geograph. Beschreibung II, 2. S. 297.

70) **Potocky**, voyage dans les steps d'Astrakhan et du Caucase ed. Klaproth. Paris 1829. 8. Tome I. p. 5.

71) **Nestor**, Jahrbücher der russ. Geschichte nach Scherer S. 158.

weiter unterhalb an der Oka [72]), und erst nach der Zerstörung dieser Stadt durch die Tataren 1568 wurde ihr Name durch die Kaiserin Katharina II. im Jahre 1778 auf die Stadt Perejaslawl übertragen, welche schon seit ältern Zeiten neben jenem Rjäsan als Hauptstadt dieser Landschaft galt und Perejaslawl Rjäsansky, seitdem aber blos Rjäsan genannt wurde [73]). Noch gegen das Ende des siebzehnten Jahrhunderts waren die zahlreichen Überreste jener alten Stadt daselbst zu erblicken [74]).

Seit der Theilung der Länder des russischen Reiches unter die Söhne des Großfürsten Jaroslaw Wladimirowitsch in der zweiten Hälfte des eilften Jahrhunderts wurde das Gebiet von Rjäsan ein Theil der Besitzungen der Familie der Olgewitschen, welche vom Dnepr an der Desna und Oka entlang bis nach Murom hin die südöstlichen Grenzgebiete des damaligen Rußlands beherrschten, und welche mit ihren Vettern, den Wladimirowitschen, den langwierigen blutigen Kampf um das Großfürstenthum zu Kiew ausfochten [75]). Rjäsan hatte aber wieder seine eigenen Theilfürsten, welche als ein jüngerer Zweig der Olgewitschen von Jaroslaw Swätoslawitsch abstammten, dessen Söhne und Enkel seit 1127 die Gebiete von Rjäsan und Murom, meistens in zwei Linien getheilt, als Vasallen der Großfürsten von Kiew und später der von Wladimir und Moskau beherrschten [76]). Zwar ging Murom für das rjäsanische Fürstenhaus später an die Großfürsten von Moskau verloren, aber in Rjäsan behauptete sich dasselbe an vier Jahrhunderte lang, und es stand mit jenen Fürsten selten in gutem Vernehmen, besonders als diese seit des Iwan Danilowitsch Zeit der richtigen Politik folgten, durch Vereinigung aller russischen Fürstenthümer die Freiheit ihres Vaterlandes von dem tatarischen Joche vorzubereiten. Der Fürst Oleg Iwanowitsch von Rjäsan war der gewaltigste Gegner der zu Moskau herrschenden Iwa-

72) **Vsévolojsky**, dictionnaire géogr. hist. de la Russie II. p. 224.

73) Heym, Encyklopädie S. 654.

74) Straußens Reise durch Moskau S. 222.

75) Karamsin, russische Geschichte II. S. 56, 94, 98.

76) Karamsin, a. a. O. II. S. 142.

nowitschen während der zweiten Hälfte des vierzehnten Jahrhunderts; heftige Nationalfeindschaft bestand zwischen den Rjäsanen und Moskowiten, und gleich wie Rjäsan am Beginn des dreizehnten Jahrhunderts durch die Tataren in Schutt und Trümmer gesunken war [77]), so erlitt diese Stadt dasselbe Schicksal zu Olegs Zeit im Jahre 1381 durch den berühmten Dimitri Donsky [78]). Schon seit jener Zeit erhob sich das neuere Perejaslawl Rjäsansky, und wurde bald der Sitz des herrschenden Fürstenstammes [79]). Wegen ihrer nicht unbedeutenden Macht und ziemlichen Selbstständigkeit konnten dann die Fürsten von Rjäsan später nebst denen von Twer (welche mit den zu Moskau herrschenden Jwanowitschen gleichen Stammes aus der Familie des Jurje Dolgoruky waren), den großfürstlichen Titel neben den Fürsten von Moskau annehmen [80]), und wenn das Großfürstenthum Twer noch am Schlusse des funfzehnten Jahrhunderts mit dem Lande Moskau vereinigt wurde, so erhielt sich das Großfürstenthum Rjäsan noch bis zum Anfange des sechzehnten Jahrhunderts. Erst dem Großfürsten Wasilei Jwanowitsch gelang die Vereinigung des Landes Rjäsan mit dem russischen Staate zu Moskau [81]) im Jahre 1517, und mit dem flüchtigen Jwan Jwanowitsch erlosch das Geschlecht der Olgewitschen daselbst.

Lange Zeit war Rjäsan, obschon nur einige zwanzig Meilen im Südosten von Moskau gelegen, eine Grenzstadt Rußlands; das ganze Fürstenthum war ein Vorland des moskowitischen Staates gegen die tatarischen Horden in den Steppen am Don, dort breitete sich die rjäsanische Ukraine aus, dort brach sich nicht selten die gegen Moskau heranziehende Macht der Tataren [82]). Das Gebiet von Rjäsan galt zu jener Zeit des sechzehnten Jahrhunderts für den besten und reich-

---

77) Karamsin, a. a. O. III. S. 231., V. S. 23.

78) Karamsin, a. a. O. V, S. 70.

79) Karamsin, a. a. O. IV. S. 201, 214.

80) Karamsin, a. a. O. V. S. 12, 34.

81) Karamsin, a. a. O. VII. S. 96.

82) Karamsin, a. a. O. V. S. 205., VIII. S. 56.

sten Theil des russischen Landes [83]), man rühmte den Überfluß an Getreide, Fischen, wilden Thieren und Honig, und der einheimische Verkehr wurde belebt durch die große nach Asow und Kaffa hindurchgehende Handelsstraße [84]). Die von Waldungen freien Theile dieses Gebietes bestehen zwar aus steppenartigen Flächen, gewähren aber gute Viehtriften und zum Theil auch treffliches Ackerland [85]). Auch das heutige Rjäsan ist ein volkreicher und wichtiger Stapelplatz des Handelsverkehrs in dem Stromsystem der Oka [86]). Erst seit dem Jahre 1778 wurde diese Landschaft als ein Theil des frühern Gouvernements Moskau zu einem eigenen Gouvernement eingerichtet [87]).

Südostwärts setzt die Oka ihren Lauf fort bis zu dem Städtchen Spask, im Osten der Stadt Tula gelegen, wo von Süden her der kleine Fluß Chupta, der von Rjäschk kommt, sich in sie einmündet, welcher durch die von Peter dem Großen hier projektirte Kanalverbindung der Oka durch die Chupta mit dem Don durch den Woronesch merkwürdig ist [88]). Die Oka wendet sich dann wieder nach Norden zurück, versucht auf's neue bei dem Orte Kasimow gegen Südosten abzufließen, wird aber bald durch die Mokscha, ihren größten Zustrom von der rechten Seite, nach Norden zurückgeworfen und erlangt erst bei der Stadt Murom in der Landschaft Wladimir ihre Normaldirektion nach Nordosten, in welcher sie sodann die Wolga bei Nischnei Nowgorod erreicht. Wenn man von Moskau aus in der Landschaft Rjäsan außer der slavischen Bevölkerung auch die ersten Kolonisten von finnisch-ugrischem Stamme, wie die Mordwinen, und von tatarischem Stamme antrifft, so hat nun die Stadt Kasimow auf der Grenze der drei Landschaften Rjäsan, Tambow und Wladimir noch ganz einen tatarischen Charakter, denn sie war lange Zeit der Sitz tatarischer Herrscher, obgleich

83) Herberstein, rerum Moscovit. comment. p. 65.

84) Karamsin, russische Geschichte VII. S. 48.

85) Georgi, geograph. Beschreibung II, 2. S. 416, 418.

86) Heym, Encyklopädie S. 654. Rußlands Wasserverbindungen S. 132.

87) Georgi, geograph. Beschreibung II, 2. S. 414.

88) Rußlands Wasserverbindungen. S. 163.

unter russischer Oberhoheit. Kasimow steht auf einem mehrere Faden hohen festen Kalksteinfelsen, welcher sich auf der rechten Seite der Oka entlang zieht und zu ihrer Niederung steil abfällt. Sie hat noch zahlreiche und schöne Überbleibsel tatarischer Gebäude, welche alle aus Kalksteinquadern erbaut sind, während die Stadt selbst ganz aus Holz aufgeführt ist. Besonders merkwürdig sind die Moschee und der alte Pallast des Khanes, der mit zahlreichen arabischen Inschriften versehen ist. Am besten erhalten ist das Begräbnißgewölbe der Khane, welches ein aus glatt behauenen Werkstücken erbautes Oblong von 20 Arschinen Länge, 11 Arsch. Breite und 7 Arsch. Höhe bildet. Das Innere besteht aus einem größern und kleinern Gewölbe, welche mehrere Grabhügel enthalten. Die Hauptpforte befindet sich an der Südseite, und nach der über ihr befindlichen Inschrift ist das Monument von dem kasimowschen Khan Schagali-Khan, Sohn des Sultans Schich Aulear, im Jahre 962 d. H. aufgeführt [89]). Der unglückliche Großfürst Wasilei Wasiljewitsch von Moskau, der Vater des ersten Iwan Wasiljewitsch, war es gewesen, welcher dem ihm treu ergebenen tatarischen Fürsten, dem Zarewitsch Kasim, zum Lehn an der Oka im Lande Meschtschera ein Städtchen gab, welches seitdem Kasimow genannt wurde und wo er in Ruhe seine Tage verbrachte [90]). An anderthalb Jahrhundert lang soll dies tatarische Vasallenfürstenthum bestanden haben, bis es erst im Jahre 1610 oder ein halbes Jahrhundert nach dem Fall der tatarischen Herrschaft zu Kasan mit der Krone vereinigt wurde [91]). Noch zu Pallas Zeit hatte Kasimow eine ziemliche Anzahl tatarischer Bewohner, welche eine eigene Slobode bewohnten und meistens Pelzhändler waren.

Nicht weit unterhalb Kasimow empfängt die Oka in dem Winkel der eigenthümlichen Krümmung, welche sie bei ihrem Umbiegen nach Norden macht, die Mokscha, welche schon durch

---

89) Pallas, Reisen durch verschiedene Provinzen des russ. Reiches I. S. 27 bis 30. Dabei die Abbildung des Monumentes.

90) Karamsin, russische Geschichte VI. S. 9.

91) Oldekop, Petersburger Zeitschrift XIV. S. 110.

ihren Namen darauf hinweiſet, daß ſie nicht mehr ein das Gebiet der ſlaviſchen Völker bewäſſernder Strom iſt, ſondern aus dem Lande der mordwiniſchen Mokſchanen von ugriſchem Stamme kommt. Denn die ſlaviſchen Wjätitſchen, der öſtlichſte Zweig des nachmals von dem Namen der Ruſſen umfaßten Volksſtammes an der obern Oka [92]), wurden dort von den drei finniſch-ugriſchen Völkerſchaften der Meren im Norden, der Muromen an der untern Oka im Nordoſt und der Mordwinen im Oſten begrenzt, von welchen nur die letztern ſich bis jetzt in ihrer Volksthümlichkeit erhalten haben. Hier beginnt für den Abendländer in volksthümlicher Beziehung die erſte asiatiſch-europäiſche Grenzmark. Die Mokſcha entſpringt in der Landſchaft Penſa in der Nähe der Sura nicht weit von der Stadt Penſa, und wird ſchon 7 Werſt von ihrem Urſprunge bei dem Städtchen Mokſchansk ſchiffbar [93]). Sie durchſtrömt in nordweſtlicher Richtung, obſchon mit vielen Krümmungen, einen Theil der Landſchaft Penſa, bewäſſert aber vornehmlich mit ihrem großen von Süden kommenden Nebenfluß, der Zna, die Landſchaft Tambow, welche dadurch noch mit zu dem Stromſyſtem der Oka hinzugefügt wird. Das Gebiet, welches ſich um Mokſchansk von der obern Sura im Oſten bis zur Oka hin im Weſten ausbreitet, iſt die ſogenannte Meſtſchera (Meſchtſchera), welche durch ihren Namen an die urſprünglichen Wohnſitze der Meſtſcherjaken (ſ. Abth. 1. S. 160.) erinnert. Dort wurde als eine der frühſten ruſſiſchen Kolonien in jener Gegend der Ort Mokſchansk ſchon zu Anfang des ſechzehnten Jahrhunderts gegründet [94]). Die Makſcha durchſtrömt ein fruchtbares Hügelland, geht bei dem Orte Krasno-Slobodsk vorüber und weſtwärts bei den Orten Temnikow und Kadom, welche wegen der ſchon ziemlich beträchtlichen Bienenkultur, die in den Lindenwaldungen an der Sura und Mokſcha ihr Gedeihen hat und von den Mordwinen und Tataren gepflegt wird, durch ihren Gewinn an Honig weit hin bekannt ſind [95]).

92) Neſtor, Jahrbücher der ruſſ. Geſchichte S. 45, 46.

93) Rußlands Waſſerverbindungen. S. 106.

94) Karamſin, ruſſiſche Geſchichte VII. S. 218.

95) Georgi, geograph. Beſchreibung II, 2. S. 437.

Die Zna entspringt auf der niedern, flachen Erhebung zwischen dem obern Don und seinem linken Zustrom, dem Choper, im Nordosten von Woronesch ungefähr unter 52° N. B., also unter gleicher Breite mit der Oka, welche an 50 Meilen weiter westwärts zunächst in gerader Richtung nach Norden abfließt wie die Zna, während alle die zahlreichen Quellbäche um die Zna herum in südlicher Richtung zum Don oder Choper sich ergießen. Sie strömt bald bei der Stadt Tambow vorüber, welche als eine der jüngern russischen Städte als Grenzort des russischen Gebietes gegen die noch von den tatarischen Horden durchschwärmten donischen und wolgischen Steppen erst von dem Zaren Michael Feodorowitsch, dem Stammvater des Hauses Romanow, also erst gegen die Mitte des siebzehnten Jahrhunderts angelegt worden ist[96]). Die Zna ist da aber noch sehr unbedeutend, indem sie erst bei dem Städtchen Morschansk unter $53\frac{1}{2}$° N. Br. schiffbar wird, und von da an als eine wichtige Wasserstraße dient für den Handelsverkehr mit Getreide, Talg und Hanf[97]). Immer nordwärts ihren ziemlich trägen Lauf fortsetzend erreicht sie die Mokscha unter $54\frac{1}{2}$° N. Br. und giebt diesem Flusse selbst eine nördliche Richtung zur Oka. Der vereinigte Strom gewinnt so eine Breite von gegen 60 Faden bei einer Tiefe von 10 bis 15 Arschin, und ergießt sich an 4 bis 5 Meilen weiter unterhalb in seinen Hauptstrom, die Oka. Die gesammte an der Zna entlang ausgebreitete Landschaft, ursprünglich ein Theil des schon von Peter dem Großen eingerichteten Gouvernements Woronesch, das die Länder am obern Don umfaßte, wurde erst von der Kaiserin Katharina II. im Jahre 1779 zu einem eigenen Gouvernement Tambow eingerichtet[98]). Wenn auch ein großer Theil dieses Gebietes aus steppenartigen, offenen Flächen besteht, zwischen welchen sich die zahlreichen Gewässer nur von mäßiger Güte ihres Wassers und auch nur wenig fischreich hinziehen, so gehört dennoch die südliche Hälfte zu dem fruchtbarsten, obschon wenig angebauten

96) Güldenstädt, Reisen durch Rußland I. S. 37.
97) Rußlands Wasserverbindungen. S. 106.
98) Georgi, geograph. Beschreibung II, 2. S. 428.

Kulturboden Rußlands. Der Ackerbau ist daher, wo er betrieben wird, sehr belohnend und in den großen, steppenartigen Triften die Viehzucht nicht unbedeutend. Doch gehört die untere Hälfte des Mokscha- und Zna-Gebietes noch mit zur Region des Gewerbefleißes in Rußland. Die Waldungen beschäftigen dort in der Verarbeitung des Holzes viele Hände, und wie an der obern Wolga findet sich auch hier aus den Städten und Dörfern das Auswandern auf Erwerb in die Fremde [99]).

Nach der Aufnahme der Mokscha fließt die Oka als ein beträchtlicher Strom in nördlicher Richtung bei Jelatom oder Jelatma vorüber bis nach Murom, wo sie endlich ihre feste Normaldirektion gegen Nordosten erreicht. Es gewinnt die Oka in ihrem untern Laufe schon eine Breite von 250 Faden [100]), und sie strömt in einer Niederung von ein bis 4 Werst Breite, in welcher die Tiefe des Stroms an ein bis 3 Klafter beträgt. Denn die Oka wird bald auf der einen, bald auf der andern Seite von erhabenen Hügelreihen begleitet, welche aus Thon und Kalksteinmassen mit Versteinerungen bestehen. Ihr Gestade, das mit Ausnahme weniger Hügel innerhalb desselben alljährlich im Frühjahr überschwemmt wird, ist zum Theil mit Waldungen bedeckt, zum Theil besteht es aus Wiesen und Brüchen, und es bildet daselbst viele Inseln. Der Boden der Thalrinne der Oka besteht aus Thon und Sand, über welchem sie mit nicht sehr hellem Wasser, obschon in ziemlich starker Strömung, hinfließt [1]). Sie hat zwar alle Fische der Wolga, soll aber doch nicht sehr fischreich sein, weil die wolgischen Fische nur auf bestimmte Strecken in ihr aufwärts steigen [2]). So sind die Sterleden aus der Wolga bei Kasimow schon eine gewöhnliche Art von Fischen, während der Weißlachs, welcher der Wolga und den sibirischen Flüssen so eigenthümlich ist, nur selten bis da hinaufsteigt, wenn gleich er bei Murom schon häu-

99) Georgi, a. a. O. II, 2. S. 430 bis 434.
100) Rußlands Wasserverbindungen. S. 105.
1) Georgi, Reisen II. S. 835.
2) Falk, topograph. Beiträge I. S. 57.

figer gefischt wird [3]). Ja die Sterleden verbreiten sich selbst bis zur obern Oka bei Kaluga aufwärts, selten aber die Störe und noch seltener die Hausen, wogegen daselbst die kleinern Fischarten in genügender Menge gefangen werden [4]).

Die Stadt Murom unter 55½° N. Br., an 35 Meilen gerade ostwärts von Moskau gelegen, gehört zu den ältesten und merkwürdigsten Lokalitäten dieses Theiles von Rußland. Sie liegt wie Kasimow auf dem hohen aber linken Flußufer und ist von mehreren tiefen Regenrinnen durchschnitten. Ihre ursprüngliche Lage war jedoch an 20 Werst weiter abwärts auf dem rechten Ufer der Oka an der Einmündung des kleinen Zustromes Muroma, von wo sie in unbekannter Zeit die Oka mehr hinauf verlegt wurde [5]). Der Fluß, welcher gegen die Stadt eine Krümmung macht und im Frühjahr stark anwächst, nimmt alljährlich mehr und mehr von dem höhern Ufer, worauf die Stadt liegt, hinweg und lagert es theils auf den im Flusse befindlichen Sandbänken, theils auf den entgegenstehenden flachen und im Frühjahr überschwemmten Ufern ab. Nach der Tradition soll die Stadt ehemals bis in die Gegend, wo jetzt die Mitte des Stromes ist, sich erstreckt haben, und viele Gebäude stehen noch jetzt unmittelbar am Rande des steilen Absturzes. Denn der untere Theil des hohen Ufers besteht aus Sand und weichem Lehm und über demselben befindet sich eine mächtige Lage von Torfschutt, worin sich Balken und Gebeine vorfinden als Ablagerung aus den Ruinen und Trümmern einer ältern Stadt [6]). Der Name Murom ist uralt. Zwar nennt uns der älteste gothische Geschichtschreiber nicht den Namen dieses finnisch-ugrischen Volkes der Muromen, wie er uns seine Nachbarstämme der Meren und Wessen angiebt, sondern wir lernen dies Volk als Bewohner der untern Oka-Gebiete erst durch Nestor kennen, doch erhellt wohl aus seiner Angabe derselben in Verbindung mit den beiden andern

3) Pallas, Reisen durch verschiedene Provinzen I. S. 31.

4) Szujew, Reise von Petersburg nach Cherson I. S. 28.

5) Oldekop, Petersburger Zeitschrift VI. S. 100.

6) Pallas, Reisen durch verschied. Prov. I. S. 33, 34. Vergl. Erman, Reise durch Nord-Asien I. S. 185.

Völkern, daß sie auf ein gleiches Alter Anspruch machen können [7]). Sie gehörten wie jene mit zu den ersten Bestandtheilen des von Rurik in Gardarike gegründeten russischen Staates, und schon seit jener Zeit, seit der Mitte des neunten Jahrhunderts, geschieht ihrer gleichnamigen Hauptstadt, die sich nun durch alle Jahrhunderte erhalten hat, Erwähnung. Diese ugrischen Muromen wuchsen bald wie die Meren und Wessen mit den russischen Slaven zusammen, sie nahmen deren Sprache, Sitten und Glauben an und wurden so selbst zu Slaven, und das slavische Volksleben gewann somit einen neuen Boden seiner Entwickelung nach Nordosten hin an der obern Wolga und untern Oka [8]). Murom blieb auch bis auf die tatarische Zeit der weiteste Punkt der Ausdehnung des slavischen Volksstammes nach jener Seite hin; weiter ostwärts folgte das Gebiet der Bulgaren und der ihnen stammverwandten Völker der Tscheremissen, Mordwinen und anderer, welche bei den vielfachen Fehden mit den Russen nicht selten das Oka-Gebiet mit Verwüstung und Plünderung heimsuchten [9]). Doch kann die Verbreitung der slavischen Volksthümlichkeit bei den Muromen nur langsam vor sich gegangen sein, und mußte wenigstens mit der Verbreitung des christlichen Glaubens gleichen Schritt halten. Zwar war am Schlusse des eilften Jahrhunderts das Christenthum schon zu Murom verbreitet, aber noch war die Mehrzahl des Volkes dem Heidenthum ergeben, und dies darf um so weniger befremden, da uns selbst am Anfange des zwölften Jahrhunderts die echt slavischen Stämme der Wjätitschen und Kriwitschen, welche seit langer Zeit dem russischen Staate zugehörten, noch als Heiden genannt werden [10]). Ja selbst ein Jahrhundert später, ums Jahr 1192, heißt es von den Bewohnern von Murom, daß sie noch Heiden waren, und daß sich der Fürst Constantin Swätoslawitsch durch die Gründung

---

7) Nestor, russische Annalen nach Schlözer II. S. 208.

8) Karamsin, russische Geschichte I. S. 93, 99.

9) Nestor, Jahrbücher der russischen Geschichte nach Scherer S. 245, 246. Karamsin, russ. Geschichte II. S. 81.

10) Strahl, Beiträge zur russischen Kirchengeschichte I. S. 123, 124.

von Kirchen um die Verbreitung der christlichen Religion verdient gemacht habe [11]). Denn Murom hatte, wie oben bemerkt, seine eigenen Fürsten aus dem Stamme der zu Rjäsan herrschenden Olgewitschen, und diese Fürsten in Murom waren zugleich eine Art von Markgrafen an den Ostgrenzen Rußlands gegen die ugrischen Völker an der mittlern Wolga, gegen welche sie in Verbindung mit den Fürsten von Wladimir und Rjäsan häufige Kriegszüge zu unternehmen pflegten [12]).

Wir erfahren zwar nichts von dem Schicksal Muroms zur Zeit der großen mongolischen Verwüstungsfluth am Anfange des dreizehnten Jahrhunderts, doch ist es nicht wahrscheinlich, daß Murom ein glücklicheres Loos betroffen habe als die in Schutt und Trümmer sinkenden Herrscherstädte Wladimir und Rjäsan, als Batuchan im Jahre 1238 gleich einem Würgengel sich mit seinen Schaaren bis zum Seliger-See hinanwälzte [13]). Bestimmter erfahren wir dies auf einem neuen Verwüstungszuge der Tataren, auf welchem alle Städte in jenem Theile des Wolga-Gebietes bis nach Twer und Torschok hin im Jahre 1282 der Verheerung preis gegeben wurden [14]), und die gerade ein Jahrhundert später fallende Katastrophe für Moskau und sein Gebiet durch den kaptschakschen Khan Toktamisch im Jahre 1382 kann auch nicht diese Stadt unberührt gelassen haben [15]), die sich nur erst seit wenigen Decennien durch ihren Fürsten Jurje Jaroslawitsch wieder aus ihren Trümmern erhoben hatte [16]). So vielfache Verheerungen, deren Spuren das Innere des Bodens, auf welchem die Stadt steht, noch jetzt zeigt, konnten einen blühenden Zustand derselben nicht zur Folge haben. Auch kennt Herberstein gleich nach der tatarischen Zeit das Murom nur als ein unbedeutendes Städtchen; das Land war mit mächtigen Waldungen erfüllt, deren Bewohner, die Muromanen,

---

11) Strahl, a. a. O. I. S. 135. Vergl. dagegen aber die Bemerkungen Karamsins in s. russ. Geschichte III. S. 119. Anmerk. 58.

12) Karamsin, russische Geschichte III. S. 13, 51.

13) Karamsin, a. a. O. III. S. 231 bis 236.

14) Karamsin, a. a. O. IV. S. 110.

15) Karamsin, a. a. O. V. S. 69.

16) Strahl, Beiträge zur russ. Kirchengeschichte I. S. 160.

Überfluß an Thierhäuten, Honig und Fischen hatten[17]). Auf geraume Zeit war Murom, welches übrigens schon viel früher als Rjäsan, noch am Schlusse des vierzehnten Jahrhunderts, mit dem Lande Moskau vereinigt ward[18]), sodann wieder Grenzstadt gegen das stets feindliche Khanat Kasan und den Anfällen der zu jenem Khanate gehörigen ugrischen Völker ausgesetzt, und alle diese Umstände mußten diese Stadt, obgleich sie zu den ältesten und in früherer Zeit zu den ansehnlichsten im östlichen Rußland gehörte, immer in einem dürftigen Zustande erhalten.

Gleich unterhalb Murom zeigen sich auf dem rechten oder östlichen Ufer der Oka Alabasterberge, die zur Niederung des Flusses steil abstürzen und deren weitere nordöstliche Fortsetzung, aus zerklüfteten und zertrümmerten Gipsmassen bestehend, das rechte Stromufer in ununterbrochenem Zusammenhange bis zur Vereinigung der Oka mit der Wolga auf eine Strecke von mehr als 20 Meilen weit begleitet. Überall findet sich in diesen Gips- und Mergelbergen von röthlicher Farbe Alabaster in großen Massen; er ist sehr hart und weiß, aber voller Risse und Adern, und er zeigt sich in den steil abgerissenen Ufern immer nur etwas über dem gewöhnlichen Wasserpasse der Oka. Weiter abwärts vom Flusse nach Osten zu erhebt sich immer mehr das Land nach der Sura hin mit einem Sand- und Haideboden, der nur zum Theil mit Waldung besetzt ist. Aus dieser Erhebung des Bodens im Süden der Stadt Nischnei Nowgorod erklärt sich auch die reißende Strömung des kleinen Flüßchens Tjoscha, welches von dem Städtchen Arsamas kommend sich von Osten nach Westen zur Oka ergießt, die es nahe unterhalb Murom erreicht[19]). Die Oka durchströmt schon vom 55. Parallelkreise oder von Jelatom an die Landschaft Wladimir, und nimmt dann ungefähr 16 Meilen weiter unterhalb oder gleich jenseit des 56. Parallelkreises von Westen her die Kljasma in sich auf, welche den größten und nächst

17) Herberstein, rerum Moscovit. comment. p. 64.

18) Karamsin, russische Geschichte V. S. 104.

19) Pallas, Reisen durch verschied. Prov. I. S. 40 bis 43.

der Moskwa den in historischer Beziehung wichtigsten Nebenfluß der Oka bildet. Von der Aufnahme der Kljasma an betritt die Oka sodann das Gebiet von Nischnei Nowgorod.

Die Kljasma, der Hauptstrom der Landschaft Wladimir, erscheint gleichsam in ihrem weiten Laufe durch das große Halbinselland zwischen der Wolga im Norden und der Oka im Süden als ein begleitendes Längenthal der letztern, indem sie in mehr gleichförmiger Richtung von Südwest nach Nordost ihre Bahn durchströmt. Sie entspringt nur wenige Meilen im Nordwesten von Moskau, also in einer ganz ebenen und flachen Gegend an der großen Heerstraße von Twer nach Moskau. Sie fließt von dort südostwärts gewandt dicht neben Moskau vorüber, und nimmt erst an 10 Meilen im Osten dieser Stadt auf der Grenze der heutigen Gouvernements Moskau und Wladimir eine östliche und nordöstliche Richtung an, welche sie auf eine Strecke von mehr als 30 Meilen weit bis zur Einmündung des kleinen nördlichen Zustromes, der Tesa, behält. Schon in der Landschaft von Moskau hat sie eine Breite von 40 Faden, und diese erweitert sich bald im wladimirschen Gebiete bis auf 70 Faden [20]). Dort liegt in der Mitte des Weges dieses nach Nordosten gewandten Laufes die Stadt Wladimir, die alte, berühmte Hauptstadt des gleichnamigen Landes, einige 20 Meilen im Osten oder Ost-Nordost von Moskau und in ähnlicher Entfernung von Jaroslawl an der Wolga unter dem 58. Meridian. Sie liegt auf dem nördlichen erhabenen Ufer der Kljasma und gewährt, obschon sie weder sehr volkreich noch sehr bebaut ist, doch wegen ihrer vortheilhaften Lage mit ihren vierundzwanzig theils steinernen, theils hölzernen Kirchen und den Gärten, womit sie umgeben ist, einen schönen Anblick, besonders von der östlichen und südlichen Seite her. Man erkennt, sagt Pallas, an der heutigen Stadt gleichsam die Überbleibsel von dem ehemaligen Wladimir, welches sich mit seinen Gebäuden bis an das jetzt gegen 10 Werste abwärts gelegene Kloster Bogoljubow erstreckt haben soll. Jetzt besteht die einzige Nahrung der Einwohner in dem Ertrage der häu-

20) Rußlands Wasserverbindungen. S. 108.

häufigen Kirschengärten, welche rings um die Stadt angelegt sind [21]). Gleich unterhalb Wladimir nimmt die Kljasma von Norden her den Nerl, einen der bedeutendsten seiner zahlreichen kleinen Zuströme, in sich auf, welcher in der Nähe von Perejaslawl Salesky bei dem kleinen Plestschowa-See entspringt und sich in südöstlicher Richtung zur Kljasma ergießt, die er unterhalb des Städtchens Susdal, einige Meilen im Norden von Wladimir gelegen, erreicht [22]). Die Kljasma ist ziemlich fischreich, und hat unterhalb Wladimir, wie die Wolga, Oka und Moskwa, ein erhabenes, aus Kalksteinschiefer bestehendes Bergufer, von wo die dort gebrochenen Kalksteinquadern theils zu Werkstücken, theils zum Kalkbrennen bis nach Twer und Moskau verführt werden [23]). Es scheint als wollte sich die Kljasma als ein selbstständiger Nebenfluß zur Wolga ergießen, der sie sich in der Gegend der Balaklanowa Gora unterhalb Jurjewez Powolsky schon bis auf 12 Meilen nähert; aber da wendet sie sich plötzlich unter rechtem Winkel nach Südosten um, und ergießt sich in östlicher Richtung bei dem Orte Gorochowez vorübergehend nach einem Laufe von 385 Werst in die Oka. Bei Gorochowez hat sie schon eine Breite von 200 Faden erlangt und wird hier besonders schiffbar, indem ihre Tiefe daselbst an 2 Faden beträgt [24]).

---

21) Pallas, Reisen durch versch. Provinzen I. S. 18, 19.

22) Dieser Nerl führt auch den Namen Malaja Nerl, d. h. der kleine Nerl (Rußlands Wasserv. S. 108.), im Unterschiede von dem gleichnamigen Flusse, durch welchen der Plestschowa-See nach Georgi's Angabe (geograph. Beschreibung II, 2. S. 335.) westwärts zur Wolga abfließen würde, während derselbe Verfasser in seinen Reisen (s. oben S. 179.) bemerkt, daß jener See nordostwärts mit dem Nero Osero von Rostow in Verbindung stehe. Georgi nennt übrigens jenen großen Nerl auch Nera, also gleichnamig mit dem See von Rostow, und bezeichnet den Fluß von Susdal mit dem Namen Kamanka (a. a. O. II, 2. S. 340, 341.). Pallas dagegen (a. a. O. I. S. 22.) nennt das Gewässer bei Susdal wiederum Nern. Die große hydrographische Charte Rußlands von Schubert gewährt über diese Verhältnisse gar keine Auskunft. Vergl. Vsévolojsky, dictionnaire géogr. histor. de la Russie II. p. 6.

23) Pallas, Reisen durch verschied. Provinzen I. S. 22.

24) Rußlands Wasserverbindungen. S. 108.

Das Gebiet von Wladimir theilt im Allgemeinen die Naturverhältnisse der Landschaften von Kostroma, Jaroslawl und Moskau, von welchen es auf der nördlichen und westlichen Seite umgeben wird. Durch seine Lage ganz innerhalb der Region des Gewerbefleißes in Rußland ergiebt sich schon die Naturbeschaffenheit des Bodens, welche seine Bewohner frühzeitig auch zu andern Beschäftigungen als zur bloßen Ackerkultur führte. Die Oberfläche des Landes besteht aus thonigem, hartem Boden, der zwar des Ackerbaues fähig ist, aber mit vielen Waldungen, Haideebenen und Sümpfen und Brüchen abwechselt. Überall findet sich in den letztern Sumpfeisenstein, und der Thonboden ist erfüllt mit Eisensteinbrocken, deren Gewinnung und Verarbeitung einen Zweig der Thätigkeit der hiesigen Bevölkerung bildet. Alle Getreidearten werden zwar gebaut, doch sind die Erndten nur mäßig, so daß für die Ausfuhr nur wenig erübrigt werden kann. Auffallend ist es dagegen, daß hier unter dem 56. Breitengrade und bei der ziemlich östlichen Lage dieser Landschaft das Klima doch noch die Garten- und Obstkultur begünstigt, wie besonders die Zucht der Kirschen zeigt [25]), welche von ihrem ursprünglichen Vaterlande im Pontus aus hier um die alte russische Metropole im dreizehnten Jahrhundert wohl ihre nordöstlichste Verbreitungssphäre gefunden haben mag [26]).

An die Zeit der Hoheit und Herrschaft der beiden Städte Susdal und Wladimir in den sarmatischen Ebenen knüpfen sich die wichtigsten Erinnerungen rücksichtlich der Schicksale, welche der russische Staat in seinen vielfachen Entwickelungsstufen durchgemacht hat. Dort war es, daß der großfürstliche Thron des russischen Staates aufgeschlagen war, als letzterer von der wilden Zerstörungsfluth überschwemmt wurde, welche mit asiatischer Despotie alle Keime der europäischen Civilisation in jenen Gebieten erdrückte und Rußland auf mehrere Jahrhunderte aus dem Zusammenhange mit der europäischen Kulturwelt herausriß und dem übrigen Europa gänzlich entfrem-

25) Georgi, geograph. Beschreibung II, 2. S. 336 bis 339.
26) Hermann, statistische Schilderung des russ. Reiches S. 231.

dete. Wladimirs Hoheit in Rußland bezeichnet den Anfang der unheilvollen, wenn auch selbst verschuldeten Jammerzeit des russischen Staates, welche, wie sie unter allen europäischen Staaten ihm allein zu Theil geworden ist, in ihren Folgen noch bis jetzt nicht verwischt ist. Rußlands viel versprechende Tage der Kindheit, in dem echten Slaven-Lande am Dnepr verlebt und in ihrer Entwickelung durch den Einfluß griechisch-byzantinischer Bildung gefördert, verschwanden bald in der Zeit des eilften und zwölften Jahrhunderts, als der Stamm der normännischen Rurikingen in blutigem Grimme sich selbst zerfleischte und die Kraft des eigenen Staates zerstörte, ohne die Kraft einer Erneuerung desselben in einem andern Heldengeschlecht zu haben, wie es doch dem Merowingen-Staate zu Theil ward, und ohne Rücksicht auf die eigenthümliche Stellung des Landes, an der Schwelle des Orientes und auf der großen pontischen Wanderstraße der Völker, wo schon gleichzeitig mit der Begründung des russischen Staates zu Nowgorod im neunten Jahrhundert ununterbrochen die wilden türkischen Schaaren verheerend vordrangen. Schon die türkischen Polowzen, welche in den Steppen am untern Don ihre Hauptheimath fanden, waren ein Zeichen der Zeit und konnten bei ihren unausgesetzten Überfällen und Einbrüchen in die wohl angebauten russischen Landschaften am Dnepr als Warnung dienen [27]). Aber statt zur Sicherung Rußlands dort, wo die Natur selbst keine völkerscheidenden Barrieren zwischen dem Orient und Occident gezogen hat, Maaßregeln zu ergreifen, um nicht dasselbe Schicksal wie der Gothe Hermanarich durch die Schaaren der Hunnen ganz auf demselben Boden zu erleiden, war es nicht selten, daß man sich der Polowzen und anderer schon seit älterer Zeit eingewanderter türkischer Stämme als Werkzeuge gegeneinander bediente, als die Enkel des großen Wladimir, die Olgewitschen und Wladimirowitschen, in einem mehr als hundertjährigen Kampfe den mit dem Blut ihres Stammes befleckten großfürstlichen Thron zu Kiew einander zu entwinden suchten [28]).

27) Klaproth, Reise in den Kaukasus I. S. 32 und folg.
28) Karamsin, russische Geschichte II. S. 155.

So ward die russische Metropole Kiew durch heimischen Zwist herabgewürdigt und mußte bei den wechselnden Schicksalen des Krieges zwischen jenen beiden Partheien in Verfall gerathen, und nicht auffallend kann demnach die Erscheinung sein, daß der Staat sich einen neuen, von der Kriegswuth nicht verheerten Mittelpunkt suchte.

Schon im Jahre 1022 zur Zeit des Großfürsten Jaroslaw Wladimirowitsch wird in den russischen Annalen bei Veranlassung einer großen Hungersnoth die Stadt Susdal erwähnt und bemerkt, daß durch die kornreichen Landschaften des benachbarten Bulgaren-Landes an der mittlern Wolga der Noth der Bewohner jener Gegend von Rußland Abhülfe gethan sei [29]). Die Stadt lag zwar eigentlich im Lande der tschudischen Meren, doch galt dies Gebiet damals schon für einen Theil des eigentlichen Rußlands, und daß zu jener Zeit schon ein großer Theil der Bevölkerung desselben sich an den slavischen Volksstamm angeschlossen oder daß eine Verbreitung des slavisch-russischen Stammes dorthin schon statt gefunden hatte, scheint aus dem Umstande hervorzugehen, daß wir nach Angabe der ältesten russischen Chronisten für den Hauptstrom jenes Gebietes, die Kljasma, keinen andern als nur diesen slavischen Namen kennen [30]). Mit jenem Jaroslaw trug das alte Rußland, wie Karamsin bemerkt, seine Macht und Wohlfahrt zu Grabe. Die neue Theilung des Reiches unter seine drei Söhne Isaslaw, Swätoslaw und Wsewolod, von denen der erste zu Kiew, der zweite (der Stammvater der Olgewitschen) zu Tschernigow seinen Sitz nahm, der letztere aber hier zunächst von Bedeutung ist, stürzte dasselbe von dem Gipfel der Macht, auf welchen es die Heldenkraft der ersten Normannen auf den Thronen von Nowgorod und Kiew erhoben hatte. Wsewolod Jaroslawitsch, der jüngste der drei Brüder, erhielt die nordöstlichsten Theile des Reiches zu seinem Antheil, das eigentlich tschudische Rußland, oder die Landschaften der Wessen und Meren zu beiden Seiten des obern Theiles der mittlern Wolga mit

---

29) Karamsin, russische Geschichte II. S. 17.

30) Nestor, Jahrbücher der russ. Geschichte nach Scherer S. 157.

den Städten Rostow, Süsdal und Bjeloserck[31]). Seine Nachkommen haben jene Gebiete stets als ihre Stammländer betrachtet, wenn sie auch durch das Nachfolgerecht zur Herrschaft in Kiew berufen nach der Beherrschung der schönern und reichern südwestlichen Theile Rußlands am Dnepr strebten; ihre Macht wurzelte wesentlich in dem Lande an der obern Wolga. Aus diesem Stamme hatte Rußland seine Großfürsten zur Zeit seiner Erniedrigung, aus ihm erhoben sich seine Zaren zur Zeit seiner Erhöhung. Auch als Wsewolod gegen das Ende des eilften Jahrhunderts und später sein Sohn, der ausgezeichnete Fürst Wladimir II. Monomachus (der Stammvater der nach ihm genannten Wladimirowitschen) am Anfange des zwölften Jahrhunderts den großfürstlichen Stuhl in Kiew einnahmen, scheinen sie doch nie ihrer Stadt und ihres Landes Susdal, wie man es zu nennen pflegte, vergessen zu haben, und es mußte für sie um so größern Werth haben, als es wenig oder gar nicht den verheerenden Überfällen der türkischen Völker, vornehmlich der Polowzen aus den Steppen am untern Don und der Wolga, ausgesetzt war. Häufig reisete Wladimir Wsewolodowitsch, seitdem er Großfürst geworden, von Kiew aus nach Susdal, welches sein jüngster Sohn Jurje verwaltete[32]), um daselbst Anordnungen rücksichtlich der Verwaltung zu treffen. Bei der Gelegenheit geschah es denn auch, daß der Großfürst, ungefähr ums Jahr 1120, einen sehr reizenden Platz an der Kljasma in der Nähe der Stadt Susdal wählte, um daselbst eine Stadt, die er nach seinem Namen Wladimir Salesky, d. h. hinter dem Walde, nannte, zu gründen, indem er sie zugleich mit einem Walle umgab und eine Kirche daselbst erbaute[33]).

So erhob sich das bald so berühmte Wladimir in dem Stammlande der Abkömmlinge des Monomachus, und während Wladimirs ältester Sohn Mstislaw bei des Vaters Tode im Jahre 1126 als Großfürst zu Kiew nachfolgte, erhielt der jün-

31) Karamsin, russische Geschichte II. S. 55.
32) Karamsin, a. a. O. II. S. 124.
33) Karamsin, a. a. O. II. S. 136.

gere Sohn Jurje das Land Susdal als Theilfürstenthum unter der Oberhoheit seines Bruders in Kiew [34]). Eben dieser Jurje Wladimirowitsch, genannt Dolgoruky d. h. Langhand, der Erbe der Kraft seines Vaters, wenn auch nicht seiner Tugenden, ist es auch, welcher in der anmuthigen Gegend der Moskwa der Gründer der Stadt Moskau ward, und später im Jahre 1155 endlich das erwünschte Ziel alles seines Strebens, die Herrschaft in dem schönen Dnepr-Lande in Kiew, erlangte, die er freilich nur zwei Jahre lang bis an seinen Tod behauptete [35]). Es würde dieser Jurje von Susdal mit zu den ausgezeichnetsten Fürsten von Rußland gehören, wenn er sich die Liebe seiner neuen Unterthanen in dem Slaven-Lande am Dnepr so zu erwerben gewußt hätte, als wie in seinem Heimathslande an der Wolga. Denn hier in einem Gebiete, welches für gewöhnlich damals noch nicht mit dem Namen Rußland bezeichnet wurde, glänzt er als der eigentliche Begründer des bürgerlichen und politischen Lebens, hier wo Jurje Dolgoruky die Jahre seiner Kraft verlebt hatte, war er es eigentlich, der die christliche Religion verbreitete und Städte erbaute. Seit dem Jahre 1150 wurde das nordöstliche tschudisch-slavische Rußland zur neuen Heimath des russischen Staatslebens vorbereitet, die dichten Wälder wurden gelichtet und Wege gebahnt, die wilden Steppen bevölkert und angebaut, zahlreiche Kirchen in Susdal und Wladimir errichtet und die Anzahl der geistlichen Hirten, damals der einzigen Bildner der rohen Völker jener Gegend, vermehrt [36]). Außer Moskau erhoben sich im Lande Susdal die Städte Jurjew, genannt in der Steppe, Perejaslawl Salesky an den Ufern des Plestschowa-Sees und Dmitrow an der Jachroma im Norden von Moskau, welches letztere er nach einem ihm dort gebornen Sohn benannte [37]). So war alles vorbereitet zu einer gänzlichen Umgestaltung des russischen Staatslebens, welche auch bald unter des Großfürsten

34) Karamsin, a. a. O. II. S. 140.
35) Karamsin, a. a. O. II. S. 228.
36) Strahl, Beiträge zur russ. Kirchengeschichte I. S. 128.
37) Karamsin, russische Geschichte II. S. 232.

Sohn und Nachfolger in der Herrschaft im Lande Susdal, unter Andreas Jurjewitsch, gewiß gegen den Willen des verstorbenen Großfürsten erfolgte.

Kiew, die alte Metropole Rußlands, sank um die Mitte des zwölften Jahrhunderts, und unter der mächtigen Hand eines Herrschers, der schon lange durch seine Tapferkeit und Tüchtigkeit berühmt war, erhob sich eine neue Metropole in dem fernen Nordosten. Durch die lange Fehde der tschernigowschen und susdalischen Fürsten aus dem Stamme Ruriks oder der Olgewitschen und Wladimirowitschen war das südwestliche, alte Rußland ein Schauplatz der gierigsten Herrschsucht, der Missethaten, der Verheerung und des Blutvergießens geworden; Andreas von Susdal, den Haß des Volkes daselbst gegen seinen Vater kennend, fühlte sich nicht heimisch in dem Lande des Zwiespaltes und Elends, und so leicht es ihm auch gewesen sein würde, den blutbefleckten großfürstlichen Thron in Kiew an sich zu reißen, so sehnte er sich doch nach seinem Geburtslande Susdal, das zwar weniger civilisirt, aber ruhiger war, wo man ihm in Liebe anhing und wo der Geist des Aufruhrs die Völker noch nicht ergriffen hatte. Während also Andreas Jurjewitsch die Stadt Kiew und das alte Rußland den Feinden seines Hauses ungestört überließ, wandte er seine ganze Aufmerksamkeit und Thätigkeit auf die Erhebung seines Erblandes. Er erweiterte das von seinem Großvater und Vater gegründete Wladimir, verschönerte es mit steinernen Gebäuden und, wie die Chronisten sagen, mit goldenen und silbernen Thoren; in der Nähe legte er an den Ufern der Kljasma den Grund zu der steinernen Stadt Bogoljubow, nach welcher er selbst den Beinamen Bogoljubsky führt, und gründete überall Kirchen und Klöster, in welchen Jurje's Andenken gesegnet wurde, wie es von dem Volke in Kiew verwünscht ward [38]). Noch hatte Kiew damals seit Jurjes Tode über ein Decennium seine Großfürsten und zwar aus dem Stamme der susdalischen Fürsten, aber aus der ältern Linie derselben, den Mstislawitschen, welche in Zwiespalt mit der jüngern Linie, den Jurjewitschen, sich

38) Karamsin, a. a. O. II. S. 236, 237.

an die tschernigowschen Olgewitschen angeschlossen hatten [39]). So geschah es denn, daß der Streit über die Angelegenheiten in Nowgorod zwischen dem Großfürsten Mstislaw II. Isaslawitsch und dem susdalischen Fürsten Andreas, welcher letztere sich in seinen Interessen beeinträchtigt glaubte, den Fall von Kiew zur Folge hatte, und wohl nicht ungern nahm Andreas die Gelegenheit wahr Kiews Vorrang zu vernichten, wodurch er das Haupt der russischen Fürsten werden mußte. Kiew wurde von den Susdalern mit Sturm eingenommen im Frühjahr des Jahres 1169 und drei Tage lang verheert. Andreas gab die Stadt einem seiner Brüder als Theilfürstenthum, er selbst nahm den Namen als Großfürst von Rußland an, und nahm seinen Herrschersitz in der Stadt Wladimir. So wurde das nordöstliche Rußland das Herz des russischen Reiches, und die Stadt Wladimir, obwohl arm und neu, verdankte, des alten und reichen Kiew Stelle einnehmend, ihre schnell aufblühende Größe des Andreas Abneigung gegen den Süden von Rußland [40]).

An anderthalb Jahrhunderte lang blieb dieses Wladimir, welches sich durch seine schöne Lage auf und zwischen den Anhöhen an den Ufern der Kljasma vor vielen andern Städten jenes Theiles von Rußland vortheilhaft auszeichnet, der Mittelpunkt des Reiches. Andreas erweiterte und beschenkte vornehmlich mit goldenen und silbernen Gefäßen die dortige alte und noch jetzt berühmte, von der zweiten Katharina wieder hergestellte Kathedrale, und ließ in derselben ein wunderthätiges Marienbild, welches er früher aus Wyschegorod in Alt-Rußland gebracht hatte, aufstellen, und welches noch bis in die

39) Der bekannte Wladimir II. Monomachus, welcher als Großfürst zu Kiew im Jahre 1125 starb, hatte außer verschiedenen andern die beiden Söhne Mstislaw, welcher ihm als Großfürst folgte und im Jahre 1132 starb und den Jurje von Susdal, welcher gleichfalls als Großfürst von Kiew im Jahre 1157 starb. Von ihnen stammen die beiden Linien, welche man als die kiewsche und wladimirsche unterscheiden kann. Ganz analog zeigt sich die Familienverzweigung und die Spaltung des politischen Interesses bei den arabischen Koreischiten in den doppelten Haschemiten als Abbassiden und Aliden und in den Ommajaden.

40) Karamsin, russische Geschichte II. S. 266 bis 268.

neuern Zeiten in großer Verehrung stand. Die Kathedrale liegt auf der bedeutendsten Berghöhe in der Stadt, von welcher man eine treffliche Aussicht auf die umher ausgebreitete Ebene hat, durch welche sich die Kljasma in mannigfachen Krümmungen hindurchwindet. Auch alle übrigen Anhöhen sind mit Kirchen und Klöstern geschmückt [41]). Eine von den damals in Wladimir erbauten steinernen Kirchen soll sogar von deutschen Baumeistern aufgeführt sein, welche der erste Friedrich von Hohenstaufen dem Großfürsten Andreas, welcher unläugbar zu den ausgezeichnetsten Fürsten des ältern Rußlands gehört und darum auch wohl politische Verbindungen mit den Beherrschern der abendländischen Welt anknüpfen konnte, wie dergleichen zwischen Rußland und Byzanz noch immer bestanden, zugesandt haben soll [42]). Eine lange Reihe von Großfürsten aus dem Stamme der Jurjewitschen, von welchen viele zu den trefflichsten und berühmtesten Fürsten Rußlands gehören, folgte sich in Wladimir, und wohl möchte diese Stadt einen größern Ruhm und einen größern Glanz als wie selbst Kiew unter ihnen erlangt haben, wenn nicht schon zu bald unter Andreas Bogoljubskys Neffen die fürchterliche tatarische Katastrophe über Rußland hereingebrochen wäre. Noch sah Wladimir unter seinem Bruder und Nachfolger Wsewolod III. Jurjewitsch am Schlusse des zwölften Jahrhunderts eine schöne Zeit, noch konnte von hier aus dem durch unaufhörliche Bürgerkriege in sich zerspaltenen und verheerten Rußland Versöhnung und Erholung kommen, als unter dem Großfürsten Jurje II. Wsewolodowitsch mit dem Beginn des dreizehnten Jahrhunderts die Zeit der Drangsale eintrat. Die gänzliche Zerstörung von Rjäsan durch die tatarischen Horden unter Batuchan im December 1237 bezeichnet den Anfang der Schreckenszeit, und jener Zerstörung folgte alsbald die Verwüstung von Moskau und von Wladimir im Februar 1238, während der Großfürst Jurje II. nur wenige Wochen später im Kampfe mit den Mongolen für die

---

41) Allgemeine geographische Ephemeriden. Weimar 1806. 8. Th. XX. S. 223 und 224.

42) Strahl, Beiträge zur russischen Kirchengeschichte I. S. 130.

Freiheit seines Vaterlandes an den Ufern der Sita, einem westlichen Zustrom der Mologa, sein Leben einbüßte[43]).

So war der neue Herrschersitz Wladimir mit allen seinen prachtvollen Kirchen, deren Schätze die tatarischen Horden vornehmlich gereizt hatten, in Schutt und Asche gesunken, seine Bewohner ermordet und in die Sklaverei geschleppt, und wenn auch Jurje's Bruder, der Großfürst Jaroslaw II. Wsewolodowitsch, des berühmten Newsky Vater, sich beeilte den großfürstlichen Sitz wieder aus den Trümmern zu erheben, so waren doch die folgenden Zeiten der Abhängigkeit Rußlands von den Khanen der goldenen Horde zu ungünstig, als daß Wladimir sich zu seinem frühern Glanze hätte emporschwingen können. Zwar konnte, als etwas später in Folge der Wanderungen der mongolischen und turktatarischen Völker und bei ihrer Herrschaft an der untern Wolga ein großartiger Handelsverkehr zwischen Asien und Europa wieder aufblühte[44]), auch Wladimir dadurch wieder erstarken und zu einem ähnlichen Emporium wie das benachbarte Kasan und später Moskau sich erheben, aber dies kam der Stadt nicht zu gute, indem sie den während der Trauerperiode des dreizehnten Jahrhunderts behaupteten Vorrang vor den übrigen Städten Rußlands bald an jene letztere Stadt abtreten mußte, seitdem die dort als wladimirsche Theilfürsten herrschenden Iwanowitschen aus des Alexander Newskys Stamme Moskau zur großfürstlichen Residenz erhoben. Selbst die Verlegung des Metropolitansitzes aus Kiew in dem alten Rußland, theils um sich den Bedrückungen durch die Khane der goldenen Horde zu entziehen, theils auch, weil die russische Herrschaft dort gänzlich aufgehört hatte, nach Wladimir im Jahre 1299 war nur ein vorübergehender Gewinn, indem die russischen Metropoliten schon im Jahre 1325 von Wladimir nach dem neu aufblühenden Moskau wanderten[45]). Aber auch schon vor der Erhebung Moskaus hatten mehrere Groß=

43) Karamsin, russische Geschichte III. S. 231 bis 236. Vsévolojsky, dictionnaire géogr. hist. de la Russie II. p. 207.

44) Fischer, Geschichte des deutschen Handels II. S. 22.

45) Strahl, Beiträge zur russ. Kirchengeschichte I. S. 153, 156.

fürsten während der zweiten Hälfte des dreizehnten Jahrhunderts ihre angeerbten Städte als Residenzen jenem Wladimir vorgezogen, woselbst sie nur die feierliche Handlung ihrer Weihe auf Rußlands Thron zu begeben pflegten; seit des Iwan Danilowitsch Zeit aber, seit 1328, verwaiste es ganz und ward fortan blos von fürstlichen Statthaltern regiert [46]).

Doch erscheint Wladimir noch am Anfange des sechzehnten Jahrhunderts als eine ansehnliche Stadt, und Herberstein preist vornehmlich die außerordentlich fruchtbare Umgebung derselben, wenn gleich ein großer Theil der Landschaft noch mit mächtigen Waldungen erfüllt sei [47]). Jetzt hat Wladimir nur eine geringe Bevölkerung, mit deren Verminderung auch der einstmals weit bedeutendere Umfang der Stadt sich zusammengezogen hat; die große Heerstraße des Handelsverkehrs und Waarentransportes zwischen Moskau und Nischnei Nowgorod giebt ihr vornehmlich Leben. Die schöne Lage der Stadt in einer reichen, angebauten Gegend hat stets die Aufmerksamkeit der Reisenden in Anspruch genommen [48]). Als ein Theil vom Lande Moskau wurde die Landschaft Wladimir auch dem gleichnamigen, von Peter dem Großen errichteten Gouvernement Moskau zugeeignet, und erst bei der Auflösung desselben in mehrere kleinere wurde daraus durch Katharina II. im Jahre 1779 ein eigenes Gouvernement Wladimir errichtet, wie es noch jetzt besteht [49]).

Unterhalb der Einmündung der Kljasma in die Oka wie oberhalb setzt an dem rechten Ufer der letztern das erhabene Flötzufer ununterbrochen fort bis zur Wolga hin. In einer Breite von ein bis drei Wersten dacht es sich ostwärts ganz sanft ab und schließt sich an die Uferhöhen der Wolga an; seine steile Uferwand ist von vielen Regenklüften durchschnitten, während sich am linken Ufer eine ebene, fruchtbare und wohl angebaute Fläche ausbreitet [50]). Bald erreicht die Oka ihren

46) Karamsin, russische Geschichte IV. S. 181.

47) Herberstein, rerum Moscovit. comment. p. 64.

48) De Bussierre, voyage en Russie p. 108—110.

49) Georgi, geograph. Beschreibung II, 2. S. 334.

50) Georgi, Reisen II. S. 836.

Hauptstrom unter gleicher Breite mit dem ersten Wolga-Knie bei Subzow, und dort liegt in dem Winkel der beiden Ströme auf dem rechten, östlichen Ufer der Oka das berühmte Nowgorod, im Unterschiede von der obern oder alten Stadt dieses Namens (Werchnei oder Weliki Nowgorod) genannt Nischnei Nowgorod, oder bei den Russen gewöhnlich blos genannt Nischni und bei den Dichtern Nischni Grad (Nischegorod). Die Lage dieser Stadt an der Vereinigung von zwei großen schiffbaren Strömen ist äußerst vortheilhaft und ihre Stellung auf und zwischen den hohen Uferbergen der Oka und der Wolga, von wo man die trefflichste Aussicht über die ganze umliegende Landschaft hat, sehr malerisch [51]). Der Ursprung dieser Stadt gehört noch den letzten Tagen des ältern Rußlands kurz vor der tatarischen Dienstbarkeit an, indem der unglückliche wladimirsche Großfürst Jurje II. Wsewolodowitsch sie im Jahre 1221 begründete und zwar, wie es heißt, auf der Stelle einer von den Russen zerstörten bulgarischen Stadt. Die Vortheile des Handels und der Schifffahrt daselbst zogen auch bald eine große Bevölkerung hin, obschon sie damals noch an den äußersten Ostgrenzen des Reiches gelegen war [52]). Wegen ihrer günstigen Lage mußte sie bald trotz der unglücklichen Zeiten des dreizehnten Jahrhunderts eine der Hauptstädte des russischen Landes und das erste Emporium für den Binnenhandel werden, und lange Zeit hindurch war sie auch der Sitz abgetheilter russischer Fürsten aus der Familie der Andrejewitschen vom Stamme der wladimirschen Jurjewitschen, bis das Gebiet dieser Theilfürsten noch am Schlusse des vierzehnten Jahrhunderts mit dem Großfürstenthum zu Moskau vereinigt ward [53]). Auf der innersten erhabenen Spitze des Ostwinkels zwischen beiden Flüssen wurde sogleich zu ihrem Schutze die Festung erbaut, welche die Residenz der nischegorodschen Fürsten war und sich bis jetzt erhalten hat [54]). Der Großfürst Wasilei Iwanowitsch baute sie

51) Allgemeine geograph. Ephemeriden. 1820. Th. XX. S. 228.
52) Karamsin, russische Geschichte III. S. 148. Anmerk. 67.
53) Karamsin, a. a. O. V. S. 105.
54) Georgi, Reisen II. S. 839.

im Jahre 1510 von Stein aus. Sie hat 927½ Klafter im Umfange, aber jetzt liegen von den 5 viereckigen und 8 runden Thürmen, die sie umgeben, schon viele in Trümmern, und durch zwei dieser Thürme führen Thore, welche die Festung mit der Stadt am Abhange der Anhöhe gegen die Wolga hin und mit dem Theile zwischen den Bergen verbinden, jenes das Iwanowsche Thor, dieses die Dmitrische Pforte. In ihrem Innern befinden sich zwei Kathedralen, welche die Begräbnisse mehrerer russischer Fürsten enthalten. Die eigentliche Stadt liegt am Abhange des Berges an der Wolga entlang, während die Vorstädte nach der innern oder Landseite zu sich ausbreiten [55]). Einen überraschend schönen Anblick gewährt vornehmlich die Stadt, wenn man eine Fahrt auf der Wolga macht, indem sie sich steil über dem Spiegel des mächtigen Stromes erhebt, während auf der entgegengesetzten nördlichen Seite desselben sich weite Ebenen ausbreiten, welche von Dämmen ungeschützt häufigen Überschwemmungen ausgesetzt sind.

Schon zu Anfange des sechzehnten Jahrhunderts war Nischegorod eine ansehnliche Stadt in einer, wie es Herberstein rühmte, sehr reichen Landschaft, obschon nur aus Holz gebaut, wie es auch bis in die neuern Zeiten geblieben ist bis zur Concentration des russischen Binnenhandels daselbst. Sie bezeichnete zu jener Zeit noch den östlichsten Grenzpunkt der Herrschaft der christlichen Religion, wenn schon das russische Gebiet sich auch noch weiter ostwärts bis zur Sura hin erstreckte [56]). Die an verschiedenartigen Naturprodukten so reichen umherliegenden Landschaften, die Nähe der berühmten Messen von Makariew und die günstige Lage an der größten osteuropäischen Wasserstraße trugen gleichmäßig zum Emporkommen der Stadt bei, so daß sie schon beim Beginn dieses Jahrhunderts, noch ehe ihr die wohlthätigen Folgen von allen den großartigen Einrichtungen der Regierung zur Belebung des Handelsverkehrs zu Theil werden konnten, mit Recht den Namen

55) Allgem. geograph. Ephemeriden Th. XX. S. 228.

56) Herberstein, rerum Moscovit. comment. p. 64. Atque hic christianae religionis hac quidem parte terminus est.

des großen inländischen Hafens von Rußland verdiente, der durch die neuesten Veränderungen um so mehr gerechtfertigt ist. Der lebhafte Korn- und Salzhandel dieser Stadt beschäftigte schon damals jährlich an 3000 Fahrzeuge; aus der Landschaft Perm wurden jährlich an 7 Millionen Pud Salz herbeigeführt, und man zählte an 70,000 Menschen, welche die mit Getreide, Salz, Fischen, Eisen, Holz aus den Eichenwäldern von Kasan und Bastmatten aus den Lindenwäldern von der Sura und Mokscha beladenen Fahrzeuge die Oka und Wolga hinaufzogen und so diese Produkte im innern Lande verbreiteten [57].

Neben Rybinsk an der obern Wolga und Astrachan an der untern Wolga bildet Nischnei Nowgorod gerade in dem mittlern Theile ihres Laufes den dritten großen Stapelplatz und Stützpunkt des Handelsverkehrs an jener Wasserstraße [58]. Dann ist aber diese Stadt durch die Verlegung der großen Messen, welche früher zu Makariew an 80 Werst abwärts an der Wolga abgehalten wurden, seit zwei Decennien der größte Marktort der alten Welt geworden, wo der Orient und der Occident ihre Produkte gegeneinander austauschen. Die Verlegung dieses Marktes fand erst statt, seitdem die Anlagen dazu zu Makariew im Jahre 1816 durch eine Feuersbrunst zerstört waren, und sogleich wurde von der Regierung der Plan ausgeführt, diesen Verkehr nach einem andern bequemern Orte zu verlegen, wo, wie zu Nischegorod, die große wolgische Wasserstraße sich aufwärts in ihre beiden Hauptarme theilt, die zu den Hauptstädten Moskau und Petersburg hinführen [59]. Diese weltberühmten Messen von Nischegorod, welche von Kaufleuten der zahlreichen Völkerschaften des russischen Reiches so wie von den Völkern eines großen Theiles von Asien besucht werden, werden jedoch nicht in der Stadt selbst abgehalten, sondern die großen Marktanlagen zur Aufspeicherung und Ausstellung der Produkte und Fabrikate Asiens und Europas, wie an 2500 Gewölbe und gegen 1500 hölzerne Buden oder Balagani (Lau-

57) Allgem. geograph. Ephemeriden Th. XX. S. 229.
58) Rußlands Wasserverbindungen. S. 125.
59) Iwanow, in den Dorpater Jahrbüchern. 1834. Th. III. S. 356.

ben) befinden sich der Stadt gegenüber auf der flachen Halbinsel zwischen der Wolga und Oka, über welche letztere von der Stadt aus westwärts eine Schiffbrücke hinüberführt [60]). Während der fast zweimonatlichen Dauer der hiesigen Messe, die im Juli und August statt findet, wandern von allen Himmelsrichtungen und Ländern zahlreiche Kaufleute und Arbeiter aller Art nach dem sonst nur stillen Nowgorod, dessen gewöhnliche Bevölkerung ungefähr 15,000 Bewohner beträgt, und bewirken so eine Population von 200,000 Menschen, unter welchen die Russen aber immer die überwiegende Anzahl bilden [61]). Ein wunderbares Leben und Treiben erfüllt in jenen Sommermonaten die Stadt und ihre Umgebung, es ist als wollte dem europäischen Reisenden hier an der Grenzmark der ihm verwandten und bekannten Völker- und Naturverhältnisse der glanzvolle Orient in der ganzen Mannigfaltigkeit seiner Völkerschaften und in seinen Reichthümern entgegentreten.

Unter den verschiedenen Nationen erscheinen hier, die Russen und die Repräsentanten der europäischen Völker abgerechnet, aus Asien die Bucharen, Tataren und Sibirier, welche den wichtigsten Theil der asiatischen Gäste bilden, sodann Perser, Armenier, Griechen und osmannische Türken, ferner die Hirtenvölker der Baschkiren, Kirgisen und Kalmücken, und selbst Kaufleute aus Indien, aus Kaschmir und Tübet. Früher erschienen auch Chinesen, aber seit den letzten Zeiten wurden ihre Waaren von Kiachta aus durch die sibirischen Russen nach Nowgorod befördert. Eine ganze Reihe phantastisch geschmückter chinesischer Balaganen bezeichnet noch jetzt in jener nowgorodschen Kaufstadt den Stapelplatz für die Kaufleute jenes Volkes. Der Handelsverkehr der Bucharen, welche, obschon von echt persischer Abstammung [62]), zum Theil doch von sehr dunkler Gesichtsfarbe sind, nach den nordischen und abendländischen Gegenden geht in sehr frühe Zeit zurück. Herberstein ist der erste

60) Erman, Reise durch Nord-Asien I. S. 201 bis 203.

61) De Bussierre, voyage en Russie p. 123.

62) Klaproth, im journal asiatique. Paris 1823. 8. Tom. II. p. 154—163.

Europäer, welcher uns von dem Verkehr der dunkelfarbigen Edelsteinhändler nach den Gebieten des alten Jugrien Nachricht mittheilt [63]); Jenkinson lernte sie bald darauf in ihrer Heimath kennen, und seitdem kann man den ununterbrochenen Gang der bocharischen Handelszüge nach dem osteuropäischen Abendlande hin verfolgen [64]). Noch jetzt bilden Seide, Edelsteine, Perlen, Goldstaub und die Gewebe aus Kaschmir die vornehmsten von den Bucharen nach Nischegorod gebrachten Waaren, und durch ihre Rechtlichkeit wie durch ihr gebildetes, sittliches Benehmen stehen sie in hoher Achtung. Für sie und ihre sämmtlichen Glaubensgenossen befindet sich in jener Marktstadt eine eigene Moschee (Mesdsched) und diese wie die Gotteshäuser für alle übrigen Religionspartheien, als Armenier, Griechen, Evangelische und andere tragen zur Vermehrung der Mannigfaltigkeit jenes Ortes bei [65]). Die Tataren, worunter vornehmlich die ansässigen Bewohner von turktatarischer Abstammung in dem Wolga-Lande von Kasan bis nach Astrachan verstanden werden, stehen in gleichem guten Rufe wie die Bucharen und bringen die Erzeugnisse ihres mannigfaltigen Gewerbefleißes herbei. Die sibirischen Kaufleute, größtentheils russischer Abstammung, bringen die Schätze der polarischen Regionen und die Fabrikate und Naturprodukte des reichen China, und jene Hirtenvölker aus den Steppengebieten auf der Grenze von Europa und Asien führen außer den Pferden die von ihren Viehheerden gewonnenen Produkte herbei, welche für zahlreiche Landschaften des russischen Reiches von solcher Wichtigkeit sind. Ehemals kamen auch viele Georgier nach den Messen von Makariew, deren Handel sich jetzt mehr nach Deutschland gezogen hat, während der noch übrige Verkehr Nowgorods mit jenen südlichen Ländern meistens in den Händen der Armenier ist. Die verschiedenartigsten, buntesten Nationaltrachten dieser zahlreichen Völkerschaften und die verschiedenartigsten Sprachen, welche auf die-

63) Herberstein, rerum Moscovit. comment. p. 84.

64) G. de Meyendorff, voyage d'Orenbourg à Boukhara ed. par Am. Jaubert. Paris 1826. 8. p. 227—252.

65) De Bussierre, voyage p. 158—161.

diesem Weltmarkte vernommen werden, verleihen der Stadt Nischegorod ein hohes Interesse, und zu allen den genannten Völkern gesellen sich noch die verschiedenen **ugrischen** Volkszweige an der Wolga und am Ural, welche wie die Permier, Wotjaken, Wogulen, Tschuwaschen, Tscheremissen und Mordwinen im bunten Wechsel mit jenen ihre Bedürfnisse austauschen [66]).

Der **Handelsverkehr** zu Nischegorod ist ganz außerordentlich groß; alles, was das industrielle Rußland und was die Hüttenwerke und Fabriken des Ural gewähren, wird hier aufgestapelt. Die mächtigsten **Flotten** mit Waaren aller Art beladen werden alljährlich auf den sich hier concentrirenden Wasserstraßen auf der Wolga von Westen und Osten und auf der Oka zusammengeführt. So kamen im Jahre 1825 die sibirischen Waaren auf 2178 Fahrzeugen auf der Wolga an, und 3362 Fahrzeuge gingen durch ohne anzulegen [67]). Der Werth der eingebrachten Waaren hat sich seit einem Decennium schon verdoppelt, derselbe belief sich im Jahre 1826 nur erst auf 72 Mill. Rubel, im Jahre 1830 auf 106 Mill., und stieg im Jahre 1833 auf 141 Mill. Rubel [68]). Thee, Pelzwerk, Leder, uralische Metallwaaren und Salz gehören zu den Sachen, welche in den gewaltigsten Massen nach jenem Stapelplatz geführt werden. So waren im Jahre 1820 an zwei Millionen Pfund Thee herbeigebracht, welche für 12 Mill. Rubel verkauft wurden [69]). Als ein Beweis für die Bedeutung und den Umfang dieses Verkehrs ist anzuführen, daß die Kaufleute von Semipalatinsk am Irtisch an der chinesischen Grenze im Jahre 1827 zu Nischegorod die große Menge von 600 Pud chinesischer **Jembas**, d. h. gegossener und gestempelter Stücken feinen Silbers, umgesetzt hatten [70]). Es hat also das jüngere Nowgorod an den Nordostgrenzen des alten Rußlands, auf der

---

66) **De Bussierre**, l. c. p. 124—133.

67) **Erman**, Reise durch Nord-Asien I. S. 217.

68) **Iwanow**, in den Dorpater Jahrbüchern. 1834. Th. III. S. 358, 359.

69) **De Bussierre**, voyage p. 134. Der Verfasser bemerkt ausdrücklich, daß es Papierrubel seien einem Franc an Werth gleich.

70) **Ritter**, Erdkunde, Asien 1832. Th. I. S. 798.

Grenzmark der finnisch-ugrischen und turktatarischen Völker, in den neuern Zeiten den Ruhm und die Bedeutung gewonnen und den Preis davon getragen, welchen einstmals das ältere Nowgorod an der Nordwestgrenze auf der Berührungslinie mit der germanischen Welt besaß; nur fehlt der jüngern Stadt die Geschichte oder die hohe politische Bedeutung, welche die ältere auf Jahrhunderte lang gehabt hat [71]).

Die ganze zu Nischnei Nowgorod gehörige Landschaft, welche sich rings um die Vereinigung der beiden großen russischen Ströme ausbreitet, hat größtentheils einen sehr fruchtbaren Boden; er erzeugt alle Arten von Getreide im Überfluß, die nach verschiedenen Gegenden ausgeführt werden. Auch sind in dieser Landschaft Getreidemagazine errichtet, um die beiden Hauptstädte des Reiches im Fall der Noth zu versorgen [72]). Die Ackerkultur ist daher in einem blühenden Zustande, aber so wie die Schifffahrt auf jenen Strömen einen großen Theil der Bevölkerung in Anspruch nimmt, so gehört auch die nischegorodsche Landschaft noch mit zu der industriellen Region Rußlands, und die Verarbeitung von Holz, Eisen und Leder und das Mattenweben beschäftigt die gesammte Population zahlreicher großer Dorfschaften [73]). Es beginnen hier auch schon die trefflichen Waldungen von Eichen und andern Laubholzarten, welche weiter abwärts an der Wolga ihre Hauptregion finden und auf verschiedene Weise die Thätigkeit der hiesigen Bewohner anregen. Die ganze Landschaft zeigt eine beständige Abwechselung von Thälern und Hügeln, von Wiesenfluren und Ackerfeldern, und nach der Aussage jüngerer Reisenden sollte kein Theil von Rußland so schön und fruchtbar wie dieser sein; sie glaubten dies Gebiet in vieler Beziehung mit dem lieblichen

71) Über die vornehmsten Waaren zu Nischegorod ist zu vergleichen Renouard de Bussierre, l. c. p. 134—138, 152—155. Mit Recht hebt übrigens dieser Reisende gegen Iwanow hervor, daß die Art des Handelsverkehrs, wie er dort betrieben wird, immer einen noch wenig ausgebildeten Zustand des bürgerlichen und merkantilischen Lebens bezeichne.

72) Plescheef, survey of the Russian empire p. 230.

73) Georgi, geograph. Beschreibung II, 2. S. 349, 350.

Würtemberger Lande vergleichen zu müssen [74]). Als ein Theil von dem alten Groß-Rußland oder von dem Lande Moskau wurde bei der neuen Organisation des Reiches durch Peter den Großen das Gebiet von Nischnei Nowgorod zu einem von den zehn großen Gouvernements gemacht, welches alles Land zwischen Moskau, Kasan, Archangel und Woronesch am Don umfaßte oder einen großen Theil von dem alten Lande Susdal der wladimirschen Jurjewitschen [75]). Erst durch Katharina **II.** wurde dies große Gebiet aufgelöst und nach Absonderung verschiedener Grenzdistrikte das jetzige Gouvernement Nischegorod im Jahre 1779 daraus gebildet, wie es auch vom Kaiser Paul 1796 bestätigt ward [76]).

Der mittlere Wolga-Lauf von der Oka bis zur Kama.

Nach der Aufnahme der Oka setzt die Wolga in ihrer Wasserfülle verdoppelt als eine sehr mächtige Wasserader noch auf wenige Meilen ihren Lauf gegen Südosten fort, bis sie bei der Einmündung des kleinen nördlichen Zustroms Kerschenez in der Nähe von Makariew unter dem 56. Parallelkreise ihre Ostwendung annimmt, welche sie auf die Strecke von vier Längengraden bis nach Kasan hin oder vom 63. bis 67. Meridian beibehält. Dieser Theil der Wolga von der alten Herrscherstadt Kasan bis zu dem großen jüngern Emporium Nischegorod gehört zu den wichtigsten ihres ganzen Laufes. Schon seit Jahrhunderten, seitdem der zwischen Asien und Europa bestehende Welthandel mit seinen Stapelplätzen an der mittlern Wolga allmählig von dem einen Orte zum andern den Strom aufwärts wanderte, war dieser Theil alljährlich mit zahlreichen Handelsflotten bedeckt und seine Ufer von den Karavanen und Handelsgesellschaften des Morgenlandes und Abendlandes besucht. Dieser Theil des Wolga-Laufes bildete zugleich das hundertjährige Kriegstheater für die Großfürsten und

---

74) Allgem. geograph. Ephemeriden. Weimar 1806. Th. XX. S. 226.
75) Strahlenberg, der N. und O. Theil von Europa S. 183.
76) Georgi, geograph. Beschreibung II, 2. S. 345.

Zaren von Moskau gegen das mächtige theils sie beherrschende, theils auch ihnen unterthänige und rebellische Khanat Kasan, gleich wie für die älteren russischen Großfürsten und Fürsten von Wladimir, Murom und Rjäsan gegen die wolgischen Bulgaren.

Die Wolga ist unterhalb Nischnei Nowgorod überall eine Werste breit, ihre Niederung wird auf der südlichen, rechten Seite von dem hohen Bergufer, welches die Fortsetzung der von der Oka herkommenden Flözhügelstriche ist und sich an 150 Fuß erhebt, begleitet, während sich auf der Nordseite ein flaches, zum Theil sandiges Ufer ausbreitet. Der Rücken der mit Dorfschaften besetzten erhabenen Uferseite, auf welcher die große Heerstraße nach Kasan entlang geht, trägt fruchtbare Ackergefilde, in welchen die Ortschaften, die bis zur Ostgrenze der nischegorodschen Landschaft noch eine slavische Bevölkerung haben, sich mit Ackerbau und Bienenzucht beschäftigen [1]). Die Thalniederung der Wolga ist hier überall eine deutsche Meile breit und besteht aus Wiesen, Morästen und Brüchen, zum Theil auch aus brauchbarem Ackerlande. Der Grund des Stromes ist überall Thon mit Sand mehr oder weniger überschwemmt, nur an den Ufern zeigt sich nach der verschiedenartigen Beschaffenheit der Seitenwände ein Gerüll von Kalk- und Sandsteinbrocken. Der Lauf der Wolga ist wegen der Breite ruhig, im eigentlichen Strome aber schnell und ungestüm und dieser verändert sich oft, was für die Landungs- und Ladeplätze sehr nachtheilig ist. Im Sommer hat sie eine große Menge so seichter Stellen, daß unzählige Sandbänke dadurch gebildet werden, obschon der eigentliche Strom immer eine Tiefe von 4 Klaftern behält. In dem Gestade wendet sie sich wenig, desto mehr aber theilt sie sich in Arme, die man die kleinen Wolgas oder Woloschkas nennt, und wodurch unzählige, zum Theil sehr große Inseln gebildet werden, auf welchen von der Frühjahrsfluth Seen und stehende Arme nachbleiben [2]). Das erhabene Bergufer, Gornoi Bereg, erstreckt sich von Nowgorod an ununterbrochen bis zur Einmündung der Kama fort, es besteht

1) Erman, Reise durch Nord-Asien I. S. 205.
2) Georgi, Reisen II. S. 905.

aus Flötzrücken von verschiedener Beschaffenheit aus Thon, Kalk und Sandschiefer, die an der steil abgerissenen Uferwand in Kalk, Mergel und Gips mit Muscheln durchwebt auslaufen und von breiten, tiefen Regenklüften durchschnitten sind. Man nennt diese Seite im Allgemeinen die Gornaja. Das linke, überall niedrige und flache Ufer, das sich als eine fast ununterbrochene wellige Ebene von Kasan westwärts bis nach Kostroma hinaufzieht, heißt fortan an dem ganzen Strom abwärts bis zu seiner Mündung das Wiesenufer, Lugowoi Bereg, auch im Allgemeinen die Lugowaja genannt [3]).

In einer Entfernung von 80 Werst von Nowgorod strömt die Wolga bei dem großen Kirchdorfe und gleichnamigen Kloster Makariew auf der Lugowaja gelegen vorüber, es ist der merkwürdige Ort, wo an drei Jahrhunderte lang die großen Messen zur Verbindung von Asien und Europa abgehalten wurden. Zur Zeit des Großfürsten Wasilei Wasiljewitsch, des Vaters des ersten Iwan Wasiljewitsch, bauete hier während der ersten Hälfte des funfzehnten Jahrhunderts ein gewisser Makarius ein Kloster, um welches sich nach dem herrschenden Glauben jener Zeit viele Anwohner versammelten, so daß daraus ein kleiner Markt entstand. Nach einem benachbarten kleinen See nannte man das Kloster anfangs das vom gelben Wasser, Scheltowodsky Monastyr, und es erfolgte allmählig eine kleine Ansiedlung. Aber schon bald nach seiner Gründung ward das Kloster bei einem Einfall der Tataren von dem ersten kasanischen Khane Ulu Machmed im Jahre 1439 zerstört und blieb an zwei Jahrhunderte in Trümmern liegen [4]). Nun fand zu jener Zeit in dem als Residenzstadt seit kurzem aufblühenden Kasan eine große Messe statt, welche Kasan selbst erst von dem südostwärts liegenden Bulghar, auf dessen Kosten es sich emporgeschwungen hatte, erbte, und da noch in den letzten Lebensaugenblicken jenes Iwan Wasiljewitsch die kasanischen Fürsten ihren Abfall von dem Zar von Moskau durch eine allgemeine Ermordung der jene Messe besuchenden russischen Kaufleute be-

3) Falk, topograph. Beiträge I. S. 103, 104.

4) Allgem. geograph. Ephemeriden. Weimar 1806. Th. XX. S. 232.

siegelt hatten, so suchte sich sein Sohn Wasilei Iwanowitsch durch einen für Kasan empfindlichen und, wie er hoffte, für seinen Staat vortheilhaften Schlag zu rächen. Er verbot daher im Jahre 1524 den russischen Unterthanen die kasanische Sommermesse zu besuchen, und verlegte den Handel mit Asien nach dem unbedeutenden, auf russischem Gebiete liegenden Flecken Makariew. Allerdings wurde dadurch der kasanische Markt größtentheils zerstört, aber es war auch nicht so leicht dem Gange des Handels diese neue Bahn vorzuschreiben, da die morgenländischen Kaufleute einmal gewohnt waren in Kasan ihre Geschäfte abzumachen, und auch die Russen mußten sich zunächst mancherlei Entbehrungen gefallen lassen [5]).

Dennoch knüpften sich die merkantilischen Verbindungen allmählig wieder an, wenn gleich man während des ganzen sechzehnten Jahrhunderts, vornehmlich so lange noch Kasan als tatarischer Herrschersitz dastand, nicht vermuthen konnte, daß daraus dereinst die berühmte Makariewska Jarmanka hervorgehen würde. Erst ein Jahrhundert später, im Jahre 1624, ward mit Zustimmung des Zaren Michael Feodorowitsch durch den Mönch Abraham aus Murom das Scheltowodsky-Kloster des heiligen Makarius wieder aufgebaut; er nahm aus dem Kloster an der Unscha das Heiligenbild jenes Mannes mit herüber und traf mehrere andere Einrichtungen, welche die Bewohner der Umgegend bewogen dorthin in großer Anzahl besonders am Sterbetage des Heiligen, der auf den 25. Juni fiel, zu wallfahrten. Seitdem gewann der Jahrmarkt neues Leben, wenigstens fand von nun an jährlich ein Zusammenfluß von Menschen statt, welche hier zugleich einen Handel mit den Produkten der ländlichen Industrie betrieben [6]). Die Mauer, welche das Kloster jetzt umschließt, ward 1663 zu bauen begonnen und 1677 vollendet, man schätzt ihren Umfang auf 500 Klafter; das Kloster hat neun Thürme und zwei Thore, es liegt auf einer flachen Anhöhe am Ufer des Stromes in einer wahren

5) Karamsin, russische Geschichte VII. S. 107.

6) Iwanow, in den Dorpater Jahrb. 1834. Th. III. S. 353. Vsévolojsky, dictionnaire géogr. hist. de la Russie II. Append. p. 16.

Sandwüste, welche überdies im Frühjahr und Herbst den Überschwemmungen der Wolga stark ausgesetzt ist. Wegen dieser ungünstigen Lage hatte man daher längst den Plan gehabt, die große Messe nach dem gegenüberliegenden Flecken Lyskowa auf der Gornaja zu verlegen, aber dies wurde verhindert durch einen georgischen Fürsten, welcher als Herr von Lyskowa diesen Ort an die Regierung nicht abtreten wollte [7]). Die Bewohner des später zur Kreisstadt erhobenen Fleckens Makariew bestehen nur aus Tscheremissen und Roskolniken d. h. russischen Altgläubigen, welche ohne allen Ackerbau nur von der großen Messe lebten, so wie vom Holzhandel aus den benachbarten Lindenwaldungen und vom Holzflößen auf der Wolga [8]). Erst der Zar Alexei Michailowitsch war es, welcher der makariewschen Messe seine Aufmerksamkeit schenkte, die sodann durch die Anordnungen seines Sohnes Peter Alexiewitsch immer mehr in Aufnahme kam, bei welcher Gelegenheit wir zuerst bestimmt erfahren, daß sie auch von morgenländischen Kaufleuten besucht wurde. Doch erst seit der Mitte des achtzehnten Jahrhunderts wurden zweckmäßigere Einrichtungen zur Aufnahme der herbeigeführten Waaren getroffen und damals die Zeit der Messe auf die fünftehalb Wochen des Julimonates bestimmt. Diese Einrichtungen wurden dann besonders erweitert durch den Kaiser Alexander in dem ersten Decennium dieses Jahrhunderts, bis der große Brand im Jahre 1816 die nächste Veranlassung zur Verlegung der Messe nach Nischegorod gab, wobei der Umstand merkwürdig ist, daß mit der allmähligen Wanderung dieser Messe von Osten nach Westen von Bulghar über Kasan und Makariew nach Nischegorod ihre Anfangszeit und Dauer, wohl mit Rücksicht auf die asiatischen Handelsleute, immer weiter gerückt wurde [9]).

Ungefähr an 10 Meilen abwärts von Makariew empfängt die Wolga bei dem Austritt aus der Landschaft von Nischnei Nowgorod zwei nicht unbedeutende Zuströme, die sie von der

7) Allgem. geograph. Ephemeriden Th. XX. S. 230, 232.
8) Georgi, Reisen II. S. 827.
9) Iwanow, in den Dorpater Jahrb. Th. III. S. 354 bis 356.

jetzigen Landschaft Kasan absondern, zunächst von Süden her die Sura und etwas weiter abwärts von Norden her die Wetluga. Die Sura, ein in historischer und ethnographischer Beziehung für diese Gebiete wichtiger Strom, ist ein paralleler Begleiter der untern Hälfte des mittlern Wolga-Laufes zu nennen, obschon in umgekehrter Richtung von Süden nach Norden. Sie hat ihre Quellen ganz in der Nähe der Wolga auf dem niedern Landrücken, welcher unter 53° N. Br. bei der eigenthümlichen Krümmung der Wolga bei Samara und Sysran diesen Strom westwärts übersetzt und zwischen den Städten Pensa und Tambow die Zuströme zur Oka im Norden und zum Don im Süden von einander scheidet [10]). Anfangs nach Westen strömend biegt sie bei der Stadt Pensa nach Norden um, und bewässert nun in mancherlei Krümmungen aber immer nordwärts gewandt die beiden Landschaften Pensa und Simbirsk, bis sie nach einem Laufe von 450 Werst, obschon nur in einer geraden Entfernung von 40 Meilen im Norden von Pensa, die Wolga erreicht. Schon von der Stadt Pensa an wird sie besonders tauglich für die Schifffahrt, obgleich sie schon oberhalb bei gewöhnlichem Wasserstande eine Breite von 10 bis 30 Faden hat. Doch legte sie bisher an mehreren Stellen der freien Schifffahrt Hindernisse in den Weg, die um so nachtheiliger waren, als sie für den Getreidetransport der umherliegenden reichen Kornlandschaften als Abzugskanal zur Wolga diente [11]). Sie hat eine starke, reißende Strömung; bei hohem Wasser überschwemmt sie die Niederungen, und führt beim Rücktritt in ihr gewöhnliches Uferbette Erde, Holz und Gerüll mit sich, welche die Unsicherheit der Schifffahrt vermehren und die Ungleichheit ihrer Tiefe bewirken, welche von einem bis auf 3 und 4 Faden wechselt. Daher haben auch in der jüngsten Zeit die Reinigungsarbeiten zu ihrer Schiffbarmachung vorgenommen werden müssen [12]). Übrigens gleicht die Sura in ihren Ufern, Ge-

---

10) Georgi, Reisen II. S. 825.

11) Pallas, Reise durch Süd-Rußland. Leipzig 1799. 4. Th. I. S. 27, 28.

12) Rußlands Wasserverbindungen. S. 100, 122.

stade und sonstigen Verhältnissen vollkommen der Oka, außer daß sie ein weit reicheres Gebiet durchströmt[13]).

Die beiden bedeutendsten Zuströme der Sura kommen von Westen her von den erhabenen Ufergegenden der Oka im Osten von Murom, zunächst der Alatyr und weiter abwärts die Piana oder Pianaja d. h. die trunkene, nach ihrem auffallenden Lauf so benannt, und bekannt durch ihre steilen, unterwaschenen Ufer, in deren Gipsmassen sich zahlreiche merkwürdige Höhlen und Klüfte vorfinden, die sich durch ihre kalte Temperatur auszeichnen[14]). Das gesammte Sura-Gebiet, welches die Westhälfte der heutigen Landschaft Simbirsk nebst der Landschaft Pensa bildet, gehörte ehemals zum Khanate Kasan, und so wie es eine von der slavisch-russischen ganz verschiedene Bevölkerung hat, die der des kasanischen Landes verwandt ist, so theilt es auch dessen Naturbeschaffenheit. Die Landschaft von Pensa war zugleich in frühern Zeiten das Grenzgebiet der Khanate Kasan und Astrachan ähnlich wie die Landschaft von Ufa auf der Ostseite der Wolga an der Bjelaja, und daraus erklären sich die verschiedenen Wechsel, welche sie bei der Einrichtung der jüngern Gouvernements in ihrem Verhältniß zur astrachanischen Landschaft Saratow erfahren hat[15]). Es schieden sich also hier in frühern Zeiten in dem Quellgebiet zwischen der Sura, der zur Oka gehenden Zna und dem zum Don südwärts gehenden Choper, eben dort wo auch Pallas[16]) zwischen den Städten Tambow und Pensa die Überreste einer großen aus Wall und Graben bestehenden Vertheidigungslinie vorfand (s. Abtheil. 1. S. 6, 7.), die Länder Moskau im Westen, Kasan im Nordost und Astrachan im Südost. Das ganze Gebiet an der Sura abwärts bis zur Wolga hin ist mit der trefflichsten schwarzen Kulturerde überdeckt, und diese gewährt ein so fruchtbares Ackerland, daß die Felder nie gedüngt werden, sondern nur alle drei Jahre einmal brach liegen ohne zu

13) Georgi, geograph. Beschreibung I. S. 276.
14) Pallas, Reisen durch verschiedene Provinzen I. S. 56.
15) Georgi, geograph. Beschreibung II, 2. S. 445.
16) Pallas, Reise durch Süd-Rußland I. S. 21.

entkräften [17]). Daher findet sich hier Überfluß an Getreide aller Art, und Pallas glaubte nicht mit Unrecht die Gouvernements Simbirsk, Saratow, Pensa und Nischegorod als die Kornkammern für die kaiserlichen Residenzstädte betrachten zu können [18]). Der Getreidehandel in den verschiedenen Stapelplätzen an der Sura vornehmlich zu Kurmysch an der Aufnahme der Piana ist auch nicht unbedeutend zu nennen [19]). Dazu kommen dann noch an der Sura die schönen ausgebreiteten Lindenwaldungen, die sich westwärts auch über den größern Theil des Mokscha-Gebietes ausbreiten, und welche außer der in ihnen gedeihlichen Bienenzucht für die dortigen Bewohner, Russen und Mordwinen, für die ganze russische Landökonomie von der größten Nutzbarkeit sind [20]).

Die Stadt Wasilsursk an der Einmündung der Sura in die Wolga auf dem östlichen Ufer der erstern weist schon durch ihren Namen auf ihre Lage und ihren Begründer hin. Es war der Zar Wasilei Iwanowitsch, welcher sie im Jahre 1523 auf seinen Feldzügen gegen Kasan als schützendes Bollwerk des russischen Landes hier an diesem Grenzstrom erbaute [21]). Denn die untere Sura bezeichnete damals, wie es Herberstein kennen lernte, die Grenzmark zwischen dem moskowitischen und kasanischen Gebiete, während die theils heidnischen, theils muhamedanischen Mordwinen in ihren obern Gegenden schon dem Zaren unterthänig waren [22]). Wasilsursk lag anfangs oben auf der Anhöhe in dem Winkel zwischen beiden Flüssen, und wurde erst später in Folge eines Brandes nach der Tiefe hinabverlegt.

---

17) Pallas, Reisen durch verschied. Prov. I. S. 58, 73. Reise durch Süd-Rußland I. S. 11, 12.

18) Pallas, Reise durch Süd-Rußland I. S. 22.

19) Rußlands Wasserverbindungen. S. 131.

20) Pallas, Reisen durch verschiedene Provinzen I. S. 80.

21) Karamsin, russische Geschichte VII. S. 103.

22) Herberstein, rerum Moscovit. comment. p. 65. Sura fluvius Mosci et Casanensis regis dominium dividit, in cujus confluxu cum Vuolga Basilius princeps castrum erexit, idque a suo nomine Basilovugorod nominavit, quod postea multorum malorum seminarium exstitit.

Aber noch jetzt sieht man dort die Überreste der alten Befestigungen[23]). Mit dem Übergange über die Sura verläßt man das Slaven-Land, man tritt in eine ganz andere Völkerwelt; jedem von Westen kommenden Reisenden giebt sich die Sura sogleich als eine ethnographische Grenzmark zu erkennen[24]), es beginnt zugleich die Herrschaft des Islam, und somit bezeichnet diese Lokalität aufs neue und bestimmter eine Grenze zwischen dem asiatischen Orient und dem europäischen Abendlande. Zwar sind in dem Gebiete von Nischegorod auch schon Tscheremissen, Tschuwaschen, und mehr südwärts an der Mokscha zahlreiche Mordwinen ansässig, aber diese sind meistens schon zur griechischen Kirche übergetreten, und die Kolonisten vom tatarischen Stamme sind dort nur noch sporadisch[25]). Das erste Dorf jedoch, das man im Osten der Sura erreicht, Jemangasch, wird von Tscheremissen bewohnt, welche im Ganzen wohlhabend sind und noch jetzt einen großen Theil ihrer alten Religionsgebräuche sich bewahrt haben[26]).

Auf der kasanischen Straße erreicht man sodann die Stadt Kosmodemjansk auf dem erhabenen Wolga-Ufer, der Einmündung der von Norden herkommenden Wetluga gegenüber. Hier theilt sich die große moskowitisch-sibirische Heerstraße in zwei Wege, indem der neuere und kürzere ostwärts über Kasan nach Katharinenburg führt, während der ältere und längere die Wolga überschreitet und nordostwärts über Chlynow (Wjätka) nach Werchoturie führt[27]). Die Wetluga, welche sich hier in die Wolga einmündet, ist der östlichste und größte Zustrom derselben von den drei Flüssen, welche sich von dem quellreichen Landrücken des nordrussischen Uwalli zwischen den beiden Wolga-Knien von Mologa im Westen und Kasan im Osten zu ihr hinabergießen. Ihre verschiedenen Quellströme liegen auf jenem Landrücken in der Nähe des nordwärts abflie-

---

23) Allgem. geograph. Ephemeriden Th. XX. S. 233.

24) Erman, Reise durch Nord-Asien I. S. 223.

25) Georgi, geograph. Beschreibung II, 2. S. 348, 431.

26) Allgem. geogr. Ephemeriden XX. S. 234. Erman, Reise I. S. 224.

27) Georgi, Reisen II. S. 825.

ßenden Zug im Südosten von Nikolsk unter dem 59. Parallel. Sie bewässert noch den östlichsten Theil der Landschaft von Kostroma, und ergießt sich in südwestlicher Richtung wie um sich mit der Unscha zu vereinigen, der sie sich unter dem 58. Parallel nur bis auf wenige Meilen nähert. Dann aber wendet sie sich nach Süden und strömt bei dem Städtchen Wetluga, gerade im Osten von Makariew an der Unscha gelegen, vorüber. Sie durchsetzt ein flaches und ebenes aber wenig bevölkertes und noch weniger angebautes Land, das nur mit ungeheuern Lindenwaldungen angefüllt ist, die einen reichen Gegenstand des auf ihr betriebenen Handels abgeben. Schiffbar wird sie im Frühjahr schon 50 Werst oberhalb der gleichnamigen Stadt [28]). Von dem Lindenholze verfertigen die Bewohner allerlei Haus- und Ackergeräthschaften; die dicke Lindenrinde (Lub oder Lubok) wird in Form von Tafeln getrocknet und so zu Kästchen, Wagenkörben und dergleichen verarbeitet oder auch zum Decken der Häuser ausgeführt. Der Bast (Motschalo) wird zu Bastmatten (Nagoschi) verwebt, die in großer Anzahl ausgeführt werden, und die Rinde des Lindenaufschlages dient zum Flechten der Bastschuhe (Lapti), die bei ganzen Völkerstämmen an der Wolga in Gebrauch sind [29]). Bei dem Städtchen Warnawin, welches wie Wetluga auf ihrem rechten, wahrscheinlich erhabenen Bergufer gelegen ist, beginnt gerade im Osten der Einmündung der Unscha in die Wolga die Umbiegung der Wetluga gegen Südosten, und indem sie so wieder das allgemeine Gesetz der Direktion der sarmatischen Ströme bestätigt, bildet sie mit ihrem westlichen Nachbar, der Unscha, eine ganz analoge Gestaltung, obschon im kleinsten Maaßstabe, wie die Wolga und der Don an ihrem merkwürdigen Wolok von Zarizyn. Sie bewässert in ihrem untern Laufe die nischegorodsche Landschaft, und indem sie gleich wie die ihr gegenüberliegende Sura an ihrer Mündung die Grenzmark gegen das kasanische Land bezeichnet, erreicht sie ihren Hauptstrom nach einem Laufe von 500 Werst [30]).

28) Rußlands Wasserverbindungen. S. 102.
29) Georgi, geograph. Beschreibung II, 1. S. 216.
30) Rußlands Wasserverbindungen. S. 102.

Von Kosmodemjansk, nur noch 211 Werst von Kasan entfernt, erreicht man, dem rechten Ufer der Wolga folgend, die Stadt Tschebokſar auf einer ansehnlichen Höhe gelegen, 136 Werst von Kasan. Die Gornaja ist mit zahlreichen Dorfschaften von Tscheremissen und Tschuwaschen besetzt, und weiter abwärts vom Ufer breiten sich prachtvolle Eichenwaldungen für die russische Admiralität aus [31]). Die tatarischen Bewohner, welche sich hier auch schon zahlreich vorfinden und häufig mit jenen Völkern und auch mit Russen die Dörfer gemeinschaftlich bewohnen, haben schon die Gewohnheit die Pferde wild umherlaufen zu lassen und, wenn sie dieselben gebrauchen, sie zusammenzutreiben [32]). Übrigens erhob sich Tschebokſar wie so viele andere Lokalitäten dieser Gegend erst in der Zeit des Falles von Kasan als Stützpunkt zur Begründung und Aufrechterhaltung der russischen Herrschaft in diesem Lande, denn es wurde im Jahre 1556 von dem Eroberer Kasans, dem Zaren Iwan II., auf Grundlage einer tatarischen Festung neu erbaut [33]). Auf demselben Bergufer der Wolga ostwärts fort führt die kasanische Straße nach dem Städtchen Swiäschk nur noch 32 Werst von Kasan entfernt und zwei Werst oberhalb der Einmündung des merkwürdigen Flusses Swiäga in die Wolga. Denn die Swiäga gehört zwar nur zu den unbedeutendern Zuströmen der Wolga, aber sie bildet gleich der Sura, der sie mit Ausnahme der Größe in allem ähnlich ist, einen eigenthümlichen Begleiter des untern Theiles des mittlern Wolga-Laufes, obschon in entgegengesetzter Richtung von Süden nach Norden. Ihre Quellen liegen auf dem westlichen Wolga-Ufer in der Nähe von Simbirsk, und von dort ergießt sie sich, nur durch das erhabene Bergufer der Wolga in einem Abstande von wenigen Meilen getrennt, nordwärts zu eben diesem Strome kurz vor seiner Umbiegung gegen Süden unterhalb Kasan [34]). Daß sie durch die an ihren Ufern ausgespülten Ele-

31) Georgi, Reisen II. S. 823, 824.
32) Allgem. geograph. Ephemeriden Th. XX. S. 234.
33) Karamsin, russische Geschichte VII. S. 369.
34) Georgi, geograph. Beschreibung I, 2. S. 276.

phantenzähne bekannt ist, ist schon oben erwähnt. Das an ihrem linken Ufer auf einer Anhöhe gelegene Städtchen Swiäschk wurde erst im Jahre 1551 bei dem letzten großen Kampfe Moskaus gegen Kasan zum Schrecken des letztern, dessen Fall dadurch vorbereitet wurde, von dem russischen Vasallen, dem kasimowschen Zaren Schig Aley (Scheich Ali) gegründet, und die Unterwerfung der Bewohner der Gornaja des Landes Kasan war die unmittelbare Folge davon [35]).

Bei Swiäschk überschreitet man die Wolga und gelangt so nach dem nur wenige Meilen ostwärts auf der Lugowaja gelegenen alten berühmten Kasan an dem Flüßchen Kasanka. Dieser kleine Fluß, an welchem die große Metropole in politischer und merkantilischer Beziehung in dem mittlern Wolga-Gebiete gelegen ist, entspringt 25 Werst oberhalb des Städtchens Arsk in einer waldigen, bergigen Gegend, und ergießt sich von dort gegen Südwesten zur Wolga hinab. Das gesammte rechte Ufer der Kasanka besteht aus Hügelreihen von Thon und Kalk; sie hat ein eine Werst breites Wiesengestade, das von der Fluth der Wolga bis an 20 Werst aufwärts überschwemmt wird, und zur Zeit der Wolga-Schwelle im Frühjahr fließt sie rückwärts wie die meisten Wolga-Zuflüsse. Dann ist sie aber auch bis Kasan hinauf für große Wolga-Schiffe fahrbar, sonst ist sie im Sommer unterhalb Arsk an 6 bis 12 Klafter breit. Die Kasanka ist ein schnelles, fischreiches Flüßchen, dessen beide Ufer zahlreich mit tatarischen und russischen Ackerdörfern besetzt sind [36]). Der Flecken Arsk, der erst in neuern Zeiten zur Stadt erhoben wurde, auf dem rechten hohen Ufer der Kasanka, scheint zu den ältesten Lokalitäten dieser Gegend zu gehören, da er früher der Sitz wotjakischer Fürsten gewesen sein soll, als nehmlich noch der Zweig der ugrischen Wotjaken sich mehr abwärts an der Wjätka bis zur Wolga erstreckte. An Überbleibseln des Alterthums findet man aber nichts mehr als eine alte Wotjaken-Begräbnißstätte und ihr Keremet d. h. heiliger Opferplatz, der sich an dem östlichen Ende des Städtchens in der

35) Karamsin, russische Geschichte VII. S. 286, 287.
36) Georgi, Reisen. II. S. 808, 809.

Mitte eines dichten Birkenhaines befindet [37]). Dagegen sollen sich auf den Berghöhen an der Kasanka zahlreiche tatarische Grabhügel, also erst aus der Zeit des dreizehnten oder vierzehnten Jahrhunderts, vorfinden [38]). Weiter abwärts durchströmt die Kasanka ein kornreiches Gefilde, und geht bei den Ruinen des Ortes Alt-Kasan, Eski-Kasan bei den Tataren, vorüber. Die Überreste der Befestigungswerke dieser alten Stadt liegen 14 Werst unterhalb Arsk und 40 Werst über dem heutigen Kasan bei dem russischen Dorfe Iskamajewa zwar auf der Wiesenseite der Kasanka, aber auf einer etwas erhabenen Fläche, die sich an 15 Klafter über den Spiegel des Flusses erhebt [39]). Die Befestigung bestand in einem doppelten Wall und Graben. Der innere Wall hat eine abwechselnde Höhe von $1\frac{1}{2}$ bis $2\frac{1}{2}$ Klafter, der äußere ist etwas niedriger, und zwischen beiden befindet sich der Graben. An zwei Stellen sind die Wälle durchschnitten und der Graben gefüllt, wahrscheinlich waren dort die Thore. Außerhalb der Wälle an der Südwestseite befinden sich mehrere kleine Gruben in zwei Reihen, wo der Markt gewesen sein soll. Der Platz im Innern ist zum Theil mit Bäumen bewachsen und auch voll Gruben. Nirgends aber sieht man Steinschutt. Nahe bei liegt das Dorf Aschli, wo ein alter Begräbnißplatz mit mehreren Grabsteinen ist. Diese bestehen aus thonigem Sandstein, haben eine Länge von 5 Fuß, eine Breite von 3 Fuß und sind fast einen Fuß dick [40]). Sie finden sich immer aufrecht gestellt, und sind mit arabischen und tatarischen Inschriften versehen. Nach der Aus-

37) Rytschkow, Tagebuch einer Reise durch versch. Provinzen des russ. Reiches S. 201.

38) Allgem. geograph. Ephemeriden Th. XX. S. 321.

39) Nach Falk (topograph. Beiträge I. S. 143.) liegen sie nur 15 Werst oberhalb Neu-Kasan und zwar auf dem rechten Ufer des Flüßchens, und so auch nach der vielleicht daraus entnommenen Angabe Erdmann's in s. Topographie von Kasan I. S. 9. Fast scheint hier von verschiedenen Lokalitäten die Rede zu sein, obschon von einer mehrmaligen Verlegung der Stadt Kasan nichts bekannt ist.

40) Georgi, Reisen II. S. 810, 811. Vergl. dabei den Plan von Eski-Kasan.

sage der anwohnenden Tataren sollten hier zwei sehr vornehme Fürsten, die kurz vor dem Falle von Kasan lebten, bestattet sein [41]).

Das heutige oder neuere Kasan (Jeni-Kasan), der Herrschersitz der so mächtigen tatarischen Khane während des funfzehnten und sechzehnten Jahrhunderts, liegt nach der Angabe des kasanischen Astronomen Littrow unter 67° 1′ O. L. und 55° 47° N. Br., an 345 Werst unterhalb Nischnei Nowgorod, obschon nur einige 40 Meilen in gerader Entfernung ostwärts davon [42]). Der Name dieser Stadt, wie er von den Tataren an die Russen übergegangen ist, bedeutet in der türkischen Sprache der in Rußland einheimischen Tataren von turktatarischem Stamme einen Kessel, woraus eine Familie speiset. Ähnliche Namen führt die Stadt auch bei den umherwohnenden ugrischen Völkerschaften, nehmlich Kuson bei den Wotjaken, Kosan bei den Tschuwaschen und Oson oder Osang bei den Tscheremissen [43]). Neu-Kasan liegt wie Alt-Kasan auf dem linken östlichen Ufer der Kasanka an 7 Werst oberhalb ihrer Einmündung in die Wolga mit einem Umfange von 14 Werst. Ihr Boden ist keine ebene Fläche, sondern nach der Wolga hin am niedrigsten, höher in der Mitte der Stadt und am höchsten unter der Festung. Der untere westliche Theil hat einen feuchten, morastigen Boden und liegt so tief, daß er im Frühjahr nicht selten von der Überschwemmung der Wolga erreicht wird; der höhere Theil ruht auf einem Kalkflötzrücken, welcher auf der Nordseite gegen das Ufer der Kasanka ziemlich steil abfällt, auf der Ost- und Südseite aber von Schluchten zerrissen ist, die sich zum Theil in die Stadt hineinziehen. Unterhalb derselben befinden sich auf der Südseite drei in einer Reihe liegende länglichte Seen, der obere, mittlere und untere Kaban, welche durch einen kleinen Bach in Verbindung stehen. Dieser Bach entspringt im obern Kaban, fließt in den mittlern und un-

41) Rytschkow, Tagebuch einer Reise S. 200.

42) J. Fr. Erdmann, Beiträge zur Kenntniß des Innern von Rußland. Riga 1822. 8. Th. I. Medicinische Topographie von Kasan S. 172.

43) Müller, Sammlung russ. Geschichte III. S. 336. Georgi, Reisen II. S. 813.

untern und aus diesen von Süden fast nach Norden zu durch den untern Theil der Stadt in die Kasanka, so daß er hier einen natürlichen Kanal bildet, der den Namen Bulak führt. Die Tiefe und Breite dieses Kanals ist sehr verschieden, denn im Frühjahr wird er von dem steigenden Wasser der Kasanka so angeschwellt, daß er bedeutende Fahrzeuge trägt, im Sommer dagegen, wenn man seinen Abfluß nicht hemmt, wird er sehr unbedeutend, ja in sehr heißer Jahreszeit versiegt er wohl ganz, so daß er Kasan ganz wasserlos läßt [44]). Dennoch bedient man sich des Kaban-Wassers auch gewöhnlich zum Trinken, da das Brunnenwasser zu hart ist und auch das Kasanka-Wasser nicht für ganz zuträglich gehalten wird. Die Umgebung der Stadt besteht auf der Abendseite bis an das Wolga-Ufer aus Viehweiden mit Morästen und Brüchen, während sich das gegenüberliegende Ufer der Wolga, besonders wo ihr östlicher Lauf auf einmal eine südliche Richtung nimmt, malerisch erhebt und einen ziemlich steilen Bergzug bildet. Auf der Ostseite liegt zwischen den schon gedachten Schluchten und Gründen (welche zum Theil mit Laubholz bewachsen eine sehr schöne Parthie, die sogenannte kasanische Schweiz, bilden) eine Ebene, das Arskische Feld, welche in eine mit Äckern bedeckte Fläche ausläuft, deren Hintergrund von Waldungen umsäumt ist [45]).

Die Stadt Kasan zerfällt in die Festung (Kreml), in die eigentliche Stadt und in die Vorstädte (die Sloboden). Sie ist, die Festung ausgenommen, auf allen Seiten offen, und nur gegen Mittag mit einem niedrigen Wall und Graben versehen. Die Festung liegt am nördlichen Ende der Stadt auf einer Anhöhe, welche auf der Nordseite steil gegen die Kasanka und auf der Westseite gegen die Wolga abfällt. Auf der Ostseite zieht sich ein Thal um sie herum, und auf der Südseite ist sie durch einen Wall und Graben von dem übrigen Theile der Stadt getrennt. Sie bildet ein unregelmäßiges länglichtes Viereck und ist mit einer dicken Mauer umgeben, die durch 12 Thürme befestigt ist. Zwei derselben zeichnen sich durch ihre

44) Erdmann, Topographie von Kasan I. S. 173.
45) Erdmann, a. a. O. I. S. 175.

Größe aus, und stehen über den Thoren der Einfahrt zu derselben, dem Spaskischen und Nikolskischen Thor. Innerhalb des Kreml befinden sich blos steinerne Gebäude, welche theils der Kirche, theils der Krone gehören. So besonders die große Kathedrale der Verkündigung Mariä (Blagoweschtschenskoi Sobor), welche der Zar Iwan II. Wasiljewitsch bei seinem Einzuge nach der Eroberung Kasans, am 3. October 1552, gründete. Sie wurde nach zehn Jahren vollendet und im Jahre 1562 von dem Erzbischofe Gury, dessen Gebeine daselbst in einem silbernen Sarge aufbewahrt und als heilig verehrt werden, eingeweiht. Ferner ist daselbst das sogenannte Schloß. Es ist ein hoher, viereckiger, pyramidalischer Thurm von Backsteinen mit vier Absätzen und auf seiner Spitze mit einem russischen Adler geziert; er hat in seiner Form einige Ähnlichkeit mit einer ägyptischen Pyramide mit vier abgesetzten Etagen, und soll von dem Zaren Iwan aus den Trümmern tatarischer Mesdscheds aufgeführt worden sein. Dieses Schloß steht jetzt verfallen und verlassen, und nur der erste Absatz ist noch zu betreten. Außerdem befinden sich im Kreml die Kronsgebäude, das Arsenal, der erzbischöfliche Pallast und verschiedene Klöster. Die eigentliche Stadt bildet das Centrum und wird in drei Quartiere getheilt. Sie hat regelmäßige, gerade und breite Straßen, aber diese waren bis auf die jüngste Zeit ohne Steinpflaster, theils weil die Umgegend der dazu nöthigen Steine entbehrt, theils auch wollte man die frühere Holzbekleidung nicht wählen, weil dadurch bei dem großen Brande im Jahre 1815 das allgemeine Unglück bei der überdies großen Dürre noch vermehrt wurde [46]). Daher füllen sich auch bei nasser Witterung die Straßen Kasans mit Sümpfen und Morästen und erweisen sich außer der Unbequemlichkeit auch sehr nachtheilig für den Gesundheitszustand der Bewohner. Die Wohnhäuser sind in dem obern östlichen Theile der Stadt von Stein, in dem untern westlichen meistentheils von Holz von übereinandergelegten Balken. Die

46) Erst seit dem Jahre 1829 hat man die Straßen von Kasan zu pflastern angefangen. Eichwald, Reise auf dem kaspischen Meere und in den Kaukasus. Stuttgart 1835. 8. Th. I, 1. S. 4.

eigentlichen Vorstädte (Predmestie) nebst den Sloboden reihen sich an die innere Stadt auf mehreren Seiten an ohne von ihr bestimmt geschieden zu sein, und gleichen dem untern Stadttheile. Hier befindet sich vornehmlich die tatarische Bevölkerung der Stadt Kasan rings um die zehn Mesdscheds herum [47]).

Als eine mächtige Wasserader strömt die Wolga in einer Entfernung von einer Meile neben Kasan vorüber. Schon nach der Aufnahme der Oka hat sie die Breite, die sie bei Twer hatte, verdoppelt und breitet sich an 200 Faden oder 1200 Fuß aus [48]). Wenn die Wolga im Frühjahr aufgeht, welches meistens um die Mitte April statt findet, steigt das Wasser über seine Ufer und veranlaßt eine weit ausgedehnte Überschwemmung, welche die ganze Fläche der Lugowaja bis zur Stadt bedeckt und sich oft bis in die niedern Theile der Stadt selbst erstreckt. Kasan liegt dann halbinselförmig auf drei Seiten von einem weiten Meere umgeben [49]). Bei diesem Anschwellen der Wolga wird dann natürlich der Abfluß des Wassers in der Kasanka gehemmt, sie füllt sich von der Wolga her stärker an, und aus ihr strömt das Wasser wieder in den Bulak und durch denselben in die Kaban-Seen. Der Bulak erreicht dadurch eine Höhe und Breite, bei welcher er ansehnliche Fahrzeuge zu tragen im Stande ist und begünstigt um diese Zeit den innern Handel außerordentlich; in den letztern dagegen wird durch diese Überschwemmung das bis dahin noch stehende Eis gehoben, gebrochen und beim Abflusse des Wassers mit hinweggespült, der ganze Kaban aber gereinigt. Das Anschwellen der Kasanka nebst der Wolga dauert übrigens von Mitte April bis Mitte Mai, und erstere erhält nach Verhältniß des Ansteigens der letztern eine Höhe von 20 bis 30 Fuß; von Mitte Mai bis Ende Juni zieht sie sich wieder in ihr früheres Bette zurück, die Gefilde Kasans treten dann befruchtet aus den Gewässern hervor [50]). So wichtig es auch zur Beurtheilung des gesammten Laufes der Wolga sein möchte, die

47) Erdmann, a. a. O. I. S. 192 bis 208.

48) Rußlands Wasserverbindungen. S. 99.

49) Georgi, Reisen II. S. 806.

50) Erdmann, Topographie von Kasan I. S. 189.

absol. Höhe ihres Spiegels bei Kasan zu kennen, welche Stadt sich über denselben nur ungefähr 40 Fuß erheben soll, so schwierig ist es doch bei den so verschiedenen Angaben darüber in der neuesten Zeit etwas bestimmtes anzugeben. Denn wenn nach Al. v. Humboldt's ersten Angaben [51]) die Höhe der Stadt Kasan über dem Ocean an 45 Toisen oder 270 Fuß und also die der Wolga daselbst an 230 Fuß betragen sollte, so weichen die neuesten Angaben so bedeutend davon ab, daß man sie kaum für wahrscheinlich halten und eine mittlere Zahl als für die annäherungsweise richtigste anzunehmen geneigt sein möchte. Während Pansner [52]) die Höhe des vereinigten Spiegels der Wolga und der Oka bei Nischegorod auf 278 Fuß und die von Kasan auf 188 Fuß bestimmte, sollte nach Erdmanns Angabe [53]) die Erhebung Kasans über den Ocean nur an 25,3 Toisen oder 151 Par. Fuß betragen, und nach Erman [54]) hätte der Wolga-Spiegel daselbst gar nur eine Höhe von 80 Fuß über dem Ocean. Ja nach einer andern, von jenem zuerstgenannten großen Naturforscher herrührenden Mittheilung [55]) würde der vereinigte Spiegel der Oka und Wolga nur die absol. Höhe von 30 Toisen, die Stadt Kasan die von 16 Tois. und der Wolga-Spiegel daselbst die von 4 Tois. haben. Dagegen heißt es nun aber von eben demselben [56]), vermuthlich in Folge der jüngsten Messungen der russischen Akademiker am kaspischen Meere, daß der Spiegel der Wolga bei Kasan an 8,9 Toisen oder 53 Fuß über dem Ocean erhaben sei, und daß der Fall der Wolga von hier bis zum kaspischen Meere nur an 24,7 Toisen oder an 148 Fuß betrage. Berücksichtigt man nun das Niveau des obern Wolga-Laufes am

51) Humboldt, fragmens asiatiques II. p. 313.

52) Pansner bei Berghaus, Annalen der Erd- und Völkerkunde. Jahrg. XII. No. 140, 141. S. 97 bis 119.

53) Erdmann, Topographie von Kasan I. S. 186.

54) Erman, Reise durch Nord-Asien I. S. 207.

55) Berghaus, allgem. Länder- und Völkerkunde. Stuttgart 1837. 8. Th. II. S. 560.

56) Humboldt, in the journal of the royal geogr. society of London. 1838. 8. Vol. VIII. P. I. p. 135.

Fuße des nordrussischen Uwalli bis nach Kasan hin und den Weg, den der Strom von da an noch zu durchlaufen hat, so möchte man die Wasserhöhe an jenem großen Stromknie noch auf ungefähr 200 bis 150 Fuß schätzen, indem die Wolga bei der tiefen Lage des kaspischen Meeres dadurch noch ein Gefälle von ungefähr 300 Fuß gewinnen würde. Auch scheint dies wohl erst genügend zu sein, um ihr bei ihrer noch immer sehr bedeutenden Laufbahn die ziemlich rasche Strömung zu geben, welche sie auch weiter abwärts zeigt, und welche durch das Drängen der durch die Kama verdoppelten Wasserfluth noch mit unterstützt wird.

Gleich bei der Aufnahme der Kasanka wendet sich die Wolga plötzlich unter rechtem Winkel nach Süden um, und strömt in dieser Richtung an 9 Meilen weit fort, bis sie unter dem 55. Parallel in der von zahlreichen Inseln erfüllten Lugowaja von Nordosten her den mächtigen Zustrom der Kama empfängt, der sie anfangs nach Südwesten hinüberdrängen zu wollen scheint. Zu der Betrachtung dieses größten und seit der Urzeit berühmten wolgischen Nebenflusses gehen wir zunächst über, indem wir auf die historischen Verhältnisse der merkwürdigen Erdstelle von Kasan am Verein beider Ströme weiter unten zurückzukommen haben.

Das Kama-System.

Die Kama bildet zwar nur einen Nebenarm des großen Stromsystemes der Wolga, durch welchen das letztere in die nordischen Theile der osteuropäischen Ebenen weit hineingreift und selbst einen großen Theil des uralischen Gebirgssystemes in seinen Bereich hineinzieht, dennoch ist sie selbst von solcher Mächtigkeit, daß sie auf westeuropäischem Gebiete zu den größten Strömen gehören würde. In der That bildet sie auch durch ihre vielfache Verzweigung und Gliederung, von welcher ein sehr beträchtliches, ganz eigenthümliches Ländergebiet umspannt und beherrscht wird, ein in sich abgeschlossenes, großartiges Stromsystem, welches eben dadurch, daß es von dem wolgischen Stromsystem noch in Abhängigkeit steht, die Großartigkeit der Naturformen in hydrographischer Beziehung auf osteuropäischem Gebiete beurkundet. Die Stromlinie der Kama verknüpft als Längenbegleiter des Ural in seinen mittlern Theilen nicht nur dieses Gebirgssystem mit dem Stromthale der Wolga, ähnlich wie der Tobol auf der andern Seite den Ural mit dem Stromgebiet des Irtisch und Obi verbindet, sondern giebt der Wolga auch ihre wesentliche Beziehung zum nordrussischen Stromgebiet der Dwina. Drei Welten sind es also, welche hier auf europäischem Boden durch die Kama mit einander in Verbindung gesetzt werden, der Orient, das Abendland und der Norden, und der Einfluß der Weltstellung dieses Stromgebietes auf den Gang der Völkerentwickelung in politischer, intellektueller und merkantilischer Beziehung läßt sich durch alle Jahrhunderte der Geschichte verfolgen. Denn so wie das Kama-Gebiet schon seit den ältesten Zeiten der uns bekannten Geschichte das Passageland des Welthandels von dem untern Wolga-Gebiete nach den Ländern an der Dwina gewesen ist, so wurde es auch frühzeitig in der Richtung von Westen nach Osten nach den jugrischen Landschaften am Ural durchsetzt, wo die großen Naturstraßen an den wirklichen eisernen Pforten hindurchführen. Zwar wissen wir nicht von Völkerwanderungen und Zügen der Kriegsheere, welche auf diesem Wege von dem asiatischen Orient in die abendländischen Gebiete an der Wolga eingedrungen wären, da diese, wenn man die Raubüberfälle der Tataren aus dem Khanat zu Isker oder Sibir nach Westen hin abrechnet, immer mehr auf das große uralische Völkerthor angewiesen waren, aber so wie die fremdartigen Handelsleute aus Osten hier auf den Besitzungen der Stroganows und die Handelszüge der hier einheimischen Permier und Syrjänen dorthin die Kenntniß jener Ostwelt für die Abendländer verbreiteten, so erfolgte auch gerade nur vom Gebiete der Kama aus die Entdeckung und Eroberung jenes nordischen Theiles des asiatischen Orients durch die kühnen Unternehmungszüge der Kosacken im sechzehnten Jahrhundert. Auch ließe sich mit Recht bezweifeln, ob der Ural mit seinen Berg- und Hüttenwerken seit einem Jahrhundert so schnell aufgeblüht sein oder überhaupt nur diese Bedeutung für Europa erlangt haben würde, wenn er nicht durch die verschiedenen Wasseradern der permischen Zuströme der Kama und durch diese große Stromrinne selbst mit der Wolga und mit den an ihr liegenden Handelsstädten verknüpft wäre.

Der Ruhm der Kama-Landschaften reicht bis in die Urzeit zurück, sie sind von je an das Heimathsland eines der Hauptzweige des ugrischen Volksstammes, der Permier oder Bjarmen, gewesen, und dieser in der Handelsgeschichte so berühmte Name bezeichnet das Land an der Kama als einen der ältesten Kultursitze des tschudischen Nordens. Hier ist das eigentliche bei den Skandinaviern seit Alters bekannte Bjarmaland zu suchen [1]), welches den Handelsverkehr zwischen dem Norden und Süden, dem Osten und Westen vermittelte, und wenn Klaproth dagegen glaubte hervorheben zu müssen [2]), daß man die Permier der Russen von den Bjarmen der Skandinavier zu unterscheiden habe, indem letztere unter jenem Lande zunächst nur die Küstenlandschaften des weißen Meeres verstanden, wo auch der Normann Other die Beormas vorfand [3]), so läßt sich aus dem Gange der historischen Entwickelung nicht verkennen, daß, wie auch ein neuerer Schriftsteller bemerkt, Bjarmaland im weitern Sinne die gesammten Stromgebiete der Dwina und Kama vom weißen Meere bis zum Ural und bis zur mittlern Wolga hin bezeichnet habe [4]). Beide Namen bezeichnen nur einen und denselben Volkszweig des ugrischen Stammes, und wenn gleich die Hauptmasse des permischen Volkes immer in dem Kama-Gebiet, wo auch die Hauptpunkte ihrer Ansiedlung sich nachweisen lassen, heimisch geblieben ist, um so mehr als in den frühern Zeiten nach Nestors Angaben [5]) in dem Lande an der Dwina noch die ugrischen Jamen oder Jemen, die später nach Westen wanderten, heimisch waren, so

1) Erdmann, Reisen im Innern von Rußland. Leipzig 1825. 8. Th. II. 2. S. 153.

2) Klaproth, Asia polyglotta p. 185.

3) Forster, Geschichte der Entdeckungen im Norden S. 87.

4) Depping, histoire des expéditions maritimes des Normands I. p. 68. Cf. Vsévolojsky, dictionnaire géogr. histor. de la Russie I. p. 50., II. p. 102.

5) Nestor, russische Annalen nach Schlözer II. S. 50.

müssen sich die Permier doch, nach deren Verbreitung nach dem jetzigen Finnland hin, auch über das nowgorodische Sawolotschje ausgedehnt haben, wo sie nachmals eben so wie in ihrem eigentlichen Heimathslande an der Kama von den Nowgorodern abhängig wurden. Vielleicht hängt mit dieser nördlichen Verbreitung der Permier die Spaltung dieses Stammes in Permier und Syrjänen zusammen, worüber wir sonst, wie Sjögren bemerkt [6]), ganz im Dunkeln sind, und merkwürdiger Weise sind es, was wir bestimmt wissen, gerade die Syrjänen, welche vornehmlich die weiten Handelszüge nach Norden und Nordosten nach dem transuralischen Jugrien (s. Abth. 1. S. 114.) hin unternahmen. Nur fixiren konnte sich der Name der Permier in jenem Sawolotschje bei den slavischen Völkern, deren zahlreiche Kolonisationen dort alsbald erfolgten, nicht so wie er sich in dem Kama-Lande bis auf diesen Tag erhalten hat.

Übrigens erscheinen die Permier nicht als die einzigen Bewohner dieses Landes, und so wie die Syrjänen die nördlichern Theile desselben bewohnten, so die Bulgaren die südlichern Theile an der Vereinigung der Kama mit der Wolga. Ferner haben die beiden großen Seitenarme, welche die Kama nach Analogie der Wolga ostwärts und westwärts ausstreckt, die Bjelaja und Wjätka, in ihren Gebieten eigene, obschon den Permiern nah verwandte Völkerschaften, dort die schon oben berührten Baschkiren, hier die Wotjaken, so daß das Stromgebiet der Kama eine ganz eigene Völkerwelt beherbergt, die man im Allgemeinen als die permische oder bjarmische Gruppe des ugrischen Volksstammes bezeichnen kann [7]).

Die Kama übertrifft in der Länge ihrer Stromlinie fast die bedeutendsten der westeuropäischen Flüsse, denn in ihrem eigenthümlich gewundenen Laufe legt sie einen Weg von beinahe 2000 Werst zurück [8]), hat also eine Stromentwickelung, die an

---

6) Sjögren, in den Mémoires de l'Académie des sciences de St. Pétersbourg. 1832. Tome I. p. 286.

7) Klaproth, Asia polyglotta p. 185.

8) Georgi, geograph. Beschreibung I. S. 277. Rußlands Wasserverbindungen. S. 209.

drittehalb hundert Meilen beträgt und demnach die Größe des mächtigen Rhein-Stromes noch um ein Bedeutendes überbietet. Dem entspricht auch die Größe des von ihr umfaßten Areals, welches fast völlig abgerundet die vielseitigste Verzweigung des Hauptstammes dieser permischen Wasserader beurkundet. Zum Stromsystem der Kama gehören drei große russische Gouvernements, nehmlich der größte Theil der Landschaft Perm, so weit sie westwärts des Ural-Tau liegt, der größte Theil der Landschaft Orenburg mit Ausnahme der östlichen und südlichen Theile längs der Gestade des Jaik und an der zur Wolga gehenden Samara, und dann das ganze Gebiet von Wjätka, wozu ferner noch die ganze Osthälfte der Landschaft Kasan zu rechnen ist. Das Kama-Gebiet umfaßt somit ein Drittheil des Gesammtareals des Stromgebietes der Wolga oder ein Areal von ungefähr 10,000 □Meilen, ein Raum, welcher der Größe Deutschlands gleich kommt. Es breitet sich dies Areal an 100 Meilen weit von Westen nach Osten aus und wird durch die untere Hälfte des Kama-Laufes in zwei ziemlich gleiche Hälften, in eine nordwestliche oder wotjakische und in eine südöstliche oder baschkirische geschieden, während die Mitte an den Ufern der Kama entlang das eigentliche permische Land umfaßt. Ganz gleichmäßig breitet sich dies Gebiet von Südwest nach Nordost oder von der Mündung der Kama bis zu den Quellen der Wischera neben den Quellen der Petschora auf dem Ural-Tau, und wiederum von Nordwest nach Südost von den äußersten Zuströmen der Wjätka neben dem zur Dwina gehenden Jug bis zur obern Bjelaja in der Nähe des obern Jaik an 120 Meilen weit aus.

Der heut zu Tage bei den Russen für diesen Strom übliche Name, Kama, ist nur scheinbar slavischen Ursprungs, indem er unstreitig von der einheimischen Bezeichnung bei den Permiern und Syrjänen, von denen der Fluß Kuma genannt wird, entlehnt ist [9]. Auch wird dieser Name in den ältesten russischen Annalen bei Nestor und seinen Fortsetzern nicht erwähnt und findet aus dem ugrischen Sprachstamme eine genü-

9) Müller, Sammlung russ. Geschichte III. S. 339.

gende Erklärung, so daß man nicht nöthig hat, auf eine Übertragung dieses Namens von den slavischen Völkern auf die größtentheils jetzt slavisch gewordenen Permier zurückzuschließen. Vielleicht ist die Kama unter dem sogenannten Tscheremissen-Flusse zu verstehen, welcher bei Gelegenheit des Feldzuges mehrerer ostrussischer Fürsten gegen die wolgischen Bulgaren im Jahre 1184 in jenen Annalen erwähnt wird [10]), obschon man bei der wenig bestimmten Darstellung daselbst auch an die Wolga selbst denken kann. Bei den Wotjaken führt der Fluß den Namen Budschim-Kam d. h. der große Fluß, denn das Wort Kam bezeichnet in der Sprache der Wotjaken, welche man nur als einen Zweig oder Dialekt des großen permischen Zweiges des ugrischen Sprachstammes ansehen kann, einen Fluß [11]). Deshalb nennen dieselben Wotjaken die Wjätka, den Hauptzustrom der Kama auf der rechten Seite, Wjätka-Kam nach der bei ihnen sogenannten Stadt Wjätka, welche ursprünglich Chlynow genannt, erst später jenen Namen empfangen hat [12]). Bei den am linken Wolga-Ufer wohnenden Tscheremissen wird die Kama bezeichnet als Tscholman Wiz d. h. Tscholman-Fluß, und demgemäß nennen sie die Wjätka auch Naukrad oder Naugrad Wiz d. h. der Fluß von Naugrad oder Nowgorod (Chlynow). Von diesem tscheremissischen Worte Wiz, Witsch oder Wit, das einen Strom bezeichnet wie das permisch-wotjakische Kam, leitete auch Pallas den Namen der Wjätka her [13]), wobei nur der Umstand in der Erklärung Schwierigkeit darbieten würde, daß die Wotjaken selbst den Hauptort ihres Landes mit diesem unpassenden Worte sollten bezeichnet haben. Bei den Tschuwaschen, welche gleichfalls am Wolga-Ufer hausend, zwar den Tscheremissen verwandt, aber nach Sprache und leiblicher Bildung stark mit Turktatarischem versetzt sind, heißt der permische Strom Schorah Adal

---

10) Nestor, Jahrbücher der russ. Geschichte nach Scherer S. 245. Karamsin in seiner russ. Geschichte (Th. III. S. 51.) hat diese Angabe in jenen Annalen gar nicht berücksichtigt.

11) Pallas, Reisen durch verschiedene Provinzen III. S. 476.

12) Müller, Sammlung russ. Geschichte III. S. 336, 337.

13) Pallas, Reisen durch verschied. Prov. III. S. 481.

d. h. der weiße Fluß, weil nehmlich das Wasser der Kama etwas heller als das der Wolga sein soll [14]), obschon dieser Umstand nur auf den untersten Theil der Kama nach der Aufnahme der Bjelaja, von wo an sie auch allein den Tschuwaschen bekannt sein kann, gehen möchte, da vielmehr, was hier nicht ganz unwichtig ist, sonst das Wasser der Kama zu dem der Wolga im umgekehrten Verhältniß stehen soll [15]). Das tschuwaschische Wort Adal ist übrigens aus der türkischen Sprache der Tataren entlehnt, wo Adal oder Idel einen Fluß bezeichnet. Daher nennen auch die Tataren die Kama und Wjätka mit dem bei den Tscheremissen üblichen Namen, jene Tscholman-Idel, diese Naukrad-Idel, indem sie nur durch dies Volk die erste Bekanntschaft mit jenen beiden Flüssen gemacht haben können [16]). Über die Bezeichnung derselben bei den ältern Bulgaren ist uns leider nichts überliefert, obschon sich dieselbe nur an einen der beiden Namen entweder bei den Permiern und Wotjaken oder bei den Tscheremissen angeschlossen haben wird.

Die Kama, sagt Falk, ist die Wolga im Kleinen, denn gleich der Wolga nimmt sie die Gewässer eines sehr großen Gebietes in sich auf, ist daher sehr wasserreich, von ihren Quellen an schiffbar, ergießt sich ohne Fälle und Klippen und theilt alle Eigenthümlichkeiten ihres merkwürdigen Hauptstromes [17]). Die Quellen der Kama brechen nach der Angabe Rytschkows, welcher diese Lokalität allein besucht zu haben scheint, bei dem Dorfe Polonska aus einer sanft ansteigenden Landhöhe hervor mitten in einer von Waldungen und Sümpfen erfüllten Gegend. Sie liegen unter 58° 15′ N. Br. in der Nähe der wotjakischen Stadt Glasow, wo sich nahe benachbart auch die Quellen der Wjätka befinden. Das Wasser, welches diesem berühmten Strome seinen Ursprung giebt, quillt mit sanftem Rauschen aus dem felsigen Boden bei jenem Dorfe hervor und läuft

---

14) Müller, Sammlung russ. Geschichte III. S. 337.
15) Rytschkow, Tagebuch einer Reise S. 191.
16) Müller, Sammlung russ Geschichte III. S. 337.
17) Falk, topograph. Beiträge I. S. 141, 200.

anfangs westwärts bis zum Fuße dieser Anhöhe; dann wendet es sich gegen Norden und kommt in ein bewaldetes Thal, dessen sanftes Gehänge dem fortströmenden Quellwasser statt der Ufer dient. Auf der Südseite derselben Anhöhe in einer Entfernung von 7 Wersten liegt aber bei dem wotjakischen Dorfe Borisata der Ursprung eines zweiten Quellstromes der Kama, welcher sich drei Werst unterhalb des Ursprungs jenes ersten mit demselben vereinigt, woraus sogleich ein ziemlich starker Bach oder kleines Flüßchen entsteht. Nach der Vereinigung beider Quellströme richtet die Kama ihren Lauf gerade gegen Norden, und nimmt von allen Seiten eine große Menge von Sumpf- und Quellwasser in sich auf, welches ihr solche Nahrung gewährt, daß sie schon 40 Werst von ihrem Ursprunge so angewachsen ist, daß man ohne Schwierigkeit Lastschiffe mit Getreide auf ihr versendet [18]). Ununterbrochen setzt die Kama, im Abstande von nur wenigen Meilen von der Wjätka im Westen in gleicher Richtung begleitet, ihren Lauf nordwärts mit einer geringen Biegung gegen Nordwest fort, bis beide bei Annäherung an den Höhenzug des nordrussischen Uwalli unter rechtem Winkel, aber nach entgegengesetzten Seiten, ihren Lauf umbiegen, die Kama bei dem Dorfe Tichanowskaja unter $59\frac{1}{2}°$ N. Br. nach Nordost, die Wjätka im Südwest davon in südwestlicher Richtung.

Auf eine Strecke von 25 Meilen begleitet nun die Kama, bei dem Städtchen Kaigorodok vorüberfließend [19]), jenen nordrussischen Landrücken in der Richtung von Südwest nach Nordost zu beiden Seiten des 60. Parallels, bis sie in der Nähe der Stadt Tscherdyn bei der Annäherung an die uralischen Vorhöhen zum zweitenmale unter rechtem Winkel gegen Südost zurückgeworfen wird, und unter 60° N. Br. ihren ersten bedeutendern Zustrom, die Wischera, empfängt. Diese Wischera ist schon wegen ihrer Tiefe und Länge ein sehr bedeutender Fluß, aber noch mehr in historischer Beziehung wichtig durch die an ihren Ufern liegende permische Metropole und durch die auf ihr

18) Rytschkow, Tagebuch einer Reise S. 264, 265.
19) Gmelin, Reise durch Sibirien IV. S. 560.

in den ältern Zeiten statt findende Wasserverbindung mit den an der Dwina und Petschora liegenden Landschaften jenseit des Uwalli. Die Wischera kommt, wie früher bemerkt (Abth. 1. S. 82.), von denselben wasserreichen Anhöhen des Ural-Tau, auf welchen die Quellen der Petschora liegen, und ergießt sich von dort in südwestlicher Richtung meistens von hohen, steilen Felsenwänden eingeschlossen, zwischen denen sie aber an vielen Stellen eine Breite von 200 Faden gewinnt. Ihre Uferlandschaften sind mit dichten Waldungen bedeckt. An ihrem obern Laufe hausen nomadisirende Wogulen, nur in dem untern Theile ihres Laufes finden sich feste Ortschaften, und dort hat sie ein eben so gutes Fahrwasser als wie die Kama [20]). Nur noch wenige Werst von dem nordöstlichen Knie der Kama entfernt, auf welches sie zueilt, wird sie durch die ihr von Norden her zuströmende Kolwa plötzlich nach Süden umgewandt und ergießt sich an 30 Werst oberhalb Solikamsk in dieser Richtung zur Kama. Die Kolwa, der bedeutendste Zustrom der Wischera, entspringt in derselben Gegend mit der Wischera und Petschora zwischen deren beiden Quellen, und ergießt sich anfangs auch in südwestlicher Richtung von den uralischen Berghöhen hinab. Ihre Ufer werden von hohen felsigen Bergrücken begleitet oder sind von mächtigen Waldungen, Sumpf- und Morastlandschaften erfüllt. Die Felsenwände an der Kolwa haben meistens eine wild-romantische Gestalt und gleichen alten Ruinen. Bald aber biegt die Kolwa als ein ziemlich tiefes und breites Wasser nach Süden um, und ergießt sich so zur Wischera, wo an dem Westufer der Vereinigung beider Ströme die Stadt Tscherdyn gelegen ist [21]).

So öde und wild auch heut zu Tage das ganze Gebiet an der obern Kama sein mag, wo der Lauf dieses Stromes am Fuße des großen Uwalli sich durch die dichtesten, nie gelichteten Waldungen und durch Sumpflandschaften hindurchzieht, so berühmt und wichtig in der Kulturgeschichte der Völker des Nordens war doch einstmals diese Gegend am Westfuße des

---

20) Rytschkow, Tagebuch S. 297.
21) Rytschkow, Tagebuch S. 306.

Ural gleichwie das alte Jugrien auf der gegenüberliegenden Seite desselben Gebirgssystemes. Noch jetzt ist dieses ganze Gebiet überdeckt mit zahlreichen Überresten der Ansiedlung der Völker, in denen man die merkwürdigsten Denkmale der einst hier herrschenden Kultur und die sichersten Beweise des einstmaligen, hier hindurchgehenden großartigen Handelsverkehrs findet, der den fernsten Süden und Osten der alten Welt mit dem Norden der abendländisch-germanischen Welt verknüpfte. Des jüngern Rytschkows sorgfältigen Nachforschungen nach diesen für die nordische Geschichte so wichtigen Denkmalen in dem Lande an der Kama und mittlern Wolga verdanken wir die wichtigsten Aufschlüsse in dieser Beziehung [22]). Die ugrischen Permier oder Bjarmen sind hier das merkwürdige Kulturvolk, welches an der ganzen Kama entlang ausgebreitet südwärts bis zu den ihnen stammverwandten Bulgaren eben dort, wo die Kama die durch die Kolwa bereicherte Wischera in sich aufnimmt, seinen ältesten uns bekannten Sitz gehabt haben muß.

Die uralte Stadt Tscherdyn bezeichnet den Mittelpunkt und die ursprüngliche Lage des Landes Perm oder Bjarmaland, und sie soll selbst ehemals den Namen Welika Perma geführt haben [23]). Tscherdyn war ein Haupthandelsplatz und Hafenort für die Wolga-Schifffahrt in jenem Norden, wo sich zahlreiche asiatische Kaufleute einfanden, welche zu Lande und zu Wasser von dem kaspischen Meere her die Wolga und Kama aufwärts die Erzeugnisse ihres Landes herbeiführten und die vielgesuchten Schätze dieser nördlichen Landschaften wieder mit hinwegnahmen [24]). Die zahlreichen Grabhügel um Tscherdyn

---

22) Die für diese Verhältnisse gewiß sehr lehrreichen Reisen des Generals v. Berg in die Städte Tscherdyn und Solikamsk zur Aufsuchung vaterländischer Alterthümer, Petersburg 1821. 8., sind uns leider nur bekannt aus der Anzeige bei Oldekop, Petersburger Zeitschrift 1822. Th. I. S. 88.

23) Strahlenberg, der N. und O. Theil von Europa S. 103. Rytschkow, a. a. O. S. 302, 303.

24) Rasmussen, essai historique et géographique sur le commerce et les rélations des Arabes et des Persans avec la Russie et la Scandinavie durant le moyen âge, im journal asiatique. Paris 1824. 8. Tome V. p. 340—341.

herum sind nach Strahlenbergs Aussage mit vielen arabischen Münzen erfüllt, und noch in den neuesten Zeiten hat man in den düstern Waldungen Permiens an den Ufern der Kama die kostbarsten Denkmale hellenischer Kunst in Gefäßen von edlen Metallen aufgefunden, welche nur durch den Handelsverkehr, wenn auch nicht von byzantinischen Griechen, doch von Armeniern oder Arabern dahin gebracht sein können. Und Tscherdyn war dann wieder der Stapelort des Handelsverkehrs nach dem doppelten Holmgard am weißen und baltischen Meere, nach Cholmogory an der Dwina und später nach Nowgorod, von wo die vielen dort aufgefundenen orientalischen Münzen nebst den Nachrichten der skandinavischen Sagas auf das reiche Emporium Tscherdyn in Permien zurückverweisen[25]). Zahlreiche Gorodischtsches, Überreste alter, verfallener Ortschaften, wie sie die Russen nennen, liegen noch jetzt rings um Tscherdyn herum an den Ufern der Kama, Kolwa und Wischera, und bezeugen die ehemalige Population und Blüthe des Landes, und Strahlenberg meinte, daß man in keinem Theile des russischen Reiches sie so zahlreich als wie hier antreffe. So findet man an sechs Werst von Tscherdyn aufwärts ein Gorodischtsche, wovon aber blos noch vor Alter verfallene Wälle übrig sind; ein anderes zeigt sich an 14 Werst weiter aufwärts an der Kolwa bei dem Flecken Wilgor, welcher auch den Namen des alten permischen Ortes aufbewahrt haben soll, und ein drittes liegt wieder an 20 Werst höher an der Kolwa bei dem Flecken Iskor. In allen diesen Gorodischtsches, welche Rytschkow an der Kolwa selbst besuchte, findet man silberne und kupferne Sachen, wovon einige eine menschliche Gestalt haben, andere aber Schlangen, Vögel und wilde Thiere darstellen. Weiter von den Ufern der Kolwa abwärts sollen noch viele andere solcher Überreste von Ortschaften liegen[26]).

Aber das merkwürdigste von allen permischen Gorodischtsches liegt bei dem Dorfe Gubina an der Kama 25 Werst von Tscherdyn. Es war durch drei Wälle und eben so viele

25) Strahlenberg, der N. und O. Theil von Europa S. 95, 96, 103.
26) Rytschkow, Tagebuch einer Reise S. 305, 306.

Gräben befestigt gewesen, wovon zwei schon fast ganz verfallen, der eine aber noch unversehrt ist. Dieser hatte wahrscheinlich dem alten Orte zum Schlosse gedient, denn außer dieser Festigkeit des Walles findet man daselbst auch behauene Bruchsteine und Ziegel, die von steinernen Gebäuden sind. Wie groß der Umfang dieses Gorodischtsches gewesen, läßt sich nicht mehr genau angeben, weil die ganze umliegende Gegend von den Ackersleuten umgepflügt ist, doch versichern alte Leute, daß, ehe sie sich daselbst angebaut hätten, die Überreste von Gebäuden sich an vier Werst weit erstreckt hätten, und auch noch jetzt findet man in diesem Bezirke silberne und kupferne und zuweilen auch goldene Sachen. Der weitläuftige Umfang dieses Gorodischtsche und die daselbst gefundenen Kostbarkeiten lassen vermuthen, daß dieser Ort, noch ehe Tscherdyn sich erhob, die Haupt- und Residenzstadt des tschudischen Landes Permien, und daß hier der berühmte Hafen für die asiatischen Fahrzeuge, so wie ihn Strahlenberg, der älteste Reisende in diesen Gebieten [27], an die Ufer der Kama setzt, gewesen sei. Dieser Ort ist also das wichtigste und bedeutendste unter allen Gorodischtsches in dem Lande Permien. Die Kama läuft in der dürren Sommerzeit an hundert Faden weit von dem Orte vorüber und läßt am Fuße der Anhöhe, auf der er steht, Sandplätze und kleine Seen, die von dem Frühlingswasser stehen bleiben. Noch zu Anfange des vorigen Jahrhunderts soll die Kama das ganze Jahr hindurch ihren Lauf dicht am Fuße der Anhöhe gehabt haben, aber seit geraumer Zeit geht sie nach der Abendseite hinüber, wo sie das abschüssige Ufer beständig unterwäscht [28].

Ist nun zwar Tscherdyn nicht so in Trümmer gesunken wie das Gubinskoe Gorodischtsche, so hat es sich doch von seinem alten Glanze und Reichthum nur wenig bewahrt. Wenn auch das Aufblühen von Bulghar an der mittlern Wolga für Tscherdyn nicht gerade nachtheilig gewesen sein kann außer in so fern, als seit dem zehnten und eilften Jahrhundert der Waaren-

---

27) Strahlenberg, der N. und O. Theil von Europa S. 96. Cf. **Vsévoloïsky**, dictionnaire géogr. histor. de la Russie II. p. 103.

28) Rytschkow, Tagebuch einer Reise S. 315, 316.

renzug nach dem baltischen Holmgard sich gleich von dort aus ohne nach Tscherdyn hinaufzugehen abgewandt haben mag, so mußte doch das Aufhören des normannischen Handelsverkehrs nach Bjarmaland seit dem Anfange des dreizehnten Jahrhunderts [29]) der Blüthe des Emporiums an der obern Kama einen tödtlichen Stoß versetzen, und zwar um so mehr als die zu gleicher Zeit beginnenden Verwüstungszüge der tatarischen Horden in den Gebieten an der Wolga alle merkantilischen Verbindungen zersprengten. Tscherdyns Schicksal mußte dasselbe sein wie das des Hafens Cholmogory an der Dwina, und als später die Handelsverbindungen zwischen dem Orient auf der einen und dem Abendlande und dem Norden auf der andern Seite wieder angeknüpft wurden, hatte der Handel doch ganz andere Bahnen gefunden, welche die permische Metropole nicht berührten und so diese Stadt dem Verfalle preis gaben. Sie ist jetzt nur ein sehr unbedeutender Ort, und da auch die früher noch sehr einträgliche Jagd auf Pelzthiere schon abgenommen hat, so beschäftigen sich die Bewohner außer mit Ackerbau und Viehzucht, die wegen des Klimas und Bodens nicht sehr ergiebig sind, mit Holzfällen und Barkenbau [30]). Aber die noch vorhandenen Spuren eines Weges, durch welchen die Kama mit der Petschora und Dwina in Verbindung steht, sind die Zeugen, daß hier einst eine lebhafte Schifffahrt statt fand, welche das kaspische und polarische Meer mit einander verband. Wo jedoch früher die kostbaren indischen Waaren ihre Bahn fanden, da besteht der jetzige Handel nur noch in Getreide, welches die tscherdynschen und solikamskischen Kaufleute auf jenem alten Wege bis nach Pustosersk und andern Orten an der Petschora führen. Dort befrachten sie ihre Schiffe mit Fischen und Werkstücken von behauenen Steinen, die sie aus den Felsmassen an den Ufern dieses großen Stromes bekommen, und fahren damit wieder zurück [31]).

Schon Pallas machte darauf aufmerksam, daß gerade hier

---

29) Schlözer, allgem. nordische Geschichte S. 462.

30) Heym, Encyklopädie des russ. Reiches S. 880.

31) Rytschkow, Tagebuch S. 296.

am Westfuße des Ural der nordrussische Uwalli in seinen überhaupt flachen Rücken nur eine sehr geringe relative Erhebung zeige, und daß bei dem großen Quellreichthum dieses Gebietes zur Zeit der Frühjahrsüberschwemmungen zwischen der Kama, Petschora und Wytschegda eine natürliche Wasserkommunikation statt finde [32]). Und auch in der trockenen Jahreszeit hat man nur schmale Woloke von der Kama aus bis zu jenen beiden nordischen Flüssen zu übersetzen. Die Spuren dieser alten Wasserverbindung über den Rücken des Uwalli hinüber, die dem permischen Handelsverkehr so außerordentlich günstig war, lassen sich noch jetzt verfolgen. Die Kolwa aufwärts gehend bei jenen oben genannten Gorodischtsches vorüber gelangt man in die Wischurka, einen kleinen, nördlichen Nebenfluß derselben, der aus dem kleinen See Tschussowoe herauskommt. Dieser See, unter dem 61. Parallel gelegen, von einer Länge und Breite von zehn Werst, hat süßes Wasser und ist sehr fischreich. In ihn ergießen sich von Norden her zwei kleine Flüsse, die Wogulka östlich, die Beresowka westlich, welche beide aus einer niedern, sumpfigen Landschaft zwischen der Kama, Petschora und Dwina kommen. Aus dem See schifft man nun in die Wogulka und ihren Nebenarm Jelowka. Dann aber hat die Wasserfahrt ein Ende, da mußte man die Waaren ausladen und sie nebst den Fahrzeugen an vier Werst weit zu Lande über einen mit Holz bewachsenen Wolok hinüberführen. Dies ist der sogenannte Petscherskoi Wolok, der wie die ganze Wasserstraße und Tscherdyn unter dem 74. Meridian liegt. Auf der andern Seite läuft sodann das Flüßchen Wolosniza zur Petschora hinab, wo die Fahrzeuge wieder beladen werden und auf dem man nach Ust Wolosniza an der Petschora fährt. Dies ist nun der Weg, wie Rytschkow sagt, auf welchem die alten Bjarmier zum Eismeere gelangten, so wie noch die jetzigen Bewohner der Gegend von Solikamsk [33]).

Von diesen Flüssen sind jedoch die Wogulka und die Jelowka am schwierigsten zu befahren, denn im Herbst und Som-

32) Pallas, Reisen durch verschied. Provinzen III. S. 488.
33) Rytschkow, Tagebuch S. 297, 298.

mer werden sie so seicht, daß man kaum mit einem bloßen Kahn auf ihnen fortkommen kann. Die Schiffer wissen sich da zu helfen, daß sie auf eine eigenthümliche Weise das Wasser des Flusses anstauen und so fortschiffen, bis das Wasser sich wieder verlaufen hat. Solche mühsame Fahrt geht auf der Wogulka an 15 Werst und auf der Jelowka an 6 Werst weit; auch bedient man sich zu dieser Wasserfahrt eigenthümlicher Fahrzeuge. Im Frühjahr gehen die Fahrzeuge in 10 bis 12 Tagen aus der Kama in die Petschora, in den dürren Monaten gebrauchen sie aber, den Landtransport über den petschorischen Wolok mit eingerechnet, an drei Wochen [34]). Die dort bis in die neuern Zeiten üblichen Fahrzeuge größerer Art, die Kajuken von 6 Faden Länge, ladeten an 1200 bis 1300 Pud, die kleinern, die sogenannten Bruseniken, nur 5= bis 600 Pud [35]).

Wichtiger für die alten Permier war aber unstreitig die Wasserstraße von der Kama zur Dwina als Verbindung des Seehafens am weißen Meere mit der Wolga. Auch auf dieser Straße ging man zunächst aufwärts bis zum Tschussowoe Osero, dann in die Beresowka hinein und über den Wolok Buchonin zur Wytschegda. Dieser Wolok bildet die westliche Fortsetzung des petschorischen und ist mit mächtigen Fichten= und Tannenwaldungen bedeckt. Die Breite desselben bis zur Kima, auf der man in die Wytschegda gelangt, beträgt nur eine halbe Werst. Auf diesem Wolok sollen noch Überbleibsel verfaulter Brücken vorhanden sein, welche von den alten Permiern zur bequemern Überführung der Kaufmannswaaren und Fahrzeuge erbaut waren. Dieser Weg war bis auf die neueste Zeit die große Handelsstraße von Solikamsk nach Archangel [36]).

Diese uralte Wasserverbindung zwischen dem weißen und kaspischen Meere ist in neuern Zeiten, als die Staatsmacht in jenen Gebieten sich mit mehr Bewußtsein der merkantilischen Interessen bemächtigte, nicht unberücksichtigt geblieben. Denn

34) Rytschkow, a. a. O. S. 299.

35) Rußlands Wasserverbindungen. S. 244.

36) Rytschkow, a. a. O. S. 300. Dabei ist auch der Plan dieser doppelten Kommunikation von der Kama zum weißen und polarischen Meere.

gerade hier, wo das Wolga-System durch die Kama am weitesten in die nordischen Theile der sarmatischen Ebenen eingreift und mit dem östlichen Quellstrom der Dwina in die größtmögliche Berührung tritt, konnte bei der eigenthümlichen Natur des nordrussischen Uwalli eine kunstgemäße Kanalverbindung der mittlern Wolga mit dem weißen Meere, wie über hundert Meilen weiter im Westen eine ähnliche Verbindung von der obern Wolga aus bei ihrer Annäherung an die Suchona, den westlichen Quellstrom der Dwina, bewirkt wurde, eröffnet werden. Auch hier war es wieder Peter der Große, der den Verbindungsplan entwarf, obschon später der Plan auf eine andere Weise ausgeführt ward. Denn nach dem Entwurfe, den der Ingenieur Suchtelen der Kaiserin Katharina **II.** vorlegte und von derselben bestätigt wurde, sollte die Verbindung zur Wytschegda nicht auf dem ältesten Wege vermittelst der Wischera und Kolwa, sondern eigentlich unmittelbar von der Kama selbst ausgehen, wo sie sich westlich neben Tscherdyn an ihrem nordöstlichen Knie dem Uwalli am meisten genähert hat. Dort ergießen sich zwischen der Kama und Wytschegda zwei kleine Flüßchen, beide Kiltma genannt, aus einem und demselben Moraste auf dem Rücken des Uwalli nach entgegengesetzten Richtungen hinab, die Permskaja Kiltma südwärts zur Kama, die Syrjanskaja Kiltma nordwärts zur Wytschegda. Beide waren an 10 Werst von ihrem Ursprunge abwärts schiffbar, und ein nicht schwieriger Kanalbau von 17 bis 20 Werst Länge konnte beide in Verbindung bringen [37]). Leider störte die so eben begonnenen Arbeiten an diesem Bau der zweite Türken-Krieg Katharinas im Jahre 1788, sie wurden erst wieder aufgenommen unter ihrem Enkel Alexander, und dieser sogenannte Nord-Katharinen-Kanal ward dann in den Jahren 1803 bis 1812 vollendet. Er hat eine Länge von 16 Werst und 300 Faden, eine Breite von 33 bis 40 Fuß, eine Tiefe von 5 Fuß und ist von 3 hölzernen Schleusen, jede von einer Kammer, beherrscht. Die erste dieser Schleusen befindet sich an der nördlichen Kiltma und heißt die Katharinen-Schleuse. Von

37) Georgi, geograph. Beschreibung I. S. 278, 279.

da folgt 1000 Faden aufwärts die Alexander-Schleuse, welche mit der dritten, der St. Nikolai-Schleuse, das Niveau des Theilungspunktes einschließt. Nach der bisherigen Benutzung dieses Kanals scheint seine Bedeutung jedoch noch in der Zukunft zu liegen [38]).

Von der Einmündung der Wischera an strömt die Kama zunächst in gerader Richtung, im Meridian von Tscherdyn, südwärts fort und behält diese Richtung bis zur Stadt Perm unter dem 58. Parallel. Nur an 30 Werst abwärts empfängt die Kama den östlichen kleinen Zustrom Ussolka, an welchem 7 Werst von seiner Mündung die wichtige permische Stadt Solikamsk gelegen ist, deren Name schon auf den Reichthum der Naturgaben in dem Lande an der Kama hinweiset. Solikamsk oder Sol-Kamskaja d. h. die Salzstadt an der Kama gehört zwar nicht zu den ältesten Städten Permiens, hat aber doch in der russischen Zeit den Rang über Tscherdyn davon getragen. Der Ort verdankt den daselbst aufgefundenen Salzquellen seine Entstehung, zu deren Bearbeitung sich ums Jahr 1558 freie Leute hier ansiedelten [39]), und durch den Zaren Iwan II. Wasiljewitsch wurde der Ort der Sitz der russischen Provinzial-Regierung im Lande Perm. Dies dauerte bis zum Anfange des achtzehnten Jahrhunderts, wo der Mittelpunkt dieses Landes aufs neue nach Süden hinabwanderte, indem auf Veranlassung des großen Aufstandes der Baschkiren (s. Abth. 1. S. 147.) der Sitz der Verwaltung im Jahre 1737 nach dem Orte Kungur verlegt wurde, um der Heimath jenes aufrührerischen Volkes näher zu sein [40]). Seitdem hielt sich der Ort nur als Hauptmittelpunkt der Salzwerke in dem permischen Lande, durch den Pelzhandel und durch den Verkehr aus den kornreichen kasanischen Gebieten nach den Landschaften an der Dwina [41]). Das ganze nördliche Permien oder die Landschaft um Solikamsk ist mit ausgedehnten Sümpfen und

38) Rußlands Wasserverbindungen. S. 242, 243.
39) Heym, Encyklopädie des ruff. Reiches S. 797.
40) Lepechin, Tagebuch einer Reise III. S. 79.
41) Georgi, geograph. Beschreibung II, 1. S. 276.

Waldungen erfüllt, obschon es zwischen ihnen nicht an fruchtbarem Erdreich fehlt; denn es gedeiht dort am Fuße der westlichen Vorhöhen des Ural unter dem 59. und 60 Parallel noch Roggen, Gerste und Hafer und selbst noch etwas Weizen. Doch ist die Agrikultur nur immer wenig belohnend, und steht hinter den andern Zweigen der Thätigkeit der Bewohner sehr zurück [42]). Der feuchte, wasserreiche Boden trägt zur Rauhigkeit des Klimas sehr bei, wenn gleich jener Umstand für die Kama und somit auch für den Handelsverkehr um so vortheilhafter ist.

Wegen der vielen Sümpfe in der Gegend des Ursprunges der Kama und wegen der großen Menge von Bächen und Zuströmen, welche aus den quellreichen Waldungen von allen Seiten sich zu ihr ergießen, empfängt die Kama sehr reichliche Nahrung, und sie scheint, wie Rytschkow bemerkt, noch wasserreicher zu sein als die Wolga, wie sie auch im Sommer von den größten Lastschiffen ungehindert befahren wird [43]). Zu diesen wasserreichen Zuströmen gehören unter Solikamsk auf der östlichen Seite die Jaiwa und die Koswa, welche von dem werchoturischen Ural herabkommen, auf der westlichen Seite die Inwa und Obwa, welche aus demselben quellreichen Boden kommen, dem die Kama selbst entströmt. Sie sind für die an ihnen aufgeblühten Hüttenwerke von großer Wichtigkeit und ihre Ufer, wie an der Obwa, ziemlich bevölkert, und sie bilden die Kanallinien für den Getreidetransport in diesen Gebieten [44]). Das ganze von der Kama in ihrem obern Laufe fast inselartig umschlossene Gebiet ist zugleich erfüllt mit zahlreichen Überresten von Ansiedlungen der alten Permier, so daß diese Gorodischtsches dem jetzt so öden Boden ein großes historisches Interesse verleihen. Das bedeutendste derselben befindet sich auf dem Westufer der Obwa an zwei Werst von dem Flecken Roschestwenskoe oder in der Nähe des Städtchens Obwa. Die hohen Wälle ausgenommen sind zwar jetzt keine Überbleibsel des Al-

---

42) Rytschkow, Tagebuch S. 292.
43) Rytschkow, a. a. O. S. 266.
44) Rußlands Wasserverbindungen. S. 111.

terthums mehr vorhanden, doch sieht man innerhalb der Verschanzungen eine Menge von Feldsteinen, Ziegeln und glasirten Tafeln, also von steinernen Gebäuden. Früher soll innerhalb der Wälle ein Thor von Feldsteinen gestanden haben, woraus zu schließen ist, daß hier einst der Sitz biarmischer Fürsten gewesen ist. Auch findet man daselbst mancherlei merkwürdige Sachen, besonders aus Kupfer bestehend, ferner Krystalle, Glasperlen von farbigen Steinen und dergleichen, die wohl Frauenzimmerschmuck bildeten. Die Anwohner behaupten, daß sie nicht selten unter den Ruinen goldene und silberne Ringe, kleine Fingerringe, Ohrengehänge und ähnlichen Weiberschmuck fänden. Westlich von diesen Verschanzungen befinden sich tiefe Steinklüfte, und hinter denselben liegt auf der Höhe desselben Berges ein anderer mit Wällen verschanzter Ort, dessen Befestigungen noch bis auf den heutigen Tag ihre alte Festigkeit sich erhalten haben. Dies war nach Rytschkows Meinung das Schloß zu dem alten Wohnplatze. Die Wälle sind in der Gestalt eines Kreises aufgeführt und haben auf der Abendseite ein Thor von aufgeworfener Erde, wodurch man in das Innere der Verschanzung gelangt. Man findet daselbst eine Menge Steine und glasirter Tafeln, aber nichts von merkwürdigen Überbleibseln alter Gebäude. Der Umfang dieses Schlosses ist sehr klein, er beträgt nicht über 50 Faden, während die erstere Verschanzung einen Platz von beinahe einer Werst ausmacht [45]).

An 10 Werst von diesem Orte auf dem Wege nach Solikamsk findet sich ein anderes Gorodischtsche, das aber nichts merkwürdiges enthält und dessen Wälle auch zum Theil schon umgeackert sind. Aber 50 Werst weiter von diesen Ruinen liegt der Flecken Kupros an einem mäßigen Bache, der sich zur Inwa ergießt. Dieser neuere Ort steht auf der Stelle einer mit Wällen umschanzten verfallenen alten Stadt, worin der Sage nach Fürsten aus dem tschudischen Stamme gewohnt haben. Man findet da verschiedene goldene und silberne Sachen, auch Ackerwerkzeuge, welche in den Stadtruinen und auf den umliegenden Feldern angetroffen werden, ein Beweis, daß

45) Rytschkow, Tagebuch einer Reise S. 266 bis 269.

die alten Bewohner dieser Landschaft auch Ackerbau getrieben haben. An 20 Werst weiter, nicht weit von dem Flecken Maikowo an der Inwa an der großen Straße von Obwa nach Solikamsk liegt ein ähnliches Gorodischtsche und umher mehrere andere. Der neuere Flecken Gorodischtsche, bei dem Stroganowschen Hüttenwerke Poschewskoi an der Kama selbst gelegen, an 58 Werst von Kupros, hat auch seinen Namen davon, daß er auf der Stelle einer alten Stadt angelegt ist, wovon noch die hohen Wälle übrig sind, die einen Raum von 150 Faden im Umfange umschließen, und an 20 Werst weiter an der Kama aufwärts liegt ein anderes Gorodischtsche auf einem hohen, steilen Berge bei dem Stroganowschen Hüttenwerke Wisimskoi [46]). Alle diese Überreste sind Beweise für die einstmalige bedeutende Ansiedlung der Bewohner in diesem tschudischen Bjarmaland, welche zugleich die merkwürdigsten Denkmale und Zeugnisse der in der frühern Zeit der nordischen Geschichte hier heimischen Kultur enthalten.

Nachdem die Kama ungefähr das erste Drittheil ihres von Tscherdyn an gegen Süden und Südwest gerichteten Laufes bis zu ihrer Einmündung in die Wolga als begleitendes Längenthal am Westfuße des mittlern Ural zurückgelegt hat, empfängt sie den zweiten von den drei Strömen Wischera, Tschussowaja und Bjelaja, welche ihr als die bedeutendsten Nebenflüsse von Osten her, in immer größern Maaßstabe von Norden nach Süden gerechnet, von den uralischen Berghöhen zuströmen, und welche die drei fast ziemlich gleich großen Abschnitte des an 100 Meilen weit ausgedehnten Längenthales der Kama, jeder von ungefähr 35 Meilen Länge, bezeichnen. Die Tschussowaja bildet zugleich in ihrer nordwestlichen Thalsenkung den großen Durchbruch durch die Mitte des uralischen Erzgebirges hindurch und bezeichnet somit, wie schon früher nachgewiesen ist, die große Naturstraße, auf welcher jenes Gebirgssystem in der Urzeit der Geschichte von den Völkern in dem Zustande ihrer Kindheit zuerst durchsetzt werden mußte, wie es später von den Abendländern wirklich zuerst durchschritten

46) Rytschkow, a. a. O. S. 269 bis 272.

worden ist. An dem linken großen Zustrom der Tschussowaja an der Sylwa, die sie auf der Südwestseite begleitet und sich nicht weit von ihrer Einmündung in die Kama zu ihr ergießt, liegt Kungur, die dritte Hauptstadt des permischen Landes, wenn gleich auch erst aus jüngeren Zeiten stammend [47]). Denn Kungur ward erst im Beginn der Herrschaft des Hauses Romanow im Jahre 1622 von den Russen gegründet, hatte aber bald das Schicksal bei den damals beständigen Unruhen durch die Baschkiren wieder zu Grunde zu gehen, und wurde erst im Jahre 1663 vom Zaren Alexei Michailowitsch an 20 Werst von dem frühern Orte entfernt zwischen der Sylwa und ihrem Zustrom Iren wieder aufgebaut und mit russischen Kolonisten aus andern Städten bevölkert [48]). Dieselben fortdauernden unruhigen Bewegungen bei den Baschkiren waren es sodann auch, welche die Verlegung des Sitzes des permischen Woiwoden von Solikamsk nach Kungur zur Folge hatten, und so wurde Kungur in der Zeit von 1737 bis 1785 die Hauptstadt von Permien, und zeigt noch jetzt, wie früher bemerkt, die Überreste der zum Schutze des Gouvernements dort angelegten Befestigungen [49]). Erst in der Zeit der zweiten Katharina mußte auch diese Stadt wieder die Würde einer Hauptstadt jenes alten berühmten Landes an eine andere noch jüngere abgeben, obschon sie sich wegen der umliegenden Hüttenwerke und wegen der großen nach Katharinenburg hindurchführenden Heerstraße immer noch eine gewisse Bedeutung erhalten hat [50]). Nicht minder als wie die auf der Westseite der Kama liegenden Gebiete sind auch die auf der Ostseite überall mit Gorodischtsches der alten Permier erfüllt, obgleich die wenigsten bis jetzt aufgesucht und näher erforscht sein mögen. So fand Rytschkow ein solches am Ostufer der Kama an der Mündung der Tschussowaja, dessen Ost- und Südseite durch hohe Wälle verschanzt war, die einen Umfang von 400 Faden hatten und ein mäßiges Dorf

47) Georgi, Reisen II. S. 684.
48) Heym, Encyklopädie des russ. Reiches S. 410.
49) Lepechin, Tagebuch einer Reise III. S. 79.
50) Georgi, geograph. Beschreibung II, 1. S. 274, 275.

in sich einschlossen [51]). Die Tschussowaja bezeichnet übrigens am Westfuße des Ural die Grenzmark zwischen den beiden einstmals verwandten Völkerschaften der Wogulen und Baschkiren, welche sich nach Zurückdrängung der Permier, der Ursassen in dem Kama-Lande und am mittlern Ural, erst allmählig von Norden und von Süden her bis dahin ausgebreitet haben, aber auch auf gleiche Weise durch die zunehmende russische Kolonisation im Lande Permien wieder werden auseinander gesprengt werden.

Nur wenige Meilen abwärts der Mündung jenes Flusses liegt auf dem linken Ufer der Kama die Stadt Perm im direkten Abstande von 25 Meilen von Solikamsk unter dem 58. Parallel oder in gleicher Breite mit dem nördlichsten Wolga-Knie bei Mologa. Die Stadt Perm, die jetzige Hauptstadt des permischen Landes, dessen Namen sie in sich aufbewahrt, ist nichtsdestoweniger die jüngste Stadt in diesem Gebiete, dessen politischer Mittelpunkt nach vielfacher Wanderung von Tscherdyn über Solikamsk und Kungur hier nun wohl für immer seinen festen Sitz gefunden hat. Denn Perm liegt an der Einmündung des kleinen Zustromes Jagoschicha, und war ehemals nur das von Peter dem Großen im Jahre 1723 angelegte Kupferwerk Jagoschichinskoi Sawod, woraus zunächst eine Slobode ward, welche sodann bei der neuen Organisirung des Landes Permien wegen ihrer günstigen Lage von der Regierung im Jahre 1785 zur Stadt erhoben und zugleich zur Hauptstadt des ganzen Landes gemacht wurde [52]). Sie hat eine angenehme Lage auf dem erhabenen Ufer der Kama zwischen zwei Hügeln und ist zum Theil von Bergen umgeben. Die Nachbarschaft der zahlreichen Hüttenwerke und Salinen, so wie die Ernennung zur Hauptstadt desjenigen Gouvernements, welches den gesammten mittlern Ural mit seinen West- und Ostgehängen umfaßt, trugen zum schnellen Emporkommen dieser Stadt gleichmäßig bei, und ihre günstige Lage unterhalb

---

51) Rytschkow, Tagebuch S. 321.

52) Heym, Encyklopädie des russ. Reiches S. 614. Georgi, geograph. Beschreibung II, 1. S. 270.

der Vereinigung der Kama und Tschussowaja mußte sie zum Stapelplatz für permische und sibirische Produkte und für den sonstigen Handelsverkehr auf der obern Kama nach Solikamsk und Tscherdyn, so wie auf der Tschussowaja nach Katharinenburg und Tobolsk machen [53]). Unter den zahlreichen Stapelplätzen des Handelsverkehrs in dem Stromsystem der Kama oder in dem Vermittelungslande zwischen der Wolga, Dwina und Irtisch ist Perm auch der bedeutendste, und schon jetzt ist seine Bevölkerung auf fast 10,000 Bewohner gestiegen. Schon im Jahre 1782 legten hier 556 Fahrzeuge an, die über 15,500 Mann Schiffsvolk beschäftigten, und mehrere Millionen Pud Eisen und Salz wurden damals von diesem Platze abgefertigt. Seitdem ist der Handel bedeutend gestiegen, und es werden fortwährend noch die Erzeugnisse des Ural-Gebirges an Eisen, Kupfer und Salz, so wie der aus Kiachta hierher gebrachte Thee von hier aus weiter versandt. Im Jahre 1828 betrug der Werth der Ladungen gegen 22 Mill. Rubel [54]).

Die Kama ist bei der Stadt Perm, woselbst ihr Spiegel an 350 Fuß über dem Meere liegen soll [55]), schon ein ansehnlicher Strom. Denn unterhalb Solikamsk beträgt ihre Breite an 50 bis 250 und, wo sie durch Inseln getheilt wird, noch mehr Faden. Bei Perm ist sie eine Werst breit, bei einer Tiefe von 3 bis 5 Klaftern, und hat an der rechten Seite ein aus Flötzhügelmassen bestehendes, an 12 Klafter hohes Ufer, während sich an ihrer linken Seite ein an zwei Werste breites Gestadeland ausdehnt [56]). Überhaupt zeigt sie eine analoge Bildung mit der Wolga. Ihr rechtes oder westliches Ufer bildet die Gornaja aus Thon-, Kalk-, Mergel- und besonders

53) Erdmann, Reisen im Innern Rußlands II, 2, S. 45, 151, 176. Über den frühern Zustand des Ortes vergl. Georgi, Reisen II. S. 624.

54) Rußlands Wasserverbindungen. S. 136.

55) Erman, Reise durch Nord-Asien I. S. 267. Mit dieser Angabe stimmen auch die von Pansner und von Humboldt überein nach den Mittheilungen von Berghaus, allgem. Länder- und Völkerkunde II. S. 566 und dessen Annalen der Erd- und Völkerkunde a. a. O.

56) Georgi, Reisen II. S. 641.

Sandsteinlagen bestehend, ihr linkes oder östliches Ufer, die Lugowaja, besteht aus flachem, offenem Lande [57]). Ihr Gestade, welches sich bis zu vier Werst erweitert, zeigt wie das der Wolga Wiesen und Brüche; in ihrem Bette selbst strömt sie auf übersandetem Thon und Steingrunde, ohne aber von Klippen und Fällen gestört zu werden. Sie fließt schneller als die Wolga, und soll nirgends eine Brücke vertragen. Im Sommer zeigt sie zwar viele Sandgrundstellen, behält aber auch in jener Jahreszeit eine für die Fahrt belasteter Barken hinreichende Tiefe [58]). Wie bei der Wolga wird ihr ganzes Gestade in der Frühjahrszeit von den anschwellenden Wassern überschwemmt, daher findet mit dem Aufgehen des Stromes, mit dem Ende des April, auch vornehmlich der Transport der uralischen Produkte statt, indem dann nicht blos auf der Kama, sondern auch auf den uralischen Zuströmen, wie auf der Tschussowaja, die häufigen Untiefen für die schwer beladenen Fahrzeuge gefahrloser sind. Ende August ist der niedrigste Wasserstand der Kama, ihr Spiegel soll dann um 20 Fuß tiefer als in der Frühjahrszeit stehen [59]). Das Wasser der Kama wird als besser und reiner als das der Wolga gerühmt, es ist dunkel von Ansehn und beherbergt einen Überfluß von Fischen aller Art. Unstreitig verdankt die Kama ihren Reichthum an diesen Fischen gemeinschaftlich mit der Wolga dem kaspischen Meere, aber es werden doch die Fische der Kama vermuthlich wegen der trefflichen Beschaffenheit ihres Wassers für schmackhafter und für gesunder als die der Wolga gehalten [60]). Auch Pallas rühmt die Fische der Kama als die schmackhaftesten in ganz Rußland, wenigstens seien die hiesigen Weißlachse, Störe und Sterleden den wolgischen weit vorzuziehen; außerdem habe die Kama noch einen Hauptfisch in dem kleinen Lachs (Krasnaja Ryba), der in einer Größe von anderthalb bis zwei Ellen lang gefangen

57) Pallas, Reisen durch verschiedene Prov. II. S. 497.

58) Georgi, geograph. Beschreibung I. S. 277, 278.

59) Erman, Reise durch Nord-Asien I. S. 269.

60) Rytschkow, Orenburg. Topographie bei Büsching a. a. O. VII. S. 10. Allgem. geograph. Ephemeriden 1806. Th. XX. S. 329.

werde[61]). Demnach ist auch die Fischerei auf diesem permischen Hauptstrome nicht unbedeutend, wie dies schon aus dem Umstande hervorgeht, daß sich die Anwohner zum Fange der Fische so mannigfacher und so verschiedenartiger Geräthschaften bedienen, welche zugleich von den auf der Wolga üblichen abweichen[62]).

Von Perm an beginnt nun an der Kama in dem zweiten Abschnitt ihrer Thalsenkung am Fuße des Ural zwischen den Einmündungen der Tschussowaja und Bjelaja oder zwischen dem 58. und 56. Parallel ihre Normaldirektion gegen Südwest vorherrschend zu werden, obschon sie noch zweimal bei den beiden Städten Ochansk und Sarapul eine südliche Richtung wieder aufnehmen will. Bei dem Städtchen Ochansk, an neun bis zehn Meilen im Südwesten von Perm auf dem rechten Ufer der Kama, wo die große von Kasan kommende sibirische Heerstraße auf dem Wege nach Perm die Kama überschreitet, hat die letztere durch ihre südwestliche Richtung in ihrem bisherigen Laufe einen solchen Bogen zurückgelegt, daß sie nach einer Strombahn von 800 Wersten nur noch gegen 70 Werst von ihren Quellen gegen Ost-Südost entfernt ist[63]). Südwärts von Ochansk eilt die Kama bei dem Städtchen Ossa auf ihrem östlichen Ufer vorüber, nach welchem seit dem Jahre 1737 oder seit der neuern Organisirung des permischen Landes der eine Haupttheil der Baschkiren, die Ossinskaja Doroga (s. Abth. 1. S. 149.), benannt wurde[64]), und erreicht sodann die Stadt Sarapul, wiederum auf dem westlichen Ufer der Kama gelegen. Sarapul wurde erst im Jahre 1707 erbaut auf Veranlassung der damals aufrührerischen Baschkiren und zwar als Festung auf den Trümmern einer alten bulgarischen Stadt[65]). Sie ist umgeben von zahlreichen tatarischen, wotjakischen und tscheremissischen Dörfern, zum Theil auch von russischen Ansiedlungen, welche durch den fruchtbaren Ackerboden und den ergie-

---

61) Pallas, Reisen durch verschied. Prov. III. S. 488.
62) Rytschkow, Tagebuch einer Reise S. 188 bis 190.
63) Erman, Reise durch Nord-Asien I. S. 267.
64) Heym, Encyklopädie des russ. Reiches S. 591.
65) Falk, topograph. Beiträge I. S. 162.

bigen Fischfang dieser Gegend angelockt sind [66]). Daher fand bei der überdies sehr günstigen Lage an der großen Wasserstraße von Kasan nach Perm auch schon zu Pallas Zeit hier ein lebhafter Handelsverkehr statt, der in neuern Zeiten immer mehr gestiegen ist. Stets gehen von der obern Kama und Tschussowaja die mit Salz, Holz und Eisen beladenen Fahrzeuge abwärts hier vorbei, während die aus den benachbarten Kornkammern befrachteten Schiffe nach Solikamsk und Tscherdyn und bis nach Archangel aufwärts steigen. Die ausgebreiteten mächtigen Waldungen umher liefern treffliches Schiffsbauholz, dessen Vertrieb für die Bewohner Sarapuls sehr einträglich ist. Für diesen Holzhandel erbaut man eigene Fahrzeuge, Nassadi genannt, welche eine Länge von 20 Klaftern, eine Breite von 7 Klaftern und eine Höhe von 5 Ellen haben. Sie werden von 25 Arbeitsleuten regiert und führen das Zimmerholz bis nach Astrachan hinab [67]).

Ungefähr zehn Meilen südwärts von Sarapul empfängt die Kama den dritten und größten ihrer östlichen Zuströme, die Bjelaja oder den Baschkiren-Fluß, welcher, wie wir schon früher gesehen haben (Abth. 1. S. 30.), in Verbindung mit der Ufa die gesammte Westkette des Orenburgischen Ural umspannt und einen großen Theil der Wasserfülle jenes südlichen, waldreichen Ural der Kama zuführt. Von der baschkirischen Stadt Ufa an, wo sich die von entgegengesetzten Richtungen kommenden Quellströme der Bjelaja und Ufa am Fuße des Ural vereinigen, strömt die Bjelaja, wenn auch mit mancherlei Krümmungen, aber immer in nordwestlicher Richtung, den fruchtbarsten Kulturboden bewässernd, zu der noch an 30 Meilen weit entfernten Kama. Auch in ihrem Laufe durch das ebene Land empfängt die Bjelaja wie innerhalb des Gebirges noch zahlreiche Zuströme von den quellreichen Vorhöhen des Ural. Gleich unterhalb Ufa nimmt sie die Dioma in sich auf, welche dem flachen Landrücken des Obstschei Syrt nordwärts entströmt und an deren Ufern wichtige Kupferbergwerke liegen [68]). Weiter ab-

66) Heym, Encyklopädie S. 763.
67) Pallas, Reisen durch verschied. Prov. III. S. 487.
68) Rytschkow, Tagebuch einer Reise S. 121.

wärts geht die Bjelaja bei dem Städtchen Birsk vorüber, das auf ihrer rechten erhabenen Uferseite in einer sehr fruchtbaren Umgebung liegt, und nimmt unterhalb den von Norden herkommenden Tanyp in sich auf, dessen Uferwaldungen für die hier im Großen betriebene Bienenkultur als sehr vortheilhaft gerühmt werden. Ackerbau und Bienenzucht bilden auch für die ganze Bevölkerung um die untere Bjelaja herum, welche aus Baschkiren, Wotjaken und Tscheremissen besteht, die vornehmste Beschäftigung [69]). Auf die vielfachen Spuren und Überreste alter Ansiedlungen in dem fruchtbaren Gebiete der untern Bjelaja in Grabhügeln, Befestigungsmauern, Städteruinen und alten Grubenwerken bestehend, deren Erforschung der jüngere Rytschkow daselbst nachging, und die der Tradition nach zwar nur bis auf die Zeit der Nogaier zurückgeführt werden, zum Theil aber weit ältern Zeiten angehören müssen und die historische Bedeutung dieses Lokales beurkunden [70]), ist schon früher von uns aufmerksam gemacht worden.

Als ein ziemlich ansehnlicher Fluß nähert sich die Bjelaja der Kama; sie gewinnt eine Breite von 200 Faden und macht viele Inseln, die im Frühjahr, wenn sie an zwei Faden hoch anschwillt, überschwemmt werden. Im Sommer ist sie aber für eine starke Wasserfahrt zu seicht, hat viele entblößte Grundstellen, fließt träge und hat schlechtes Wasser; auch hat sie keinen großen Fischreichthum [71]). Gleich der Tschussowaja bildet aber die Bjelaja einen wichtigen Abzugskanal für die Naturprodukte des uralischen Gebietes zur Kama und Wolga vornehmlich für die zahlreichen Eisen- und Kupferwerke jener Gegend. Die Fahrzeuge dazu werden an ihren Ufern gebaut, denn die Vorhöhen des Ural sind mit ausgebreiteten Tannen- und Kiefernwaldungen bedeckt, die ein taugliches Holz zum Barkenbau geben. Auf ihr wird auch der Salzreichthum der Landschaft Orenburg, das ilezkische Salz, nach der Wolga befördert. Die oberhalb Ufa belasteten Fahrzeuge tragen eine Last von 10 bis

69) Rytschkow, a. a. O. S. 155, 162.
70) Rytschkow, a. a. O. S. 133, 148, 152, 156, 158.
71) Georgi, geograph. Beschreibung I. S. 283.

12,000 Pud, die unterhalb 20 bis 30,000 Pud, und haben sie die Kama erreicht, so ist in dieser das Fahrwasser so tief und weit, daß die Lastschiffe mit 80,000 Pud in die Wolga gehen können [72]). Bei der Einmündung der Bjelaja in die Kama gleich unterhalb des Fleckens und Stapelplatzes Kurakulino bemerkt man schon von weitem die Streifen und den Zug des bjelajischen Wasserstromes oben auf dem kamischen Wasser, denn ersteres sieht wegen der eigenthümlichen Natur seiner Ufer im Gebirge (s. Abth. 1. S. 30.) so weiß wie Molken aus, das Wasser der Kama aber ist trübe und schwarz von Ansehn. Demnach konnte der permische Fluß mit Recht Kara Idel genannt werden, wie der baschkirische Fluß noch jetzt bei seinen turktatarischen Anwohnern Ak Idel genannt wird. Sobald die Bjelaja in die Kama einfällt, treibt sie das Wasser ihres Hauptstromes an das rechte erhabene Ufer desselben, die Gornaja, hin, während sie selbst an der Lugowaja entlang läuft, und noch auf eine ziemliche Strecke hin kann man den gesonderten Zug ihrer Wasserläufe verfolgen. Ja bei anhaltend gutem Wetter soll der weiße Strom der Bjelaja bis nahe an die Mündung des Ik, an 50 Werst weit unterhalb, zu sehen sein. Dieser Fluß aber macht bei seiner Einmündung in die Kama das Wasser der Bjelaja trüb und dem benachbarten Wasserstrom der Kama gleich [73]).

Von der Aufnahme der Bjelaja an, von wo das letzte Drittheil der Thalsenkung der Kama am Westfuße des Ural entlang beginnt, nimmt die Kama, gleichsam durch den Wasserzug der Bjelaja getrieben, sogleich eine südwestliche Richtung an, die sie bis zu ihrer Einmündung in die Wolga auf eine Strecke von 35 Meilen in gerader Ausdehnung auch ununterbrochen beibehält, obschon sie nur den Breitenraum zwischen dem 56. und 55. Parallel durchsetzt. Es nimmt die Kama in diesem ihrem untern Laufe, der durch das fruchtbarste kasanische Gartenland hindurchführt, von der linken Seite nur zwei kleinere, aber für die Wasserverbindung jener Gegend nicht un-

---

72) Rytschkow, Tagebuch S. 44, 45.
73) Rytschkow, a. a. O. S. 191.

unwichtige Zuströme in sich auf, während ihr erst hier ihr mächtiger wotjakischer Nebenfluß auf der rechten Seite von Norden her zueilt. Der erste jener beiden Zuflüsse, der Ik, kommt von den quellreichen Anhöhen des Obstschei Syrt zwischen dem Jaik, der Kama und Wolga, wo die Dioma und die Quellströme der Samara nach entgegengesetzten Seiten ablaufen; er durchströmt ziemlich wasserreich in nördlicher Richtung sehr fruchtbare meistens von Tataren, zum Theil auch von Tscheremissen und Tschuwaschen bewohnte Gefilde, welche für den Ackerbau und Viehzucht seiner Anwohner trefflich geeignet sind. Sein rechtes Ufer besteht aus waldigen Berghöhen, sein linkes aus anmuthigen Wiesen und offenen Steppen. Er zeichnet sich durch seine schnelle Strömung so wie durch sein klares und wohlschmeckendes Wasser aus. Seine Breite beträgt zwar nur 13 Faden, doch hat er eine genügende Tiefe, und trägt Barken mit einer Ladung von 2000 Pud ohne Schwierigkeit. Er ist daher eine wichtige Wasserstraße zur Ausführung der Produkte der an ihm liegenden Hüttenwerke, so wie für den Salztransport von Orenburg nach der Kama und Wolga. Durch die zahlreichen an seinen Ufern noch jetzt erkennbaren alten Schachte und Grubenwerke aus der Tschuden-Zeit ist dieser kleine Fluß sehr merkwürdig, und die an ihm befindlichen alten baschkirischen und nogaischen Grabhügel, welche mit Steinen, die die Namen der Bestatteten tragen, besetzt sind, und alte Befestigungswerke beweisen die auch früher nicht unbedeutende Ansiedlung daselbst. Der Ik fließt unterhalb bei dem Städtchen Menselinsk vorüber, und ergießt sich dem Dorfe Izkoe Ustje gegenüber in die Kama [74]). Der zweite noch kleinere jener beiden Zuströme, die Scheschma, ergießt sich auch von Süden nach Norden, und geht bei den beiden Orten Nowo-Scheschminsk und Staro-Scheschminsk vorüber. Seine Ufer gleichen denen des Ik, auch er durchströmt das fruchtbarste Gartenland, und bei einer Breite von 10 Faden ist er doch so tief, daß er Barken von ein bis 2000 Pud Ladung tragen kann [75]).

74) Rytschkow, Tagebuch S. 62, 65, 68 bis 76.
75) Rytschkow, a. a. O. S. 31, 34.

Zwischen den Einmündungen des Ik und der Scheschma liegt auf dem rechten Ufer der Kama das Städtchen Jelabuga. Die Kama hat daselbst schon die ansehnliche Breite von 300 Faden gewonnen, und hat eine reißendere Strömung als sonst wo. Jelabuga liegt auf der erhabenen Uferseite der Kama, an 15 Werst von dem Strome selbst entfernt; ihre Umgebung besteht aber nicht wie auf der Südseite der Kama aus schwarzem Ackerlande, sondern ist Sand- und Thonboden und nur ausgezeichnet durch die Zwiebelkultur, deren Ertrag in Verbindung mit den bürgerlichen Gewerben und dem Handelsverkehr auf der Kama ihre Bewohner erhält [76]). Aber wichtiger als dieser jüngere Ort selbst sind die in neuern Zeiten hier wieder aufgefundenen merkwürdigen Überreste des Alterthums, die uns auf das nur zu wenig bekannte und doch so berühmte Kulturvolk der Bulgaren hinzuführen scheinen, dessen Sitzen wir uns hier nähern.

Denn nur an zwei Werst von Jelabuga befinden sich auf einem steilen Berge die Überbleibsel einer alten Stadt, von den Anwohnern Tschortowo Gorodischtsche genannt. Auf der südwestlichen Seite läuft dicht am Fuße des Berges die Kama und auf der östlichen Seite der unbedeutende Zustrom derselben, die Toima, vorüber. Man findet zwar keine Gebäude mehr, sondern blos eine steinerne Mauer von weißen Feldsteinen, aber diese ist so außerordentlich trefflich gebaut, daß sie trotz des hohen Alters doch den Einwirkungen der Zeit gut widerstanden hat. Sie ist längs der steilen, fast unersteiglichen Berghöhe aufgeführt und folgt dem Laufe der Toima. Die Länge der noch bis jetzt unbeschädigt stehenden Mauer beträgt dreißig, und die Höhe über zwei Faden und hat bei einer so kleinen Strecke doch drei runde, ziemlich weitläuftige Thürme, welche in der Gestalt eines Halbkreises aus der Mauer herausstehen. An zweien davon sind die Obertheile ohne Bedeckung, indem sie entweder abgebrochen oder eingefallen sind, so daß sie nun der anstehenden Mauer gleich geworden; einer aber ist sehr hoch und nach Art der gewöhnlichen Stadtmauerthürme mit Bret-

76) Rytschkow, a. a. O. S. 43, 46.

tern gedeckt. In seinem Umkreise befinden sich sechs mäßige Fenster, und inwendig ist ein Gemach von gleicher Größe und Umfange mit dem Thurm. Daraus ist zu schließen, daß an dieser Stelle ein Stadtthor gewesen, dessen ziemlich hohe Öffnung noch jetzt zu sehen ist, obgleich sie von den nachmals innerhalb der Mauer ansässigen Mönchen zugelegt worden ist. Das hölzerne Dach dieses hohen Thurmes ist ohne Zweifel auch aus den Händen jener jüngern Bewohner hervorgegangen. Nach der Tradition bei den Bewohnern von Jelabuga soll auf diesem Platze ein Tempel der ehemaligen heidnischen Einwohner dieses Landes gestanden haben; er war durch ein Orakel berühmt, dessen Aussprüche bei den anwohnenden Völkern im hohen Ansehn standen. Auch soll in demselben eine mächtig große Schlange gehaust haben, deren Gnade die Priester dadurch erflehten, daß sie ihr Menschen von fremdem Stamme opferten und sie damit ernährten. Aber noch vor dem Untergange des Reiches Kasan verschwand dieses Wunderthier. Vergebens flehte der Fürst dieses Volkes zu dem Gott des Heiligthums, daß er sein Vaterland von der Hand des von Norden herkommenden Feindes, der Tataren, welche bereits einen Theil des Landes erobert und verheert hatten, erretten möchte. Er erhielt keine Antwort wegen des Schicksals seines Volkes, er mußte in seine Stadt zurückkehren und ward daselbst mit seinem Volke ein Opfer der Feinde. So lautet die Tradition, wie sie Rytschkow vernommen [77]).

Dieses Heiligthum gehört offenbar in die Zeit vor der Herrschaft der Tataren an der Wolga, also vor dem dreizehnten Jahrhundert. Letztere scheinen damals eingebrochen zu sein als man jene Mauer aufführte, weshalb das Werk auch unvollendet blieb. Nach andern Sagen soll Aksak Temir, der bekannte tatarische Eroberer Timur, nach der Zerstörung vieler Städte an der Kama auch hierher gekommen sein, und diese Lage habe ihm so wohl gefallen, daß er sich eine Zeit lang hier aufgehalten und auch den Bau jener Mauer begonnen habe, aber durch den Verlauf seiner Kriege sei er wieder abgerufen.

---

77) Rytschkow, Tagebuch S. 48 bis 50.

Diese Sage ist jedoch unwahrscheinlich, eher hätte er in diesem Falle die Lokalität von Bulghar (Bolgary) an der Mündung der Kama gewählt. Innerhalb der alten Mauer war früher ein von Holz gebautes Mönchskloster, das zu der Zeit angelegt sein soll, als der Zar Iwan II. die Herrschaft Kasan eroberte, als ein Zeichen der Dankbarkeit gegen Gott für die ihm in diesem Lande verliehenen Siege. Durch die Mönche wurden unstreitig auch die Gebäude innerhalb der Befestigung eingerissen, da sie dieselben als Überreste des heidnischen Tempels mit Abscheu betrachteten. Außerhalb der Mauer auf der Südostseite diente diesem Gorodischtsche zur Befestigung auch ein ziemlich tiefer Graben mit den daran liegenden vortrefflichen Wällen, welche um das Kloster herumgehen und sich an ein sehr steiles Thal anschließen, aus welchem zwei Quellen mit sehr angenehmen und klarem Wasser hervorbrechen. Hier war die Befestigung nicht nothwendig. Eine nicht geringe Schönheit erhält dieser Platz noch durch einen dichten, anmuthigen Birkenhain, welchen der von Süden sich herumziehende Wall innerhalb des Mauerwerkes läßt. Christen und Heiden haben ihn erhalten, und bei den letztern war er gewiß ein heiliger Hain, in welchem die Opfer dargebracht wurden, wie dies noch jetzt bei den heidnischen Tscheremissen und Tschuwaschen der Fall ist [78]). Nicht mit Unrecht vermuthet Rytschkow übrigens, daß die hier einheimischen Bulgaren die Stifter jenes Heiligthums gewesen seien, dessen Blüthe in diesem Falle aber in noch weit ältere Zeit zurückgehen müßte, wofern nehmlich der schon im zehnten und eilften Jahrhundert bei ihnen begründete Islam allgemeinere Verbreitung gewonnen hätte. Nur wenige Meilen unterhalb dieses Gorodischtsche ergießt sich von Norden her die Wjätka zur Kama und theilt durch ihre Einmündung den untern Kama-Lauf von der Aufnahme der Bjelaja bis zur Wolga in zwei ziemlich gleich große Hälften.

Die Wjätka oder der große wotjakische Strom, welcher sich in einer dem baschkirischen Strome, der Bjelaja, entgegen-

---

78) Rytschkow, a. a. O. S. 50 bis 55. Vergl. dabei den Plan dieses Gorodischtsche.

gesetzten Richtung von Nordwesten her zu der sie beide verknüpfenden Kama ergießt, ist der bei weitem größte Nebenfluß des Stromsystemes der Kama; denn der wotjakische Fluß hat bei einer Stromentwickelung von 1500 Wersten nicht nur eine doppelte Größe als der baschkirische Fluß [79]), sondern kommt an Größe seinem permischen Hauptstrome fast nahe. Die Wjätka bildet zugleich in der eigenthümlichen Richtung ihres Laufes das völlige Widerspiel der Kama, während sie nach ihren Naturverhältnissen derselben völlig analog gebildet ist, so daß man sie mit Recht die kleine Kama nennen könnte, wie man die Kama die kleine Wolga nennt. Die Quellen der Wjätka liegen im Norden der wotjakischen Stadt Glasow denen der Kama westwärts nahe benachbart auf dem quellreichen Landrücken, welcher sich in der Mitte jener beiden Flüsse zwischen den Städten Wjätka und Perm erhebt, und von wo außer ihren eigenen Quellen den beiden Flüssen noch andere Quellströme zueilen [80]). Dort entspringt die Wjätka bei dem wotjakischen Dorfe Pud, und strömt sogleich durch zahlreiche Zuflüsse verstärkt in gerader Richtung nordwärts unter dem 70. Meridian, die obere Kama begleitend, bis sie bei ihrer Annäherung an den nordrussischen Uwalli in der Nähe des obersten Kama-Knies von Kai oder Kaigorod plötzlich bei dem Dorfe Werchowjatskoje unter 59° 15′ unter rechtem Winkel und zwar wie die Kama nach Nordost, so sie selbst nach Südwest zurückgeworfen wird. In eben dieser Richtung strömt nun die Wjätka am Fuße jenes Uwalli entlang auf eine Strecke von 30 Meilen und nimmt schon in diesem obern Theile ihres Laufes, durch ein Gebiet hindurchgehend, welches mit den dichtesten, niemals gelichteten Waldungen erfüllt ist und darum so viele Quellen beherbergt, eine Menge wasserreicher Nebenflüsse in sich auf. Jene obern Stromläufe der Wjätka und Kama am Fuße des Uwalli entlang bilden eine Thallinie von über 60 Meilen Länge und zwar in der Diagonale der Parallelen und Meridiane, und was merkwürdig erscheint, ist diese Linie nur die nordöstliche Fortsetzung

---

79) Georgi, geograph. Beschreibung I. S. 285.
80) Rytschkow, Tagebuch S. 261.

des ganzen untern Oka-Laufes von unterhalb Rjäsan an bis nach Nischegorod hin, von welchem letztern Punkte die obere Wjätka nur an 45 Meilen entfernt liegt. Überall wiederholt sich in den osteuropäischen Ebenen dasselbe Gesetz in der Bildung der Direktion der Stromthäler wie auch ihres Baues.

Die Wjätka strömt in ihrer südwestlichen Richtung zunächst bei der alten Stadt Slobodskoi vorüber, der gegenüber sich in die linke Seite des Hauptstroms die Cholmiza einmündet. Diese Cholmiza ist ausgezeichnet durch ihre hohen und steilen aus Flötzmassen bestehenden Ufer, so daß sie auch trotz ihrer Wasserfülle nie über ihre Ufer tritt. Sie hat eine Breite von 20 bis 35 Faden mit einer angemessenen Tiefe, und sie ist daher für den Transport der Produkte der Hüttenwerke an ihr von großer Wichtigkeit [81]). Als der Hauptzustrom der Wjätka folgt aber gleich unterhalb Slobodskoi die bedeutend größere Tschepza, welche die reichsten und fruchtbarsten Theile des Wotjaken-Landes bewässert. Die Tschepza ist der Hauptstrom des von der Kama und Wjätka inselartig umflossenen Landes, und theilt dasselbe in eine nördliche und südliche Hälfte. Sie entspringt ganz in der Nähe der mittlern Kama im Westen der Städte Ochansk und Ossa, und eilt von dort in einer gegen Nordwest, aber hauptsächlich gegen Westen gewandten Richtung in einer Strombahn von 400 Werst zur Wjätka. Ihre Quellen liegen bei den Dörfern Debessy und Tschepza, über welche die große sibirische Heerstraße von Kasan aus nach Perm führt, und sie geht zunächst im Süden neben dem Quellgebiet der Kama vorüber nordwestwärts bis nach der Stadt Glasow, von wo ihre mehr westliche Richtung beginnt. Glasow ist der Hauptort der noch heidnischen Wotjaken und Tscheremissen; es ist ihr Gebiet ein sehr rauhes Land, das wegen der Dichtigkeit der Waldungen und der Menge der Sümpfe einen sehr strengen Winter hat [82]). Der kleine südliche Zustrom zur Tschepza, die Lekma, die sich einige Meilen unterhalb Glasow zu ihr ergießt, bezeichnet hier die Grenzmark

---

81) Rytschkow, Tagebuch S. 250, 251.

82) Erdmann, Reisen im Innern Rußlands II, 2. S. 44.

zwischen den russischen und wotjakischen Ortschaften, so daß die Kolonisationen der Russen, welche schon in frühe Zeit zurückgehen, um die untere Tschepza und Wjätka ausgedehnt sind, während die Wotjaken im unvermischten Zustande auf das Quellgebiet der Tschepza und Wjätka im Osten beschränkt sind [83]). Als ein wasserreicher Zustrom, der für den Getreidetransport innerhalb des Wotjaken-Landes von großer Wichtigkeit ist, erreicht die Tschepza ihren Hauptfluß zwischen den beiden Städten Slobodsk und Wjätka, welche nur an 28 Werst von einander entfernt liegen [84]).

Die dem Flusse gleichnamige Stadt Wjätka, die Hauptstadt des Wotjaken-Landes und des Gouvernements Wjätka, führt zwar erst seit neuern Zeiten diesen Namen, gehört aber doch zu den ältesten Ansiedlungen in diesem Gebiete. Denn Wjätka wurde schon in der zweiten Hälfte des zwölften Jahrhunderts in dem Todesjahre des ersten wladimirschen Großfürsten Andreas Jurjewitsch als eine slavische Kolonie von auswandernden Nowgorodern in diesem entlegenen tschudischen Lande gegründet, und es blühte hier nicht nur eine selbstständige Republik auf, sondern der sich von den Nowgorodern auf ihre Abkömmlinge vererbte Geist veranlaßte sie bald zur Begründung einer gewissen Herrschaft über die umwohnenden Wotjaken und Tscheremissen [85]). Die Stadt, ursprünglich erbaut an der Einmündung des kleinen Flusses Chlynowka oder Chlynowiza, erhielt den Namen Chlynow, obschon sie bald weiter abwärts an der Wjätka verlegt wurde. Bei den Wotjaken hieß sie deshalb auch Wjätka, und danach wurde die ganze Landschaft benannt, während sie bei den Tscheremissen und so auch bei den Tataren Naukrad genannt wurde, welcher Name unstreitig aus dem Worte Nowgorod sich gebildet hat [86]). Ihre Bewohner führten fortan den Namen der Wjätschanen bei den Nowgorodern und den übrigen Russen [87]), aber die Stadt

83) Rytschkow, Tagebuch S. 262.
84) Rytschkow, a. a. O. S. 260.
85) Karamsin, russische Geschichte III. S. 27, 28.
86) Müller, Sammlung russ. Geschichte III. S. 336.
87) Rytschkow, Tagebuch S. 232.

selbst wurde immer nur Chlynow genannt und verwandelte diesen Namen erst in neuern Zeiten in Wjätka in Folge der neuen Organisation des russischen Reiches unter der Kaiserin Katharina [88]). Übrigens war Chlynow nicht die einzige slavische Ansiedlung zu jener Zeit in diesem Tschuden-Lande, da auch Slobodsk, eine slavische Stadt, wie der Name anzeigt, zu gleicher Zeit mit jener Kolonie gegründet sein soll [89]). Die Stadt Wjätka liegt auf dem erhabenen linken oder südlichen Bergufer des Flusses, indem derselbe bei diesen beiden altslavischen Kolonien in seinem südwestlichen Laufe einen kleinen südwärts gekrümmten Bogen bildet, und sie gewährt eine weite freie Aussicht über das jenseitige Wiesenufer der Wjätka [90]). Als Hauptstadt eines ausgedehnten Gouvernements, das noch mit zu dem Gebiet der uralischen Berg- und Hüttenwerke zu rechnen ist, ist Wjätka jetzt ein sehr ansehnlicher, volkreicher Ort und der Mittelpunkt des Handelsverkehrs auf der Wjätka, der sich wie auch von Slobodsk aus nordwärts vornehmlich nach Archangel hin erstreckt [91]).

Weiter abwärts geht die Wjätka bei dem Städtchen Orlow vorüber, und erreicht sodann an der Einmündung des von Nordwest kommenden Zustromes, der Maloma, die Stadt Kotelnitsch, welche als slavische Ansiedlung wahrscheinlich auch schon aus der Zeit der Gründung von Chlynow herrührt. Denn es stand, wie die Annalen berichten, dort in der Nähe an dem kleinen Flüßchen Kokscher eine den Tscheremissen gehörige Stadt Kokscherew, welche von den nowgorodischen Emigranten mit Sturm eingenommen wurde, und deren Trümmer noch jetzt bei Kotelnitsch zu sehen sind [92]). Die Wotjaken und Tscheremissen

88) Georgi, geograph. Beschreibung II, 2. S. 250.

89) Rytschkow, Tagebuch S. 250.

90) Erdmann, Reisen im Innern Rußlands II, 2. S. 12.

91) Georgi, geograph. Beschreibung II, 1. S. 251, 254. Rußlands Wasserverbindungen. S. 136.

92) Rytschkow, Tagebuch S. 230. Nach diesen Angaben scheint aber nicht, wie Karamsin (russ. Gesch. III. S. 28.) und nach ihm Erdmann (Reisen II, 2. S. 40.) angiebt, das jetzige Kotelnitsch genau auf der Stelle der alten tscheremissischen Stadt gestanden zu haben.

hatten also damals auch schon feste Ansiedlungen, und so wie alle Uferlandschaften der Kama in den Gebieten der einander verwandten Völker der Syrjänen, Permier und Bulgaren und die der Bjelaja in dem Gebiete der ihnen damals noch verwandten Baschkiren mit so vielen Überresten einer alten Civilisation erfüllt sind, so zeigt sich dasselbe auch mehr westwärts in dem Gebiete der Wjätka. Denn als jene Nowgoroder auf ihrem Eroberungs- und Entdeckungszuge zuerst in dieser Gegend ankamen, fanden sie an fünf Werst unterhalb der Einmündung der Tschepza in die Wjätka auf einem hohen Berge eine tschudische Stadt, Tschud Bolwansky Gorodok genannt, welche von einem alten Gotte dieses Landes (Bolwan d. h. Götzenbild) ihren Namen haben sollte. Die Stadt war auf drei Seiten mit starken Wällen befestigt und auf der Seite der Wjätka durch einen tiefen Graben geschützt. Durch diese Befestigung glaubten sich die Bewohner genügend gesichert, aber die Nowgoroder nahmen diese tschudische Stadt mit Sturm ein, ein Theil der Bewohner kam im Kampf um, ein anderer unterwarf sich und nur ein Theil flüchtete sich und soll damals an der Bjelaja neue Sitze genommen haben. Die eroberte Stadt selbst soll von den siegreichen Nowgorodern nach dem Namen eines dortigen Flusses Nikulizyn Grad genannt worden sein. Dort liegt noch jetzt auf dem rechten Ufer der Wjätka das Dorf Nikolizkoe, und neben ihm das Gorodischtsche an 15 Werst von Chlynow. Noch sind die ansehnlichen hohen Befestigungswerke wohl erhalten, doch enthalten sie keine Überreste von Alterthümern. Eben so wenig ist dies der Fall bei einem andern Gorodischtsche an vier Werst von Chlynow auf dem linken Ufer des Stromes, auch sind die Wälle daselbst nur von geringem Umfange, so daß es vielleicht blos eine Art von Zufluchtsort war [93]). Auch die Umgegend von Gläsow ist reich an solchen Denkmalen. Nur fünf Werst davon zeigt sich auf der Ostseite des Flusses ein altes Gorodischtsche auf einem hohen Berge, Ilkatar bei den Wotjaken genannt; noch sind hohe und steile Wälle übrig, aber keine Spur von verfallenen Gebäuden außer

93) Rytschkow, Tagebuch S. 228, 248.

einigen Hügeln innerhalb der Verschanzung. An 20 Werst davon findet sich auf der Morgenseite der Tschepza bei dem wotjakischen Dorfe Balesino noch ein ähnliches, Kurila bei den Wotjaken genannt, welches auch mit hohen Wällen versehen ist[94]).

Bei Kotelnitsch hat die Wjätka den äußersten Punkt ihrer südwestlichen Strömung erreicht, hier unter dem 58. Parallel oder in gleicher Breite mit Perm an der Kama, welches an 8 Längengrade oder an 60 Meilen ostwärts liegt, wird sie plötzlich unter rechtem Winkel nach Südosten zurückgeworfen, wie die Kama dort ihre südwestliche Richtung im untern Laufe annimmt, so daß sich beide Ströme, indem sie diese Richtungen fortan behalten, unter rechtem Winkel vereinigen müssen. An dritthalb Breitengrade durchsetzt die Wjätka noch bis zu ihrer Einmündung in die Kama oder eine Strecke von einem halben hundert Meilen. Sie gewinnt in diesem Laufe nach Südosten schon eine Breite von 70 bis 100 Faden bei einer Tiefe von 5 bis 10 Fuß. Sie hat einen ziemlich trägen Lauf auf einem übersandeten Flußbette, ist ohne Fälle, hat nur mittelmäßiges Wasser, ist jedoch ziemlich fischreich[95]). Wie bei allen osteuropäischen Flüssen wird die eine Seite ihres Gestades von Flötzhügelreihen begleitet, und diese finden sich in diesem Theile ihres Laufes wie an der Kama und Wolga nur auf der rechten Seite, während sich auf der östlichen, linken Seite die Lugowaja ausbreitet. Das Gestade selbst zeigt dieselbe Beschaffenheit wie bei jenen Strömen, denen sie ihre Wasser zusendet[96]). Diese untern südlichen Theile des Landes an der Wjätka sind die kulturbarsten und bewohntesten. Die nördlichen Theile sind mit den dichtesten Waldungen überdeckt, haben sumpfigen Boden und ein kaltes, nasses, der Ackerkultur wenig zuträgliches Klima. Aber jene Waldungen gewähren den Bewohnern vielfache Beschäftigung und Gewinn in der Verfertigung von Fahrzeugen der verschiedensten Größe. Auch hält man die an der Wjätka erbauten Fahrzeuge für die besten auf

94) Rytschkow, a. a. O. S. 262.
95) Falk, topograph. Beiträge I. S. 156.
96) Georgi, geograph. Beschreibung I. S. 285, 286.

dem ganzen Wolga=Stromsystem, sowohl in Ansehung der Festigkeit des dortigen Holzes als auch rücksichtlich der guten Schiffszimmerarbeit [97]).

Zahlreiche Zuflüsse nimmt die Wjätka in diesem Theile ihres Laufes aus der quellreichen Umgebung in sich auf, und strömt bei den beiden Städten Urschum und Malmysch, auf ihrem rechten erhabenen Ufer gelegen, vorüber. Bei Malmysch, noch an 15 Meilen oberhalb ihrer Einmündung in die Kama, hat die Wjätka eine Breite von 600 Schritt, und ihr westliches Bergufer steigt daselbst an 80 bis 100 Fuß empor [98]). An eben dieser Stelle ist es, wo die große sibirische Heerstraße von Kasan aus von Südwest nach Nordost nach Perm hin die Wjätka überschreitet. Bei dem Städtchen Mamadysch vorübergehend ergießt sich die Wjätka gleich unterhalb in die Kama unter $55\frac{1}{2}^{0}$ N. Br. an 30 Werst westwärts von den Jendowischtscha Gora, welche als steile Uferwände oberhalb die Kama auf der nördlichen Seite begleiten, und welche durch ihren Reichthum an Korallen und versteinerten Seethieren, wie Ammoniten, Belemniten und andern ausgezeichnet sind. Vor der Mündung der Wjätka liegen zwei mit Gehölz bewachsene Inseln, zwischen denen ihr Wasser in getheilten Armen hindurchfließt. So sehr sich das Wasser der Bjelaja durch seine Weiße von dem der Kama unterschied, so ist auch die Strömung der Wjätka in der Kama zu sehen, indem jenes Wasser ein etwas schwärzeres Ansehn als dieses hat. Die Verschiedenheit zwischen beiden Wassern ist aber nur auf der Oberfläche zu erkennen, gießt man es in ein durchsichtiges Gefäß, so ist der Unterschied nicht wahrzunehmen, dann erscheint jedes hell und klar und von gutem Geschmack [99]).

Von der Aufnahme der Wjätka an geht die Kama in fast verdoppelter Größe noch auf eine Strecke von 20 Meilen in gerader Richtung von Osten nach Westen, sie durchströmt von da an das trefflich angebaute und fruchtbare Kulturland

97) Rytschkow, Tagebuch S. 45.
98) Erman, Reise durch Nord=Asien I. S. 252.
99) Rytschkow, Tagebuch S. 192, 193.

von Kasan. Bei ihrer schon ansehnlichen Breite, die über 250 Faden beträgt, spaltet sie sich häufig und vermehrt noch durch diese Inselbildung die Breite ihres Gestades. Sie eilt bei den Stapelplätzen Tschistopolje auf der Südseite und Laischew auf der Nordseite vorüber, und ergießt sich an 60 Werst unterhalb Kasan in die Wolga bei dem Dorfe Bogorodskoje oder Kamskoje Ustje, welches auf dem westlichen hohen Wolga-Ufer der Einmündung der Kama gegenüber liegt [100]). Auch hier soll man bei der Vereinigung der Gewässer einen Unterschied derselben wahrnehmen, indem die Kama ein weißliches, in der Wolga zu erkennendes Wasser hat [1]), wenn gleich dieser Umstand der Färbung der Kama-Wasser nur in Folge der Aufnahme der Bjelaja statt finden kann, da sie nach allen sonstigen Aussagen sich durch ihre dunkeln Fluthen im Gegensatz gegen die von den Sand- und Thonmassen gefärbten der Wolga auszeichnet.

Übersehen wir im Allgemeinen die Naturverhältnisse der bisher betrachteten Landschaften des alten Permien oder Bjarmaland an der Kama und Wjätka mit Ausschluß der mehr östlichen Theile auf den uralischen Gebirgshöhen, so erhellt leicht, daß dieselben bei ihrer nordöstlichen Lage unter allen auf der Südseite des großen nordrussischen Uwalli liegenden Gebieten die rauheste Natur haben müssen. Das Land Perm, sagen jüngere Reisende, welche dasselbe zu Anfang dieses Jahrhunderts durchsetzten, entbehrt nicht der Naturschönheiten, aber es ist noch meistens wild und öde [2]). Terrassenförmig senkt sich, wie Erdmann bemerkt, das permische Land vom Ural gegen Westen hinab und wird in vielfachen Richtungen von Thälern durchschnitten, welche mit der Zunahme ihrer Gewässer immer breiter und flacher werden und zum Theil in Ebenen übergehen, wie sie sich vornehmlich um die untere Kama und Wjätka ausbreiten [3]). Dennoch wird Permien fast noch größtentheils mit zum urali-

---

100) Erdmann, Beiträge zur Kenntniß des Innern von Rußland I. S. 21.

1) Falk, topograph. Beiträge I. S. 141.

2) Allgem. geograph. Ephemeriden. 1806. Th. XX. S. 330.

3) Erdmann, Reisen im Innern Rußlands II, 2. S. 162.

schen Erzgebirge gerechnet, weil es von so vielen erzreichen Flötzhügelstrichen durchzogen ist [4]), welche aus Thon-, Kalk- und Sandsteinlagern bestehend sich westwärts über die Kama fortziehen und das quellreiche und bergige Gebiet in der Osthälfte des Gouvernements Wjätka erfüllen [5]). In dem größern Theile bis zum 60. Parallel hin ist der Boden wirthbar und angebaut und abwechselnd mit fruchtbaren Feldern, Wiesen und Waldungen überdeckt, nur höher hinauf nach dem Uwalli wird das Land immer weniger angebaut und ist voll Waldungen und Moräste [6]). Der Ackerbau kann daher, wie Georgi sagt, in den offenern oder südlichern Theilen dieses Gebietes mit großem Vortheil betrieben werden, und trägt reichlich alle Getreidearten, und wo die Rauhigkeit des Klimas ihm Hindernisse entgegenstellt, bringt die Jagd und Fischerei den Bewohnern reichlichen Gewinn [7]). Doch noch in den nördlichen Theilen des permischen Gebietes, wie um Wjätka, Solikamsk und Tscherdyn, gedeihen Roggen, Gerste und Hafer, und der etwanige Mangel an Ertrag kann durch die reichlichen Erndten der südlichern Gegenden fast immer ersetzt werden [8]). Der Winterroggen, die Hauptgetreideart, die man hier baut, giebt meistens einen fünf- bis achtfachen Gewinn, eben so die Gerste, deren man sich mit Roggen vermischt nicht selten zum Brode bedient, und einen ähnlichen Ertrag gewährt der Hafer. Außerdem werden alle übrigen Getreidearten und mancherlei Gartenfrüchte gebaut, wie sie dem Klima der mittlern Theile Rußlands entsprechen. Aber nur ausnahmsweise versteigen sich Kirschen- und Äpfelbäume in diese nordische Region, welche in vielfacher Beziehung dem Gebiete an der Dwina zu vergleichen ist [9]). Denn die obere Kama bei Solikamsk und die Wjätka überbrücken sich alljährlich Ende October oder Anfang November

4) Falk, topograph. Beiträge I. S. 206.
5) Erdmann, Reisen II, 2. S. 30.
6) Erdmann, a. a. O. II, 2. S. 162.
7) Georgi, Reisen II. S. 709.
8) Erdmann, Reisen II, 2. S. 32.
9) Georgi, geograph. Beschreibung II, 1. S. 246 bis 248, 264 bis 266.

mit Eis, und sprengen ihre Decke nur erst wieder in der Mitte des April [10]).

Eben dort, wo die permische Ackerkultur an der untern Kama und Wjätka zu Hause ist, da treiben die Bewohner auch eine nicht unbedeutende Viehzucht, deren Produkte einen wichtigen Gegenstand des Handelsverkehrs nach Archangel abgeben. Die wjätkischen Pferde werden sehr geschätzt, sie sind zwar nur klein, aber stark und dauerhaft; sie sollen aus Livland stammen und vom Zar Alexei hierher verpflanzt sein [11]). An der untern Kama und Wjätka finden sich treffliche Weideplätze, und deshalb ließ auch Alexeis Sohn, der Kaiser Peter, einen deutschen Schäfer mit einigen hundert deutschen Schaafen kommen, um in der Folge Wolle zur Anlegung einer Tuchfabrik zu gewinnen [12]). Ja selbst die Bienenzucht ist in eben dieser Gegend bei den hier ansässigen Baschkiren so wie bei den Wotjaken und Tscheremissen nach Maaßgabe der Naturverhältnisse noch ziemlich bedeutend zu nennen, und das gewonnene Wachs und Honig bilden gleichfalls einen Gegenstand des Verkehrs nach jenem Seehafen am Polarmeere [13]).

Durch seinen großen Reichthum an den mannigfaltigsten Naturgaben bildet das weit ausgedehnte permische Land, vornehmlich wenn man den gesammten mittlern Ural mit einschließt, einen der wichtigsten und kostbarsten Theile des russischen Reiches, dessen Bedeutung durch die jüngst daselbst aufgefundenen Schätze an edlen Metallen für den neuern russischen Staat kaum größer zu nennen ist, als durch die schon seit vielen Jahrhunderten von ihm dargebotenen Naturgaben für die frühern Beherrscher, die Bewohner der Republik Nowgorod. Die ganze Oberfläche des Landes ist seit einem Jahrhundert mit zahlreichen Kupfer- und Eisen-Hüttenwerken überdeckt worden, und daran reihte sich seit dem Beginn dieses Jahrhunderts die Anlegung von Goldgruben, wodurch die Waldeinöden Permiens

10) Erdmann, Reisen II, 2. S. 31.
11) Erdmann, Reisen II, 2. S. 33.
12) Allgem. geograph. Ephemeriden XX. S. 326.
13) Georgi, geograph. Beschreibung II, 1. S. 249.

gelichtet wurden und das Land selbst sich in ein Eldorado verwandelte. Von diesen Schätzen ist schon oben die Rede gewesen so wie von denen der ausgedehntesten und trefflichsten Waldungen, welche die beiden Landschaften Perm und Wjätka als die beiden einzigen auf der Südseite des Uwalli noch mit in das Gebiet des großen osteuropäischen Holzmagazines (s. Abth. 1. S. 350.) hineinziehen. Noch ist aber gerade an dieser Lokalität innerhalb der sarmatischen Ebenen ein anderer Schatz zu berühren, der diesem Boden eigenthümlich ist, und der hier den Goldmassen eben so vergesellschaftet erscheint als wie es im innern Afrika der Fall ist. So wie der afrikanische Sudan neben seinem Golde auch einen Salzreichthum beherbergt, so findet sich hier am Ural in Permien dieser Schatz in solchem Reichthum, daß schon dadurch allein das Stromgebiet der Kama zu den wichtigsten und auf den Gang der Völkerentwickelung einflußreichsten gehören würde. Permien ist das große Salzmagazin des russischen Reiches, und darum hat das Land sogar den Namen zur Bezeichnung dieses Naturproduktes hergeben müssen. Das bei den Russen im Allgemeinen mit dem Namen Sol bezeichnete Salz, wie derselbe bei so vielen Lokalitäten als charakteristischer Zusatz erscheint, führt dann näher einen doppelten Namen, nehmlich Parmjanka d. h. permisches Salz und Busun. Ersteres ist alles aus der Sole gesottene Salz und unstreitig nach dem Lande Permien benannt, wo man wohl zuerst Salz aus Salzquellen zu sieden lernte. Unter Busun versteht man alles von selbst anschießende Salz als Steinsalz [14]).

So wie in den aufgedeckten und durch keine Hülle von Flötzmassen verdeckten Ostgehängen des Ural die reichen Goldmassen fast unmittelbar zu Tage liegen, so finden sich in den weit hin ausgeschütteten und verbreiteten Flözgebirgsmassen auf der Westseite des Ural die reichsten Auflösungen und Verschwemmungen von mineralischen und metallischen Substanzen, wie vornehmlich von Salz und Kupfer (s. Abth. 1. S. 134.). Man würde sagen können, daß der Boden des permischen Ge-

14) Lepechin, Tagebuch einer Reise III. S. 81.

bietes das größte Salzmagazin der osteuropäischen Ebenen in sich einschlösse, wenn sich nicht ein gleicher Salzreichthum an dem Nordfuße der Karpathen in dem Salzlande von Halitsch oder Galizien abgelagert fände [15]). Doch zeigt sich der wesentliche Unterschied, daß in jenem östreichischen Polen die Salzmassen unstreitig in Folge der verschiedenartigen Einwirkung der Meeresgewalten bei der Bildung des jetzigen Zustandes der Erdoberfläche daselbst als eine mächtige Steinsalzbank abgelagert sind, wie wir eine ähnliche auf der Naturgrenze des europäischen und asiatischen Erdtheiles am Obstschei Syrt kennen gelernt haben, während der Salzreichthum Permiens sich überall nur im flüssigen Zustande als Salzquellen offenbart, wie dies vermuthlich mit der Ablagerung von Salzthonmassen durch jene Gebiete zusammenhängt [16]). Die permischen Salzsiedereien bilden wohl die älteste Hauptquelle des Reichthums dieses Landes, und wie wichtig der Besitz desselben für die russische Regierung sein muß, möchte sich schon daraus ergeben, daß schon am Ende des vorigen Jahrhunderts die jährliche Konsumtion dieses Naturproduktes sich auf 12 Millionen Pud belaufen haben soll [17]), wenn gleich ein so großes Bedürfniß aus diesem Salzmagazin allein nicht befriedigt werden konnte.

Die kamische Salzstadt, Solikamsk, muß man als den Mittelpunkt des ausgedehnten permischen Salzreviers und der Zubereitung des Salzes betrachten. Dort finden sich auf beiden Seiten der Kama die flüssigen Salzadern weit verbreitet in einem Gebiet, das der alten Familie Stroganow gehört. Sie liegen in einer verschiedenen Tiefe von 30, 40 und 45 Klaftern. Der Flecken Usole auf dem Ostufer der Kama an dem kleinen gleichnamigen Zustrom derselben bildet wiederum den Mittelpunkt der solikamskischen Salzwerke. Zu Rytschkows Zeit

15) Pusch, geognostische Beschreibung von Polen und der übrigen Nordkarpathen-Länder. Stuttgart 1836. 8. Th. II. S. 92, 625 bis 631.

16) A. v. Humboldt, Reise in die Äquinoctial-Gegenden des neuen Kontinents in den J. 1799 bis 1804. Stuttgart 1815. 8. Th. I. S. 525 bis 528.

17) Storch, Gemälde des russischen Reiches II. S. 540.

Zeit in der zweiten Hälfte des vorigen Jahrhunderts waren die bei den dortigen Quellen angelegten Werke schon über hundert Jahre im Gange, es wurde jährlich eine Million Pud Salz gewonnen und doch war, wie er bemerkt, noch keine Abnahme der Quellen wahrzunehmen [18]). Wann diese Salzwerke zuerst in Gang gekommen, ist uns unbekannt, schwerlich hat man diesen Schatz in der ältern Zeit übersehen, seit der Mitte des sechzehnten Jahrhunderts seit der Entstehung von Sol-Kamskaja ist die Benutzung der Quellen sicher. Damals, im Jahre 1558, erhielt der Stammvater der Familie Stroganow in diesem Syrjänen-Lande von dem Zaren Iwan **II.** Wasiljewitsch das ganze Gebiet an der obern Kama und Tschussowaja zum Eigenthum [19]), und der nach Jugrien betriebene Pelzhandel so wie der Salzgewinn bilden die Grundlage des Reichthums dieser Familie. Wahrscheinlich stammt dies Geschlecht selbst eher aus syrjänischem als aus tatarischem Blute [20]). Die Stroganows und die Demidows spielen in der Kulturgeschichte dieses permischen Gebietes die vornehmste Rolle, von ihnen geht zunächst die Anlage aller der Werke zur Hebung der Naturschätze aus, denn sie waren bis auf die neueste Zeit die größten und reichsten Grundeigenthümer daselbst. Die stroganowschen Besitzungen reichten von Tscherdyn bis nach Kungur, sie umfaßten vornehmlich das Salzgebiet an der Kama, man rechnete früher auf ihnen eine Bevölkerung von 100,000 Köpfen [21]); die demidowschen Besitzungen erstreckten sich dagegen mehr über das uralische Berggebiet. Der ältere Gmelin fand um die Mitte des vorigen Jahrhunderts auf seiner sibirischen Reise in dem Flecken Ussolie (Usole), an 30 Werst von Solikamsk, 40 Salzkoten, bei dem benachbarten Klosterdorfe Djaduchina 30 Salzkoten, und in Solikamsk an 48 Koten, welche fast alle im Gange waren [22]). Bei dem Graben von Salzbrunnen

18) Rytschkow, Tagebuch einer Reise S. 273 bis 284.
19) Heym, Encyklopädie S. 797.
20) Müller, Sammlung russ. Geschichte VI. S. 212 bis 216.
21) Allgemeine geograph. Ephemeriden. Th. XX. S. 332.
22) Gmelin, Reise durch Sibirien IV. S. 521 bis 551.

hält man es nach seiner Angabe für ein Anzeichen der Nähe der Salzquellen, wenn man auf einen grauen Thon kommt; doch ist es auch schon ein gutes Zeichen, wenn die Erde in der Wärme wie Milch anläuft, nur die rothe Erde ist (dem russischen Sprachgebrauche von Krasnoi d. h. roth zuwider) diesmal nicht ein günstiges Zeichen. Die Sole ist, wie Lepechin bemerkt, überall zunächst mit einem festen Kalkstein bedeckt, der Grund, auf dem die Quellen liegen, besteht aus Schlamm und Quarzsand, der ehemaligen Seegrund anzeigt. Die Tiefe der Salzquellen liegt zwischen 30 bis 50 Faden, und aus dieser Tiefe wird die Sole durch Pumpen hervorgehoben [23]).

Gegen das Ende des vorigen Jahrhunderts rechnete man in dem solikamskischen Kreise des permischen Gouvernements an 31 Kron- und 84 Privatsalzwerke. Die Salzquellen breiten sich von der obern Kama bis zur Tschussowaja und Sylwa auf eine Strecke von 300 Werst aus, und an der Tschussowaja in der Nähe der Stadt Perm findet sich bei dem Flecken Tschussowskoi Gorodok der zweite Hauptpunkt der Salzwerke in diesem Lande [24]). Die solikamskischen Werke sind aber immer die wichtigsten in ganz Permien und liefern fast allein den permischen Salztribut. Es können in ihnen jährlich an 7,400,000 Pud Salz gesotten werden, doch wurden im Jahre 1830 nur an 5 Millionen Pud producirt [25]). Von Solikamsk aus verbreitet sich der Salzreichthum weit gegen Südwesten durch das Gebiet der Wjätka bis zur mittlern Wolga nach den Landschaften von Kostroma und Nischegorod. So finden sich im Quellgebiet der Kostroma in der Nähe des Tschuchloma-Sees in einer Entfernung von mehr als 100 Meilen von Solikamsk Kochsalzquellen, die auch versotten wurden, aber wegen des Andranges des wilden Wassers nicht lohnten und daher aufgegeben wurden; und die etwas nordwärts davon liegende Salzstadt Galitsch oder Sol-Galitschkaja hat eine Kochsalzsiederei mit drei Brunnen, aus welchen jährlich an 16,000 bis 50,000 Pud

23) Lepechin, Tagebuch einer Reise III. S. 79.
24) Heym, Encyklopädie S. 617, 797.
25) Dorpater Jahrbücher 1834. Th. IV. S. 319.

Kochsalz gewonnen wurden [26]). Eben so finden sich an 40 Meilen im Süden von dem Quellgebiet der Kostroma Kochsalzquellen bei dem Städtchen Balachna an der Wolga oberhalb Nischegorod. Die Salzquellen daselbst wurden schon seit 1532 bekannt und benutzt. Die Brunnen hatten wie die um Solikamsk eine Tiefe von 40 bis 50 Klafter, und ihre Anzahl wurde bis auf 50 vermehrt. Es gewährte diese Saline einen jährlichen Ertrag von 200 bis 250,000 Pud Salz. Sie wurde zwar im Jahre 1753 eingestellt, sollte aber nach spätern Verordnungen wieder eröffnet werden [27]).

Dieser permische Salzreichthum setzt aber auch weit gegen Nordwesten fort über die große Naturscheide des nordrussischen Uwalli, und macht auch das ganze obere Dwina-Gebiet in dem alten Sawolotschje zu einem salzreichen Boden bis dahin, wo wieder das Meer in der Darbringung dieses den Menschen so wichtigen Tributes mit dem Festlande wetteifern kann. Schon oben ist auf den Salzreichthum in dem ganzen Stromlaufe der Wytschegda, des östlichen Quellstroms der Dwina, hingewiesen. In einer Entfernung von 50 Meilen im Nordwest von Solikamsk findet sich am Wym-Flusse in dem Gebiet von Ust Syssolsk die seregowskische Saline, welche zwei Brunnen und neun Koten hat [28]), und einige 30 Meilen weiter westwärts liegt die Salzstadt an der Mündung der Wytschegda zur Dwina, das sogenannte Sol-Wytschegodsk. Hier haben schon zur Zeit des Großfürsten Wasilei Iwanowitsch die Stroganows die ersten Salzwerke angelegt, wofür sie von jenem Zaren im Jahre 1517 einen Gnadenbrief erhielten. Diese Saline erweiterte sich bis auf 50 Koten, deren Betrieb den Bewohnern den hauptsächlichsten Unterhalt gewährte. Noch zu Anfange dieses Jahrhunderts war diese Saline, wenn gleich auch sehr verkleinert, im Gange [29]). Auch die Salzwerke bei Ustjug Weliki, wo jährlich an 8000 Pud Salz gesotten wurden, sollen ursprüng-

26) Georgi, geograph. Beschreibung II, 1. S. 214, 215.
27) Georgi, Reisen II. S. 860, 861.
28) Georgi, geograph. Beschreibung II, 1. S. 241.
29) Heym, Encyklopädie S. 798.

lich von den Stroganows angelegt worden sein [30]). Als den westlichsten Punkt dieser permischen Salzverbreitung kann man die Umgegend des Städtchens Totma an der Suchona betrachten, über 100 Meilen gerade westwärts von Solikamsk und nur an 20 Meilen nordwärts von der Salzstadt Galitsch, von der es durch den Rücken des Uwalli geschieden wird. Dort befinden sich an der Kowda, einem kleinen Zustrom der Suchona, zwei Salinen. Die eine, Staroje Ussolje genannt, hat zwei Brunnen, welche 14 Koten ernähren, und die Brunnen haben die bedeutende Tiefe von 90 Faden, obschon das Salzwasser sich bis auf 4 Faden dem Rande derselben nähert. Die andere Saline, Nowoje Ussolje, hat nur einen Brunnen von einer Tiefe von 65 Faden, und zu ihm gehören 4 Koten [31]). Eine dritte Saline findet sich noch mehr abwärts an der Suchona an dem kleinen Zustrom Ledenja, die aber am unbedeutendsten ist. Denn letztere gewährt nur einen jährlichen Ertrag von 12 bis 14,000 Pud, während die beiden erstern jährlich an 60,000 Pud Salz liefern [32]). Noch ist als die letzte Saline zu erwähnen Puskinskoe Ussolje in der Nähe von Schenkursk an der Waga, einem linken Zustrom der mittlern Dwina, an 25 Meilen im Norden von Totma, wo aus drei Brunnen jährlich an 8000 Pud gewonnen werden. Denn die Kochsalzquellen, welche noch weiter gegen Nordwesten hin erwähnt werden, wie in der Gegend der Stadt Onega an dem gleichnamigen Flusse und um Powenez an dem Onega-See, möchten wohl schwerlich noch zu der permischen Salzregion zu zählen sein, und verdanken ihr Dasein vermuthlich schon dem Einfluß des benachbarten Meeres [33]).

Schon zu Anfange des achtzehnten Jahrhunderts wurden von den solikamskischen Salzwerken jährlich an 3 Millionen Pud Salz geliefert, welche in 79 Pfannen ausgesotten wurden, und bis zum Schlusse des Jahrhunderts hatte sich der Ertrag

---

30) Georgi, geograph. Beschreibung II, 1. S. 237.
31) Gmelin, Reise durch Sibirien IV. S. 598 bis 608.
32) Georgi, geograph. Beschreibung II, 1. S. 234, 235.
33) Georgi, a. a. O. II, 1. S. 25, 26, 46.

fast verdoppelt. Denn obschon in dem Decennium von 1765 bis 1774 nur gegen 26 Millionen Pud gewonnen wurden [34], so erlangte man doch in den Jahren 1784 und 1785 an 11,361,000 Pud oder jährlich über 5½ Mill. Pud Salz, deren Geldwerth sich auf zwei Millionen Rubel belief [35]. Im Jahre 1798 belief sich der Salzgewinn aus allen Salzwerken des russischen Reiches auf 13 Millionen Pud oder 520 Millionen Pfund Salz, wovon aber die permischen Salzwerke nur etwas über 5 Millionen Pud lieferten, indem die reichste Quelle des Salzes im russischen Lande in dem Seesalz (Busun) des berühmten goldenen Sees in der Astrachanischen Steppe, wovon weiter unten die Rede sein wird, zu suchen ist. Der Salzreichthum der Kron- und Privatsalinen des permischen Gouvernements muß an die Magazine zu Nischegorod abgeliefert werden, und es werden damit an eilf Gouvernements versorgt. Von dem im Jahre 1798 etwas über 5 Mill. Pud gewonnenen Salze kamen damals auf die Landschaft von Petersburg 461,720 Pud, auf Nowgorod 431,974 Pud, auf Twer 450,000 Pud, Pskow 453,571 Pud, Smolensk 757,000 Pud, Wladimir 443,871 Pud, Wjätka 528,500 Pud, Perm 220,100 Pud, Moskau 808,500 Pud, Kaluga 371,427 Pud und Wologda 115,000 Pud. Außerdem wurde das letztere Gouvernement noch durch seine eigenen Salinen mit 185,000 Pud versorgt. Das Gouvernement Nischegorod bezog aber seinen Salzbedarf nicht aus Permien, sondern aus jenem goldenen See an der untern Wolga, und hatte überdies noch seine eigenen Kron- und Privatsalinen in der Gegend von Balachna, aus welchen es jährlich an 80,842 Pud entnahm, so daß die jährliche Salzkonsumtion sich auf 510,000 Pud belief. Die nordischen Landschaften jenseit des Uwalli haben sodann noch eine andere Quelle des Salzgewinnes in der Zubereitung des Seesalzes, von welchem im Jahre 1798 an 560,500 Pud gesotten wurden. Davon kamen 285,000 Pud auf die Landschaft Wologda, 150,000 Pud auf Archangel und 125,500 Pud auf Olonez [36].

34) Hermann, statistische Beschreibung des ruff. Reichs S. 333.
35) Storch, Gemälde des russ. Reiches II. S. 543.
36) Storch, historische Zeitschrift für Rußland II. S. 453 bis 455.

Aber weder die permischen Salzquellen noch der astrachanische Steppensee bilden die einzigen Quellen des Salzreichthums von Rußland. Auch die taurische Steppenregion ist mit sehr wichtigen Salzseen erfüllt, nicht minder zeigen sich im südlichen Rußland an verschiedenen Orten Salzquellen, und außer den schon oben berührten Salzseen am Jaik (s. Abth. 1. S. 57.) findet sich dort die große ilezkische Steinsalzbank am Südfuße des Ural, wo das russische Reich seine einzigen Steinsalzbrüche besitzt, von deren nicht unbedeutendem Ertrage gleichfalls schon die Rede war. Doch müssen viele treffliche Salzquellen im südlichen Rußland wegen der Holzarmuth jener Gegenden ungenutzt bleiben, zumal da bei den meisten Salinen bis auf die neuesten Zeiten alle mehr kunstgemäßen und auf die Ersparung des Holzes abzweckenden Einrichtungen völlig unbekannt waren [37]). Eine rühmliche Ausnahme davon machten zuerst die hier noch zum Schlusse zu erwähnenden Salzwerke von Staraja Russa an der Südseite des Ilmen-Sees. Die Salzquelle daselbst befindet sich anderthalb Werst oberhalb der Stadt neben dem rechten Ufer des Flüßchens Porusja; sie ist mit einem Damm eingefaßt, wodurch ein kleiner See von 3 Faden Tiefe entstanden ist, aus dessen Boden eine Menge kleiner Quellen entspringen. Das Wasser ist so salzhaltig, daß man einen jährlichen Ertrag von mindestens 1,200,000 Pud daraus ziehen könnte. Schon in frühern Zeiten, da der Preis des Holzes ungleich niedriger war, gewannen die Bewohner von Staraja Russa jährlich durch ein einfaches Verkochen und Sieden an 300,000 Pud, aber zu Anfang des siebzehnten Jahrhunderts kam durch den zunehmenden Preis des Holzes die ganze Siederei ins Stocken, und wurde erst um die Mitte des achtzehnten Jahrhunderts von Seiten des Staates auf eine mehr kunstgerechte Weise durch Anlegung von Gradirwerken erneuert. Aber trotz der spätern Verbesserung der Werke konnte man doch nicht mehr als jährlich 150,000 Pud gewinnen. Nichtsdestoweniger ist dieses Salzwerk (seiner Einrichtung nach das einzige im Reiche) für die Krone und für die ganze Um-

37) Storch, Gemälde des russ. Reiches II. S. 549, 550.

gegend sehr nützlich und vortheilhaft. Der hiesige Salzgewinn fällt den beiden Gouvernements Nowgorod und Pskow zu, welche sonst dem größern Theile nach mit eigentlichen Parmjanka versorgt werden [38]).

Der Transport des permischen Salzreichthums nach den nischegorodschen Magazinen in Verbindung mit dem Metallreichthum und den Produkten der uralischen Hüttenwerke nach den Stapelplätzen an der Wolga, so wie die Verführung des Getreidereichthums der mittlern Theile der sarmatischen Ebenen nach dem Norden bewirken den lebhaftesten Verkehr auf dem Stromsystem der Kama, der durch die zahlreichen oben angeführten Stapelplätze in dem Lande Permien getragen wird. Mächtige Handelsflotten sind hier, so lange die Sommerzeit es in diesem nordischen Gebiete verstattet, stets in Bewegung, um den Austausch der Erzeugnisse so verschiedenartiger Landschaften zu bewirken, und der Einfluß davon auf die Entwickelung und Ausbildung des gesellschaftlichen Lebens ist seit einem Jahrhundert nicht zu verkennen. Glücklicherweise ist gerade das permische Gebiet im weitern Sinne an den Ufern der Kama und Wjätka mit den herrlichsten und ausgedehntesten Waldungen bedeckt, die in Fülle das Bauholz für die Flotten liefern, welche vornehmlich hier gebaut werden und die großartige Binnenschifffahrt aufrecht erhalten [39]). Die größten Fahrzeuge, welche den Wasserlauf der mittlern Wolga befahren, werden an den Ufern der Kama gebaut; überhaupt giebt es sehr verschiedenartige und mannigfaltige Fahrzeuge auf der Kama, je nachdem sie für den Transport von Holz, Salz oder Getreide benutzt werden, die mächtigsten Fahrzeuge sind aber die für den Salztransport [40]).

Der Werth aller auf der Kama verschifften Waaren belief sich im Jahre 1828 auf 35 Millionen Rubel, und davon kamen an zwei Drittheile oder 22 Mill. Rubel allein auf die

---

38) Sewergin, Reise durch die westlichen Provinzen Rußlands bei Storch, hist. Zeitschrift für Rußland IV. S. 331 bis 335.

39) Rytschkow, Tagebuch einer Reise S. 45.

40) Rytschkow, a. a. O. S. 178.

Lokalität von Perm, die auf die günstigste Weise im Mittelpunkt jenes Gebiets und seiner verschiedenen Wasserstraßen gelegen ist [41]). Die Schiffe, welche diese Straßen befahren, sind von der einfachsten und rohesten Art und wegen der eigenthümlichen Natur der Wolga und Kama alle mit flachem Boden gebaut. Die Schifffahrt selbst ist bei aller Vollkommenheit des Kanalisationssystems gleichsam noch im Zustande der Kindheit und mit der Schifffahrt des Donau-Stromes auf dem schwäbisch-baierschen Tafellande zu vergleichen. Die Wolga steht dadurch mit dem germanischen Rhein-Strom im größten Kontrast, der sowohl durch die Natur beider Stromgebiete als auch durch ihre verschiedenartige Weltstellung bedingt wird. Die beträchtlichsten von allen Fahrzeugen, welche auf der Kama und Wolga gehen, sind die sogenannten Laden (Ladja, Lodja), welche nichts als gewaltig große Fahrzeuge der einfachsten Bauart von Fichten- und Tannenholz sind. Die Länge einer Ladja beträgt 33, die Breite 8 bis 9 Faden, die Höhe der Seitenwände 4½ Arschin und die Dicke des Bodens und der übrigen Theile dieses mächtigen Baues nicht über 4 Werschok [42]). Die Ladjen unterscheiden sich dadurch von den andern Fahrzeugen, daß man zwischen die Bretter, die ihr Verdeck bilden, Birkenrinde legt, welche, weil sie bei ihrer Leichtigkeit fest ist, keine Nässe in die Ladjen eindringen läßt, und dann dadurch, daß man sich bei Erbauung dieser großen Fahrzeuge durchaus nicht die Mühe giebt sie so stark und fest wie die andern zu machen, indem kein Eisen zu ihrer Befestigung gebraucht wird mit Ausnahme einiger eisernen Klammern, womit die innern Balken zusammengeschlossen werden. Hanf, den man sonst überall zur Kalfaterung der Schiffe gebraucht, hat man bei den Ladjen gar nicht nöthig, sondern statt dessen kalfatert man sie mit weichem Baste, welcher die Nässe so gut abhält wie der beste Hanf. Die Ladjen werden mit dem permischen Salze meistens in denselben Gegenden beladen, wo dies Salz aus den Quellen gesotten wird. Ihre Fracht beläuft sich bis auf 100,000 und

41) Rußlands Wasserverbindungen. S. 114.
42) Rytschkow, Tagebuch S. 178.

selbst 110,000 Pud. An Arbeitsleuten sind auf jeder, die Kama abwärts, an 150 Mann nöthig, welche bis an die Mündung dieses großen Stromes rudern. Aber mit dem Eintritt in die Wolga müssen alle Fahrzeuge ihre Takelage ändern, und um die Wolga hinaufzugehen die Anzahl ihrer Mannschaft verdoppeln. Die Ladjen gebrauchen fortan eine Besatzung von 300 Mann[43]). Die aufwärts gehende Fahrt heißt Szawosz d. h. der Zug oder die Fuhre, weil diese schweren Massen nicht anders dem Strome entgegen fortgebracht werden können als durch Hülfe der Anker, welche sie auf Lodken oder Kähnen vorausführen und in dem Flusse auswerfen. Jede Ladja hat drei Zug-Lodken und vier Anker. Der erste derselben heißt bei den Schiffsleuten der Stilllageranker (Stanowoi) und wiegt 100 Pud, die andern aber dreißig Pud, und diese letztern sind es, welche von zwölf Arbeitsleuten aus der Ladja eingenommen, vorausgeführt und in die Tiefe des Flusses gesenkt werden. Sobald sich die Ladja dem im Wasser liegenden Anker nähert, so lichten ihn die Arbeiter, die ihn hineingeworfen haben, und die andern, die vorausgefahren sind, werfen einen neuen aus, und so muß das Fahrzeug beständig den Ankern folgen, die es aufwärts ziehen. Die mit Salz befrachteten Ladjen gehen mit ihrer Last an 14 Tschetwert tief im Wasser, und daraus erhellt, daß sie nur in der tiefsten Strömung ihren Lauf nehmen können. Man baut diese Ladjen meistens in dem nördlichen Permien in der Landschaft von Tscherdyn an den kleinen Flüssen Wischera, Kolwa und an der Kama selbst, woselbst es zum Schiffbau taugliches Holz im Überfluß giebt. Diejenigen, welche das Salzgewerbe betreiben, verdingen die Erbauung solcher großen Fahrzeuge an die Bewohner der Gegend, wo sie befrachtet werden; auch sind diese Fahrzeuge (welche zu Rytschkows Zeit ums Jahr 1770 nur an 250 Rubel und früher sogar nur an 180 Rubel kosteten) wohlfeiler als die übrigen großen Schiffe, weil ihre Erbauung und Ausrüstung die allerleichteste ist. Auch soll zu ihrem Bau

43) Erdmann, Reisen im Innern Rußlands I. S. 21.

weniger Holz als zu andern Fahrzeugen von ähnlicher Größe gehören [44]).

Eine zweite Art von Salzschiffen, welche den Ladjen an Größe zunächst kommen, sind die bei den Anwohnern der Kama sogenannten Meschcumok oder Meschcumki. Sie werden eben so gebaut wie die erstern und unterscheiden sich nur durch ihre geringere Größe. Ihre Länge beträgt 25 Faden, die Breite 7 Faden und die Höhe der Seitenwände 4 Arschinen. Sie führen eine Salzladung von 60,000 Pud. Zur Thalfahrt auf der Kama gebrauchen sie an 70 Arbeitsleute, zur Bergfahrt auf der Wolga nach Nischegorod aber 180 bis 200 Mann, welche sie vermittelst der Zuganker den Strom aufwärts ziehen [45]). Doch sollten nach Gmelins Angabe schon damals diese großen Fahrzeuge auf der Wolga selten sein. Dagegen nennt er eine andere Art von Ruderschiffen, Sudno Grebnoe von den Russen im Allgemeinen genannt, welcher man sich am meisten zum Transport der Fische und des Salzes bediene, und welche bei günstigem Winde segelten, sonst aber von der Mannschaft an Seilen gezogen würden. Sie führen den Namen der Raschiwa, tragen an 4 bis 15,000 Pud und haben nach ihrer Größe mehr oder weniger Arbeitsleute; denn man unterscheidet die größern, Raschiwa im engern Sinne, und die kleinern, welche Oslamskie heißen [46]).

Von ganz anderer Art sind aber die zu Brennholz-Ladungen bestimmten Lastschiffe, welche bei den Anwohnern der Kama Nasadi genannt werden. Sie werden viel stärker als die gewöhnlichen Fahrzeuge gebaut, weil die Holzhändler nach dem Verkauf des mitgebrachten Holzes zu Astrachan, wohin sie von Sarapul aus vornehmlich hinabgesandt werden, sie wieder mit dem Fischreichthum jener Gegend befrachten, um durch die Verführung desselben nach den obern Gegenden einen doppelten Gewinn zu ziehen. Ein Nasad wird meistens von Fichtenholz gebaut. Der Boden wird auf langen gekrümmten Baumstäm-

---

44) Rytschkow, Tagebuch S. 178 bis 181.

45) Rytschkow, a. a. O. S. 181.

46) Gmelin, Reise durch Rußland II. S. 248.

men befestigt, welche Kopani heißen und den Grund oder die Verbindung aller Theile dieses Fahrzeuges ausmachen. Auf die Kopanis wird Balkenholz von sechs Werschok Dicke gelegt und darauf kommen noch andere Balken, die eben so dick sind, von Tannenholz. Die letzte Festigkeit giebt dem Boden der sogenannte Powarnoi Tes d. h. dünne Bretter, welche dem Holzlastschiffe zum Fußboden dienen. Die Länge eines solchen Nasads pflegt 25 Faden, die Breite 8 bis 9 Faden und die Höhe der Wände 5 Arschinen zu sein. Die gewöhnliche Ladung solcher Fahrzeuge beträgt an 1100 Faden Birkenholz, womit sie im Frühjahr nach Astrachan hinabfahren. Zu dieser Thalfahrt braucht ein Nasad nicht mehr als 35 Arbeitsleute. Ein von kamischem Holze gebauter Nasad kostete zu Rytschkows Zeit nur 300 Rubel ohne die Anker, deren bei jedem Holzfahrzeuge drei sind, nehmlich der Stilllageranker von 40 Pud und die Fahranker von 20 bis 30 Pud Gewicht; doch wurden die Nasaden dort auch häufig als Bauholz zu einem Preise von 150 bis 200 Rubel verkauft [47]).

Eine dritte Art von Fahrzeugen, die auf der Kama einheimisch sind, bilden die Kajuki oder Barchalni, die vornehmlich zum Getreidetransport dienen. Ein Kajuk hat wie ein Nasad zu seiner Grundlage gekrümmte Balken, Kopani, und alle seine Theile werden so stark und fest gebaut wie bei einem Brennholzfahrzeuge. Er hat eine Länge von 18 bis 20 Faden und eine Breite von 4 bis 5 Faden. Zu Arbeitsleuten werden auf den Kajuken den Strom abwärts 30 Mann, den Strom hinauf aber noch einmal so viel gebraucht, und die ganze Last, womit sie befrachtet werden, beträgt nicht über 35,000 Pud Getreide [48]).

Außerdem giebt es noch mancherlei andere Fahrzeuge, welche zu verschiedenen Zwecken das Stromsystem der Kama und die mittlern Theile der Wolga befahren. Zu den üblichsten Schiffen gehören in dieser Beziehung die in dem permischen Lande gebauten Kolomenki, welche die Kama, Wjätka und untere

---

47) Rytschkow, Tagebuch S. 177.
48) Rytschkow, a. a. O. S. 182.

Wolga befahren. Sie haben gleich den auf der Oka üblichen Gusjanki einen flachen Boden und hohen Bord und eine etwas festere Konstruktion. Ihre Länge beträgt 20 Faden, ihre Breite 4 Faden, und sie tragen eine Ladung von 11,000 Pud. Denselben Flüssen eigenthümlich sind sodann die Schitiki, welche bei einer Länge von 12 Faden und einer Breite von 4½ Faden an 7000 Pud tragen und sich von den Kolomenki durch einen gewölbten Boden unterscheiden [49]). Es finden sich ferner in der mittlern Wolga die schon oben im Stromgebiet der Oka erwähnten Mokschani und Gusjanki, ferner die gleichfalls schon dort genannten Strusen und Barken, und dann die von der Sura kommenden Surjaki, welche bei einer Länge von 16 Faden und einer Breite von 5 Faden eine Ladung von 23,000 Pud tragen. Alle diese verschiedenartigen Fahrzeuge, welche flottenweise die sich um Kasan und Nischegorod concentrirenden Wasserstraßen durchziehen und mit ihren zahlreichen Besatzungen schwimmenden Ortschaften gleichen, bringen in diesen Gebieten ein großartiges Leben und Treiben hervor, welches an den zahllosen Stapelplätzen und Ruhepunkten daselbst immer neue Nahrung gewinnt, indem wieder Tausende von Menschen beschäftigt sind, die auf jenen Flotten verführten Kunst- und Naturprodukte zur Aufstapelung oder zur Konsumtion und Benutzung nach den innern Gegenden des Landes zu verbreiten. Ehemals wurden diese Wasserreisen auch nicht selten durch Flußräuber gefährdet, indem hier größerer Gewinn als auf den Heerstraßen im Binnenlande zu hoffen war. Bei dem geringsten Widerstande der Schiffsmannschaft mordeten die Räuber alles, was ihnen vorkam, begnügten sich aber sonst mit der bloßen Wegnahme der Beute, wenn das Schiffsvolk sich auf ein gegebenes Zeichen mit dem Gesicht auf das Verdeck niederwarf und sie ungehindert plündern ließ. Durch verdoppelte Wachsamkeit und eine bessere Organisation der Polizei ist dieses Übel aber gänzlich ausgerottet [50]).

---

49) Rußlands Wasserverbindungen auf der Tabelle zu S. 76.

50) Storch, Gemälde des russ. Reiches VII. S. 12.

Die Bewohner des permischen Landes.

Es sind, wie schon oben bemerkt worden, in dem permischen Lande oder in dem Stromgebiet der Kama, auch wenn man das Gebiet der Bjelaja davon abzieht, die **Permier** keineswegs die einzigen Bewohner, und sie sind heut zu Tage selbst so zusammengeschmolzen, daß man nicht ohne Grund das gänzliche Erlöschen dieses Volkes zu befürchten hat. Dennoch ist ihr Name ein in diesen Gebieten am Westfuße des mittlern Ural so berühmter und schon aus der Urzeit des Nordens mit solcher Bedeutung hervortretend, daß man denselben mit Recht zur Bezeichnung aller der Landschaften, welche sich um die Kama und Wjätka von dem nordrussischen Uwalli an bis nach Kasan hin ausbreiten, gebrauchen kann. In den ältern Zeiten ihrer Selbstständigkeit bildeten sie nicht nur die Hauptmasse der Bevölkerung an der ganzen Kama entlang und auf den Berghöhen des mittlern Ural, der noch jetzt nach ihrem Namen bezeichnet wird, sondern verbreiteten sich auch weit nach Norden über das Gebiet von Sawolotschje bis zur Dwina hin, und auch jetzt bilden ihre Überreste auf den weitläuftigen Besitzungen der Stroganows in jener uralischen Gegend den wichtigsten Theil der Arbeiter in den Berg- und Hüttenwerken [51]). Neben ihnen erscheinen noch die Syrjänen, obschon diese als ihre nächst verwandten Stammgenossen zu betrachten sind, und von Nordosten her haben sich die Wogulen in dies Gebiet eingedrängt, wie von Südosten her die Baschkiren und in den westlichen Theilen des permischen Landes wohnen die **Wotjaken**, — sämmtlich Völker, welche nur verschiedene Zweige eines und desselben Stammes ausmachen, und deren ursprüngliche Stammverwandtschaft noch jetzt erkennbar oder doch nachweisbar ist. Aus historischen wie sprachlichen Gründen muß man daher die Urbevölkerung der Landschaften an der Kama und Wjätka als eine besondere Gruppe des weit verbreiteten ugrischen Volksstammes unter dem Namen der **permischen Gruppe** zusammenfassen [52]), welche sich wieder in ihre untergeordneten Zweige

---

51) Erman, Reise durch Nord-Asien I. S. 330.

52) **Klaproth**, Asia polyglotta p. 185.

spaltete, deren vornehmste Glieder, die Permier und die Syrjänen auf der einen, und die Wotjaken auf der andern Seite, hier näher zu betrachten sind.

1. Die Permier und Syrjänen.

Die beiden Stämme der Permier, oder Permjaken bei den Russen, und der Syrjänen gehören genau zusammen und bilden im Wesentlichen einen und denselben Zweig der permischen Gruppe des ugrischen Volksstammes. Ursprünglich fand kein Unterschied zwischen ihnen statt, und wann und warum derselbe entstanden, ist, wie Sjögren sagt[53]), bis jetzt noch nicht recht bekannt. Bei Nestor erscheint der Name der Syrjänen nicht, aber eben so wenig wird auch in der doppelten Völkertafel dieses russischen Chronisten der Wotjaken erwähnt, und doch möchte damals im zwölften Jahrhundert, wie man aus der Gründungsgeschichte der Stadt Chlynow zu entnehmen berechtigt ist[54]), die Sonderung dieser Stämme wohl schon statt gefunden haben, wenn gleich dies Verhältniß nur aus einheimischen Quellen zu ermitteln sein wird. Die Unterschiede selbst innerhalb dieser permischen Gruppe, so wie innerhalb des ugrischen Volksstammes überhaupt, beruhen schwerlich auf natürlichen Verhältnissen und sind gewiß nur historisch gegebene oder auch mehr und minder zufällige, wie es zum Theil bei der Sonderung der germanischen Stämme der Fall ist, so daß sich der permische Stamm anfangs in eine östliche und westliche Gruppe an der Kama und Wjätka spaltete und erstere sodann wieder in eine südliche und nördliche Hälfte, die Permier im engsten Sinne und die Syrjänen. Denn in wie weit Strahlenbergs Angabe[55]) von einem natürlichen Hauptunterschiede aller ugrischen Völkerschaften sich nachweisen und rechtfertigen läßt, ist, um darüber entscheiden zu können, von jüngern Reisenden nicht berücksichtigt worden. Nach ihm sollten die Basch-

---

53) Sjögren, in den Mémoires de l'Académie des sciences de St. Pétersb. 1832. Tome I. p. 286.

54) Karamsin, russische Geschichte III. S. 28.

55) Strahlenberg, der N. und O. Theil von Europa S. 165.

kiren nebst den Ostjaken, Permjaken, Syrjänen und Wotjaken sich durch röthliche Haare und blaue Augen auszeichnen, während sich bei den Tscheremissen, Wogulen, Mordwinen, Samojeden, Lappen und einem Theil der Finnen dunkle Haare und braune oder graue Augen wie bei den Kalmücken vorfänden. Auf jeden Fall würde diese Angabe nur unter großen Einschränkungen sich als richtig erweisen. Nun nennt uns Nestor aber schon das Volk der Petscheren an der Petschora [56]) mitten in der Reihe anerkannt ugrischer Stämme wie der Permier und Jamen, und diese Petscheren kann man, wenn gleich der Name auch zur Bezeichnung der nordöstlichsten Stämme am Eismeer und am Ural, wie vornehmlich der Samojeden, gebraucht worden zu sein scheint, nach Sjögren als die erste Spur des abgesonderten Zweiges der Syrjänen betrachten [57]), so daß die Spaltung der Bewohner an der Kama in Permier und Syrjänen mit dem Eingreifen der slavischen Nowgoroder in diese Gebiete seit dem eilften Jahrhundert mindestens gleichzeitig sein würde.

Die Permier kennen diesen ihnen von den Russen ertheilten Namen selbst nicht. Die erste Erwähnung desselben finden wir aber bei den Normannen in den Beormas bei Other [58]), und von den Normannen empfingen ihn unstreitig auch die slavischen Stämme Ost-Europas, nehmlich vermittelst der normannischen Russen zu Nowgorod. In Nestors Völkertafel finden wir dann den Namen Perm zur Bezeichnung eines der tschudischen Völker an der Westseite des Ural zuerst bei den Slaven genannt [59]), und seit eben jener Zeit, seit dem Anfange des zwölften Jahrhunderts, bezeichnete der Name Perm in Verbindung mit Petschera und Jugra den nordöstlichsten der drei großen nowgorodischen Wolosten in dem Lande jenseit des Wolok bis zum Ural hin [60]). Die Permier selbst nennen sich in

56) Nestor, russische Annalen nach Schlözer II. S. 30, 49.

57) Sjögren, in den Mémoires de l'Académie 1832. Tome I. p. 290, 299.

58) Forster, Geschichte der Entdeckungen im Norden S. 87.

59) Nestor, russische Annalen nach Schlözer II. S. 30, 106.

60) Oldekop, Petersburger Zeitschrift 1824. Th. XIV. S. 110.

ihrer Sprache Komi-Utir oder Komi-Murt[61]), wovon das erste Wort Komi oder Kum an die einheimische Bezeichnung bei den ugrischen Ostjaken erinnert und die Bedeutung von Leute oder Menschen in sich zu enthalten scheint[62]). Doch ist dabei nicht zu übersehen, daß in den verschiedenen permischen Dialekten im weitern Sinne genommen gerade das Wort Murt oder Murd zu eben jener Bezeichnung gebraucht wird[63]). Merkwürdig scheint es zu sein, daß sich bei diesem Volke, dessen Civilisation und eigenthümlicher Bildungsgrad so weit in das Alterthum zurückgeht, von seinem Ursprunge, seiner Verbreitung und dem frühern Zustande fast gar keine Traditionen erhalten haben[64]). Vielleicht hat das frühzeitige Anschließen dieses Volkes an die Russen und das Eingehen in die slavische Volksthümlichkeit einen Hauptantheil daran, und dann hat gewiß die frühe Bekehrung des permischen Volkes zur christlichen Kirche durch den permischen Apostel Stephan in der zweiten Hälfte des vierzehnten Jahrhunderts gleichfalls seinen Einfluß darauf geäußert[65]), indem die Permier das einzige ugrische Volk gewesen sind, welches zur griechischen Kirche übertrat und sich doch in seiner Nationalität erhielt, ohne wie die Meren, Wessen und Muromen einer fremden Volksthümlichkeit ganz anheim zu fallen.

Durch die Vermischung mit den sich immer mehr nach Nordosten hin ausbreitenden slavischen Stämmen scheinen die Permier unter der Oberhoheit der Republik Nowgorod allmählig den sie früher auszeichnenden merkantilischen Unternehmungsgeist und die ihnen eigenthümliche Bildung eingebüßt zu haben. Denn in spätern Zeiten unter der Herrschaft der russischen Großfürsten und Zaren seit dem Ende des Mittelalters hören wir wenig von ihnen und auch diese wenigen Nachrichten lassen sie in einem ganz andern und rohern Zustande als früher erscheinen. Denn der Engländer Giles Fletcher, welcher in Angelegenheiten der russischen Handelskompagnie im

61) Klaproth, Asia polyglotta p. 187.
62) Falk, topograph. Beiträge III. S. 463.
63) Klaproth, Asia polyglotta p. 185, 187.
64) Lepechin, Tagebuch einer Reise III. S. 121 bis 123.
65) Karamsin, russische Geschichte V. S. 89.

im Jahre 1588 Rußland durchreisete, vernahm blos von ihnen, daß sie ein sehr altes Volk seien, und daß sie damals nach Art der Wogulen von der Jagd lebten und einen Handel mit Pelzwerk betrieben [66]). Ähnlich schildert sie sein etwas älterer Zeitgenosse, der Deutsche Herberstein, indem er sie ein Jägervolk nennt, welches ohne Ackerbau lebe und seinen Tribut an den Großfürsten in Thierfellen entrichte [67]). Vornehmlich seit dem Anfange des achtzehnten Jahrhunderts seit dem Aufblühen des Berg- und Hüttenwesens im mittlern Ural mußten die slavischen Kolonisationen in Permien immer mehr zunehmen, und daraus erklärt es sich auch, daß schon am Ende jenes Jahrhunderts die slavische Bevölkerung in dem Gouvernement Perm über drei Viertel der gesammten Anzahl der Bewohner betrug. Und der nicht slavische Theil der Bevölkerung bestand nicht einmal ganz aus Permiern oder Syrjänen, sondern auch aus Wogulen, Wotjaken, Tscheremissen und Baschkiren [68]). Denn die Anzahl der eigentlichen Permier beläuft sich jetzt nur auf 35,000 Köpfe [69]), und sie bilden somit einen der unbedeutendsten Reste von dem in seinen verschiedenen Zweigen durch Ost-Europa verbreiteten ugrischen Volksstamme. Nach der Aussage der jüngern russischen Autoren unterscheiden sich die Permier wie die Syrjänen jetzt nur noch wenig von den Russen, und leben wie auch manche slavische Stämme vornehmlich von der Jagd und vom Fischfang. Sie haben sich zwar noch beide aus der frühern Zeit einen besondern Dialekt ihres Sprachstammes erhalten, doch reden sie auch alle die russische Sprache [70]).

Die Syrjänen sind die nördlichen Nachbarn der Permier und haben, wie auch das doppelte Flüßchen Kiltma an dem Nord-Katharinen-Kanal darauf hinweiset, ihren Hauptsitz

---

66) **Hakluyt**, the principal navigations, voyages and discoveries of the english nation I. p. 491.

67) **Herberstein**, rerum Moscovit. comment. p. 85.

68) **Georgi**, geograph. Beschreibung II, 1. S. 261. **Erdmann**, Reisen im Innern Rußlands II, 2. S. 173.

69) **Schubert**, Statistik des russischen Reiches S. 156.

70) **Plescheef**, survey of the Russian empire p. 53, 152. **Vsévolojsky**, dictionnaire II. p. 104.

auf dem großen Uwalli zwischen der obern Kama und der Wytschegda. Die Bedeutung und Entstehung ihres Namens ist unbekannt, denn sie bezeichnen sich auf dieselbe Weise wie die Permier [71]). Vermuthlich stammt der Name Syrjänen von den Russen, und findet sich dort noch in verschiedenen Lokalitäten auf dem Uwalli. So fand Lepechin bei seiner Durchreise durch jene Wildnisse ein ansehnliches Kirchdorf Syrjänskoe an der Wjätka einige Meilen oberhalb der Stadt dieses Namens und ein anderes gleichnamiges Dorf an der Kama an dem kleinen Zufluß Syrjä [72]). Aber weiter nordwärts finden sich ihre Sitze ausgebreitet in dem Quellgebiet der Wytschegda und mehr westwärts an deren Seitenarmen an der Syssola und am Wym [73]). Gerade dort war es auch, wo der permische Apostel Stephan sein Bekehrungsgeschäft begann und die erste Kirche in dem permischen Lande im weitern Sinne gründete [74]).

Mit der Ausbreitung der Syrjänen über diese Gebiete an der Wytschegda hängt wohl ihre bestimmtere Absonderung von dem permischen Hauptstamm zusammen, wenn schon sie auch immer noch als Permier betrachtet wurden; denn gerade im Gegensatz gegen dies Syrjänen-Land oder dies permische Gebiet an der Wytschegda wurde das permische Land an der Kama Groß-Permien (Welikaja Perm) genannt, während das syrjänische Malaja Perm oder Permza hieß [75]). Aber auch trotz der Trennung blieben sich Permier und Syrjänen in Sprache, Sitten und Lebensart immer nahe verwandt, und Sjögren, der Alterthumsforscher des tschudischen Nordens in der jüngsten Zeit, durch seine Abstammung zugleich diesen Völkern nahe stehend, zählt die Sprache der Syrjänen, Permier und Wotjaken zu einem gemeinsamen Stamm, dem permischen Sprachstamm, der wieder als ein Zweig des ost-finnischen oder wolgisch-uralischen Sprachstammes bei aller Verwandtschaft mit dem west-finnischen oder baltischen sich doch von dem-

71) Storch, Gemälde des russischen Reiches I. S. 144.
72) Lepechin, Tagebuch einer Reise III. S. 120, 136.
73) Müller, Sammlung russ. Geschichte VI. S. 200.
74) Karamsin, russische Geschichte V. S. 90.
75) Heym, Encyklopädie S. 614.

selben bedeutend unterscheiden soll. Die syrjänische Sprache theilt sich selbst wieder in vier verschiedene Dialekte, von denen drei einander sehr nahe stehen, während der vierte am gröbsten und wahrscheinlich mit dem samojedischen Sprachstamm versetzt ist, obschon gerade in diesem letzten der erste Versuch einer syrjänischen Grammatik gemacht worden ist [76]).

Die Anzahl der Syrjänen ist noch geringer als die der Permier, indem sich dieselbe nur auf 30,000 Köpfe belaufen soll [77]). Sie haben sich, wie bemerkt, alle die russische Sprache angeeignet, und unterscheiden sich in ihrer Lebensart wenig von den Russen. Sie beschäftigen sich zum Theil mit dem Ackerbau, vornehmlich aber mit der Jagd, die in den großen Waldungen, zwischen welchen sie leben, noch immer einträglich genug ist [78]). Von dem alten Ruhm der merkantilischen Betriebsamkeit dieses Volkes, welches auf der nach ihm benannten Syrjänen-Straße schon seit dem Anfang des zwölften Jahrhunderts die Passagen über den nördlichen Ural eröffnete und den merkwürdigen Handelsverkehr mit den Bewohnern des alten Landes Jugrien am untern Obi unterhielt [79]), hat sich in neuern Zeiten keine Spur mehr erhalten. Seit dem Anfang des siebzehnten Jahrhunderts verschwindet der alte Glanz dieses Namens in jenen Gebieten [80]). Lepechin fand sie in neuern Zeiten in den sumpfigen Waldregionen des nordrussischen Uwalli nur als ein armseliges Geschlecht. Nur noch die Sitte hatte sich wohl als Anklang aus frühern Zeiten bei ihnen erhalten, nach fremden Gegenden, besonders nach Sibirien, auszuwandern, wo sie meistens für immer bleiben. Auch pflegten sie,

---

76) Sjögren, über den grammatischen Bau der syrjänischen Sprache mit Rücksicht auf das Finnische in den Mémoires de l'Académie de St. Pétersb. 1832. Tome I. p. 149—169. Ein Wörterverzeichniß der Sprache der Permier und Wotjaken s. bei Erdmann, a. a. O. II. S. 203 bis 214.

77) Schubert, Statistik des russischen Reiches S. 156.

78) Plescheef, survey of the Russian empire p. 133.

79) Lehrberg, Untersuchungen über die ältere Geschichte Rußlands S. 94 bis 97.

80) Müller, Sammlung russ. Geschichte VI. S. 516 bis 519.

wie er bemerkt, nach einem Berge auf dem Westufer der Petschora zu wandern, um dort Schleifsteine zu brechen, die sie nach entfernten Gegenden verführten [81]).

2. Die Wotjaken.

Die Wotjaken, die wir als den westpermischen Volkszweig bezeichnen können, sind, wie Pallas sagt, unter allen kleinen Völkerschaften des finnischen Stammes im russischen Reiche am wenigsten zerstreut und noch fast in eben den Sitzen, welche sie schon vor der Ausbreitung der Tataren-Herrschaft in Rußland unter eigenen Fürsten eingenommen haben. Ihre Stammhäupter haben nach ihrer Aussage an der Kasanka in der Gegend, wo jetzt **Arskoi Prigorod** steht, feste Sitze und eine kleine Festung gehabt, woraus sie von den Tataren verdrängt und genöthigt wurden, sich in mehr nördliche, durch die Wälder geschützte Gegenden zurückzuziehen gegen die Wjätka und obere Kama, wo man sie noch jetzt antrifft. Der Name Arskoi, der von dem Worte Ari abzuleiten ist, mit welchem die Tataren das wotjakische Volk bezeichnen, und die noch vorhandenen Spuren alter Befestigungen nahe bei Arskoi Prigorod bestätigen diese Sage [82]).

Die Wotjaken kennen diesen Namen, mit welchem sie bei den Russen bezeichnet werden, nicht selbst. Sie nennen sich **Udy** oder **Udmurt** (Ütmurt), und das Wort Murt bedeutet in ihrer Sprache Männer; also ist Ut oder Wut das nähere Bezeichnungswort, woraus ihre slavischen Anwohner **Woti** oder **Wotjak** gemacht haben [83]), und welches in ihrer Sprache einen gastfreien Wirth bedeutet [84]). Bei den Tataren führen sie den Namen **Ari**, welcher die äußerst entlegenen bedeuten soll; dagegen heißen sie bei den ihnen stammverwandten Anwohnern den Tscheremissen **Oda**, was von dem Worte Udy oder Ut ent-

---

81) Lepechin, Tagebuch einer Reise III. S. 146 bis 148, 160 bis 170, 175.

82) Pallas, Reisen durch verschiedene Provinzen des russ. Reiches III. S. 475, 476.

83) Georgi, Beschreibung aller Nationen des russ. Reiches I. S. 52.

84) Klaproth, Asia polyglotta p. 185.

lehnt ist[85]). Eben so verschiedenartige Namen haben sie für ihre Nachbarn. Die Russen heißen bei ihnen Dschüs, nach Pallas, oder Djutsch=murt, nach Müller; die Tataren heißen bei ihnen Biger, die Tscheremissen führen den Namen Pohr, die Tschuwaschen und Mordwinen aber Taulu[86]). Ihr jetziges Heimathsland bezeichnen die Wotjaken charakteristisch als Kam=Kosip d. h. das Land zwischen den beiden Flüssen Budschim=Kam (Kama) und Wjätka=Kam (Wjätka)[87]).

Sie haben viel Charakteristisches, wodurch sie sich von ihren Nachbarn, den Tscheremissen, welche einen Hauptheil der Bevölkerung des nach ihnen bezeichneten Landes an der Wjätka bilden, sehr unterscheiden. Sie kommen in ihrer Bildung den Finnländern näher als viele andere ugrische Stämme an der Wolga, und daher werden sie auch häufig bei den russischen Autoren mit den finnischen Woten in Ingermanland in Verbindung gebracht, und sie sollen nach ihren eigenen Traditionen einst aus Finnland ausgewandert sein[88]). Diese Sage widerspricht nun zwar dem sonst uns bekannten Verbreitungssystem der ugrischen Völker in jener Gegend, doch möchte sie in so fern nicht ganz unbegründet sein, als sich aus der einstmals größern Bedeutung des finnischen Stammes der Woten in der baltischen Gegend eine genügende Erklärung des Namens der nowgorodischen Wodskaja Pjätina (s. oben S. 45.) ergeben würde. Sie sind lebhafter als die Tscheremissen, etwas hartnäckig und sehr dem Trunke ergeben, was vornehmlich von einer Vergünstigung herrühren soll, welche die Wotjaken von dem Fürsten Iwan I. Wasiljewitsch bei der Eroberung ihres Landes durch denselben erhielten[89]). Ein neuerer Reisender bezeichnet sie in ihrer leiblichen Bildung als von gedrungener, kräftiger Gestalt, wodurch sie sich besonders von den Stämmen der Tscheremissen und Tschuwaschen unterscheiden sollten, die von schüchternem Be=

---

85) Müller, Sammlung russ. Geschichte III. S. 334.
86) Pallas, Reisen durch verschied. Prov. III. S. 476.
87) Georgi, Beschreibung aller Nationen I. S. 52.
88) Rytschkow, Orenburg. Topographie a. a. O. VI. S. 501, 502.
89) Müller, Sammlung russ. Geschichte III. S. 317.

nehmen und schwächlichem Körperbau seien [90]). Dagegen nennt sie Pallas wenig stark und groß und im Allgemeinen nicht wohl gebildet. Sonst sollen sich jene beiden Stämme in der leiblichen Bildung mehr an die Tataren anschließen, während die Wotjaken mit den finnischen Bauern eine größere Verwandtschaft zeigen. Charakteristisch ist es demnach, daß kein Volk so reich an feuerrothen Haaren als das wotjakische ist; man findet auch dunkle, schwärzliche Haare, aber doch häufiger von einer hellen, lichten Farbe und einen röthlichen Bart [91]). In Hinsicht des Naturells besitzt der Wotjake natürlichen Verstand und Arbeitsamkeit, wird daher nicht selten wohlhabend, und ist dann gastfrei. Im Übrigen ist er trotzig und jähzornig [92]).

Die Hauptthätigkeit der Wotjaken geht auf die Ackerkultur, und Pallas rühmte sie als gute Ackersleute; außerdem beschäftigen sie sich mit der Viehzucht und Bienenzucht und sind auch gewandt in der Jagd [93]). Keins von den drei ugrischen Völkern, der Wotjaken, Tscheremissen und Tschuwaschen, welche rings um Kasan herumwohnen, wohnt in Städten oder Flecken mit den Russen zusammen, sondern sie haben alle ihre Dörfer besonders, und unterscheiden sich dadurch von den Tataren, die auch bei den russischen Städten ihre Vorstädte haben. Nur die beiden letzten wohnen noch zum Theil mit Tataren und Mordwinen zusammen; aber die Wotjaken wohnen ganz für sich allein, und haben mit keinem andern Volke Gemeinschaft. Die Dörfer der Tscheremissen sind sehr klein, die der Tschuwaschen im Allgemeinen sehr groß, die der Wotjaken halten die Mitte zwischen beiden. Denn die wotjakischen Ortschaften bestehen aus einer Anzahl von 20 bis 40 Häusern, je nachdem sie zwischen den dicken Waldungen ihres Landes Platz für sich und Nahrung für ihr Vieh finden. Unter den Wotjaken und Tscheremissen herrschte im vorigen Jahrhundert noch die Gewohnheit, daß wenn ihnen die alte Gegend ihres Wohn-

90) Erman, Reise durch Nord-Asien I. S. 253.

91) Pallas, Reisen durch verschied. Provinzen III. S. 476.

92) Erdmann, Reisen im Innern Rußlands II, 2. S. 29.

93) Pallas, Reisen durch verschied. Prov. III. S. 478. Rytschkow, Tagebuch einer Reise S. 171, 172.

sitzes nicht mehr gefiel, sie das ganze Dorf abbrachen und ihre Wohnungen an einem neuen Orte aufbauten. Zuweilen überließen sie auch die Häuser andern Bewohnern, die sie beziehen wollten. Unstreitig ist dies noch ein Überrest des frühern nomadischen Lebens dieser Stämme[94]). Die Hauptwohnsitze der Wotjaken sind in dem Kreise von Glasow an der Tschepza in dem Gouvernement Wjätka, und dort schätzt man ihre Anzahl auf 25,000 Köpfe, während sie in den andern Kreisen dieser Landschaft weniger zahlreich sind[95]). Dort treiben sie fleißigen Ackerbau, so viel es die mäßige Fruchtbarkeit des Bodens gestattet; vornehmlich bauen sie Roggen nebst Hafer und Gerste, und sind gleich den Baschkiren betriebsame Bienenväter. Mancher Wotjake hat an 50 Bienenstöcke, die sich theils auf Linden, theils auf Nadelholzbäumen befinden, und der daraus gewonnene Honig und Wachs gewährt ihnen einen wichtigen Handelsartikel nach Archangel[96]).

Die aus Holz erbauten Wohnungen der Wotjaken stimmen wie bei den Permiern und Syrjänen mit denen der russischen Bauern überein. Auch die Bekleidung der Männer hat nichts Ausgezeichnetes, aber um so eigenthümlicher ist, wie es von allen Reisenden hervorgehoben wird, die der Weiber. Denn auf dem Kopfe tragen sie eine hohe Mütze von Birkenrinde in Gestalt eines abgestumpften Kegels, welche mit blauem Tuche überzogen und auf der vordern Seite dicht mit Silbermünzen besetzt ist. Über dieselbe wird ein großes weißes, an den Ecken mit Figuren ausgenähtes und mit rothen Frangen eingefaßtes Tuch gehängt, so daß der kurze Zipfel vorn über die Mütze, der lange aber über den Rücken hinabhängt, während die Seitentheile auf den Schultern ruhen. Unter diesem Kopfputz wird das Haar zusammengerollt und versteckt, denn sie schämen sich dasselbe sehen zu lassen und legen sich daher, wenn Fremde in dem Hause übernachten, mit diesem Kopfputz sogar schlafen, so wie sie damit auch die Arbeit in den Vieh-

94) Müller, Sammlung russ. Geschichte III. S. 311, 312.
95) Erdmann, Reisen im Innern von Rußland II, 2. S. 25.
96) Falk, topograph. Beiträge III. S. 458.

ställen verrichten; dieser Kopfputz heißt bei ihnen Aischon. Nur die Mädchen haben niedrige Mützen mit Korallen und Goldstücken behangen, und vom Scheitel an mit einem Tuche, das hinten hinabhängt, versehen [97]). Am Körper tragen sie bunt ausgenähte Hemden, darüber hinten ein kleines Halstuch, Oberkleider von Leinwand oder Tuch, Beinkleider und kleine bunte Schürzen. Übrigens sind die wotjakischen Weiber ziemlich betriebsam, sie spinnen Wolle, weben bisweilen Tuch und Leinwand und bereiten Woilok oder Filzdecken [98]).

Gegen das Ende des vorigen Jahrhunderts berechnete man die Anzahl der männlichen Bevölkerung des wotjakischen Volkes auf 40,000 Köpfe, und nach neuern Angaben beläuft sich die heutige Gesammtpopulation der Wotjaken auf 100,000 Köpfe [99]). Sie haben noch ihre ursprüngliche Eintheilung nach Stämmen und Familien beibehalten und geben ihren Dörfern davon die Beinamen; ihre edlen Familien sind aber meistens erloschen. Erst seit der Zeit der russischen Oberhoheit nach dem Falle der tatarischen Herrschaft zu Kasan sollen sie ihr früheres nomadisirendes Leben mit einem festen, ansässigen vertauscht haben [100]). Die Wotjaken wie die Tscheremissen und Tschuwaschen erhielten von der russischen Regierung die Erlaubniß, sich in ihren Dörfern eigene Gerichtspfleger zu wählen, welche nach russischer Weise Wybornie, Starosten und Desjätniken genannt wurden, und verschiedene Dörfer stehen unter einem Sotnik. Sie haben keine andern Abgaben als die sogenannten Kopfgelder zu entrichten, die sie entweder in Pelzwerk oder auch mit Geld abmachen [1]).

Die meisten Wotjaken sind zwar getauft, aber sind größtentheils im Geheimen noch ihrem frühern Glauben in vielen Stücken zugethan, so daß sie gleich den übrigen ugrischen Völkerschaften an der mittlern Wolga, welche noch weit mehr

---

97) Müller, Sammlung russ. Geschichte III. S. 322 bis 324.

98) Erdmann, Beiträge zur Kenntniß des Innern von Rußland I. S. 118, 119.

99) Schubert, Statistik des russ. Reiches S. 156.

100) Georgi, Beschreibung aller Nationen I. S. 52.

1) Müller, Sammlung russ. Geschichte III. S. 313, 314.

dem Heidenthum ergeben sind, viele abergläubische Ceremonien beobachten. Aus jener frühern heidnischen Zeit rührt auch das sogenannte Tamga, welches mit der nordischen Runenschrift große Ähnlichkeit hat. Denn jeder Hausvater führt als Familienzeichen eine Chiffre, welche nach seinem Tode auf die Söhne übergeht, und zwar ganz, wenn nur ein Sohn da ist, und in Theile zerlegt, wenn es deren mehrere giebt [2]). Die heidnischen Wotjaken leben in Polygamie, doch haben nur wenige zwei oder mehrere Frauen. Wie bei ihren Stammgenossen auf dem Ural und am untern Obi werden die Weiber gekauft oder vielmehr geraubt und entführt, und sodann den Eltern dafür der Kaufpreis, Jerdun bei den Wotjaken, das Kalym bei den turktatarischen Völkern, entrichtet [3]). Die bei den Hochzeiten üblichen Feierlichkeiten sollen bei den Wotjaken weniger eigenthümlich als bei den Tscheremissen und Tschuwaschen sein, dagegen haben sich in ihrem Todtenkultus noch um so mehr Überreste des alten Naturlebens bei ihnen erhalten [4]).

Die noch nicht zur christlichen Religion bekehrten Stämme dieses Volkes, wie vornehmlich in der Gegend um Glasow, stehen noch völlig auf demselben Standpunkt der unmittelbarsten Form der Naturreligion, wie wir sie früher bei den Wogulen und Ostjaken kennen gelernt haben, und wie sie noch bestimmter bei ihren Stammgenossen um Kasan herum hervortritt. Die Wotjaken verehren einen Obergott, den sie Jumar nennen, und der seinen Sitz in der Sonne hat [5]), daneben auch noch einen Erdgott und Wassergott, und daran scheint sich die Vorstellung von einem guten und bösen Wesen, die sie Tasa-Buß und Urom-Buß nennen, anzuschließen, indem wenigstens das böse Wesen im Wasser seinen Sitz haben soll. Übrigens erhellt von selbst, daß dieser Unterschied zwischen dem Guten und Bösen keinen ethischen, sondern nur einen natürli-

2) Erdmann, Reisen im Innern Rußlands II, 2. S. 25. Vergl. die Abbildung des Tamga auf Tab. III.

3) Georgi, Beschreibung aller Nationen I. S. 55, 56.

4) Müller, Sammlung russ. Geschichte III. S. 372, 379. Georgi, Beschreibung I. S. 57.

5) Pallas, Reisen durch verschied. Prov. III. S. 480.

chen Charakter habe und wesentlich nur auf das Nützliche und Schädliche gehe. Beiden werden an geweihten Orten im Walde Opfer dargebracht. Sie bestehen in Lebensmitteln, besonders in Milch, Honig, Schaafen, Gänsen, Enten und werden wenigstens dreimal im Jahre acht Tage hintereinander veranstaltet, namentlich nach dem Pflügen des Ackers vor der Aussaat im Frühjahr und Herbst so wie zu Anfang der Heuerndte. Man opfert dem guten Geiste im Glück, dem bösen im Unglück. Die Art des Opfers bestimmt der Priester. Bei den Thieren schreibt er auch die Farbe des Rückens vor. Nach dem gehaltenen Gebete wird von den geweihten Gaben ein Theil verbrannt und ein Theil auf dem Acker zerstreut [6]). Die Priester der Wotjaken, die sogenannten Tona, sind die Stammhäuptlinge und Ältesten. Ihre Opferplätze, die Keremets, haben sie in Tannenwäldern, besonders an schön gelegenen Orten von hohen Weißtannen umgeben, die bei ihnen heilig gehalten werden. Sie feiern vier Hauptfeste im Jahre, die sich zum Theil an die russischen anschließen. Das erste, Butschim Nunal, das Neujahr in der russischen Osterwoche. Das zweite, Tulys Nunal, nach geschehener Sommersaat. Das dritte, Wissäsko Nunal, vor der Heuerndte, wobei Buntspechte, die man zu der Zeit fängt und füttert, geopfert werden müssen. Das vierte ist das Hauptfest, Keremet Nunal genannt, nach Endigung der Erndte und aller Feldarbeit, das mit großen feierlichen Opfern begangen wird. Es pflegt ein Pferd, am liebsten von Fuchsfarbe oder von jeder andern, nur nicht von schwarzer Farbe, nebst einem Stier, einem Schaaf, Gans und Ente als Opfer geschlachtet und verzehrt zu werden. Die kleinen Thiere werden zuerst und das Pferd zuletzt durch einen Gehülfen des Tona geopfert um zur Speise zubereitet zu werden. Die Knochen nebst dem Fett werden verbraunt, aber die Köpfe vom Stier und vom Schaaf nebst dem ganzen Geripppe des Pferdes an einer der Tannen aufgehängt und die Felle nach Hause genommen. Die Gebete geschehen bei diesen Opfern gegen die Mit-

6) Erdmann, Reisen im Innern Rußlands II, 2. S. 27.

tagssonne und nie gegen den Aufgang [7]). Übrigens erstreckt sich der Kultus der Wotjaken auch auf gewisse Privatidole, welche den Penaten vergleichbar aus Fichtenreisern bestehen, die den Namen Modor führen. Wenigstens fand Rytschkow die Verehrung derselben bei den in der Landschaft Ufa angesiedelten Wotjaken [8]), und es entspricht diese Sitte völlig dem, was uns von ihren Stammgenossen um Kasan herum bekannt ist.

Das permische Land, in so weit es sich um die Kama und Wjätka ausbreitet und jetzt in die beiden Gouvernements Perm und Wjätka eingerichtet ist, wurde, wenn nicht schon seit dem Ende des eilften, doch seit dem Anfange des zwölften Jahrhunderts, seit den Unternehmungen der Nowgoroder nach dem Lande Jugrien eine Erwerbung jener kühnen Handelsrepublik und bildete einen Theil ihrer weitläuftigen nordischen Wolosten [9]). Wie wichtig diese Landschaften, wo einst der Sitz des Welthandes gewesen war und sich noch immer in gewissen Überresten erhielt, für Nowgorod sein mußten, und wie sehr zuletzt von diesem Besitz die ganze politische Existenz Nowgorods abhängig war, ist schon oben berührt. Es scheinen übrigens die Stämme der Permier, Syrjänen und Wotjaken nur in einer ziemlich losen Abhängigkeit von Nowgorod gestanden zu haben, wenigstens war wohl jene Republik ohne schwere Kämpfe in den Besitz ihrer Herrschaft gekommen, und so wie die verschiedenen permischen Stämme ihre Stammhäuptlinge und Fürsten hatten, als sie noch ihre Selbstständigkeit genossen, so behielten sie dieselben auch bis auf die spätere Zeit bis zur Begründung der Herrschaft der russischen Großfürsten daselbst [10]). Vornehmlich standen wohl die Wotjaken in einem fast unabhängigen Verhältniß zu Nowgorod, wie dies aus der Gründungsgeschichte von Chlynow hervorgeht.

Die alten Chroniken von Chlynow nennen als die ältern Bewohner der Landschaft von Wjätka die Tschuden, Wot-

---

7) Pallas, Reisen durch verschied. Prov. III. S. 480.
8) Rytschkow, Tagebuch einer Reise S. 164 bis 169.
9) Oldekop, Petersburger Zeitschrift 1824. Th. XIV. S. 110.
10) Karamsin, russische Geschichte VI. S. 38, 39.

jaken und Tscheremissen, und es soll dies Gebiet nebst Permien gemeinschaftlich den Namen des tschudischen Landes geführt haben; auch reden sie von Feindseligkeiten der Tschuden gegen die Wotjaken oder Wjätschanen. Nun veranlaßte theils der häufige Kampf der russischen Fürsten gegen Nowgorod, nach dessen reichen Schätzen sie strebten, theils auch innere Zwietracht unter den Bürgern dieser Handelsstadt die Auswanderung eines Theiles derselben. Die nowgorodischen Auswanderer fuhren im Jahre 1174 die Wolga hinab, um sich in den östlichern Gegenden neue Wohnsitze zu suchen, und ließen sich zunächst am Zusammenfluß der Wolga und Kama nieder [11]). Da sie aber hörten, daß die Völker an der Wjätka sehr fruchtbare Länder besäßen und feste Städte hätten, so beschlossen sie dieselben sich zu unterwerfen. Demnach ging ein Theil der dort angesiedelten Nowgoroder an der Kama aufwärts bis in die tschudischen Landschaften, der andere aber blieb an dem frühern Wohnort. Erstere kamen, nachdem sie mehrere waldige Bergrücken überstiegen hatten, an den Fluß Tschepza, auf ihm setzten sie sich zu Schiffe, fuhren, ihn hinunter und unterwarfen sich die an seinen Ufern wohnenden Wotjaken. Die Ortschaften dieses Volkes waren zwar durch Erdwälle befestigt, aber sie konnten nicht der Gewalt der tapfern Nowgoroder widerstehen. So kamen die siegreichen Slaven bis in die Wjätka, trafen fünf Werst von der Mündung der Tschepza den festen Ort Tschud Bolwansky Gorodok, den sie mit Sturm einnahmen, und ließen sich nach der Unterwerfung der umwohnenden Tschuden und Wotjaken dort nieder. Aber die an der Kama zurückgebliebenen Nowgoroder suchten sich nun mit ihren Brüdern zu vereinigen und ihnen in der Befestigung ihrer Herrschaft zu helfen. Sie gingen auch die Kama und Wjätka aufwärts, und kamen nach der alten tscheremissischen Stadt Kokscherew, die sie gleichfalls mit Sturm einnahmen und sich siegreich über jene Ge-

---

11) Rytschkow, Tagebuch einer Reise S. 224, 227. Nach Rytschkows Angabe war jene Auswanderung im Jahre 1173, nach Karamsin aber im folgenden Jahre. In Nestors Jahrbüchern, nach Scherer, geschieht dieser Sache nicht Erwähnung.

gend ausbreiteten. Nun vereinigten sich die beiden Partheien der Nowgoroder, und beriethen sich zur gemeinschaftlichen Erbauung einer festen Stadt, um sich dadurch die Herrschaft über die eroberten Länder zu sichern. Sie wählten anfangs einen Ort nahe an der Mündung der Chlynowiza auf einem hohen Berge, an dessen Fuße die Wjätka vorüberströmt, und aus welchem schöne Quellen entspringen, jetzt Kikimorskoe Mjesto genannt. Aber darauf bauten sie sich weiter unterhalb an der Wjätka an einem geräumigen Orte an, der Balisko Pole hieß. So entstand die Stadt Chlynow, die jetzt einen mit dem Flusse gleichlautenden Namen führt [12]). Seitdem bekamen diese Nowgoroder an der Wjätka bei den übrigen Russen den Namen der Wjätschanen, und sie beherrschten die von ihnen eroberten Länder nach denselben Gewohnheiten, wie sie in der Mutterstadt Nowgorod galten. Die Wjätschanen behaupteten sich auch als eine unabhängige Republik sowohl gegen die Angriffe der russischen Fürsten und der Nowgoroder, welche sie als ihre Untergebenen betrachteten, als auch gegen die umherwohnenden noch unabhängigen Stämme der Tschuden, Wotjaken und Tscheremissen. Die starke Befestigung der Stadt Chlynow sicherte ihre Herrschaft [13]).

So herrschten also Groß=Nowgorod und Chlynow über das permische Land an der Kama und Wjätka und beide behaupteten sich in gegenseitiger Feindschaft, so wie in Feindschaft mit den russischen Fürsten, mit den noch unbezwungenen tschudischen Völkern und mit den tatarischen Khanen in demselben bis zum Ende des Mittelalters. Denn gleich nach der Gründung von Chlynow war es, daß die turktatarische und mongolische Völkerfluth in Europa einbrach und an der mittlern und untern Wolga eine neue Ordnung der Dinge begründete [14]). Der Ruf von dem Wohlstande des kleinen Freistaates an der Wjätka reizte den Khan Toktamisch am Ende des vierzehn=

12) Rytschkow, Tagebuch S. 231.

13) Karamsin, russische Geschichte III. S. 27, 28.

14) D'Ohsson, histoire des Mongols depuis Tchinguiz-khan jusqu'à Timour Bey ou Tamerlan. La Haye 1834. 8. Tome II. p. 110—187.

ten Jahrhunderts zu einem Angriffe auf denselben, und wenn die Wjätschanen schon ihre Stadt vor einer Plünderung und Verheerung durch die turktatarischen Schaaren zu schirmen vermochten, so zeigt noch besonders der Umstand von der nicht unbeträchtlichen Macht dieses Staates, daß seine Bewohner, um sich an den Tataren zu rächen, auf der Wolga abwärts einen Feldzug in das von den Tataren beherrschte Bulgaren-Land unternahmen und die Städte wie das offene Land plünderten [15]). Nur kurz vor diesem Eroberungsversuche der Tataren auf Chlynow hatte sich nach dem permischen Lande auch die christliche Religion verbreitet. Noch während der Zeit des Großfürsten Dmitri Jwanowitsch Donsky entbrannte ein junger Mönch Stephan, der Sohn eines Kirchendieners zu Ustjug, vor Eifer der Apostel des permischen Volkes zu werden, dessen Stämme er in seiner Vaterstadt schon näher kennen gelernt haben mußte. Er erlernte die permische Sprache, und nachdem er sich für sein Amt hinlänglich vorbereitet und dazu die kirchliche Weihe hatte geben lassen, begab er sich ums Jahr 1380 mit großfürstlichen Schutzbriefen versehen nach Permien. Er predigte dort an der Mündung des Wym die christliche Religion, erbaute daselbst eine Kirche, und legte den ersten Grund zur Bekehrung des permischen Volkes [16]). Später in Moskau zum Apostel der Permier ernannt, war Stephan bis an seinen Tod im Jahre 1396 unermüdlich thätig in der Befestigung und Ausbreitung der christlichen Kirche bei diesem Volke, und seine wohlthätige Wirksamkeit spricht sich auch noch jetzt in der Liebe und Anhänglichkeit des Volkes an diesen seinen ersten Lehrer aus [17]).

Die Permier und Syrjänen waren so für das Christenthum gewonnen und dadurch natürlich diese beiden Stämme in eine um so engere Verbindung mit ihren nowgorodischen Herren gebracht. Doch scheint sich die Wirksamkeit Stephans und der ihm nachfolgenden Bischöfe von Permien auch nur auf diese beiden Stämme beschränkt zu haben, von der Einwirkung auf

---

15) Karamsin, russische Geschichte V. S. 103.
16) Strahl, Beiträge zur russ. Kirchengeschichte I. S. 167.
17) Karamsin, russische Geschichte V. S. 89 bis 92.

die Wotjaken wird nichts berichtet, und wahrscheinlich konnte aus politischen Gründen, wie man aus dem spätern und noch jetzigen Zustande der Dinge zu entnehmen berechtigt ist, für diesen Stamm von der Seite aus auch nichts geschehen. Was die slavischen Wjätschanen selbst für die tschudischen Wotjaken gethan haben, ist uns unbekannt, und leider verlor die Stadt Chlynow, wie Falk berichtet, in einem großen Brande vom Jahre 1757 ihr Archiv und damit auch die Hauptnachrichten über den ältern Zustand und die Bekehrung der Wotjaken [18]). Über ein halbes Jahrhundert später wird uns Pitirim als Bischof von Perm genannt, welcher bemüht war, bei den den Permiern verwandten Wogulen das Christenthum zu verbreiten. Er wurde zwar von diesem wilden Volke im Jahre 1455 erschlagen, doch soll die christliche Religion auch bei ihnen Wurzel geschlagen haben. Dennoch blieb auch in dem permischen Lande noch genug zu thun übrig, indem von dem Bischof Jonas ums Jahr 1463 berichtet wird, er habe für die Ausbreitung des Christenthums gewirkt, er habe die permischen Fürsten getauft und Kirchen in diesem Lande erbaut [19]).

Aber während dessen hatte die Selbstständigkeit der Republik Chlynow schon ein Ende genommen. Des Dmitri Donsky Enkel, der Großfürst Wasilei Wasiljewitsch, trat mit seinem Plane, die russischen Lehnsfürstenthümer mit Moskau unmittelbar zu vereinigen, immer bestimmter hervor, und mancherlei Beeinträchtigungen, die er nicht mit Unrecht von jenem kleinen Freistaate erlitten zu haben glaubte, bewogen ihn, denselben mit feindlicher Kriegsmacht zu überziehen. Das Wjätschanen-Land wurde erobert im Jahre 1459, und sie mußten die Oberhoheit des Großfürsten anerkennen, welcher sich mit einem Tribute begnügte und mit dem Rechte über ihre Streitkräfte zu verfügen [20]). Der Fall Chlynows war aber nur die Vorbereitung zu einem größern Schlage gegen die Republik Nowgorod, den Wasileis großartiger Sohn Iwan Wasiljewitsch

18) Falk, topograph. Beiträge I. S. 158.
19) Strahl, Beiträge zur russ. Kirchengeschichte I. S. 185, 186.
20) Karamsin, russische Geschichte V. S. 283.

ausführte. Schon war durch einen Kampf die Kraft des alten Freistaates gebrochen, und vor Allem hatte sich Nowgorod von dem siegreichen russischen Großfürsten nur den Besitz des permischen Landes an der Kama ausbedungen, wonach alle moskowitischen Großfürsten seit der Zeit eines Iwan Kalita an gestrebt hatten. Aber der jüngere Iwan, der Befreier seines Volkes von der tatarischen Herrschaft, eben so scharfsichtig und weit mächtiger als seine Vorfahren, benutzte die erste Gelegenheit seine Oberherrschaft dort geltend zu machen. Die Beleidigung mehrerer russischer Unterthanen gab die Veranlassung zur Eroberung von Perm. Im Jahre 1472 war mit der Hauptstadt Tscherdyn das ganze permische Land gewonnen, und zahlreiche kostbare Beute wurde als Siegeszeichen von den russischen Feldherren nach Moskau gesandt [21]). Noch scheinen einige Zeit hindurch die einheimischen permischen Fürsten als russische Vasallen das Land an der Kama beherrscht zu haben, denn erst seit der Mitte des sechzehnten Jahrhunderts werden uns russische Fürsten als Woiwoden von Permien zu Tscherdyn genannt [22]), und die heidnischen Wotjaken sollen sich erst seit 1589 der russischen Herrschaft unterworfen haben, indem sie sich dem Zaren Feodor Iwanowitsch freiwillig ergaben [23]). Rußlands Herrschaft war somit über alle permischen Stämme bis zum Ural hin ausgebreitet.

Die permischen Landschaften an der Kama und Wjätka, die Grenzgebiete Rußlands gegen das transuralische Asien oder Sibirien und gegen das tatarische Land an der mittlern und untern Wolga seit dem Ende des funfzehnten Jahrhunderts, blieben während des sechzehnten und siebzehnten Jahrhunderts unter eigenen Woiwoden, auch nachdem die Länder Sibirien und Kasan sich schon der russischen Herrschaft hatten unterwerfen müssen. Erst mit der neuen Organisation des russischen Reiches durch Peter den Großen, welcher seine weite Herrschaft in

21) Karamsin, russische Geschichte VI. S. 38, 39.

22) Vsévolojsky, dictionnaire géographique-historique I. p. 50., II. p. 104.

23) Falk, topograph. Beiträge III. S. 457.

in zehn Gouvernements vertheilte, ging hier eine Veränderung vor. Denn alle von slavischen Stämmen bevölkerten Gebiete mit Einschluß der neu gewonnenen baltischen Küstenlandschaften wurden in sieben Gouvernements vertheilt, dagegen die halbasiatischen oder ganz asiatischen von ugrischen, turktatarischen und andern Völkern bewohnten Gebiete zu den drei Gouvernements Kasan, Astrachan und Sibirien eingerichtet. Dieses letztere umfaßte aber nicht blos alles auf der Ostseite des Ural liegende Land, sondern griff auch weit nach Westen über, denn es gehörten dazu die Landschaften Ugoria d. h. das uralische Bergland, ferner Perm und Wjätka [24]). Dieser auf Kosten des europäischen Gebiets erweiterte Umfang des Landes Sibirien erhielt sich aber nur bis zur Mitte des achtzehnten Jahrhunderts, als die Anzahl der russischen Gouvernements bis auf sechzehn vermehrt und die Grenze Sibiriens bis zum Ural zurückgeschoben wurde. Denn damals wurden die Landschaften an der Kama und Wjätka zu Provinzen des ausgedehnten Landes Kasan eingerichtet, zu welchem sie durch ihre Naturverhältnisse auch zunächst gehören [25]). Diese Einrichtung hielt sich sodann bis auf die gänzliche Umgestaltung der innern Organisation des russischen Reiches, als durch die Kaiserin Katharina II. seit dem Jahre 1775 alle größern Gebiete Rußlands zum Behuf einer leichtern und bessern Verwaltung nach Maaßgabe der Bevölkerung in kleinere Gouvernements zerspalten wurden. So wurde zuerst im Jahre 1780 aus der kasanischen Provinz Wjätka ein eigenes Gouvernement gemacht und dessen Hauptstadt Chlynow fortan Wjätka benannt [26]). Sodann wurde im Jahre 1781 aus der kasanischen Provinz Perm ein anderes Gouvernement gemacht, für welches sogar eine neue gleichnamige Hauptstadt Perm erst gegründet wurde. Zugleich ward auch diesem Gouvernement die früher zum Gouvernement Orenburg gehörige isettische Landschaft oder das Gebiet von Katharinenburg einverleibt, und dadurch demselben das ge=

24) Strahlenberg, der N. und O. Theil von Europa S. 183, 187.

25) Büsching, neue Beschreibung des russischen Reiches. Hamburg 1763. 8. S. 839.

26) Georgi, geograph. Beschreibung II, 1. S. 242, 250.

sammte Gebirgsgebiet des mittlern Ural mit seiner doppelten Abdachung zuertheilt. Deshalb besteht aber auch das Gouvernement Perm, wie es vom Kaiser Paul Petrowitsch im Jahre 1796 bestätigt ward, aus den beiden nach den Städten Perm und Katharinenburg benannten Oblasten oder Provinzen[27]. Die Grenzen Europas waren seitdem nach dem Ostfuße des Ural hinübergetragen.

Kasan und das alte Bulgaren-Land mit seinen Bewohnern.

Das Gebiet, welches sich am Westfuße des Ural um das merkwürdige große Wolga-Knie am Zusammenfluß der Wolga und Kama ausbreitet, gehört nach seinen natürlichen wie nach seinen historischen und ethnographischen Verhältnissen zu den wichtigsten in den weiten sarmatischen Ebenen. Die heutige Landschaft Kasan liegt in dem fruchtbarsten Theile des ganzen Stromgebietes der Wolga, und der Einfluß davon auf ihre Bewohner läßt sich durch alle Zeiten der Geschichte erkennen. Von je an war dies Gebiet die Heimath ansässiger Völker und ein für diesen Norden nicht unwichtiger Kultursitz. In wenig Gegenden Rußlands, äußert sich schon Pallas, wird der Ackerbau mit mehr Eifer getrieben als in der Landschaft Kasan, denn die Russen, Tataren, Wotjaken und Tscheremissen suchen sich einander zu übertreffen. Sowohl an Ackerland als wegen des Überflusses an Waldungen und fischreichen Gewässern ist die Gegend der untern Kama eine der vortheilhaftesten für den Landmann und auch ziemlich stark bevölkert[28]). Aber nicht erst aus jüngern Zeiten stammt diese Blüthe der kasanischen Agrikultur, ihre Begründung verdankt sie schon den ältesten uns hier bekannten Insassen, den Bulgaren. So sehr dieses Volk auch den merkantilischen Bestrebungen ergeben war, so sehr wußte es doch auch dem schwarzen Gartenlande, womit der größte Theil des Gebietes von Kasan überdeckt ist[29]), die Na-

27) Georgi, a. a. O. II, 1. S. 256, 270.
28) Pallas, Reisen durch verschied. Prov. III. S. 491.
29) Erdmann, Reisen im Innern Rußlands I. S. 4.

turgaben abzugewinnen, so daß, wenn in den benachbarten Gebieten der slavischen Völker Mangel und Theuerung eintrat, das gesegnete Bulgaren-Land mit seinem Kornreichthum der Noth der Nachbarländer stets abhelfen mußte [30]). Man baut hier alle Getreidearten, und die meisten davon, wie Weizen, Roggen, Gerste, Hafer, Buchweizen und zum Theil auch Hirse, gewähren immer einen reichen Gewinn. Überall wird viel Hanf gebaut, und es gedeihen noch alle gewöhnlichen Küchengewächse. Von den Obstarten haben die Äpfel hier die nordöstliche Grenzmark ihrer Verbreitung [31]).

Das Klima der Landschaft von Kasan zeigt noch immer einen sehr nordischen Charakter. Der Winter ist meistens strenge, und dauert im Durchschnitt vom November bis zum März; zuweilen gefriert selbst das Quecksilber im Thermometer. Um die Mitte März beginnt es am Tage zu thauen, während es in den Nächten noch stark friert; Ende März kommen aber schon die Enten und Gänse an, und Anfang April zeigt sich das Frühlingsgewürm, die ersten Schmetterlinge. Um die Mitte April beginnt der Frühling mit dem Aufbruch der Wolga, die Wiesen bedecken sich mit Gras und Blumen, und es zeigen sich Schwalben, Störche und Staare, doch dauert die rauhe und feuchte Witterung noch bis Mitte Mai fort. Erst dann nimmt die Wärme zu, es treten Gewitter ein, und die Birken schlagen aus. Später treiben die übrigen Bäume, deren Wurzeln tiefer in die Erde gehen, weil der Boden noch bis zum Juni gefroren bleibt; zuweilen stellen sich Anfang Juni noch Nachtfröste ein. Anfang Mai wird das Sommergetreide gesäet. Anfang Juni beginnt mit einmal der Sommer; es folgen heiße Tage, und es beginnt ein mächtiges Treiben der Vegetation. Anfang Juli ist die Heuerndte und Ende Juli die Getreideerndte. Der Juli ist meistens heiß und trocken. Im August zeigen sich häufige Regen, es folgen kalte Nächte und selbst auch Frost. Im September giebt es zwar häufig noch schöne Tage, aber auch schon starke Fröste; das Laub fällt, die

30) Karamsin, russische Geschichte II. S. 17., III. S. 218.
31) Georgi, geograph. Beschreibung II, 2. S. 365.

Zugvögel ziehen heim, bisweilen fällt schon Schnee. Im October tritt Kälte und Regen ein, zuweilen anhaltender Frost und Schnee, und Mitte November überbrückt sich die Wolga mit einer Eisdecke [32]). Im Durchschnitt ist die Wolga an 215 Tage im Jahre offen und 150 Tage geschlossen. Schifffahrt wird also nur ungefähr 200 Tage lang bei Kasan getrieben [33]).

Trotz dieses nordischen Klimas hat die Landschaft von Kasan außer ihrem Getreidereichthum einen Hauptschatz in den Eichenwaldungen, welche für die russische Marine solche Bedeutung haben [34]). Aber nicht blos jene Landschaft im engern Sinne, sondern alle Gebiete um das große Wolga-Knie, vornehmlich auf der südwestlichen Seite bis zum obern Don hin, bilden das eigentliche Heimathsland des königlichen Baumes der Eiche in den sarmatischen Ebenen [35]). Es giebt in Rußland zwei Arten von Eichen, Steineichen in den nördlichen Provinzen und Loheichen in den mittlern und südlichen Provinzen. Ihr wahres Vaterland ist zwischen dem 53. bis 56. Parallel; sie verlieren sich unmerklich gegen Süden und gegen Norden, aber über jene Grenzen hinaus giebt es keine starken Eichen mehr. Man findet zwar Steineichen bis zum 60. und 61. Parallel, aber sie sind brüchig, ihre Wipfel sind verdorrt, und die Eicheln werden nicht reif [36]). In den östlichen Theilen der sarmatischen Ebenen oder in den permischen Gebieten bleibt die Eiche noch im ziemlichen Abstande von dem nordrussischen Uwalli entfernt, aber mehr westwärts mit der Zunahme einer mildern Temperatur nähert sie sich demselben, und übersteigt ihn auch an den baltischen Gestaden. Überhaupt ist, wie schon L. v. Buch bemerkt, der Lauf der Vegetationsgrenze der Eiche durch die nordischen Länder Europas von Sibirien an bis zum atlantischen Ocean merkwürdig genug, und zeigt

32) Erdmann, Reisen im Innern Rußlands I. S. 6, 7.

33) Erdmann, Reisen I. S. 188.

34) Pallas, Reisen durch verschied. Prov. III. S. 485.

35) Hermann, statistische Schilderung von Rußland S. 220.

36) Hermann, Geschichte und gegenwärtiger Zustand des Forstwesens in Rußland bei Storch, histor. Zeitschrift für Rußland Th. V. S. 48.

das bestimmte Gesetz der westwärts sich steigernden Temperatur. Am Westfuße des Ural an der Kama reichen die Eichen nur bis zum $57\frac{1}{2}^{0}$ N. Br. bis zur Stadt Ossa noch im Süden von Perm [37]). Westwärts verbreiten sich die Eichen bis zum Nordwestabhange der waldaischen Höhen am Msta-Flusse unter dem 58. Parallel [38]). Aber mehr nach Norden findet man eigentlich durch ganz Ingermanland keine Eichen mehr. Zwar ließ Peter der Große um seine Residenzstadt Petersburg Eichen anpflanzen, und sie sind im Verlauf eines Jahrhunderts auch mannsdick geworden, aber sie sind unregelmäßig gewachsen, und zeigen ein ihrem Alter und ihrer Natur ganz widerstreitendes abgelebtes Ansehn [39]). Westlicher jedoch betreten die Eichen sogar das finnländische Gebiet, und so wie die Küsten von Esthland im Westen von Narwa Eichen tragen, so zeigen sie sich auch an den Nordgestaden des finnischen Golfes von Helsingfors an bis nach Abo oder schon nordwärts des 60. Parallels [40]), und noch höher steigen die Eichen in dem skandinavischen Halbinsellande nach Norden hinauf, weil dieses als das nordwestlichste Land der alten Welt unter allen nordischen Ländern der Erde des verhältnißmäßig mildesten Klimas sich erfreut [41]). Gleich auf der Westseite des baltischen Meeres zeigt sich bei dem Eisenwerke Harnäs in der Nähe von Gefle unter 60° 40′ N. Br. an der Grenze des schwedischen Norrland gegen das eigentliche Svealand die erste Eiche wild, was schon Linné wußte, als er nach Lappland reisete. Sie ist dort, wie L. v. Buch mit Recht bemerkt, das Wahrzeichen des gemäßigten gegen das polarische Klima, südwärts von welchem nicht mehr die verderblichen Nachtfröste für den Kornbau gefürchtet werden, welche oft in wenig Minuten die Monate lang genährte Hoffnung

---

37) Gmelin, Reise durch Sibirien I. S. 103.

38) Güldenstädt, Reisen durch Rußland II. S. 469.

39) Georgi, Beschreibung von St. Petersburg und seinen Umgebungen. Petersburg 1790. 8. Vergl. (H. v. Reimers) St. Petersburg am Ende seines ersten Jahrhunderts. Petersburg 1805. 8. Th. I. S. 66, 143, 152.

40) L. v. Buch, Reise durch Norwegen und Lappland II. S. 317.

41) Schubert, Reise durch Schweden und Norwegen II. S. 355.

einer reichen Erndte zerstören. Ja an den oceanischen Gestaden der skandinavischen Halbinsel in Norwegen wachsen die Eichen noch schön und frisch in dem Innern der Fiorde bei Christiansund und bei Molde fast bis zum 63. Parallel hinauf, und selbst bei Drontheim sind sie doch noch nicht ganz unterdrückt [42]). Demnach rückt die Grenzlinie des Eichenwuchses auf eine Strecke von 300 Meilen durch den europäischen Norden über 6 Breitengrade von Süden nach Norden vor.

Es wachsen zwar Eichen in 22 Gouvernements des russischen Reiches, aber nur 7 bis 8 haben beträchtliche Eichenwaldungen, und dies sind die Landschaften um das große mittlere Wolga-Knie von Kasan. Nach einem officiellen Berichte vom Jahre 1801 aus den damaligen sieben Gouvernements Kasan, Wjätka, Nischegorod, Simbirsk, Saratow nebst Pensa, Tambow und Orenburg zeigte sich, daß die herrschende Holzart daselbst aus Eichen bestand, daß die Anzahl der übrigen Laubbäume daselbst mit Ausnahme der Landschaft von Simbirsk gering war, daß aber auch die Anzahl der unbrauchbaren Bäume sehr groß war und die Einführung einer Waldadministration nothwendig machte. Wegen der Wichtigkeit der Eichenwaldungen sind diese sieben Gouvernements mit Einschluß von Pensa auch am genauesten vermessen worden. Das Eichenholz verhält sich hier zu dem Nadelholz wie 13 zu 1; denn die Eichenwaldungen enthalten ein Areal von einer Million Desjätinen oder an 200 □ Meilen [43]).

Leider haben auch diese Eichenwaldungen bei der ehemals bis auf die Zeit der zweiten Katharina in Rußland herrschenden Holzverschwendung und Holzverwüstung nicht minder als die andern Waldungen gelitten und bedurften um so mehr einer Obhut von Seiten der Regierung, als gerade aus ihnen das Holz entnommen wurde, welches zum Bau der ersten russischen Flotten gebraucht wurde, und sie allein bei dem sonstigen Holz-

---

42) Buch, Reise durch Norwegen II. S. 316, 317. Vergl. Schubert, Reise durch Schweden II. S. 10.

43) Hermann, Geschichte des Forstwesens in Rußland a. a. O. IV. S. 201, 202.

reichthum Rußlands das vornehmste Material dazu liefern können. Denn so wurden auf Peters des Großen Befehl sogleich nach der ersten Ausführung des Kanalsystemes von Wyschni Wolotschok zu Kasan im Jahre 1712 an anderthalb hundert Fahrzeuge erbaut, um aus den Eichenwaldungen Kasans Schiffsbauholz nach Petersburg zur Errichtung einer Flotte auf dem baltischen Meere zu transportiren [44]). Im Jahre 1785 reiste Sauer mit der billingsschen Expedition im kasanischen Gouvernement durch die herrlichsten Eichenwälder, und als er im Jahre 1794 auf demselben Wege aus Sibirien nach Petersburg zurückkehrte, fand er diese Waldungen so ausgerottet, daß auch nicht ein Gesträuch übrig geblieben war [45]). Durch Pallas haben wir die schönen Eichenwaldungen in den Landschaften von Nischegorod und Pensa an der Sura kennen gelernt, und auch er klagt über die unglaubliche Waldverwüstung in dieser Gegend [46]), und doch sind diese Verheerungen hier um so nachtheiliger für den Staat, da das um die Sura wachsende Eichenholz wegen seiner Festigkeit und Dauer zum Schiffbau dem kasanischen noch weit vorzuziehen ist. Die Mordwinen, die Bewohner der Landschaften an der Sura, welche aus alten Zeiten vor alten schönen Bäumen eine große Ehrfurcht haben, erhalten aber in ihren Bezirken die Forsten noch am sorgfältigsten [47]).

Die Landschaft von Kasan hat jetzt die größten brauchbaren Eichenwälder, und die von Simbirsk giebt die größte Hoffnung für die Zukunft. Besonders sind die beiden Kreise von Kasan und Swiäga in jener erstern Landschaft so reich an schönen und starken Eichen, daß sie darin dem Reichthum der waldreichen Kreise der andern wolgischen, an Eichenwaldungen gesegneten Gouvernements auf einem fast zwanzigmal größern Raume gleich kommen. Ausgewachsene Eichbäume hießen ehemals solche, welche an 36 bis 40 Zoll im Durchmesser hat-

---

44) Schischkow, Geschichte der russischen Marine bei Storch, historische Zeitschrift VI. S. 162.

45) Jos. Billings, Reise nach den nördlichen Gegenden Rußlands, herausgegeben von Mart. Sauer, aus dem Engl. Berlin 1802. 8. S. 6.

46) Pallas, Reise durch Süd-Rußland I. S. 13 bis 15, 24 bis 26.

47) Storch, historische Zeitschrift für Rußland II. S. 426.

ten, jetzt nur die, welche 24 bis 36 Zoll haben. Von diesen ausgewachsenen Eichen rechnet man in jenen wolgischen Gouvernements an 348,000 Eichen und 223 Mill. nicht ausgewachsene Eichen. Die nördlichen Gouvernements, wie Petersburg, Nowgorod, Pskow, Jaroslawl und Kostroma, enthalten 15,600 Eichen der ersten Art und über 100,000 Eichen der zweiten Art. Die mittlern und südlichen Gouvernements, wie Moskau, Tula, Astrachan, Smolensk, Orel, Kiew, Neu-Rußland, Charkow, Woronesch und Kursk enthalten 11,300 starke Eichen und $5\frac{1}{2}$ Mill. schwache Eichen. Demnach beträgt die Gesammtsumme der zählbaren Stämme dieser Holzart an 375,000 starke Eichen und gegen 230 Millionen schwächere Eichen. Nun giebt es aber in den beiden Kreisen Kasan und Swiäga des kasanischen Gouvernements schon allein etwas über 100,000 starke Eichen, und in den eilf Kreisen der andern sechs waldreichen Gouvernements nur gegen 119,000 starke Eichen, während auf alle übrigen zahlreichen Landschaften noch nicht einmal anderthalb hunderttausend Stämme dieser Art kommen[48]).

Auch hier stellt sich wieder die für die Staatshaushaltung wichtige Frage, in welchem Verhältniß dieser Reichthum an Eichenholz zu den jährlichen Bedürfnissen der russischen Marine stehe. Jährlich sollen in dieser Beziehung an 30,000 Bäume verbraucht werden. Denn die Admiralität in Petersburg für das baltische Meer und die Flotte auf dem kaspischen Meere erfordern an 18,900 Bäume oder eine Last von 1,700,000 Pud, die zu Archangel 1000 Bäume oder eine Last von 90,000 Pud, und die Flotte auf dem schwarzen Meere 10,800 Bäume oder 1,890,000 Pud. Das Eichenholz für die baltische und kaspische Flotte geben jene 7 oder 8 wolgischen Gouvernements, das für die Flotte zu Archangel das Gouvernement Kostroma, und das Eichenholz für den Pontus kommt aus den Gouvernements Kiew, Smolensk, Orel, Neu-Rußland, Charkow und Woronesch. Da nun immer im Ganzen wenige Bäume die gehörige Stärke und Tauglichkeit zum Schiffbau darbieten, so erklärt es sich, wie das Walddepartement an die Admiralität im

---

48) Hermann, Geschichte des Forstwesens a. a. O. V. S. 48, 49.

Jahre 1800 berichten konnte, nach dem jetzigen Verhältnisse des Gebrauches würden die Vorräthe in den sieben waldreichsten Gouvernements nur auf vierzehn Jahre reichen, für die Flotte im Pontus aber sei kaum auf ein Jahr Vorrath und man kaufe es jetzt schon von Privatpersonen [49]).

Die Bedürfnisse der Flotte sind zwar seit Peters des Großen Zeit um das Vierfache gestiegen, aber daraus erklärt sich nicht der gegenwärtige Mangel an dieser Holzart, dieser erklärt sich nur aus den zwecklosen Verwüstungen der Waldungen. Diese Verheerungen gingen zum Theil von den Tschuwaschen und Tscheremissen aus, welche ihre Wohnsitze nahe bei den kasanischen Eichenwaldungen hatten und troß des Befehls der Regierung vom Jahre 1732, sie an die Kama zu verlegen, die Eichenwälder doch in Äcker und Wiesen verwandelten. Dazu wurden selbst in Kasan in Gegenden, wo das beste Eichenholz war, neue Dörfer angelegt, welche kein Land hatten und auf die Waldungen angewiesen waren. In vielen Dörfern jener wolgischen Gouvernements verließen die Bauern den Ackerbau, legten sich auf den Holzhandel und machten Räder, Schlitten und Bretter aus Eichenholz, so daß in der Nähe der schiffbaren Flüsse alles Eichenholz weggehauen ist. Zu Woronesch standen zu Peters des Großen Zeit Eichenwälder am obern Don, deren Holz ihm zur Erbauung der ersten auf dem schwarzen Meere erscheinenden russischen Kriegsschiffe diente [50]). Besonders wichtig war der bis nach der Stadt Woronesch reichende schipowsche Wald. Jetzt ist er an 20 bis 40 Werst vom Don zurückgedrängt worden, weil man auch hier Dörfer anlegte und die Waldungen in Ackerland verwandelte, und weil hier Privatpersonen, wie in den Waldungen von Tula, Hüttenwerke und Eisenfabriken anlegten [51]).

Zur Aufrechterhaltung der Eichenwaldungen ließ nun schon im Jahre 1726 das Admiralitätskollegium drei Förster aus

---

49) Hermann, Geschichte des Forstwesens a. a. O. V. S. 50.

50) Schischkow, Geschichte der russ. Marine a. a. O. VI. S. 160.

51) Hermann, Geschichte des russ. Forstwesens a. a. O. V. S. 51 bis 53.

Deutschland kommen. Zwei derselben, Selger und Valentin, wurden nach Kasan geschickt, wo sie an der Wolga, Sura und Swiäga neue Waldungen anlegten, während Fockel in den nördlichen Provinzen blieb. Valentin ging wieder nach Deutschland zurück, Selger aber brachte die andern Waldungen in Ordnung und machte neue Anlagen in den kasanischen Kreisen Tschebokſar auf der Gornaja und Kokſchaisk auf der dort gegenüberliegenden Lugowaja. Die meisten dieser Anlagen befinden sich auf dem rechten Wolga-Ufer. So entstanden die ersten verbotenen Wälder in Rußland. Einige derselben sind neu angelegte, andere blos gereinigte, noch andere blos abgetheilte Wälder. Als dieselben im Jahre 1798 von dem Viceadmiral Ribas besucht wurden, fand man die ersten in einem sehr schlechten Zustande, die zweiten in einem etwas bessern und die dritten im besten, und es bestätigte sich somit das schon früher ausgesprochene Resultat (s. Abth. 1. S. 353.), daß von den künstlich gezogenen Waldungen für die russische Marine nicht viel zu erwarten ist, und daß die natürlichen Eichenwaldungen, wie besonders um Simbirsk, noch immer einen Hauptschatz des Staates bilden. Zwar sind auch noch in den jüngsten Zeiten, seit 1798, neue Eichenanpflanzungen gemacht worden zu Kasan, Petersburg und Tula und seit 1800 auch in den pontischen Steppen um Nikolajew, doch kann man mit Recht für die Zukunft von diesen noch weit weniger als von jenen ältern Anpflanzungen in dem sarmatischen Heimathslande der Eichen erwarten [52]).

Die Centrallandschaften des großen Stromsystemes der Wolga um die Vereinigung der Wolga und Kama mußten, wenn überhaupt ein Einfluß der Oberflächenbildung der Erde auf den Entwickelungsgang ihrer Bewohner nach Maaßgabe der Verschiedenartigkeit jener Naturbildung anerkannt wird, bei ihrer eigenthümlichen Weltstellung auf der Grenzmark des Ostens und Westens, so wie des Südens und Nordens innerhalb der weiten um das kaspische und pontische Meer herumgelagerten Ebenen nothwendig den größten Einfluß, vornehm-

---

52) Hermann, a. a. O. V. S. 54.

lich in merkantilischer Beziehung, auf ihre Bewohner ausüben. Durch alle Jahrhunderte der Geschichte hindurch kennen wir dieses Gebiet, so verschiedenartige Bewohner es auch beherbergt haben mag, immer nur als den Sitz einer gewissen Kultur, und das älteste uns hier in historisch sicherer Zeit entgegen tretende Volk, die Bulgaren, gehören nicht nur zu den in der Kulturgeschichte des Nordens gleich den Permiern wichtigsten und berühmtesten Völkern, sondern auch zu denen, welche durch die Aussendung zahlreicher Zweige ihrer, wie es scheint, einstmals übermächtigen Population, durch das Eingreifen in die Angelegenheiten der eigentlichen europäischen Welt, sowohl im byzantinischen Oriente als im fränkischen Abendlande, auch in der politischen Geschichte bis gegen das Ende des Mittelalters hin eine bedeutende Rolle gespielt haben. Aber so wie diese Bulgaren seit der Zeit der tatarischen Herrschaft an der Wolga fast spurlos verschwinden; eben so dunkel ist ihr erstes Auftreten oder vielmehr Bekanntwerden in jener Gegend. Der älteste russische Annalist, Nestor, erwähnt ihrer nicht in seiner doppelten Völkertafel unter den tschudischen Stämmen des nördlichen und nordöstlichen Rußland, er kennt zwar Bulgaren, aber nur an der Donau, obgleich er darauf hinweiset, daß sie gleich den weißen Ugern von Osten her dorthin ausgewandert seien [53]). Auch später erwähnt er dieser Bulgaren öfter bei der Berührung der Russen mit dem byzantinischen Reiche, und nur erst am Schluß des zehnten Jahrhunderts zur Zeit des Großfürsten Wladimir gedenkt er derer an der Wolga, welche damals Muhamedaner waren und auch den Großfürsten mit seinem Volke zum Islam hinüberzuziehen suchten [54]).

Dagegen erfahren wir nun um so bestimmter durch die byzantinischen Geschichtschreiber, für welche dieses Volk von der größten Wichtigkeit war, daß die Stammsitze der Bulgaren an der mittlern Wolga am Ural waren, von wo dieses Volk sich südwärts bis zu den pontischen Gestadeländern und dann auch bis zur untern Donau verbreitet hatte [55]). Dort im Nor-

53) Nestor, Jahrbücher der russ. Geschichte nach Scherer S. 45.
54) Nestor, a. a. O. S. 99.
55) Karamsin, russische Geschichte I. S. 16. Anmerk. 38. S. 225.

den des mäotischen Sees nennt uns der Byzantiner Theophanes das Land Groß-Bulgarien als das Stammland dieses Volkes [56]), und eben daselbst lernte Rubruquis im dreizehnten Jahrhundert bei seiner Reise durch die pontischen Steppen an der Etilia (Wolga) das große Bulgarien kennen, aus welchem einstmals die Hunnen und Ungarn ausgewandert sein sollten, und wo er noch damals deren Stammgenossen, die Paskatir, vorfand [57]). Auch die spätern russischen Annalen bezeichnen dieses bulgarische Land an der Wolga mit dem Namen Groß-Bulgarien [58]), und auf Veranlassung davon unterschied Tatischtschew Groß-Bulgarien oder das Stammland an der Wolga und Klein-Bulgarien oder das Koloniallland an der Donau, welches bei den Byzantinern gewöhnlich unter dem Namen Schwarz-Bulgarien vorkommt.

Die byzantinischen Autoren zählen die Bulgaren mit zu der Völkerklasse, welche sie im Allgemeinen mit dem Namen der Hunnen bezeichnen [59]), und auch abgesehen von allen andern historischen Zeugnissen über die Abstammung und sonstigen Verhältnisse dieses Volkes, wovon später im Zusammenhange die Rede sein wird, würde man schon deshalb die Bulgaren, von deren Einwanderung in die Gegend an der Wolga und Kama keine Spur sich zeigt, zu dem ugrischen Volksstamme rechnen müssen, weil noch jetzt zahlreiche Zweige desselben als Ursassen in derselben Gegend, wo einstmals die Bulgaren eine Rolle gespielt haben, sich vorfinden. Die Byzantiner verloren die wolgischen Bulgaren bald aus den Augen, die ältern Russen kennen sie, wie bemerkt, bis zum Ende des zehnten Jahrhunderts kaum mehr als dem Namen nach, und wenn sie in den spätern russischen Chroniken auch öfter genannt werden, wie besonders während des zwölften Jahrhunderts bei Veranlassung der Feldzüge der russischen Großfürsten gegen sie [60]), so erfah-

---

56) Bayer, de geographia Russiae medio aevo in den Commentat. Academ. Petropol. 1744. 4. Tom: IX. p. 390—392.

57) Rubruquis, bei Bergeron, voyages etc. p. 47.

58) Rytschkow, Orenburg. Topographie bei Büsching V. S. 490.

59) Klaproth, tableaux historiques de l'Asie p. 260.

60) Karamsin, russische Geschichte II. S. 124, 255., III. S. 14, 51.

ren wir doch durchaus nichts Genaueres über den Zustand und die Verhältnisse dieses Volkes. Dafür sind aber die Araber, welche frühzeitig durch merkantilische und religiöse Interessen, so wie durch Wißbegier in den hohen Norden getrieben wurden, eine Hauptquelle für unsere Kenntniß dieses alten Volkes. Zwar läßt sich nicht läugnen, daß, weil die Araber von der frühen Spaltung dieses Volkes in Anwohner der Donau und der Wolga nichts vernommen zu haben scheinen [61]), sie häufig beide Stämme, welche in dem historischen Verlauf einen so verschiedenartigen Volkscharakter angenommen haben, mit einander verwechselten [62]), dennoch verdanken wir den speciellen Nachrichten über die Gesandtschaften und Bekehrungsversuche der Araber, dieses Volk zum Islam hinüberzuziehen, die einzige Kunde über die wichtigsten politischen und intellektuellen, wie merkantilischen Verhältnisse desselben [63]).

Das merkantilische Interesse war das bei den Bulgaren vorherrschende Element, und wegen der durch den Handel erworbenen Reichthümer scheinen sie auch in den russischen Annalen die silbernen Bulgaren genannt zu werden [64]). Die Lage ihres Landes an der Wolga, sagt Frähn, der gelehrte Alterthumsforscher und der vornehmste Kenner der historischen Verhältnisse dieses Volkes, setzte sie mit den Völkern am kaspischen Meere, durch die Kama und Wjätka mit denen im Norden und Osten, und durch die obere Wolga mit den westlichen und nordwestlichen Völkerschaften Rußlands in Verbindung. Von ihrem Handel mit den Russen sprechen die Chroniken der letztern, von demselben und von dem mit den Chasaren und den asiatischen Völkern die Araber. Ihre Hauptstadt Bulghar ward daher von den letztern der Stapelplatz des Handelsverkehrs für jene nördlichen Gegenden in alter Zeit genannt [65]).

61) Frähn, Ebn Foslan, über die Russen älterer Zeit S. 155.

62) Rasmussen, essai historique et géogr. sur le commerce des Arabes im journal asiat. Paris 1824. Tom. V. p. 351—353.

63) Frähn, in den Mémoires de l'Académie des sciences. Pétersbourg 1832. 4. Tom. I. p. 530.

64) Karamsin, russische Geschichte III. S. 52.

65) Frähn, Ebn Foslan, über die Russen älterer Zeit S. 227.

Noch jetzt bilden die seit Peters des Großen Zeit in jener Gegend wieder entdeckten Ruinen dieser Stadt das merkwürdigste Denkmal von dem alten Kultursitze des bulgarischen Volkes, wenn auch immer, wie Frähn wohl mit Recht behauptet, dieselben größtentheils erst aus der Zeit der tatarischen Herrschaft an der Wolga herrühren können [66]). Aber sie sind nicht die einzigen, denn wie der jüngere Rytschkow bemerkt, welcher die Erforschung des permischen und bulgarischen Landes an der Wolga und Kama zum Hauptzwecke seiner Reisen daselbst gemacht hatte, zeigen auch die zahlreichen andern großen Städteruinen und die große Menge kleinerer verfallener Ortschaften, daß hier in älterer Zeit eine starke Bevölkerung vorhanden gewesen sein müsse und ein lebhaftes Treiben geherrscht habe, bis durch den Andrang roher Völker von Osten her die blühenden Sitze des uralten Völkerlebens in Trümmer sanken [67]).

Die Überreste der Stadt Bulghar, welche, wie Pallas mit Recht meint, in den ältern russischen Annalen unter dem Namen Brächimow vorzukommen pflegt [68]), liegen in dem kasanischen Gouvernement westwärts neben dem Städtchen Spask auf dem linken Ufer der Wolga, unterhalb der Einmündung der Kama in dieselbe, an 90 Werst im Süden von Kasan und 80 Werst im Norden der Stadt Simbirsk [69]). Sie befinden sich dem kleinen Flecken Tetjusch auf dem hohen, rechten Wolga-Ufer gerade gegenüber in einer Entfernung von 20 Wersten. Der Weg von Tetjusch dorthin geht über die Niederung, welche von der Wolga überschwemmt wird und mit kleinen fischreichen Seen erfüllt ist; theils führt er durch einen hohen

66) Frähn, in den Mémoires de l'Académie des sciences de St. Pétersb. 1832. Tom. I. p. 528.

67) Rytschkow, Tagebuch einer Reise durch verschied. Prov. Rußlands S. 2.

68) Nestor, Jahrbücher der russ. Geschichte nach Scherer S. 222. Vsévolojsky, dictionnaire géogr. hist. de la Russie I. p. 54, 60.

69) So bestimmt die Lage dieser Ruinen Pallas (Reisen durch versch. Prov. I. S. 120.) und Karamsin (russ. Geschichte III. S. 171.), und daher ist Erdmann's Angabe (Reisen im Innern Rußlands I. S. 280.) nicht richtig und der Messung auf einer Specialcharte des Landes Kasan zuwider, daß sie 145 Werst von Kasan liegen sollten.

Fichtenwald, wovon das Dorf Bolghary, welches sich auf den Trümmern der alten Stadt erhoben hat, auf allen Seiten umgeben ist. Es liegt das Dorf ziemlich hoch längs eines sumpfigen, mit Buschwerk bedeckten Grundes. Auffallend aber erscheint es, meint Pallas, daß eine so ansehnliche und bedeutende Stadt in Ansehung des Wassers eine so schlechte Lage gehabt habe. Man kann sich dasselbe nur durch gegrabene Brunnen in diesem Grunde verschaffen, woraus sich auch jetzt das Dorf damit versieht. Die Wolga ist von hier in gerader Linie an 9 Werst entfernt, und obschon die Niederung von dem Dorfe sich nördlich gegen die Wolga zu erstrecken scheint, so ist doch nicht wahrscheinlich, daß der Fluß vormals seinen Lauf näher bei der Stadt gehabt haben sollte [70]). Das heutige Dorf Bolghary besteht aus mehr als hundert Gehöften, und ist nebst andern Klostergütern von der Krone eingezogen worden. Gegen Süden hat es eine ziemlich flache, mit Nadelholz umgebene und mit etwas Birkengehölz besetzte Ebene, die jetzt größtentheils in fruchtbare Äcker verwandelt ist, vormals aber der Boden war, worauf die Stadt stand. Dieses Feld ist ganz mit einem Wall und Graben umgeben, welcher letztere seines Verfalles ungeachtet an verschiedenen Stellen noch eine Breite von drei Faden hat. Diese Verschanzung hat die Gestalt eines unregelmäßigen halben Ovals, das sich an das steile Ufer der Niederung, an welchem das Dorf erbaut ist, anschließt und wenigstens 6 Werst im Umfang hat. Durch den befestigten Raum sieht man noch einen tiefen trockenen Graben sich von Südwest gegen Nordost dicht bei dem östlichen Ende des Dorfes vorbeiziehen, welcher natürlich zu sein scheint. Die meisten Überbleibsel von alten Gebäuden befinden sich innerhalb des Walles [71]).

---

70) Gegen Pallas Angabe hält Erdmann dennoch für wahrscheinlich, daß die Wolga ehemals bei dem Orte nahe vorbeifloß, da der Abhang, der sich bei den Ruinen vorüberzieht, ganz die Gestalt eines hohen Stromufers habe und dergleichen Veränderungen des Flußbettes nichts seltenes seien, wie man es an der Wolga, Wjätka, am Tobol und andern Flüssen deutlich nachweisen könne.

71) Pallas, Reisen durch verschiedene Prov. I. S. 121.

Seit jener Zeit der Wiederentdeckung dieser Ruinen scheint aber manche Zerstörung mit ihnen vor sich gegangen zu sein. Lepechin, welcher dieselben im Jahre 1768 besuchte, fand noch an 44 Überbleibsel, darunter aber nur 7 steinerne Gebäude, 4 Festungsthürme und zwei Säulen, die ihre ehemalige Gestalt am besten erhalten hatten [72]), und auch Pallas, welcher in demselben Jahre auf seiner Reise von Moskau nach dem untern Theile des mittlern Wolga-Laufes diese Denkmale nicht übersah, fand noch manches, was nach dem Berichte des jüngsten Beobachters, Erdmann, vor kaum zwei Decennien nicht mehr vorhanden sein sollte. Am östlichen Ende des heutigen Dorfes Bolghary liegt ein Klosterhof mit einigen hölzernen Gebäuden und einer schönen steinernen Kirche, welche zum Theil aus Bruchstücken bulgarischer Gebäude und Grabsteine erbaut ist. Innerhalb dieses umzäunten Klosterbezirkes, welches den Namen Uspenskoi führt, zeigen sich die ersten merkwürdigen Überreste. Wirft man von der Kirche aus, sagt Erdmann, einen Blick über die Fläche des ehemaligen Stadtbezirkes, so erscheint der Grund von den zerfallenen Gebäuden, welche schon größtentheils Rasen deckt, bald wellenförmig und hüglig, bald wieder urbar gemacht, und theils vom Pfluge geebnet und mit Saaten, theils, wie besonders in der Nähe des Walles, mit höherm und niedrigerm Gebüsch bedeckt. Einzeln steigen auf demselben Mauern, Thürme und andere Gebäude empor [73]).

Zunächst bei der Kirche im Dorfe selbst erblickt man die Basis von vier starken Pfeilern, äußerlich mit behauenen Sandsteinen belegt; sie scheinen ursprünglich einen zwölfeckigen Umkreis gehabt zu haben und in treppenförmigen Absätzen nach oben zu schmäler geworden zu sein, sind aber größtentheils zerstört, und der höchste etwa noch zwei Faden über dem Boden erhaben [74]). Ihr Umkreis scheint übrigens nicht gleich groß ge-

we-

72) Lepechin, Tagebuch einer Reise durch verschiedene Provinzen des russ. Reiches I. S. 164 bis 167.

73) Erdmann, Reisen im Innern Rußlands I. Beilage 1. S. 281. Vergl. Tab. 1. Generalansicht von Bulghars Ruinen.

74) Erdmann, a. a. O. Tab. 1 und 2. fig. a.

wesen zu sein und höchstens $8\frac{1}{2}$ Faden betragen zu haben. Sie bilden die Ecke eines viereckigen Platzes von 80 Fuß in der Länge und Breite, welcher wahrscheinlich von allen Seiten mit Mauern eingeschlossen war, und von welchen man den Grund noch unter dem Schutte verfolgen kann. An der nördlichen Seite dieses Quadrats, 8 Fuß von dem westlichen Pfeiler entfernt, erhebt sich ein hoher Thurm von sehr fester Struktur, Misgir bei Pallas genannt[75]). Seine Basis ist achteckig, 12 Faden im Umfange und mit Sandsteinquadern belegt, sein Schaft aus Bruchstücken und Kieselsteinen mit Mörtel dicht verbunden und mit festem Kalk bedeckt. Durch eine kleine Thür von der Südseite gelangt man durch die dicke Mauer zu der Wendeltreppe im Innern, welche auf 72 Stufen, jede 1 Par. Fuß hoch, zu der Spitze führt. Sie ist aus behauenen Sandsteinen mit Mörtel fest zusammengefügt, aber doch an einigen Stellen schon zertrümmert, so daß man nur mit Mühe nach der Höhe gelangt. Sparsam wird diese Treppe durch einige kleine Öffnungen in der dicken Mauer des Thurmes erleuchtet. Der obere Theil des Thurmes ist flach und mit einem hölzernen Dach aus neuern Zeiten bedeckt. Ein Paar kleine Fenster in demselben gewähren von diesem 72 Fuß über dem Boden erhabenen Standpunkte eine weite Aussicht über die übrigens öde Ebene und das darunter liegende Thal der Wolga[76]).

Nahe vor diesem Thurm und dem Eckpfeiler sieht man außerhalb des viereckigen Hofraums die Wände eines runden Gebäudes mit mehrern kleinen Fenstern, etwa 3 Faden im Durchmesser, dessen Boden vertieft ist. Es ist nach oben zu achteckig geformt, und scheint gewölbt gewesen zu sein. Gegenwärtig ist weder von der Decke noch von der Struktur desselben im Innern eine Spur mehr vorhanden. Aber östlich vom Thurme, nicht weit von dem nordöstlichen Eckpfeiler des Quadrates, befindet sich ein achteckiges Gebäude, dessen viereckige Basis etwa 5 Faden Länge und eben so viel Breite hat.

---

75) Erdmann, a. a. O. I. S. 282. Tab. 2. fig. b. Tab. 3. fig. b.
76) Pallas, Reisen durch verschied. Prov. I. S. 122. Tab. 6. A.

Es hat oben ein Paar kleine Fenster und auf der Südseite einen Eingang. Man hat dasselbe in neuern Zeiten mit einem hölzernen Dache versehen und zu einer Kapelle des heiligen Nikolaus geweiht, welche aber jetzt schon wieder in Verfall gerathen ist [77]). Nach Pallas soll es ein tatarisches Bethaus gewesen sein.

Alle übrigen alten Gebäude, von welchen Pallas noch vier in ziemlich vollkommenem Zustande antraf, liegen nach seiner Aussage nebst einer Menge von alten Grundlagen, ganz verfallenem Gemäuer und Spuren von Wohnungen innerhalb des Walles zerstreut. Ungefähr an 300 Fuß weiter gegen Südost erblickt man einen andern kleinern Thurm, dessen Bauart übrigens mit der des obigen fast völlig übereinkommt. Der Eingang zu demselben ist auf der Mitternachtseite der 12 Fuß dicken Mauer, und wie bei dem vorigen steigt man auf einer Wendeltreppe von 48 steinernen Stufen inwendig bis zur Öffnung empor. Die letztere ist aber nicht mehr ganz, sondern im Umkreise zertrümmert [78]). Nordwestlich etwa 60 Fuß davon entfernt zeigen sich die Wände eines viereckigen Hauses, 22 Fuß lang und eben so breit, welches oben eine achteckige Form annimmt und ehemals wahrscheinlich ein Gewölbe trug. Auf der Süd- und Westseite hat es Eingänge; der erstere befindet sich in der Mitte der Wand, der letztere nahe bei der nördlichen Ecke. In jeder Wand ist in der Mitte oben ein kleines Fenster befindlich. Übrigens sieht man hier auf der Westseite an der südlichen Ecke noch den Grund eines andern kleinen viereckigen Gemachs von 8 Fuß, welches aber mit dem größern Gebäude keine Kommunikation gehabt zu haben scheint [79]). An 14 Fuß weiter westlich zeigt sich ein ähnliches Gebäude, von dem jedoch die nördliche und östliche Wand zerstört ist. Es steht dasselbe mit dem erstern in paralleler Richtung, ist aber um 8 Fuß weiter nach Mitternacht vorgeschoben. Nach tatarischen Traditionen liegen hier fünf Heilige begraben, zu denen

77) Erdmann, a. a. O. I. S. 283. Tab. 2. fig. c.
78) Erdmann, a. a. O. Tab. 4. fig. a.
79) Erdmann, a. a. O. Tab. 4. fig. b.

von den Moslems noch gegenwärtig bisweilen Wallfahrten veranstaltet werden [80]).

Weit ansehnlicher und bedeutender ist aber das Gebäude gewesen, wovon man an der südlichen Seite des Dorfes und recht in der Mitte des ganzen Stadtbezirkes noch zu Pallas Zeit das mittlere und mit vielen Fundamenten umgebene Hauptgebäude sah, und welches sich auch jetzt noch in seiner Form größtentheils erhalten hat. Es ist von Kalksteinen und Kieseln mit Mörtel aufgeführt und wird von den Bauern das Gerichtshaus oder das schwarze Haus (Tschernaja Palatka) genannt [81]). Der Grund desselben ist ein Quadrat von 24 Fuß Länge und Breite, und seine Höhe mag ungefähr 38 Fuß betragen. Man unterscheidet an demselben von Innen und Außen drei Absätze. Der untere umschließt einen fast kubischen Raum, und hat auf der Nordseite eine niedrige halb versunkene Thür, und darüber ein Fenster, so wie drei andere Fenster auf den drei übrigen Seiten. Über dem erstern dieser Fenster erblickt man eine steinerne Tafel, die eine Inschrift enthalten zu haben scheint, von der aber jetzt keine Spur mehr zu erkennen ist. Der zweite Absatz hat ebenfalls vier Fenster; sie befinden sich über den erstern, sind aber ungleich kleiner. Der dritte Absatz ist achteckig, und hat noch acht kleinere Fenster. Über diesem wölbt sich die halbkugelförmige Kuppel empor. Sie ist noch unversehrt, und hat in der Mitte eine rundliche, ursprünglich vielleicht achteckige Öffnung. Übrigens sieht man im Innern Überreste von Stuckatur, aber keine Spur einer Abtheilung des Raumes in Etagen, ob man gleich die Absätze in der Bauart unterscheidet. Der innere Ausbau könnte also höchstens von Holz gewesen sein. Rings um das Gebäude umher

80) Erdmann, a. a. O. Tab. 4. fig. c. Von dem an 80 Faden im Südwest von jenem kleinern Thurme befindlichen viereckigen Gebäude, welches Pallas aus starken Bruchstücken sehr dauerhaft gebaut nennt, und welches er als ein Bethaus bezeichnet, scheint, wie aus Erdmanns Angaben hervorgeht, jetzt nichts Bedeutendes mehr vorhanden zu sein. Pallas, a. a. O. I. S. 123. Tab. 6. B.

81) Erdmann, a. a. O. I. S. 284. Tab. 5. Pallas, a. a. O. I. S. 124. Tab. 6. C.

liegen die Trümmer verschiedener viereckiger Gemächer, und auf der Mitternachtsseite zieht sich der Grund einer Mauer hin, die den Vorhof gebildet zu haben scheint. An der östlichen Seite sind es drei kleine Gemächer, an der südlichen zwei größere, welche in der Mitte von einander abstehen, und an der Westseite ein länglichtes; nur an der Nordseite des Hauptgebäudes, wo der Eingang ist, zeigt sich keine Spur von Nebenkammern [82]. Die noch stehenden Reste dieses umgebenden Gemäuers lassen nirgends einen Ausgang oder Eingang, nirgends eine Kommunikation zwischen den einzelnen Gemächern unter sich und mit dem Hauptgebäude entdecken. Auch scheinen diese nicht höher als bis an den Untertheil des großen Fensters gereicht zu haben, und man kann sich die Sache wohl am besten erklären, wenn man annimmt, daß auf den Nebengemächern eine Gallerie hinlief, auf die man durch jene großen thürähnlichen Fenster gelangte und von der man zu diesen Gemächern hinabstieg. Vielleicht waren letztere nach Erdmanns Meinung auch blos Gefängnißkammern, in welche man die Gefangenen hinabließ.

Von diesem Gebäude gerade gegen Süden an 100 Faden entfernt sieht man noch ein anderes ansehnliches und ziemlich wohl erhaltenes Gebäude, dessen Bauart noch merkwürdiger und dessen innere Eintheilung besonders eigenthümlich ist. Es heißt seines lichten Äußern wegen bei den Bewohnern das **weiße Haus** (Bjelaja Palatka). Seine größte Länge von Süden nach Norden beträgt etwa 82 Fuß, seine Breite am südlichen Ende etwa 36 und am nördlichen 25 Fuß. Der nördliche Theil desselben, gleichsam das Vorhaus, ist auf einem von Kalkfliesen gemauerten Fundament aus großen tatarischen Ziegeln aufgeführt, woraus auch die Aufsätze oder Zinnen des ganzen Gebäudes bestehen. Der nördliche Theil scheint auch später aufgeführt zu sein als der südliche, welcher aus behauenen Bruchsteinen besteht und am besten erhalten ist. Es hat das Vorhaus seinen Eingang an der östlichen Seite, verschie-

---

82) Vergl. den Grundriß dieses Gebäudes bei Erdmann a. a. O. Tab. 6.

dene kleine Lichtfenster in den Seitenwänden und ist durch eine drei Fuß dicke Bruchsteinmauer in einen viereckigen Vorsaal und in ein oblonges Zimmer abgetheilt. Aus dem letztern kommt man in das Hauptgebäude, welches keinen andern Zugang als diesen hat, und dieses ist von sehr merkwürdiger Bauart. Es ist, die Zinnen ausgenommen, von großen, glatt behauenen Bruchstücken, die fast eine Arschin lang, mehr als eine halbe breit und eine Spanne dick sind, erbaut. Seine Grundlage bildet ein Quadrat von 36 Fuß Seite, und in jedem Winkel desselben befindet sich ein viereckiges Zimmer, zu welchem der Eingang an der innern hervorstehenden Ecke führt. Auf diese Weise bekommt der mittlere Raum des Ganzen die Form eines Kreuzganges. Dieser Kreuzgang empfängt sein Licht durch eine große gewölbte Kuppel, welche im Mittelpunkt eine achteckige Öffnung und an jeder Seite ein kleines Fenster hat. Um diese große Kuppel stehen vier kleinere Kuppeln gerade über den vier Eckzimmern, welche durch eine gleichfalls achteckige Öffnung in der Mitte diese Zimmer allein erleuchten und von Innen eine etwas ovale Aushölung mit Spuren von Stukkaturarbeit zeigen, dergleichen auch in der großen mittlern Kuppel zu sehen sind. Jetzt sind die Decken dieser Zimmer größtentheils eingestürzt und der Boden überall mit Schutt bedeckt An der Südseite dieses Hauptgebäudes folgt nun der dritte breiteste Theil des Ganzen, der wieder aus drei Zimmern besteht. Davon hat das östlichste oder kleinste keinen Zugang oder Öffnung als nur einen Durchbruch zum südöstlichen Eckzimmer des Mittelgebäudes. In das mittlere aber geht man durch eine Thür aus dem Kreuzgange des Mittelgebäudes. Das westliche Zimmer sodann, das mit seiner westlichen Wand etwa einen Faden von dem Hauptgebäude vorspringt, hat mit demselben und mit dem mittlern Zimmer keine Gemeinschaft, sondern einen besondern Eingang von außen nach der Südseite, so daß also die beiden Eingänge zu diesem in drei Absätzen sich ausbreitenden Gebäude fast in diagonaler Linie gegenüber liegen [83]).

83) Erdmann, a. a. O. I. S. 286, 287. Pallas, a. a. O. I. S. 124, 125. Die doppelte Abbildung dieser Bjelaja Palatka von der Ost-

Unter dem steinernen Boden des Kreuzganges und der Eckzimmer laufen fünf parallele Kanäle, von Mitternacht nach Mittag und eben so viele von Abend nach Morgen hin, so daß sich dieselben rechtwinklicht durchkreuzen. Jeder dieser Kanäle hat eine ungefähre Breite von 1½ und Tiefe von 2½ Fuß. Sie scheinen sich in dem langen Querzimmer auf der Südseite in einen gemeinschaftlichen Gang vereinigt und durch das Gewölbe, dessen Öffnung man auf der Südfaçade erblickt, ihren Abfluß gehabt zu haben. Überdies sieht man Spuren mehrerer Wasserleitungen auch an den Wänden. Man bemerkt Überreste eiserner Röhren von 2 bis 3 Zoll im Durchmesser und manche andere Spuren, welche keinen Zweifel darüber übrig lassen, daß das Ganze ein Badehaus war. Daher irrte Pallas unstreitig, wenn er in dem verschütteten Gewölbe auf der Südseite einen Todtenkeller und in dem obern Theile des Gebäudes ein Schulhaus zu erkennen glaubte [84]).

Dies sind die vorzüglichsten Ruinen innerhalb des Walles auf dem eigentlichen Stadtgebiete. Weniger bedeutend ist das, was man außerhalb desselben findet. Zu dem letztern gehört der untere Theil eines viereckigen Hauses auf der Abendseite; es liegt im Walle selbst im Gebüsche versteckt, und wird von den Bauern, man weiß nicht weshalb, das grichische Haus (Gretscheskaja Palatka) genannt. Auf der Südseite, an 20 Faden vom Walle entfernt, sieht man die Basis von zwei Pfeilern, die das Thor zu einem kleinen verschanzten Platze gebildet zu haben scheinen. Dieser Platz, welcher das Städtchen (Maloi Gorodok) genannt wird, hat eine quadratische Form von 40 Faden Länge und Breite, und ist mit einem Walle umgeben [85]).

Unter diesen Ruinen von alten Bauwerken Bulghars hat man eine große Menge alter Grabsteine gefunden, welche jetzt sämmtlich theils in dem Fundament der neuen Kirche des

---

seite und Südseite bei Erdmann Tab. 7 und 8, und bei Pallas, wo das Gebäude sich noch weit schöner erhalten zeigt, Tab. 6. D. Zugleich giebt Pallas einen anschaulichen Grundriß desselben auf Tab. 6. E.

84) Erdmann, a. a. O. I. S. 288.

85) Erdmann, a. a. O. I. S. 289.

uspenskischen Klosters mit eingemauert sind, theils zur Pflasterung der Kirche und des Platzes vor derselben haben dienen müssen. Diese Grabsteine sind von sehr verschiedener Größe. Die meisten derselben trugen arabische und türkische Inschriften mit erhaben gearbeiteten, zum Theil sehr zierlichen kufischen oder neuern, aber geschnörkelten Schriftzügen, und einige von ihnen armenische Inschriften mit vertieften Charakteren. Zu Peters des Großen Zeit waren noch 49 Inschriften, wie Lepechin sagt, oder 50 nach Klaproths Angabe zu lesen, und der Sorgfalt seines Geistes verdankt man die nähere Kunde von diesen merkwürdigen Denkmalen der frühern Zeit. Denn sobald er auf seinem Feldzuge nach Persien von Kasan aus im Jahre 1722 jene Ruinen in Augenschein genommen hatte [86]), befahl er nicht nur die Aufbewahrung dieser Grabsteine, sondern ließ auch die Inschriften abschreiben und Übersetzungen von ihnen anfertigen, die uns zuerst von Lepechin mitgetheilt sind [87]). Aber so wie jener Fürst nach dem oben Bemerkten die wirkliche Zerstörung dieser Denkmale nicht hat verhindern können, indem die Inschriften jetzt so vertilgt sind, daß der bekannte Orientalist Frähn bei seiner Anwesenheit in Bulghar in der jüngsten Zeit nur noch eine einzige lesbare antraf, so ist jene von Peter dem Großen veranlaßte Übersetzung der Inschriften nebst ihrer Abzeichnung durch die Unwissenheit der dabei benutzten Tataren und Armenier auch so schlecht ausgefallen, daß sie in den bisherigen Angaben darüber bei Lepechin, Pallas und Erdmann im Verhältniß zu den neuern Untersuchungen eines Klaproth und St. Martin die größten Schwierigkeiten darbietet. Um so mehr werden daher die von Klaproth auf seiner Reise nach Sibirien veranlaßten Nachforschungen nach der Originalabschrift in den Archiven von Kasan anzuerkennen sein, als diese nun auch bei dem großen Brande in jener Stadt im Jahre 1815 vermuthlich vernichtet worden ist, und wir nun etwas Sicheres darüber blos aus seinen Mittheilungen entnehmen können.

---

86) Müller, Sammlung russ. Geschichte VII. S. 213.
87) Lepechin, Tagebuch einer Reise I. S. 168 bis 175.

Es sind nehmlich an 47 türkisch=arabische und 3 armenische Grabinschriften. Vom Jahre 623 der Hedschra waren es nach Pallas Angabe an 22 Grabsteine, so daß nach seiner Meinung damals eine Pest die Stadt beherrscht zu haben schien. Die übrigen sollten aus verschiedenen Jahren sein, so daß die erste Klasse derselben vom Jahre 619 bis 742 der Hedschra nur einen Zeitraum von 123 Jahren umfaßte, während welcher Zeit Batuchan als Herrscher der goldenen Horde das Khanat Kaptschak an der Wolga begründet habe [88]). Erdmann jedoch, vermuthlich nach den Angaben Frähns, bemerkt, daß diese Grabinschriften in die Periode von 513 bis 750 der Hedschra fallen, also einen Zeitraum von 237 Jahren umfassen und dem 12., 13. und 14. Jahrhundert unserer Zeitrechnung angehören. Davon sei eine aus dem sechsten Jahrhundert der Hedschra, 25 aus dem siebenten (wovon wieder 20 vom Jahre 623 d. H.), 18 aus dem achten Jahrhundert und 2 unbestimmt, weil man die Jahreszahl nicht mehr entziffern konnte [89]). Dagegen erhellt nun aus Klaproths Angabe, daß die 47 türkisch=arabischen Inschriften nur einen Zeitraum von 116 Jahren umfassen vom Jahre 1226 bis 1342 unserer Zeitrechnung, also nur dem siebenten und achten Jahrhundert der Hedschra angehören, und zwar 27 dem erstern und 18 dem letztern, während von zweien die Jahreszahl nicht mehr zu bestimmen ist. Die ältesten dieser Inschriften und zwar an 24 derselben sind vom Jahre 623 der Hedschra oder 1226 nach Chr. Geb., dem Zeitpunkt des Einbruches der Mongolen in das Bulgaren=Land, denn sie tragen kein anderes Datum als das Chronogramm Tarich Dschijat Dschewr d. h. die Epoche der A n k u n f t der U n t e r d r ü c k u n g. Die in ihnen genannten Bestatteten fielen wahrscheinlich als Opfer der ersten Verheerung Bulghars durch die heidnischen Mongolen, so daß nach ihrem Abzuge die eifrigen Moslems durch jene auffallende Inschrift gleichsam ihr Märtyrerthum bezeichnen wollten, denn die andern drei aus dem siebenten Jahrhundert von den Jahren 670, 690 und 691

88) P a l l a s, Reisen durch verschiedene Provinzen I. S. 216.
89) E r d m a n n, Reisen im Innern Rußlands I. S. 290.

d. H. oder 1271, 1291 und 1292 n. Ch. G., wo die Mongolen schon eine feste Herrschaft in dem Bulgaren-Lande begründet hatten, haben die gewöhnliche chronologische Bezeichnung. Die 18 andern Inschriften gehören der ersten Hälfte des vierzehnten Jahrhunderts an, denn sie reichen von 701 bis 742 d. H. oder von 1302 bis 1342 unserer Zeitrechnung. Übrigens enthalten die Inschriften nichts als einen muhamedanischen Denkspruch, den Namen des Verstorbenen, seine Abstammung und Würde. Die Bestatteten sind sowohl vornehme Bulgaren als Türken und zwar beiderlei Geschlechtes, theils sind es Geistliche, theils Kaufleute. Bei Einigen ist gemeldet, daß sie aus der persischen Landschaft Schirwan oder aus Samarkand waren, woraus man sieht, daß die Stadt Bulghar durch den Handel aus sehr entfernten Gegenden Bewohner gehabt haben muß [90]). Die drei armenischen Grabinschriften scheinen nun zwar im Verhältniß zu denen der ersten Klasse in eine weit frühere Zeit zurückzugehen und einen weit längern Zeitraum zu umfassen, da sie aus den Jahren 557, 984 und 986 sein sollen, aber abgesehen davon, daß die Originalkopie jetzt kaum noch verständlich ist und die Data zum Theil falsch sind, beziehen sich die letztern nicht auf die gewöhnlich christliche, sondern auf die armenische Zeitrechnung. Daher würden nach St. Martins Meinung diese Denkmale auch nur der ersten Hälfte des vierzehnten Jahrhunderts unserer Zeitrechnung angehören [91]).

Der ausgebreitete Handel Bulghars erhellt aber noch mehr aus den zahlreichen kleinen silbernen und kupfernen Münzen, die daselbst gefunden werden. Es giebt unter den silbernen nicht wenige schön geprägte mit arabischer Schrift in kufischen Charakteren, welche von feinem Silber und ziemlich dick, aber nie größer als der Nagel am Daumen zu sein pflegen. Man hat aber auch viele von schlechtem, sprödem Silber, sehr dünn und grob geprägte, welche auf der einen Seite kleine Sterne oder andere Zierrathen, auf der andern aber einige er-

---

90) **Klaproth**, im Nouveau journal asiatique. Paris 1831. Tome VIII. p. 483—503.

91) **Saint-Martin**, im Nouv. journal asiat. VIII. p. 503—506.

habene Punkte, einen Kreis und andere willkührliche Zeichen haben, wie sie noch jetzt bei den Baschkiren und andern der Schrift unkundigen Völkern zur Unterzeichnung der Handschriften gebräuchlich sind [92]). Außer diesen Münzen sind auch zuweilen saubere, von feinem Silber oder Gold gearbeitete Kleinigkeiten, wie Ohrgehänge und dergleichen, gefunden worden; auch Geräthe von Messing und Eisen. Waffen sollen sich höchst selten finden. Häufiger sind dagegen Platten von schlechtem Glockengut, von runder Gestalt, vier Zoll im Durchmesser, welche auf der einen Seite mit grob gegossenem Laubwerk verziert sind, auf der andern Seite glatt geschliffen und polirt. Noch häufiger aber sind gewisse von Thon gedrehte und gebrannte und durchlöcherte Korallen, vermuthlich von tatarischen Rosenkränzen. Die meisten sind ziegelfarbig, einige schwärzlich oder weißlich; einige sehr kleine sind von buntgefärbtem Glase. Zwar ist schon vieles von diesen alten Schätzen zerstreut, und besonders die Tataren, welche des Winters von Kasan hieher zu kommen pflegen, kaufen viel von den Schmucksachen und Münzen weg, doch meinte Pallas, es ließen sich hier bei längerm Aufenthalte im Sommer noch manche Schätze sammeln, wenigstens mehr als ihm bei seinem kurzen Aufenthalte im December 1768 vergönnt war [93]).

Über die historischen Verhältnisse dieser alten Stadt wie über ihre Bewohner, die Bulgaren, sprechen leider keine einheimischen Annalen, wir kennen über sie nur die dürftigen Berichte der russischen Chronisten und vornehmlich nur die Angaben der Araber, durch deren Erforschung Frähn in der jüngsten Zeit das meiste Licht über beide verbreitet hat. Daß aber der Ursprung dieser bulgarischen Metropole schon in frühe Zeit zurückgeht, erhellt aus den Berichten der Araber [94]). Denn mindestens schon um die Mitte des neunten Jahrhunderts muß die Stadt Bulghar ein großer Handelsort gewesen sein, zu wel-

---

92) Vergl. die Abbildung solcher Münzen bei Pallas a. a. O. Tab. 6. F.

93) Pallas, Reisen durch versch. Prov. I. S. 127, 128.

94) D'Ohsson, des peuples du Caucase p. 73—77.

chem sich Kaufleute aus fernen Gegenden einfanden, und welcher nothwendig wieder auf die Blüthe des permischen Emporiums an der Kama und auf den Handelsverkehr der Normannen in Bjarmaland am weißen Meere einwirken mußte. Die Russen standen leider, so sehr das bulgarische Kulturland auch auf ihren Entwickelungsgang einen wohlthätigen Einfluß ausüben konnte, meistens in feindseligen Verhältnissen mit den Bulgaren, wobei man wohl voraussetzen darf, daß sie weniger durch dieses friedliche Handelsvolk als durch die Rohheit der Russen veranlaßt wurden. Wenigstens liegen uns zu wenig historische Thatsachen vor, als daß man nicht Tatischtschews patriotischen Angaben in dieser Beziehung mißtrauen sollte [95]). Während des ganzen eilften und zwölften Jahrhunderts wurden die Kämpfe zwischen den Russen und Bulgaren mit abwechselndem Glücke geführt, und wenn die Verheerung des bulgarischen Landes für dies betriebsame Volk auch kein allzu großer Nachtheil war, so mußte doch der mehrmals wiederholte Angriff auf die Stadt selbst und deren Erstürmung, wie durch die wladimirschen Großfürsten Andreas Jurjewitsch im Jahre 1164 und Wsewolod Jurjewitsch im Jahre 1183, auf den Handelsverkehr derselben unvortheilhaft einwirken [96]).

Nach den Angaben der muhamedanischen Autoren war Bulghar eine große und blühende Stadt mit zahlreichen muhamedanischen Schulen und Bädern und mit einem ausgedehnten Handelsverkehr, der sich bis auf die Zeit des Einbruches der mongolischen und turktatarischen Schaaren in Europa in großer Blüthe erhielt. Erst damals verlor Bulghar seine Selbstständigkeit, nachdem es durch Batu's Horden die schreckliche Katastrophe der Zerstörung im Jahre 1237 erlebt hatte [97]). Und doch war damit die Blüthe dieser Stadt noch nicht gänzlich zerstört, sie mußte sich wieder heben, als sie selbst zu gewissen Zeiten die Residenz der Khane der goldenen Horde ward und diese dort Münzen schlagen ließen. Auch der Han-

---

95) Karamsin, russische Geschichte III. S. 51, Anmerk. 22.
96) Karamsin, a. a. O. II. S. 255., III. S. 51.
97) Karamsin, a. a. O. III. S. 229.

delsverkehr mußte sich wieder einstellen, seitdem die Sitze jener Khane auch der Sitz des Luxus und der Schwelgerei zu werden anfingen, und zum Theil schon deshalb konnte diese Stadt bei den morgenländischen Autoren später den Namen Altun Tacht d. h. der goldene Thron empfangen [98]). Erst die Auflösung des Reiches Kaptschak wirkte wieder zerstörend auf das Bestehen und die Blüthe dieser Stadt ein, und dazu kam nun am Schlusse des vierzehnten Jahrhunderts die letzte große Katastrophe durch die wilden tatarischen Schaaren Timurs bei seinem Kampfe mit dem kaptschakschen Khane Toktamisch, von welchem Schlage die Stadt sich nicht wieder erholt zu haben scheint [99]). Zwar fristete die Stadt noch eine Zeitlang ihr Dasein, noch sind selbst während der ersten anderthalb Decennien des funfzehnten Jahrhunderts Münzen hier geprägt worden [100]), aber schon erhob sich auf Kosten dieser alten dahinsinkenden Stadt ein anderer Ort, welcher als blühende Handelsstadt und glanzvoller Herrschersitz dieselbe bald so verdunkelte, daß mit dem Verschwinden des alten bulgarischen Volksstammes auch sie selbst der Vergessenheit anheim fiel und in ihren unscheinbaren Überresten erst in der neuern Zeit wieder entdeckt werden mußte. Seit dem Ende des vierzehnten Jahrhunderts wird die Stadt von den russischen Annalen nicht mehr genannt; ihr eigentlicher Untergang ist aber unbekannt.

Aber neben Bulghar gab es noch viele andere nicht unmerkwürdige Lokalitäten, welche in diesem Lande an der Wolga und Kama als eben so viele Sitze der Kultur der Bulgaren betrachtet werden können [1]), und mit welchen wir gleichfalls erst in den neuern Zeiten durch Rytschkow bekannt geworden sind. Nur wenig südwärts von Bulghars Ruinen ergießt sich in die linke Seite der Wolga das kleine Flüßchen Maina, welches dort die heutige Grenze der beiden Landschaften Kasan und Simbirsk bezeichnet. An ihm liegt in einiger Entfernung

98) Frähn, bei Erdmann, Reisen im Innern Rußlands I. S. 301.

99) Cherifeddin Ali, histoire de Timur Bec II. p. 356.

100) Frähn, bei Erdmann a. a. O. I. S. 304.

1) Rasmussen, de Orientis commercio cum Russia et Scandinavia medio aevo p. 10.

von der Wolga und im Nordosten der Stadt Simbirsk der kleine Flecken Kandaly. Dort finden sich auf einem hohen Berge die Überbleibsel eines alten Wohnortes, welcher durch zwei hohe, durch einen ziemlich tiefen Graben von einander getrennte Wälle befestigt war. Die Wälle, welche um diesen Ort herumgehen, halten 350 Faden im Umkreise und stehen trotz ihres Alters noch unverfallen. Sie sind in der Form eines Halbkreises angelegt, so daß die beiden Enden derselben ganz an die steile Seite des Berges anschließen, auf welchem dieser Ort, jetzt Gorodischtsche genannt, gelegen ist. Die Anwohner geben ihn für einen Wohnplatz der alten Bulgaren aus, da auch die Ruinen von Bulghar nur an 40 Werst weit entfernt liegen. Innerhalb dieser Verschanzung sind weder Überbleibsel von alten Gebäuden noch andere Ruinen zu sehen [2]).

Ein ähnliches Gorodischtsche zeigt sich weiter gegen Südost auf dem Wege nach dem linken wolgischen Zustrom Tscheremschan bei dem tatarischen Dorfe Staroi Baran mitten in einem dichten Walde. Die umgebenden Wälle sind von gleichem Umfange wie bei dem obigen, aber nicht so steil und hoch. Alles ist aber mit Gras bewachsen, und man sieht nichts Merkwürdiges darin, und vier Werste davon zeigt sich ein anderes, mit einem doppelten Walle umgebenes Gorodischtsche von ähnlicher Beschaffenheit. Die Umgebung besteht aus dem trefflichsten schwarzen Ackerboden, der durchaus keines Düngers bedarf [3]). Merkwürdiger sind sodann die Ruinen etwas weiter gegen Osten bei dem tatarischen Dorfe Tschibasch, wo man ein so regelmäßig befestigtes Gorodischtsche antrifft, daß man, wie Rytschkow meint, den alten Bewohnern dieser Gegend das gerechte Lob ihrer Kunst nicht versagen kann. Drei erhabene Wälle und eben so viele tiefe Gräben umgaben dieses Schloß, das die Gestalt eines Vierecks hat. Auf der Abendseite hat es gar keine Festungswerke, und sie waren dort auch nicht nöthig, denn der kleine Fluß Tschibasch läuft auf dieser Seite in ziemlich steilen

2) Rytschkow, Tagebuch einer Reise durch verschied. Prov. des russ. Reiches S. 4. Dabei der Plan des Ortes.

3) Rytschkow, Tagebuch S. 5, 6.

Ufern, und jenseits breitet sich eine sehr sumpfige Gegend aus, welche die Bewohner im Fall eines feindseligen Angriffs genug beschützen konnte. Beachtenswerth ist es bei allen diesen alten Verschanzungen, daß die alten Bewohner immer auf die Naturverhältnisse Rücksicht nahmen und solche Orte zur Befestigung auswählten, wo die Natur ihrer Absicht entgegenkam. Innerhalb dieser Verschanzung sind jetzt keine Gebäude mehr zu erblicken, aber eine Menge von Hügeln, bei deren Aufgrabung man findet, daß sie die Substruktion von steinernen Gebäuden enthalten. Diese Hügel bestehen aus rothen Ziegeln und weißen Feldsteinen, die mit Erde bedeckt sind, wie sie durch Wind und Wetter herbeigeführt ist. Die Breite dieser alten Festung beträgt 86 Faden, die Länge 21 und der Umfang 354 Faden. Auch hier wie bei den andern verfallenen Städten zeigen sich zwei Thore von Erde, die in der breiten Seite der Wälle angebracht sind, deren Höhe mit Einschluß der tiefen Gräben beinahe drei Faden betrug. Auch außerhalb dieses Schlosses finden sich noch viele Spuren steinerner Gebäude[4]).

In geringer Entfernung weiter ostwärts erreicht man am Flusse Tscheremschan bei dem tatarischen Dorfe Kamkina ein anderes Gorodischtsche auf einem steilen Berge. Dieser Fluß, der kleine Tscheremschan genannt, fließt von Osten nach Westen, ist mäßig breit, an seiner breitesten Stelle nicht über 8 Faden, dabei ziemlich tief und hat reines, gesundes Wasser. Seine rechte Seite ist ziemlich steil, und besteht aus Thonboden; seine linke ist sanft abhängig und sandig, aber mit Wald bewachsen. Er ist sehr fischreich, und vereinigt sich bald mit dem sogenannten großen Tscheremschan, in dessen rechte Seite er sich ergießt[5]). Unterhalb Simbirsk erreichen sie beide die Wolga. Jenes Gorodischtsche am kleinen Tscheremschan ist wie alle übrigen in der Form eines Halbkreises angelegt, es übertrifft aber an Vortrefflichkeit der Lage und an Befestigung die andern. Von den drei Wällen ist der mittelste wie gewöhnlich der höchste. Hier befindet sich außerhalb der Wälle auf der einen Seite noch ein

4) Rytschkow, a. a. O. S. 7, 8. Vergl. den Plan.
5) Rytschkow, a. a. O. S. 9, 28.

tiefes Thal, auf der andern Seite der jähe Abhang des Berges, auf dem die Wälle stehen, und unten läuft der Fluß, dessen Ufer mit Holz bewachsen sind. Diese Wälle haben im Umkreis über 300 Faden und an Höhe mit Einschluß des tiefen Grabens 3 Faden. Innerhalb sieht man keine Gebäude mehr, aber viele Steine und Ziegel, die Überreste von steinernen Gebäuden [6]). Durch eine waldige, sumpfige Gegend gelangt man an 20 Werst weiter gegen Südost zu dem Städtchen Biljärsk an den Quellen des kleinen Tscheremschan. Dieser Ort, welcher zum Theil auf den Ruinen der alten Stadt Bulumer steht, war zu Rytschkows Zeit mit abgedankten Soldaten besetzt, welche sich hier häuslich niedergelassen hatten und Ackerbau und Viehzucht trieben. Nach der Aussage der Einwohner sollte der Ort unter dem Zaren Alexei Michailowitsch seinen Anfang genommen haben, welcher hier aus dem Dienste entlassene Strelitzen ansiedelte. Es liegt Biljärsk so ziemlich in der Mitte des Königreichs Kasan, und wird auf der einen Seite umgeben von Tataren, Tscheremissen und Tschuwaschen, auf der andern von Mordwinen und Baschkiren. Es scheint demnach eine Art von Militairkolonie zur Sicherung Rußlands gewesen zu sein. Auch soll vor Alters ein Fürst dieser Gegend hier seinen Wohnsitz gehabt haben, und als der Ort im Laufe der Zeit zerstört ward, wurde er von den Strelitzen wieder aufgebaut und war gesichert durch die Befestigungswerke der alten Stadt [7]).

Die Ruinen von Biljärsk gehören, wie Rytschkow sagt, neben den von Bulghar zu den berühmtesten und merkwürdigsten in dem alten Bulgaren-Lande. Das neuere Städtchen nimmt einen Theil von demselben Platze ein, worauf ehemals die alte Stadt gestanden hatte. Das noch übrige verfallene Gemäuer, die rund umher ordentlich angelegten Wälle lassen noch deutlich erkennen, was für mächtige Gebäude man in jenen Zeiten errichtet hat. Und dies ist um so merkwürdiger,

---

6) Rytschkow, a. a. O. S. 9. Vergl. den Plan.
7) Rytschkow, a a. O. S. 10 bis 12.

als man die mächtigen Steine dazu gar nicht in der Nähe haben konnte, sondern nur aus der Gegend der Kama aus einer Entfernung von 50 bis 100 Werst herbeiholen mußte. Die Festungswerke bestanden in drei tiefen Gräben und in eben so viel hohen Wällen, welche diese Ruinen der ehemaligen Stadt umschließen. Sie sind besonders deshalb bewunderungswerth, weil sie troß ihres so hohen Alters ihre Festigkeit bis auf den heutigen Tag sich bewahrt haben, so daß sie mit den besten und trefflichsten Festungsbauten der neuern Zeit verglichen werden können. Der erste Wall beginnt auf der Nordseite bei dem kleinen Quellstrom Biljärka, der mitten durch den Ort läuft, und enthält in seinem Umkreise über 20 Werst. Darauf folgt der zweite in einem ziemlichen Abstande von dem ersten, wo man viele Spuren von altem, verfallenem Gemäuer gewahr wird. Der letzte viel stärker befestigte Wall veranlaßt den von ihm eingeschlossenen Bezirk für die Citadelle oder das Schloß dieser alten Stadt zu halten, worin unter verschiedenen eingefallenen Gebäuden noch bis jetzt ein mächtiger, großer steinerner Pfeiler oder Thurm steht, der aus rothen Ziegeln mit untermischten Feldsteinen aufgeführt worden ist. Ungeachtet die jetzigen Bewohner von Biljärsk immer daran einreißen, so oft sie Steine brauchen, und sie zu ihrem häuslichen Bedarf wegführen, beträgt seine Höhe noch 5¼ Arschinen, die Dicke 7 und sein Umfang 24 Arschinen. Ihm zur Seite findet man einen Haufen eingefallenes Mauerwerk, worin Rytschkow glasurte Tafeln von Töpferarbeit von blauer und grüner Farbe und auch verrostetes Eisen vorfand. In dem verfallenen Gemäuer eines Gebäudes fand er ein kleines eisernes Werkzeug, welches besonders deshalb merkwürdig ist, weil es zu einem fünffach verschiedenen Gebrauch diente, indem es einen Bohrer, Hammer, Säge, Feuerstahl und Zange in sich faßte, und dies alles so sauber gearbeitet, daß es nicht mehr als den Raum eines Federmessers einnahm. Ein Beweis, wie wenig es den alten Bewohnern an Kunstfleiß gefehlt habe. Daß sie auch den Feldbau betrieben haben, lehren die Ackergeräthe, welche in dem verfallenen Gemäuer der alten Stadt und auf dem Felde umher angetroffen wer-

werden, unterscheiden sich aber nicht von den Werkzeugen, welche noch jetzt dort bei der Feldarbeit üblich sind [8]).

Über die ältere Geschichte dieses Ortes ist nichts bekannt, Rytschkow erfuhr nur, daß nach schriftlichen, ihm dort mitgetheilten Nachrichten dieser Ort im Jahre 1677 der Sitz eines tatarischen Fürsten Balyn Gosja war. Der Ursprung der Stadt reicht aber unstreitig über die Ankunft der Tataren in diese Gegend hinaus, denn diese waren nicht im Stande dergleichen Werke aufzuführen, benutzten aber diese Lokalität und ließen sich daselbst nieder. In der tatarischen Zeit wurde sie Bulumer genannt und soll früher Bular geheißen haben. Darum scheint dieser Ort von den arabischen Autoren auch nicht selten mit der Stadt Bulghar verwechselt worden zu sein [9]). Den Ruinen dieser Stadt gegenüber, drei Werst im Norden von Biljärsk, liegen auf einem hohen Berge noch Überreste steinerner Gebäude, und dort soll nach den oben angeführten Urkunden der genannte tatarische Fürst von Bulumer begraben sein. Durch gewinnsüchtige Schatzgräber sind diese Gebäude bis auf den Grund zerstört worden. Aber rund um das noch sichtbare verfallene Mauerwerk befindet sich eine Menge aufgerichteter und in der Erde befestigter Grabsteine, deren Höhe an $2\frac{1}{2}$ Arschinen mit einer verhältnißmäßigen Breite und Dicke beträgt. Sie haben alle arabische und tatarische Inschriften, die aber nichts anderes enthalten als die Namen der hier Bestatteten nebst den dabei üblichen Gebetsformeln. Merkwürdig ist, daß diese Steine mit den Inschriften alle gegen den Aufgang der Sonne gerichtet sind. Die meisten dieser Grabsteine liegen aber umgeworfen oder sind durch die Bewohner von Biljärsk zerstört. Die Einwohner nennen diese Begräbnißstätte Balyn Gus, und nicht blos die dort wohnenden tatarischen Muhamedaner, sondern auch die Baschkiren aus entfernten Gegenden reisen im Sommer zu diesen Ruinen und halten diese Stätte für heilig. Sie glauben, daß in diesen steinernen Ge-

8) Rytschkow, Tagebuch S. 13, 14.

9) Frähn, de Bylariae urbis origine atque fatis in den Fundgruben des Orients. Wien 1816. fol. Th. IV. S. 205 bis 212.

bäuden ihre Heiligen begraben liegen, welche wie während ihres Lebens so auch noch jetzt Wunder verrichten sollen. Auch verehren sie dieselben mit einem ganz eigenthümlichen Kultus[10]).

Die Ehrerbietung der Tataren gegen diesen Ort war schon seit alten Zeiten sehr groß, sie hielten dort eine beständige Wache. Zur Zeit der Eroberung des Reiches Kasan durch die Russen wurden zwar die heiligen Gebäude zerstört, aber die Tataren erhielten auf ihre Bitten bald wieder die Erlaubniß die Gebäude herstellen zu dürfen, und so wurde auch wieder die Wache an diesem Heiligthum erneuert. Aber die Beeinträchtigung dieser Tataren durch die christlichen Bewohner von Biljärsk bewirkte die Verlassung dieses heiligen Ortes und somit auch den Verfall desselben. Hinter diesem Heiligthume befinden sich tiefe Gräben und hohe Wälle, welche sich trotz ihres hohen Alters noch vollkommen erhalten haben. Sie fangen gleich oben auf der Höhe an in einer Entfernung von 30 Faden von den steinernen Grabmalen, und gehen mit Krümmungen um den Berg herum. Innerhalb dieser Verschanzung sieht man nichts von verfallenen Gebäuden, und sie diente vermuthlich dem Heiligthum und der unten gelegenen alten Stadt zum Schutze. Nach der Aussage der anwohnenden Tataren ist die Stadt von dem berühmten Eroberer Temir Aksak (Timur) zerstört worden, welcher alle Städte in diesem Lande eroberte und schleifte. Seitdem blieb die Stätte unbewohnt und die Bewohner dieser Gegend sollen nun Kasan erbaut haben, wo sie ihre Herrschaft erneuerten[11]). Somit weiset also merkwürdiger Weise, wie die große bulgarische Metropole Bulghar, auch die zweite bulgarische Hauptstadt Biljärsk vermittelst der benachbarten tatarischen Stadt (welche beide wohl eine und dieselbe Lokalität bildeten) und ihres Heiligthums auf die große tatarische Metropole Kasan hin, in deren Geschichte sich alle Sagen der hier einheimischen Tataren concentriren.

In keinem Theile des weiten osteuropäischen Gebietes hat zum Nachtheil der ältern Geschichte die jüngere Zeit so die äl-

10) Rytschkow, a. a. O. S. 15 bis 19.
11) Rytschkow, a. a. O. S. 20 bis 24.

tere Zeit mit allen ihren Traditionen in sich verschlungen als wie hier in diesem Centrallande der Wolga. Der Umstand, daß die alten Bulgaren schon lange in den Bereich des Islam hineingezogen waren, ehe noch auf diesem Gebiete des ugrischen Volksstammes in Folge der Wanderungen der Mongolen die große Ablagerung turktatarischer Stämme erfolgte, welche früher oder später gleichfalls zum Islam übertraten, bewirkte, daß durch die religiöse Gemeinschaft beider volksthümlichen Elemente sich ein neuer Volksstamm bildete, dessen leibliche Bildung nicht minder auf das jüngere Ansiedlungsvolk als das vorherrschende Element hinweiset, als wie die Geschichte des letztern die Grundlage des historischen Bewußtseins der heutigen Bewohner dieses Gebietes bildet, woraus die Traditionen der Ursassen dieses Landes nur dunkel und unbestimmt hervorklingen. Die einheimischen Tataren berichten über die Erbauung der beiden Städte Kasan Folgendes. Timur Lan, genannt Akschak (Aksak) d. h. der Weißbart oder der Alte, eroberte das Bulgaren-Reich (nehmlich den Theil des tatarischen Reiches Kaptschak, welcher auch nach Lehrbergs Annahme [12]) unter der Oberhoheit der Khane der goldenen Horde mit seinen alten einheimischen Fürsten ein eigenes Reich innerhalb seiner frühern Grenzen geblieben sein soll), und gewann die Hauptstadt Brächimowa nach einer siebenjährigen Belagerung, worauf der Bulgaren-Khan Abdallah gefangen und getödtet wurde. Aber seine beiden Söhne Altyn Bek und Alyn Bek entkamen. Nach Timurs Abzug kamen sie wieder hervor, und da Brächimowa zu groß und prächtig gewesen war, wagte sich der ältere Prinz nicht an seine Wiederherstellung, sondern erbaute den Ort Iska Kasan (Alt-Kasan) an der Kasanka. Als nun einst der Bediente des Fürsten aus der Kasanka Wasser zum Baden für seinen Herrn holen wollte und ihm der Kessel (Kasan) ins Wasser fiel, nahm der Fürst davon Gelegenheit Stadt und Fluß danach zu benennen. So verwandelte sich das bulgarische Reich in das kasanische, und statt des zerstörten Brächimowa ent-

12) Lehrberg, Untersuchungen über die ältere Geschichte Rußlands S. 67. Anmerk. 4.

stand Kasan. Dieses blieb während eines vollen Jahrhunderts die Hauptstadt des erneuerten Reiches [13]). Einem spätern Fürsten, dem Aly Bey, gefiel aber die Lage der Stadt nicht, er ließ eine günstigere aussuchen mehr unterhalb an dem Flusse an einem Orte, der nach den Angaben der Tataren erst von Schlangen und Schweinen durch die Kunst der Zauberer gereinigt werden mußte. So entstand Jeni Kasan (das heutige oder Neu-Kasan), und auch jetzt noch ist ein Drache das Wappen dieser Hauptstadt. Aber der andere bulgarische Prinz Alyn Bek erbaute am Tscheremschan eine ansehnliche Stadt, die er Bulumer nannte, und auf deren Trümmern das jetzige Biljärsk steht [14]).

Dieser tatarischen Tradition widersprechen jedoch die russischen Annalen, nach welchen die Stadt Kasan schon vor Timurs Zeit nach der Mitte des vierzehnten Jahrhunderts vorkommt. Ein russischer Annalist aus dem sechzehnten Jahrhundert, welcher sich selbst am Hofe der tatarischen Khane zu Kasan aufgehalten hatte, berichtet Folgendes über den Ursprung dieser Stadt. Sain, der Sohn des ersten kaptschakschen Fürsten Batuchan, zog aus um Rußland zu bekriegen; aber entwaffnet durch die Unterwürfigkeit und die Geschenke der Fürsten dieses Landes zog er nicht weiter, und beschloß einen Ort zu erbauen, wo die zur Steuereinnahme nach Rußland abgeschickten tatarischen Beamten einkehren und ausruhen könnten. Das Land hatte Überfluß an allen Naturerzeugnissen, war an Bienen und Weideplätzen reich, aber furchtbare Schlangen bewohnten es, bis daß sich ein Zauberer fand, der sie in Asche verwandelte. Der Fürst gründete nun hier die Stadt Kasan (welches Wort einen Kessel oder auch goldenen Boden bedeuten soll), und bevölkerte sie mit Bulgaren, Tscheremissen, Wotjaken und Mordwinen, welche letztere zur Zeit der Einführung des Christenthums in Rußland die Gegenden von Rostow verlassen haben sollten. Er liebte diesen Ort, wo die Grenzen von Rußland sich denen von Bulgarien, Permien und Wjätka näherten,

13) Georgi, Reisen durch das russische Reich II. S. 811. Vergl. Rytschkow, Tagebuch S. 197 bis 200.

14) Georgi, Reisen II. S. 812, 813.

und er kam oft selbst aus Serai dorthin. Lange Zeit führte diese Stadt, wie der Annalist hinzufügt, noch den Namen Sain's Jurten d. h. Sains Nomadenzelt[15].

So fällt also nach dieser Angabe die Gründung Kasans schon mit der Errichtung der tatarischen Herrschaft an der Wolga zusammen. Dieser Sain ist nun entweder der Fürst Sartach, des Batuchan einziger Sohn, wie er uns auch von dem gleichzeitigen Rubruquis genannt wird[16], oder auch Batuchan selbst, welcher bei Abulgasi, dem tatarischen Geschichtschreiber, gewöhnlich den Namen Sagin führt[17]. Übrigens erhellt aus den tatarischen Münzen des vierzehnten Jahrhunderts, daß auch die andern spätern Khane von Kaptschak sich den Namen beilegten[18]. Wie es sich nun aber auch mit dem Ursprunge der Stadt und mit der Zeit ihrer Entstehung verhalten möge, schon bei jener ersten Erwähnung in den russischen Annalen zur Zeit des Großfürsten Dmitri Iwanowitsch von Moskau soll dieselbe von den Russen in Abhängigkeit gerathen und tributär gemacht worden sein. Ja trotz dem, daß der Staat der Großfürsten zu Moskau gleich darauf durch den großen Eroberungszug Timurs mit dem völligen Untergange bedroht wurde, als derselbe im Jahre 1395 im Kampfe mit dem kaptschakschen Khane Toktamisch durch die kaukasischen Pforten von Derbend verheerend die Wolga aufwärts vordrang[19], und sich mit seinen Schaaren bis nach Moskau heranwälzte, soll dennoch der Großfürst Wasilei Dimitriwitsch noch am Schlusse des vierzehnten Jahrhunderts einen Eroberungszug nach diesem nördlichen oder bulgarischen Theile des Reiches Kaptschak unternommen und sich des Landes bemächtigt haben. Die Russen nahmen die Hauptstadt Bulghar, wie sie noch genannt wird, Kasan und einige andere Städte ein, verwüsteten drei Monate lang das Land und kehrten mit reicher Beute heim[20].

---

15) Karamsin, russische Geschichte V. S. 35, 36.
16) Rubruquis, bei Bergeron, voyages etc. p. 33.
17) Abulgasi, histoire généalogique des Tatares p. 382, 445.
18) Karamsin, russische Geschichte V. S. 36. Anmerk. 25.
19) Chérifeddin Ali, histoire de Timur Bec II. p. 260.
20) Karamsin, russische Geschichte V. S. 133.

Aber wenn auch Kasan damals in Trümmer gesunken sein sollte, so waren doch die Eroberungszüge der Russen nach jener Seite hin nur vorübergehend, und bald erhob sich der Ort in neuem Glanze und mit solcher Macht, daß er auf ein Jahrhundert lang der Schrecken Rußlands und der gefährlichste Gegner der Großfürsten zu Moskau ward. Die Gründung des Khanates von Kasan war die Folge der innern Auflösung des Reiches der goldenen Horde; es war das auf den Trümmern des alten Bulgaren-Reiches errichtete Khanat Kasan die letzte Verjüngung und Erneuerung der einstmals von Dschingischan begründeten politischen Macht, in so fern dieselbe auf Europa Einfluß ausgeübt hat. Ulu Machmed, der Flüchtling aus dem zertrümmerten Reiche Kaptschak, war es, welcher gegen die Mitte des funfzehnten Jahrhunderts zunächst in dem zerstörten Kasan, wie es heißt, eine Zuflucht suchte, wo nur wenige arme Familien in Hütten unter den Ruinen sich geborgen hatten, und sodann an einer vortheilhaftern Stelle eine neue Stadt (Jeni Kasan) begründete, welche sogleich der Zufluchtsort der umwohnenden Bulgaren und Tscheremissen wurde und sich bald mit zahlreichen tatarischen Bewohnern aus Astrachan, Asow und Taurien füllte. So erhob sich ums Jahr 1440 das heutige Kasan, und so entstand das für Rußland so furchtbare kasanische Reich [21]).

Wahrscheinlich erfolgte erst damals eine größere Verbreitung turktatarischer Bevölkerung nach jenem bulgarischen Lande an der mittlern Wolga als es bisher der Fall gewesen war, indem sich theils aus diesem Umstande, theils auch daraus, daß dies Land einen neuen selbstständigen politischen Mittelpunkt gefunden hatte, die Erscheinung erklären ließe, daß wir während einer geraumen Zeit einen weit mehr kriegerischen Sinn hier wahrnehmen als es früher war. Doch waren die kasanischen Tataren nicht die rohen Barbaren der Völker des

21) Karamsin, russische Geschichte V, S. 222. Aus diesen verschiedenartigen Berichten über die Entstehung des Ortes Kasan läßt sich übrigens nicht mit Sicherheit entnehmen, ob man an mehr als zwei Lokalitäten seiner Lage zu denken habe. S. oben S. 319. Anmerk. 39. Eine ganz ähnliche Schwierigkeit zeigt sich auch bei dem Orte Astrachan.

ehemaligen Reiches Kaptschak, die Betriebsamkeit und der mercantilische Sinn der Urbewohner dieses Landes traten auch hier wieder hervor, das Land war wie ehemals trefflich angebaut und zahlreich mit Ortschaften erfüllt, welche meistens gewiß bulgarischen Ursprunges später als tatarische Orte erscheinen, und deren uns viele genannt werden, ohne daß wir über ihre Lage und Schicksale etwas Genaueres wüßten. So finden sich Spuren alter Befestigungen oberhalb und unterhalb Kasan, welche, wie Pallas sagt [22]), Zeugen von der vormaligen Bevölkerung und Geschichte jener Gegend sind; und auch Georgi fand noch Überreste von Befestigungen alter, uns unbekannter tatarischer Städte, welche er Aschla und Aksak Temir nennt, an der Swiäga im Süden von Kasan [23]).

So gefahrdrohend indessen auch die neu begründete tatarische Macht zu Kasan für den emporstrebenden russischen Staat zu Moskau sein mußte, so gelang es doch schon dem unternehmenden Großfürsten Iwan Wasiljewitsch, der sein Vaterland von der Oberhoheit der Herrscher der goldenen Horde befreite, auf einem glücklichen Feldzuge zum Erstaunen und zur Freude Rußlands sich Kasans zu bemächtigen im Jahre 1487, so daß er den Titel als Beherrscher von Bulgarien annehmen konnte [24]). Dennoch war damit nicht alle Gefahr beseitigt, noch blieb Kasan ein eigenes Reich, welches zwar von den Großfürsten und Zaren zu Moskau in Abhängigkeit stehen sollte, aber sich nicht selten zum Schrecken Rußlands der verhaßten christlichen Oberherrschaft entledigte. So trat während der Regierung des Großfürsten Wasilei Iwanowitsch in der ersten Hälfte des sechzehnten Jahrhunderts ein wechselnder Zustand des Verhältnisses zwischen den Herrschaften Kasan und Moskau ein, und erst dem gewaltigen Zaren Iwan II. Wasiljewitsch gelang es, die tatarische Herrschaft an der Wolga völlig zu brechen und seinen Staat für immer von der Gefahr asiatischer Oberherrschaft zu befreien.

---

22) Pallas, Reisen durch verschied. Prov. III. S. 485.
23) Georgi, Reisen II. S. 801, 802.
24) Karamsin, russische Geschichte VI. S. 144 bis 146.

Der letzte entscheidende Kampf erfolgte im Sommer des Jahres 1552; die tatarische Königsstadt an der Wolga fiel am 2. October nach den gewaltigsten Kämpfen in die Hände der Russen, und damit war Rußlands Herrschaft an der mittlern Wolga begründet [25]). Noch jetzt wird das Andenken an die Eroberung Kasans durch die Russen an jenem Tage alljährlich gefeiert [26]). Fortan bekam die eroberte tatarische Stadt ein anderes Ansehn, Iwan legte sogleich den Grund zu der großen Kathedralkirche und zerstörte alle muhamedanischen Heiligthümer. Die beiden kasanischen Zaren Utemisch Kerai und Ediger Muhamed nahmen die Taufe an, und ihrem Beispiele folgten viele Tataren [27]). Auch von den umwohnenden theils dem Islam, theils dem Heidenthum ergebenen Völkern der Tschuwaschen, Tscheremissen und Mordwinen traten viele zum Christenthum über. Daher ward Kasan schon im Jahre 1554 zu einer Eparchie der griechischen Kirche eingerichtet und die frühern Güter der Zarenfamilie daselbst dem Hochstifte gegeben. Georg, der erste Erzbischof von Kasan, errichtete sogleich Schulen für die tatarischen Bewohner des Landes, und soll viele derselben für die Taufe gewonnen haben [28]). Die Stadt Kasan selbst bekam seitdem immer mehr russische Bewohner und mit ihnen eine russische Gestalt und Einrichtung. Die Überreste der frühern tatarischen Bewohner wurden nach dem untern Theile der Stadt zusammengedrängt, und die Spuren ihrer Herrschaft in dem obern immer mehr verwischt [29]).

Seit der Zeit der russischen Oberherrschaft verloren die Tataren allmählig ihren frühern kriegerischen Sinn, sie legten sich auf Ackerbau und Gewerbe, wurden immer ähnlicher den alten Bulgaren, und gehören jetzt mit zu den tüchtigsten Unterthanen des russischen Reiches. Von ihnen selbst hatte die Regierung nichts zu befürchten, zumal da sie milde beherrscht und in allen ihren Rechten und Gewohnheiten ungekränkt er-

---

25) Karamsin, russische Geschichte VII. S. 328 bis 337.

26) Erdmann, Reisen im Innern Rußlands I. S. 195.

27) Karamsin, russische Geschichte VII. S. 352.

28) Strahl, Beiträge zur russischen Kirchengeschichte I. S. 210 bis 212.

29) Erdmann, Reisen im Innern Rußlands I. S. 171.

halten wurden. Auch hatten sich schon gleich nach der Eroberung Kasans die umwohnenden Tschuwaschen, Tscheremissen, Mordwinen und Wotjaken unterwerfen müssen, und durch die Besiegung der Baschkiren war die russische Herrschaft bis zum Ural und bis zum uralischen Völkerthore ausgebreitet worden[30]). Aber wie wenig auf die unruhigen Baschkiren zu rechnen war, haben wir schon früher kennen gelernt, und die Stellung des Landes Kasan gegen das uralische Völkerthor, bis zu welchem bald darauf die Kalmücken und Kirgisen aus den östlichern Theilen von Asien sich ausbreiteten, und durch welches sie in Verbindung mit den Baschkiren Raubeinfälle in die fruchtbaren Landschaften um die Kama und mittlere Wolga machten, veranlaßten noch in weit späterer Zeit, am Anfange des achtzehnten Jahrhunderts, die Errichtung einer Vertheidigungslinie zum Schutze jener Gebiete gegen alle Angriffe von Südosten her. Es beginnt hier auf der Grenzmark des Kulturbodens und des Landes der ansässigen Völker gegen das Land der Nomadenstämme das System der schützenden Vertheidigungslinien, welches seit älterer Zeit bis jetzt die Russen gleich den alten Römern gegen die schwärmenden Steppenvölker auf einem Boden, wo die Natur keine Schutzwehren aufgerichtet hat, angewendet haben.

So fand Pallas als das älteste Werk dieser Art auf der linken Seite der Wolga die Linie, welche bei dem Orte Beloi Jar unterhalb Simbirsk beginnt und an der Nordseite des Tscheremschan entlang über den Ort Tynsk hinweg sich ostwärts bis nach Biljärsk hinzieht. Die Gräben waren an vielen Stellen drei Faden breit, und hin und wieder zeigten sich Trümmerhaufen von Redouten[31]). Weit bedeutender ist aber die sogenannte sakamische Linie d. h. die von Kasan aus jenseit der Kama liegende Festungslinie; sie ist zugleich jüngern Ursprungs als jene am Tscheremschan, indem sie dieselbe einschließend weiter gegen Südosten vorgeschoben ist. Sie soll erst im Jahre 1732 angelegt sein gegen jene drei Nomadenvölker zum

30) Karamsin, russische Geschichte VII. S. 368, 369.

31) Pallas, Reisen durch verschied. Prov. I. S. 117.

Schutze Kasans, ist aber unvollendet geblieben, da sie durch die Einrichtung des Orenburgischen Gouvernements und durch die Anlegung der dortigen Festungslinie am Jaik unnöthig wurde und ist seitdem verfallen [32]). Sie begann an der zur Wolga sich ergießenden Samara an der Einmündung ihres Nebenflusses Kinel in nur geringer Entfernung von der Wolga selbst bei der Festung Alexiejewsk, und erstreckte sich von dort an 200 Werst weit in der Richtung von Südwest nach Nordost. Sie bestand aus Wall und Graben mit einer Reihe von Redouten und Festungen. Von der Samara ging sie nordostwärts zum Sok, einem andern Nebenfluß der Wolga, wo die Festung Krasnojarsk liegt, und am Sok aufwärts nach Sergiewsk, dann weiter nach Kandurtschinsk an der Kandurtscha, einem Nebenfluß des Sok, und weiter durch den tarchanischen Wald nach Tscheremschansk am Tscheremschan in der Nähe von Biljärsk vorüber. Von dort ging sie nordwärts nach Nowo-Scheschminsk an der Scheschma, und endigte auf der Nordostseite davon mit der Schanze Kitschuisk, da sie nach der ursprünglichen Bestimmung bis zum Ik-Flusse hinreichen sollte [33]). Schon der jüngere Rytschkow verwunderte sich über den starken Verfall dieser damals erst vor vierzig Jahren angelegten Linie, was ihm im Verhältniß zu den Befestigungswerken der alten Völker auffallend erschien [34]).

Die Vernachlässigung jener Schutzlinie kam übrigens der Stadt Kasan auch noch in späterer Zeit theuer zu stehen, als im Rücken der orenburgischen Linie selbst ein großer Aufstand der dortigen Völker ausbrach. Denn die Erhebung des donischen Kosacken Jemeljan Pugatschew, welcher sich für den Kaiser Peter III. ausgab und fast alle Völker zwischen dem Jaik und der Kama zum Aufruhr mit fortriß, machte nicht nur jene Gegend zum Schauplatz der Verwüstung, sondern gab auch die Stadt Kasan selbst im Sommer 1774 der Verhee-

---

32) Rytschkow, Orenburg. Topographie bei Büsching, Magazin VII. S. 120. Vergl. die Charte des Gouvernements Orenburg.

33) Pallas, Reisen durch verschied. Prov. I. S. 93, 197., III. S. 498.

34) Rytschkow, Tagebuch S. 29.

rung preis, bis diese wilden Schaaren durch die Geschicklichkeit des Obersten Michelson vernichtet wurden [35]). Durch die Freigebigkeit der Kaiserin Katharina II. erhob sich die alte Herrscherstadt wieder aus ihrer Asche und ward regelmäßiger und schöner als zuvor aufgebaut, so daß sie nächst den Residenzen eine der besten Städte des Reiches darstellte. Und wenn sie im September 1815 aufs neue das Unglück betraf von einer furchtbaren Feuersbrunst heimgesucht zu werden, welche die bessere Hälfte derselben zerstörte, so hat sich doch die Stadt auch von diesem Unfall jetzt wieder erholt, und bildet einen der blühendsten und volkreichsten Orte des Reiches [36]).

Kasan zählt jetzt eine Bevölkerung von 50,000 Bewohnern, welche im Wesentlichen dem russischen und tatarischen Stamme angehören, so daß die Russen an zwei Drittheile und die Tataren ein Drittheil der Bevölkerung ausmachen [37]). Ihr Ruhm als Herrscherstadt ist zwar verloren, aber noch hat sie den als große Handelsstadt und als Sitz der Industrie. Bekannt sind vornehmlich ihre Fabriken in Tuch und Leder [38]). Die Kunstfertigkeit und der Ruhm, welchen schon die alten Bulgaren in der Bereitung des Leders hatten, so daß man nach ihrem Namen die Juften im Orient zu benennen pflegte [39]), ist auch auf das jüngere Ansiedlungsvolk, die Tataren, übergegangen. Der treffliche kasanische Saffian wird größtentheils von den Tataren verfertigt. Schon zu Anfang dieses Jahrhunderts wurden hier jährlich an 74,000 Häute verarbeitet [40]). Jetzt zählt man an 58 Lederfabriken, welche über 1200 Arbeiter beschäftigen und jährlich außer dem übrigen Leder über 200,000 gefärbte Häute liefern [41]). Die Lage der Stadt im Mittelpunkte des ganzen Wolga-Systems, wo sich die größten

35) Büsching, Magazin für Historie und Geographie, Halle 1784. 4, Th. XVIII. S. 5 bis 50.

36) Erdmann, Reisen I. S. 171.

37) Erdmann, Reisen I. S. 209.

38) Heym, Encyklopädie des ruff. Reiches S. 310.

39) Karamsin, russische Geschichte III. S. 172.

40) Storch, historische Zeitschrift für Rußland V, 2. S. 81.

41) Erdmann, Reisen I. S. 221.

Wasserstraßen des Reiches concentriren, an der großen Pforte für alle aus den reichen uralischen Gebieten so wie von Astrachan und von den kaspischen Gestadelandschaften kommenden Fahrzeuge nach dem übrigen Rußland und nach den Residenzen, so wie nach dem Marktort von Nischegorod, und umgeben von den schönsten Waldungen des Schiffbauholzes, mußte ihr in merkantilischer Beziehung von je an eine Wichtigkeit verleihen wie kaum einer andern Binnenstadt Rußlands, wenn gleich nach Erdmanns Aussage der Handelsverkehr daselbst jetzt noch keineswegs das ist, was er unter diesen günstigen Naturbedingungen sein könnte [42]). Die großartige Schifffahrt auf der Wolga zu Kasan begann erst seit Peters des Großen Zeit, als derselbe hier zum Behuf einer Expedition nach dem kaspischen Meere im Jahre 1719 eine kleine Flotte erbauen ließ, welche im folgenden Jahre mit Waaren beladen nach Astrachan hinabging, um die Küsten des kaspischen Meeres aufzunehmen und mit den dort wohnenden Völkerschaften Handelsverbindungen anzuknüpfen. Dem folgte sodann aber im Jahre 1722 die Ausrüstung der großen Flotte zu Kasan, auf welcher der Kaiser selbst seinen denkwürdigen Feldzug nach Persien hin unternahm [43]). Seitdem hat mit dem vermehrten Schiffbau an der Wolga auch der Handelsverkehr zu Kasan immer zugenommen. Im Jahre 1817 wurden an Waaren für 9 Mill. Rubel ausgeführt und für 10 Mill. Rubel eingeführt. Aber im Jahre 1828 wurden allein an Thee für fast 9 Mill. Rubel von hier abgefertigt, und der Gesammtwerth der Waaren, welche von hier abgesandt wurden, belief sich auf fast 19 Millionen Rubel [44]).

Das von dem zweiten Iwan Wasiljewitsch eroberte kasanische Reich blieb in seinem frühern Umfange während des sechszehnten und siebzehnten Jahrhunderts eins von den vier großen Nebenländern des eigentlichen russischen Reiches unter der Verwaltung von Statthaltern oder Woiwoden, ostwärts be-

42) Erdmann, a. a. O. I. S. 224.

43) Schischkow, Geschichte der russischen Marine bei Storch, histor. Zeitschrift VI. S. 176. 179.

44) Erdmann, Reisen I. S. 224. Rußlands Wasserverbindungen S. 128.

grenzt von Sibirien am Tobol und Irtisch, im Süden von Astrachan an der untern Wolga und nordwärts von Groß-Permien an der Kama und Dwina, und gegen Westen stieß es an die großrussischen Landschaften von Nischegorod und Rjäsan [45]). Erst als Peter der Große bei der neuen Organisation des russischen Reiches dasselbe in zehn Gouvernements vertheilt hatte, erhielt das Gouvernement Kasan etwas später einen erweiterten Umfang nach Norden über einen Theil des alten groß-permischen Landes an der obern Kama und Wjätka [46]), so daß es aus folgenden sechs Provinzen bestand: Kasan, Kungur oder das Land Permien, ferner Wjätka, Swiäschk, Simbirsk und Pensa [47]). In diesem Umfange erhielt sich das kasanische Land während der Mitte des achtzehnten Jahrhunderts, bis durch Katharina II. bei der innern Umgestaltung des Reiches und der Errichtung der kleinern Gouvernements dasselbe zerspalten wurde. So wurde denn nach Ablösung verschiedener Theile im Jahre 1781 aus den beiden kasanischen Provinzen Kasan und Swiäschk das neuere Gouvernement Kasan errichtet, welches, den Kern des alten Bulgaren- und Tataren-Landes an der mittlern Wolga umfassend, auch von dem Kaiser Paul Petrowitsch im Jahre 1796 bestätigt ward [48]).

Eine dreifache, übereinander abgelagerte Bevölkerung haben wir hier in dem Lande an der Vereinigung der Wolga und Kama zu unterscheiden, von welcher das jüngste Element, der slavische Stamm, noch jetzt durch Sprache, Religion und Sitte sich von den frühern Elementen scharf unterscheidet und als politisches Herrschervolk sich mit jenen noch keineswegs ausgeglichen hat. Als die Urbewohner des kasanischen Landes kennen wir keine andern als die Bulgaren, welche, wie sie einen der wichtigsten Zweige des ugrischen Volksstammes bildeten, so auch recht das Centralland der verschiedenen Theile dieses Stammes in den wolgisch-uralischen Gebieten bewohn-

---

45) Strahlenberg, der N. und O. Theil von Europa S. 182.

46) Heym, Encyklopädie S. 311.

47) Büsching, Beschreibung des russ. Reichs. Hamburg 1763. 8. S. 836 bis 840.

48) Georgi, geograph. Beschreibung II, 2. S. 360.

ten. Von dieser Mitte aus, wo das größte und berühmteste ugrische Emporium Bulghar aufgeblüht ist, konnte auch die größtmögliche Verbindung zwischen allen Stämmen statt finden. Nordwärts umgaben sie die Permier und Wotjaken und berührten sie die Wogulen. Westwärts umgaben das bulgarische Gebiet die Tscheremissen, Tschuwaschen, Meren und Muromen, gegen Südwest die Mordwinen. Nach Süden zu stießen die Bulgaren an ihre nicht minder berühmten Stammgenossen, die Chasaren, und gegen Osten und Südost an die Baschkiren. Diese ursprüngliche Stellung der ugrischen Völker zu einander in diesen Gebieten mußte aber mannigfach verändert werden durch das Eindringen türkischer Völkerschaften in die Landschaften an der Wolga seit dem neunten Jahrhundert und zwar um so mehr, je häufiger und zahlreicher diese Einwanderungen in der spätern Zeit wurden, bis zuletzt mit dem Einbruch der mongolischen Horden in Begleitung vieler neuer türkischer und turktatarischer Stämme alle ethnographischen Verhältnisse in dem Lande an der mittlern Wolga wesentlich umgestaltet wurden. Denn seit dem funfzehnten Jahrhundert finden wir hier als das herrschende Volk die sogenannten kasanischen Tataren, und als ihre Nachbarn im Osten, Westen und Süden die von ihnen mehr oder minder in Abhängigkeit stehenden Baschkiren, von denen schon die Rede war, die Tschuwaschen und Tscheremissen nebst den Mordwinen, von welchen hier in Verbindung mit jenem Herrschervolk die Rede sein muß.

1. Die kasanischen Tataren.

Dieser Zweig der bei den Russen sogenannten Tataren, worunter die zahlreichen turktatarischen Völker zu verstehen sind, die sich von der Wolga bis zum Altai und bis zur Lena ostwärts hin ausbreiten, gehört mit zu den ausgezeichnetsten der aus der Vermischung der Völker türkischen und mongolischen Schlages hervorgegangenen Stämme. Es bilden diese kasanischen Tataren, welche übrigens bei ihren finnischen Nachbarvölkern die verschiedenartigsten Namen führen [49]), unläugbar nicht

49) Klaproth, Asia polyglotta p. 222.

nur den civilisirtesten und gebildetsten Theil der verschiedenen westlichen turktatarischen Völker, welche sich noch jetzt an der Wolga, am Kaukasus und in den taurischen Steppen vorfinden, sondern von allen uns bekannten Zweigen dieses Stammes überhaupt, und der wohlthätige Einfluß von dem in sie aufgegangenen bulgarischen Kulturvolke ist darin unmöglich zu verkennen.

Noch zu Herbersteins Zeit scheint das Mongolischartige in der leiblichen Bildung dieser Tataren ziemlich stark hervorgetreten zu sein [50]). Er schildert sie von mittlerm Wuchse, schwarzem Haare und breiten Gesichtern mit kleinen, tiefliegenden Augen, und bemerkt, daß die Vornehmen nach Art der heutigen Kalmücken lange Zöpfe getragen hätten. Dagegen schildert sie ein neuerer Beobachter als einen edlen, schön gebildeten Menschenschlag, in welchem jenes ostasiatische Element fast ganz verwischt erscheint. Die Tataren von Kasan sind, wie Erdmann sagt, im Durchschnitt von mittlerer Größe und muskulös, aber nicht fett. Ihr Kopf ist oval, das Gesicht von frischer Farbe und schönen, regelmäßigen Zügen, das meistens schwarze Auge klein und lebhaft, die Nase herabgebogen und fein, so wie die Lippen des Mundes. Das Haar pflegt dunkel zu sein, und die Zähne sind fest und weiß. Ihr Wuchs ist mehr schlank als gedrungen, ihre Haltung voll Anstand und ihre Bewegung voll Würde und Gewandtheit. Dasselbe gilt von den Weibern, nur geht der Ausdruck im Gesichte durch ihre Lebensweise größtentheils verloren, und ihre übrigen natürlichen Reize werden durch Schminke und Schmuck entstellt. Die Konstitution der Tataren ist sehr gut und enthält keine innormale Krankheitsanlage. Ihre Lebensart ist im Ganzen naturgemäß und schützt sie vor vielen schädlichen äußern Einwirkungen [51]). Mit diesen Angaben stimmt auch Georgi überein [52]),

---

50) Herberstein, rerum Moscovit. comment. p. 89. Tartari sunt homines statura mediocri, lata facie, obesa, oculis intortis et concavis, sola barba horridi, cetera rasi. Insigniores tantum viri crines contortos eosque nigerrimos secundum aures habent. Vergl. Karamsin, russische Geschichte VII. S. 186.

51) Erdmann, Reisen im Innern Rußlands I. S. 79.

52) Georgi, Beschreibung aller Nationen des russ. Reichs I. S. 94.

und es verträgt sich damit noch die Bemerkung eines neuern Reisenden in jenen Gebieten, daß bei vielen von den Tataren an der Wolga das Mongolischartige in der leiblichen Bildung noch sehr bestimmt hervortrete [53]).

Nach ihrem Charakter sind die kasanischen Tataren offen, gastfrei, verträglich und friedliebend, sie haben viel Gefühl für Ehre, suchen zwar Bequemlichkeit, sind aber nicht träge und lieben Ordnung und Reinlichkeit. Ihre wohlwollenden Gesinnungen würden sich übrigens noch deutlicher an den Tag legen, wäre nicht durch die Unterjochung durch die Russen Mißtrauen und Nationalhaß gegen ihre Überwinder erzeugt worden, und würde nicht durch verächtliche Behandlung so oft ihr Ehrgefühl gekränkt oder gar durch Druck schlechter Beamten Verdruß und Widerwille erzeugt. Demnach ist es kein Wunder, wenn der Tatar beim Handel nicht immer ganz redlich verfährt oder boshaft erscheint; gegen Ausländer ist er meistens offenherziger und gefälliger als gegen die Russen [54]). Aber auch die Letztern können nicht umhin, der Redlichkeit und edlen Gesinnung dieser kasanischen Tataren im Handelsverkehr und in der Erziehung ihrer Kinder alle Gerechtigkeit widerfahren zu lassen. [55]).

Es wohnen die kasanischen Tataren theils in Städten, und treiben daselbst Handel, besonders mit Thee, bucharischen Waaren, als Shawls und Tüchern oder mit europäischen Zeugen, oder sie unterhalten Fabriken, besonders in Leder, theils wohnen sie in Dörfern und treiben daselbst Ackerbau, Viehzucht und Bienenzucht [56]). Ihre Hauptsitze sind in den beiden Kreisen von Kasan und Tetjusch, also gerade um die Vereinigung der Kama und Wolga. Die tatarischen Dorfschaften bestehen aus 10 bis 100 Gehöften, und meistens weiß jedes Dorf seine Geschichte. Es waren Anfangs bewegliche Hirtenlager nach Art der frühern bulgarischen Ortschaften, bis die durch

53) **De Bussierre**, voyage en Russie p. 127.

54) **Erdmann**, Reisen I. S. 79, 80.

55) **Vsévolojsky**, dictionnaire géogr. hist. de la Russie I. p. 100.

56) **Erdmann**, a. a. O. I. S. 78.

durch stärkere Bevölkerung verengten Grenzen mehr feste Sitze nothwendig und den Ackerbau zur Hauptsache machten. Auch sind die heutigen Tataren treffliche Ackerleute. Aber Bienenzucht ist ihre Liebhaberei, wie bei ihren Nachbarvölkern von ugrischem Stamme, weshalb man überall geschickte und reiche Bienenväter unter ihnen antrifft. Meistens hat jedes Dorf seine nöthigen Gerber, Schuster, Schneider, Färber, Schmiede und Zimmerleute. Das fleißige weibliche Landvolk spinnt und webt Wolle, Flachs und Hanf [57]).

In ihren Sitten und ihrer Kleidung sind die kasanischen Tataren noch vollkommene Morgenländer, und Erdmann hat dieselben bei Gelegenheit einer Hochzeit, welcher er in Kasan mit beiwohnte, anschaulich genug geschildert. Doch hat sich bei den Leuten geringern Standes auch viel Russisches eingemischt, so wie bei den Tataren, die in russischen Diensten stehen. Nachrühmen muß man den Tataren, daß sie in ihrer gewöhnlichen Lebensweise reinlich und mäßig sind, so wie die Reinlichkeit bei ihnen schon eine religiöse Pflicht ist. Selbst die hölzernen Wohnhäuser der Tataren auf dem Lande sind immer sauber und auch bei den ärmern Familien für die verschiedenen Geschlechter immer abgetheilt, so wie die großen Öfen darin mit einem Schornstein versehen sind, daß das Zimmer nicht, wie es bei den russischen Bauern und bei den meisten finnischen Völkern der Fall ist, mit Rauch erfüllt wird. Auch findet man meistens bei jeder Wohnung zur Beförderung der Reinlichkeit ein Badehaus. Überhaupt zeichnen sich die Tataren nicht nur vor ihren ugrischen Nachbarvölkern, sondern in mancher Beziehung auch vor ihren slavischen Anwohnern durch viele treffliche Eigenschaften vortheilhaft aus [58]).

Die Geistesbildung würde bei den natürlichen Fähigkeiten der Tataren und bei ihrer Liebe zum Unterricht ungleich höher gestiegen sein, wenn nicht der Islam dem Fortschritt der geistigen Entwickelung Schranken setzte. Die Bemühungen der

---

57) Georgi, Beschreibung aller Nationen I. S. 96.

58) Erdmann, Reisen I. S. 88 bis 102. Cf. Vsévolojsky, dictionnaire géogr. hist. de la Russie I. p. 101.

russischen Geistlichkeit nach der Eroberung des kasanischen Landes die Tataren zur christlichen Kirche hinüberzuziehen, scheinen von keinem bedeutenden Erfolge begleitet gewesen zu sein. Daher wurde später im Jahre 1742 zu Kasan im Kloster Silandowo eine Schule errichtet, worin Knaben von den Tataren so wie von den Tschuwaschen, Tscheremissen und Mordwinen in der christlichen Religion in der Absicht unterrichtet wurden, um solche unter ihren Landsleuten predigen zu können, da die Schwierigkeiten der Sprache bis dahin ein Haupthinderniß zur Verbreitung der christlichen Religion gewesen waren [59]. Der Koran wird von den Tataren mit allem Eifer studirt, und mitten unter den Knaben und Jünglingen findet man immer auch noch Männer in ihren Schulen, theils um den Kindern Unterricht zu ertheilen, theils um sich unter der Aufsicht der Oberlehrer noch fortzubilden. Die Gegenstände des Unterrichts bestehen im Lesen, Schreiben, Erklärung des Koran, Lektüre anderer Religionsschriften und Gebete; in höhern Schulen lernen die Zöglinge neben ihrer türkischen Muttersprache auch das Persische und Arabische und etwas Arithmetik. Übrigens gehört der türkische Dialekt der kasanischen Tataren mit zu den ausgebildetsten unter allen denen der turktatarischen Völker und entbehrt keineswegs einer Litteratur [60]. Ihre Religionslehrer, die eigentlichen Gelehrten, gehen gewöhnlich zu ihrer Ausbildung nach der berühmten Schule zu Gargali, einem Dorfe 12 Werst von Orenburg oder auch nach Bochara. Das Oberhaupt ihrer Religionslehrer ist der Mufti zu Ufa, der von der Krone besoldet wird und der erst auf Veranlassung der Kaiserin Katharina im Jahre 1792 für alle in Rußland wohnenden Tataren ernannt ward [61]. Er ist zugleich Oberrichter in geistlichen Angelegenheiten, und hat in seinem Gerichte drei bis vier Beisitzer, die aus verschiedenen Gouvernements berufen

59) Strahl, Beiträge zur russischen Kirchengeschichte I. S. 243.

60) Arth. Lumley Davids, grammar of the turkish language. London 1832. 4. Pref. p. 41. The dialect of Kasan is the most cultivated and polished of the idioms of Kaptchak.

61) Vsévolojsky, dictionnaire géogr. hist. de la Russie I. p. 103.

werden. Unter ihm stehen die Achun d. h. Oberpriester, deren es im Gouvernement Kasan und zwar in der Stadt selbst zwei giebt, und die Mullahs oder Priester. Diese Letztern sind aus dem Kaufmannsstande, hören aber, sobald sie ihr Amt antreten, auf zu handeln. Sie werden vor ihrer Anstellung von dem Mufti geprüft, haben aber kein bestimmtes Gehalt, sondern leben von den Geschenken ihrer Gemeinden. Bei jedem Mesdsched sind zwei, bisweilen auch drei Mullahs angestellt, welche neben ihren übrigen Geschäften auch die Schullehrer, besonders auf dem Lande, ausbilden. Außerdem giebt es noch bei jedem Mesdsched mehrere Ausrufer, Asantschi, welche Küsterdienste verrichten und das Volk zum Gebet versammeln, das fünfmal binnen 24 Stunden gehalten wird [62]).

Die Mesdscheds selbst sind oblonge viereckige, hölzerne oder steinerne Gebäude von verschiedener Größe, zwischen 8 und 16 Faden lang und halb so breit, mit gewöhnlichen, mäßig steilen Dächern von Holz, Ziegeln oder Eisen, auf deren First sich das Minaret, ein auf allen Seiten offenes Thürmchen, unten mit einer Gallerie umgeben, erhebt, und von dessen Spitze ein vergoldeter Halbmond glänzt. Die Höhe der Gebäude bis ans Dach beträgt an 3 bis 6 Faden. Der untere Theil dient zur Aufbewahrung von Utensilien, und hat nur niedrige Thüren und einige kleine Fenster. Der obere Theil aber ist ringsum mit symmetrisch geordneten Fenstern umgeben, und zu ihm führen von außen auf der schmalen Seite des Gebäudes zwei Treppen. Voran befindet sich ein Vorzimmer, wo die Gläubigen ihre Pantoffeln und Schuhe lassen, und dann folgt der eigentliche Betsaal, meistens von quadratischer Form, dessen Boden mit Teppichen bedeckt ist, und dessen Wände häufig mit viereckigen Stücken schwarzen oder bunten Zeuges mit Inschriften geschmückt sind, welche von Pilgern aus Mekka mitgebracht sein sollen. In dem Saale befinden sich ferner ein Ofen von gefärbten glasurten Kacheln, gegenüber eine Nische für die Sitze der Mullahs und ein kleines Katheder, zu welchem einige Stufen hinaufführen [63]). Wie bei der Geburt und Beschneidung

62) Erdmann, Reisen I. S. 81, 83.

63) Erdmann, a. a. O. I. S. 85.

der Kinder und wie bei den Hochzeiten, so haben auch bei den Leichenfeierlichkeiten die Mullahs ihre bestimmten Geschäfte, und man kann diesen Tataren das Lob wahrer Religiosität nicht versagen [64]). Denn alle Vorschriften ihrer Religion werden von ihnen sorgfältig beobachtet, und vielleicht mag nirgends, wie es aus den Angaben des jüngsten Beobachters hervorzugehen scheint [65]), der Islam in einer so reinen und würdigen Gestalt auftreten als wie hier im unmittelbaren Konflikt mit der griechischen Form der christlichen Kirche, in deren Opposition er sich zuerst zur welthistorischen Bedeutung emporgeschwungen hat.

Was die Anzahl der tatarischen Bevölkerung in dem alten bulgarischen Lande betrifft, so wird dieselbe nach neuern Angaben zwar nur auf 150,000 Köpfe bestimmt und die Gesammtbevölkerung turktatarischen Stammes in den wolgischen und pontischen Gebieten selbst mit Einschluß der heutigen Baschkiren auf ungefähr 900,000 Köpfe berechnet [66]), doch ist nach Erdmanns wohl sicherer und richtigerer Angabe die Population der kasanischen Tataren größer. Sie beläuft sich nach ihm auf 230,000 Köpfe, und ein Achtel davon soll zum Christenthum bekehrt sein, während alle übrigen dem Islam ergeben sind [67]). Sämmtliche kasanische Tataren stehen unter russischer Gerichtsbarkeit und sind frei. Doch giebt es einige Fürsten oder Mursas unter ihnen, deren Vorfahren von dem Zaren Iwan II. Unterthanen und Ländereien zum Geschenk erhielten, die sie wieder, doch ebenfalls nur an Tataren verkaufen können. Diese Leibeigenschaft scheint aber sehr beschränkt zu sein, und die russische Regierung erkennt ihre Fürsten, die meistens auch vor den übrigen wenig voraus haben und Handel oder Gewerbe treiben, nicht an, sondern hebt sie so gut wie die übrigen zum Kriegsdienst aus [68]).

---

64) Erdmann, a. a. O. I. S. 97.
65) Erdmann, a. a. O. I. S. 106, 108.
66) Schubert, Statistik des russischen Reiches S. 158.
67) Erdmann, Reisen I. S. 78.
68) Erdmann, a. a. O. I. S. 108.

2. Die Tschuwaschen.

Von den drei ugrischen Völkerschaften, den Tschuwaschen, Tscheremissen und Mordwinen an der mittlern Wolga, gehören die beiden ersten genau zusammen, indem sie nebst den Tataren und den seit der neuern Zeit daselbst angesiedelten Russen die Hauptbevölkerung des kasanischen Landes bilden und zwar so, daß im Allgemeinen die Tschuwaschen auf der rechten Seite, die Tscheremissen dagegen auf der linken Seite der Wolga wohnen [69]). Doch sind beide Stämme nicht streng von einander gesondert und wohnen zum Theil auf beiden Seiten des Stromes durch einander, und danach werden beide nicht nur von den Russen und Tataren unterschieden, sondern unterscheiden sich auch selbst. So nennen sich die Tschuwaschen selbst Werejal in der Gornaja und Chirdijal in der Lugowaja der Wolga [70]). Die Hauptmasse der Tschuwaschen wohnt jedoch auf dem rechten Ufer, und auf dem linken Ufer finden sie sich nur in verschiedenen Ortschaften unterhalb der Mündung der Kama in der Gegend der kleinen Städte Staro- und Nowo-Scheschminsk, Biljärsk, Mainsk, Menselinsk und andern [71]). Südwärts breiten sie sich aber über die Grenzen des kasanischen Gouvernements aus durch die Gouvernements Simbirsk und Saratow an der Wolga abwärts, und Kolonien von ihnen sind in der neuern Zeit auch in der Landschaft von Astrachan angelegt [72]).

Da die Tschuwaschen noch jetzt einen so zahlreichen Zweig des ugrischen Volksstammes bilden, so erscheint es auffallend, daß sie in den ältesten russischen Annalen, in der doppelten Völkertafel Nestors, durchaus nicht genannt werden, während doch die übrigen Stämme daselbst vorkommen; und wenn man meinen könnte, daß sie in älterer Zeit mit den Bulgaren zusammen gefallen und erst später als ein gesonderter Stamm her-

---

69) Müller, Sammlung russ. Geschichte III. S. 306.
70) Pallas, Reisen durch verschied. Prov. I. S. 93.
71) Müller, a. a. O. III. S. 307.
72) Erdmann, Reisen im Innern Rußlands II, 1. S. 45, 123, 210.

vorgetreten wären [73]), so wird dies durch den Umstand sehr zweifelhaft, daß wir die Bulgaren schon seit dem zehnten Jahrhundert, also lange vor Nestors Zeit, als Anhänger des Islam kennen, von dessen Verbreitung bei den Tschuwaschen im Allgemeinen uns durchaus nichts bekannt ist. Sollte aber gerade die Religion Veranlassung zur Absonderung von den Bulgaren gegeben haben, so hätte dadurch Nestor auch wieder Veranlassung bekommen sie so gut wie die Tscheremissen zu nennen. Man hat daher nicht selten die Tschuwaschen dem finnisch-ugrischen Volksstamm ganz abgesprochen und den turktatarischen Völkern zugesellt, welches durch die Sprache und leibliche Bildung derselben genügend begründet zu sein schien [74]). Die Tschuwaschen und Tscheremissen, sagt der Staatsrath Müller, zu seiner Zeit der vornehmste Kenner der nordischen Völkerverhältnisse [75]), unterscheiden sich nach ihrem leiblichen Bau leicht von allen übrigen Nachbarvölkern, besonders von den echt finnischen Wotjaken, sie sind den Tataren ähnlicher, sie haben meist dunkelbraune Haare und Bärte und haben, wie auch ein neuerer Beobachter angiebt, in ihrer Körperbildung und Lebensweise viel von den Tataren angenommen [76]). Dennoch gelten auch jetzt noch bei den Russen die Tschuwaschen für ein finnisches Volk, welches nur durch seine Berührung und Verbindung mit den turktatarischen Völkern sich in Sprache und Bildung einen etwas fremden Charakter angeeignet habe [77]), und weil dieses Volk nicht in den Bereich des Islam aufgenommen worden ist, möchte es wohl am wahrscheinlichsten sein, daß ein Zweig des bulgarischen Stammes sich frühzeitig mit den türkischen Stämmen vermischt habe, welche sich schon während des neunten Jahrhunderts nomadisirend auf der Westseite der Wolga herumtrieben. Wenigstens möchte dies wahr-

---

73) Frähn, Ebn Foslan. Vorr. S. LVI.

74) Lévesque, im journal asiatique. Paris 1825. Tom. VI. p. 213.

75) Müller, Sammlung russ. Geschichte III. S. 313.

76) Erdmann, Reisen im Innern Rußlands I. S. 109.

77) Karamsin, russische Geschichte I. S. 31. Anmerk. 71. Cf. Vsévolojsky, dictionnaire géogr. hist. de la Russie II. p. 270.

scheinlicher sein als Klaproths Annahme [78]), nach welcher, gleichsam als Gegenstück zu den turktatarisch gewordenen ugrischen Baschkiren, der ursprünglich türkische Stamm der Tschuwaschen durch den Aufenthalt unter finnisch-ugrischen Völkern selbst zu einem finnischen geworden sei.

Übrigens nennen sich die Tschuwaschen selbst mit diesem Namen, wie ihn auch die Russen gebrauchen; die Russen aber bezeichnen sie als Würeß, welcher Name aus dem verderbten tatarischen Worte Orus oder Urus entstanden ist, und die Tataren als Totar [79]). Bei ihren Stammgenossen den Tscheremissen heißen sie Kurk Mari d. h. Bergleute, von ihren Wohnsitzen auf der Gornaja, und von den Mordwinen werden sie genannt Wjedke [80]). Erst am Ende des Mittelalters treten die Tschuwaschen als Unterthanen der kasanischen Zaren aus dem Dunkel hervor, denn Herberstein gedenkt ihrer, obschon er der Tscheremissen weit öfter Erwähnung thut; er rühmt sie als ausgezeichnet in der Schifffahrtskunst und zwar, wie es wohl natürlich ist, auf der Wolga [81]). Auch sie kamen wie die Tscheremissen erst nach dem Falle der kasanischen Herrschaft unter die Oberhoheit der Zaren von Moskau, obgleich uns nicht berichtet wird, daß sie die Begründung der russischen Herrschaft in jener Gegend durch ihren Widerstand erschwert hätten [82]).

Die Tschuwaschen sind von mittlerer Größe, haben ein plattes, bleiches Gesicht, dunkelgraue Augen mit sehr kurzgeschlitzten, engen Augenliedern, einen dünnen Bart und schwärzliches, etwas krauses Haar [83]). Ihre Gesichtszüge, sagt Pallas, verrathen eine starke Beimischung von tatarischem Geblüt; man sieht bei ihnen keine lichtbraunen und röthlichen Haare wie bei den Wotjaken, sondern durchaus schwärzliche wie bei den Tataren d. h. bei den turktatarischen Völkern. Auch ihre Wohnungen stimmen mit den tatarischen überein, und

78) Klaproth, Asia polyglotta p. 183.
79) Müller, Sammlung russ. Geschichte III. S. 334, 335.
80) Georgi, Beschreibung aller Nationen I. S. 38.
81) Herberstein, rerum Moscovit. comment. p. 91.
82) Karamsin, russische Geschichte VII. S. 343.
83) Erdmann, Reisen I. S. 109.

sind reinlicher als bei den übrigen finnischen Völkern[84]. Ihr Charakter ist sanft, denn sie sind dienstfertig, gehorsam und leicht zu regieren; ihre Geistesbildung ist aber auf einer noch sehr niedrigen Stufe. Sie wohnen wie die Tscheremissen und Wotjaken blos in Dörfern und zwar nicht mit den Russen zusammen, sondern haben ihre Dörfer besonders, außer daß die Tschuwaschen und Tscheremissen in denselben auch unter sich und mit Tataren und Mordwinen zusammenwohnen. Auch sollen sich die Dörfer der Tschuwaschen dadurch vornehmlich gegen die der Tscheremissen unterscheiden, daß sie sehr groß sind und zum Theil aus hundert Gehöften bestehen[85]. Ihre Hauptbeschäftigung gewährt ihnen der Ackerbau, die Viehzucht und Bienenzucht. Sie nähren sich von allen zahmen und wilden Thieren, von Fischen, Feld- und Gartenfrüchten. Sie sollen besonders Liebhaber von Pferdefleisch gewesen sein, und nur vor den Schweinen zeigen die Tschuwaschen einen großen Abscheu, was sich wahrscheinlich erst von ihrer nähern Berührung mit den Tataren herschreibt[86]. Die Bienenzucht ist bei ihnen wie bei den Baschkiren sehr bedeutend, und deshalb ist Meth bei ihren Lustbarkeiten auch ein wichtiges Erheiterungsmittel. Nicht minder wissen sie treffliches Hopfenbier (Braga) zu bereiten, genießen aber niemals gesäuerte Milch, und unterscheiden sich dadurch wieder von den Tataren[87].

Die Bekleidung der Männer unterscheidet sich von der russischen nur dadurch, daß ihre Hemden weiß und am Halse und auf den Ärmeln mit Figuren von farbiger Wolle ausgenäht sind. Die Weiber tragen aber mancherlei Schmuck an sich, und von je an haben die Reisenden auf die eigenthümlichen Weibertrachten der finnischen Völker an der Wolga aufmerksam gemacht. Das Wesentlichste ist außer dem bunt ausgenähten Hemde ihr Kopfputz. Sie flechten nehmlich das Haar in zwei Zöpfe, die vom Hemde bedeckt, und in welche schwarze Schnüre verwebt werden. Kopf und Hals verhüllen sie mit

84) Pallas, Reisen durch verschiedene Prov. I. S. 87.

85) Müller, Sammlung russ. Geschichte III. S. 311.

86) Müller, a. a. O. III. S. 324 bis 327.

87) Pallas, Reisen durch verschied. Prov. I. S. 92.

einem Tuche, welches vom Kinn aufwärts über den Kopf geführt und im Nacken zusammengebunden wird. Den Kopf selbst bedecken sie mit einer Mütze ohne Deckel, die mit alten silbernen Kopekenstücken und Glasperlen besetzt ist. Von dem Hintertheile derselben hängt bis in die Kniegegend ein Streifen Leinwand von etwa acht Zoll Breite über den Rücken hinab. Dieser Streifen ist unten mit Glasperlen, bunten wollenen Troddeln und Metallstücken behangen, kommt aber blos den Weibern, nicht den Mädchen zu. Die Mütze mit diesem Streifen über den Rücken hinab nennen sie Tastar und Koschpa. Neben demselben hängen noch ein paar andere, schmäler und kürzer, welche mitten auf dem Rücken mit einem Paar Quästchen enden und durch eine Schnur zusammengehalten werden [88]). Auf der Brust hängt ein Streifen mit Klapperwerk, und die Arme werden mit Spangen von unedlem Metall geziert. Um den Leib binden sie eine leinene Schürze, deren Enden ebenfalls bunt ausgenäht hinten zur Seite hinabhängen. Dabei tragen sie auf der innern Seite offene Beinkleider, während um die Füße Lappen gewickelt und Bastschuhe darüber gebunden sind, die mit dem reichen Kopfputz seltsam contrastiren. Im Winter ziehen sie auch Mannsröcke oder Pelze über. Diesen Staat legen sie den ganzen Tag über nicht ab, und verrichten damit selbst alle Geschäfte in den Häusern und Ställen, so daß er selten die gehörige Sauberkeit zeigt [89]).

Die Wohnungen der Tschuwaschen sind meist ärmlich. Die niedrigen Häuser stehen mitten im offenen Hofraum, und von diesem gelangt man von der Ostseite her unmittelbar in das Wohnzimmer; doch befindet sich vor demselben meistens ein Dach über der Thür, worunter man im Sommer schläft. Im Zimmer selbst steht rechts bei der Thür ein Ofen meistens ohne Schornstein, und an den Wänden rings umher befinden sich breite Bänke. Neben dem Wohnhause sieht man gewöhnlich noch ein Paar Ambare (Vorrathshäuser) und ein Badehaus [90]).

88) Müller, Sammlung russ. Geschichte III. S. 322.

89) Erdmann, Reisen I. S. 109, 110. Georgi, Beschreibung aller Nationen I. S. 39. Vergl. die Abbildung.

90) Erdmann, Reisen I. S. 110.

Was die Sprache der Tschuwaschen anbetrifft, so bestätigt dieselbe die in Rußland allgemein geltende Auffassung, dies Volk, wenigstens in seiner ursprünglichen Gestalt, der finnisch-ugrischen Völkergruppe zuzugesellen, indem, wie sich aus der zuerst im Jahre 1769 zu Moskau gedruckten Grammatik der tschuwaschischen Sprache ergiebt, das Finnische sich darin als ein so bedeutendes Element zeigt [91]). Wenn aber, wie Klaproth bemerkt, das türkische Sprachelement sich in alle die Dialekte der finnischen Völker an der mittlern Wolga eingeschlichen hat, so tritt dasselbe doch bei diesen Tschuwaschen so stark hervor und bringt ihre Sprache in solche Übereinstimmung mit der der kasanischen Tataren, daß man sie jetzt selbst mit zu den turktatarischen Völkern zählen möchte [92]). Denn an drei Viertel ihrer Sprache sollen türkischen Stammes sein, während das Übrige den uralischen und samojedischen Sprachstämmen angehört und ein kleiner Theil unbekannten Ursprungs ist; und damit stimmt auch ein neuerer Orientalist, vermuthlich nach Klaproths Vorgange, überein, welcher dieselbe als einen von den zehn großen Dialekten des türkischen Sprachstammes betrachtet [93]). Übrigens zerfällt die Sprache der Tschuwaschen in zwei verschiedene Dialekte, welche sich nach ihren Sitzen auf der Gornaja und Lugowaja von einander unterscheiden [94]). Das Verhältniß der Sprache der Tschuwaschen zu dem Türkischen der kasanischen Tataren und zu dem Finnischen der fünf benachbarten ugrischen Stämme der Tscheremissen, Mordwinen, Wotjaken, Permjaken und Syrjänen ist besonders aus dem lehr-

91) Lévesque, sur la grammaire de la langue des Tchouvaches im journal asiatique. Paris 1825. Tome VI. p. 213—224, 267—276,

92) Klaproth, comparaison de la langue des Tchouvaches avec les idiomes turcs im nouv. journal asiatique 1828. Tome I. p. 237—246.

93) Lumley Davids, grammar of the turkish language. Pref. p. 44. Its grammar approaches very nearly to the pure Turkish; about three parts of its words are of Turkish origin, the rest belonging to the Ouralian and Samoyede languages, and some few are entirely unknown.

94) Müller, Sammlung ruff. Geschichte III. S. 330.

reichen vergleichenden Vokabularium zu ersehen, welches uns schon von Müller mitgetheilt ist [95]).

Unter sämmtlichen finnisch-ugrischen Stämmen sollen die Tschuwaschen, mit alleiniger Ausnahme der Finnländer, die stärkste Völkerschaft bilden, indem man ihre Anzahl auf 370,000 Köpfe berechnet [96]). Aber schon in der jetzigen Landschaft von Kasan beläuft sich ihre Anzahl auf beinahe 250,000 Köpfe, und diese sind jetzt sämmtlich mit Ausnahme von 3000 von ihnen getauft. Denn seit dem Jahre 1743, oder nach Andern [97]) seit 1723, ist der größte Theil des Volkes durch Befreiung von Abgaben und Belohnungen bewogen worden zum Christenthum überzutreten. Dessenungeachtet ist damit ihre Anhänglichkeit an die frühern Religionsgebräuche noch nicht ausgerottet, sie feiern alle christlichen Festtage auf ihre Weise, wobei der heidnische Kultus immer hindurchschimmert [98]). Die heidnischen Tschuwaschen feiern den Freitag wie die Muhamedaner, Aernekon oder Wochentag genannt, eine Sitte, die ihnen ohne Zweifel von den Tataren überkommen ist, und sie enthalten sich wie diese des Schweinefleisches. In den heidnischen Dörfern geht der Sotnik d. h. der Vorsteher des Dorfes am Donnerstag Abend umher und verkündigt die Feier des folgenden Tages. Niemand geht alsdann zur Arbeit, sondern man verbringt den Tag unter Lustbarkeiten, nachdem das Hausgesinde und besonders die Weiber, welche bei den feierlichen Opfern nicht zugegen sein dürfen, des Morgens bei einem gewissen Heiligthum, Jerich genannt, das Gebet verrichtet haben. Dieses Jerich ist ein Bündel ausgesuchter Ruthen vom wilden Rosenstrauch, welche man von einer gleichen Größe ungefähr 4 Fuß lang sammelt, funfzehn an der Zahl, in der Mitte mit Bast zusammenbindet und ein Stückchen Zinn an das Bastband hängt. Dieses Heiligthum hat jedes Haus für sich und steht im vornehmsten Winkel, niemand darf es berühren, bis

95) Müller, a. a. O. III. S. 382 bis 412.
96) Schubert, Statistik des russischen Reiches S. 156.
97) Georgi, Beschreibung aller Nationen I. S. 45.
98) Erdmann, Reisen I. S. 108, 114.

man im Herbst, wenn alles Laub abgefallen ist, eine frische Anzahl dieser Reiser schneidet und das alte Jerich andächtig in ein fließend Wasser wirft [99]).

Einmal im Jahre bringt die ganze Dorfschaft ein feierliches großes Opfer dar auf dem gemeinschaftlichen außerhalb des Dorfes an einem abgelegenen Orte befindlichen Opferplatz (Keremet), der meistens in der Nähe eines Quelles oder Baches und mit Bäumen besetzt ist. Solcher Keremet ist ein viereckiger mit einem Zaun umgebener Platz, der drei Eingänge hat im Osten, Norden und Westen. Durch den nördlichen Eingang muß das zum Opfer nöthige Wasser herbeigebracht werden, durch den östlichen das Opferthier und durch den westlichen kommt die Gemeinde. Stark bevölkerte Dörfer haben außer dem öffentlichen Keremet auch noch besondere Familien-Keremets, worin einzelne Bewohner bei Krankheiten in der Familie, bei Geburten und zum Andenken an Verstorbene geringere Opfer darbringen [100]).

Im September-Monat nach vollbrachter Erndte, wenn die Wintersaat geschehen soll, pflegt das gemeinschaftliche große Dankopfer dargebracht zu werden. Man opfert dann in dem großen Keremet ein Pferd, Rind und Schaaf. Vornehmlich opfert man gern weiße Pferde, und ihre Priester als Vorsteher dieses Kultus führen den Namen Jommas [1]). Das allgemeine Gebet geschieht mit häufigen Verbeugungen durch die ganze versammelte männliche Gemeinde, und die dabei übliche Gebetsformel ist Tor sirlaga, Tor biter, bojantschin bul d. h. Gott erbarme, Gott gieb und bescheere uns. Die höchste Gottheit führt den Namen Tor oder Tora, nächst ihm wird der Keremet selbst als eine Gottheit verehrt, und auch in den Himmelskörpern sollen sie göttliche Wesen anerkennen [2]), so daß sich in ihrer religiöser Anschauung Züge verschiedenartiger Stufen der Naturreligion wiederfänden, obschon der Grundzug im-

99) Pallas, Reisen durch verschied. Prov. I. S. 88.

100) Pallas, a. a. O. I. S. 89.

1) Müller, Sammlung russ. Geschichte III. S. 348, 355.

2) Erdmann, Reisen I. S. 111.

mer die magische Form der Naturreligion bleibt. Ein merkwürdiger Umstand dabei ist, wie Pallas sagt[3]), daß sie ihrer Gottheit auch eine Frau und Sohn geben, denn sie sprechen von einem Tor oder Keremet Asch, dem Vater, von einem Keremet Amsche, der Mutter und von einem Keremet Üwli, dem Sohn. Nachdem der Jommas die Gebete vorgesprochen, werden die Opferthiere geschlachtet, die Felle nach einer gewissen Ordnung aufgehängt, getrocknet und sodann zur Unterhaltung des Keremet verkauft. Das Fleisch wird darauf unter einem Dache von Zweigen neben der Thür auf der Abendseite gekocht, und nachdem das Fleisch nebst den dazu gebackenen Kuchen, Meth und Bier auf einer großen Tafel verzehrt ist, werden wieder Gebete gehalten und die Knochen verbrannt. Die Überreste des Mahles nimmt man für die Seinigen mit nach Hause[4]). Auf eben diesen Keremets findet auch eine eigenthümliche Art der Eidesleistung statt nach Art der bekannten Gottesurtheile. Der Schwörende muß daselbst unter vielen Verwünschungen ein bei Tataren und Tschuwaschen übliches Gericht von Mehlklößen, die mit Wasser und Butter gekocht sind, Salma genannt, verzehren. Um eine falsche Betheuerung zu prüfen, pflegen sie auch dem Beklagten Salzwasser zu trinken zu geben und halten ihn, wenn er dabei hustet, für schuldig[5]).

Wenn eine Frau gebären will, so wird sie in eine Badstube gebracht, dort muß die Entbindung vor sich gehen. Die Hebamme richtet darauf einen Kuchen an und läßt dann die zur Familie Gehörigen hinein, giebt dem Kinde unter der Verrichtung eines Gebetes einen Namen, und mit der Verzehrung des Kuchens endet die Feierlichkeit. Die Heirathen werden von den beiderseitigen Eltern ohne Befragung der Kinder abgemacht. Der Bräutigamsvater giebt dem Brautvater ein ge-

---

3) Pallas, Reisen durch verschiedene Provinzen I. S. 91.

4) Erdmann, Reisen I. S. 112.

5) Pallas, Reisen durch verschied. Prov. I. S. 93. Vergl. über die religiösen Gebräuche der Tschuwaschen besonders Müller, Sammlung russ. Gesch. III. S. 355 bis 363. Lepechin, Tagebuch einer Reise I. S. 97 bis 108. Georgi, Reisen II. S. 854 bis 856.

wisses Geld, Kalym, wie bei den Tataren, und Ersterer muß auch sogleich für die Verwandten der Braut einen Schmaus ausrichten, an welchem die Kinder keinen Antheil nehmen. Erst am Hochzeitstage wird es den Kindern angezeigt und die Braut aus dem väterlichen Hause abgeholt. In dem Hause des Bräutigams sehen sich die jungen Leute zuerst, und es beginnt die Feierlichkeit damit, daß der Vater des Bräutigams mit einem großen drei Fuß langen Kuchen den Schleier der Braut in die Höhe hebt mit den Worten: „siehe das Licht, Glück zu Brod und Kindern." Jetzt dürfen sich die Verlobten ansehen, und die Ceremonie endet mit einem Schmause. Polygamie ist zwar erlaubt, doch selten in Gebrauch [6]). Der Kaufpreis der Braut beträgt an 50, 80 und selbst über 100 Rubel, und es kommen auch Ehescheidungen vor, wobei der Mann den Schleier (Surban) der Frau durchschneidet, die eine Hälfte zurückbehält und die andere ihr giebt [7]). Bei Begräbnissen wird der Körper mit allen Kleidungsstücken angethan, nebst den gewöhnlichen Werkzeugen des Verstorbenen in ein rohes Sarg gelegt und mit dem Kopf nach Abend zu begraben. Der Begräbnißplatz (Masar) selbst ist vom Keremet abgelegen an einer waldigen Stelle, und die Ceremonien dabei bestehen in Gebet und Schmauserei. Dreimal wird in der Familie zu verschiedenen Zeiten des Jahres das Andenken an die Verstorbenen am Grabe erneuert, und das letzte Mal ein kleines Opfer dabei gehalten. Man macht bei dieser Gelegenheit am Kopfende des Grabes ein Loch in der Erde, jeder Anwesende wirft ein Stück Fleisch und etwas Getränk hinein und nun senkt man einen Pfahl in dasselbe. Unter Lustbarkeiten wird der Tag beschlossen [8]).

3. Die Tscheremissen.

Die Tscheremissen gehören mit zu der vornehmsten Bevölkerung der heutigen Landschaft Kasan, und breiten sich, wie be-

6) Erdmann, Reisen I. S. 113. Müller, Sammlung russ. Geschichte III. S. 372 bis 378.

7) Pallas, Reisen I. S. 92.

8) Erdmann, Reisen I. S. 114. Müller, Sammlung russ. Geschichte III. S. 378 bis 380.

merkt, besonders auf der linken oder Wiesenseite und nur wenig auf der rechten Seite der Wolga aus. Daraus erklärt sich auch der dort übliche Name der Nagornie und Lugowie Tscheremissi nach ihren Sitzen auf dem Nagornoi bereg und Lugowoi bereg [9]). Aber schon aus dem Umstande, daß sie immer in Verbindung mit den Wotjaken erscheinen, erhellt, daß sie sich auch nordwärts an der Kama und Wjätka aufwärts verbreiten und die südlichen Theile der heutigen Landschaften Perm und Wjätka bevölkern; südwärts breiten sie sich wieder aus über einen Theil der Landschaft von Simbirsk, und Kolonien derselben sind in neuerer Zeit auch in der Landschaft von Astrachan an der Sarpa angesiedelt [10]).

Die Tscheremissen bezeichnen sich nicht selbst mit diesem Namen, der ihnen nur von den Russen seit älterer Zeit gegeben wird, sondern nennen sich Marï d. h. Männer, so wie sie ihre Nachbarn, die Tschuwaschen, als Kurk-Mari (Bergleute) bezeichnen [11]). Denn in seiner zweiten Völkertafel der slavisch-russischen Stämme führt Nestor noch einmal die finnischen Völkerschaften auf, und nennt dann als Nachbarn der Muromen an der Oka und Wolga die Tscheremissen, Mordwinen und Meschtscheren, setzt aber ausdrücklich hinzu, daß sie ihre eigene von der slavischen verschiedene Sprache hätten [12]). Sie bildeten also schon frühzeitig eine eigene selbstständige Völkerschaft, und wenn gleich auch ihre Sprache durch die vielfältige Berührung mit türkischen und turktatarischen Völkern manches Fremdartige in sich aufgenommen haben mag, so sind sie von den Russen doch immer als ein echt finnisches Volk betrachtet worden [13]), und man kann sie deshalb mit den Tschuwaschen als Bewohner des alten bulgarischen Landes zu dem bulgarischen Hauptzweige

---

9) Müller, Sammlung russ. Geschichte III. S. 307.

10) Erdmann, Reisen im Innern Rußlands II, 2. S. 34, 45, 173, 210.

11) Müller, Sammlung russ. Geschichte III. S. 334. Georgi, Beschreibung aller Nationen I. S. 28.

12) Nestor, russische Annalen nach Schlözer II. S. 106.

13) Klaproth, Asia polyglotta p. 183, 184. Vsévolojsky, dictionnaire géogr. hist. de la Russie II. p. 256.

des gesammten ugrischen Volksstammes rechnen, welcher, dem permischen Hauptzweige desselben südwärts benachbart, das mittlere Land des Stromsystemes der Wolga bevölkerte. In der Zeit ihrer Selbstständigkeit unter eigenen Stammfürsten stehend, deren Andenken sich noch bis jetzt in dunkeln Traditionen erhalten hat [14]), führten sie ein nomadisches Leben, bis sie mit der zunehmenden Beschränkung des Raumes, vornehmlich wohl seit der tatarischen Zeit wie viele ihrer Stammgenossen immer mehr zum ansässigen Leben übergehen mußten [15]). Doch kennt sie auch noch Herberstein zu seiner Zeit als ein räuberisches Nomadenvolk, welches in den Wäldern zwischen der Wjätka und Wolga umherschweife und dem Namen nach zu den Unterthanen des moskowitischen Reiches gezählt würde. Er rühmt sie als treffliche Bogenschützen und wegen ihrer Schnelligkeit im Laufen [16]).

Die Tscheremissen sind von mittlerer Größe, haben blondes Haar, einen dünnen Bart, ein weißes, aber nicht schönes Gesicht, sind körperlich ziemlich stark und behende, aber furchtsam und bequem. Ihr Charakter ist störrisch, launisch und betrügerisch. Ihre Geistesbildung steht noch sehr weit zurück, obgleich sie sich mit einem gewissen Dünkel für klug, wenigstens für gescheuter als die Tschuwaschen halten [17]). Durch ihre Grausamkeit und Wildheit machten sich die Tscheremissen als Unterthanen und Bundesgenossen der kasanischen Zaren in der Zeit der letzten Entscheidungskämpfe für das Schicksal Kasans bei den Russen besonders berüchtigt [18]), und nach dem Falle Kasans waren es wiederum die hartnäckigen Tscheremissen, welche die Befestigung der russischen Herrschaft in diesem Lande und die Beruhigung desselben am längsten verhindert haben [19]). Auch hat sich der böse Ruf von diesem Volke bei den Russen lange

14) Rytschkow, Tagebuch S. 160.
15) Georgi, Beschreibung aller Nationen I. S. 28.
16) Herberstein, rerum Moscovit. comment. p. 84, 86.
17) Erdmann, Reisen I. S. 115.
18) Karamsin, russische Geschichte VII. S. 120.
19) Karamsin, a. a. O. VII. S. 368.

lange erhalten und ist so zu den fremden Reisenden in jenem Lande übergegangen [20]).

Es leben diese Tscheremissen nur in Dörfern, und noch im vorigen Jahrhundert hatten sie wie die Wotjaken die Gewohnheit, daß, wenn ihnen die alte Gegend nicht mehr gefiel, sie nach Nomadenart das ganze Dorf abbrachen und sich an einem neuen Orte ansiedelten. Ihre Dörfer sind im Verhältniß zu denen der Wotjaken und Tschuwaschen zwar nur sehr klein, indem sie selten mehr als 10 bis 20 Gehöfte umfassen, aber es liegen meistens auch viele Dörfer in einem engen Bezirke beisammen [21]). Sie treiben vornehmlich Ackerbau und Viehzucht, weniger Bienenzucht, und Pallas glaubte sie als fleißige Ackersleute rühmen zu müssen [22]). Doch sind sie im Ganzen wenig wohlhabend. Merkwürdig ist es, daß auch hier bei dem heidnischen Theile dieses Volkes die Schweine verabscheut werden, und daß selbst auch die Getauften sich selten über dieses Vorurtheil hinwegsetzen können. Sonst nähren sich die heidnischen Tscheremissen von Pferden, Bären, allerlei Geflügel und auch Raubthieren, welche sie auf der Jagd erlegen, zu der sie als gute Schützen große Neigung haben [23]).

Die Kleidung der Männer stimmt mit der der gemeinen Russen überein, nur sind ihre Hemden wie bei ihren Stammgenossen mit Figuren von wollenen Fäden ausgenäht. Die Weiber tragen dagegen mancherlei Putz, und dazu gehört vornehmlich der hohe Kopfschmuck. Der Kopf ist erstens mit einer doppelten Hauptbinde geziert, wovon die eine unter dem Kinn, die andere mit den Haaren im Nacken befestigt ist. Beide sind mit silbernen Kopeken und kleinen Korallen besetzt. Von denselben steigt eine rund zusammengebogene Birkenrinde in Gestalt eines abgestumpften Kegels in die Höhe, welche mit Leinwand oder Leder überzogen und vorn mit silbernen Kopeken und herabhängenden Korallenschnüren, hinten aber mit Kopeken

20) Straußens Reise durch Moskau S. 225.

21) Müller, Sammlung russ. Geschichte III. S. 311, 312.

22) Pallas, Reisen durch verschied. Prov. III. S. 428.

23) Georgi, Beschreibung aller Nationen I. S. 29.

und seidenen oder zwirnenen Frangen geziert ist. Von diesem Kopfputz hängt ein breiter Zipfel über den Rücken hinunter, der auch mit Kopeken und Korallen besetzt ist, und daran sind die mit der einen Hauptbinde im Nacken zusammengeflochtenen Haare befestigt. Diesen Kopfputz nennen sie Schurk. Andere Tscheremissen-Weiber bedienen sich blos einer Stirnbinde, an welcher silberne Kopeken, Korallen, kleine Porzellanmuscheln und dergleichen der Breite nach festgeheftet sind. Diese Binde ist hinten im Nacken mit den Haaren zusammengebunden, und ein auf ähnliche Weise verzierter Zipfel davon hängt über den Nacken hinab. Diesen Kopfschmuck nennen sie Oschpu. Noch andere haben blos eine Binde von Leinwand, die über den halben Kopf geht und mit Zwirn von allerlei Farben ausgenäht ist, und diese heißt Scherpan. Übrigens geziemt solcher Schmuck wie bei den Tschuwaschen und Wotjaken immer nur den verheiratheten Frauen, nicht den Mädchen oder Wittwen[24]). Die Mädchen tragen das Haar hinten in zwei Zöpfe geflochten und zuweilen mit Silbermünzen gezierte Mützen, während die Weiber es nie freiwillig zeigen, sondern auf dem Kopfe zusammengewickelt es zu verbergen suchen[25]). Ihren Körper bekleiden sie mit einem groben Leinwandshemde, welches vorn am Rande bunt ausgenäht und auf der Brust mit einer großen messingenen Schnalle geschlossen ist. Bei Einigen hängt von der Schnalle ein breiter Riemen und an demselben einige Schnüre großer Korallen herab, woran unten noch kleine Porzellanmuscheln befestigt sind. Diesen Riemen mit den Korallen nennen sie Schirkama. Unter dem Hemde tragen sie Alle Beinkleider von Leinwand. Um den Leib ist ein Gürtel gespannt, und auch von diesem hängen wieder Korallenschnüre und messingene Bleche mit Quasten herab, Upinem genannt, die bis zum Knie reichen. Wenn sie ausgehen, ziehen sie darüber noch einen Männerrock oder im Winter einen Pelz an. Die Füße sind wie bei den russischen Bauern mit Filzen und Bastschuhen bekleidet[26]).

24) Müller, Sammlung russ. Geschichte III. S. 318 bis 320. Vergl. die Abbildung bei Georgi a. a. O.

25) Erdmann, Reisen I. S. 115.

26) Müller, Sammlung russ. Geschichte III. S. 321.

Gleich den andern finnischen Völkern an der Wolga haben die Tscheremissen von der Regierung die Freiheit, in ihren Dörfern sich eigene Gerichtspfleger zu wählen, und stehen unter Schulzen und Ältesten, den Sotniks und Starosten, und haben keine andern Abgaben als das Kopfgeld zu entrichten, das sie entweder in Pelzwerk oder in Geld abmachen [27]). Jedes Gehöft in ihren kleinen Dörfern besteht aus einer einzelnen Schwarzstube, aus einzeln stehenden Ställen und kleinen auf Pfählen erbauten Magazinen, welche zugleich zu Sommerstuben dienen, und das Ganze bildet ein Viereck. Die Schwarzstuben befinden sich einen Klafter hoch über der Erde, so daß kleine Treppen hinaufführen, und enthalten außer dem Ofen rings umher breite Bänke zum Sitzen und Schlafen. Die Thür ist niedrig, und die anderthalb Fuß große Fensteröffnung mit Blasen statt des Glases bedeckt [28]).

Nach den Tschuwaschen sollen diese Tscheremissen die stärkste Völkerschaft unter diesen östlichen finnischen Völkern am Ural und an der Wolga bilden, indem man ihre Anzahl auf 200,000 Köpfe berechnet [29]), wovon wiederum nur 54,000 Tscheremissen zu der Bevölkerung des heutigen Landes Kasan gehören sollen [30]). Seit der Mitte des vorigen Jahrhunderts ist der größte Theil dieses Volkes zur griechischen Kirche bekehrt worden, aber auch diese haben noch manche Reste ihres frühern Glaubens sich erhalten, wenn auch nicht in dem Maaße wie bei den Tschuwaschen. Die heidnischen Tscheremissen haben im Wesentlichen denselben Glauben und Kultus wie die heidnischen Tschuwaschen. Übrigens vereinigen sie damit manches aus dem Kultus der Russen und Tataren, indem sie einige Heiligen der griechischen Kirche und den Muhamed verehren und verschiedene Festtage der Russen beobachten. Sie feiern drei große Feste im Jahre [31]). Das Hauptfest ist das Frühlingsfest, Jumon Bairan genannt, wo große

27) Müller, a. a. O. III. S. 314.
28) Georgi, Beschreibung aller Nationen I. S. 28, 29.
29) Schubert, Statistik des russ. Reiches S. 156.
30) Erdmann, Reisen I. S. 116.
31) Pallas, Reisen durch verschied. Prov. III. S. 483.

Opfer dargebracht werden. Das zweite fällt wie bei den Wotjaken in die Zeit vor der Heuerndte und heißt Anga Soaren, das Ackerfest, und drittens das Erndtefest, Utkinde Bairan. Die Opfer finden auf dem Keremet statt, der wie bei ihren Stammgenossen ein im Walde gelegener, umzäunter Platz ist mit drei Zugängen von Osten, Westen und Süden. Er ist dem Juma, der höchsten Gottheit, geweiht [32]), deren Name an den Jumala der alten Bjarmen am weißen Meere erinnert; er bildet aber auch selbst eine mächtige Gottheit und darf von keinem Frauenzimmer betreten werden, so wie die Frauen an den Opfern auch keinen Theil haben. Dort wird nun im Frühjahr von ihren Priestern, den sogenannten Muschan, an dem ersten großen Feste ein rothbraunes Pferd unter Gebeten geschlachtet und verzehrt, wozu sich alle Theilnehmer vorher durch Baden gereinigt haben [33]).

Die Tscheremissen kaufen ihre Frauen um das sogenannte Olon, welches Kalym bei den tatarischen und andern Völkern heißt, und haben ähnliche Sitten und Gebräuche bei ihren Hochzeiten wie sie sich bei ihren Stammgenossen finden. Polygamie ist natürlich gestattet, und nur bei den Ärmern durch äußere Umstände verhindert [34]). Der Todtenkultus findet unter manchen Feierlichkeiten statt. Von den abgeschiedenen Seelen glauben sie, daß sie auch in dem andern Zustande das bisherige Leben weiter fortführen werden, wenn auch ohne die Übel des frühern Daseins, und ihnen zur Ehre wird alle Frühjahr ein großes Gedächtnißfest gefeiert [35]).

4. Die Mordwinen.

Es gehören zwar die Mordwinen nicht mehr zu den Bewohnern des ältern bulgarischen oder spätern kasanischen Landes, doch sind sie als die letzten Bewohner finnischen Stammes der jetzigen Zeit in den Landschaften der Wolga an ihre oben genannten Stammgenossen gleich anzuschließen. Denn es woh-

32) Müller, Sammlung russ. Geschichte III. S. 344.
33) Erdmann, Reisen I. S. 116.
34) Georgi, Reisen II. S. 842.
35) Rytschkow, Tagebuch S. 95 bis 98.

nen diese Mordwinen eigentlich in den mehr gegen Südwesten gelegenen Landschaften an der Sura oder innerhalb des großen, halbinselartig von der Oka und von der Wolga im Westen, Norden und Osten umflossenen Gebietes, oder in den Landschaften Kasan, Simbirsk, Saratow, Pensa, Nischegorod und Tambow, welche von der Sura von Süden nach Norden durchströmt werden [36]).

Es bezeichnet sich dieses Volk selbst mit dem allgemeinen Namen der Mordwinen oder Morduanen, mit welchem sie von den Russen benannt werden, und wenn gleich es zweifelhaft scheinen kann, ob derselbe bei ihnen ursprünglich einheimisch war, da sie sich eigentlich nur mit besondern Stammnamen bezeichnen, so ist es doch merkwürdig, daß dieser Name, wie er in den frühsten Zeiten des Mittelalters vorkommt, so durch alle Jahrhunderte der Geschichte uns von den verschiedensten Berichterstattern weiter genannt und dieses Volk immer in den Sitzen angegeben wird, welche es noch heute einnimmt. Denn nur irrthümlich werden sie von den russischen Autoren mit den tschudischen Meren an der obern Wolga in Verbindung gebracht, von wo sie erst in späterer Zeit sich nach der Gegend an der Sura und Wolga hingezogen haben sollten [37]). Schon der alte gothische Geschichtschreiber Jornandes [38]) nennt uns in der Reihe der nordischen Völker, welche zu dem Reiche des gothischen Helden Hermanarich gehörten, die Mordens, und auch bei den byzantinischen Autoren wird wie im zehnten Jahrhundert von Constantinus [39]) das Land Mordia in den Gegenden der mittlern Wolga erwähnt. Daher kann es auch nicht befremden, diese Mordwinen von dem ältesten russischen Annalisten als ein nicht slavisches Volk neben den Tsche-

---

36) Georgi, Reisen II. S. 857. Erdmann, Reisen I. S. 29., II, 1. S. 45, 123.

37) Vsévolojsky, dictionnaire géogr. hist. de la Russie I. p. 279.

38) Jornandes, de rebus Getic. bei Muratori l. c. I. p. 202.

39) Constantinus, de admin. imp. bei Banduri, imper. orient. I. p. 106.

remissen genannt zu finden [40]), und wenn Rubruquis im dreizehnten Jahrhundert auf seiner Reise durch das heutige südliche Rußland von Westen kommend jenseit des Don das Volk Moxel antraf, welches er reich an Schweinen, Honig und Wachs, so wie an Pelzwerk und Falken nennt, und weiter ostwärts das Volk der Merdas oder Merduas [41]), so bezeichnet er damit wahrscheinlich die noch jetzt von einander gesonderten beiden Stämme der Mordwinen, indem Forsters scharfsinnige Erklärung dieses letztern Namens durch die einheimische Bezeichnung der Tscheremissen wegen ihrer in früherer Zeit mehr nördlichen Wohnsitze nicht haltbar sein möchte [42]). Unter demselben Namen der Moxier erscheint dieses Volk der Mordwinen dann auch noch später im funfzehnten Jahrhundert bei dem Venetianer Josaphat Barbaro [43]).

Wie mit den wolgischen Bulgaren kamen die Russen auch mit diesem Volke frühzeitig in feindselige Berührung, und vornehmlich mußte dasjenige russische Fürstenthum, welches auf der Ostgrenze des Slaven-Landes gegen die Länder dieser ugrischen Völkerschaften zu Murom und Rjäsan unter den Nachkommen des Jaroslaw Swätoslawitsch, aus dem Stamme der Olgewitschen, aufblühte, bei dem Streben der russischen Fürsten nach Erweiterung ihrer Herrschaft über die Gebiete an der Wolga mit ihnen in Feindschaft stehen [44]). Die Unternehmungen der russischen Fürsten waren dabei nicht immer von Glück begleitet, und das russische Gebiet an der Oka hatte dafür mehr als einmal die Wuth der gereizten Mordwinen zu empfinden. Zwar konnten nachmals die wladimirschen Großfürsten wohl mit mehr Kraft diese Unternehmungen erneuern und manche Stämme dieses Volkes von sich in Abhängigkeit bringen, wie unter dem Großfürsten Jurje II. Wsewolodowitsch kurz vor der tatarischen Katastrophe, so daß selbst viele Russen in dem frucht-

---

40) Nestor, russische Annalen nach Schlözer II. S. 106.
41) Rubruquis, bei Bergeron, voyages faits en Asie p. 30.
42) Forster, Geschichte der Entdeckungen im Norden S. 129.
43) Ramusio, delle navigazioni e viaggi II. f. 98.
44) Karamsin, russische Geschichte II. S. 114.

baren morduanischen Lande sich anzusiedeln begannen [45]), aber nun brachte der Einbruch der mongolischen Horden beide auf gleiche Weise unter das Joch der Fürsten der goldenen Horde zu Serai. Aus jenem frühern Verhältnisse erklären sich jedoch die spätern Ansprüche der Großfürsten von Moskau, seitdem sie gegen das Ende des funfzehnten Jahrhunderts ihre Unabhängigkeit wieder errungen hatten, auf die Beherrschung jenes Volkes. Das Volk der Mordwa, welches, wie Herberstein berichtet, ein sehr fruchtbares Gebiet auf der Grenzmark des moskowitischen und kasanischen Reiches bewohnte, war dem Namen nach von beiden abhängig, in der That aber selbstständig. Er rühmt sie als treffliche Bogenschützen, und sie seien den Tscheremissen sehr ähnlich, nur daß sie mehr feste Sitze hätten [46]). Wie wenig auf die Mordwinen zu rechnen war, erhellt daraus, daß auch nach dem Falle von Kasan sie als Feinde Rußlands neben ihren benachbarten Stammgenossen genannt werden, und ohne Zweifel haben sie gleich denen durch ihre Widerspenstigkeit die Gräuel der Verwüstung bis zur endlichen Begründung der russischen Herrschaft an der mittlern Wolga vermehren helfen [47]).

Seit Alters zerfallen die Mordwinen in zwei Hauptstämme, in östliche und westliche, die sich in der Sprache und Kleidung etwas unterscheiden. Die westlichen an der Oka heißen Ersad oder Ersanen, die östlichen an der Sura und Mokscha heißen Mokschad oder Mokschan, worin man den Namen Moxel und Moxier wieder erkennt, und mit dem Namen der Mokschanen sollen die Tataren die Mordwinen überhaupt bezeichnen, wohl weil dies der ihnen am nächsten gelegene Stamm war. Beide Stämme unterscheiden sich sorgfältig von einander, und nur an der Wolga entlang wohnen sie vermischt in Dörfern. Die Ersanen zeichnen sich mehr durch helle oder röthliche Haare aus als die Mokschanen, und haben daher mehr das eigenthümlich finnische Gepräge, wie es noch bestimm-

45) Karamsin, russische Geschichte III. S. 227.
46) Herberstein, rerum Moscovit. comment. p. 64, 86.
47) Karamsin, russische Geschichte VII. S. 343, 368.

ter bei den Wotjaken hervortritt [48]). Sonst stimmen beide in leiblicher und geistiger Beziehung sehr mit den Tschuwaschen und Tscheremissen überein und zum Theil auch mit den Tataren, was aus der vielfachen Berührung mit den turktatarischen Völkern durch mehrere Jahrhunderte hindurch nicht auffallend sein kann [49]). Deshalb kann sich auch die Sprache der Mordwinen, nach welcher sie unbestritten einen Zweig der bulgarischen Gruppe des ugrischen Volksstammes oder der östlichen Finnen bilden [50]), nicht allen Einflusses des türkischen Sprachstammes entzogen haben.

Die Mordwinen kommen den Russen in der körperlichen Bildung und dem ganzen Anstande näher als die Tscheremissen und Tschuwaschen, sie fügen sich auch mehr nach der Lebensart des russischen Landvolkes. Sie haben meistens braune, glatte Haare, dünne Bärte, hagere Gesichter und die Frauen sind selten schön. Sie sind ehrlich, fleißig und freundschaftlich gegen Fremde. So wie sie von den Russen vieles angenommen haben, so folgen sie auch den Tataren in manchen Dingen, aber nicht in der Reinlichkeit und dem Abscheu vor Schweinen, welche die heidnischen Mordwinen, deren es jetzt übrigens nur noch wenige giebt, essen, da sie doch ihre heidnischen Nachbarvölker für unrein halten [51]). Von ihren alten Sitten, sagt Pallas, hat sich nur noch wenig erhalten, so wie überhaupt dieses Volk fast gänzlich zum christlichen Glauben bekehrt ist, und außer seiner alten finnischen Sprache und einer sonderbaren Weibertracht sich von dem russischen Landvolk kaum mehr unterscheidet [52]). Wenn auch vormals mehr unstät in ihren Sitzen zwischen der Oka und Wolga sind die Mordwinen doch seit der Zeit der russischen Oberherrschaft alle zu einem seßhaften, ackerbauenden Leben übergegangen; Ackerbau und Viehzucht bildet jetzt ihre Hauptbeschäftigung, und ihre kleinen Dorfschaften haben sie gern mitten in den großen Waldungen, wo-

48) Pallas, Reisen durch verschied. Prov. I. S. 69, 71.

49) Lepechin, Tagebuch einer Reise I. S. 74, 94 bis 97.

50) Klaproth, Asia polyglotta p. 184.

51) Georgi, Beschreibung aller Nationen I. S. 47.

52) Pallas, Reisen durch verschied. Prov. I. S. 52.

durch jene ganze Region des wolgischen Gebietes so ausgezeichnet ist [53]). Und obgleich die Mordwinen, wie Pallas bemerkt, und von ihnen besonders die Ersanen, die unsaubersten von allen russischen Völkern sind, so muß man ihnen doch den Ruhm lassen, daß sie fleißige Ackersleute sind und darin fast das russische Landvolk übertreffen [54]). Sehr gern beschäftigen sie sich auch mit der Bienenzucht, welche durch die ausgedehnten Lindenwaldungen an der Sura und Mokscha neben der Region der Eichenwaldungen trefflich begünstigt wird, und viele Mordwinen besitzen an 100 bis 200 Bienenstöcke in den Wäldern [55]).

Die Kleidung der Männer ist der der Russen ähnlich, aber die Weiber sind wieder mit Putz überladen. Auf dem Kopfe tragen sie niedrige, bunt ausgenähte Mützen von Leinwand, woran gewöhnlich hinten ein breiter aber kurzer leinener Streifen hängt, auf dem Körper bunt ausgenähte Hemden, die am Busen durch ein Paar Ringe zusammengeheftet werden und um den Hals ein Netz von Glasperlen, womit auch der davon über die Brust herabsteigende Streifen besetzt ist. Sie erinnern in dieser Beziehung an die Weiber der slavischen Uskoken in Krain und Croatien [56]). Um den Hintertheil des Leibes und die Hüften befestigen sie einen Gürtel, von welchem wollene, meistens rothe Troddeln, Zahlpfennige, Glaskorallen, Schlangenköpfchen und allerlei Klapperwerk herabhängen; vorn haben sie eine Art von Schurz mit ähnlichen Verzierungen und unten daran lange Frangen von Wolle. Besonders werden die Ohren geschmückt, und bei vollständigem Putze außer Gehängen auch noch ein Paar buntgefärbte Haasenschwänze daran befestigt. An den Füßen tragen sie Bastschuhe, welche mit ledernen Riemen um die Unterschenkel gebunden werden [57]). Alle diese Putzsachen nebst der Färbung der Zeuge bereiten die Wei-

53) Georgi, Beschreibung aller Nationen I. S. 47.

54) Pallas, Reisen durch verschied. Prov. I. S. 53.

55) Georgi, a. a. O. I. S. 47.

56) Hoff, historisch-topographisches Gemälde von Krain und Istrien. Laibach 1808. 8. Th. I. S. 36.

57) Erdmann, Reisen I. S. 117. Vergl. Georgi, Beschreibung I. S. 48. und die Abbildungen.

der selbst, und sie sollen sehr erfahren sein in der Kenntniß der Kräuter sowohl zur Färberei als zum officinellen Gebrauche. Ihre Wohnungen sind wie die in den tatarischen und russischen Dörfern eingerichtet, haben aber meistens das Eigenthümliche, wie es auch bei ihren stammverwandten Nachbarvölkern hervortritt, daß die Thür nach Osten gerichtet ist, was mit der alten religiösen Naturanschauung dieser Völker zusammenhängt [58]).

Man berechnet jetzt die Gesammtanzahl des Volkes der Mordwinen auf 92,000 Köpfe [59]), und davon leben gegen 12,000, welche sämmtlich getauft sind, in der heutigen Landschaft Kasan in der unmittelbaren Nähe der Stadt um die Orte Tschistopol, Spask und Tetjusch [60]). Diese Letztern erscheinen bei den russischen Autoren auch als ein dritter Zweig des mordwinischen Volkes unter dem Namen der Karatai [61]). Obgleich die Mehrzahl des mordwinischen Volkes jetzt zum Christenthum bekehrt ist, und sie sich mehr als die Tscheremissen und Tschuwaschen von ihrer ursprünglichen Naturreligion entfernt haben, so spielt doch noch manches von ihrem alten Glauben in ihre jetzigen Religionsvorstellungen hinein. Vor ihrer Bekehrung war ihre religiöse Anschauung und ihr Kultus, wie er uns noch vom Josaphat Barbaro beschrieben wird [62]), dem der Tschuwaschen und Tscheremissen ganz entsprechend. Die höchste Gottheit hieß Paas bei den Ersanen und Schkai bei den Mokschanen, zu welcher sie, wie es bei ihren Stammgenossen meistens üblich ist, gegen Osten gewandt beteten [63]). Da alle diese Stämme von je an ein reines Naturleben führten, so mußte auch, und zwar um so mehr als der Ackerbau bei ihnen als Hauptthätigkeit hervortrat, der Frühling als Hauptabschnitt des Jahres sich geltend machen, und das Frühlingsfest zum

---

58) Pallas, Reisen durch verschied. Prov. I. S. 72.

59) Schubert, Statistik des russischen Reiches S. 156.

60) Erdmann, Reisen I. S. 117.

61) Vsévolojsky, dictionnaire géogr. hist. de la Russie I. p. 280.

62) Forster, Geschichte der Entdeckungen S. 213.

63) Pallas, Reisen durch verschied. Prov. I. S. 70.

wichtigsten in der Reihe ihrer Festtage erheben, an welchem auf dem Keremet die feierlichsten Opfer dargebracht wurden. So wie wir schon oben bei ihren verschiedenen Stammgenossen die feierlichen Gebräuche bei den Geburten, Heirathen und Begräbnissen kennen gelernt haben, so waren sie auch früher bei den heidnischen Mordwinen üblich und haben sich in ihren Hauptzügen bei den noch heidnischen Überresten dieses Volkes bis jetzt erhalten [64]).

Der untere Theil des mittlern Laufes der Wolga.

Von der Einmündung der Kasanka an, welcher gegenüber die Jugewskischen Berge das erhabene Bergufer der Wolga bilden [1]), wendet sich der große Strom der Wolga plötzlich nach Süden um, und behält diese Richtung auf eine Strecke von neun Meilen, bis der mächtige Wasserzug der Kama dieses Stromsystem nach Südwesten ablenkt. Auf eine Strecke von achtehalb Breitegraden, vom 56 bis $48\frac{1}{2}$° N. Br., bekommt nun das Stromsystem der Wolga über hundert Meilen weit von dem großen mittlern Stromknie bei Kasan bis zum großen untern Stromknie bei den Städten Zarizyn und Sarepta seine unter rechtem Winkel nach Südwest abbiegende Richtung und zwar dem allgemeinen Gesetze der sarmatischen Ströme gemäß in der Diagonale der Parallelen und Meridiane. Als eine sehr mächtige Wasserader durchsetzt die Wolga in diesem Theile ihres Laufes noch die fruchtbarsten Gebiete der sarmatischen Ebenen in den beiden Landschaften von Simbirsk und Saratow; denn der schon bei Kasan gewaltige Strom verdoppelt durch die Aufnahme der Kama seine Wasserfülle und gewinnt so eine doppelte Breite von 400 Faden [2]), welche sich weiter abwärts noch vermehrt. Der fruchtbare Boden, welcher den obern Theil des Wolga-Laufes auf dieser Strecke umgiebt, begleitet ihn aber nicht bis zum untern Stromknie hinab, denn noch ehe die Wolga dasselbe erreicht, betritt sie schon mit dem

64) Georgi, Beschreibung aller Nationen I. S. 49 bis 51.
1) Georgi, geograph. Beschreibung I. S. 277.
2) Rußlands Wasserverbindungen S. 99.

Durchbruch durch den Obstschei Syrt den dürren Steppenboden, welcher sich an die große Niederung anschließt, die die Gestade des kaspischen Meeres umgiebt. Indem die Wolga also hier die Naturgrenze von Europa und Asien durchbricht, tritt sie von Kasan an auch gänzlich aus dem Gebiete der europäischen Kulturvölker heraus, die Wolga wird nun ein ganz tatarischer Strom in einem Gebiete, welches einstmals, nach dem Falle der ugrischen Völker an seinen Gestaden, zu den tatarischen Reichen von Kasan und Astrachan gehörte. Noch jetzt bilden turktatarische Stämme nach den slavischen Russen den Hauptbestandtheil der Bevölkerung dieser Gebiete, und ihnen haben sich sogar rein asiatische Stämme von mongolischer Abstammung zugesellt. Nur sporadisch ist hier europäische Civilisation vertheilt, sowohl in den verschiedenen slavischen Ansiedlungen seit der Begründung der russischen Herrschaft in diesem Lande, als auch insbesondere durch die deutschen Kolonien der neuern Zeit. Demnach käme hier eine fünffache Bevölkerung in Betracht, nehmlich slavische, deutsche, ugrische, turktatarische und mongolische.

Die schon oberhalb Kasan hervortretende eigenthümliche Bildung in dem doppelartigen Stromufer tritt nun unterhalb in dem großartigsten Maaßstabe hervor, und zeigt den Typus der Bildung aller Stromthäler in den sarmatischen Ebenen. Das rechte Ufer der Wolga von Kasan an bis nach Zarizyn abwärts besteht aus zusammenhängenden flötzartigen Bergrücken, die sich oft in mehreren Reihen an zwei bis vier Werst breit hinziehen, und sich landwärts nach Westen zu sanft verflachen. Dieses Bergufer (Gornoi Bereg oder Gornaja) ist an seinen Abhängen überall stark mit Holz bewachsen[3]. Es streicht meistens unmittelbar am Flusse entlang, bildet ein 8 bis 20 Klafter hohes Steilufer gegen denselben, und erhebt sich weiter abwärts im Durchschnitt an 15 bis 30 Klafter über den Spiegel desselben. Von unzähligen breiten und tiefen Regenklüften ist dasselbe durchschnitten, welche die Schnee- und Regenwasser von den Anhöhen der Westseite des Flusses

3) Falk, topographische Beiträge I. S. 103, 104.

zu ihm hinabführen. Die schmalen sind meist sehr steil und zeigen wie die Uferwände die verschiedenen Erdschichten, woraus die Gornaja gebildet ist; die kleinern und sanftern Klüfte sind gleich dem Ufer mit Gesträuch bewachsen, vornehmlich von Birken und Rüstern [4]). Die linke niedrige Uferseite (Lugowoi Bereg oder Lugowaja) besteht aus Wiesengrund, an welchen sich der wellige Ackerboden anschließt.

Merkwürdig ist es, daß die Wolga auf dieser an hundert Meilen weit ausgedehnten Strecke kaum einen bedeutenden Zustrom in sich aufnimmt, denn die Gornaja bildet von Kasan an bis nach Zarizyn einen fast ganz undurchbrochenen Uferrand des Stromes, durch welchen sich kein größerer Zustrom, wie nicht einmal die Swiäga, hindurch ergießen kann, und nur auf der Lugowaja empfängt die Wolga einige, aber nur unbedeutende Zuströme von den Vorhöhen des südlichen Ural. Die Wolga bezeichnet damit ihre Annäherung an die asiatische Steppennatur. Die Flözrücken der Gornaja bestehen aus Thon, Kalk und Sandschiefer, die an dem Ufer des Stromes in Kalk, Mergel und Gips mit Muscheln durchwebt auslaufen [5]). Es ist also hier dieselbe Bildung wie an den Flußufern des uralischen Flöz- und Ganggebirges und darum auch die ähnliche Erscheinung in der Bildung merkwürdiger Höhlen, durch welche in Deutschland das Alpenland Krain so ausgezeichnet ist [6]). So sieht man an achtzehn Werst von dem Städtchen Tetjusch, dem Orte Spask an der Kama-Mündung gegenüber gelegen, wo das hohe Ufer der Wolga aus einem frei zu Tage ausgehenden Gipslager besteht, einige Faden über dem Wasserspiegel eine horizontale Spalte zwischen den Flözschichten. Durch dieselbe gelangt man auf einer schiefen, ziemlich abschüssigen Fläche in eine Höhle, die an zehn Faden Länge, eben so viel Breite und fünf Arschinen Höhe hat. Im Hintergrunde derselben befindet sich eine Öffnung, die den Eingang zu einer zweiten Höhle bildet; diese letztere liegt noch tie-

4) Georgi, Reisen II. S. 784, 785.
5) Falk, topographische Beiträge I. S. 104, 107, 114.
6) Hoff, Gemälde von Krain und Istrien Th. III. S. 24.

fer als die erstere, und ist vollkommen finster. In der Mitte derselben gelangt man an einen kleinen See, der den hintern Theil der Höhle erfüllt. Erdmann fand diesen See bei seinem Besuche im Monat März völlig gefroren, so daß er ohne Gefahr zu betreten war. Die Oberfläche war rauh und hatte eine weißliche Farbe, sie hob sich auch immer mehr, und endete im Hintergrunde an einem weißschimmernden kegelförmigen Eisblock, der an der Basis einen Durchmesser von 2½ Arschin und eine Höhe von 5 Arschin haben mochte. Er stand frei auf dem Eise des Sees, und war von der hintern Wand der Höhle durch eine Spalte von zwei Arschinen geschieden. Er war offenbar entstanden durch das von der Decke herabtriefende Wasser, welches auch damals beständig tropfenweise blos an dieser Stelle der Höhle niederfiel. Der Schall bei dem Falle des Wassers verrieth, daß der Eispfeiler nicht ganz massiv, sondern, wie man schon aus der hintern Fläche sehen konnte, mit mehreren senkrechten Spalten versehen war. Es gewährte ein schönes Schauspiel, wenn man eine brennende Kerze dicht vor den Eispfeiler stellte und sich hinter denselben begab, indem er dann als ein halb durchsichtiger Körper einen herrlichen, etwas grünlichen Schein verbreitete. Das Wasser, das diesen Eispfeiler bildete, war zwar farblos und durchsichtig, aber von hepatischem Geruch und Geschmack, und zeigte, daß es von atmosphärischem Ursprunge war und erst beim Durchdringen durch die über der Höhle befindliche, an 25 bis 30 Faden mächtige Gebirgsmasse mit den darin enthaltenen Bestandtheilen sich geschwängert hatte. In den heißen Sommertagen im Monat Juli fand Erdmann das Eis des Sees völlig geschmolzen, der Eispfeiler stand aber noch an seiner Stelle, obschon verkleinert. Man erkannte also, daß das Wasser nicht durch eine unterirdische Quelle eindrang, sondern durch den Eispfeiler gebildet wurde, und daß das Wasser in der Höhle sich zu Eis gestaltete [7]).

Gleich unterhalb Tetjusch verläßt die Wolga das Gebiet der heutigen Landschaft Kasan und betritt das der Landschaft Simbirsk, deren gleichnamige Hauptstadt sie sogleich erreicht.

---

7) Erdmann, Reisen im Innern Rußlands I. S. 306 bis 309.

Die Stadt Simbirsk liegt auf dem erhabenen Ufer des Stromes, durch welches die Swiäga, welche im Südwesten der Stadt entspringt, genöthigt wird, dicht neben derselben nach Norden vorüberzufließen. Das Ufer der Wolga besteht aus Thon und Kalksteinmergel mit horizontalen Lagern versteinerter Seekörper[8]), und von ihm aus hat man ostwärts eine weite Aussicht über das tiefe Wolga-Thal, in welchem majestätisch der zwei Wersten breite Strom seine Fluthen nach Süden vorübertreibt. Nach der Abendseite verflacht sich der Boden sanft abwärts zu der Niederung, wo die Swiäga in einem tiefen waldigen Thale fließt. Weit umher breitet sich fruchtbares Ackerland aus, aber nur wenig Waldung zeigt sich[9]). Die Stadt Simbirsk ist erst im Jahre 1648 unter der Regierung des Zaren Alexei Michailowitsch gegründet worden, und besteht aus der obern Stadt auf der Höhe und aus der untern an der Wolga, welche beide durch zahlreiche Gärten von einander getrennt sind. Durch ihre Lage an der Wolga und durch ihre Erhebung zur Gouvernementsstadt in der neuern Zeit ist sie schnell emporgeblüht. Denn diese Landschaft, welche ehemals einen Theil des großen Gouvernements Kasan bildete, wurde in Folge der neuen Organisation des Reiches im Jahre 1780 zu einem eigenen Gouvernement eingerichtet und diese Änderung auch vom Kaiser Paul bestätigt[10]). Die Bewohner der Stadt beschäftigen sich vornehmlich mit dem Verschiffen von Produkten auf der Wolga, die theils zur Ausfuhr, theils zur Einfuhr bestimmt sind. Zu den erstern gehören besonders Getreide, Fische und Früchte, zu den letztern Bauholz, woran es hier mangelt[11]).

Das Klima dieser Landschaft ist schon milder als in Kasan, von welchem die Stadt Simbirsk gegen 25 Meilen südwärts entfernt liegt. Zwar sind die Winter noch strenge, die Kälte steigt über 30 Grad, und die Winde sind selbst im Sommer rauh und scharf, aber in den langen Sommertagen stellt

---

8) Pallas, Reisen durch verschied. Prov. I. S. 83.

9) Erdmann, Reisen im Innern Rußlands II, 1. S. 33.

10) Georgi, geograph. Beschreibung II, 2. S. 477.

11) Erdmann, Reisen II, 1. S. 49, 50.

sich auch eine sehr heiße Temperatur ein, die bei einer Wärme von mehr als 30 Graden eine sehr schnelle Vegetation mit sich führt. Überhaupt ist das ganze untere Wolga-Thal von Kasan an den trockenen und eisigen Steppenwinden der benachbarten asiatischen Regionen ausgesetzt; aber die mächtige, südwärts gewandte Thalsenkung der Wolga gewährt auch wiederum den wärmern Lüften des Südens einen Zugang zu dem Innern der sarmatischen Ebenen, so daß durch ihren Einfluß, der sich bis zu der fruchtbaren Umgebung von Kasan ausdehnt, die Rauheit des Klimas in diesem äußersten Osten von Europa gemildert wird. Daher zeigen sich hier im Freien schon manche südliche Früchte, die in kurzer Zeit zur Reife gelangen, wie verschiedene Melonenarten, deren Kultur in einem Steppenklima sich von hier an ostwärts durch ganz Asien erstreckt [12]), während der nördliche Eichbaum, durch die Strenge des Winters in seinem Wachsthum zurückgehalten, häufig eine durch Frost abgestorbene Krone zeigt. Doch ist das Klima im Allgemeinen immer milder als das von Kasan, wo man Äpfel und Wassermelonen (Arbusen) im Freien nur selten und sparsam zieht, während sie in dem Gebiet von Simbirsk schon zu den häufigern Produkten gehören [13]). Die Wolga bedeckt sich bei Simbirsk in der Mitte November mit Eis und dies pflegt bis Mitte April zu stehen; doch schon im März erscheinen Schaaren von Zugvögeln, und im Mai tritt starke Hitze ein [14]).

Die sich zu beiden Seiten der Wolga ausbreitende simbirskische Landschaft gehört mit zu den trefflichsten in den osteuropäischen Gebieten, das ganze Land zwischen der Kama, Wolga und Samara, welche sich unterhalb Simbirsk zur Wolga ergießt, bildet einen außerordentlich gesegneten und fruchtbaren Kornboden [15]); denn der Roggen und Weizen gewähren eine zehn- bis zwölffältige Erndte und die Hirse einen zehn-, zwanzig- und selbst dreißigfachen Ertrag, und so auch die übri-

12) Ritter, Erdkunde von Asien. Berlin 1832. 8. Th. I. S. 359, 360.
13) Erdmann, Reisen II, 1. S. 34.
14) Erdmann, a. a. O. II, 1. S. 44.
15) Pallas, Reisen durch verschied. Prov. III. S. 505.

übrigen Cerealien, so daß auch in gewöhnlichen Jahren Getreideausfuhr statt finden kann[16]). Es herrscht zwar häufig die Vorstellung, als ob die ganze rechte Seite der Wolga wegen ihrer Berge wüst und unfruchtbar sei, während die linke Seite an schönen und fruchtbaren Wiesen und Thalebenen Überfluß habe. Aber weder das Eine noch das Andere ist richtig. Beide Seiten des Flusses sind in dieser Gegend im Allgemeinen stark bewaldet, aber wo ein freier Platz ist, da ist Ackerland, und dies ist auf der Gornaja keineswegs für unfruchtbar zu halten. Nur ist die linke Seite wegen ihres niedrigen Grundes mehr bewässert und daher in trockenen Jahren fruchtbarer als die Bergseite, in nassen aber unfruchtbarer. Je weiter man aber von der Kama aus südwärts an der Wolga hinabwandert, desto mehr zeigt sich auch schon hin und wieder Haideland und steppenartiger Boden, wie im Westen von Simbirsk, wo die dort wohnenden Tschuwaschen öfters mehrere Tagereisen weit nach Holz fahren müssen[17]). Auf der offenen, hohen und mit flachen Hügeln besetzten Steppe zwischen der Sura und Wolga trifft man auch die ersten der an diesem Flusse weiter abwärts gewöhnlichen Steppenpflanzen, besonders den wilden Mandelstrauch (Amygdalus nana), eine der schädlichsten Unkrautarten der urbar gemachten Steppe, die kaum auszurotten ist. Seine kleinen rauhen Früchte werden bei den Russen kalmückische Nüsse, Kalmyzkie Orechi, genannt[18]).

Nur wenige Meilen unterhalb Simbirsk empfängt die Wolga den ersten der kleinen Zuströme von der Ostseite her in dem Tscheremschan, welcher das fruchtbare Gebiet zwischen der Kama und Samara bewässernd sich in südwestlicher Richtung zur Wolga ergießt. Er strömt in einer waldreichen, auf der rechten Seite von Hügelreihen begleiteten Niederung, und ist durch seinen reißenden Lauf und sein reines Wasser ausgezeichnet[19]). Schon von Simbirsk an hat die Wolga wieder

16) Georgi, geograph. Beschreibung II, 2. S. 483 bis 485.
17) Müller, Sammlung russ. Geschichte III. S. 308.
18) Pallas, Reisen durch verschied. Prov. I. S. 81.
19) Erdmann, Reisen II, 1. S. 51. Pallas, Reisen I. S. 85, 86.

eine mehr südliche Richtung angenommen, und noch ehe sie das wenige Meilen unterhalb der Einmündung des Tscheremschan gelegene Städtchen Stauropol erreicht, wendet sie sich plötzlich ganz gegen Osten um den sogenannten samarischen Bogen zu bilden. Die Stadt Stauropol hat eine schöne Lage auf dem etwas erhabenen Wiesenufer der Wolga an einem östlichen Nebenarm derselben, der den Namen Kunja Woloschka führt, und sie ist auf der Landseite von waldigen Berghöhen umgeben. Sie wurde erst im Jahre 1737 gegründet als fester Wohnsitz für die hier aufgenommenen getauften Kalmücken [20]). In Stauropol selbst wohnen aber nur ihre Starschinen nebst den ihnen vorgesetzten Anführern, dem Chorunscha und Jessaul, und der Oberpriester, der Protopop. Ihr mittlerer Theil ist eine kleine Festung, worin sich die Kirchen, die Krongebäude, und die Wohnhäuser der kalmückischen Oberhäupter befinden; der obere Theil ist für die Kosacken bestimmt, und der untere Theil für die Bürger, welche sich zum Theil wie die Kosacken mit dem Ackerbau beschäftigen [21]).

Die Gegend von Simbirsk bildet den äußersten Punkt, bis wie weit nach Europa hinein der mongolische Volksstamm in neuern Zeiten seine Kolonien ausgeschickt hat. Das Gebiet von Simbirsk beherbergt somit die verschiedenartigste Bevölkerung. Denn außer den Russen findet sich hier eine ansehnliche tatarische Bevölkerung, dann zahlreiche Dorfschaften der drei ugrischen Stämme der Tscheremissen, Tschuwaschen und Mordwinen, und außer den Kalmücken noch einige Kolonien von Kisilbaschen, wie die aus der Gefangenschaft der Kirgisen befreiten Perser genannt werden [22]). Die Kalmücken von Stauropol sind trotz der Annahme der christlichen Religion doch ihrer ursprünglichen Lebensweise größtentheils treu geblieben; noch jetzt ziehen sie im Sommer mit ihren Filzhütten und Heerden auf dem ihnen angewiesenen Gebiete umher, und verweilen nur

---

20) Rytschkow, Orenburgische Topographie bei Büsching, Magazin V. S. 482.

21) Erdmann, Reisen II, 1. S. 52.

22) Erdmann, a. a. O. II, 1. S. 45.

im Winter in kleinen hölzernen Häusern. Ackerbau wird von sehr Wenigen und nur in sehr beschränktem Umfange betrieben. Ihr Hauptreichthum, sagt Pallas, besteht in Schaafheerden und noch immer seien es die von der breitschwänzigen Art, welche sie aus den asiatischen Steppen mitbrachten. Er berechnet die Anzahl dieser Kalmücken auf 14,000 Köpfe beiderlei Geschlechtes [23]), während sie jetzt, nach neuern Angaben, sich schon auf 20,000 Köpfe belaufen würde. In ihrer Kleidung nähern sie sich zwar dem russischen Landvolke, aber ihr Kopfputz, bei Männern und Weibern, ist noch echt nationell, und in ihren Nahrungsmitteln und ihrer Lebensart haben sie die Sitten ihrer Vorfahren in den asiatischen Steppen sich noch treu bewahrt. Das Christenthum hat auf die Umgestaltung ihres Lebens noch keinen Einfluß ausgeübt, wenn gleich die neuern Beobachter nicht umhin können, ihre trefflichen Naturanlagen anzuerkennen und ihre Gutmüthigkeit, Nüchternheit und Treue zu rühmen [24]). Es sind diese Kalmücken übrigens seit dem Jahre 1803 nach Art der Kosacken organisirt und werden von der Regierung zur Bewachung der Grenzlinien gebraucht [25]).

Der eigenthümliche, ostwärts gewandte Bogen, welchen die Wolga von Stauropol aus bei ihrem sonst durchaus nach Süden und Südwest gerichteten Laufe beschreibt, und welcher nach dem an dem Ostende liegenden Städtchen Samara benannt wird, wird durch den sogenannten samarischen Landrükken gebildet, welcher nach Art eines mittelrussischen Uwalli von den uralischen Vorgebirgen westwärts bis zur Wolga streicht, sodann von diesem Flusse durchbrochen wird und sich weiter gegen Westen bis zum Don und bis zur Oka verfolgen läßt, wo schon oben auf die merkwürdige Wasserscheidelinie auf der Südseite des obern Theiles der mittlern Wolga aufmerksam gemacht ist. Auf der Ostseite der Wolga nur von mäßiger Höhe, erhebt er sich dagegen ziemlich bedeutend auf der Gornaja in der an 20 Werst breiten und 100 Werst langen Landzunge oder

23) Pallas, Reisen durch verschied. Prov. I. S. 114, 115.
24) Erdmann, Reisen II, 1. S. 14 bis 28.
25) Storch, historische Zeitschrift für Rußland VI. S. 352.

Halbinsel [26]). Die Kette von Kalkbergen, welche Stauropo gegenüber das Ufer der Wolga bilden, führt den Namen der Schigulewskie und Markwaschkie Gori, und sie sind der höchste Theil der gesammten Gornaja. Auf ihrem Gipfel sind sie meistens mit Fichten bedeckt. An der Flußseite zeigen diese Berge nichts als kahle Felsenwände und eine Menge zerrissener Klippen, voll Höhlen und Schluchten, welche im Sommer der Aufenthalt zahlreicher Raubvögel sind. Besonders ist der weißliche Adler oder Weißschwanz (Bjelochwost), wie man ihn hier nennt, auch im Winter an diesen Bergen überaus häufig. Zuweilen nisten auch edle Zugfalken in den Felsenhöhlen, und eine schöne Art von fuchsrothen Enten, welche hier Krasnie Utki oder Karagatki genannt werden, fehlt im Sommer fast niemals. In der dicken Waldung auf den Bergen halten sich nicht selten röthliche und schwarze Bären und eine schöne Art weißlicher und großer Eichhörner auf, deren Felle sehr geschätzt werden. Bei feuchter Luft oder wenn nasse Witterung eintreten will, pflegt dieses Kalkgebirge sich wie in einen dicken Dampf und Nebel zu verhüllen und den Anwohnern die Veränderung vorherzuverkündigen; aber auch bei trockenem Wetter schwebt hier stets eine dunstreiche Luft [27]). Es erhebt sich die Berggruppe in dem samarischen Bogen (Samarskoi Luk) an 50 bis 70 Faden über die Thalniederung der Wolga, und nach Pallas Schätzung sollten viele Gipfel eine Erhebung von 100 Faden erreichen [28]).

Zwei Zuströme sind es, welche an der östlichen Spitze dieses Bogens sich zur Wolga ergießen, der eine von Nordost, der andere von Südost. Der erstere, der kleine Fluß Sok, ergießt sich innerhalb jener Bergreihen auf der Ostseite der Wolga durch eine buschige Niederung, und strömt bei dem Flecken Sergiewsk vorüber, in dessen Nähe in der neuern Zeit ein ländlicher Badeort aufgeblüht ist [29]). Denn diese ganze Gegend

---

26) Georgi, Reisen II. S. 795.
27) Pallas, Reisen durch verschied. Prov. I. S. 143.
28) Georgi, geograph. Beschreibung II, 2. S. 478, 494.
29) Erdmann, Reisen II, 1. S. 1 bis 16.

um den Sok, welche von Tschuwaschen bewohnt wird, ist ausgezeichnet durch ihren Reichthum an mineralischen Quellen [30]). An der Mündung des Sok zeigt sich auf seinem rechten Ufer ein merkwürdiger isolirter Felskegel, der wie die übrigen Höhen am Sok aus grauem Kalkstein besteht. Bei den Anwohnern ist er unter dem Namen Zarew Kurgan bekannt, und es soll derselbe von einem Fürsten herrühren, der hier ein Lusthaus hatte [31]). Am Fuße hat dieser Hügel an 200 Faden im Umfange und steigt an 20 Faden empor. Auf seiner Ostseite ist ein abhängiger Aufgang durch Kunst gemacht, gegen Westen ist der Hügel steil abschüssig und gegen Süden zeigen sich die Überbleibsel von einem nicht allzu großen Erdwall. Den Untertheil bildet ein mächtiges viereckiges Steinwerk, das dem Anschein nach durch Kunst aufgeführt ist. Demnach hat man gemeint, daß diese ganze Anhöhe durch Menschen errichtet worden sei [32]), und es heißt in den Berichten der Anwohner, daß der aufrührerische Kosacken-Häuptling Stenka Radzin im siebzehnten Jahrhundert dies Werk aufgeführt habe, um ihm bei verschiedenen Gelegenheiten, besonders bei hohen Wasserfluthen, als Zuflucht zu dienen [33]). Indessen wenn auch der weitern Befestigung dieser Anhöhe durch Kunst nachgeholfen worden ist, so muß doch die erste Bildung derselben durch die Naturgewalten veranlaßt sein, und dem pflichtet auch Pallas bei [34]). Eben so steht auf dem Westufer der Wolga an 20 Werst oberhalb Simbirsk ein ähnlicher Flötzhügel, der sich auch an 20 Faden über den Flußspiegel erhebt und mit Wall und Graben befestigt ist. Er diente zu ähnlichen Zwecken wie jener am Sok. Auf der Höhe liegt noch jetzt ein Dorf, das den Namen Gorodischtsche führt, und umher finden sich noch andere kleinere Befestigungswerke [35]).

---

30) Pallas, Reisen durch verschied. Prov. I. S. 101 bis 112.

31) Unter dem Namen Sariol Kurgan kommt dieser Hügel bei den ältern Reisenden vor. Olearius, moskowitische Reisebeschreibung S. 358.

32) Müller, Sammlung russ. Geschichte VII. S. 500, 501.

33) Lepechin, Tagebuch einer Reise I. S. 143.

34) Pallas, Reisen durch verschied. Prov. I. S. 144, 145.

35) Pallas, a. a. O. I. S. 118.

Größer als der Sok ist der zweite südlichere Zustrom, die Samara, welche überhaupt der bedeutendste Fluß ist, welchen die Wolga nach der Aufnahme der Kama empfängt. Die Samara kommt mit ihren zahlreichen Quellströmen von den Steppenanhöhen des Obstschei Syrt, welche sich im Norden des mittlern Jaik zwischen den Städten Orenburg und Uralsk ausbreiten. Die Quellen der Samara liegen dem Jaik so benachbart, daß von der am letztern Flusse gelegenen Anfuhrt Tatischewskaja Pristan bis nach Perewolozkaja Krepost an der obern Samara nur ein Wolok von 18 Wersten sich befindet, dessen Durchschneidung eine direkte Wasserverbindung zwischen Orenburg und Kasan zur Folge haben würde. Aber auch so schon bildet die Samara einen der wichtigsten Transportflüsse in dem Gebiete der Wolga. Auf ihrem weiten Laufe, der sich von Orenburg in gerader nordwestlicher Richtung fast 400 Werst weit zur Wolga hinzieht, hat sie eine Breite von 20 bis 100 Faden, nimmt den Tok und Busuluk in sich auf, vornehmlich aber weiter abwärts den großen Kinel, der einen parallelen Begleiter des Sok bildet, und hat durchaus keine Fälle, obschon sie durch ihre Seichtigkeit im Sommer der Schifffahrt Hemmungen entgegensetzt[36]).

Das um die Samara sich rings ausbreitende Gebiet besteht aus einem erhabenen aber flachen Steppenboden, der durch seine fruchtbare Natur und seine reiche Vegetation besonders gegen das südostwärts angelagerte wüste Steppengebiet am Jaik den auffallendsten Kontrast bildet. Wegen ihres milden Klimas würde sich diese Landschaft, wie Pallas meint, zum Weinbau und Obstbau vornehmlich eignen; an wilden Äpfel- und Kirschbäumen findet sich hier der größte Überfluß, aber noch fehlt es an der Kultur des Bodens, nur der Bau der gemeinen Wassermelonen oder Arbusen ist verbreitet[37]). In der Niederung, in welcher die Samara zwischen dem höhern Steppenboden hinfließt, bilden die Gesträuche von wilden Mandeln und Kirschen, die Schooten- und Kleesträuche oft die schönsten mannshohen Hecken, deren Blüthen sich den Frühling hin-

36) Rußlands Wasserverbindungen. S. 103.

37) Pallas, Reisen durch verschied. Prov. I. S. 151 bis 153.

durch gleichsam ablösen und vermischen, indem gleich nach Abgang des Schnees zuerst die Zwergmandeln, dann die Kirschen, ferner der Strauchklee und noch später der Erbsenstrauch sich mit Blumen bedecken [38]). Aber die Annäherung an das asiatische Steppengebiet giebt sich in den schönen Gefilden an der Samara schon durch mancherlei Erscheinungen in der Flora und Fauna kund. So wie die verschiedenen Steppenpflanzen die Grenzmarken des europäischen Kulturbodens bezeichnen, so erscheinen hier als Steppenbewohner die Schlafratte, der Zwerghaase, die Bisamratte, das Murmelthier und die Tarantel, welche letztere von der größten Art in allen Steppengegenden an der untern Wolga und am Jaik verbreitet ist [39]). Und dazu gesellen sich noch als die merkwürdigsten Steppenbewohner wilde Pferde oder die Tarpanen, welche hier an der Wolga das äußerste Ziel ihrer Ausbreitung finden. Sie sind im Allgemeinen von heller Farbe, geben sich durch ihren Bau zwar als freie Bewohner der Steppe zu erkennen, doch unterscheiden sie sich von den wilden Pferdearten im innern Asien, von dem Chulan der Kirgisen und dem Dschiggetai der Mongolen, und sind, wie Pallas meint, nichts als Abkömmlinge verwilderter Hengste aus den Heerden der in den kaspischen Steppen umherziehenden Hirtenvölker der Kirgisen und Kalmücken [40]).

Die Stadt Samara an der Einmündung des gleichnamigen Flusses in die Wolga, auf seiner rechten Seite gelegen, wurde schon ein halbes Jahrhundert vor Simbirsk, im Jahre 1586, erbaut, um als Vormauer an der Wolga gegen die Einfälle der Baschkiren und Nogaier zu dienen [41]). Es findet hier ein sehr lebhafter Handelsverkehr statt, der vornehmlich von den Tataren betrieben wird, welche hier im Winter die Produkte von dem Heerdenreichthum der Kirgisen und Kalmücken aufkaufen und nach Moskau zu Markt bringen, von wo sie wieder im Frühjahr und Herbst nach Uralsk ziehen, um gegen Getreide

38) Pallas, a. a. O. III. S. 509.
39) Pallas, a. a. O. I. S. 154 bis 157.
40) Pallas, a. a. O. III. S. 510.
41) Karamsin, russische Geschichte IX. S. 107. Anmerk. 166.

und Fabrikate von den dortigen Kosacken den Reichthum an Fischen und Kaviar einzutauschen [42]). Von eben diesem Orte Samara aus erstreckt sich wie die schon oben berührte, nach Nordost gehende sakamische Linie, so an den Ufern des Flusses entlang die samarische Linie, welche auf eine Strecke von 50 Meilen von Samara im Nordwest nach Orenburg im Südost über den Obstschei Syrt hinwegführt. Bei ihrer ersten Anlage in der ersten Hälfte des vorigen Jahrhunderts diente sie theils zur Sicherung der Verbindung der ehemaligen tatarischen Herrscherstadt Kasan mit Orenburg, der Stadt an der Pforte zu Asien, theils auch zur Sicherung der Landschaften um Kasan selbst, bis durch die vollständige Organisirung des Vertheidigungssystems am uralischen Völkerthore diese Linie an der Samara ihre Bedeutung verlor. Sie beginnt mit der Festung Alexejewsk an der Einmündung des Kinel in die Samara, welche nach dem Zarewitsch Alexei Petrowitsch benannt sein soll [43]), und die weitern Festungen führen zum Theil ihren Namen nach den Zuströmen des Hauptflusses. Sie folgen als Krasnosamarskaja, Krasnoborskaja, Olschanskaja, Busuluzkaja, Tozkaja, Sarotschinskaja, welches ehemals der Hauptwaffenplatz der der samarischen Linie zugetheilten Kosacken war [44]), ferner Sergiewskaja, Perewolozkaja, welches auf der Höhe des Obstschei Syrt gelegen und nach dem samarischen Wolok benannt ist, und zuletzt Tschernoretschinskaja neben Orenburg gelegen.

Nachdem die Wolga bei dem Städtchen Sysran den samarischen Bogen vollendet und ihre frühere Streichungslinie wieder erreicht hat, wendet sie sich sogleich um, und strömt nun in ihrer Normaldirektion gegen Südwesten weiter. Sogleich tritt auch nach der Durchbrechung jenes Landrückens wieder der bestimmte Gegensatz zwischen dem erhabenen Bergufer der Wolga auf der Westseite und dem niedrigen Wiesenufer auf der Ostseite ein. Die Landschaft um Sysran besteht aus einer flachen Höhe, von der man rings umher ausgedehnte Steppenflächen

---

42) Erdmann, Reisen II, 1. S. 55.
43) Erdmann, Reisen II, 1. S. 56.
44) Pallas, Reisen durch verschied. Prov. I. S. 218.

erblickt, die nur hin und wieder von tiefern Thälern durchschnitten werden. Am Rande dieser Flächen ragt der Kalkflötz, welcher die Grundlage bildet, in schneeweißer Farbe hervor und giebt der dürren Fläche fast ein winterliches Ansehn. Nur dürftig sproßt niederes Gesträuch an den Abhängen hervor, als ob es nicht wagte sich über die Fläche zu erheben. Denn Eichen, Linden, Weiden, Pappeln und Ahorn, welche durcheinander mit Farrenkraut die benachbarten Gründe füllen, haben kaum drei Fuß Höhe, und auf der kahlen Fläche sieht man nur dürre Steppenkräuter und selten einzeln zerstreute Kornfelder in den entfernten Niederungen [45]).

Gleich unterhalb Sysran verläßt man das Gebiet von Simbirsk, und betritt die Landschaft von Saratow, und man hat auf der erhabenen Uferseite der Wolga die Reise fortzusetzen, um die gleichnamige Hauptstadt der Landschaft zu erreichen. Auf einförmigen und wenig bebauten Steppenflächen, die nur von unzähligen Thalgründen durchfurcht sind, führt die Straße in südwestlicher Richtung fort über die beiden Städtchen Chwalinsk und Wolsk. Der Blick nach Osten gewährt von den Höhepunkten dieser Flächen eine großartige aber einfache Aussicht. Majestätisch strömt die Wolga in der weit ausgedehnten Wiesenniederung am Fuße des grauen Bergufers dahin und bildet bis in die Ferne ansehnliche weiße Sandbänke. Die mächtigen Überschwemmungen des Stromes, welche besonders in dieser Gegend ihre größte Höhe erreichen, reißen der Wolga bisweilen neue Betten, welche, wenn sie Fluß behalten, kleine Wolgas (Woloschka) genannt werden. Die Wolga bildet hier in ihrer an 15 bis 20 Werst breiten Niederung zahlreiche Arme, welche durch die Wasserschwellen zur Zeit der Schneeschmelze manche Veränderung erleiden. Die verlassenen, mehr oder weniger stehenden Flußstrecken werden alter Fluß (Stariza) genannt, und die verschiedenen dadurch gebildeten Uferbusen führen den Namen Saton. Zwischen den Armen hat der Fluß eine Menge größerer und kleinerer Inseln (Ostrowi), welche dieselbe Beschaffenheit mit der Niederung zei-

45) Erdmann, Reisen II, 1. S. 42.

gen, und theils Wiesen, theils Brüche bilden, oder auch große Sandinseln und Sandbänke (Moli), welche gleichfalls durch die Fluthen vielfach umgestaltet und in ihrer Lage verändert werden. Der eigentliche Strom selbst hat unterhalb Kasan immer eine Tiefe von zwei, drei und mehr Faden [46]).

Fruchtbare, wohl angebaute Gründe breiten sich auf der Gornaja zwischen jenen beiden Städtchen aus, aber weiter südwärts hat man einen sehr dürren Steppengrund auf Kalkflötzen zu überschreiten, um die Stadt Saratow zu erreichen. Es erhebt sich das Bergufer bei dem Orte Wolsk zu einer Höhe von 500 Fuß, welche einen jähen Abhang nach der Wolga zu bildet [47]). Wolsk gegenüber ergießen sich zwei kleine Zuflüsse zur Wolga, der große und der kleine Irgis, welche einen magern salzigen Steppenboden durchfließen. Denn der erstere, der südliche der beiden parallelen Gewässer, entspringt auf der Höhe des Obstschei Syrt in der Nähe der Stadt Uralsk, und ergießt sich von dort in gerader Richtung westwärts gehend und am innern Rande des fruchtbaren, aber schon steppenartigen Kulturbodens entlang fließend zur Wolga [48]). Die erhabenen Uferberge der Wolga, welche sich in der Landschaft von Saratow zwischen den Städten Sysran und Kamyschin über 50 Meilen weit vom 53 bis 50° N. Br. entlang ziehen, kommen bei den Anwohnern besonders unter fünf verschiedenen Namen vor. Der erste Theil sind die Tschernosatonskija Gori d. h. die Berge des schwarzen Flußbusens, welche sich bis nach Chwalinsk erstrecken und Thonschiefer zur Grundlage haben. Daran schließen sich zwischen Chwalinsk und Wolsk die Dewitschii Gori d. h. die Jungfernberge, die aus Kalk bestehen, und welche nach Einigen den Namen von ihrer weißen Farbe, nach Andern von einem Mädchen, das einst eine Räuberbande anführte und hier in einer jetzt verfallenen Höhle wohnte, erhalten haben. Dann folgen die Smejebya Gori d. h. die Schlangenberge, die von Wolsk an 35 Werst weit herablaufen und

46) Georgi, geograph. Beschreibung I. S. 267.

47) Erdmann, Reisen II, 1. S. 65, 66.

48) Georgi, geograph. Beschreibung I. S. 289.

am steilsten und höchsten in dieser Reihe wohl über 500 Fuß emporsteigen. Sie bestehen vorzüglich aus Sandstein auf Thon. Neben Saratow liegen ferner die Urdjumskija Gori, welche einen Eisenstein enthalten, der aber wegen Mangel an Holz nicht benutzt wird, und zuletzt folgen die Uschi Gori d. h. Ohrenberge bei Kamyschin, welche denen bei Wolsk an Höhe gleich kommen und aus Quarz und Sandstein gebildet sind. Diese Berghöhen sind zwar hin und wieder mit Waldungen bedeckt, können aber das Bedürfniß an Holz keineswegs befriedigen[49]).

Die Stadt Saratow, der vornehmste Ort in diesem Theile des Laufes der Wolga, gehört mit zu den frühsten Ansiedlungen der Russen in diesen tatarischen Gebieten, denn sie soll noch unter der Regierung des letzten Rurikingen, des Zaren Feodor Iwanowitsch, im Jahre 1591 angelegt worden sein[50]), und zwar sowohl zum Schutze der Gebiete an der mittlern Wolga als auch zur sichern Verbindung der beiden alten Herrscherstädte Kasan und Astrachan. Sie lag ursprünglich auf der Wiesenseite des Stromes an der Mündung des Baches Saratowka, nach welchem sie den Namen führt, und wo noch jetzt die Überreste derselben in Form von Erdhügeln zu sehen sind. Denn erst im Jahre 1665 wurde sie an ihre jetzige Stelle verlegt. Wegen ihrer günstigen Lage blühte sie bald empor, sie vergrößerte sich schnell und man unterschied daher die Oberstadt oder Altstadt und die untere Stadt oder Neustadt, zwischen welchen sich ein tiefer Grund hinzieht. Die Stadt überhaupt liegt in einem weiten Thale, das auf der Westseite von ansehnlichen Kalkgebirgen umgeben wird[51]). Die Berghöhen neben der Stadt führen den Namen Sokolowskie, und die weiter westlich liegenden werden wegen ihrer steinigen Beschaffenheit Lyssie Gori genannt[52]). Obschon Saratow die Hauptstadt des Gouvernements bildet, ist sie nicht schön und nicht regelmäßig gebaut, und hat trotz einer stärkern Bevölke-

---

49) Erdmann, Reisen II, 1. S. 120.
50) Karamsin, russische Geschichte IX. S. 372. Anmerk. 280.
51) Erdmann, Reisen II, 1. S. 67, 126.
52) Pallas, Reisen durch verschied. Prov. III. S. 618.

rung ein weit dürftigeres Ansehn als Simbirsk. Die Ursache davon ist, daß sich hier kein reicher Adel befindet, indem die wenigen Großen, welche hier Besitzungen haben, meistens in Petersburg oder Moskau leben, und dazu kommt, daß die Stadt so vielfach von Feuersbrünsten heimgesucht worden ist [53]).

Dennoch rühmt schon Pallas die Stadt Saratow als einen blühenden Handelsort, dessen Glanz auch durch die kurz vorhergegangene Verwüstung durch die aufrührerischen jaikschen Kosacken unter Pugatschew nicht zerstört werden konnte. Denn wohlthätig wirkten auf das Emporkommen dieser Stadt ein die Gründung der zahlreichen deutschen Kolonien in ihrer Nähe, die Lage an der großen wolgischen Wasserstraße gerade in der Mitte der beiden tatarischen Herrscherstädte an der mittlern und untern Wolga und die Nachbarschaft der großen natürlichen Salzmagazine Rußlands in den Steppen am Fuße des Obstschei Syrt. Schon damals war hier die Hauptniederlage und das große Salzkomtoir für das Salz aus dem Elton-See und ein starker Verkehr in der Verführung der Salzmassen und des Fischreichthums aus den Gewässern von Astrachan [54]). Bis hierher pflegten die großen wolgischen Fische zu Wasser gebracht zu werden, worauf sie dann zu Schlitten weiter verführt wurden [55]). Auch jetzt noch bildet der Fischfang und die Schifffahrt auf der Wolga das Hauptgewerbe der Bewohner von Saratow, und im Juli findet hier ein großer Jahrmarkt für die Kalmücken statt, auf welchem dieselben verschiedenartige Bedürfnisse gegen Pferde eintauschen [56]). Der Werth der hier auf der Wolga durchgehenden Waaren beläuft sich schon über drittehalb Millionen Rubel [57]).

Je weiter man von Kasan aus über Simbirsk an der Wolga hinabwandert, um so mehr entweicht man der nordischen Natur, und bei Saratow, einige 70 Meilen in gerader Richtung südwärts von Kasan, empfindet man schon den Ein-

---

53) Erdmann, Reisen II, 1. S. 67.

54) Pallas, Reisen durch verschied. Provinzen III, S. 619, 620.

55) Georgi, Reisen II, S. 790.

56) Erdmann, Reisen II, 1. S. 127.

57) Rußlands Wasserverbindungen. S. 127, 128.

fluß des Südens; es zeigen sich mancherlei Produkte, welche selbst in der Landschaft von Pensa an der obern Sura nicht mehr fortkommen [58]). Das Klima der Landschaft von Saratow ist gemäßigt, der Sommer ist heiß und trocken, der Winter mäßig strenge, der Frühling ist reizend, und der Herbst von kurzer Dauer. Die mittlere Sommerwärme beträgt 14 Grad und die mittlere Wintertemperatur 4 Grad Kälte. Daher gedeihen hier alle Cerealien, ferner Arbusen, Melonen, die verschiedensten Obstarten, wie Äpfel, Birnen, Pflaumen, Kirschen und Maulbeeren und selbst auch etwas Wein [59]). Die vorherrschenden Winde sind zwar nördliche und westliche, aber nicht selten kommen von Osten aus den asiatischen Steppen auch furchtbare Wirbelwinde, Burani genannt, welche auch den slavischen Bewohnern des Alpenlandes Krain unter dem Namen Bora oder Burie bekannt sind [60]). Wie verderblich die besonders im Monat Juli aus dem Südosten kommenden heißen Steppenwinde für die Vegetation und die Viehheerden in den Gebieten an der untern Wolga sind, davon berichten die Reisenden zur Genüge [61]).

Das Gebiet von Saratow war früher wenn auch nicht ein Theil des alten tatarischen Reiches Astrachan, doch der von Peter dem Großen eingerichteten Statthalterschaft dieses Namens, und ward erst im Jahre 1781 zu einem eigenen selbstständigen Gouvernement eingerichtet [62]). Außer der der Anzahl nach überwiegenden slavischen Bevölkerung, welche größtentheils großrussischen Stammes ist, verbreiten sich von den ugrischen Völkern bis hierher an der Wolga abwärts auch noch Mordwinen und Tschuwaschen, aber nicht mehr Tscheremissen [63]). Dagegen bilden hier die Tataren noch ein wichtiges Element der Bevölkerung, und die noch jetzt vorhandenen Denkmäler der Umgegend von Saratow lassen erkennen, daß hier einstmals

58) Pallas, Reise durch Süd-Rußland I. S. 44.
59) Erdmann, Reisen II, 1. S. 122, 123.
60) Hoff, Gemälde von Krain und Istrien I. S. 19, 20.
61) Pallas, Reisen durch verschiedene Prov. III. S. 644.
62) Georgi, geograph. Beschreibung II, 2. S. 445.
63) Erdmann, Reisen II, 1. S. 123.

ein Hauptsitz dieses Volksstammes gewesen sei. Man findet hier zahlreiche große Kurgane, von denen einige so bedeutend sind, daß sie wie befestigte Plätze erscheinen. Sie sind mit Gräben umzogen, enthalten viele goldene und silberne Münzen, Kriegsrüstungen und, wie es heißt, auch metallene gegossene Götzenbilder von verschiedener Gestalt [64]). Vielleicht rühren letztere von den mongolischen Schaaren Batuchans her, ehe dieselben zum Islam übertraten. Von diesen großen Grabhügeln unterscheiden sich aber die bedeutend kleinern, welche Pallas auf der hohen Steppe an der obern Sura im Nordwesten von Saratow antraf, und welche von den Mordwinen noch jetzt als ihren Vorfahren angehörig verehrt werden sollen [65]). Echt tatarischen Ursprungs sind dagegen wieder die großen Kurgane, welche man an der Ilawla, einem westwärts von Saratow zum Don eilenden Steppenfluß, antrifft, und welche Steinbilder von mongolischer Bildung tragen [66]). Diese Idolenbilder sollen aus vier Fuß hohen Säulen von grobem Sandstein bestehen, welche mit einem Menschengesichte versehen sind. Inschriften bemerkt man aber an ihnen nicht [67]).

Der merkwürdigste Überrest der frühern tatarischen Herrschaft in diesem Gebiete liegt aber nur an acht bis neun Werst von Saratow bei dem Vorwerk Bereschnoi Uwek auf dem Westufer der Wolga auf einer Anhöhe, hinter welcher sich ein steiler Berggipfel erhebt, der auf der Seite der Wolga ganz kahl, am südlichen Abhange aber mit Holz bewachsen ist und sich schon in der Ferne durch seine Höhe auszeichnet. Man genießt auf demselben eine malerische Aussicht über die Wolga, die das Auge weit nach Süden verfolgt, über die Thäler, die sich nach Abend hin verlieren und über die Stadt, von Bergen umschlossen, nach Norden. Zu den Füßen desselben zieht sich am Ufer entlang von jenem Vorwerke nördlich noch eine schmale Ebene hin, welche mit unbebauten Hügeln bedeckt ist.

---

64) Lepechin, Tagebuch einer Reise I. S. 244.
65) Pallas, Reise durch Süd-Rußland I. S. 40.
66) Lepechin, Tagebuch I. S. 261.
67) Georgi, Reisen II. S. 789.

Unter diesen Hügeln und im Orte selbst findet man beim Graben noch öfters Gemäuer und tatarische Münzen, so daß man hier die Lage einer ehemaligen tatarischen Stadt erkennt, die jedoch, wenn die Wolga ihren Lauf nicht verändert hat, nach dem Terrain zu urtheilen, nicht sehr groß gewesen sein kann [68]. Noch jetzt weist der heutige Name des russischen Vorwerkes auf den ältern tatarischen Ortsnamen hin; es ist die bei den arabischen Geographen wohlbekannte Stadt Okak, welche, wie Abulfeda berichtet, auf der Westseite des Atel auf der Mitte des Weges zwischen den beiden Städten Sarai und Bolghar gelegen war und von beiden an funfzehn Tagereisen entfernt sein sollte. Bis dahin erstreckte sich nach seiner Angabe auch die Herrschaft der goldenen Horde [69]. Zahlreiche silberne und kupferne tatarische Münzen sind in neuerer Zeit daselbst gefunden worden, so wie auch Schmucksachen in Ringen und Ohrgehängen bestehend und kupferne Geschirre. Über den Untergang des Ortes hat uns die Geschichte nichts aufbewahrt, wofern derselbe nicht auf dem Verwüstungszuge Timurs durch das Reich Kaptschak im Jahre 1395 erfolgte, wo auch der Ort Ukek nach Scherifeddins Angabe einer der Schauplätze des Kampfes wurde [70]. Zur Zeit der Reisen der Engländer durch Rußland im sechzehnten Jahrhundert erscheint der Ort Oueake als eine von den Stationen auf dem Wege von Kolmogory nach Astrachan, obschon der treffliche Geschichtsforscher G. Fr. Müller nichts über diese ihm ganz unbekannte Lokalität auszusagen wußte. Nach des Engländers Bourrough Angabe war Oueake ein von Stein erbautes, aber verfallenes Schloß auf der Westseite der Wolga auf der Mitte des Weges zwischen Kasan und Astrachan. Nahe dabei sollte eine Stadt gestanden haben, die zur Strafe für ihre Sünden, so wie auch ein Theil des Schlosses von der Erde verschlungen worden. Prächtige Grabhügel und auf denselben Grabsteine mit eingegrabenen Figuren und

---

68) Erdmann, Reisen II, 1. S. 71, 72.

69) Abulfeda, tabulae geograph. nach Reiske bei Büsching, Magazin V. S. 365.

70) Cherifeddin Ali, histoire de Timur Bec II. p. 353.

mit armenischen und andern Inschriften sprachen für die ehemalige Bedeutung des Ortes [71]). Auch die heutigen Anwohner meinen, daß er durch einen Erdfall versunken sei, weil man zuweilen Stellen findet, wo die Erde sich in die darunter liegenden tiefen steinernen Keller hineingestürzt hat, so daß man die Keller für versunkene steinerne Gebäude hält. Die zahlreichen daselbst gefundenen Kostbarkeiten beweisen aber, daß der Ort durch Kriegsgewalt zerstört ist. Lepechin kaufte hier mehrere Silbermünzen, deren die älteste vom Jahre 232 der Hedschra war und den Namen Khan Sultan führte. Die jüngste war vom Jahre 1027 der Hedschra, und nennt den Khan Sala. Auf einer Münze vom Jahre 702 wird der Khan Fulat genannt. Von andern Überresten des Alterthums ist wenig zu sehen. An vielen Stellen bemerkt man gemauerte Keller, deren Backsteine die Anwohner zu neuen Gebäuden benutzen. Auf der Nordwestseite beginnt an einem hohen Berge, Schichan genannt, ein Erdwall, der in schräger Richtung fortläuft und sich südwärts bis an die Wolga zieht. Die Höhe dieses von Äpfelhainen umwachsenen Walles beträgt gegen zwei Faden. Von andern Befestigungen ist nichts mehr übrig. Vermuthlich sind sie erst in neuern Zeiten zerstört, da ehemals hier ein Salpeterwerk war, das später nach der Achtuba verlegt worden ist. Die Überreste von thönernen Geschirren, die man an dem Ufer der Wolga findet, beweisen noch jetzt durch ihre Farbe und Sauberkeit die Geschicklichkeit der alten Bewohner in der Töpferkunst [72]).

Außer dieser verschiedenartigen Bevölkerung besitzt aber das Gebiet von Saratow noch einen eigenthümlichen Schatz in den in neuern Zeiten hier statt gefundenen deutschen Kolonisationen. Es war gleich im Beginn der Regierung der zweiten Katharina in den Jahren 1763 bis 1770, daß diese Kolonien hier gegründet wurden, welche Pallas schon in ihrem Entstehen im Jahre 1773 besuchte und Nachrichten über sie mit-

71) Müller, Sammlung ruſſ. Geschichte VII. S. 470, 472.

72) Lepechin, Tagebuch einer Reise I. S. 235. 236.

mittheilte [73]). Die Kolonisten waren aus allen Gegenden Deutschlands berufen, und bestanden aus Mitgliedern der verschiedensten abendländischen Konfessionen. Schon damals vermehrten sie sich sehr stark, doch wollte der Ackerbau nicht recht gedeihen, und nur die Viehzucht der Kolonisten war in einem blühenden Zustande. Die Plätze, welche ihnen zu ihrer Niederlassung angewiesen wurden, liegen auf beiden Seiten der Wolga, und es waren ursprünglich zusammen an 104 Kolonien, nehmlich 46 auf der Gornaja und 58 auf der Lugowaja. Jetzt sind es aber nur 102, da zwei der Kolonien auf der Wiesenseite durch einen Raubüberfall der Kirgisen zerstört wurden, worauf man die der Gefangenschaft entronnenen Kolonisten den benachbarten Ansiedlungen zutheilte. Es stehen diese Kolonien unter einem besondern ihnen von der Regierung gegebenen Inspektions-Büreau in der Stadt Saratow, wo sich gleichfalls eine nicht unbedeutende deutsche Bevölkerung befindet [74]). Die westlichen Kolonien liegen vornehmlich unterhalb Saratow, und breiten sich an der Wolga selbst und an den zum Don gehenden Zuflüssen Medwediza mit dem Karamysch und an der Ilawla auf eine Strecke von 12 Meilen bis gegen Kamyschin hin aus. Die östlichen Kolonien liegen theils oberhalb, theils unterhalb Saratow, und breiten sich an der Wiesenseite der Wolga von dem großen Irgis, dem Städtchen Wolsk gegenüber, südwärts an 20 Meilen weit aus bis zum Rande des Obstschei Syrt. Die bedeutendsten liegen aber oberhalb Saratow, und dort ist der Flecken Katharinenstadt, an 52 Werst von Saratow, als der Hauptort derselben zu nennen [75]). Die Bevölkerung dieser Kolonien, welche sich bei Pallas erster Anwesenheit auf 26,000 Köpfe belief, war bei seinem spätern Besuche daselbst am Schlusse des Jahrhunderts schon auf 33,000 angewachsen [76]). Nach Verlauf des ersten Decenniums dieses

---

73) Pallas, Reisen durch verschied. Prov. III. S. 608 bis 618, 620 bis 624.

74) Vsévolojsky, dictionnaire géogr. hist. de la Russie II. p. 188.

75) Georgi, geograph. Beschreibung II, 2. S. 463.

76) Pallas, Reise durch Süd-Rußland I. S. 47.

Jahrhunderts belief sich die Population schon auf 55,000 Köpfe, und wurde nach Erdmanns Angabe im Jahre 1816 auf mehr als 60,000 berechnet. Nach der jüngsten Revision waren es schon an 42,000 Kolonisten männlichen Geschlechts oder überhaupt an 100,000 Köpfe [77]). Es sind diese Kolonien zwar besonders auf die Kultur des Bodens berechnet, doch finden sich unter ihnen auch viele Handwerker. Sie sind jetzt in einem blühenden Zustande; man baut alle Cerealien, vornehmlich aber Weizen und Tabak, welche einen nicht unbedeutenden Handelsartikel ausmachen. Auch ist der Weizen so gut, daß er bei den Kolonisten bedeutend theurer als bei den Russen bezahlt wird. Überdies ist in den Kolonien ein kleiner Anfang mit Seidenbau gemacht [78]).

Auf trockenen und steinigen Höhen, welche nur mit geringer Waldung bedeckt, aber von fruchtbaren Gründen durchzogen sind, zieht sich die große von Saratow nach Astrachan führende Heerstraße, der sogenannte Stanischnik, südwärts hin, und man durchschreitet einen Theil der deutschen Kolonien, um nach dem Städtchen Kamyschin zu gelangen. Immer mehr tritt die Natur des Südens hervor, denn schon trifft man in der Kolonie Werchnaja Kulalina, etwas oberhalb jenes Ortes und der Einmündung des Jeruslan in die Wolga gegenüber, den ersten Weinbau an der Wolga. Er ist hier durch Kolonisten aus dem Rheinlande begründet worden, und die trockenen und sonnigen Höhen der Gornaja, welche nicht die Salzhaftigkeit des Bodens wie um Astrachan zeigen, sind der Kultur der Rebe sehr zuträglich, wozu noch kommt, daß unmittelbar an der Wolga selbst ein weit milderes Klima als mehr landeinwärts nach den Steppen am Don herrscht [79]). Ehe aber noch die Wolga das einige zwanzig Meilen von Saratow gelegene Städtchen Kamyschin erreicht, macht sie ihren merkwürdigen Durch-

---

77) Eichwald, Reise auf dem kaspischen Meere und in den Kaukasus in den Jahren 1825 und 1826. Stuttgart 1834. 8. Th. I, 1. S. 7., I, 2. S. 366.

78) Erdmann, Reisen im Innern Rußlands II, 1. S. 282 bis 288.

79) Pallas, Reisen durch verschied. Prov. III. S. 624 bis 628.

bruch durch die Naturgrenze zwischen Europa und Asien, durch den Obstschei Syrt.

Der ehemals Dimitrewsk genannte Ort Kamyschin, an der Einmündung des Baches Kamyschenka in die Wolga gelegen, ist eine schon im siebzehnten Jahrhundert hier angelegte Festung, deren ursprüngliche Lage mehr oberhalb auf der Höhe war, wo man noch jetzt den Überrest der alten Befestigung sieht [80]). Jetzt liegt sie weniger gesund und vortheilhaft mehr unterhalb auf einem niedrigen und morastigen Boden, und daher soll auch ihr jetziger Name zu erklären sein, welcher Schilfstadt bedeutet [81]). Nur wenig oberhalb dieses Ortes ergießt sich der merkwürdige Steppenfluß Jeruslan in die Wolga, der letzte Zustrom, welchen der große sarmatische Fluß auf seiner linken Seite empfängt, da ihm die von dort an sich ausbreitende wasserarme Wüstensteppe keine Bereicherung mehr gewähren kann. Der Jeruslan, oder Ulustan bei den Kalmücken genannt, hat seine Quellen in derselben Gegend, von wo die beiden großen Steppengewässer Usen sich südostwärts durch die Wüste zum Kamysch-Samara-See ergießen, und wendet sich von dort gegen Südwest zur Wolga. Er fließt schon innerhalb der Wüstensteppe am äußern Rande des Obstschei Syrt entlang, dessen innerer Rand von seinem nördlichen Parallelstrom, dem großen Irgis, begleitet wird. Denn wenn man vom Jeruslan aus nach Norden reist, so bemerkt man auf einmal die Erhebung des Bodens, es zeigt sich ein schwarzes, von dem vorigen ganz verschiedenes und grasreiches Erdreich und man gelangt einige Meilen weiter zu den ersten deutschen Kolonien [82]). Es giebt sich also der Obstschei Syrt hier, wie an der Sarpa entlang (s. Abtheil. 1. S. 208.), nur als der Absatz eines höhern fruchtbaren Landes zu erkennen. Die Gegend um den Jeruslan umher besteht aus einem ebenen und wüsten Sandboden, der nur mit Salzpflanzen bedeckt ist und Quellen von brakigem Wasser enthält. In dieser etwas erha-

---

80) Pallas, a. a. O. III. S. 600.
81) Georgi, Reisen II. S. 788.
82) Pallas, Reisen durch verschied. Prov. III. S. 608.

benen Steppe ergießt sich der Jeruslan in einer flachen Wiesenniederung mit schönem und reinem Wasser [83]). Bei einer Tiefe von ein bis drei Ellen erreicht er eine Breite von funfzehn Klaftern und legt mit seinen Windungen eine Strecke von 200 Wersten zurück [84]).

Indem der Obstschei Syrt hier auf der Nordseite der Jeruslan-Mündung oder zwischen Saratow und Kamyschin unter dem 51° N. Br. die Wolga überschreitet, schließt er sich auf der Westseite derselben an die Berghöhen der Gornaja an, und begleitet von Kamyschin aus das Gestade der Wolga in südlicher oder südsüdwestwärts gewandter Richtung bis nach Zarizyn noch an 25 Meilen weit. Da die Wolga hier bei Kamyschin nach Durchbrechung des Obstschei Syrt in dieselbe Niederung eingetreten ist, in welche der Jaik bei Orenburg, so würde sie hier nach den Messungen über die Höhe jener Stadt (s. Abth. 1. S. 26.), gleichfalls schon das Niveau des Oceans erreicht haben [85]), und würde fortan in einer absoluten Niederung oder tiefer gelegen als der Meeresspiegel sich zum kaspischen Meere hinergießen. An dieser Stelle des Austritts der Wolga aus den europäischen Gebieten zeigt sich zugleich auf der Strecke von Kamyschin bis Zarizyn die immer größere Annäherung dieses Stromsystemes an den Don, welche beide nun den merkwürdigsten Wolok des südlichen Rußlands bilden und so seit älterer Zeit den Gedanken zu ihrer Verbindung rege gemacht haben [86]).

---

83) Pallas, a. a. O. III. S. 603 bis 607.

84) Rußlands Wasserverbindungen. S. 104.

85) So ist es auch bezeichnet auf der Charte zu Al. de Humboldt, fragmens asiatiques, und bestimmtere Angaben und Höhenmessungen des Wasserspiegels der Wolga an dieser Stelle sind mir nicht bekannt, da die von Pansner in den Annalen der Erd- und Völkerkunde von Berghaus mitgetheilten Angaben für diesen Theil des Laufes der Wolga ganz falsch sind.

86) Sehr zweifelhaft muß es jedoch bleiben, ob, wie ein neuerer verdienstvoller Schriftsteller über die Handelsthätigkeit der Araber in diesen Gegenden anzunehmen geneigt ist, schon in der Zeit des zehnten Jahrhunderts solche Kanalverbindungen zwischen der Wolga und dem Don vorhanden gewesen sind. Denn die darauf bezogenen Angaben des Massudi bei Frähn (Ebn Foslan S. 235, 244) sind doch zu unbestimmt, als daß sie in die-

Noch jetzt bemerkt man in der Nähe von Kamyschin die Überreste der alten Kanalbauten, durch welche in der Verbindung der untern Wolga mit dem untern Don zugleich eine Verbindung des kaspischen mit dem schwarzen Meere und der beiden Emporien Astrachan und Asow zu Stande gebracht werden sollte. Zu diesem Zwecke sollten dienen das Flüßchen Kamyschenka, welches sich von Nordwest her zur Wolga ergießt, und der größere Fluß Ilawla, welcher in der Nähe von Saratow entspringend den weitern Lauf der Wolga auf der Gornaja nur im geringen Abstande (ähnlich wie die Swiäga, aber in umgekehrter Richtung) parallel begleitet und sich südwestwärts zum Don ergießt. Der Weg zu jenen Kanalbauten führt von Kamyschin aus durch eine hüglige, angenehme Gegend nordwestwärts an dem Ufer der Kamyschenka entlang, wo man in anderthalb Stunden die Mündung dieser Kanäle erreicht. Der erste derselben erstreckt sich in gerader Richtung westwärts nach der an 5 Werst entfernten Ilawla, hat an 12 Faden Breite und 6 Faden Tiefe, und ist auf beiden Seiten von einem regelmäßig geraden Erddamme, der wieder ungefähr 12 Faden weit vom Rande entfernt ist, wie von einer Brustwehr geschützt. Der zweite befindet sich in einiger Entfernung weiter rechts, und erstreckt sich ebenfalls nach Westen, doch von jenem etwas divergirend. Er hat eine gleiche Breite, aber nur eine Tiefe von ungefähr zwei Faden und weniger hohe Erdwälle zur Seite. Beide sind durch einen ganz schmalen, querlaufenden kleinern Kanal mit einander verbunden, enthalten aber kein Wasser. Nach der Ilawla zu soll das Terrain eben und der Anlage günstig sein, nach der Kamyschenka zu dagegen abhängig. Der

---

ser Beziehung etwas beweisen könnten, zumal da es uns sonst an allen historischen Daten dazu fehlt. Von den Arabern selbst rühren, wie es sicher ist, solche angeblichen Kanalbauten nicht her, und daß die Chasaren, das einzige Kulturvolk dieser Gegend in jener Zeit, dergleichen nicht auszuführen verstanden, läßt sich historisch begründen. Noch weniger ist aber von den rohen türkischen Stämmen daselbst in der Araber-Zeit, wie von den Bertas, Petschenegen und Polowzen zu erwarten. Stüwe, die Handelszüge der Araber unter den Abbassiden. Berlin 1836. 8. S. 258. Gegen solche Annahme ist auch d'Ohsson, des peuples du Caucase p. 247, 248.

letztere Umstand hatte wahrscheinlich die vollständige Ausführung des Planes verhindert, obgleich sie bei gehöriger Kenntniß des Schleusenbaues nicht unmöglich gewesen sein würde; doch scheint auch die Kamyschenka nicht zu jeder Zeit ohne andere Hülfsmittel die genügende Wasserfülle darzubieten [87]).

Gewöhnlich werden diese Kanäle als ein Werk Peters des Großen betrachtet, und bekannt ist, daß er gleich nach der Eroberung von Asow im Jahre 1696 die beiden Ströme durch einen Kanal zu verbinden beabsichtigte. Zwar zogen der nordische Krieg, die Gründung von St. Petersburg und die Kanalbauten von Wyschni Wolotschok seine Blicke von diesem Plane ab, doch soll der tiefere Kanal noch im Jahre 1716 auf seinen Befehl angelegt worden sein. Dagegen rührt der andere ohne Zweifel von der Thätigkeit der Osmannen im sechzehnten Jahrhundert her. Denn der gewaltige Osmannen-Sultan Soliman hatte lange mit Eifersucht die wachsende Macht Rußlands unter Iwan II. und den Untergang der muhamedanischen Reiche Kasan und Astrachan angesehen, da faßte er endlich, durch einen vornehmen astrachanischen Flüchtling, den Fürsten Jarlygasch, aufgeregt, den Plan zu dem großen Werke der Verbindung des Don mit der Wolga. Es sollte demnach eine Festung am Perewolok oder Wolok, eine zweite an der Wolga, dort wo jetzt Zarizyn steht, und eine dritte in der Nähe des kaspischen Meeres erbaut werden, um so zunächst die osmannischen Besitzungen am asowschen Meere zu sichern, dann Kasan und Astrachan wiederzugewinnen und Rußlands Macht zu zertrümmern. Dewlet Kerai, der von der Pforte abhängige Khan der Krim, sollte als Werkzeug dazu dienen, und der Sultan versprach ihm Artillerie und im Festungsbau erfahrene Männer zu senden. Aber dieser Khan fürchtete mehr die Übermacht der Pforte als die Macht Rußlands; daher suchte er dem Sultan die Unmöglichkeit des Planes zu beweisen, so wie er auf der andern Seite auch den russischen Zaren davon in Kenntniß setzte. Dies war noch kurz vor Solimans Tode im Jahre

87) Erdmann, Reisen im Innern Rußlands II, 1. S. 81, 82.

1563, und das Werk unterblieb [88]). Aber Sultan Selim II. suchte bald darauf den Plan seines Vaters zur Ausführung zu bringen, nehmlich die Herrschaft des Islam an der Wolga wiederherzustellen, wozu ihn besonders einige Fürsten der Nogaier und Bucharen bewogen, indem sie ihm vorstellten, daß der Zar von Rußland den muhamedanischen Glauben ausrotte, daß er ihnen den Verkehr mit Mekka abgeschnitten habe, daß Astrachan der vorzüglichste Hafen des kaspischen Meeres und mit den Schiffen aller asiatischen Völker angefüllt sei, und daß diese Stadt dem Zaren täglich an tausend Goldstücke einbrächte. Vergeblich suchte Dewlet Kerai wieder die Unmöglichkeit dieses Planes darzuthun. Im Frühjahr 1569 sandte der Sultan Selim II. ein Heer von 3000 Janitscharen und an 20,000 Spahis gegen Astrachan und eine Flotte von 15 Galeeren mit 5000 Janitscharen und 3000 Arbeitern nach Asow, mit welchen sich an 30,000 krimsche Tataren vereinigen sollten, um das Werk in Stand zu setzen [89]). Mit großer Mühe wurde dasselbe unternommen und zugleich der Plan gemacht sich Astrachans zu bemächtigen, während Iwan II. ein Heer an der Wolga versammelte und die russische Besatzung in Astrachan verstärkte. So mißlang das ganze Unternehmen. Durch Dewlet Kerais Treulosigkeit ging der größte Theil des osmannischen Heeres in den Steppen der Kabarda durch die Angriffe und Überfälle der Tscherkessen zu Grunde, und der Überrest des Heeres, der sich wieder einschiffte, ward auf dem schwarzen Meere von Stürmen überfallen, so daß nur an 7000 Mann nach Constantinopel zurückkehrten [90]).

Seit jener Zeit ist der Plan der Verbindung beider Ströme mit einander nie wieder aufgegeben, nur wurde es selbst schwankend, wo in diesem Wolok die günstigste Stelle für die Kanalbauten sein möchte. Wenigstens hält Pallas die schmalste Stelle des Wolok bei Zarizyn für die dazu geeignetste, weil noch manche

---

88) Karamsin, russische Geschichte VIII. S. 35.

89) Jos. v. Hammer, Geschichte der Osmannen. Pesth 1828. 8. Th. III. S. 531.

90) Karamsin, russische Geschichte VIII. S. 101 bis 105.

andere Vortheile in der Bildung der Lokalitäten daselbst zusammentreffen[91]). Katharina II. nahm den Plan wieder auf, und beauftragte mit der Untersuchung und Entwerfung desselben den Akademiker Lowitz, als abermals der Aufruhr der jaikschen Kosacken unter Pugatschew, dessen Opfer der unglückliche Lowitz ward, dies Werk unterbrach. Aber der starke Verkehr, welcher noch jetzt auf dem Landwege über den Wolok von Kasan und Astrachan und von den uralischen Hüttenwerken nach den Hafenstädten am asowschen Meere statt findet, wo jährlich an fünf Millionen Pud Waaren auf Wagen transportirt werden, brachte den Plan der Kanalisation wieder unter der Regierung des Kaisers Alexander in Anregung, und zwar kam man auf die obere Durchschneidung des Wolok von Kamyschin nach der Ilawla zurück. Bei der Nivellirung des Wasserstandes der beiden Flußspiegel fand man, worauf auch schon Pallas hingewiesen hatte[92]), daß der Spiegel der Wolga an 100 Fuß tiefer lag als der des Don, indem der Fall von dem Theilungspunkte der Kanalwasser bis zur Wolga an 310 Fuß und bis zum Don nur 210 Fuß betrug[93]).

Hier an der untern Wolga, wo dieser Strom in den asiatischen Steppenboden eintritt, treffen wir an ihm die erste größere kleinrussische Ansiedlung von Kosacken, welche, wie sie überall das großrussische Gebiet umgeben, so als Wächter an allen Grenzmarken des Reiches angesiedelt sind. Denn wenn man auf dem erhabenen Ufer des Stromes die Reise südwärts fortsetzt, so erreicht man unter dem 49. Parallel das Städtchen Dubowka nicht weit von der Einmündung des Baches Olenja zur Wolga, an dessen Ufern die von den Fluthen zuweilen ausgespülten Rennthiergeweihe, wovon der Bach auch benannt ist, den einstmaligen Aufenthalt jener nordischen Thiere in diesen südlichen Gegenden beurkunden. Doch

91) Pallas, Reisen durch verschied. Prov. III. S. 656.

92) Pallas, Reise durch Süd-Rußland I. S. 55.

93) Das Genauere und Ausführlichere über diesen merkwürdigen projektirten Kanalbau s. in Rußlands Wasserverbindungen S. 161, 162. Ob übrigens der Unterschied in dem Niveau beider Flüsse an jener Stelle so bedeutend sei, möchte man wohl bezweifeln.

gab es noch zu Pallas Zeit dergleichen am Nordfuße des Kaukasus, welche sich in der Winterszeit bis in die Steppen an der Kuma verbreiteten [94]). Dubowka liegt am Abhange der Anhöhen hart an der Wolga, welche hier früher an dem steilen Ufer eine bedeutende Tiefe hatte, die aber durch die Anschwemmungen der mächtigen Frühjahrswasser in neuern Zeiten sehr vermindert ist. Die früher hier ansässigen Kosacken waren ein frühzeitig nach der Wolga ausgewanderter Zweig der donischen Kosacken, sie bevölkerten zum Theil die russischen Ortschaften an der Wolga von Saratow bis nach Astrachan, wurden aber erst im Jahre 1734 von den donischen für unabhängig erklärt, bekamen mit ihnen gleiche Rechte und einen eigenen Ataman [95]). So entstanden aus den wolgischen Kosacken die beiden Kolonien der dubowskischen und astrachanischen Kosacken, jede gegen 3000 Köpfe stark [96]). Die erstern bewohnten das Land zwischen Kamyschin und Zarizyn in sechs Stanizen, wovon drei den Ort Dubowka bildeten, und die drei andern nordwärts nach Kamyschin hin lagen. Pallas fand diese Kosacken bei seiner ersten Anwesenheit im Jahre 1773 sehr wohlhabend theils durch ihren Heerdenreichthum und durch das fruchtbare Ackerland in den Gründen zum Don hin, theils durch ihren Handel mit Brettern und Fahrzeugen in diesem Gebiet der Passage von der Wolga zum Don [97]). Aber schon gleich darauf wurden diese Kosacken nach dem Frieden von Kutschuk Kainardsche größtentheils nach dem Kaukasus zur Bewachung der neuen Grenzlinie in die Kabarda versetzt [98]).

Der Hauptzweck bei der Organisirung dieser dubowskischen Kosacken war die Vertheidigung der Linie, welche nach der Stadt Zarizyn benannt sich von der Wolga nach dem Don hin erstreckt. Denn bei Zarizyn, an dem großen südlichen Wolga-Knie gelegen, hat der merkwürdige Wolok zwischen den beiden Strömen seine größte Verengung erhalten, welche hier nur an

---

94) Pallas, Reisen durch verschied. Prov. III. S. 597.
95) Güldenstädt, Reisen durch Rußland I. S. 129, 130.
96) Storch, historisches Gemälde des russischen Reiches I. S. 89.
97) Pallas, Reisen durch verschied. Prov. III. S. 596.
98) Pallas, Reise durch Süd-Rußland I. S. 59, 64.

60 Werst oder 8 Meilen beträgt[99]). Zarizyn liegt an der Nordseite der Einmündung des kleinen wolgischen Zustromes Zariza, der von Westen nach Osten den Wolok durchschneidend sich gerade in das Knie der Wolga ergießt, wo diese die nach der Sarpa benannte große Insel Sarpinskoi Ostrow bildet. Schon gleich nach der Eroberung von Astrachan im Jahre 1554 soll dieser Ort von dem Zaren Iwan II. angelegt sein[100]), aber es lag an dieser wichtigen Lokalität nur wenige Werst oberhalb des jetzigen Ortes schon früher eine tatarische Stadt, von welcher noch jetzt zahlreiche und ansehnliche Mauerreste vorhanden sind, und wo nicht selten mancherlei Kostbarkeiten ausgegraben werden. Es erscheint dieselbe bei den ältern Reisenden unter dem Namen Zarewgorod, woraus auch der Name von Zarizyn selbst entstanden sein mag[1]). Die Lage von Zarizyn wurde mehrmals verändert und erst durch Peter den Großen bekam sie ihre jetzige feste Stellung in einer Höhe von 40 Klaftern über dem Spiegel der Wolga, indem er sie zu einer Hauptfestung des Landes an der untern Wolga gegen die unstäten Völker in den kaspischen Steppen bestimmte[2]). Der Gouverneur der Stadt war zugleich der Befehlshaber der Festungslinie bis zum Don.

Die Gegend um Zarizyn ist im Gegensatz gegen den benachbarten wüsten Steppenboden sehr vortheilhaft ausgezeichnet. Die ganze Steppe des Wolok besteht zwar aus festem gelben Thonboden[3]), doch ist das um die Stadt herumliegende Gebiet kulturfähiges Ackerland und zum Weinbau und Obstbau trefflich geeignet. Vieles wächst hier wild, was man höher an der Wolga aufwärts und sonst in Rußland nicht findet. Die wilden Birnbäume fangen bei Dubowka an häufig zu werden, die Maulbeerbäume erhalten sich in der Niederung der Wolga von selbst und scheinen da einheimisch zu sein. Von hier an beginnen die Tamarisken zu wachsen, und weiter ab-

99) Pallas, Reisen durch verschied. Prov. III. S. 657.
100) Güldenstädt, Reisen durch Rußland I. S. 133.
1) Olearius, moskowitische Reisebeschreibung S. 366.
2) Erdmann, Reisen II, 1. S. 134, 227.
3) Güldenstädt, Reisen durch Rußland I. S. 115.

wärts zeigen sich wilde Pflaumenbäume; selbst manche chinesischen Gewächse kommen hier im Freien fort. Die Mandelsträuche und Pflaumenbäume blühen häufig im Herbst zum zweitenmale. Obst und Wein finden hier eine gedeihliche Heimath, vornehmlich aber die Arbusen, welche in der freien Steppe ohne viele Mühe gewonnen werden und durch ihre Größe wie durch ihren Geschmack die von Astrachan übertreffen [4]). Zu den letztern gehört auch die nach der Angabe der ältern Reisenden hier einheimische Melonenart, welche wie ein Lamm gestaltet und mit einer wollartigen Bekleidung versehen deshalb von den Russen mit dem Namen Boranez d. h. Lamm bezeichnet wird. Wie den wirklichen Lämmern sollen die Wölfe dieser Frucht nachstellen und dadurch von den Bewohnern jener Gegend nicht selten gefangen werden [5]).

Die Nachbarschaft der sich gegen Osten ausbreitenden kaspischen Steppe hat einen wichtigen Einfluß auf die vegetativen Verhältnisse der Umgegend von Zarizyn. Denn die heißen und trockenen Sommer, welche sich mit den warmen Steppenwinden im Juli einstellen, zeitigen die Arbusen und Trauben, obschon sie durch das Übermaaß der Hitze auch nachtheilig einwirken, während sich im Winter, vornehmlich im Januar, eine nicht unbedeutende Kälte einfindet. Zarizyn, an der Grenzmark des asiatischen Steppenbodens gelegen, ist ganz dem Einfluß der dort herrschenden Natur ausgesetzt; bis hierher reicht die Herrschaft der in den Wüsten am kaspischen Meere bemerkbaren östlichen Passatwinde, welche im Monat April beginnen und den ganzen Frühling hindurch wehen, bis sie von den eigentlichen heißen Winden der Wüste abgelöst werden. Der April, in welchem sich die Steppe mit neuer Vegetation bedeckt, ist für diese Gegend der beständigste und schönste Monat; der Juli ist wegen seiner Hitze der unerträglichste Monat, und diese endet meistens mit gewaltigen Gewittern im August, welche zuweilen mit den furchtbarsten Wirbelwinden verbunden

4) Pallas, Reisen durch verschied. Prov. III. S. 592, 640. Vergl. Storch, Gemälde des russischen Reiches II. S. 398.

5) Olearius, moskowitische Reisebeschreibung S. 155.

sind, die durch den aus den Steppen aufgewühlten Blüthenstaub fast die Luft verdunkeln [6]).

Der sich vom Don bis zur Wolga ausbreitende Wolok erhebt sich ganz sanft und allmählig an den Ufern des erstern Flusses und steigt ostwärts immer höher auf in der Gornaja der Wolga, bis man in der Nähe der letztern die größte Höhe von 90 Faden erreicht [7]), von wo der Blick ostwärts auf ihre große Thalniederung fällt, die sich am Fuße der steilen Böschung des Wolok ausbreitet. Die Thalniederung bildet die trefflichsten Wiesengründe, welche von den zahlreichen Armen der Wolga durchschnitten und von Waldungen umsäumt werden. Die majestätische Wolga gewährt von jenen Höhen einen eben so großartigen Anblick als wie der Nil-Strom [8]). Der Uferrand der Wolga von Kamyschin abwärts bis nach Zarizyn besteht aus steil abgebrochenen Flötzhöhen, welche sich an 5, 8 bis 10 Faden über den Wasserspiegel erheben. Am Fuße derselben zeigt sich eine an 10, 20 und mehr Faden breite Ebene mit ein bis anderthalb Faden senkrechter Höhe über dem Wasser, welche mit Weißpappeln und Weidengebüsch besetzt ist und vom hohen Wasser ganz bedeckt wird. Das steile Ufer zeigt überall häufige Wasserrisse, hin und wieder kleinere und größere Schluchten, welche mehr oder weniger tief in das Land einsetzen und entweder blos das Schneewasser oder auch Quellen und Bäche abzuführen dienen. Diese reißen von Jahr zu Jahr immer tiefer ein, weil die Gewässer die weichen Lagen leicht ausspülen; denn die Flötzmassen bestehen hier vornehmlich aus feinem, weißgelblichem Sande in dünnen und dicken Lagen, die theils ganz oder zum Theil versteinert, theils zerreiblich und mit Schnecken und Muscheln angefüllt sind. Alle diese Muschelschaalen sind aber nicht im kaspischen Meere zu Hause, sondern der Niederschlag einer ältern Fluth [9]). Ja Georgi bemerkte daselbst in dem thonigen Uferrande oberhalb Zarizyn in einer Höhe

6) Pallas, a. a. O. III. S. 641 bis 646.

7) Güldenstädt, Reisen durch Rußland I. S. 117.

8) Potocky, voyage dans les steps d'Astrakhan et du Caucase ed. Klaproth. Paris 1829, 8. Tome I. p. 18, 19.

9) Pallas, Reise durch Süd-Rußland I. S. 56, 57, 59.

von vier Klaftern über dem Wasserspiegel eine vollständige Austerbank, die sich in der Dicke von einer Spanne bis zu einer Elle eine Werst weit fortzog. Alle Austerschaalen waren in horizontaler Lage geschichtet, fast unverändert und mit Sandgrus zu einer festen Masse zusammengekittet [10]). Auch südwärts von Zarizyn setzt der erhabene Uferrand der Wolga, aber von der Wolga zurücktretend in gerader Richtung nach Süden noch über 40 Meilen weit in die kumanische Steppe hinein fort, und er bildet dort, wo er bei den Kalmücken den Namen Ergena führt, den äußersten Vorsprung des schon früher berührten Obstschei Syrt [11]).

Den bedeutendsten Querdurchbruch durch diese Gornaja bildet gerade an der schmalsten Stelle des Wolok der Zariza-Bach. Längs desselben steigt das Land sehr hoch an, so daß er in einem sehr tiefen Thale fließt, welches steil abgestürzte Ufer von Sandstein und Thon zeigt. Alle diese Steilwände um Zarizyn sind eisenhaltig und gewähren quellende Eisenwasser, welche wie die bei der Festung unten am Ufer der Wolga in officinellem Gebrauche sind. Einige zwanzig Werst von der Wolga steigt man aus dieser Thalschlucht der Zariza empor, und es folgt ein erhabenes an 16 Werste breites trockenes Land, über welches man nach der in einer ähnlichen Thalschlucht gegen Südwesten zum Don abfließenden Karpowna gelangt. Aber auch jene engste Stelle des Wolok ist noch von manchen kleinern Querschluchten nach Osten und Westen hin durchrissen, deren gegenseitiger Abstand häufig nicht über 6 bis 8 Werste beträgt. Die Karpowna ergießt sich mit einer reichlichen Wasserfülle noch an dreißig Werst weit zum Don, doch gewahrt man deutlich, daß ihr Bett viele Klafter höher liegt als das der Zariza [12]). Dieser Querspalt der Zariza und Karpowna bildete an der merkwürdigen Lokalität der Annäherung der Wolga

10) Georgi, Reisen II. S. 787.

11) Falk, topographische Beiträge I. S. 123.

12) Pallas, Reisen durch verschied. Prov. III. S. 656, 657. Auf eben diese Gegend bezieht sich wohl des Olearius Nachricht von einer angeblich natürlichen Wasserverbindung zwischen dem Don und der Wolga. Olearius, moskowitische Reisebeschreibung S. 366.

und des Don aneinander ein natürliches Bollwerk für die innern Gebiete Rußlands gegen die Streifereien der aus der kaukasischen Steppe kommenden räuberischen Nomadenvölker, und Peter der Große benutzte dies Verhältniß zur Anlegung einer künstlichen Befestigung in der nach der dortigen Hauptfestung benannten zarizynschen Linie. Sie beginnt bei Zarizyn und erstreckt sich von dort an 60 Werst weit in nordwestlicher Richtung bis zur Einmündung der Ilawla in den Don. Sie bestand bei ihrer ersten Einrichtung im Jahre 1717 aus einem trockenen Graben mit einem zwei Faden hohen Erdwall [13]), und enthielt vier kleine Festungen Metschetna, Gratschi, Koltybansk und Osokor, welche noch durch 25 Vorposten mit einander verbunden waren [14]). Wie so viele andere Vertheidigungslinien in jenen Gebieten an der Wolga hat auch diese jetzt ihren Zweck verloren und ist verfallen [15]).

Der Festung Zarizyn gegenüber an der Südseite des Stromknies der Wolga liegt die letzte deutsche Kolonie in diesem Gebiete, das Städtchen Sarepta an der Einmündung der Sarpa in die Wolga. Es kommt diese Sarpa, der letzte eigentliche Zustrom zur Wolga, aus der trockenen und salzigen kumanischen Steppe, sie macht gleich andern Steppenbächen gleich von ihrem Ursprunge an viele tiefe, breite und schilfreiche Busen oder Teiche, die durch seichte Kanäle mit einander in Verbindung stehen [16]). Sie fließt in gerader Richtung von Süden nach Norden am Ostfuße des äußersten Vorsprunges des Obstschei Syrt entlang, der hier mit seinen zahlreichen Schluchten und Einrissen nichts als der Absatz des höhern und fruchtbaren Kulturbodens gegen den wüsten Steppenboden ist, der sich auf der Ostseite der Sarpa bis zur Wolga ausbreitet (s. Abtheil. 1. S. 208.). Die Sarpa zeigt hier dieselbe Erscheinung auf der Westseite der Wolga, welche der Jeruslan mehr oberhalb auf der Ostseite derselben. In direkt entgegengesetzter Richtung er-

---

13) Falk, topograph. Beiträge I. S. 122.
14) Lepechin, Tagebuch einer Reise I. S. 267.
15) Erdmann, Reisen II, 1. S. 134.
16) Pallas, Reisen durch verschied. Prov. III. S. 568.

gießt sich die Sarpa zur Wolga, welche nach der Bildung der Sarpa-Insel oder Sarpinskoi Ostrow zwischen den Einmündungen der Zariza und Sarpa sich schon ostwärts in die Wüste hineingewandt hat. Die Stadt Sarepta an der linken Seite der Sarpa wurde im Jahre 1765 von mährischen Brüdern gegründet, und war schon wenige Jahre nachher bei Pallas Anwesenheit eine ansehnliche Kolonie, deren Bevölkerung sich durch neue Ansiedler aus Holland und Deutschland vermehrt hatte. Sie war durch ihre Lage an der Sarpa geschützt und überdies durch Wall und Graben gesichert gegen die Angriffe der benachbarten Steppenbewohner. Zum Ackerbau war aber ihre Lage schlecht gewählt, da sich meistens dürrer Salzboden umher ausbreitet. Nur der Flachs würde mit Vortheil gebaut werden können, da er hier wie auf der donischen Steppe häufig wild wächst und gleichsam wie zu Hause ist. Dagegen ist die Fischerei in der Wolga sehr ergiebig und einträglich für die Bewohner und eben so die Jagd auf das Wasserwild, denn im Frühjahr und Herbst wimmelt es besonders auf der Sarpa von wilden Gänsen und allerlei Entenarten. Es erlitt diese Kolonie zwar das Unglück von den jaikschen Kosacken verwüstet zu werden, doch erholte sie sich wieder und kam durch den Handelsverkehr mit ihren Fabrikarbeiten, welchen sie mit den Steppenbewohnern anknüpfte, bald in einen blühenden Zustand[17]). Auch jetzt ist Sarepta ein freundliches wohlhabendes Städtchen von Obst- und Weingärten umgeben, dessen Bewohner mit den Erzeugnissen ihres Gewerbefleißes einen weit ausgedehnten Handel betreiben[18]).

3. Der untere Lauf der Wolga.

Der große Wolok von Zarizyn zwischen den beiden Strömen Wolga und Don zeigt die eigenthümliche Erscheinung, daß dieselben, von entgegengesetzten Richtungen von Nordost und Nordwest her die Parallelen und Meridiane diagonal durchschneidend, sich bis auf wenige Meilen nähern, wie wenn der

---

17) Pallas, a. a. O. III. S. 560 bis 565.
18) Erdmann, Reisen II, 1. S. 135.

Don sich ins kaspische und die Wolga sich ins pontische Meer ergießen wollte. Aber die erhabene, den Wolok bildende Gornaja der Wolga kann von den beiden Strömen nicht durchbrochen werden, nach der versuchten Durchkreuzung ihrer Stromthäler biegen beide Ströme plötzlich unter rechtem Winkel um, die Wolga nach Südost, der Don nach Südwest, um sich in die ihnen in ganz entgegengesetzter Richtung vorliegenden Meere zu ergießen. Dies merkwürdige Umspringen in der Direktion der Stromlinien ist dieser Erdstelle ganz eigenthümlich, und die damit zusammenhängenden Erscheinungen in der Bildung der benachbarten Landschaften sind nicht ohne Einfluß auf den Gang der Völkerentwickelung in diesem Passagelande gewesen.

Zwischen Zarizyn und Sarepta tritt die Wolga, gegen Osten und dann gegen Südost sich wendend, in die öde kaspische Steppenniederung ein, welche schon von Kamyschin an abwärts ihr östliches Gestade begleitet hat. Es ist der Schlund des kaspischen Meeres, der die Wolga hier aufnimmt, wie es Al. v. Humboldt charakteristisch ausdrückt [1]). Die Wolga hat nun ganz das europäische Gebiet verlassen, sie fließt hier wesentlich auf asiatischem Grund und Boden innerhalb der großen Niederung, welche sich zwischen den beiden Hochländern von Ost- und West-Asien bis nach den Grenzmarken Europas hinzieht und in ihren Flächen noch unter den Spiegel des Oceans hinabsinkt. Noch über ein halbes hundert Meilen weit in gerader Richtung von Zarizyn bis nach Astrachan oder durch drittehalb Breitengrade vom $48\frac{1}{2}°$ bis $46°$ N. Br. zieht sich das Thal der Wolga durch diese Niederung hin, ehe sich die durch den langen Lauf ermatteten Gewässer des Stroms mit denen des kaspischen Meeres vermischen, und merkwürdig genug liegt dieser untere Theil der Wolga in derselben Richtung mit dem obern Laufe vom Seliger Osero bis nach Rschew und Subzow und zwar in vollkommen einer und derselben Linie nur durch einen Raum von anderthalb hundert Meilen getrennt, welcher von der großen Stromrinne des Don, über Woronesch ge-

1) Humboldt, fragmens asiatiques II. p. 323.

gehend erfüllt wird, und von welcher Linie das große Stromknie bei Kasan an hundert Meilen nordostwärts entfernt liegt.

Dieses wüste Steppengebiet, welches sich zu beiden Seiten des untern Laufes der Wolga bis zum kaspischen Meere hin ausbreitet, führt uns nun zu dem bei den orientalischen Autoren vielfach genannten und berühmten Kiptschak oder Kaptschak, welches wegen seiner Wüsten auch Descht-Kaptschak genannt wird [2]), aber nur einen Theil von dem weit größern unter demselben Namen erscheinenden westmongolischen Reiche Kaptschak der Dschingischaniden aus Batus Geschlecht bildet [3]). Denn der Name Kaptschak wird von den orientalischen Autoren meistens in einem verschiedenen Umfange gebraucht. Im weitern Sinne rechnete man dazu, wie aus verschiedenen Angaben Scherifeddins, des Geschichtschreibers der Thaten Timurs, erhellt [4]), schon die Wüsten, welche sich auf der Nordseite des Sihon ausdehnen, und im weitesten Sinne bezeichnet damit Timurs zweiter Geschichtschreiber Ahmed Arabscha [5]) alle einst von Batuchan beherrschten Gebiete, die sich von dem Altai und der Mongolei im Osten westwärts bis zu den Ländern der Russen und Bulgaren erstrecken, und er umfaßt diese meistens aus Steppen und Wüsten bestehenden Räume auch blos mit dem Namen Descht oder Balad el Descht. Im engern Sinne versteht man aber unter dem Namen Kaptschak nur die um das Hoflager der Khane der goldenen Horde sich ehemals ausbreitenden pontischen und kaspischen Steppenebenen, welche, wie der tatarische Geschichtschreiber Abulgasi sagt [6]), von den drei Strömen Tin, Atel und Jaik durchzogen würden, und diesem Sprachgebrauch scheint auch der persische Geschichtschreiber Raschided-

2) Herbelot, bibliothèque orient. Maestricht 1776. fol. p. 203. Sprengel, Geschichte der geograph. Entdeckungen S. 161.

3) Petis de la Croix, histoire du Genghizcan, empereur des anciens Mogols et Tartares. Paris 1710. 8. p. 130, 441.

4) Cherifeddin Ali, histoire de Timur Bec I. p. 263., II. p. 6.

5) Ahmed Arabsja, historia Tamerlanis ap. Andr. Müller, disquisitio geographica et historica de Chataja. Berol. 1671. 4. p. 13.

6) Abulgasi, histoire généalogique des Tatares. Leyden 1726. 8. p. 47.

din am Hofe der mongolischen Khane in Iran zu folgen[7]). Noch bestimmter tritt dies hervor in der Angabe seines vermuthlichen Zeitgenossen, des arabischen Geschichtschreibers Schamseddin von Damask, wenn er sagt, Kaptschak liege jenseits von Derbend nach der Seite des Russen-Meeres (Pontus) hin[8]). Eben dieses Gebiet, welches wegen seiner Naturbeschaffenheit näher als Daschte Kiptschak bezeichnet ward, führt bei den spätern Morgenländern auch einen andern an die ältere Zeit des Mittelalters erinnernden Namen, indem der persische Geograph Sadik von Ispahan bemerkt, daß die Gegend auf der Nordseite des Sees von Ghilan oder des kaspischen Meeres Daschti Khasar genannt werde, daß sie auch Khasaran oder Daschti Kiptschak heiße und die Gebiete von Serai, Balendscher, Burtas und andere umfasse, und daß Serai die Hauptstadt davon sei[9]). Aber bei den abendländischen Reisenden des Mittelalters, wie bei Plan Carpin, kommt dies Gebiet der pontisch-kaspischen Steppen unter dem Namen Kumanien vor, nach der hier mehrere Jahrhunderte lang hausenden türkischen Völkerschaft der Kumanen benannt[10]), welche einst der Schrecken des alten Rußland unter dem Namen der Polowzen in den russischen Annalen bekannt sind[11]). Doch erscheint der Name Komanien auch noch bei jüngern Reisenden, wie bei einem Tavernier im siebzehnten Jahrhundert[12]), obschon er jetzt seit der jüngsten Umwandlung der Völkerverhältnisse daselbst nach der Vertreibung der turktatarischen Nogaier wohl verschwunden sein möchte. Nicht wahrscheinlich ist es, daß mit der Einwanderung der mongolischen Kalmücken daselbst seit Taverniers Zeit

---

7) Raschideddin, histoire des Mongols nach J. v. Hammer im Nouv. journal asiatique. Paris 1832. Tome IX. p. 514.

8) Schamseddin Dimeschky bei Frähn, Ebn Foslan u. s. w. S. 29. Herbelot in seiner orient. Bibliothek unter dem Art. Tholun weiß über die Zeit des Schamseddin nichts genaueres anzugeben.

9) Sadik Isfahani, geographical works. London 1832. 8. p. 23, 102.

10) Forster, Geschichte der Entdeckungen im Norden S. 124.

11) Nestor, Jahrbücher der russ. Geschichte nach Scherer S. 133.

12) Tavernier, voyages en Turquie etc. I. p. 329.

der alte Name Kaptschak wieder erneuert sein sollte, und nur als eine Erinnerung an die frühere Zeit muß man es betrachten, wenn nach der Aussage von Reineggs sich noch bis jetzt die Bezeichnung Kiptschak für die Ebene erhalten haben soll, welche sich auf der Westseite des kaspischen Meeres im Süden des Flusses Terek bis zu dem kleinern kaukasischen Flusse Koisu hin ausbreitet [13]).

Der Name Descht-Kaptschak ist übrigens aus zweien aus der persischen und türkischen Sprache entlehnten Wörtern zusammengesetzt. Denn das persische Wort Descht bedeutet, wie schon Cornelius Witsen, der fleißige holländische Sammler orientalischer Quellen [14]), und sodann auch der berühmte französische Geograph d'Anville bemerkte [15]), Wüsten und Einöden, und erscheint daher häufig in der großen centralen Niederung Asiens, welche sich einer fruchtbaren Erddecke entblößt als ehemaliger Meeresboden um das kaspische Meer herum zeigt. Ja auch noch jetzt soll als Anklang an die frühere Zeit die Sandwüste, welche sich am Nordfuße des Hochlandes Iran nordwärts bis zum alten Oxus hin ausdehnt, bei den Einheimischen mit dem Namen Deschti-Kiptschak bezeichnet werden [16]). Aber der Name Kaptschak führt in die Urgeschichte der türkischen Völker zurück in die Zeit des alten Stammhelden Ogus Khan, indem nach einem zufälligen Umstande ein Zweig des türkischen Volks-

---

13) Reineggs, historisch-topographische Beschreibung des Kaukasus, herausg. von Schröder. Gotha 1796. 8. Th. I. S. 31, 32.

14) Cornel. Witsen, Noord en Oost Tartaryen. Amsterdam 1705. fol. p. 216. Het woord Dista of Dest betekent op het Persiaensch eenzaemheit of woestyne.

15) D'Anville, l'empire de Russie, son origine et ses accroissements. Paris 1772. 8. p. 36. Le terme de Desht est tiré du Persan pour désigner un vaste pays de plaines.

16) James Fraser, narrative of a journey into Khorasan in the years 1821 and 1822. London 1828. 4. p. 244. To the east of Mazunderan a desert of barren sand, chiefly level and little elevated above the Caspian sea stretches northward from the feet of the mountains of Khorasan to an immense extent forming a part of that mighty plain, to which the natives have given the appellation of Dushte-Kipchauk.

stammes mit diesem Worte von jenem Fürsten benannt worden sein soll. Denn nach Abulgasis Aussage [17]) bezeichnet das Wort in der alten türkischen Sprache einen hohlen Baum oder die Rinde eines Baumes, und damit stimmen auch die neuern Kenner der türkischen Sprache, wie Lumley Davids und J. v. Hammer überein [18]). Seitdem hat sich jener Name durch alle Zeiten der Geschichte bei den mongolischen, türkischen und turktatarischen Völkern, sobald dieselben mit einander in Berührung geriethen, erhalten, hat sich von den Tafelflächen des ostasiatischen Hochlandes mit den dort auswandernden Stämmen in der Zeit der Dschingisschaniden nach West-Asien hinabverbreitet, und ist bis zu den Grenzmarken Europas vorgedrungen, wo er in dem Reiche der Ulus Tschutschi am uralischen Völkerthore zur welthistorischen Bedeutung sich emporgeschwungen hat. Aber noch zu Timurs Zeit finden wir eine besondere turktatarische Horde, welche auf den Grenzen der Reiche Kaptschak und Dschagatai am Sihon nomadisirt haben muß, unter jenem Namen erwähnt, so wie sogar seltsamer Weise Scherifeddin von einer festen Stadt dieses Namens in dem Königreich Katlan in dem Alpenthale von Badakschan am obern Oxus berichtet [19]). Wenn wir nun noch heut zu Tage nach den jüngsten Berichten von Meyendorff [20]) und von Murawiew [21]) bei den echt türkischen Usbecken im bocharischen Tieflande den Namen Kiptschak oder Kangli-Kiptschak zur Bezeichnung einer ih-

---

17) Abulgasi, histoire généalogique des Tatares p. 45. Ogus Chan lui donna le surnom de Kipzak, qui veut dire en vieux langage Turc un arbre vuide.

18) Lumley Davids, grammar of the Turkish language Pref. p. VI. J. v. Hammer, in den Wiener Jahrbüchern Th. LXII. 1833. S. 40. Erwähnt kann hierbei noch werden, daß die Angabe des Namens Kaptschak Dirlar zur Bezeichnung des kaspischen Steppengebietes an der Wolga, wie er bei ältern und jüngern russischen Geschichtschreibern, als Bayer, Schlözer und Ewers vorkommt, nach Frähns Bemerkung nur auf einem Mißverständniß beruht. Frähn, Ebn Foslán, Vorr. S. XXXIV.

19) Cherifeddin Ali, histoire de Timur Bec I. p. 262. II. p. 12.

20) G. de Meyendorff, voyage d'Orenbourg à Boukhara p. 190.

21) Mouraviev, voyage en Turcomanie et à Khiwa p. 269.

rer Hauptstämme in den Herrschaften von Bochara und Chiwa genannt finden, so kann es um so weniger befremden, daß derselbe auch zur Bezeichnung eines der Stämme der Kirgisen von der mittlern Horde dient [22]), die ja zum Theil aus den Völkermassen aus dem Reiche des Batuchan erwachsen sind, und daß er sich, wie schon früher bemerkt ist (s. Abth. 1. S. 149.), auch bei den Baschkiren von der nogaischen Straße bis jetzt erhalten hat, weil diese nicht nur den mongolischen Herrschern in der kaspischen Steppenniederung unterworfen waren, sondern sich mit deren Völkern auch vielfach vermischt haben.

Es bildet nun das zwischen dem Obstschei Syrt und dem kaspischen Meere sich ausdehnende Gebiet zwar eine große Niederung, doch liegt dieselbe in ihren Flächen noch immer mehrere Klafter über dem Spiegel des benachbarten Meeres [23]), gegen welches sie sich allmählig hinabsenkt, und zwischen diesen etwas erhabenen Flächen zieht sich die mächtige Thalrinne der Wolga südostwärts fort, bis sich beide an den schilfreichen Küsten des Meeres in dem wolgischen Deltalande in einander verlaufen. Das Gestade der Wolga bildet hier einaan 40 Werst breite Niederung, welche von den Frühjahrsfluthen unter Wasser gesetzt einen imposanten Anblick gewährt, indem in diesem mächtigen, fast unübersehbaren Wasserspiegel nur hin und wieder lange, mit dem schönsten Grün bekleidete Inselstreifen sich alsdann erheben, zwischen denen die zahlreichen, die Wolga stets auf und hinab fahrenden Schiffe und Boote dahin gleiten [24]). Die Wolga theilt sich hier in unzählige Arme, welche sich abwechselnd vereinigen und sich wieder trennen. Die vielen aus fruchtbarem Schlammboden bestehenden Inseln sind theils mit Schilf und Gesträuch bewachsen, theils gewähren sie den Anwohnern die trefflichsten Heuschläge. Die Achtuba ist der bedeutendste Nebenarm der Wolga, welcher sich schon an 20 Werst oberhalb Zarizyn von ihr absondert und sie in einem Abstande

22) Georgi, Beschreibung aller Nationen des russ. Reiches I. S. 200.

23) Pallas, Reise durch Süd-Rußland I. S. 104 bis 107.

24) Zwick, Reise von Sarepta in die verschiedenen Kalmücken-Horden des Gouv. Astrachan im J. 1823. Leipzig 1827. 8. S. 21.

von einigen Wersten und Meilen parallel bis zu ihrer Mündung auf ihrer Ostseite begleitet. Das von vielen Verbindungsarmen durchschnittene bruchige und waldige Land zwischen der Achtuba und Wolga führt den Namen Mantuchoi bei den dort hausenden Kalmücken. Die Achtuba, sagt Falk, hat eine Breite von 50 bis 150 Faden, ist im Sommer aber zum Theil ausgetrocknet, hat einen schlammigen, mit vielen Wasserpflanzen bedeckten Boden und ist nur im Frühjahr wasserreich, so daß sie dann mit der Wolga zusammentritt [25]). Gmelin sagt, die Achtuba sei eigentlich kein Arm der Wolga zu nennen, da sie nur zur Zeit der Frühjahrsüberschwemmungen ihren gehörigen Lauf habe, sonst ein von Sandbänken unterbrochenes Wasser, welches im Sommer meistens austrockne. Sie sei daher nur ein begleitender Kanal zu nennen, der höchstens an 30 Faden Breite habe und sich bis gegen 30 Werst von der Wolga entferne [26]). Der Hauptarm der Wolga selbst zieht sich an dem ziemlich erhabenen westlichen Ufer der Steppe entlang, und bildet hier in der That einen sehr ansehnlichen Strom. Bei dem geringsten Sturme schlägt die Wolga hier furchtbare Wellen, und Pallas glaubte sie mit der Themse unterhalb London vergleichen zu dürfen [27]). Nur an wenigen Orten ist die Wolga unterhalb Zarizyn blos eine Werste breit, und gerade diese Stellen werden auch zur Überfahrt benutzt. Die beiden Hauptstellen dazu sind bei Wetlianskaja Staniza ungefähr in der Mitte dieses untern Laufes zwischen Tschernojarsk und Jenotajewsk und dann weiter unterhalb nach Astrachan zu bei Samian Gorodok, wo ihre Breite nur an hundert Faden beträgt [28]). Aber in der ganzen untern Gegend der Wolga ist der Lauf derselben und ihr Thalbett wegen der losen Textur des Bodens vielen Veränderungen unterworfen, die durch die Gewalt des hohen Wassers bewirkt werden [29]).

25) Falk, topographische Beiträge I. S. 116, 117.

26) Gmelin, Reise durch Rußland zur Untersuchung der drei Naturreiche. Petersburg 1774. 4. Th. II. S. 71.

27) Pallas, Reise durch Süd-Rußland I. S. 88.

28) Gmelin, Reise durch Rußland II. S. 70.

29) Pallas, Reise durch Süd-Rußland I. S. 66.

An dem erhabenen westlichen Steppenufer der Wolga zieht sich die große Heerstraße von Kasan und Saratow nach Astrachan entlang. Hier finden sich die meisten slavischen Ansiedlungen in diesem Gebiete, welche sonst landeinwärts gar nicht vorhanden sind, und auch die beiden wichtigsten Lokalitäten in ziemlich gleichem Abstande zwischen Zarizyn und Astrachan. Der erste Ort ist Tschernojarsk, welcher zur Verbindung der Besitzungen Rußlands an der mittlern Wolga mit dem Hafenorte Astrachan schon im Jahre 1626 von dem Zaren Michael Feodorowitsch gegründet wurde. Seine jetzige Anlage als Festung stammt aber erst aus der ersten Hälfte des achtzehnten Jahrhunderts seit 1742 von der Kaiserin Elisabeth Petrowna [30]). Tschernojarsk hat seinen Namen von dem erhabenen, schwarzen und fruchtbaren Ufer der Wolga, auf welchem es steht, doch sind die Bewohner weniger auf den Ackerbau als auf den Fischfang und die Viehzucht angewiesen [31]). Zwar wird die Wolga von Sarepta an nicht mehr von dem erhabenen Bergufer begleitet, dennoch zieht sich an ihrer rechten Seite ein erhabenes, aus Flötzmassen bestehendes Steppenufer entlang, welches oberhalb Tschernojarsk selbst aus grauem Thonschiefer gebildet wird und steile und abgerissene Uferwände zeigt [32]). Bei Tschernojarsk bestehen die an 6 bis 8 Klafter hohen Steilufer aus Sandstein und Kalkmassen, die Oberfläche der landeinwärts sich ausbreitenden Steppe ist Thonboden, der schon mit zahlreichen Salzpflanzen bedeckt ist [33]). Die gesammte Steppenfläche von Zarizyn an abwärts an der Wolga entlang ist mit unzähligen, mäßig großen Kurganen überdeckt [34]), welche die bedeutende Bevölkerung dieser Gegend in früherer Zeit beurkunden. Weiter abwärts folgt der Ort Jenotajewsk, wo der Thonboden der Steppenfläche immer mehr in eine mit Salzmassen erfüllte Sandwüste übergeht; überall zeigen sich Salzseen und

---

30) Gmelin, Reise durch Rußland II. S. 33.

31) Erdmann, Reisen II, 1. S. 220.

32) Pallas, Reise durch Süd-Rußland I. S. 82 bis 87.

33) Georgi, Reisen II. S. 783.

34) Pallas, Reise durch Süd-Rußland I. S. 83, 89.

Salzpfützen, und der Sand ist voll Schnecken und Muschelgrus [35]). Alle Pflanzen haben fortan nur ein zartes und mageres Ansehn. Jenotajewsk wurde im Jahre 1741 als Schutzmittel der Verbindung mit Astrachan gegen die Kalmücken angelegt, und es war zugleich die Absicht der Regierung, die Fürsten jener nomadisirenden Stämme hierherzuziehen, um sie an eine feste Lebensart zu gewöhnen, was aber mißlang [36]). Der Ort wurde nebst dem oberhalb liegenden Tschernojarsk erst im Jahre 1785 zur Stadt erhoben. Jetzt ist Jenotajewsk der Sitz der Verwaltungsbehörde für die Angelegenheiten der Kalmücken, bisweilen auch eines Khans derselben. Der Ort wird nur von einigen Kaufleuten und Kosacken bewohnt, welche von der Fischerei in der Wolga und von der Viehzucht leben [37]).

Unterhalb Jenotajewsk sinkt die Steppe immer mehr zum Meere ab, der Boden wird immer sandiger, hat stellenweise große Flugsandschollen, unter dem Sande aber Muschelgrus [38]). Doch hält sich die trockene, zum Theil hüglige Steppe noch immer an zwei bis 3 Faden über dem Spiegel der Wolga. Je mehr man sich der Küste nähert, desto mehr findet man zwischen den Flugsandhügeln zerstreute Salzgründe, auf welchen sich weiße Salzrinden erzeugen [39]). Die bedeutendste Abwechselung und Erhebung, welche sich in diesen einförmigen und öden Flächen findet, gewährt der merkwürdige Berg Bogdo Ola, welcher in der Nähe der Achtuba gerade ostwärts von Tschernojarsk unter dem 48. Parallel, an 60 Werst von dem Flecken Wolodimerowka an der Achtuba, gelegen ist. Er gehört zu den größten Merkwürdigkeiten der Steppe. An seinem Fuße hat er an zwanzig Werst im Umfange und seine Höhe beträgt über 70 Faden [40]). Sein kalmückischer Name Bogdo Ola be-

---

35) Georgi, Reisen II. S. 782.

36) Gmelin, Reise durch Rußland II. S. 38. Vsévolojsky, dictionnaire géogr. hist. de la Russie I. p. 180.

37) Erdmann, Reisen II, 1. S. 220.

38) Güldenstädt, Reisen durch Rußland I. S. 142.

39) Pallas, Reisen durch Süd-Rußland I. S. 92, 94.

40) Gmelin, Reise durch Rußland II. S. 8 bis 12. Georgi, Reisen II. S. 784.

deutet der erhabene, göttliche Berg; doch heißt er auch, weil er einen langgestreckten Bergrücken bildet, Arslan Ola, Löwenberg, und der an seinem Fuße liegende Salzsee wird Bogdoin Dabassu genannt. Seine Basis bildet eine fast dreieckige Erd- und Felsenmasse, welche sich gegen Nordost mit einer kegelförmigen Spitze zu einer Höhe von 4 bis 500 Fuß erhebt. Auf dieser Seite ist der Abhang schroff und voll Schluchten, die ihn von einer niedern Felsenmasse gegen Nordost absondern; letztere besteht aus grobkörnigem Sandstein und liegt wie eine Vormauer zu seinen Füßen. Sie scheint durch einen mächtigen Riß von der übrigen Masse getrennt zu sein. Der Berg selbst von dieser Seite betrachtet ist kahl und von den herabstürzenden Regenwassern wie abgewaschen. Sein unterer Theil, der auf Kalkgrund ruht, ist Sandstein wie in der Vormauer, und die Schluchten und Spalten in demselben der Aufenthalt unzähliger Steppenvögel. Dann folgen Lagen von Thon und Sand, welche rothe und weiße Schichten bilden, und ihm auf dieser Seite ein sonderbares gestreiftes Ansehn geben. Der Gipfel aber, so wie die sich an ihm herabziehenden Regenschluchten sind mit Bruchstücken von Muschelkalk bedeckt. Gegen Süden und Westen breitet sich sein Abhang weiter aus und steigt gleichsam mit zwei Armen, welche ein Thal einschließen, allmählig nieder. Dieses Thal zieht sich nachher gegen Norden herum und endigt in dem Bassin des Sees, von wo aus der Berg auch bestiegen zu werden pflegt [41]). Der ganze Berg wird von den Kalmücken sehr verehrt, weil er durch den Dalai Lama selbst, der an jener Stelle einst übernachtete, hervorgebracht sein soll [42]), und die Vorbeireisenden versäumen nicht ihre Ehrfurcht zu bezeugen, indem sie einige Sachen als Geschenke für die Gottheit hinlegen. Die Steinhaufen auf seinem Gipfel bilden noch besondere heilige Stätten für die Kalmücken, wie an vielen andern Orten dieser Wüste. Der ganze Berg, sagt Gmelin, ist voll von den Petrifikationen solcher Körper, welche blos im

41) Erdmann, Reisen II, 1. S. 113, 114.

42) Vsévolojsky, dictionnaire géogr. hist. de la Russie I. p. 53.

Meere leben können[43]), und auch Pallas, welcher ihn etwas später genau untersuchte, konnte nicht umhin anzuerkennen, daß diese Berghöhe ein Denkmal des Kampfes der wilden Elemente in der kaspischen Steppenniederung sei[44]).

Der Salzsee Bogdoin Dabassu hat eine Länge von 16 Werst von Süden nach Norden und eine Breite von 9 Werst. Er setzt ein schönes blendend weißes Salz ab, welches dem Rande das Ansehn der schönsten Schneedecke giebt. Früher wurde auch hier das Salz gebrochen, aber seit dem Jahre 1807 ist es wegen des kostspieligen Transportes eingestellt worden[45]). Weit wichtiger und berühmter ist aber in dieser Beziehung der mehr nordwärts liegende große Elton-See. Es breitet sich derselbe innerhalb des wüsten Steppenbodens gerade im Osten von Dubowka aus und nordwärts von Tschernojarsk, aber dieser große See bildet nur den Anfang von einer ganzen Reihe von kleinern Salzseen und Salzgründen, welche sich von dort gegen Südosten hin durch die wolgische Steppe bis zum kaspischen Meere hinziehen. Pallas sagt von der Steppe, welche sich auf der linken Seite der untern Wolga ausdehnt, er habe wenige Gegenden gesehen, welche so arm an Pflanzengattungen und so einförmig seien als diese. Wo die Steppe sandig ist, da sind allemal die Pflanzen von denjenigen verschieden, welche der lehmigen und salzhaften dürren Fläche eigen sind, und letztere bildet den traurigsten und kahlsten Boden im ganzen Reiche, während die sandige Steppe noch mancherlei Pflanzenarten zeigt[46]). Gleich auf der Ostseite der Mündung der Wolga bei Krasnojarsk beginnen die Salzseen, und sie liegen immer in einem flachen Kesselgrunde der etwas erhöhten Steppe[47]). Von da an ziehen sich diese Salzgründe in nördlicher und nordwestlicher Richtung bis zum Elton-See, und an mehreren Stellen zeigen sich die trefflichsten Steinsalzmassen.

---

43) Gmelin, Reise II. S. 12.

44) Pallas, Reisen durch verschied. Prov. III. S. 665 bis 680.

45) Erdmann, Reisen II, 1. S. 117.

46) Pallas, Reise durch Süd-Rußland I. S. 110.

47) Pallas, a. a. O. I. S. 104 bis 107.

Schon Gmelin machte darauf aufmerksam [48]), daß die Gips- und Alabasterbrüche im südlichen Rußland sich besonders da zu zeigen pflegten, wo der Salzvorrath am ergiebigsten sei, und Pallas hat dies in diesen Gebieten überall bestätigt gefunden. So liegt gerade ostwärts von Tschernrjarsk innerhalb der Steppe die merkwürdige Gebirgsanhöhe Tschaptschatschi; sie ist 8 Werste breit, ist kahl, nackt und dürr, ähnlich den inderskischen Bergen auf der Ostseite des untern Jaik, und besteht aus Kalkschiefer und Gipsmassen. Es zeigt sich hier die große süduralische Salzbank in Steinsalzmassen, welche schön und krystallrein unter einem mit Schneckenschaalen vermischten Thonboden in mächtigen Schichten abgelagert sind [49]). An dem Nordfuße dieser Anhöhe breitet sich der große Salzsee Ulan Chaak im Südwesten des großen Kamysch-Samara-Sees aus, und er steht gegen Nordwest durch viele flache Salzgründe mit dem Elton-See in Verbindung. Ähnliche Steinsalzmassen zeigen sich etwas südwärts vom Tschaptschatschi bei den weißen Gipshügeln von Arsagar, wo eine ganz flach gerundete, mehrere Werste aufsteigende Höhe mit ungefähr funfzig größern und kleinern Gipsklippen besetzt ist, deren senkrechte Erhebung über dem Niveau der Steppe an 12 bis 13 Faden beträgt und die auf den Spitzen noch die ehemalige Bedeckung durch die Fluthen des kaspischen Meeres beurkunden [50]). Merkwürdig ist es nun dabei, daß diese Reihe von Salzseen und Salzgründen in Verbindung mit den Steinsalzmassen der Gipshügel sich unmittelbar am Westfuße und im Parallelismus der hohen Sandberge hinzieht, welche sich gerade in der Mitte zwischen der untern Wolga und dem untern Jaik in südöstlicher Richtung bis zum kaspischen Meere erstreckt, und welche wir schon oben aus Pallas Wanderung in diesem Gebiete des uralischen Völkerthores unter dem Namen Naryn oder Rynpeski (s. Abth. 1. S. 54.) kennen gelernt haben [51]). Auf der an-

48) Gmelin, Reise durch Rußland II. S. 9.
49) Pallas, Reisen durch verschied. Prov. III. S. 543 bis 545.
50) Pallas, Reise durch Süd-Rußland I. S. 116 bis 128.
51) Pallas, Reisen durch verschied. Prov. III. S. 542.

dern, südwestlichen Seite aber wird diese Reihe von Salzmassen von dem Thalbette der Wolga wieder geschieden durch eine ähnliche Kette von Flugsandbergen, welche sich in langen Reihen, jenem Naryn analog gebildet, auf der Lugowaja entlang zieht und hier einen erhabenen Uferrand gegen den süßen Strom und gegen das salzige, trocken gelegte Strombett, wie der Naryn gegenüber, zu bilden scheint [52]).

Der Elton-See liegt an 127 Werst im Südosten von Kamyschin unter 49° N. Br. und 64° 20′ O. L. von Ferro. Er ist von ovaler Gestalt, hat eine Länge von 17 Werst von Westen nach Osten und eine Breite von 13 Werst mit einem Umfang von 47 Werst. Er hat ein sehr flaches Bassin und man soll ihn im Sommer ganz durchwaten können, wenigstens ist er dann einige Werst vom Ufer selten über eine Arschine tief. Doch ist seine Mitte bis jetzt noch nicht gemessen worden. Im Frühjahr schwillt derselbe vom Schneewasser, so wie im Herbst vom Regenwasser stärker an. Sein Rand ist züm Theil flach, zum Theil hoch und abschüssig, das letztere mehr an der nördlichen und östlichen Seite. Das flache Ufer wird aus Thonboden gebildet, das höhere zeigt Kalkstein mit Spuren von Schaalthieren. Die Steppe umher steigt über seinen Spiegel an zwei bis vier Faden empor. Das ganze Bassin des Sees scheint von einem mächtigen Thonlager gebildet zu werden, und auf das Verhältniß der Thonmassen zu dem Salzreichthum hat schon Pallas aufmerksam gemacht [53]). Von allen Seiten ergießen sich kleinere oder größere Bäche in den See, von welchen an sechzehn der bedeutendsten größtentheils salzhaltig sind. Um die Mündung derselben ist das Ufer gewöhnlich morastig und der See größtentheils unzugänglich. Einen Abfluß hat derselbe nicht, und das Wasser, welches er aufnimmt, wird blos durch die Ausdünstung wieder zerstreut. Nähert man sich ihm, so empfindet man einen laugenhaft modrigen Geruch, der sich aus dem Schlamme am Ufer zu entwickeln scheint. Seine Oberfläche spielt verschiedene Farben, je nachdem die Be-

52) Pallas, a. a. O. III. S. 547, 666.
53) Pallas, a. a. O. III. S. 599.

leuchtung verschieden ist; bei schief auffallenden Sonnenstrahlen, besonders des Abends, giebt er meistens einen röthlich-gelben Widerschein, und dies ist die Veranlassung zu dem eigentlich kalmückischen Namen des Sees, Altun Nor d. h. der goldene See, woraus von den Russen Elton gemacht worden ist [54]).

Es bildet dieser See das größte natürliche Salzmagazin des russischen Reiches, denn seine ganze Oberfläche ist mit krystallisirtem Salze bedeckt. Das Salz ist grobkörnig, von bräunlich-grauer und röthlicher Farbe und etwas mit Bittersalz vermischt. Es wird den ganzen Sommer über mit kurzen, starken Stangen, die mit einer eisernen Spitze versehen sind, ausgebrochen, die Stücke zusammengeschaufelt und durch Kähne in den Kanälen dieser Salzrinde ans Ufer befördert, von wo es dann in die Magazine an der Wolga gebracht wird [55]). Alljährlich arbeiten hier nach Bestimmung der Regierung an 500 bis 1500 Arbeiter, welche mit den Beamten nur den Sommer über hier zubringen und zu deren Schutz dann eine Abtheilung von Kosacken und Kalmücken gegen die Überfälle der Kirgisen hier stationirt ist. Auch soll im August an diesem Elton-See ein Jahrmarkt für die Tataren, Kalmücken und Kirgisen abgehalten werden, auf welchem in dem gegenseitigen Tauschhandel der Waarenumsatz zuweilen den Werth von 100,000 Rubeln erreicht. Der Boden um den See herum ist ebenfalls salzig, so daß er zur Ernährung von Vegetabilien nicht taugt, und ist daher in einem großen Umkreise ganz kahl und blos hin und wieder mit Salzpflanzen und Steppenkräutern bedeckt. Doch zeigen die an funfzig Faden vom Ufer gegrabenen Brunnen schon süßes Wasser. Auch liegt an drei Werst weiter westlich ein kleiner See, welcher seines süßen Wassers wegen der süße See (Presnoe Osero) heißt. Seine Oberfläche liegt aber an 17 Faden höher als die des Elton; wie viel jedoch der Elton-See höher als die Wolga liegt, ist bis jetzt noch nicht bekannt [56]).

---

54) Erdmann, Reisen II, 1. S. 96 bis 98.

55) Pallas, Reisen durch verschied. Prov. III. S. 630 bis 635.

56) Erdmann, Reisen II, 1. S. 93 bis 96, 101.

Der Elton-See gehört durch seinen Salzreichthum zu den wichtigsten Lokalitäten des russischen Reiches, da er noch mehr Salz liefert als die permischen Salzsiedereien und fast die Hälfte von allem in Rußland gewonnenen Salze. In der Zeit vom Jahre 1747 bis 1805 wurden hier gegen drittehalb hundert Millionen Pud Salz gebrochen, obschon die Ausbeute in den verschiedenen Zeiten sehr verschieden war. Am Schlusse des vorigen Jahrhunderts gewann man hier jährlich gegen 6 Millionen Pud Salz, und die davon angefüllten Salzmagazine zu Saratow und in der Slobode Nikolaewskaja, Kamyschin gegenüber gelegen, versorgten damit an dreizehn Gouvernements [57]). Die Kolonie von Klein-Russen oder Malorossianen, welche jene Slobode bei Kamyschin bildet, beschäftigt sich vornehmlich mit dem Transport des Salzes vom Elton nach den Magazinen an der Wolga [58]). Die Salz-Direktion von diesem Salze hat zu Saratow ihren Sitz mit den verschiedenen Abtheilungen zu Kamyschin und am See selbst. Es befinden sich jetzt dort an 144 Salzmagazine, und die zu Saratow und Nikolaewskaja aufgehäuften Salzvorräthe berechnet man jetzt auf 30 Millionen Pud, welche das ganze Reich auf einige Jahre zu versorgen im Stande sind [59]).

Noch weit einförmiger als der Steppenboden auf der Ostseite der untern Wolga ist der, welcher sich auf der Westseite derselben ausbreitet, wie wir ihn zuerst genauer kennen gelernt haben durch Pallas und sodann durch Zwick, welcher in Angelegenheiten der mährischen Brüdergemeinde zu Sarepta dies öde Gebiet vor einem Decennium durchwanderte. Der Boden besteht hier fast durchgängig aus gelblichem Lehm ohne Steine und ist häufig mit verschiedenen Salzen geschwängert. Dies und die hier und da befindlichen Teiche und Salzseen nebst der großen Menge in und auf der Erde vorhandener noch unversteinerter Seemuscheln beurkunden dieses Gebiet als einen einstmaligen Meeresgrund. Die Steppe bildet aber nur sel-

57) Storch, historische Zeitschrift für Rußland II. S. 452.
58) Pallas, Reisen durch verschied. Prov. III. S. 602.
59) Erdmann, Reisen II, 1. S. 244 bis 252.

ten eine vollkommene Ebene, sondern ist meistentheils hüglig, indem stets sanfte Anhöhen mit Abdachungen abwechseln, wodurch der Gesichtskreis sehr beengt wird, der selten einen Durchmesser von einigen deutschen Meilen beträgt. Der Pflanzenwuchs ist äußerst sparsam und besteht vornehmlich aus einigen niedrig wachsenden Wermutharten mit untermischten Grasbüscheln, welche jedoch den Boden niemals völlig bedecken oder einen eigentlichen Rasen bilden, da beide Hauptgewächse der Steppe in einzelnen Büscheln wachsen, zwischen welchen der fahle Boden überall hervorsticht. Wasser findet man zwar fast überall in dieser Steppe, doch nur in mit Mühe gegrabenen Brunnen, welche an vier Klafter tief hinabsteigen müssen, und doch häufig bald brakiges Wasser bekommen. In den Vertiefungen der Steppe zeigen sich hier und da grasreichere Plätze, häufig aber nur Salzkräuter, welche blos den Kamelen zur Nahrung dienen. Manche Steppengegend prangt jedoch im Frühlinge mit herrlichem Blumenschmucke von Iris, Tulpen und andern Zwiebelgewächsen, bis die stechende Sonnenhitze, welche hier durch keinen Berg oder Baum gemildert wird, bei der großen Seltenheit des Regens mit flammender Gluth alles darnieder drückt; denn in den südlichen Steppen behält das Thermometer oft wochenlang die Höhe von 30 Graden, ohne daß sich eine Wolke am Himmel zeigte. So erschlaffend im Sommer die Hitze, so erstarrend ist des Winters Kälte, von der ein eben so tiefer Stand des Thermometers unter dem Gefrierpunkt zeugt[60]). Eine diesen Gegenden eigenthümliche Naturwerkwürdigkeit sind die Luftspiegelungen in der warmen Jahreszeit. Die von der erwärmten Steppenfläche zurückgeworfenen Sonnenstrahlen erzeugen, indem sie in den wenigen der Erde noch abgepreßten Dünsten sich brechen, dieses optische Trugbild, wodurch Gegenstände der Steppe, welche noch außerhalb des Gesichtskreises liegen, am Rande desselben gleichsam auf Wasserstreifen gebaut in der Luft schwebend im Bilde erscheinen. Diese Bilder sinken nach und nach, je mehr man sich ihnen nähert,

60) Zwick, Reise von Sarepta in die Kalmücken-Horden S. 21, 22, 30, 31, 58.

tiefer herab; endlich verschwindet der scheinbare Wasserstreifen ganz, und nun erst zeigt sich der wirkliche Gegenstand, entfernter aber und kleiner als im vorigen Dunstgebilde. Hatte der ermattete Reisende etwa gehofft, einen erwünschten Ruhepunkt in Kurzem zu erreichen, so muß er denselben desto mehr sich entfernen sehen, je eifriger er darauf zueilt. Besonders in den mittäglichen Stunden soll dieses Phänomen sich zeigen [61]).

Als Bewohner dieser wüsten Steppe erscheinen wilde Pferde, überall Antilopenheerden, ferner Füchse und Wölfe und große und kleine Springhasen. Schlangen und Eidechsen finden sich hier in großer Menge, besonders in den alten Trümmerhaufen der frühern Völkeransiedlung an dem linken Ufer der Wolga [62]). Dann hat hier die verheerende Wanderheuschrecke mit vielen andern weniger zu fürchtenden Arten dieser Gattung ihr Vaterland, und verdunkelt öfters mit ihren rauschenden Zügen die Luft und verheert alles, wohin sie fällt. Zwar ist das Innere der Wüste frei von den Milliarden von Mücken und andern Insekten, welche die unmittelbaren Anwohner der Wolga plagen und in den Sommermonaten dort so unerträglich sind, und auch Scorpionen scheinen blos auf den Bogdo Ola beschränkt zu sein, dagegen verbreitet sich überall das dicke anderthalb Finger lange Tausendbein (Scolopendra millepes), die Tarantel (Aranea tarantula), die noch giftigere Scorpionspinne (Phalangium araneoides) und eine noch wenig bekannte äußerst giftige Spinnenart, welche von den Kalmücken die schwarze Wittwe genannt wird und sehr gefürchtet ist [63]). Aber so furchtbar auch diese Wüste zur Ansiedlung für civilisirte Völker erscheinen mag, so erhellt doch aus den alten Denkmalen verschiedener Art, daß dieselbe seit Alters der temporäre Aufenthalt wandernder Stämme gewesen sei. Denn überall, wo sich weidereiche Gegenden finden an der Wolga und Ach-

---

61) Erdmann, Reisen II, 1. S. 289 bis 312. Erdmann hat diese Naturerscheinung auch historisch mit Angabe der dieselbe betreffenden Litteratur ausführlich behandelt.

62) Pallas, Reisen durch verschied. Prov. III. S. 553.

63) Zwick, Reise in die Kalmücken-Horden S. 23.

Achtuba, an der Sarpa, Kuma und am Manitsch, da finden sich auch zahlreiche Kurgane, häufig mit steinernen Bildsäulen besetzt, und Mauerüberreste von heiligen Stätten[64]). Nach dem Untergange der Herrschaft der goldenen Horde, welche hier ihren Sitz aufgeschlagen hatte, erscheinen als die Bewohner dieser Gebiete die Nogaier von turktatarischem Stamme, welche als eine Trümmer sich aus jenem mongolischen Reiche herausgerettet und der Oberhoheit Rußlands unterworfen hatten, für welches sie dann gegen das Ende des sechzehnten Jahrhunderts eine Art von Bollwerk gegen die wilden Kirgisen-Horden bildeten[65]). Aber auch die Nogaier mußten bald einer neuen mongolischen Ansiedlung weichen, welche als die jüngste Völkerwanderung nach Europa hinein durch die Kalmücken in der wolgisch-kaspischen Steppe statt fand.

Denn in dem Verlauf des siebzehnten Jahrhunderts geschah es, daß bei dem Völkergewoge im innern Asien[66]), das zum Theil mit dem Aufblühen der Macht der Mantschu-Kaiser in China zusammenhängt, die verschiedenen Stämme der Kalmücken immer mehr durch die Steppen der Kirgisen westwärts zum uralischen Völkerthore gedrängt wurden und sich dort im Zustande der Bedrängniß und Zersprengung der russischen Oberhoheit unterwarfen[67]). Seitdem haust diese ansehnliche mongolische Kolonie an der Pforte von Asien und Europa noch innerhalb der politischen Grenzen des letztern, aber am äußern Rande der großen Naturgrenze des Obstschei Syrt auf dem asiatischen Steppenboden, und bildet für Europa die einzige dem Buddhaismus ergebene Bevölkerung, welche jene Religionslehre, wie sie sich seit dem dreizehnten Jahrhundert bei ihren Vorfahren verbreitet hatte[68]), aus dem mittlern Asien durch die Welt des Islam hindurch mit nach der neuen Hei-

---

64) Zwick, a. a. O. S. 34.

65) Karamsin, russische Geschichte X. S. 67 bis 69.

66) Abel Remusat, recherches sur les langues Tartares. Paris 1820. 4. Tome I. p. 236, 238.

67) Wojeikow bei Oldekop, Petersburger Zeitschrift II. S. 155 bis 166.

68) Klaproth, Reise in den Kaukasus I. S. 163.

math hinübernahm. Doch der den Nomaden angeborne Geist der Unruhe verließ die Kalmücken auch hier nicht; in Verbindung mit den aufrührerischen Baschkiren wurden sie mehrmals der russischen Herrschaft an der Wolga sehr gefährlich, bis sie allmählig durch die Überlegenheit der Russen eingeschüchtert und durch die Organisirung der verschiedenen Festungslinien im Zaum gehalten wurden. Dennoch entwich noch in der zweiten Hälfte des achtzehnten Jahrhunderts ein nicht unbedeutender Theil dieser wolgischen Kalmücken in schleuniger Flucht nach den songarischen Steppen am Altai auf chinesisches Gebiet [69]).

Die Kalmücken, wie sie bei den türkischen und turktatarischen Völkern und dann auch bei den Russen genannt wurden, bilden den eigentlichen Stamm der West-Mongolen, welche seit dem dreizehnten Jahrhundert im Unterschiede von den östlichen Mongolen allmählig hervortreten [70]), und sie benennen sich selbst Derben Oeret d. h. die vier verbundenen Völker, oder auch Oelöth, weil sie seit Alters aus vier Hauptstämmen bestehen, aus den Songaren, die historisch am wichtigsten geworden sind, aus den Torgoten, Derbeten und Choschoten [71]). Die jetzt in der astrachanischen Steppe hausenden Kalmücken bestehen zwar aus fünf Horden, doch sind sie nur von drei Stämmen, indem die Songaren bis auf wenige Überreste im Jahre 1770 in die ältere Heimath zurückwanderten; von jenen fünf Horden aber nomadisiren die Derbeten und Torgoten an der Sarpa und westlich bis zum Don, die Erketen und Baganzocher, welche nur abgetheilte Stämme der Torgoten bilden, von der Sarpa östlich bis zur Wolga und die Choschoten auf der Wiesenseite des Stromes an der Achtuba [72]).

Die Mehrzahl der Kalmücken ist zwar bis jetzt der buddhistischen Religion treu geblieben, doch ist, wie bemerkt, ein Theil von ihnen in den Jahren 1724 bis 1736 zum Christen-

69) Bergmann, nomadische Streifereien unter den Kalmücken. Riga 1804. 8. Th. I. S. 140 bis 246.

70) Klaproth, Asia polyglotta p. 270 bis 273.

71) Remusat, recherches sur les langues Tartares I. p. 168, 178, 236, 238, 244.

72) Zwick, Reise in die Kalmücken-Horden S. 24, 128, 144.

thum übergetreten, und es haben dieselben von ihren Stammgenossen getrennt und mehr oberhalb an der Wolga zu Stauropol angesiedelt werden müssen, um die Zwistigkeiten mit ihren Fürsten an der untern Wolga zu vermeiden [73]). Ein kleiner Theil ist aber auch zum Islam übergetreten und wohnt in drei Dörfern, an 1000 Köpfe stark, bei Tscheljabinsk auf der Ostseite des Ural, wo sie von den Baschkiren aufgenommen eine mit ihnen gleiche Lebensart führen. Von Kirgisen gefangen genommen wurden sie von diesen zur Annahme des Islam bewogen und ließen sich nach ihrer Befreiung um die Mitte des vorigen Jahrhunderts dort nieder. Die übrigen Kalmücken an der Wolga haben dagegen das vollständige buddhistische Religionssystem mit seiner Lehre und seinem Kultus, sie haben die verschiedenen Priesterordnungen der Lamas, Gellongi, Gezuli und Mandschikami, und standen bis auf die neueste Zeit unter der geistlichen Oberhoheit des Dalai Lama in Tübet, bis Kaiser Paul aus politischen Gründen sie davon zu trennen suchte und ihnen im Jahre 1800 einen eigenen Ober-Lama gab, unter dem die Lamas der verschiedenen Hordenlager stehen. Übrigens ist die Geistlichkeit außerordentlich stark und bildet fast den zehnten Theil der ganzen Bevölkerung; sie ist im Besitz großer Reichthümer, und steht in großer Verehrung sowohl bei dem großen Haufen als auch bei den kalmückischen Fürsten, welche ohne ihre Zustimmung nichts unternehmen. Auf ähnliche Weise wurden auch ihre politischen Verhältnisse geordnet, indem ihnen ihre eigene Verwaltung und Gerichtsbarkeit bestätigt, aber einer der Häuptlinge der Derbeten, welche jetzt den angesehensten Stamm bilden, zu einer Art von Ober-Khan erhoben wurde. Ihm zur Seite steht der sogenannte Sarga-Rath aus acht Mitgliedern von den vornehmsten Häuptlingen der verschiedenen Horden, daher Naiman Sarga d. h. der Rath der acht Richter genannt, und ein russischer Ober-Kommissair, Glawni Pristaw genannt, bildet die Vermittelung bei obwaltenden Streitigkeiten zwischen ihnen

73) **Vsévolojsky, dictionnaire géogr. hist. de la Russie II. p. 227, 228.**

und der russischen Regierung, welcher sie unmittelbar untergeben sind [74]). Durch den Kaiser Alexander wurden diese Anordnungen im Jahre 1802 bestätigt und zugleich der Umfang des Gebietes, in welchem die Kalmücken nomadisiren durften, näher bestimmt.

In die innern Angelegenheiten der kalmückischen Horden mischt sich die russische Regierung nicht ein, außer wenn Spaltungen und Zwistigkeiten der Stämme Fehden verursachen, welche der Sicherheit der benachbarten Landschaften gefahrdrohend sind; und gerade in dem letzten Decennium sind diese Stämme im allgemeinen Zerwürfniß gewesen, wodurch dies Steppengebiet der Tummelplatz von Räuberschaaren wurde, die der russischen Regierung nicht selten Trotz boten, und daher waren die Bemühungen, sowohl der russischen Bibelgesellschaft als auch die von Sarepta von der Brüdergemeinde ausgehenden, zur Verbreitung der christlichen Religion bei diesen Naturkindern von so geringer Wirksamkeit, wie es uns durch Zwicks Reisebericht unter diesen Horden in der jüngsten Zeit bekannt geworden ist [75]). Übrigens scheint, auch abgesehen von dem Oppositionsgeist der Lamas, die ganze Lebensart des Volkes in diesen Wüsten der Ausbreitung des Christenthums, welches mit einer gewissen Civilisation immer nur verbunden sein kann, wenig förderlich zu sein, wie dies das Beispiel ihrer schon christlichen Stammgenossen zu Stauropol deutlich zeigt.

Die Anzahl der wolgischen Kalmücken beläuft sich auf 20,000 Kibitken oder auf 100,000 Köpfe, und die Horde der Derbeten, des zahlreichsten Stammes von ihnen, berechnet man auf 10,000 Kibitken. Sie bestehen aus zwei verschiedenen Ständen, der hohen Geistlichkeit und dem Adel, zusammen die weißen Knochen genannt, und die niedere Geistlichkeit und das gemeine Volk oder die schwarzen Knochen. Vornehme Frauen gelten für weißes Fleisch, die des gemeinen Vol-

---

74) Wojeikow bei Olbekop, Petersb. Zeitschrift II. S. 167 bis 172, 200 bis 209.

75) Zwick, Reise in die Kalmücken-Horden S. 26 bis 28, 108, 120, 131.

kes für schwarzes Fleisch. Nirgendwo kann das gemeine Volk sich in einem so verachteten Zustande befinden als bei den Kalmücken, der Adlige meidet jede Gemeinschaft mit dem gemeinen Mann, und selbst die priesterliche Würde hebt für den Letztern den Schimpf der Abstammung nicht auf. Der Adel theilt sich aber selbst wieder in einen höhern und niedern, in die Nojonen oder Fürsten und die Saissangen oder Edelleute. Merkwürdig zur Charakteristik ihrer Denkart und Lebensweise ist ihr altes Gesetzbuch, welches den Titel führt „Rechte der Mungalischen und Kalmückischen Völker" [76]).

Die wolgischen Kalmücken zeigen den vollkommensten Typus der mongolischen Natur in leiblicher Bildung, von welcher schon Klaproth nicht mit Unrecht bemerkte, daß sie eine unverwüstliche Zähigkeit habe und trotz aller Vermischung sich viele Generationen hindurch stets unverändert erhalte [77]). Sie sind von mittlerem, selten von großem Wuchs, mager, wohlgebildet und breitschultrig. Ihr Gesicht ist so flach, daß man den kalmückischen Schädel von jedem andern unterscheiden kann. Die Augen sind schmal und die Augenwinkel flacher als bei den Europäern; sie haben dicke Lippen, eine platte und kleine Nase, breite Nasenlöcher, ein kurzes Kinn, wenige und spät erscheinende Barthaare, regelmäßige und weiße Zähne wie Perlen. Die Gesichtsfarbe der Männer ist rothbraun, die der Weiber röthlichbraun, die Haut ist sehr zart; sie haben abstehende und sehr lange Ohren, durchgängig schwarzes Haar; ihre Beine sind krumm, nicht von Natur, sondern von ihrem Sitzen mit untergeschlagenen Beinen und von dem beständigen Reiten. Auf ähnliche Weise wie die ihnen der leiblichen Bildung nach verwandten Kirgisen leben sie in Filzzelten, in denen die größte Unsauberkeit herrscht, und stimmen auch sonst in Sitten und Lebensart vollkommen mit ihnen überein. Männer und Weiber unterscheiden sich in der Kleidung fast gar nicht, sondern nur durch den Kopfputz, indem die Männer den Kopf auf chinesische Weise bis auf einen Zopf auf dem Scheitel scheeren.

---

76) Wojeikow bei Oldekop a. a. O. II. S. 210, 211.

77) Klaproth, Reise in den Kaukasus I. S. 160.

Die Kalmücken sind zwar von rohen Sitten, doch sind sie im Allgemeinen als gutmüthige Naturmenschen zu bezeichnen, auf welche eben so sehr der milde Geist des Buddhaismus als der jetzt etwas beengte politische Zustand wohlthätig eingewirkt hat; denn noch weit weniger als die muhamedanischen Kirgisen darf man diese buddhistischen Kalmücken für blutdürstig halten, so sehr auch manchmal die allen Nomaden angeborne Raubsucht hervortritt. Sie sind ausgezeichnet durch Einbildungskraft, Gedächtniß und Scharfsinn und lernen sehr leicht fremde Sprachen. Vorzüglich ausgebildet ist bei ihnen der Geruch und das Gehör, ganz besonders aber das Gesicht, und wegen des letztern bedienen sich ihrer sehr häufig die uralischen Kosacken beim Fischfang im fischreichen Jaik. Aber die Kalmücken haben auch alle Laster der Naturmenschen, sie sind dem Trunk ergeben, lieben leidenschaftlich das Kartenspiel, und sind der Ordnung und Reinlichkeit wenig beflissen [78]).

Die Hauptbeschäftigung der Kalmücken ist die Viehzucht. Ihre Heerden, welche allein ihre Sorgfalt in Anspruch nehmen und die Hauptquelle ihres Reichthums bilden, bestehen aus Kamelen, Pferden, Ochsen, Ziegen und Schaafen, und diese müssen sich stets unter freiem Himmel aufhalten ohne weder Ställe noch in Vorrath eingesammeltes Futter zu kennen, weshalb lange Winter und große Schneemassen ihnen höchst verderblich sind. Die Kamele sind für die Kalmücken das Kostbarste, da sie ohne dieselben weder Reisen unternehmen noch auch sich Holz und Lebensmittel anschaffen könnten. Die Kalmücken nähren sich hauptsächlich von dem gefallenen Vieh und der Milch und dem Milchbranntwein ihrer Heerden, außerdem genießen sie gern Thee, und für den leidenschaftlich von ihnen begehrten Taback haben die Kolonisten zu Sarepta jährlich eine gute Einnahme. Man berechnet den Viehreichthum der Kalmücken auf mindestens 3 Millionen Stück Vieh, und davon sind der zehnte Theil Pferde, welche ihren Herren im Charakter vollkommen gleichen sollen. Durch ihre ausgebreitete Viehzucht sind die Kalmücken für Rußland sehr nützlich und verdienen alle Auf-

78) Wojeikow bei Oldekop a. a. O. II. S. 216 bis 222.

merksamkeit der Regierung, zumal da sie ihren kriegerischen Geist ziemlich verloren haben und dem Staate nicht mehr gefahrdrohend werden können. Mit dem trockenen und unbrauchbaren Grase einiger tausend Quadratmeilen sandigen, fast wasserlosen und von den Sonnenstrahlen verbrannten Landes füttern die Kalmücken eine so große Masse von Hausthieren, und verwandeln die zur Ansiedlung untaugliche, waldlose, salzige Steppe in in einen reichen Pferde- und Viehhof für das gesammte Rußland. Durch ihren ausgebreiteten Handel mit Haaren und Wolle, Talg, Schaaf- und Lämmerfellen, mit Pelzwerk, Häuten und Filzen, wovon sie jährlich für mehr als anderthalb Millionen Rubel verkaufen, beleuchten und erwärmen die Kalmücken gleichsam viele nördliche Landschaften des osteuropäischen Gebietes. Die blühende Viehzucht dieser mongolischen Kolonie in dem wüsten Mündungslande der Wolga wirkt wohlthätig zurück auf das eben so öde, unter dem polarischen Einfluß stehende Mündungsland an der Dwina [79]).

Das Deltaland der Wolga.

Gleich dem Nil-Strom, mit welchem die Wolga so viele Ähnlichkeit zeigt, ergießt sich dieser große sarmatische Fluß in sehr zahlreichen Mündungsarmen zum kaspischen Meere und bildet so ein ausgedehntes Deltaland, in dessen Mitte die Welthandelsstadt Astrachan gelegen ist. Schon Nestor bemerkt, daß die Wolga, nachdem sie die Länder Bolgarien und Chwalisien durchflossen habe, sich durch siebzehn Ausmündungen in das bei ihm sogenannte chwalinskische Meer ergieße [1]), und kaum läßt sich hier das Deltaland des herodoteischen Araxes verkennen, von welchem der Vater der Geschichte sagt, daß er sich durch vierzig Mündungen in das kaspische Meer ergieße, doch so daß nur eine schiffbar in das Meer ausgehe, während die andern sich in ein Sumpfland verlören [2]).

Das eigentliche Deltaland der Wolga beginnt an 40 Werst

---

79) Wojeikow bei Oldekop a. a. O. II. S. 241 bis 256.

1) Nestor, Jahrbücher der russ. Geschichte nach Scherer S. 40, 42.

2) Herodotus I, 202.

oberhalb Astrachan, wo als der erste Hauptarm der Busan sich ostwärts abzweigt. Dieser Busan nimmt gleich darauf die Achtuba, den großen Parallelfluß der untern Wolga, in sich auf, und ergießt sich in südöstlicher Richtung, bei der Stadt Krasnojarsk vorübergehend mit einer eigenen Mündung, ins kaspische Meer. Als der zweite Hauptarm trennt sich von der Wolga die Bolda nur an drei Werst oberhalb Astrachan, und als der dritte Hauptarm der Kutum bei Astrachan selbst, welcher sich gleich darauf wieder mit der Bolda vereinigt, um sich gemeinsam gegen Südosten ins kaspische Meer zu ergießen [3]. Der Hauptstrom der Wolga selbst geht an der erhabenern westlichen Steppenseite entlang, strömt nach der Aussendung des Busan zunächst in mehr südlicher Richtung, und nimmt dann bei der Stadt Astrachan selbst bis zum kaspischen Meere hin eine südwestliche Richtung an. Die jetzige Stadt Astrachan liegt auf dem linken Ufer des Hauptstromes, aber von mehreren kleinern Armen der Wolga umschlungen. Früher lag sie jedoch auf einer andern Stelle gegen zehn Werst höher an der Wolga aufwärts auf deren westlichen Ufer, wo man wegen des reichen Salpetergehaltes der Erde auf den Trümmern der alten Stadt später eine Salpetersiederei anlegte [4]. Der Boden, auf welchem die heutige Stadt steht, bildet die sogenannte lange Insel oder Dolgoi Ostrow [5]; sie ist zum Theil etwas hüglicht, meistens aber flach und morastig und wird von mehreren Ausflüssen der Wolga und kleinen Seen durchschnitten, an deren Ufern sich Weingärten hinziehen. Die größte Ausdehnung der Stadt liegt in der Richtung von Westen nach Osten, und mitten durch dieselbe zieht sich der Länge nach ein Kanal, welcher den Kutum auf der Ostseite der Stadt mit der Wolga auf der andern Seite verbindet und den Waarentransport sehr erleichtert. Er ist an 1200 Faden lang, schon im Jahre 1745 angelegt, aber im Jahre 1812 erneuert und erweitert. Die

---

3) Gmelin, Reise durch Rußland II. S. 72.

4) Falk, topographische Beiträge I. S. 129.

5) Falk, a. a. O. I. S. 131. Schober, russische Denkwürdigkeiten bei Müller, Sammlung russ. Geschichte VII. S. 79.

beiden Hauptheile der Stadt sind erstens der Kreml, die Festung, auf dem sogenannten Haasenhügel (Sajetschy Bugor) gelegen und mit einer an drei Faden hohen Mauer umgeben, welche jetzt schon etwas verfallen von dem Zaren Wasilei Iwanowitsch Schuisky aus dem Anfange des siebzehnten Jahrhunderts herrühren soll [6]). In dem Kreml befinden sich die Kathedrale, ein mächtiges unter Peter dem Großen im Jahre 1696 aufgeführtes Gebäude, die Wohnung des Erzbischofs und die Kasernen der Garnison. Dann die weiße Stadt, Beloigorod, mit den vorzüglichsten Kronsgebäuden und den Kaufhöfen. Beide enthalten fast nur steinerne Gebäude. Die übrigen Theile der Stadt heißen Sloboden, und bilden Vorstädte von sehr ausgedehntem Umfange; die vorzüglichsten sind die alte und neue armenische und die tatarische Slobode; sie bestehen meistens nur aus hölzernen Häusern [7]). Der Hafen der Stadt befindet sich zwischen dem Krimschen Thurme an der rechten und dem Warwazkischen Kanale an der linken Seite. Die dahinter liegende Stauung wird als Kriegs- und Kauffahrtheihafen benutzt, obschon sie, sonst sehr tief, jetzt kaum bis sechs Fuß Wasser hat. Anderthalb Werst von dort trennt sich von der Wolga ihr linker Seitenarm, die Zarewa, an deren Ausfluß die Admiralitätswerft eingerichtet ist [8]).

Die Breite des Hauptstromes beträgt bei Astrachan noch immer an 2200 Fuß, aber leider hat der Strom nicht eine dieser Breite entsprechende Tiefe, indem diese gegen seine Mündung zu immer mehr abnimmt [9]). Die Stadt liegt nur an vier Meilen von der Küste des Meeres entfernt, dennoch hat man auf dem gegen Südwest abbiegenden Hauptmündungsarme einen über doppelt so großen Weg zurückzulegen. Der östliche Hauptarm der Wolga hat eine Länge von 30 Werst, der west-

---

6) Vsévolojsky, dictionnaire géogr. hist. de la Russie I. p. 26.

7) Erdmann, Reisen im Innern Rußlands II, 1. S. 139 bis 141. Gmelin, Reise durch Rußland II. S. 85 bis 105. Vergl. den Plan der Stadt bei Erdmann und Gmelin.

8) Rußlands Wasserverbindungen. S. 126.

9) Gmelin, Reise durch Rußland II. S. 84.

liche Hauptarm aber ist an 90 Werst lang und die sich zwischen ihnen an 20 Meilen weit von Nordost nach Südwest unter dem 46. Parallel ausbreitende Niederung wird von zahlreichen Schilfmündungen des Stromes durchschnitten[10]). Wegen ihrer niedrigen Lage hat die Stadt im Frühjahr beim Eisgange des Stromes leicht eine Überschwemmung zu fürchten, sie wird auch alle Jahre mehr oder weniger durch den Austritt der Wolga beschädigt, da die Dämme häufig nicht im Stande sind das Wasser zurückzuhalten, und die Überschwemmung muß um so gefährlicher werden, wenn sich dabei ein Südost-Wind einstellt, welcher den Lauf der Wolga hemmt und selbst noch das Wasser aus dem Meere in sie hineintreibt[11]). So war im Herbst 1790 die Überschwemmung so groß, daß fast die ganze Stadt unter Wasser gesetzt und die umliegende Steppe an 120 Werst weit überschwemmt wurde[12]). An dem nordöstlichsten Ende des Deltalandes liegt das Städtchen Krasnojarsk, gleichfalls auf einer wolgischen Insel, an 35 Werst von Astrachan. Es wurde schon im siebzehnten Jahrhundert von dem Zaren Alexei Michailowitsch als Vormauer von Astrachan gegen die Streifzüge der Kirgisen und Kalmücken angelegt und zunächst an 500 streitbare Männer daselbst angesiedelt, zu welchen sich seit 1730 mehrere Kaufleute gesellten. Bis in die Mitte des vorigen Jahrhunderts grub man in der Nähe von Krasnojarsk Salpetererde, wie man glaubt, auf einem alten tatarischen Begräbnißplatze. Denn in der Nachbarschaft desselben muß das schon von Rubruquis als tatarische Ortschaft neben Serai genannte Sumerkend gelegen haben[13]). Die Umgebung ist reich an tatarischen Gräbern und hat manche Überreste von steinernen Gebäuden, wo die Anwohner bis in die neuere Zeit große Ziegel ausgruben, um sie zu ihren Öfen zu gebrauchen. Krasnojarsk liegt auf einer Insel zwischen den bei-

---

10) Georgi, Reisen II. S. 781. Falk, topograph. Beiträge I. S. 130 bis 138.

11) Eichwald, Reise auf dem kaspischen Meere I, 1. S. 29.

12) Reineggs, historisch-topographische Beschreibung des Kaukasus I. S. 160.

13) Sprengel, Geschichte der geograph. Entdeckungen S. 294.

den wolgischen Armen Busan, der schon die Achtuba aufgenommen, und der Algara, und wird von dem hohen Wasser meist überschwemmt. Dann beträgt die direkte Fahrt nach Astrachan an 30 Werst, bei niedrigem Wasserstande aber auf den Umwegen an 70 Werst [14]). Jetzt ist Krasnojarsk ein blühender Ort und besonders durch seine Obstkultur ausgezeichnet [15]).

Das Innere des wolgischen Deltalandes besteht aus zahlreichen mit Wiesengründen bedeckten Inseln, welche durch die jährlichen Überschwemmungen zu üppigen Weiden werden. Denn unterhalb Astrachan spaltet sich die Wolga noch in fünf Arme, von welchen vier sich nach Osten und der fünfte sich nach Westen hin abzweigt. Nach der Wiesenseite sind es die Zarewa oder Zarew Protow, nach einem tatarischen Flecken benannt, die Baschmakowka, der Tschagan und der Iwantschuk, nach der Bergseite aber der Bachtemir [16]). Als die übrigen bedeutendsten Ausflüsse werden genannt der Jarkowskoe, Kamysjak, die Kanytscha, Tabola, der Karasin, der Jerik, der Schitnoi Baklanei, der Karabulak, die große Basma und die Nasta. Mehrere andere sind weniger beständig, theilen sich und fließen wieder zusammen [17]). Überhaupt zählt man an siebzig Mündungen des Stromes, welche sich durch ein sumpfiges Deltaland, das von Sandinseln umsäumt ist, ins Meer ergießen. Wegen der vielen Arme in diesem Deltalande erklärt sich auch der bekannte Fischreichthum der Wolga, und die Schilfwaldungen im Innern desselben gewähren als Aufenthaltsort zahlloser wilder Schweine ein treffliches Jagdrevier [18]).

Alljährlich führt die Wolga immer mehr Sand mit sich, und verschlämmt dadurch den Hafen von Astrachan, vorzüglich vor der Admiralität. Früher war sie viel breiter, und das Wasser kam im Frühjahr bis unter die Fenster der Admiralität; jetzt aber ist der Kanal der Wolga, wohin die Schiffe ein-

---

14) Pallas, Reise durch Süd-Rußland I. S. 96 bis 98.
15) Erdmann, Reisen II, 1. S. 216.
16) Gmelin, Reise durch Rußland II. S. 70.
17) Erdmann, Reisen II, 1. S. 205.
18) Gmelin, Reise durch Rußland II. S. 72, 84.

laufen, fast ausgetrocknet, wenigstens sehr seicht. Zwischen dem Kanal und der Wolga hat man auf dem freien Platze, der zur Schiffswerfte dient, ein kleines Dorf gebaut und mehrere Bäume gepflanzt; ehemals war hier das Flußbette, der Platz also immer unter Wasser gesetzt. Dies geschieht jetzt nur zuweilen noch im Frühjahr, so daß alsdann das Wasser in die untersten Stockwerke der Häuser dringt. Überhaupt bemerkt man an der ganzen Wolga, daß sie von Jahr zu Jahr seichter wird, so daß man für ihre Benutzung durch größere Fahrzeuge mit Recht Besorgniß hegen muß. Denn wenn noch am Anfange des achtzehnten Jahrhunderts die großen permischen Salzschiffe eine Ladung von 130,000 und 150,000 Pud tragen konnten, so sollen sie jetzt nicht mehr als nur eine Ladung von 90,000 Pud einnehmen können [19]). Wegen ihrer schnellen Strömung führt sie eine Menge Sand mit sich, und wirft kleine Hügel auf, die sich bald zu Inseln gestalten und so aus dem Wasserspiegel hervorragen. Dies setzt aber dem Lauf der Fahrzeuge große Hindernisse in den Weg, und in den letzten Jahren hatten sich schon bei Kasan und Nischnei Nowgorod so viele Sandbänke gebildet, daß selbst kleinere Fahrzeuge, die zweimastigen astrachanischen Kaufmannsboote, nur mit Mühe durchkommen konnten [20]). Natürlich ist dies für Astrachan, dessen Blüthe von seiner Lage an dieser großen Wasserstraße ganz abhängig ist, ein sehr nachtheiliger Umstand.

Mit dieser Umgestaltung des mittlern Stromlaufes ist dann aber auch eine weit größere Umgestaltung des Deltalandes und der Inselbildung daselbst gegeben. Gleich wie beim Nil scheint die eigentliche Stromrinne des Fahrwassers zu wandern und zwar von Osten nach Westen. Ursprünglich war wohl der Haupterguß der wolgischen Gewässer auf dem nächsten Wege zum Meere in südöstlicher Richtung, denn noch zu Jenkinson's Zeit war die von ihm benutzte östlichste Mündung des Stromes, die Uwarinskoe Ustje, die bequemste zur

---

19) Vsévolojsky, dictionnaire géogr. hist. de la Russie II. p. 333.

20) Eichwald, Reise auf dem kaspischen Meere I, 1. S. 25, 26.

Fahrt ins kaspische Meer [21]); aber am Anfange des achtzehnten Jahrhunderts galt die Jarkowskoe Ustje, nach dem steilen Ufer (Jarki) an ihrem Ausflusse benannt, für den vornehmsten Mündungsarm der Wolga [22]). Noch vor einigen Decennien war diese sogenannte alte Wolga ein sehr tiefer und allein schiffbarer Strom [23]), ist aber jetzt an vielen Stellen so seicht geworden, daß sie nicht über vier Fuß Tiefe hat, und daß die meisten Transport- und Kauffahrteischiffe nicht im Stande sind auf ihr durchzukommen. Jetzt ist der westlichste Arm, der Bachtemir, der bei weitem größere und gewährt wegen seiner Tiefe das vorzüglichste Fahrwasser, obwohl auch er an seichten Stellen leidet. An ihm liegt die Quarantaine [24]).

Von den zahlreichen Inseln vor der Mündung des Stromes sind die wichtigsten Sedlistoi Ostrow neben der Jarkowskoe Ustje, wo schon Peter der Große bei seinen Feldzügen gegen die Perser Befestigungen anlegen ließ, ferner Karantinnoi Ostrow, die Insel der frühern Quarantaine, dann Schitnoi, Krestowoi, Konnoi, Rakuschka und Tschetyre Bugry d. h. die vier Sandhügel, wo sich in einer Entfernung von 120 Werst vom Hafen [25]) ein Leuchtthurm befindet. Von den vielen kleinern Inseln sind mehrere mit Schilf bedeckt und so niedrig, daß sie bei hohem Wasserstande völlig überschwemmt werden [26]). Schon Olearius klagt zu seiner Zeit über die geringe Tiefe der Mündung der Wolga in diesem Insel-Labyrinthe; er fand nicht über fünf Fuß Tiefe zwischen den seichten Umgebungen der Inseln [27]). Doch ist jetzt dieselbe fast überall bedeutender, denn bei einer so geringen Tiefe könnte kein Transportschiff oder Kriegsfahrzeug ins Meer hineinkommen. Dennoch theilt, wie schon oben bei der Dwina bemerkt ist, die Wolga mit vielen andern gro-

21) Müller, Sammlung russ. Geschichte VII. S. 435.

22) Müller, a. a. O. VII. S. 190.

23) Vsévolojsky, dictionnaire géogr. hist. de la Russie I. p. 89.

24) Eichwald, Reise I, 1. S. 33.

25) Rußlands Wasserverbindungen. S. 126.

26) Erdmann, Reisen II, 1. S. 206.

27) Olearius, moskowitische und persianische Reisebeschreibung S. 387.

ßen Strömen die Erscheinung, daß ihr als Resultat ihrer eigenen Thätigkeit vor ihrer Einmündung ins Meer ein großer Riegel vorgeschoben ist, der aus einer Reihe von sechs Sandbänken besteht, die die Fahrzeuge zu passiren haben. Zuerst kommt 47 Werst vom Hafen die 350 Faden lange Malaja Jamnaja mit einem Wasser von $5\frac{1}{2}$ bis 7 Fuß Tiefe. Dann 23 Werst weiter die 300 Fuß lange Charbaiskaja-Sandbank mit einer Tiefe von 6 bis 8 Fuß, und daran schließt sich 10 Werst weiter die eben so lange Schadinskaja-Sandbank mit einer Tiefe von 5 bis 7 Fuß. Auf sie folgt als vierte Hemmung in einer Entfernung von 90 Werst von Astrachan die 6- bis 700 Faden lange Rakuschinskaja, deren Wasserbedeckung selbst auf 4 und $3\frac{1}{2}$ Fuß Tiefe abnimmt. Als die beiden letzten Hemmungen erscheinen die Tumannaja und Lopatinskaja, welche zusammen auch Sjusenskaja genannt in einer Entfernung von 100 Werst vom Hafen an 600 Faden lang eine Tiefe von 6 bis $7\frac{1}{2}$ Fuß Wasser haben [28]). Am wichtigsten unter diesen Hemmungen ist demnach die allgemein gefürchtete Rakuscha, welche sich zwischen dem alten und neuen Quarantaine-Hügel, dem von Tschekurni und dem Waarenhügel, ausbreitet. Ihr Name bedeutet Muschel, wovon ihr Boden meistens bedeckt ist, und danach ist auch die Insel Rakuschka benannt. Der Wasserstand auf der Rakuscha ist im Durchschnitt sechs Fuß, und er scheint sich seit einigen Jahren auf ihr sogar zu vermehren. Größere Fahrzeuge können aber diesen Riegel nur bei starkem Südostwinde passiren, wenn die Ausströmung der Wolga zurückgehalten und das Meereswasser in den Strom hineingetrieben wird. Im Frühjahr wehen aber ziemlich beständige Südwinde, welche dadurch der Schifffahrt wieder förderlich sind. Dann steigt das Wasser bald auf zehn Fuß an. Die auf den umherliegenden Inseln befindlichen Hügel bestehen alle aus Flugsand mit Muscheltrümmern gemischt, und sind ganz unfruchtbar. Einige haben ziemlich hohe Sandberge mit Steppenpflanzen bewachsen und sind von Ei-

28) Rußlands Wasserverbindungen. S 126.

dechsen, Schlangen, vorzüglich aber von vielen Heuschrecken bewohnt [29]).

Auch Gmelin klagte zu seiner Zeit über die Seichtigkeit der Mündungsarme der Wolga, als er dieselben bei seiner Fahrt nach Derbend durchsetzte, und schlug schon damals den in neuerer Zeit von der russischen Regierung aufgenommenen Plan vor, den zwar sichern aber seichten Flußhafen von Astrachan zu einem Seehafen an der Meeresküste umzugestalten [30]). Von der Rakuscha an beginnt eine Tiefe von 9 Fuß, das Wasser ist bei Tschetyre Bugri noch rein und ungesalzen, es wird dort von den Seefahrern noch als süßes Trinkwasser zur Fahrt auf dem kaspischen Meere mitgenommen. Nur bei anhaltenden Seewinden verbreitet sich der salzige Geschmack des Seewassers an 30 Werst in der Wolga aufwärts, doch verzieht sich derselbe wieder, sobald sich der Wind legt [31]). Ehe man aber noch das freie Meer erreicht, hat man noch eine Sandbank zu übersetzen, welche die reine Bank genannt sich weit in die See hineinerstreckt und nie eine größere Wassertiefe als 13 Fuß zeigt. Sobald man aber diese überwunden hat, beginnt sogleich eine Tiefe von drittehalb Faden, welche allmählig bis an 10 Faden zunimmt. Hier wird das Wasser auch nach und nach gesalzen, und nimmt seine ihm eigenthümliche meergrüne Farbe an [32]).

Die gesammte Wolga, sagt Gmelin, ist wegen der vielen Winkel, Ecken, Sandbänke und Inseln in ihr sehr gefährlich zu befahren, am sichersten und leichtesten in den Monaten Mai und Juni, weil dann die von Norden herkommenden Zuflüsse durch die schmelzenden Schneemassen den Strom so anschwellen, daß das ganze Thaluferland überschwemmt wird. In dieser Beziehung sei die Wolga dem ägyptischen Nil zu vergleichen

---

29) Eichwald, Reise I, 1. S. 35 bis 38. Ob die Rakuscha auch Pakuscha genannt wird, wie es nach diesem Werke erscheint, weiß ich nicht zu bestimmen.

30) Gmelin, Reise durch Rußland III. S. 4 bis 6.

31) Schober, russische Denkwürdigkeiten bei Müller, Sammlung russ. Geschichte VII. S. 24.

32) Eichwald, Reise I, 1. S. 44 bis 46.

und zwar um so mehr, weil auf ihre Überschwemmung im Frühjahr eine ansehnliche Fruchtbarkeit des Bodens erfolge, welche vornehmlich auf der Lugowaja erkennbar sei. Auch geht wie beim Nil die Hauptströmung der Gewässer innerhalb der Thalrinne meistens an der rechten Seite entlang [33]). Schon die morgenländischen Autoren bemerkten, daß die Wolga zur Zeit ihrer Wasserfülle den mächtigen Strom von Mawaranahar, den Dschihon, an Größe übertreffe. Ja Ebn Haukal fügt sogar hinzu, daß der Atel mit solch einer Wassermasse sich in das kaspische Meer ergieße, daß er die Gewässer des letztern zu überwältigen scheine, und daß man den Strom der Wolga unvermischt mit dem Seewasser an ein bis zwei Tagereisen weit mit den Augen verfolgen könne [34]).

Da die Wolga mit ihrem weiten Geäder sich durch vierzehn Breitengrade vom 60. bis zum 46. Parallel ausbreitet, so erhellt leicht, daß das Schmelzen der Schnee- und Eismassen in der Frühjahrszeit auf die Wasserfülle dieses Stromes einen großen Einfluß ausüben muß. Aber so verschieden die Anschwellungen des Stromes in seinen verschiedenen Theilen sind, eben so verschieden ist auch die Dauer der Fluth, welche je höher am Flusse aufwärts eine desto kürzere Zeitdauer hat. Die Ursache dieser Verschiedenheit liegt in der abwärts zunehmenden Menge der Zuflüsse, in der verschiedenen Breite und Höhe des Gestades, in der Anzahl der Mündungen der einfallenden Flüsse und in der mehr gleichen Höhe des kaspischen Meeres mit der untern Wolga. Die Frühjahrsfluth der wolgischen Gewässer überschwemmt dann das ganze Gestade bis auf die Hügel, und tritt in die Mündungen der einfallenden Flüsse, welche sodann, bis sie eine gleiche Höhe mit dem Hauptstrome erreicht haben, rückwärts fließen. Die größern Landthiere, welche in der Niederung hausen, wie Wölfe, Füchse und wilde Schweine, begeben sich dann landeinwärts, die kleinern, wie die Haasen, verlieren bei der Flucht auf die Anhöhen meistens ihr Leben oder werden von den herbeieilenden Jägern gefan-

33) Gmelin, Reise durch Rußland II. S. 70.
34) Ebn Haukal, oriental geography ed. Ouseley p. 187.

fangen [35]). Die Fluth übersandet weder, noch überschlämmt sie mit Thon, obschon das Wasser derselben gelb und trüb erscheint [36]). Bei Twer erreicht die Wolga im Frühjahr eine Höhe von anderthalb bis zwei Faden über dem niedrigen Sommerspiegel, bei Jaroslawl und bei Nischni Nowgorod an 3 Klafter und mehr. Bei Kasan schwillt die Wolga an 4 Klafter an oder an 25 bis 35 Fuß im Durchschnitt [37]). Im Jahre 1812 wuchs sie dort von Mitte April bis Mitte Mai über 14 Arschinen oder an 35 engl. Fuß über den gewöhnlichen Stand an [38]). Noch mehr schwillt die Wolga an in dem untern Theile ihres mittlern Laufes in Folge der Aufnahme der Kama. Denn bei Saratow steigt sie an 7 bis 8 Klafter oder an 40 bis 50 Fuß über den niedrigen Sommerspiegel empor, und bedeckt dort die ganze Lugowaja mit einem einige Klafter hohen Wasser [39]). Aber von da an abwärts nimmt auch der Höhestand der Fluth allmählig ab. Bei Nowgorod ist der Strom Anfang Juni meistens in seine Ufer zurückgekehrt, bei Kasan wächst er gewöhnlich bis zum 5. Mai, steht dann bis zum 10. Mai und nimmt darauf täglich ab, kommt aber nicht vor Mitte Juni in sein altes Bette zurück [40]).

In dem untern Laufe der Wolga nach Astrachan hin finden sich aber ganz andere Erscheinungen. Ende April fängt hier die Wolga an zu steigen, worauf das Wasser ganz weißlich wird, aber nicht mehr die Höhe wie oberhalb erreicht, da sie hier einen größern Spielraum zur Ausdehnung innerhalb des Gestades selbst und auch nach der Steppenniederung hin erhält. Denn bei Zarizyn schwillt die Wolga im Durchschnitt zwischen 25 bis 30 Fuß an, und erreicht nur selten eine Höhe von gegen 40 Fuß [41]). Mehr abwärts bei Tschernojarsk er-

35) Gmelin, Reise durch Rußland II. S. 81.
36) Georgi, Reisen II. S. 906.
37) Falk, topograph. Beiträge I. S. 103.
38) Erdmann, Reisen I. S. 189.
39) Erdmann, a. a. O. II, 1. S. 121.
40) Georgi, Reisen II. S. 906.
41) Pallas, Reise durch Süd-Rußland I. S. 72.

reicht die Wolga nur noch eine Höhe von 30 Fuß[42]), und bei Astrachan selbst nur eine Höhe von 6 bis 8 Fuß[43]), und wohl selten nach Georgi's Angabe[44]) eine Höhe von 7 bis 12 Fuß oder ähnlich wie bei Twer., Sie nimmt dann bis Ende Mai zu, bleibt an 4 bis 6 Tage stehen, und hat Ende Juni wieder ihren gewöhnlichen Stand erreicht[45]). Besonders stark waren die Anschwellungen des Stromes bei Astrachan im Jahre 1779, und sie können als Maaßstab zur Beurtheilung des Ansteigens der Gewässer in der untern Wolga dienen. Mitte April fing das Wasser an zu steigen und stand am 21. April einen Fuß hoch über dem mittlern Wasserstande. Bis zum 28. April hob es sich an 3 Fuß, bis zum 4. Mai an 4 Fuß, bis zum 9. Mai an 5 Fuß, bis zum 16. Mai an 6 Fuß, bis zum 20. Mai an 7 Fuß, bis zum 23. Mai an 8 Fuß und bis zum 31. Mai fast 9 Fuß. Dies war die größte Höhe, auf der das Wasser sich kaum an 12 Stunden lang hielt, und von der es vom 1. Juni an bis zur Mitte Juli wieder täglich allmählig abnahm. Am 10. Juni stand es noch so hoch als am 23. Mai, so daß das Wasser an 20 Tage lang über 8 Fuß hoch gestanden hatte. Am 17. Juni war es auf 7 Fuß, am 27. Juni auf 6 Fuß, am 5. Juli auf 4 Fuß, am 10. Juli auf 2 Fuß und am 13. Juli auf einen Fuß gefallen, worauf es nach wenigen Tagen die gewöhnliche mittlere Höhe behielt. Die Vorstädte und die niedrigen Gegenden der Stadt waren während des hohen Wassers einer großen Gefahr ausgesetzt, denn die Dämme, die sonst genugsam Schutz geben, waren damals von der Gewalt des Wassers eingerissen[46]).

Das Wasser der Wolga ist im Allgemeinen sehr hell und klar, besonders in der Mitte des Stromes bei Saratow, denn dort hat es auf seinem langen Wege alle erdigen Theile verloren und alle Eigenschaften eines guten Wassers bekommen.

---

42) Pallas, a. a. O. I. S. 88.

43) Pallas, a. a. O. I. S. 182.

44) Georgi, Reisen II. S. 906.

45) Gmelin, Reise durch Rußland II. S. 77.

46) Pallas, neue nordische Beiträge. Petersburg 1781. 8. Th. I. S. 161.

Es ist zwar etwas gelblich von dem Thonboden, auf welchem die Wolga fließt, besonders in der Fluthzeit, aber der Gesundheit nicht nachtheilig [47]). Es hat entweder gar keinen oder einen süßlichen Geschmack, ist überaus leicht und milde wie Regenwasser, und bleibt immer kühl und frisch auch in der größten Hitze, weil es von Norden her kommt und weil es viele Lufttheile in sich enthält. Zwar meinte Schober [48]), daß das wolgische Wasser in der Nähe von Astrachan durch die Menge von Fischen verdorben würde und einen thranichten Geschmack erhielte, so daß es dann nicht gut zu trinken sei, aber in gekochtem Zustande diesen Geschmack zum Theil verliere. Indessen widersprach dem schon Lerche, indem er bemerkte, daß die Menge der Fische nicht übergroß sei für ein so ausgedehntes, vielfach gespaltenes Gewässer; das Wolga-Wasser sei gut und nur dann trübe und schlechter, wenn der Strom austrete und viel Schlamm mit sich führe [49]). Bekanntlich sind die Gewässer von Astrachan außerordentlich reich an Fischen aller Art, und man hat dies zum Theil daraus zu erklären gesucht, daß sich der Strom in mehrere Arme theile und sehr sanft fließe, weshalb sich der Laich der Fische an die Wurzeln der Bäume und an die Pflanzen am Ufer ansetzen könne und so ausgebrütet werde. Auch macht diese langsame Bewegung das Wasser modrig und um so geschickter zur Nahrung der Fische. Auch das Ufererdreich ist schlammig, fett und salzig und vortheilhaft für die Fortpflanzung der Fische [50]).

Das ganze Gebiet an der untern Wolga von Zarizyn an, das jetzige Gouvernement Astrachan bildend, ist ein Theil von dem großen alten tatarischen Reiche Astrachan, welches sich auch über einen Theil der mittlern Landschaften der Wolga erstreckte, und woraus durch Peter den Großen bei der neuen Organisation seines Reiches eins von den zehn großen Gou-

47) Falk, topograph. Beiträge I. S. 103.

48) Schober, russ. Denkwürdigkeiten bei Müller, Sammlung russ. Geschichte VII. S. 25.

49) Lerche, bei Müller a. a. O. VII. S. 534.

50) Schober, bei Müller a. a. O. VII. S. 26.

vernements gebildet wurde [51]). Aber die Erwerbung der am Fuße des Kaukasus sich ausbreitenden Gebiete nach dem Frieden von Kutschuk Kainardsche im Jahre 1774 und die Kolonisirung derselben bewirkte bei der Umgestaltung des Reiches durch Katharina II. die Errichtung der Statthalterschaft Kaukasien im Jahre 1784, und die Festung der Mosdokschen Linie, Katharinskaja Krepost, ward unter dem Namen Katharinograd zur Hauptstadt derselben bestimmt. Wegen ihrer Größe wurde diese Statthalterschaft bald darauf im Jahre 1787 in zwei Landschaften (Oblasti), in die kaukasische und astrachanische, eingetheilt; Kaiser Paul bestätigte auch die Statthalterschaft Kaukasien als Gouvernement Astrachan im Jahre 1796, aber Astrachan wurde seines frühern Vorrechtes wieder theilhaftig und zur Gouvernementsstadt gemacht [52]). Erst im Jahre 1801 wurden sodann in Folge der Veränderungen am Kaukasus die beiden Gebiete von Astrachan und Kaukasien zu selbstständigen Gouvernements eingerichtet [53]).

Das Klima der Landschaft von Astrachan ist zwar wegen ihrer südlichen Lage im Allgemeinen milde zu nennen, doch zeigen sich hier dieselben strengen Winter, wie sie stets mit der Natur der steppenartigen Landschaften verbunden sind. Das Eis der Wolga bricht Ende Februar oder im März, wenn Nordwest- und Westwinde den Eisgang begleiten, bei Süd- und Südostwinden hält sich aber die Eisdecke des Stromes trotz des schönen warmen Wetters, zumal nach einem strengen Winter, häufig bis zum April [54]). Sogleich zeigt sich dann im Frühjahr Vegetation, der Strom wird von Fischen, die Luft von Zugvögeln belebt; aber die Nächte bleiben bei den dann gewöhnlich vorherrschenden Nordostwinden noch kalt, bis in der Mitte Mai die starke Hitze beginnt, welche ihre größte Höhe im Juni und Juli meistens bei großer Dürre erreicht, und nicht selten an 30 Grad übersteigt, während die Nächte verhältniß-

---

51) Strahlenberg, der N. und O. Theil von Europa S. 183.

52) Georgi, geograph. Beschreibung II, 3. S. 914.

53) Erdmann, Reisen II, 1. S. 203.

54) Pallas, Reisen durch verschied. Prov. III. S. 642.

mäßig kühl sind. Der dann gewöhnlich herrschende Südwind trocknet selbst viele Seen aus und verwandelt sie in Moräste. Im August nimmt die Wärme wieder ab, im September und October treten schon kühle Tage ein, zuweilen kleine Morgenfröste. In der Mitte November folgt meistens anhaltender Regen, zu welchem sich am Ende des Monats Schnee gesellt[55]). Dann beginnt es zu frieren und Mitte December belegt sich die Wolga gewöhnlich mit Eis, nachdem ein 8- bis 14tägiger Eisgang vorhergegangen ist, der so lange treibt, bis sich ein Ostwind einstellt, der es fest macht[56]). Alljährlich belegt sich selbst die untere Wolga mit so festem Eise, daß sie schwer beladene Schlitten trägt[57]). Im Januar ist bei den dann herrschenden Nord- und Ostwinden häufig eine Kälte von 20 Grad, ja man hat selbst Beispiele von 29 Grad Kälte, und zugleich stellen sich in dieser Jahreszeit sehr heftige Wirbelwinde ein. Diese sind es auch, welche bei dem nicht unbedeutenden Schneefall in den astrachanischen Steppen doch keine Schneebahnen sich bilden lassen, da sie den Schnee von den Flächen verjagen und in den Schluchten anhäufen. Dagegen gewährt dann die Wolga die trefflichste Eisbahn, und dient wie im Sommer zur großen Verbindungsstraße von Astrachan mit dem Norden; nur sind die Winterwege auf dem Eise der Wolga mit Vorsicht zu wählen, da sich in den untern Gegenden viele seichte Stellen offen und rauchend erhalten, welche man Polumna nennt, und welche sich häufig verändern, da sich eine neue Stelle öffnet, wenn sich eine ältere mit Eis bedeckt[58]).

Die Flora von Astrachan ist, wie schon ein älterer Beobachter bemerkt, sehr reich und prangt mit den verschiedenartigsten und schönsten Blumen und Früchten. An allen Obstarten, wie Birnen, Äpfel, Pflaumen, Kirschen, Maulbeeren, Pfirsichen und Wein ist ein Überfluß. Die Melonen sind weit süßer als anderwärts, und vorzüglich ausgezeichnet sind die

55) Erdmann, Reisen II, 1. S. 209.
56) Pallas, Reisen durch verschied. Prov. III. S. 646.
57) Gmelin, Reise durch Rußland II. S. 84.
58) Georgi, geograph. Beschreibung I. S. 267.

Wassermelonen, die Arbusen oder Angurien genannt, deren es zweierlei Arten von weißem und von röthlichem Fleische giebt [59]. Auch machte man am Ende des vorigen Jahrhunderts den Versuch, die persischen Mimosen (Mimosa arborea), das Johanniskraut (Ceratonia siliqua) und einige andere Sträucher in Astrachan anzupflanzen und durch Strohbedeckung im Winter zu sichern. Dies gelang auch. Aber Ölbäume und Granaten erfroren dennoch [60]. Die Ackerkultur kann nach der ganzen Natur der Landschaft nicht sehr bedeutend sein und ist nur auf das Wolgathal beschränkt, welches unmittelbar von sandigen und salzigen Steppen umsäumt wird. Getreide gehört daher mit zu den vornehmsten Gegenständen, welche aus den Kornkammern um Kasan, so wie Bau- und Brennholz aus den waldreichen Uf ...dschaften der Kama hier eingeführt werden müssen [61]. Man hat aber auch in dieser Beziehung die Überschwemmungen der Wolga auf eine ähnliche Weise zu benutzen gesucht, wie die Überschwemmungen des Nils in Ägypten. Kurz zuvor ehe die Wolga aus ihren Ufern zu treten anfing, wurde ein Stück Land, das sonst gewöhnlich von der steigenden Fluth war bedeckt worden, gepflügt und als Ackerland zubereitet. Nachdem in der Mitte Juli sich das Wasser wieder verlaufen hatte, säete man sogleich Hirse, Buchweizen, Flachs und Hanf, und diese Saat wurde blos mit der Egge befahren. Von allen diesen Gewächsen, welche, die Hirse ausgenommen, fast noch gar nicht in der astrachanischen Gegend wegen der gewöhnlichen Dürre der Äcker hatten gebaut werden können, erhielt man gegen die Mitte September eine vortreffliche Erndte [62].

Gleichwie Astrachan innerhalb des uralischen Völkerthores auf der Wanderstraße der Völker von Osten zum Westen gelegen ist, so liegt es auch auf der Wanderstraße der Zugvögel vom Süden zum Norden und umgekehrt. Alljährlich,

---

59) Schober, russische Denkwürdigkeiten bei Müller a. a. O. VII. S. 84, 85.

60) Pallas, neue nordische Beiträge I. S. 163.

61) Georgi, geograph. Beschreibung II, 3. S. 945.

62) Pallas, neue nordische Beiträge I. S. 162.

sagt Hablizl, der Reisegefährte des jüngern Gmelin und der Beobachter dieser Verhältnisse zu Astrachan, kommt dort eine ungeheure Menge von Land- und Wasservögeln im Frühling aus den in der Nachbarschaft des kaspischen Meeres gelegenen warmen Gegenden angezogen und kehrt im Herbst wieder dahin zurück. Ein beträchtlicher Theil davon, besonders Wasserwild, verbleibt den ganzen Sommer an der untern Wolga und nistet auch daselbst; ein anderer Theil hält sich aber nur eine gewisse Zeit ohne zu nisten in dieser Gegend auf, zieht nachher weiter die Wolga hinauf bis in die innersten und nördlichen Gegenden Rußlands und kommt von da im Herbst wieder zurück. Einige Gattungen halten im Hinziehen fast gar nicht zu Astrachan an, sondern setzen ihren Zug unmittelbar weiter fort und bleiben auch im Zurückkehren nur so lange da, als es ihnen die Milde des Herbstes gestattet. Die Zeit, welche diese Zugvögel sämmtlich bei Astrachan sowohl bei ihrer Ankunft als bei ihrer Rückkehr beobachten, ist nach der verschiedenen Beschaffenheit der Witterung verschieden, die Ordnung aber, in welcher sie im Hin- und Herziehen auf einander folgen, ist stets dieselbe.

Von allen Zugvögeln sind die verschiedenen Gattungen von großen und kleinen Seemöwen die ersten, welche sich bei Annäherung des Frühlings bei Astrachan blicken lassen, weil sie nahe bei den Mündungen der Wolga zu überwintern pflegen und meistens stellen sie sich in den ersten Tagen des Februar ein. Sie nisten häufig auf den wolgischen Inseln, und erst Ende November bemerkt man sie nicht mehr. Nach ihnen kommt heerdenweise die Märzente und bleibt, so lange der Frost noch anhält, an solchen Stellen unterhalb Astrachan, wo die Wolga nicht zuzufrieren pflegt oder auch in der Nachbarschaft der Salzseen. Sobald die Witterung gelinder wird, zieht ein Theil weiter, während ein anderer zurückbleibt und auf den Schilfinseln nistet, bis sie im November verschwinden. Ihnen folgen etwas später die Schwäne, die Gänse, die Kropfgänse und die großen weißen Kraniche, und ihre Züge von Süden nach Norden dauern in großen Schaaren bis in die Mitte April fort. Ein Theil von ihnen bleibt im Sommer hier zurück, bis mit dem Ausgang des Octobers sie sämmtlich nach ihrem Winteraufenthalt zurückkehren. Die bunte Nordgans und die gemeine rothfüßige Nordgans (Kasarka) kommen Ende Februar an, aber sie halten sich hier nicht auf, nisten daselbst nie, sondern gehen nach Norden, von wo sie schon im September wieder zurückkehren und dann einen Monat hier verweilen. Auch der gemeine Storch und der schwarze Storch kommen mit den letztern zu gleicher Zeit, und setzen auch sogleich ihre Reise weiter fort. Sobald aber die Überschwemmung der Wolga vorbei ist, kommen sie häufig schon wieder zurück, weil sie dann reichliche Nahrung finden, und bleiben dann den ganzen übrigen Sommer dort; doch sind sie unter allen Zugvögeln der untern Wolga-Landschaft die, welche im September am frühesten davon gehen [63]).

Zu Anfang des März stellen sich auch die übrigen Gattungen des weitläuftigen Geschlechtes der Enten ein, welche theils bei Astrachan, theils weiter oberhalb zu nisten pflegen, und sie entfernen sich sämmtlich im October. Von allen Entengattungen kommt die sogenannte rothe Ente heerdenweise und die Bergente paarweise am spätesten, erst Ende März. Erstere nistet oberhalb Astrachan auf den Inseln und an den steilen Ufern der Gornaja, letztere baut sich bei den auf der Steppe zerstreuten Salzseen in verlassenen Fuchslöchern an. Anfang September gehen beide zu gleicher Zeit wieder ab. Aus der Ordnung der Schnepfen erscheinen im März der kleine Strandläufer, die große Schnepfe und die Strandschnepfe. Letztere ist von allen aus dem kaspischen Meere kommenden Schnepfen die einzige, welche im Sommer gänzlich diese Gegend verläßt, aber schon Anfang September kehrt sie zurück, wenn die Hirse hier eingeerndtet wird, und hält sich bis im October auf den Hirsefeldern häufig auf. Außerdem erscheinen hier im März die Seeraben, Löffelreiher und die verschiedenen Gattungen der Taucher, welche theils hier nisten, theils die Wolga hinaufziehen und im October zurückkehren, und von Landvögeln kommen Anfang März die wilden Tauben und die Staare

63) Hablizl bei Pallas, neue nordische Beiträge III. S. 8 bis 11.

schwarmweise an, von welchen letztere zum Nachtheil der dortigen Weinkultur bis nach vollendeter Weinlese sich daselbst ansiedeln. In der Mitte Februar beginnt im Allgemeinen das Schwärmen der Zugvögel, wenn aber noch Fröste im März eintreten, so sucht, wie Pallas bemerkt, welcher diese Wanderungen gleichfalls beobachtete, das angekommene Geflügel Zuflucht und Schutz in den dichten Schilfmorästen auf der buschigen und wasserreichen Niederung des Flusses [64]).

Im April endet gewöhnlich die Ankunft aller Zugvögel. Denn um die Zeit, wann die Wolga aus ihren Ufern auszutreten beginnt, kommt noch vollends alles auf dem Wasser und in den Sümpfen lebende Wild an, die Taucher, die verschiedenen Gattungen der Reiher und die verschiedenen Schnepfenarten, von welchen allen ein großer Theil den Sommer über dort bleibt und nistet. Alles im April ankommende Wassergeflügel geht Ende October wieder zurück. Von den Landvögeln erscheinen im April die Kraniche, welche mit einer großen Schaar von kleinem Waldgeflügel weiter nach Norden wandern, und von welchen nur der Kuckuk, der Häher, die Nachtschwalbe, Turteltaube, Rohrdrossel und Rohrammer und andere den Sommer über hier bleiben. Die im April ankommende Nachtigall hört man nur wenige Wochen um Astrachan. Den Beschluß dieser wandernden Schaaren macht am Ende April meistens der Bienenvogel (Merops apiaster) und kurz vorher die hier häufig nistende Strandschwalbe, welche bis zum Ausgang September hier bleibt. Das Deltaland der Wolga und die schilfreichen Gestade des kaspischen Meeres scheinen aber der Winteraufenthalt theils der hier im Frühjahr durchziehenden Vögelgattungen, theils mehrerer in den nördlichen Gegenden hausenden Arten zu sein, welche wie die Weihe und eine Falkenart sich von Norden her im Herbst hier einfinden. Unter den rückkehrenden Vögeln bemerkt man vornehmlich die Trappen in großen Schaaren, obschon man ihrer im Frühjahr bei der Wanderung nach Norden nicht gewahr wird, vermuthlich weil sie dann nicht heerdenweise, sondern paarweise

---

64) Pallas, Reisen durch verschied. Prov. III. S. 646 bis 648.

ziehen. Ferner erscheinen Ende October von Norden her ganze Heerden von Feldhühnern, welche den ganzen Winter bis zum Februar hier verweilen. Nicht minder stellen sich mitten im Winter bei starkem Schneegestöber flugweise die verschiedenen Gattungen von Lerchen nebst Schneeammern und andern verwandten Vögeln ein, welche an der Wolga immer in Gesellschaft an den Wegen herumfliegen und sobald der Schnee aufthaut, wieder verschwinden [65]).

Astrachan und das alte Chasaren-Land mit seinen Residenzen und Welthandelsstädten.

Gleichwie Archangel im äußersten Norden am Polarmeere und wie Nowgorod im Westen am baltischen Meere, so erscheint die Stadt Astrachan im Südosten am kaspischen Meere als der Punkt, in welchem in Verbindung mit den andern großen ihm vorangegangenen Städten an der untern Wolga sich das Gesammtleben der Völker in politischer und merkantilischer Beziehung in diesen Gegenden seit Jahrtausenden concentrirt hat. Und dies mußte bei Astrachan in um so größern Maaße der Fall sein, als diese Stadt unmittelbar auf der Grenzmark des asiatischen Orients und des europäischen Abendlandes gelegen ist, so daß es selbst schwer zu entscheiden ist, ob sie mehr für eine asiatische oder für eine europäische Stadt zu halten sei. Alle die Verhältnisse in der Entwickelung des merkantilischen Lebens, welche schon früher bei dem uralischen Völkerthore berührt worden sind, kommen auch hier wieder zur Sprache, da das Deltaland und der untere Lauf der Wolga überhaupt gerade der westlichen Öffnung jenes Völkerthores vorgelagert sind; und wenn dadurch den hier nach einander aufblühenden Emporien schon in der unmittelbaren Berührung mit dem Orient nach Osten hin bedeutende Vortheile erwachsen mußten, so wurden dieselben noch erhöht durch die Lage dieses Gebietes zum Kaukasus und zu den großen durch dieses Gebirgsland hindurchführenden Handelsstraßen aus dem westlichen Asien nach den sarmatischen Ebenen. Es vereinigt sich in dem

65) Hablizl bei Pallas, neue nordische Beiträge III. S. 12 bis 17.

wolgischen Deltalande die doppelte große Handelsstraße von dem indischen Kaukasus im Osten und vom pontischen Kaukasus im Süden, und das große kaspische Meeresbecken bildet eine dritte Straße des Handelsverkehrs aus den reichen persischen Gebieten, die durch den Wasserlauf der Wolga mit dem Innern der sarmatischen Ebenen in unmittelbarer Verbindung stehen. Wegen dieser eigenthümlichen Weltstellung war der untere Theil des Wolga-Laufes von je an der Sitz der größten Welthandelsstädte, hier speicherten sich mit dem Zusammenfluß der Karavanen der verschiedenartigsten Handelsleute stets die größten Schätze auf, und darum schlugen auch wieder in diesem Gebiete die Herrscher der vom Osten nach dem Westen wandernden Völker so gern ihr Hoflager auf. Noch jetzt ist dieses Gebiet mit den zahlreichen Trümmerhaufen der alten Emporien und Residenzen überdeckt, welche hier, eine immer auf Kosten der andern, nach einander aufgeblüht sind, und welche diesem Gebiete darum einen ähnlichen Charakter wie dem Deltalande von Babylonien am Euphrat und Tigris verleihen.

Schon zu Herodots Zeit ging von den pontischen Gestaden aus eine Karavanenstraße durch das wolgische Deltaland im weitern Sinne ostwärts nach dem mittlern Asien hinein zu den goldreichen Völkern der Issedonen und Massageten und führte den griechischen Faktoreien am Pontus die kostbaren Waaren Chinas und Indiens zu [1]). Auch haben wir schon früher in diesem Lande der Passage das thätige Handelsvolk der Aorsen kennen gelernt, welchen, wie aus Strabos und des Ptolemäus Berichten erhellt, die Erdkunde in der Zeit der ersten Jahrhunderte unserer Zeitrechnung so viel verdankt [2]). Wissen wir gleich nichts Näheres über den Zustand des Handelsverkehrs in dieser Gegend zu jener Zeit, als in Folge der Völkerbewegungen auf der pontischen Wanderstraße der Völker seit dem Ende des zweiten Jahrhunderts die griechischen Handels-

---

1) Storch, Geschichte des russischen Handels in s. Gemälde des russ. Reiches IV. S. 17 bis 21.

2) Mannert, Geographie der Griechen und Römer IV. S. 158.

städte an den Küsten des schwarzen und asowschen Meeres allmählig in Verfall geriethen und verschwanden, und als auch das römische Kaiserreich seinen frühern politischen Einfluß hier einbüßte, so erhellt doch noch aus Ammians Angabe über den Rhabarber, daß der Handelsverkehr an der untern Wolga immer fortdauerte [3]). Mochte derselbe auch durch das Vordringen der Hunnen gegen Westen am Ende des vierten Jahrhunderts auf einige Augenblicke gestört werden, so mußte er um so glanzvoller sich erneuern, als zu jener Zeit schon das den Hunnen verwandte Volk der ugrischen Chasaren an die Stelle der Aorsen daselbst getreten war, welches sich durch seine Betriebsamkeit bald den Namen eines der berühmtesten Handelsvölker der Geschichte erwarb [4]).

Über ein halbes Jahrtausend spielen diese Chasaren eine dominirende Rolle an der untern Wolga [5]), welche letztere nicht selten bei den Arabern nach ihnen den Namen des Chasaren-Flusses trug [6]). Gleich den alten Bulgaren an der mittlern Wolga erregte dies merkwürdige Kulturvolk der Chasaren, welches bei den abendländischen Autoren schon im sechsten Jahrhundert erwähnt wird [7]), frühzeitig die Aufmerksamkeit der Araber, und wenn beide auch in den ersten Zeiten ihres Zusammentreffens, bei der erobernden Ausbreitung des Khalifats unter den Ommajaden im siebenten und achten Jahrhundert, zunächst in feindselige Berührung traten [8]), so bewirkten doch die bei beiden vortretenden merkantilischen Interessen bald eine friedliche Annäherung; und den morgenländischen Berichterstattern verdanken wir vornehmlich die Kenntniß dieses Volkes, welches durch sein Eingehen auf so verschiedenartige Kulturzustände und religiöse Anschauungsweisen so eigenthümlich ist. Zugleich er-

---

3) Ammianus Marcell. XXII, 8.

4) Lehrberg, Untersuchungen über die ältere Geschichte Rußlands S. 385.

5) Herbelot, bibliothèque orientale p. 514.

6) Massudi bei Frähn, Ebn Foslan S. 235.

7) Jornandes, de rebus Get. bei Muratori, script. rer. Ital. I. c. 5. p. 194. Schaffarik, über die Abkunft der Slaven S. 159.

8) D'Ohsson, des peuples du Caucase p. 46—71.

scheint nun zum erstenmale in dem wolgischen Deltalande eine große blühende Handelsstadt, welche bei den Arabern immer nur unter dem mit der Wolga gleichlautenden Namen Atel vorkommt. Die morgenländischen Autoren wissen uns viel zu berichten von dieser merkwürdigen, den Abendländern ganz unbekannten Stadt, in welcher ein mächtiger, dem Judenthum ergebener König herrschte, dessen Unterthanen als Muhamedaner, Juden, Christen und Heiden genannt werden und die sich vornehmlich mit dem Handel beschäftigten [9]). Zwar ist uns die Lage dieser chasarischen Hauptstadt nicht mehr bekannt, doch ist es sehr wahrscheinlich, daß sie, wie man aus den Angaben auf den ältern italiänischen Charten der Reisenden des Mittelalters geschlossen hat, etwas oberhalb des heutigen Astrachan gelegen habe, wo mancherlei Überreste die Lage des ältern Astrachan, das sich wohl auf ihrer Stelle erhoben haben mag, noch jetzt andeuten [10]). Der arabische Geograph Jakut ums Jahr 1200 sagt in seinem großen Wörterbuche, der Weg von Jtil, der Chasaren-Hauptstadt, nach Bulghar werde, wenn man an der Wolga durch die Steppen aufwärts reise, in der Zeit von einem Monat zurückgelegt. Fahre man auf dem Flusse selbst hinauf, so gebrauche man fast zwei Monate Zeit, fahre man stromabwärts nur zwanzig Tage [11]).

So lange sich das Chasaren-Reich erhielt, war das wolgische Deltaland einer der Hauptsitze des indischen Welthandels, und die beiden Städte Atel im Süden und Bulghar im Norden die vermittelnden Handelsstationen zwischen dem Osten und Westen der alten Welt auf der Nordseite des Pontus, woran sich dann noch das permische Tscherdyn mit seinem Hafenorte Cholmogory für den eigentlichen Norden anschloß. Bis zu Anfang des eilften Jahrhunderts hin ging von der untern Wolga aus die große indische Handelsstraße durch die kar-

9) Ebn Haukal, oriental geography ed. Ouseley p. 185, 186. D'Ohsson, des peuples du Caucase p. 31, 32, 41.

10) J. v. Hammer, in den Wiener Jahrbüchern 1834. 8. Th. LXV. S. 17.

11) Jakut bei Frähn in den Mémoires de l'Académie de St. Pétersbourg. 1832. 4. Tome I. p. 565.

matischen Ebenen bis zu den baltischen Gestaden [12]). Der blühende Zustand der kaspischen Gestadeländer in merkantilischer Beziehung wirkte wohlthätig zurück auf den der Hafenorte an der Ostsee [13]). Übrigens gab es außer Atel selbst noch verschiedene andere Lokalitäten in diesem Chasaren-Lande, welche als eben so viele Sitze des Handelsverkehrs betrachtet werden müssen [14]); es war aber jene Stadt für die hier fast einheimisch zu nennenden Araber die erste Hauptstation in den Ländern jenseit der großen Naturgrenzen der arabischen Welt, sobald sie sich zu größern Reisen nach dem Norden anschickten. Auch die Steppenwüsten rings um das kaspische Meer herum wurden bebaut und bevölkert; vornehmlich scheint die Südstraße nach dem Kaukasus stark besucht gewesen zu sein, denn dort nennen uns die Araber eine ganze Reihe wichtiger Stationen, welche den Handel zwischen Atel und den persisch-babylonischen Landschaften aufrecht erhielten [15]).

Aber das Chasaren-Reich fiel am Anfange des eilften Jahrhunderts durch die Arglist der Byzantiner und durch die Feindschaft der Russen, deren Staat sich seit dem neunten Jahrhundert auf Kosten der chasarischen Macht besonders emporgeschwungen hatte [16]). Das betriebsame chasarische Volk verschwand und ging in die türkischen Stämme auf, welche schon seit dem Anfange des neunten Jahrhunderts durch das uralische Völkerthor in Europa einbrechend die Kette der ugrischen Völker vom Kaukasus bis zum Ural hin zerrissen hatten und die Chasaren gleichsam verschlangen, mit welchen sich kleinere türkische Stämme in noch frühern Zeiten vermischt haben mögen [17]). Mit dieser Umgestaltung der Völkerverhältnisse an

---

12) Frähn, Ebn Foslan S. 79.

13) Fischer, Geschichte des deutschen Handels I. S. 212, 222.

14) Rasmussen, de Orientis commercio cum Russia medio aevo p. 6.

15) Ebn Haukal, oriental geography ed. Ouseley p. 192. Edrisi, geograph. Nubiens. p. 243, 244.

16) Karamsin, russische Geschichte II. S. 15.

17) Klaproth bei Potocky, voyage dans les steps d'Astrakhan et du Caucase II. p. 128.

der untern Wolga, die dem Handelsverkehr nicht vortheilhaft sein konnte, erhielt auch der Waarenzug durch die sarmatischen Ebenen zum baltischen Meere eine Unterbrechung, und diese schien um so dauernder und nachtheiliger werden zu müssen, als die bald darauf ausbrechenden Kreuzzüge dazu beitrugen, dem indischen Welthandel, der in den nördlichern Gegenden der alten Welt durch die Ausbreitung der rohen türkischen Stämme Hemmungen erlitt, in den südlichern Gegenden neue Bahnen zu eröffnen. Noch am Anfange des eilften Jahrhunderts war das Gebiet an der untern Wolga eine so wichtige Station des morgenländischen Handelsverkehrs, daß der Fürst Wladimir der Große, welcher nach so vielen Seiten hin thätig war, sein Volk in merkantilische Verbindung mit den orientalischen Völkern zu bringen, daran dachte, durch die Eroberung jenes Gebietes seinem Staate einen dauernden Vortheil zuzuwenden[18]). Doch er starb darüber hin, und der Sturz des chasarischen Reiches, an welchem sein Sohn, der Fürst Mstislaw von dem benachbarten Tmutarakan am Bosporus Antheil hatte, möchte in dem Falle für die Russen vortheilhaft gewesen sein, wenn nicht die seitdem beginnenden Theilungen des Staates und die damit zusammenhängenden Bürgerkriege eingetreten wären, und wenn nicht die Horden der Polowzen an der Stelle der Chasaren die vorherrschende Rolle übernommen hätten. Was das wolgische Deltaland verlor, das gewann zunächst Kiew am Dnepr, welches noch auf geraume Zeit den Durchgangskanal der vom Pontus kommenden morgenländischen Waaren nach den baltischen Hafenstädten bildete, bis auch hier die Folgen der Kreuzzüge sich bemerkbar machten. Die Polowzen aber, die Kumanen der Abendländer, von türkischem Stamme, werden uns von den russischen Annalisten als ein sehr rohes Volk geschildert, welches dem friedlichen Handelsverkehr wohl keine große Aufmerksamkeit schenkte, da sie überdies mit den russischen Fürsten in beständiger Fehde lagen und die russischen Landschaften mit ihren häufigen Raubeinfällen heimsuchten[19]).

18) Storch, Geschichte des russ. Handels IV. S. 99.

19) Karamsin, russische Geschichte II. S. 68, 78, 81, 90.

Während des zwölften Jahrhunderts ist uns das Schicksal des wolgischen Deltalandes nicht genauer bekannt, nie drangen die russischen Fürsten, wenn sie sich ermannten, um an den Polowzen Rache zu nehmen, bis dahin vor, die Steppen zwischen dem untern Dnepr und Don waren der Schauplatz ihrer Kämpfe, welche alle friedlichen Karavanen verscheuchen mußten[20]). Beide Gegner unterlagen aber einem dritten Feinde, welcher mit dem Beginn des dreizehnten Jahrhunderts als ein verheerender Völkersturm durch die kaspisch-uralische Pforte in Europa eindrang und zuletzt in dem Gebiet der untern Wolga seinen Sitz aufschlug. Dies waren die mongolischen Horden in Verbindung mit den turktatarischen Völkern, welche unter Batuchans Anführung des Großvaters Scheiß, die Eroberung der Westwelt, auszuführen suchten[21]). Dieser Sturm zerriß zunächst alle Fäden des Handelsverkehrs zwischen dem Morgenlande und Abendlande und zwar um so mehr, als das schon allmählig gesunkene Kiew nun auch gänzlich in Verfall gerieth. Aber zu um so größern Glanze erhob sich dafür alsbald das verödete Deltaland der Wolga, welches seitdem nie wieder aufgehört hat der Sitz des Welthandels zu sein. Zwar dachten anfangs die rohen tatarischen Schaaren an nichts anders als Zerstörung, aber kaum hatte das wilde Feuer ausgetobt, kaum waren sie etwas zur Ruhe gekommen und hatten in dem Gebiet der untern Wolga festere Sitze ihres unstäten Lebens als es bisher gewesen war, genommen, so machten sich auch alle Bedürfnisse eines civilisirten Lebens bei diesen Barbaren geltend, und je größer die Rohheit war, desto mehr verlangte ihr Luxus und ihre Schwelgerei. Das Hoflager der Khane der goldenen Horde in Kaptschak ward ein großes Emporium, und der wieder angeknüpfte Handelsverkehr zwischen dem Orient, wo Bochara und Samarkand fortan eine bedeutende Rolle spielten, und dem Abendlande wurde in Folge der mongolischen Völkerwanderung bei weitem ausgedehnter und bedeutender als früher[22]).

Cha-

20) Karamsin, a. a. O. II. S. 111 bis 115.

21) Abulgasi, histoire généalogique des Tatares p. 446—451.

22) Fischer, Geschichte des deutschen Handels II. S. 22.

Charakteristisch ist es, daß die Residenz der Khane der goldenen Horde unmittelbar am Fuße des Obstschei Syrt an der untern Wolga, also auf der Naturgrenze von Asien und Europa, aber noch innerhalb des Gebietes des erstern aufgeschlagen war; aber von diesem Hoflager aus geboten die kaptschakschen Dschingischaniden über einen großen Theil beider Erdtheile vom Altai und vom Sihon bis zum baltischen Meere und den Karpathen. Serai oder Sarai war der Name jenes Hoflagers, zu welchem Batuchan schon den Grund legte, während es von seinem Bruder und Nachfolger Berkaichan, der das Reich Kaptschak organisirte, vollendet ward [23]). Es bedeutet jener Name in der türkischen Sprache, aus der er von den Mongolen entlehnt wurde, wenn nehmlich dieser Ort auch bei ihnen und nicht blos bei den turktatarischen Stämmen so geheißen haben sollte, einen Pallast, und erscheint als solcher häufig in Mawaranahar bei den Dschagatai-Turk im Stammgebiet der türkischen Völker [24]). So werden dort die Städte Saliserai, Arheukserai und Zendschir-Serai genannt. Saliserai war zugleich die Residenz der Khane von Dschagatai oder der Vettern der Dschingischaniden in Kaptschak [25]), und der bekannte Timur erbaute in seiner Vaterstadt Kesch, welche er zur zweiten Residenz erhob, das Ak-Serai d. h. weißer Pallast [26]). Rubruquis ist der erste Europäer, welcher um die Mitte des dreizehnten Jahrhunderts diese in merkantilischer und politischer Beziehung so wichtige Stadt Serai kennen lernte und Näheres über sie mittheilte. Das von Batu neu gegründete Saray, sagt Rubruquis, und der Pallast, in welchem er Hof hält, liegen auf der Ostseite des Flusses Etilia, dessen Thal mit den verschiedenen Armen des Stromes sich an sieben Lieues ausbreite. Die Wolga theile sich hier in drei Arme, von denen jeder über doppelt so groß als der Arm des Nil bei Damiette sei, und weiter abwärts theile sich der Strom noch in vier kleinere Arme. An dem

23) **Petis de la Croix**, histoire du grand Genghizcan p. 131.
24) **Herbelot**, bibliothèque orientale p. 744.
25) **Cherifeddin Ali**, histoire de Timur Bec I. p. 2, 5, 21, 258.
26) **Cherifeddin Ali** l. c. I. p. 307.

mittelsten Arme liege die Stadt Sumerkent, welche bei hohem Wasserstande wie eine Insel von den Fluthen umgeben werde. Das bei Saray sich ausbreitende Land bilde eine von Wiesen und Schilfwaldungen angefüllte Niederung, in welcher sich die Tataren mit ihren Heerden aufzuhalten pflegen, bis sich der Strom mit Eis belege[27]).

Auffallend ist es nun, daß der tatarische Geschichtschreiber Abulgasi in seiner Geschichte des Reiches Kaptschak dieser Stadt gar keiner Erwähnung thut, indem er vielmehr sagt, daß Batu Sagin Chan nach seinem Siegeszuge durch das ganze Abendland glücklich in sein Land Deschte Kaptschak zurückgekehrt, und daß er einige Zeit darauf gestorben sei in der Hauptstadt des Landes, welche Kokorda heiße[28]). Zwar berichtet er dann weiter, daß der Fürst Dschanibek, der Sohn des Usbek Khan und einer der ausgezeichnetsten kaptschakschen Fürsten, der zugleich dem Islam bei seinem Volke im vierzehnten Jahrhundert vornehmlich Eingang verschaffte, für gewöhnlich seine Residenz in der Stadt Scharisaraizik aufgeschlagen habe, wo er auch begraben worden sei[29]), aber daß diese Stadt nicht dieselbe sein könne mit dem, wie Rubruquis als Zeitgenosse berichtet, von Batuchan begründeten Serai erhellt von selbst aus Abulgasis Darstellung, wobei es auch klar zu Tage liegt, daß

27) Rubruquis bei Bergeron, voyages faits en Asie c. 49. p. 135—138. La ville de Saray bâtie nouvellement sur l'Etilia du côté du Levant. La vallée de la rivière, qui se divise là en trois branches, dont chacune est plus grande deux fois que celle du Nil à Damiète; et puis se sépare en quatres autres moindres bras, à plus de sept lieues de large.

28) Abulgasi, histoire des Tatares p. 450, 451. Batu Sagin Chan après avoir rempli tout l'occident de la gloire des grands exploits retourna enfin heureusement dans son pays Daschté-Kipzak, où il mourut quelque temps après dans la capitale du pays appellée Cocorda.

29) Abulgasi, histoire p. 458, 460. Daß der französische Herausgeber dieser Geschichte oder eigentlich die gefangenen schwedischen Offiziere in Sibirien während des nordischen Krieges die Lage dieser Städte, die ihnen ganz unbekannt waren, ganz falsch bestimmt haben, braucht hier nicht weiter dargelegt zu werden.

mit jenem langen Namen nur die Stadt Saratschik bezeichnet ist, welche wir schon früher als eine der Hauptstationen des indischen Handelsverkehrs nach dem Abendlande (s. Abth. 1. S. 59.) in dem Deltalande des Jaik kennen gelernt haben. Jenes Kokorda ist aber offenbar nichts weiter als ein anderer Name anstatt des bekanntern Serai, und beide konnten um so leichter mit einander vertauscht werden, als sie eigentlich nur Appellativa sind, die erst durch die Geschichte zu Eigennamen geworden sind. Denn Kokorda ist nur eine Zusammenziehung für Kökö- oder Koko-Orda d. h. die blaue Horde oder das Hoflager des Khans der blauen Horde, und jene beiden Wörter sind mongolischen Ursprunges. Das Wort Orda oder Hordu bedeutet in allen mongolischen Dialekten und in der Sprache der Tungusen das Zelt des Khans, um welches die andern Zelte aufgepflanzt sind [30]. Durch die Wanderungen der türkischen und turktatarischen Völker hat sich das Wort nach West-Asien hin verbreitet, und hat selbst in den europäischen Sprachen Eingang gefunden. Die osmannischen Türken und die Perser bedienen sich jetzt gewöhnlich des Wortes um das Lager eines Heeres oder das Hoflager eines Fürsten zu bezeichnen; im Abendlande versteht man darunter aber fast nur einen tatarischen Stamm, der einem besondern Häuptling unterworfen ist [31]. Doch scheint letztere Bedeutung auch den Morgenländern nicht ganz fremd zu sein, wenn man sieht, daß Abulgasi einen der tatarischen Stämme im Reiche Kaptschak mit dem Namen Ak-Orda d. h. die weiße Horde bezeichnet [32].

Aber die eigenthümliche Bezeichnung von einer blauen Orda ist nur zu erklären aus der Familiengeschichte der Dschingischaniden. Denn der Stammvater des Dschingischan war ein Tengri, ein Himmelssohn, und war am Leibe blau von Farbe. Daher gab auch jener Fürst, als er in dem Quellge-

30) D'Ohsson, histoire des Mongols depuis Tchinguiz-khan jusqu'à Timour Bey I. p. 83. Not. 2.

31) Chardin, voyages en Perse et autres lieux de l'Orient ed. Langlès. Paris 1811. 8. Tome I. p. 123.

32) Abulgasi, histoire des Tatares p. 453.

biet des Onon und Kerlon zum allgemeinen Oberhaupte der mongolischen Stämme erhoben wurde, seinem Volke den ehrenvollen Beinamen der Kökö-Mongol oder der blauen Mongolen, und wenn auch die weiße Farbe im Allgemeinen die Herrschermacht jenes gewaltigen Fürstenhauses bezeichnete, so war doch die blaue Farbe die eigentliche Familienfarbe der Dschingischaniden, wie sich dem entsprechende Abzeichen auch bei den verschiedenen Linien des arabischen Herrscherhauses der Koreischiten vorfinden [33]). Auch spielt der berühmte Koko Nor auf dem ostasiatischen Hochlande eine nicht unwichtige Rolle in der Geschichte des Dschingischan, und wird von den Chinesen auf eine entsprechende Weise mit dem Namen Sing-Hai oder das blaue Meer benannt [34]). Mit der Verbreitung der Dschingischaniden von dem gelben Meere im Osten bis zum schwarzen Meere im Westen hat sich nun jene Farbenbezeichnung auch außer dem Heimathslande der Mongolen geltend gemacht, und so wie die blaue Farbe bei der von Kublaichan abstammenden Dynastie Juan in China als Herrscherfarbe genannt wird, so erscheint sie zur Bezeichnung des Hoflagers der Ulus Tschutschi des Batuchan. Daraus erklärt es sich auch, daß einer der zu diesem Reiche Kaptschak gehörigen Stämme der Nogaier, welcher am Schlusse des funfzehnten Jahrhunderts in den uralisch-kaspischen Steppen nomadisirte, den Namen der blauen Horde führte [35]), und vermuthlich rührt es daher, daß der bei allen türkischen Völkern wie bei den Abendländern genannte Aral-See bei den Russen früher den Namen des blauen Meeres (Sinoe More) zu führen pflegte [36]). Aber auch das asowsche Meer soll nach Chardin's Aussage bei den Türken den Namen des blauen Meeres tragen, und obschon er einen Grund aus der scheinbaren Farbe seiner Gewässer dafür beibringt [37]), so

33) Quatremère, mémoire historique sur la dynastie des khalifes Abbassides im nouveau journal asiatique. 1835. Tome XVI. p. 298.

34) Klaproth, Asia polyglotta p. 263—265.

35) Karamsin, russische Geschichte V. S. 270.

36) Vsévolojsky, dictionnaire géogr. hist. de la Russie I. p. 20.

37) Chardin, voyages en Perse etc. I. p. 144. Les Turcs

scheint es doch wahrscheinlicher zu sein, daß diese Bezeichnung von seinen damaligen Anwohnern, eben jenen Nogaiern, herrühre, welche zu jener Zeit aus den kaspischen Steppen vertrieben hier unter der Oberhoheit der Pforte eine neue Heimath fanden.

Bei den Russen und bei den abendländischen Völkern scheint jedoch der Name der blauen Horde oder Koko-Orda zur Bezeichnung des Reiches Kaptschak und seiner Hauptstadt nicht bekannt oder doch nicht üblich gewesen zu sein. Vielmehr ist bei ihnen immer nur die Rede von der sogenannten goldenen Horde, welcher Name zunächst auf das mit Gold und Goldstoffen bekleidete Zelt des Khans der Horde zu beziehen ist. Darum erscheint die bei den Russen sonst genannte Lokalität Serai oder Sarai auch unter dem Namen Solotaja Orda d. h. das goldene Fürstenzelt oder Hoflager [38]). Das Beiwort golden dient nun aber wieder im Oriente zur Bezeichnung von Herrschervölkern, und es entspricht nicht minder der Anschauungsweise und den Sitten und Gebräuchen der ältern ostasiatischen Völker, als auch der heutigen Bewohner jener uns so fern liegenden Welt [39]). Als die älteste Haupterscheinung dieser Art finden wir das Reich der tungusischen Jutsche, welche auf den Trümmern der Macht ihrer Stammgenossen, der Kitan, eine mächtige Herrschaft im nördlichen China (Katai) und über einen Theil der mongolischen und tungusischen Völker im Anfange des zwölften Jahrhunderts errichteten, welche ein volles Jahrhundert später von Dschingischans Mongolen wieder zertrümmert ward. Diese glanzvolle Dynastie erscheint bei den türkischen Völkern und bei den spätern westasiatischen Autoren unter dem Namen der Altun-Khane, wie sie auf entsprechende Weise bei den Chinesen als die Dynastie Kin bezeichnet

---

par la raison de l'étendue de ce fameux marais Méotide lui donnent le nom de mer et parceque ses eaux ne sont que peu mêlées de celles de la mer ils le nomment la mer bleue.

38) Vsévolojsky, dictionnaire géogr. hist. de la Russie II. p 358.

39) Forster, Geschichte der Entdeckungen im Norden S. 140.

wird [40]). Weitere Andeutungen darüber gewähren die europäischen Reisenden des Mittelalters. Denn Plan Carpin nennt das Hoflager des Fürsten Khajuk Khan, welches er im Auftrage des Papstes Innocenz IV. auf dem Rücken des ostasiatischen Hochlandes erreichte, Syra Orda, dessen Name nach seiner Angabe, wie man aus der etwas unbestimmten Ausdrucksweise entnehmen muß, das goldene Zelt oder Hoflager bezeichnen würde [41]). Daher giebt Bergeron jenen Ausdruck im Allgemeinen wieder durch königliches Hoflager [42]). Das Wort Syra jedoch findet seine Erklärung nicht in der mongolischen Sprache, sondern nur in der der Tübetaner, von welchen es bei der uralten Verbindung mongolischer und tübetanischer Völker nicht unwahrscheinlich entlehnt ist. Denn das Wort Ser bedeutet Gold in der tübetanischen Sprache und so auch im Persischen, während bei den Mongolen für dieses Metall sich der türkische Name, wie er in dem Titel der Altun-Khane vorkommt, eingebürgert hat. Aber ein dem tübetanischen und persischen Worte dem Stamme nach verwandter Ausdruck für das Gold erscheint merkwürdiger Weise auch bei mehreren ugrischen Völkerschaften, wie den Permiern, Syrjänen, Mordwinen und Ostjaken, und möchte für diese, in der historischen Zeit so verschiedenartigen Völkerklassen auf eine in der Urzeit der Geschichte statt findende größere Berührung derselben unter einander hinweisen [43]). Ist nun auch des berühmten Forsters Annahme nicht gegründet, daß der Name der bei den Alten seit dem Anfange unserer Zeitrechnung vorkommenden Seren in eben jener Bedeutung von einem goldenen oder herrschenden Volke zu nehmen sei [44]), da dieser Volksname vielmehr auf andere Verhältnisse hinweiset (s. Abth. 1. S. 63.), so ist es doch auffallend, daß noch Rubruquis von dem Seren-Lande in dem großen

---

40) Klaproth, tableaux historiques de l'Asie. Paris 1826. 4. p. 90.

41) Plan Carpin bei Bergeron, voyages faits en Asie c. 8. p. 13.

42) Pierre Bergeron, traité des Tartares c. 15. p. 91.

43) Klaproth, Asia polyglotta p. 347.

44) Forster, Geschichte der Entdeckungen im Norden S. 140.

Kathai spricht, deren gleichnamige Hauptstadt mit goldenen und silbernen Mauern und Thürmen umgeben sei [45]).

Jene tatarische Königsstadt an der untern Wolga erscheint aber auch noch unter einigen andern, obschon verwandten Namen mit dem von Rubruquis angegebenen. Denn in den ältern Ausgaben der Reisen des Marco Paolo werden als die beiden Hauptstädte des Reiches Kaptschak genannt Bolgara und Assara, von welchen das letztere nichts anderes als das türkische Wort Serai mit dem vorgesetzten arabischen Artikel (al Sara) ist [46]). Eben so wird jene Stadt nicht nur von Balducci Pegolotti, sondern auch von dem armenischen Könige und Mönch Haithon in der zweiten Hälfte des dreizehnten Jahrhunderts nur unter dem Namen Sara als die Hauptstadt des Landes Kumanien angeführt [47]). Der englische Reisende Johann de Mandeville im vierzehnten Jahrhundert nennt die Stadt wiederum Sarak und sein italiänischer Übersetzer sogar Lurach als Hauptstadt von Kumanien, und er bemerkt dabei, daß einer von den drei Wegen nach Indien hindurchführe [48]). Auffallender muß es aber sein, wenn Rubruquis, welcher an verschiedenen Stellen seines Reiseberichtes davon spricht, daß Batuchan in seiner Stadt und in seinem Pallast zu Serai gewohnt habe, diese Lokalität auch wieder mit dem Namen Kuria Orda bezeichnet, wenn gleich derselbe nach seiner Angabe die fürstliche Wohnung im engern Sinne oder das Hoflager der Mitte bedeuten sollte [49]). In allen diesen Ausdrücken zeigt sich demnach ein beständiges Schwanken und ein stetes Übergreifen der ursprünglichen Bedeutung in die damit verknüpften Vorstellungen. Als eine ganz abweichende und sonderbare Bezeichnung für jenes Hoflager des Batuchan mag aber noch an-

45) Rubruquis bei Bergeron, voyages c. 28. p. 59.

46) Forster, Geschichte der Entdeckungen im Norden S. 152.

47) Haithon, hist. orient. bei Bergeron, voyages p. 10, 70.

48) Sprengel, Geschichte der geograph. Entdeckungen S. 261.

49) Rubruquis bei Bergeron, voyages c. 21. p. 40. Cette cour ou maison principale du Seigneur s'appelle en leur langue Curia Orda, c'est à dire la cour du milieu à cause qu'elle est toujours au milieu de tous leurs hommes.

geführt werden, daß es in einer kurzen, in Dschagatai-Turki geschriebenen Geschichte des Dschingischan und seiner Familie unter dem Namen Utsch-Kandak erscheint [50]), welcher den türkischen Wörterbüchern zufolge nichts anderes als die drei Kinderwindeln bedeuten würde [51]). Doch ist uns über die Entstehung desselben wie über seinen Gebrauch bei den morgenländischen Völkern nichts weiter bekannt. Dasselbe gilt auch von dem Namen Takht-Il, welcher bei jüngern türkischen Autoren zur Bezeichnung des Landes der Khane der goldenen Horde vorkommt [52]), aber vielleicht nur auf die unmittelbare Umgebung des Hoflagers von Serai seine Beziehung gehabt haben mag. Denn wenn auch Jaubert, der bekannte Orientalist, behauptet, keine genügende Erklärung dieses Ausdrucks in unsern Wörterbüchern gefunden zu haben, so ließe sich vielleicht noch aus dem türkischen Worte Ail oder Ajil d. h. Gegend oder Landschaft und aus dem persischen Worte Tokht oder Takht d. h. Thron oder Herrschaft eine gewisse Bezeichnungsweise für die Umgebung von Serai entnehmen [53]).

Nach der Beschreibung der Lage der Stadt Serai bei Rubruquis scheint dieselbe in nicht zu großer Entfernung oberhalb des heutigen Astrachan am Anfange des eigentlichen Deltalandes der Wolga gesucht werden zu müssen. Wenigstens hätte durch die Beachtung dieser Angabe d'Anville [54]) nicht verleitet werden können, sie auf der Stelle des bei den Russen sogenannten Zarewgorod auf dem Wolok von Zarizyn zu suchen, da der russische Name jener alten tatarischen Stadt bei Zarizyn nichts beweisen kann. Denn mit dem Obigen stimmt auch des Florentiners Balducci Pegolotti Bericht aus dem vierzehn-

50) **Klaproth**, im nouveau journal asiatique 1833. Tome XII. p. 274.

51) **Meninsky**, lexicon arabico-persico-turcicum. Viennae 1680. fol. Tom. I. p. 362. III. p. 1053.

52) Histoire des khans de Crimée trad. du turc par Kazimirsky, revue par Améd. Jaubert im nouv. journal asiatique XII. p. 356.

53) **Meninsky**, lexicon arab. pers. turcicum I. p. 419. II. p. 59.

54) **D'Anville**, l'empire de Russie, son origine etc. p. 38.

ten Jahrhundert, daß man von Astrachan bis nach Sara nur eine Tagereise zu Wasser habe[55]). Aber auch Abulfeda sagt, Sarai, die große Handelsstadt und der Königssitz der Tataren, liege auf einem ebenen Boden an dem Nordufer des Stromes Atel, welcher sich an zwei Tagereisen weiter abwärts gegen Südosten in das kaspische Meer ergieße[56]). Nichtsdestoweniger ist, wie schon Witsen bemerkte[57]), die eigentliche Lage dieser tatarischen Hauptstadt schwer zu bestimmen, und in der That hat man alle Ruinenhaufen, die sich an der ganzen Achtuba abwärts ausbreiten, zur Bestimmung dieser Lokalität benutzt. Denn die Angabe des persischen Geographen Sadik, daß sie an vier Tagereisen von den eisernen Pforten von Derbend gelegen habe[58]), reicht wohl zu einer sichern Bezeichnung nicht hin, wenn gleich man dadurch auf die Nachbarschaft des heutigen Astrachan verwiesen wird. Nach Karamsins Annahme lag sie an 60 Werst oberhalb Astrachan, und er verlegt sie nach den Überbleibseln von Selitrennoi Gorodok d. h. Salpeterstädtchen. In dem Nikonischen Jahrbuche heißt es, wie Karamsin anführt, „die große Horde sei von Iwan zerstört worden, und es nahmen die Khane derselben ihren Sitz in Astorochan und die große Horde verödete; sie sei aber von Astorochan an zwei Tagereisen zu Wasser die Wolga aufwärts entfernt und führe den Namen des großen Sarai.“ In der alten russischen Geographie aber wird gesagt, „an dem Achtuba-Flusse gegen 90 (alte) Werst von Zarizyn stand die goldene Horde,

55) Sprengel, Geschichte der geograph. Entdeckungen S. 257.

56) Abulfeda, geograph. bei Büsching, Magazin für Historie und Geographie V. S. 365.

57) Cornel. Witsen, Noord en Oost Tartaryen. Amsterdam 1705. fol. p. 217. Waer de Stad Saraye eigentlijk gelegen heeft, is onzeker, maer meest waerschynelijk is aen de Rivier Wolga, en dat niet verre boven Astrakan, alwaer heden noch overblijfzelen van een zeer grote Stad te zien zyn, van welkers steenen de muuren en huizen der Stad Astrakan gemaekt zyn en noch heden gebouwt worden.

58) Sadik Isfahani, geographical works p. 102. Serai, the capital of Daschti Kibchak; the distance of it from Bab al Abuab (or Derbend) is four merhileh (or days journeys).

und es sind dort steinerne Moscheen.“ Daselbst sieht man, wie Karamsin hinzufügt, noch die Ruinen von zwei prächtigen Gebäuden; in dem einen fand man einige mit Silber beschlagene Särge. Die Wassergraben sind mit Ziegelsteinen ausgelegt, die Mauern bestehen aus großen schönen Steinfliesen mit glasurten Verzierungen; auch sind noch Überreste von gothischer Stuckarbeit sichtbar [59]).

Unter den Ruinen am Ostufer der Achtuba wird man offenbar die Lage des alten Serai suchen müssen, und wenn Witsen nach morgenländischen Quellen den Fluß Senklo (Senkla) nennt, womit auch de la Croix übereinstimmt [60]), so kann darunter nur ein Theil oder Nebenarm der Achtuba verstanden werden. Dieser Senkla wird ein großer, schiffbarer Strom genannt von vorzüglich gutem Trinkwasser, der sich in das kaspische Meer ergieße [61]). Vornehmlich sind es zwei Ruinengruppen, welche hier in Betracht kommen, die eine nördliche unterhalb oder ostwärts von Zarizyn gelegene, die andere südliche oberhalb Astrachan gelegene. An dem hohen bald steiler, bald sanfter abfallenden Rande der höhern Steppe, welche sich an der obern Achtuba nordwärts und ostwärts ausbreitet, stößt man auf merkwürdige Trümmer steinerner Gebäude, welche bei dem Dorfe Nischnei Achtubinsk gerade ostwärts von Zärizyn beginnen und sich auf dem erhöhten Uferrande der Lugowaja gegen Osten und Südosten über Saplawinskoi bis zum Dorfe Prischibinskoi erstrecken. Auf eine Strecke von 70 Werst mit Einschluß der Krümmungen des Uferrandes finden sich Ruinen bald in Menge, bald sparsam, bald groß, bald klein, überall aber Mauerreste aus Backsteinen von Thon und Kalk. So zeigt sich schon oberhalb Saplawinskoi ein hoher Ziegelschutthaufen, Metschetnoi Bugor d. h. Bethaushügel bei den Russen genannt, bei den Kalmücken aber der Kameelthurm,

---

59) Karamsin, russische Geschichte IV. S. 51. Anmerk. 53.

60) Petis de la Croix, histoire du Genghizcan p. 131.

61) Witsen, Noord en Oost Tartaryen p. 216. Cf. p. 715. De Hoofstad van Daste was Saraye, en de rivier by deze stad is genaemt Senclo, en zoo diep, dat men daer op met schuiten vaert. Zy verliest zich in het Meir Kaszam of de Kaspische Zee.

weil hier einst des Khans melkende Stuten gehalten worden seien, von wo man die Milch durch Röhren nach dem Hoflager hingeleitet habe. Zwischen den beiden letzten Dörfern fand Pallas an sieben Werst von jedem entfernt an einem schilfigen Grunde die Spuren eines viereckigen, nach den vier Hauptwinden gerichteten Gebäudes von 11 Faden Länge auf jeder Seite, dessen Mauern aber bis aufs Fundament weggebrochen waren. An den fliesenförmigen Quadratziegeln erkannte er den tatarischen Ursprung desselben. Nur einige hundert Faden von Prischibinskoi bemerkt man einen großen und steilen, aus Ziegelschutt bestehenden Hügel, der von einem zerstörten Gebäude herrührt. An seiner südöstlichen Seite liegt in der Ebene ein kleiner See, nach den Sagen der Anwohner der Schikirly oder Zuckersee, der aber wahrscheinlicher in der mehr abwärts folgengen Niederung zu suchen ist. Auch sieht man hier eine Art von quadratischer Umdämmung wie von einem Gartenplatze und einige Grabhügel, von welchen die ganze umliegende Steppe erfüllt ist [62]).

Von Prischibinsk aus kann man die schöne Niederung an der Achtuba deutlich übersehen, welche sich zwischen einem Bogen des Flusses und einer Ausschweifung der hohen Steppe über 15 Werst weit bei einer Breite von 7 Werst ausdehnt und unter dem Namen Zarewy Pody d. h. Königsstätte bekannt ist. Diese mit Trümmern von bedeutender Größe überdeckte Ebene, welche von vier kleinen zur Achtuba gehenden Bächen bewässert wird, worunter besonders die Kalguta und Zarewka zu nennen sind, ist nach der Annahme der ältern russischen Akademiker, wie von Lepechin und Falk, der Sitz des Khanats der goldenen Horde gewesen [63]), und letzterer bemerkt, daß diese Stelle Zarewo Padun d. h. Fürstenwiese bei den Russen genannt, bei den Kalmücken den Namen Dschan Wochani Balgassun d. h. die Stadt des Khan Wochan führe, bei den Tataren aber Djanubek Chan Sarai heiße [64]). Dem stimmt

62) Pallas, Reise durch Süd-Rußland I. S. 159 bis 161.
63) Lepechin, Tagebuch einer Reise I. S. 270.
64) Falk, topographische Beiträge I. S. 118.

auch der jüngere Gmelin bei[65]). In der Nähe der Zarewka findet sich eins der größten und merkwürdigsten tatarischen Denkmale, umgeben von mehreren andern Gebäuden und Grabhügeln. Das Monument ist ein flach erhabener, auf einer viereckigen Erderhöhung errichteter, aus sechs aneinander stoßenden sehr flachen Gewölben bestehender und über den Gewölben mit Erde überschütteter Grabhügel, der an 150 Schritte im Umfange und nicht viel über einen Faden an sich, mit dem viereckigen Absatze aber, worauf er steht, gegen drei Faden senkrechte Erhöhung hat. Um den viereckigen Absatz liegt das Fundament einer dicken, abgebrochenen Mauer, die aus rohen Bruchsandsteinen, welche nur im jenseitigen Stromufer gebrochen werden, fest gemauert ist und an der Nordseite allein eine Durchfahrt gehabt zu haben scheint. Innerhalb der Mauer ist der Raum um den Gewölbehügel beträchtlich vertieft. Die Gewölbe dieses Hügels sind schon alle erbrochen, aber durch ihre Bauart sehr merkwürdig. Die Tragmauern bestehen aus rohen Bruchsandsteinen etwa eine Elle hoch über dem Boden des Gewölbes aufgeführt. Das Gewölbe selbst ist sehr flach, aus ungefähr sechs Lagen, theils viereckiger, theils länglichter Ziegel bestehend, die abwechselnd so übereinander platt gelegt sind, daß je einer zwei andere hält. Die Fugen dazwischen sind sehr geräumig, und der Mörtel scheint flüssig in die Zwischenräume hineingegossen zu sein, hat aber eine so vollkommene Härte angenommen, daß die gebrannten Ziegel eher zerschellen, als daß der Mörtel sich lösen läßt. Dies ist um so mehr zu bewundern bei der Feuchtigkeit der darüber liegenden Erde und der Salzhaftigkeit des Bodens. Auf der Westseite dieses Mausoleums in einiger Entfernung befindet sich ein runder Schutthaufen wie von einem Thurm aus Ziegeln, von welchem eine ellendicke Mauer gegen Südosten fortläuft und bei einer runden Grube endigt. Man sieht da Ziegel und Scherben von thönernen Wasserröhren herumliegen. Diese Überreste in Verbindung mit einem großen Damm, der an zehn Schritte breit und über 1000 Schritte lang in dem niedrigsten Theile des

65) Gmelin, Reise durch Rußland II. S. 6 bis 8.

Terrains sich zeigt, machen es wahrscheinlich, daß sie als große Wasserbehälter zur Bewässerung dienten. Nach der Volkssage ist jenes Monument ein alter Pallast des hier hausenden Khans gewesen. Pallas hält jedoch alle die vielen an der Achtuba zerstreuten, unterwölbten Ziegelschutthaufen für nichts als Begräbnißstätten tatarischer Fürsten. Ehemals hat man in diesen Gräbern einen großen Reichthum goldener und silberner Pferdezierrathen, Gefäße und Schmucksachen gefunden, wovon nur ein Theil in die Kunstkammer der Akademie der Wissenschaften zu Petersburg gekommen ist [66]).

In einiger Entfernung im Nordwesten vom Mausoleum liegt ein großer, ganz zerwühlter, fast hundert Faden im Umkreise messender Schutthaufen, der von einem Gebäude herzurühren scheint. Er ist umgeben von mehreren ähnlichen kleinern Monumenten dieser Art und von dem sogenannten Zukkersee der kalmückischen Fürstin Kara Schischi; letzterer ist von Weidengebüschen umkränzt, hat süßliches Wasser und wird von allerlei Geflügel besucht. Auch soll man in dieser Niederung einen ordentlichen, mit Ziegeln gedammten Weg, so wie an einigen Stellen nicht sehr große ordentliche Ziegelboden finden, welche vielleicht den Vornehmern zum Aufsetzen ihrer Filzhütten in dieser für das Vieh so futterreichen Gegend gedient haben mögen. Nach Pallas Meinung sind die vorhandenen Ruinen nicht Wohngebäude, sondern sämmtlich theils muhamedanische Bethäuser, theils mit Kapellen überbaute oder ummauerte Gräber gewesen. Eine nomadische Nation, meint er nicht mit Unrecht, wie die goldene Horde, wird sich so wenig in festen Häusern zu wohnen bequemt haben als die kalmückischen Khane und Fürsten an der Wolga noch bis jetzt dazu zu bewegen gewesen sind, obschon man ihretwegen die Festung Jenotajewsk angelegt hatte und Wohngebäude für sie daselbst errichtet waren. Nicht blos um diese Niederung Zarewy Pody ist der ganze Rand der hohen Steppe mit unzähligen zum Theil sehr großen und von weitem sichtbaren Grabhügeln besetzt, sondern diese Kurgane

66) Pallas, Reise durch Süd-Rußland I. S. 161 bis 165.

erstrecken sich an der ganzen Achtuba entlang. Die größten liegen meistentheils wie in Sibirien auf den erhabensten vorspringenden Ecken des hohen Landes [67]).

Immer mehr verschwinden die Überreste dieser merkwürdigen Lokalität, so daß jetzt nur noch geringe Spuren zu sehen sind, obschon die weit umher zerstreuten Hügel, die aus verwitterten Steinhaufen entstanden sind, den bedeutenden Umfang des Ganzen wohl erkennen lassen. Zwischen ihnen findet man jetzt noch außer verschiedenartigen Schmucksachen tatarische Münzen von Silber und Kupfer, meistens aus dem vierzehnten Jahrhundert von verschiedenen Khanen der goldenen Horde. Das Dorf Zarewka an der Mündung des gleichnamigen Baches ist zum Theil auf jenen Trümmern errichtet worden, und um eine neue Kirche in demselben zu erbauen hat man viele Steine aus jenem von Sandsteinquadern erbauten Monument auf der Nordseite des Dorfes ausgebrochen und dadurch die Zertrümmerung vermehrt. Der Rest davon ist daher jetzt auch so in Schutt vergraben, daß kaum noch etwas zu erkennen ist [68]). So wie aber die Niederung von Zarewy Pody und die zwischen der Wolga und der Achtuba gelegene Gegend von Zarizyn bis nach Tschernojarsk in neuerer Zeit stets der vornehmste Herbstaufenthalt des Hoflagers der Kalmücken-Khane wegen der vorzüglichen Weiden war, so scheint auch vormals zur Zeit der goldenen Horde diese Gegend hauptsächlich ihren Fürsten zum Aufenthalt gedient zu haben, während sie den Wintersitz ihres Hoflagers weiter südlich in der Gegend von Selitrennoi Gorodok oder Dschigit nahmen, und dies ist der zweite Haupt-

---

67) Pallas, a. a. O. I. S. 166, 167.

68) Erdmann, Reisen im Innern Rußlands II, 1. S. 106 bis 108. Vergl. das Ausland, ein Tagblatt für die Kunde des geistigen und sittlichen Lebens der Völker. München 1837. N. 226. S. 901. Der Verfasser dieses Aufsatzes scheint aber mehr daselbst gesehen zu haben als zu sehen möglich ist. Auch möchte die Annahme von den Pallästen und Lustschlössern um so weniger zu billigen sein, als die Ruinen von Bulghar darauf hinweisen, daß die steinernen Gebäude nur dem Religionskultus und Todtenkultus dienten, womit auch die Berichte der Araber sowohl über jene bulgarische Stadt als über das chasarische Atel übereinstimmen.

punkt der alten Denkmale an der untern Wolga, der nicht minder auf die Stätte des alten Serai Ansprüche macht [69]).

Dem Städtchen Jenotajewsk ostwärts gegenüber liegt der Ort Selitrennoi Gorodok d. h. die Salpeterstadt auf einer hügligen Strecke von mehr als zehn Werst, in der man längs der Achtuba in einer Breite von ein bis zwei Werst nichts als Ziegelschutt und Spuren von Gebäuden oder ausgemauerten Gräben einer ehemaligen bedeutenden tatarischen Stadt bemerkt. Das kleine zur Beschützung der Salpeterarbeit angelegte, aber jetzt verfallene Kastell liegt auf dem Hügel, den unstreitig das vornehmste und prachtvollste Gebäude des Ortes und, wie es scheint, das mit einer starken Mauer umgeben gewesene Schloß einnahm. Man sieht noch, wie Pallas vor einem halben Jahrhundert berichtet, bedeutende Überreste von zwei Gebäuden, wovon das prächtigste bei dem Bestreben Schätze zu finden von dem Schutt, in welchem es vergraben war, wieder entblößt worden ist. Das andere scheint nach den sichtbaren Spuren ein Wohngebäude mit vielen kleinen Kammerabtheilungen gewesen zu sein. Jenes muß man nach den Grundmauern und Leichengewölben, woraus man früher viele Reichthümer und ganz mit Silber beschlagene Särge ausgegraben haben soll, für ein Mausoleum mit einem Bethause halten. Das ganze Gebäude scheint in der Gestalt eines verlängerten Vierecks von ungefähr 12 Klaftern Länge und an der Südseite von neuntehalb Klaftern Breite gewesen zu sein. Man bemerkt deutlich zwei ziemlich gleiche Abtheilungen, von welchen die nördliche, wie man aus den eingebrochenen Gruben sieht, das eigentliche Leichengewölbe unter sich gehabt hat. Die südlichere Abtheilung ist besonders an der Vorderseite, deren Grundmauern bei einer Stärke von zwei Ellen sich noch an zwei Klafter hoch erheben, mit gothischen Pilastern, Säulen und Bogen verziert gewesen, wovon man noch die Überreste sieht. An dem ganzen noch übrigen Mauerwerk zeigt sich eine außerordentliche Pracht und Zierlichkeit. Die Außenseite der Mauern ist nicht nur felderweise in allen Steinfugen mit glasirten Thonzierrathen von grüner,

69) Pallas, Reise durch Süd-Rußland I. S. 167, 168.

gelber, weißer und blauer Farbe in dreieckigen und andern Figuren eingelegt, sondern man bemerkt auch an der Hauptseite des Gebäudes die Reste von einer gothischen Stuckatur, die mit ähnlichen Figuren, Blumenwerk und Schnörkeln mosaikartig besetzt gewesen ist. Aber die Zeit und die Raubsucht der Anwohner haben diese denkwürdigen Überbleibsel des Alterthums längst in Steinhaufen verwandelt. Man pflegte sonst ganze Schiffsladungen Ziegel von den hiesigen Gebäuden nach Astrachan zu führen, wodurch bei der Festigkeit des Gemäuers viele tausende derselben zerstört wurden. Noch jetzt hört man, sagt Pallas, von den Münzen und Kostbarkeiten, welche ehemals hier in Menge gesammelt und ausgegraben worden sind. Nur etwa eine halbe Werst im Nordwesten von Selitrennoi Gorodok zeigt sich ein sehr großer, jetzt ganz aufgegrabner Grabhügel, der von den anwohnenden Tataren sehr verehrt wird. Es soll dort ein Heiliger begraben sein, zu dessen Stätte von ihnen Wallfahrten unternommen werden; auch erzählen sie von vielen daselbst vorgefallenen Wundern. Die Tataren nennen den Ort Dschigit Hadschi und daher wird auch Selitrennoi Gorodok häufig mit diesem Namen bezeichnet [70]).

Auch diese Lokalität ist von zahlreichen, zum Theil sehr ansehnlichen Kurgans umgeben, woraus erhellt, daß hier einstmals ein Hauptsitz tatarischer Herrscher war. Noch vor Kurzem wurden auf Kosten der Regierung unter der Aufsicht von Rybuschkin, dem Direktor der Unterrichtsanstalten im Gouvernement Astrachan, mehrere geöffnet. Man stieß auf mehr als zwanzig Orten auf Mauern, welche aus viereckigen, mit Kalk eng verbundenen Steinplatten aufgeführt waren; auch fand man ähnliche mit solchen Platten ausgelegte Fußböden, so daß dort Gebäude schienen gestanden zu haben. In den Gräbern fand man silberne und kupferne Münzen, versteinerte Muscheln, Marmorstücke, Gebeine und Urnen mit Asche, so wie auch metallene Geräthschaften. Rybuschkin glaubte dadurch die Lage des alten Serai bestätigt, wie dies auch mit manchen andern Anga-

70) Pallas, Reisen durch verschied. Provinzen III. S. 551, 552. Falk, topograph. Beiträge I. S. 125.

gaben stimmt [71]). Doch ist dabei nicht die Tradition zu übersehen, nach welcher jene obere Lokalität von Zarewy Pody noch jetzt bei den Russen unter dem Namen Bolschoi Sarai bekannt ist [72]), und man muß zuletzt die Vermuthung hegen, daß beide Lokalitäten zusammen, vielleicht nach der verschiedenen Jahreszeit, als das Hoflager der Khane der goldenen Horde, wie es bei den orientalischen Hoflagern eine bekannte Erscheinung ist, den Namen Serai geführt haben. Auch wäre es nicht unmöglich, daß eine jener beiden Lokalitäten die Stelle der alten Stadt Sakassin oder Saksin bezeichnete, die uns sonst freilich fast gar nicht bekannt ist, die aber der arabische Geograph Bakui als eine große chasarische Stadt in der Nähe von Serai nennt. Noch zur Zeit des Einbruches der Mongolen in Europa am Anfange des dreizehnten Jahrhunderts war dieselbe vorhanden [73]). Bakui rühmt sie als eine große Stadt, deren Bewohner Moslems seien und die sich vornehmlich mit dem Handelsverkehr beschäftigten. Aber zu seiner Zeit ums Jahr 1400 war dieselbe schon verschwunden und zwar sollte sie durch Wasserfluthen ihren Untergang gefunden haben [74]).

So wie das tatarische Serai der politische Mittelpunkt für die weiten Gebiete vom Altai bis zu den Karpathen und vom Kaukasus bis zum Polarmeere auf mehrere Jahrhunderte ward, so ward es für dieselben auch der merkantilische Mittelpunkt. Mehr denn je blühte der Handelsverkehr auf, seitdem der rohe Tatar in Genußsucht versank, und seitdem Batus Nachfolger in der zusammengeraubten Beute schwelgend an den Bedürfnissen eines civilisirten Lebens zu Grunde gingen. Nicht blos russische Handelsleute waren es, welche dies Hordenlager nach dem Aufhören der Verwüstungsstürme besuchten, wo so viele ihrer Fürsten durch den tatarischen Despotismus ihr Leben verloren, wie selbst der unglückliche wladimirsche

---

71) Rybuschkin in der Zeitschrift das Ausland a. a. O. S. 902.

72) Gmelin, Reise durch Rußland II. S. 47.

73) D'Ohsson, histoire des Mongols I. p. 347.

74) Bakui, bei Deguignes in den Notices et extraits des manusc. de la bibl. du Roi II. p. 536.

Großfürst Michael Jaroslawitsch zu Anfang des vierzehnten Jahrhunderts [75]), sondern auch aus den übrigen Ländern Europas strömten die Handelsleute zu diesem großen Emporium herbei, welches sich durch die Tribute der zahlreichen unterworfenen Völker an die Fürsten zu Kaptschak bereicherte, und wo sich auf der Grenzmark des Orients und Occidents die Schätze des Verkehrs aufhäuften, welchen die Abkömmlinge Batus durch die Verbindung mit ihren Vettern in Dschagatai, Katai und Iran bis zu den äußersten Enden Asiens hin unterhielten. Die vielen in Serai sich aufhaltenden russischen Künstler und Kaufleute genossen dort bei den anfangs sehr toleranten Khanen der goldenen Horde, ehe sie sich zum Islam wandten, freie Religionsübung [76]), und auf Anhalten des wladimirschen Großfürsten Alexander Newsky erlaubte der Fürst Berkaichan sogar, daß in dem Hoflager ein russisches Bisthum errichtet wurde, welches unter dem Namen des Bisthums von Serai in den Ländern am Don oder als die krutizkische Eparchie bekannt ist [77]).

Aber neben der Herrscher- und Welthandelsstadt Serai blühte bald noch ein anderes Emporium auf, welches jene Stadt lange überlebt hat und noch jetzt der große Marktort auf der Grenze von Europa und Asien ist. Das berühmte Astrachan scheint schon am Ende des dreizehnten Jahrhunderts sich erhoben zu haben, denn schon um die Mitte des vierzehnten Jahrhunderts erscheint es als ein bedeutender Ort in dem wolgischen Deltalande und wird von den russischen und italiänischen Berichterstattern zugleich genannt. Nicht unwahrscheinlich ist die Vermuthung, daß auf den Trümmern des ältern Atel das jüngere Astrachan, das jetzt mehr abwärts als ursprünglich liegt, sich erhoben habe [78]), wenn gleich es ungewiß ist, ob, worin auch Sprengel mit Karamsin stimmt [79]), das von Rubruquis

75) Karamsin, russische Geschichte IV. S. 155 bis 158.
76) Meyerberg, Reise, nach Adelung S. 292. Anmerk. 115, 116.
77) Strahl, Beiträge zur russischen Kirchengeschichte I. S. 148.
78) Karamsin, russische Geschichte VII. S. 370.
79) Sprengel, Geschichte der geograph. Entdeckungen S. 294.

genannte Sumerkend dieselbe Stadt bezeichne. Denn es stand die Stadt ehemals an 7 bis 10 Werst mehr oberhalb auf dem westlichen erhabenen Ufer der Wolga, wo auf einem Hügel, Scharenoi Bugor bei den Russen und Kajuk Kala d. h. die verbrannte Stadt bei den Tataren genannt, der Ziegelschutt noch jetzt die Überreste einer alten Stadt beurkundet, und wo früher beim Nachgraben tatarische Gold- und Silbermünzen, Ringe, Ohrgehänge, Armbänder und andere Kostbarkeiten gefunden wurden [80]). Bei den Russen kommt sie zunächst vor unter dem Namen Astorokan oder Chasitorokan, und gab durch die Namensähnlichkeit frühzeitig Veranlassung zur Verwechselung mit dem alten russischen am Bosporus gelegenen Fürstenthum Tmutarakan. Sie wird zuerst neben Serai genannt bei den Verheerungen der Seuche, welche unter dem Namen des schwarzen Todes im Jahre 1346 an den pontischen und kaspischen Gestaden zu wüthen anfing und sich nach Europa fortwälzte [81]).

Um dieselbe Zeit erwähnt dieser Stadt der Florentiner Balducci Pegolotti in seiner lehrreichen Handelsgeographie, und zwar wird sie von ihm Gintarchan genannt. Denn es erscheint dieses Astrachan unter sehr verschiedenen, obschon von einer gemeinsamen Wurzel kommenden Namen. Schon Witsen bemerkte [82]), daß die Landschaft von Astrachan vor Alters Citrakan genannt worden sei. Denn bei den türkischen und turktatarischen Völkern heißt diese Stadt, wie aus dem Reisebericht des Sidi Aly Ebn Hussein, des Admirals vom Sultan Soliman dem Großen, erhellt, Haschterkhan oder richtiger Hadschi Terkhan, was auf die Benennung nach oder durch einen muhammedanischen Heiligen hinweisen würde [83]). Da-

80) Gmelin, Reise durch Rußland II. S. 43. Falk, topographische Beiträge I. S. 128.

81) Karamsin, russische Geschichte IV. S. 227., V. S. 74., VII. S. 371.

82) Witsen, Noord en Oost Tartaryen p. 709. Het Tzaerschap Astracan was van ouds genaemt Citracan.

83) Journal asiatique. Paris 1826. 8. Tome IX. p. 283. Tome X. p. 96.

nach wird dann die Stadt auch Aiderhan bei den jetzt dort hausenden Kalmücken genannt [84]). Wie sich ehemals von Atel die doppelte asiatische Waarenstraße, welche sich dort von Süden durch das kaukasisch-kaspische Thor und von Osten durch das uralisch-kaspische Thor vereinigte, wieder in zwei Arme spaltete, von welchen die eine die Wolga aufwärts von den Chasaren zu den Bulgaren und Bjarmen führte, die andere gegen Westen nach Kiew am Dnepr führte, so spaltete sich auch jetzt der unter dem Schutze der kaptschakschen Khane wieder aufblühende Waarenzug in dem wolgischen Deltalande [85]), und wie Bulghars und später Kasans Blüthe mit dem Handelsverkehr an der untern Wolga zusammenhing, so blühten an den pontischen Gestaden die Faktoreien der Genuesen und Venetianer auf, und machten die Steppen zwischen der untern Wolga und Don zum Abzugskanale der Reichthümer Indiens und Chinas [86]). Jener Florentiner beschreibt genau die zu seiner Zeit bestehende große Handelsstraße, die vom Pontus über das wolgische Deltaland, wo Astrachan die Hauptstation des Verkehrs war, bis nach China hinführte [87]), und es erhellt aus seinen weitern Angaben, daß diese Straße und also auch Astrachan und Serai vielfach von abendländischen Handelsleuten besucht wurden. Mit Hülfe der kumanischen d. h. der türkischen Sprache, wie er bemerkt, konnte, wie es auch jetzt noch der Fall ist, jeder Abendländer diese Gebiete durchwandern, und daraus erklärt sich das häufige Studium der türkischen Sprache

84) Klaproth, bei Potocky, voyage dans les steps d'Astrakhan I. p. 42. Not. Falk, topograph. Beiträge I. S. 130.

85) Storch, Geschichte des russ. Handels a. a. O. IV. S. 151.

86) Depping, histoire du commerce entre le Levant et l'Europe. Paris 1830. 8. Tome I. p. 206—211., II. p. 99—106. Sprengel, Geschichte der geograph. Entdeckungen S. 248.

87) Balducci Pegolotti, avisamento del viaggio del Gattajo per lo cammino della Tana ad andare e tornare con mercatanzie bei Pagnini, della decima e delle altre gravezze. Lisbona e Lucca. 1766. 4. Tom. III. p. 7. Primieramente dalla Tana in Gintarchan (Gittarchan) sià XXV. giornate di carro di buoi, e da Gintarchan in Sara sià una giornata per fiumana d'acqua e di Sara in Saracanco sià VIII. giornate per una fiumana d'acqua.

bei den Italiänern, besonders den Genuesen und Venetianern, im dreizehnten und vierzehnten Jahrhundert [88]).

Aber noch vor dem Schlusse des vierzehnten Jahrhunderts hatte das wolgische Deltaland, welches schon manches von den damals beginnenden Fehden zwischen dem kaptschakschen Khane Toktamisch und dem gewaltigen Eroberer Timur zu erleiden gehabt hatte, einen großen Verwüstungssturm zu bestehen, indem sowohl Serai als Hadschi Terkan, wie Scherifeddin berichtet [89]), im Jahre 1395 mit Feuer und Schwerdt verheert wurden. Da aber das Reich Kaptschak fortan unter der Oberhoheit und unter dem Schutze Timurs blieb, so darf man mit Recht voraussetzen, daß seine Sorgfalt für den aufblühenden Handelsverkehr sich in den letzten Jahren seines Lebens auch auf diese wolgischen Emporien erstreckt haben wird, da hier der Hauptberührungspunkt seiner Herrschaft mit der abendländisch-christlichen Welt gegeben war [90]), und dennoch scheint sich Astrachan von jenem Unfall nicht so schnell wieder erholt zu haben, als man vermuthen möchte. Wahrscheinlich wurde übrigens zu jener Zeit angefangen die Stadt weiter abwärts nach der wolgischen Insel zu verlegen, wo sie vor den Angriffen eines Landheeres und besonders tatarischer Reiterhorden geschützter war. Denn zur Zeit der Eroberung des astrachanischen Landes durch den zweiten Iwan Wasiljewitsch hat die Stadt, wie Gmelin sagt [91]) und wie aus der Angabe des gleichzeitigen Reisenden Jenkinson erhellt, schon auf ihrer jetzigen Stelle gestanden, womit auch Falks Bemerkung [92]) stimmt, daß die erste Anlage des Kreml noch den Tataren zuzuschreiben sei,

88) Klaproth, im journal asiatique. Paris 1826. Tome IX. p. 114.

89) Cherifeddin, histoire de Timur Bec II. p. 379.

90) Timur, institutes political and military ed. White. Oxford 1783. 4. p. 217. I appointed merchants to travel to every kingdom and to every country, that they might bring unto me all sorts of valuable merchandize and rare curiosities from the islands of the Christians etc.

91) Gmelin, Reise durch Rußland II. S. 43.

92) Falk, topographische Beiträge I. S. 131.

Wenn nun dagegen alle jüngern russischen Autoren berichten [93]), daß die von jenem Zaren eroberte Stadt als Sitz des astrachanischen Khanates das ältere Astrachan gewesen sei, und daß der Zar die Stadt erst weiter abwärts nach der Wolga-Insel hin verlegt habe, so können diese sich widersprechenden Angaben nur dahin zu vereinigen sein, daß beide noch geraume Zeit neben einander bestehenden Orte denselben Namen trugen, und daß die ältere Stadt, wie die tatarische Tradition vermuthen läßt [94]), noch für gewöhnlich der Sitz der astrachanischen Khane im Anfange des sechzehnten Jahrhunderts gewesen sei, obschon die Inselstadt als der große Marktort jenes Gebietes die alte, schon ziemlich verfallene Stadt längst überflügelt hatte. Letztere mußte dann ganz zu Grunde gehen, seitdem die Inselstadt zum Sitz der russischen Regierung in dem eroberten Lande an der untern Wolga gemacht wurde und aus den letzten Überresten der alten Stadt erweitert und gleichsam neu aufgebaut ward. Doch ist es immer auffallend, daß die Reisenden des funfzehnten Jahrhunderts nicht die beiden Städte Astrachan unterscheiden. Sie sprechen stets nur von einem Orte dieses Namens und man kann nur voraussetzen, daß beide Orte in ihrer Anschauung zusammenfielen. Nur so läßt es sich erklären, daß selbst auch Herberstein am Anfange des sechzehnten Jahrhunderts von der großen Handelsstadt Astrachan berichtet [95]), daß dieselbe am diesseitigen, also westlichen Ufer der Wolga gelegen sei. Der venetianische Reisende Josaphat Barbaro um die Mitte des funfzehnten Jahrhunderts fand den Ort Citracan am Flusse Erdil als einen kleinen, fast ganz zerstörten Flecken. Vorzeiten, sagt er, war der Ort ansehnlich und berühmt, indem vor seiner Zerstörung durch Timur die Spezereien und Seidenwaaren, welche nach Syrien gehen, durch Citracan

---

93) Schober, russische Denkwürdigkeiten bei Müller, Sammlung russ. Geschichte VII. S. 79. Heym, Encyklopädie S. 41. Vsévolojsky, dictionnaire I. p. 26. Doch spricht auch Gmelin (a. a. O. II. S. 84.) wieder, wenn gleich etwas unklar, von einer neuen Verlegung der Stadt durch eben jenen Zaren Iwan an der Wolga mehr abwärts.

94) Falk, topograph. Beiträge I. S. 128.

95) Herberstein, rerum Moscovit. comment. p. 100.

und von da nach Tana gebracht wurden, von wo die venetianischen Galeeren sie abzuholen pflegten [96]).

Aber die Stadt Astrachan erholte sich doch wieder und schwang sich zu noch größerer Bedeutung empor, während Serais Zeit schon dahin war. Die immer mehr hervortretenden Revolutionen im Innern der goldenen Horde, welche durch Timurs Eroberungszüge einen tödtlichen Stoß erhalten hatte, ließen schwerlich einen friedlichen Verkehr dort wieder eintreten, und die politische Spaltung des Khanats von Kaptschak, aus welchem die Herrschaften zu Kasan und der Keraiden in der Krim zur Zeit jenes Josaphat Barbaro hervorgingen, vernichteten die politische Bedeutsamkeit jener alten Herrscherstadt [97]). Das in ganz Rußland einst so gefürchtete Serai konnte sich selbst nicht mehr eines Angriffs der kühnen Bewohner des Freistaates Wjätka erwehren. Denn diese segelten im Jahre 1472 die Wolga hinab, nahmen die Stadt durch einen plötzlichen Überfall ein, bemächtigten sich aller dort vorhandenen Waaren, machten einige Gefangene, und kehrten mit reicher Beute zurück mitten durch die Menge von tatarischen Fahrzeugen, welche ihnen den Weg versperren wollten [98]). Seitdem hob Astrachan immer mehr das Haupt, es ward der Erbe der Größe Serais in politischer und merkantilischer Beziehung. Bald wurde Astrachan der Sitz eigener tatarischer Fürsten und das Khanat der goldenen Horde ward gleich beim Beginn des sechzehnten Jahrhunderts durch die krimschen Tataren völlig zerstört [99]). Serai verschwand. Als im Frühjahr 1554 ein russisches Heer zur Eroberung Astrachans die Wolga hinabfuhr und vor Batus Residenz vorüberkam, wo sich Rußlands Fürsten an zwei

---

96) Jos. Barbaro bei Ramusio, delle navigazioni e viaggi II. fol. 97. Sopra il fiume Erdil è Citracano, la quale al presente è una terricciola quasi distrutta, pe'l passato fu grande e di gran fama: imperò che prima che fusse distrutta dal Tamberlano; le spetie e le sete, che al presente vanno in Soria, andavano in Citracan e da quel luogo alla Tana.

97) Karamsin, russische Geschichte V. S. 220, 292.

98) Karamsin, a. a. O. VI. S. 40.

99) Karamsin, a. a. O. VI. S. 244.

Jahrhunderte lang hatten demüthigen müssen, sah man nur noch Ruinen. Diese einstmals so furchtbare Gegend voller Schwerdter und Lanzen, wie sich Karamsin ausdrückt, war völlig verödet[100]), und Wladimir des Großen Wunsch, die Gewinnung des wolgischen Deltalandes für Rußland, erfüllte sein letzter Sprößling, der gewaltige Iwan Wasiljewitsch.

Noch während der zweiten Hälfte des funfzehnten Jahrhunderts lernen wir Astrachan näher kennen durch den venetianischen Edlen Ambrosio Contarini, welcher von seiner Gesandtschaft nach Persien, wohin ihn die Republik Venedig geschickt hatte, und wo er auch einen großfürstlichen Abgesandten, den Marcus Rufus, antraf, über Derbend und Astrachan nach Moskau zurückkehrte. Noch war die Stadt damals unansehnlich, sie bestand aus Erdhütten von einer niedrigen Mauer umgeben, dennoch war hier ein sehr bedeutender Handelsverkehr zwischen Persien und dem Lande Moskau, welcher von dem damals dort herrschenden Fürsten eifrig unterhalten wurde[1]). Je mehr Rußlands Macht seit der Zeit des ersten Iwan Wasiljewitsch emporkam, desto mehr scheint auch Astrachans Gedeihen zugenommen zu haben. Denn wenn auch die indische Handelsstraße nach Astrachan durch die Revolutionen und Kriege in Asien während des funfzehnten Jahrhunderts manche Unterbrechungen erlitt und sodann durch die Entdeckungen der Portugiesen eine völlige Veränderung zu erwarten hatte, so ging doch ein Hauptzweig des persischen Handels ununterbrochen nach Astrachan, und wurde später noch mehr in seinen alten Kanal zurückgeleitet[2]). Der Baron von Herberstein, der kaiserliche Gesandte an den Hof des Großfürsten Wasilei Iwanowitsch, ungefähr ein halbes Jahrhundert nach Contarini's Zeit, kennt Astrachan schon als eine reiche Stadt und als das große tatarische Emporium im wolgischen Deltalande, von welchem das ganze umliegende Gebiet den Namen trage. Auch erhellt aus den Berichten seines Zeitgenossen, des Paul Centu-

---

100) Karamsin, a. a. O. VII. S. 370.

1) Ramusio, delle navigazioni e viaggi II. fol. 121.

2) Storch, Geschichte des russ. Handels IV. S. 157.

rione, welchen die Venetianer an eben den Fürsten Wasilei nach Moskau geschickt hatten um ihn zu bewegen, die indischen Waaren von Astrachan durch seine Länder gehen zu lassen, daß Astrachan damals eine Hauptstation des orientalischen Welthandels auf seinen Straßen zum Abendlande war [3]). Meistens wurde damals diese Stadt noch Citracan genannt sowohl bei den Italiänern als bei den ihrem Beispiele folgenden Spaniern, der Deutsche Herberstein ist der erste, welcher den bei den Russen schon üblichen Namen Astrachan gebrauchte und ihn im Abendlande allgemeiner machte [4]).

Aus politischen wie merkantilischen Gründen mußte es daher den russischen Fürsten in Moskau von Wichtigkeit sein, sich dieses Gebietes an der untern Wolga zu bemächtigen. Wie Nowgorod den Schlüssel zu dem übrigen Europa an den baltischen Gestaden bildete, so Astrachan in dem Mündungslande der Wolga an den kaspischen Gestaden den Schlüssel zum asiatischen Orient; was der erste Iwan Wasiljewitsch dort vollbrachte, das that sein Enkel, der zweite Iwan, hier. Nur zwei Jahre nach dem Falle von Kasan fiel auch das tatarische Königreich Astrachan im Jahre 1554; die Hauptpulsader des Lebens im östlichen Europa war somit für Rußland gewonnen, und die Vereinigung des Deltalandes der Wolga mit den in ihrem mittlern Laufe sich ausbreitenden Landschaften mußte um so wohlthätiger auf die letztern zurückwirken [5]). Die Folgen davon entwickelten sich zwar erst vollständig seit der Zeit Peters des Großen, aber schon jetzt blühte Astrachan, worunter fortan

3) Sprengel, Geschichte der geograph. Entdeckungen S. 256.

4) Herberstein, rerum Moscovit. comment. p. 100. Astrachan urbs opulenta magnumque Tartarorum emporium, a qua tota circumjacens regio nomen accepit in citeriore Vuolgae ripa ad ejus fere ostia sita est. Quidam hanc non ad Vuolgae ostia, sed aliquot dierum itinere inde distare ajunt. Equidem eo loco, quo Vuolga fluvius in multos ramos, quos quidem septuaginta esse ajunt, scinditur pluresque insulas facit, totidemque fere ostiis Caspium mare tanta aquarum copia ingreditur, ut procul spectantibus mare esse videatur, Astrachan sitam esse puto. Sunt alii, qui eam Citrahan appellant.

5) Karamsin, russ. Geschichte VII. S. 370 bis 372.

nur die neuere Stadt auf der Wolga-Insel zu verstehen ist, um so schneller empor. Es versammelten sich hier Kaufleute aus Georgien, Persien, Armenien und aus Bochara, und die Fürsten jener Länder schickten Abgeordnete an den Zaren nach Moskau um Handelsverbindungen mit ihm abzuschließen[6]). Der Engländer Jenkinson, welcher diese Stadt als der erste Europäer gleich nach der russischen Besitznahme im Jahre 1558 auf seiner Reise nach der Bucharei besuchte, rühmt sie zwar nicht als eine blühende Handelsstadt, spricht aber doch von dem lebhaften Handelsverkehr daselbst, und nennt sie eine der Hauptfestungen Rußlands an seinen südöstlichen Grenzen innerhalb des frühern tatarischen Gebietes. Er unterscheidet auch noch Alt- und Neu-Astrachan, indem er hinzufügt, daß letzteres erst wenige Jahre vorher von dem russischen Zaren erobert worden sei[7]).

Denn kaum war die große Wasserstraße, welche das kaspische Meer bis in das Innere von Asien darbot, in den Händen der Russen, als auch schon der Spekulationsgeist der Engländer auf die thätigste Benutzung derselben bedacht war. Die Engländer, welche um dieselbe Zeit, als das wolgische Deltaland von den Russen erobert wurde, bei ihrem Bestreben, eine Nordostpassage nach Indien zu finden, das weiße Meer entdeckten, entschädigten sich für das Mißlingen jenes Planes durch diese von der Wolga und dem kaspischen Meere dargebotene Straße nach den reichen Ländern des Orients. Schon bei der vierten Reise, welche die russische Handelsgesellschaft in England nach St. Nikolas an der Mündung der Dwina veranstaltete, erhielt Jenkinson den Auftrag, ihr einen freien Handel durch Rußland nach dem kaspischen Meere auszuwirken. Der Zar Iwan gab auch sogleich seine Einwilligung dazu,

---

6) Fischer, Geschichte des deutschen Handels III. S. 246. Karamsin, a. a. O. VIII. S. 108.

7) Hakluyt, the principal navigations and discoveries of the english nation I. p. 326. The 14 day of July passing by an old castle, which was Old Astracan and leaving it upon our right hand we arrived at New Astracan, which the Emperor of Russia conquered six yeeres past.

und indem somit ein neuer großer Waarenzug von dem kaspischen Meere zum weißen Meere eröffnet wurde, mußten alle Vortheile dieses Handelsverkehrs der Stadt Astrachan zu Theil werden [8]). Das wolgische Deltaland und Astrachan ward während der zweiten Hälfte des sechzehnten Jahrhunderts die Hauptstation des Welthandels auf dem Landwege vom Orient zum Abendlande, und bis zum Jahre 1580 wurden von den Engländern eine ganze Reihe von Expeditionen von Astrachan aus nach den auf der Ost- und Westseite des kaspischen Meeres liegenden Gebieten unternommen und ein unmittelbarer Verkehr mit Persien angeknüpft. Leider traten aber auch um diese Zeit mancherlei Störungen ein, welche die Segnungen dieses Verkehrs hemmten. Denn wenn auch die Unternehmung der osmannischen Pforte gegen Astrachan damals, als die Kanalverbindung zwischen der Wolga und dem Don von den Sultanen Soliman und Selim II. im Werke war, weniger gefährlich wurde, so traten doch die donischen Kosacken hier als furchtbare Räuber auf, und setzten durch ihre kühnen Raubzüge nach dem wolgischen Deltalande und dem kaspischen Meere alles in Schrecken [9]).

Der Zar Iwan Wasiljewitsch that zwar alles Mögliche, um den von den Kosacken gefährdeten Handelsverkehr zu sichern, und die Verfolgung derselben gab damals bekanntlich Veranlassung zur Entdeckung und Eroberung von Sibirien durch dieselben, dennoch bewogen die vielen Widerwärtigkeiten die Engländer, ihre Handelsunternehmungen von Astrachan aus nach den bocharischen und persischen Gebieten seit dem Jahre 1580 einzustellen und sich auf den mittelbaren Handel mit ihnen durch die Russen zu beschränken [10]). Denn der russische Verkehr nach Persien nahm seitdem immer mehr zu, und so sehr derselbe auch später noch von den räuberischen Kosacken unterbrochen wurde, zog sich doch der persische Handel mehr und

---

8) Müller, Geschichte der Schiffahrt und Handlung auf dem kaspischen Meere in s. Sammlung russ. Geschichte VII. S. 433.

9) Karamsin, russische Geschichte IX. S. 11.

10) Müller, Sammlung russ. Geschichte VII. S. 450 bis 489.

mehr nach Astrachan und von dort nach Moskau. Und auch selbst die nomadischen Stämme in den pontisch-kaspischen Gestadelandschaften traten allmählig in größere Handelsverbindung mit den Russen in Moskau, wohin sie alljährlich viele tausend Pferde brachten, die wegen ihrer Schnelligkeit und Ausdauer sehr geschätzt wurden [11]). Zu diesen nomadischen Stämmen an der untern Wolga gehörten besonders die turktatarischen Nogaier, welche noch von den frühern Horden des Khanats von Kaptschak stammten, und welche seit der Zerstörung desselben und seit dem Untergange des Reiches Astrachan in den kaspischen Gebieten die vornehmste Rolle spielten. Zum Theil in Abhängigkeit von den Zaren zu Moskau, die ihr Gebiet durch die Veste von Astrachan beherrschten, und als Bollwerk dienend gegen die Macht der Osmannen im Westen am Don wie gegen die Kirgisen im Osten am Jaik, traten sie auch nicht selten unabhängig auf und boten jenen Fürsten Trotz [12]). In dem alten Saratschik am untern Jaik hielten die Khane der Nogaier ihr Hoflager mitten im Gebiete des uralischen Völkerthores, welches bei den englischen Reisenden jener Zeit nur unter dem Namen des Landes Nagay erscheint [13]). Noch jetzt hat sich das Andenken an die ehemalige Herrschaft der Nogaier in jenem Lande erhalten in den Ruinen von Nogaiskoi Gorod, auf der Wiesenseite der untern Wolga zwischen Tschernojarsk und Jenotajewsk gelegen, wo mancherlei Münzen und andere Merkwürdigkeiten gefunden werden [14]), obschon dieses Volk aus jener Gegend längst verschwunden ist.

Die Unruhen in Rußland zur Zeit der Bürgerkriege beim Aussterben des Fürstenstammes der Rurikingen am Anfange des siebzehnten Jahrhunderts mußten der Blüthe des großen Emporiums im wolgischen Deltalande sehr nachtheilig sein, da nun die unbändigen Kosacken, deren Glanzperiode damals war, völlig freien Spielraum erhielten und um so mehr durch die Reich-

---

11) Storch, Geschichte des russischen Handels IV. S. 257.
12) Karamsin, russ. Geschichte X. S. 67 bis 69.
13) Hakluyt, the principal navigations etc. I. p. 326, 327.
14) Erdmann, Reisen im Innern Rußlands II, 1. S. 219.

thümer angelockt wurden, welche durch jenes Thor von Europa nach dem Abendlande einwanderten. Denn wenn auch die donischen Kosacken, der erste Hauptsprößling der Ur-Kosacken vom Dnepr, allmählig zur Ruhe kamen und Rußlands Oberhoheit anerkannten, so zweigten sich von ihnen wieder andere ab, welche nach ihren weiter östlich gelegenen Wohnsitzen am Jaik benannt [15]), in Jaizkoi Gorodok einen neuen Staat gründeten und der Schrecken aller ihrer Nachbarn wurden. Diese jaikschen Kosacken zu Jaizk seit dem Jahre 1584 sind die südöstlichste slavische Kolonie zu jener Zeit [16]). Noch war während der ersten Hälfte des siebzehnten Jahrhunderts die Herrschaft der Romanows zu wenig befestigt, um der Zügellosigkeit dieser Kosacken, welche als kühne Fluß- und Seeräuber auf der Wolga und dem kaspischen Meere ihres Gleichen suchten, Schranken zu setzen. Wurde doch selbst eine russische Karavane von 1500 Mann, die noch einige Fahrzeuge mit Truppen zur Begleitung hatte, einst auf der Wolga von nur 400 Kosacken, die im Hinterhalt lagen, mit einer solchen Schnelligkeit angegriffen, daß mehr als die Hälfte der Karavane niedergemacht war, ehe die Truppen, deren Fahrzeuge den Zug eröffneten, ihr bei der Stärke des Stromes zu Hülfe kommen konnten [17]). Um die Fahrt auf der Wolga mehr zu sichern, wurde daher auch der Zar Michael Feodorowitsch veranlaßt, im Jahre 1627 die Stadt Tschernojarsk anzulegen, aber auch noch zur Zeit der holsteinschen Gesandtschaft unter Olearius war die Wolga erfüllt mit den Raubschiffen der Kosacken, und diese trieben ihre Kühnheit so weit, daß sie selbst die persischen Küstenlandschaften mit ihren Plünderungen heimsuchten.

Nichtsdestoweniger versuchten die Engländer noch einmal auf diesem Wege über Astrachan die Handelsverbindung mit dem Orient wieder anzuknüpfen, als in Persien der große Schah Abbas das Reich der Sofis aufs neue zur Ruhe und zum Ansehn gebracht hatte, wobei ihm die Engländer von der See-

15) Müller, Sammlung russ. Geschichte IV. S. 402.
16) Karamsin, russische Geschichte IX. S. 144.
17) Olearius, moskowitische Reisebeschreibung S. 368.

seite behülflich gewesen waren und seine Dankbarkeit in Anspruch nahmen [18]). Denn im Jahre 1626 ging der Ritter Shirley als Gesandter durch Rußland nach Persien ab, und erhielt auch dort die Bestätigung der ehemaligen Handelsfreiheiten im ganzen persischen Reiche. Doch war diese Unterhandlung vornehmlich nur auf den englischen Handel nach dem persischen Meerbusen gerichtet, der Handelszug der Engländer durch Rußland hörte auf, und ist daher ohne Bedeutung für das wolgische Deltaland [19]). Dafür kam aber wenige Jahre später ein deutscher Fürst, der Herzog Friedrich III. von Holstein-Gottorp, auf den Gedanken, seinem Staate einen Handelsweg durch Rußland nach Persien zu eröffnen. Wenn aber auch diese etwas abentheuerliche holsteinische Gesandtschaft nach Persien im Jahre 1636, welche nach Chardins Berichte [20]) eigentlich von einer Gesellschaft hamburgischer Kaufleute unter dem Namen des Herzogs von Holstein ausgegangen sein soll, um den persischen Seidenhandel an sich zu bringen, gänzlich scheiterte, so lernen wir doch durch den sie begleitenden Adam Olearius den damaligen Zustand Astrachans näher kennen. Die Gesandtschaft, welche von Moskau aus die Oka und Wolga bis nach Astrachan hinabfuhr, bediente sich dazu eines Fahrzeuges, welches das größte war, das bis dahin die Wolga beschifft hatte und durch russische Zimmerleute unter der Aufsicht eines holsteinschen Schiffers erbaut war. Dem Herzog zu Ehren hieß es Friedrich, hatte eine Länge von 120 Fuß, drei Masten, ging 7 Fuß tief und war mit 24 Rudern versehen, um dadurch im Nothfall in Bewegung gesetzt werden zu können [21]). Es scheiterte aber noch im Jahre 1636 an der Westküste des kaspischen Meeres bei Nisabat, im Süden von Derbend.

---

18) John Malcolm, the history of Persia from the most early period to the present time. London 1815. 4. Tome II. p. 531, 546.

19) Hanway, historical account of the british trade over the Caspian sea. London 1762. 4. Tome I. p. 7.

20) Chardin, voyage en Perse et autres lieux de l'Orient ed. Langlès. Tome VIII. p. 85—89.

21) Olearius, moskowitische Reisebeschreibung S. 337.

Wegen ihrer vielen Thürme gewährte damals schon die Stadt Astrachan von außerhalb einen schönen Anblick, auch war sie durch die ersten Romanows sehr erweitert und noch mehr als früher befestigt worden. Sie hatte einen neuen, nach den dort liegenden Truppen benannten Stadttheil, Strelitza Gorod, erhalten, und zählte auf ihren Mauern zum Schutze gegen die nomadischen Anwohner an 500 Kanonen. Auch rühmt Olearius den weit ausgedehnten Handelsverkehr dieser Stadt, welcher so außerordentlich einträglich für den Zaren sein sollte[22]. Der wehrhafte Zustand von Astrachan war aber um so nothwendiger, als seit der Mitte des siebzehnten Jahrhunderts wichtige Revolutionen an dem uralischen Völkerthore vor sich gingen, veranlaßt durch die Einwanderung der jüngsten asiatischen Kolonie in Europa, der mongolischen Kalmücken, welche nicht wenig den friedlichen Zustand jener Gebiete stören mußten, wenn gleich auch einige ihrer Horden, wie der Torgoten und Derbeten, der russischen Oberhoheit zu unterwerfen sich anheischig machten[23]. Diese Kalmücken traten aber sogleich feindselig gegen die am Jaik und an der untern Wolga hausenden Nogaier auf in dem Gebiete, welches auch noch bei Olearius unter dem Namen Nagaja, dessen Hauptstadt Astrachan selbst genannt wird, vorkommt[24]. Die turktatarischen Nogaier unterlagen aber der gewaltigen Macht der von Osten her andringenden tatarischen Kalmücken, sie wurden nach blutigen Fehden zum Theil unterworfen, zum Theil zur Auswanderung genöthigt. Der größere Theil des nogaischen Volkes zog sich aus den kaspischen Gestadeländern westwärts zu den pontischen Gestadeländern, wo sie sich unter den Schutz der osmannischen Pforte begaben[25]. Als der Überrest dieses den Kalmücken unterworfenen Nogaier-Volkes erscheinen noch jetzt die kundurowskischen Tataren, welche in Verbindung mit eben den Kalmücken auf der

22) Olearius, a. a. O. S. 374.

23) Wojeikow bei Oldekop, Petersburger Zeitschrift II. S. 156 bis 166.

24) Olearius, moskowitische Reisebeschreibung S. 371, 375.

25) **Histoire des khans de Crimée traduite du turc par Kazimirsky et revue par Amédée Jaubert im Nouv. journal asiatique. Paris 1833. Tome XII. p. 442. 443.**

Wiesenseite der untern Wolga entlang von Zarizyn bis Astrachan den Grenzkordon gegen die Raubeinfälle der Kirgisen zu bilden haben, die den Kalmücken allmählig nachrückend sie in diesem Passagelande des uralischen Völkerthores zum Theil wieder verdrängt haben [26]). Zu diesen dem Handelsverkehr so ungünstigen Unruhen gesellten sich dann noch die furchtbaren Raubzüge der uralischen Kosacken, welche sich zwar schon dem Zaren Michael Feodorowitsch unterworfen haben wollten, aber ihre Räubereien fortsetzten. Und selbst als der Zar Alexei Michailowitsch sie seit dem Jahre 1655 in größere Abhängigkeit brachte, dauerten, wie die spätern Reiseberichte es beweisen, ihre Raubzüge nichtsdestoweniger noch das ganze siebzehnte Jahrhundert fort [27]). Denn zu Chardins Zeit wagten sie es sogar, obschon nicht ohne Veranlassung des Zaren, wie man am persischen Hofe glaubte, in den Jahren 1667 und 1668 mit einer Flotte von 40 großen Booten, welche mit 80 Kanonen besetzt ein Korps von 6000 Mann trugen, die kaspischen Küstengebiete von Persien anzugreifen und die Städte Räscht und Ferahabad, die Hauptstädte von Ghilan und Masanderan, auszuplündern und zu verheeren [28]).

Jener große Fürst Alexei Michailowitsch war es nun auch besonders, der dem damals schon in einem blühenden Zustande befindlichen Handel von Astrachan sowohl eine größere Sicherheit als auch eine größere Ausdehnung zu geben wünschte, und dies gab die Veranlassung dazu, daß wir jene Stadt durch den merkwürdigen Reisenden Strauß näher kennen lernen. Die verschiedenartigen mehr oder minder civilisirten Völker, welche rings umher die Gestadelandschaften des kaspischen Meeres bewohnen, pflegten in der Mitte des siebzehnten Jahrhunderts einen Handelsverkehr in Astrachan zu betreiben, und auch die Russen trieben auf schlecht gebauten Fahrzeugen Schifffahrt

26) Pallas, Reise durch Süd-Rußland I. S. 144 bis 146.

27) Lewschin, l'histoire des Casaques de l'Oural im journal asiatique. Paris 1827. 8. Tome XI. p. 271—274.

28) Chardin, voyages en Perse ed. Langlès. Tome V. p. 252, 324. X. p. 112—116, 134—140.

fahrt auf jenem Meere, und gingen bis nach der persischen Landschaft Schirwan am Südostfuße des Kaukasus [29]). Um seinem Volke größere Kenntniß des Schiffbaues zu verschaffen und dem Handel auf jenem Meere mehr Aufschwung zu geben, ließ der Zar Alexei aus Holland mehrere Schiffs- und Zimmerleute kommen, unter denen auch jener Strauß war. Diese erbauten an der Einmündung der Moskwa in die Oka ein Fahrzeug, welches der Adler genannt von einem holländischen Kapitain befehligt wurde und im Jahre 1669 zu Astrachan ankam [30]). Es hat die Stadt, wie Strauß bemerkt, von der Wolga aus ein herrliches Ansehn. Sie ist eine treffliche Handelsstadt, und wird nicht allein von krimschen und nogaischen Tataren und von Bucharen und Kalmücken besucht, sondern auch von Persern, Armeniern und Hindus, welche mit ihren Fahrzeugen von ungefähr vierzig Lasten über die kaspische See kommen, und es wird daselbst ein großer Handel mit allerlei Kaufmannsgütern, besonders aber Seide getrieben. Auch Strauß erwähnt der starken Besatzung Astrachans zum Schutze gegen die benachbarten Raubhorden und ihrer Befestigung durch dicke steinerne Mauern, welche mit 500 metallenen Geschützen besetzt waren, und spricht nicht minder von dem bedeutenden Einkommen des Zaren aus dieser Stadt durch den Umsatz der Güter und durch die Zölle [31]).

Aber in demselben Augenblicke erfuhr auch dieses blühende Emporium an der untern Wolga eine furchtbare Katastrophe durch den Aufstand der donischen Kosacken unter Anführung des Stenka Radzin, von welcher Begebenheit Strauß als Augenzeuge die ersten genauern Nachrichten mittheilt. Schon seit mehreren Jahren hatte Radzin sein Rauben und Morden auf der Wolga und dem kaspischen Meere getrieben, und die großen Schätze an edlen Metallen, welche er aus den persischen Landschaften geraubt hatte, verschafften ihm viele Anhänger. Mit großer Leichtigkeit brachten auch die donischen Kosacken ihre

---

29) Storch, Geschichte des russischen Handels IV. S. 300.
30) Müller, Sammlung russ. Geschichte VII. S. 499.
31) Straußens Reise durch Moskau S. 239, 240.

Fahrzeuge von dem Don über den Wolok von Zarizyn in die Wolga, weshalb, wie Strauß bemerkt, lange die Annahme herrschte, daß der Don sich in die Wolga ergösse. Die ungenügenden Maaßregeln, welche die russische Regierung gegen diese Freibeuter ergriff, vermehrten noch das Übel und machten den Stenka Radzin immer übermüthiger. So bemächtigte er sich im Jahre 1670 der festen Stadt Zarizyn und rückte nun gegen Astrachan vor. Das von dem Statthalter ihm entgegengeschickte Heer ging größtentheils zu ihm über, und in der Stadt selbst entstanden unruhige Bewegungen, so daß das Schiffsvolk von dem Adler bald die einzige Hoffnung des russischen Statthalters war. Aber bei der Annäherung der Kosacken an Astrachan entstand ein Aufruhr in der Stadt, und einige von dem Schiffsvolk, worunter auch Strauß war, entflohen auf einer Schaluppe, um sich über das kaspische Meer zu retten [32]). Astrachan ward nun von den Kosacken eingenommen, der russische Gouverneur grausam ermordet, der Adler verbrannt und die Stadt verheert. Von dort zog das blutdürstige Ungeheuer die Wolga aufwärts, nahm Saratow und Samara ein, da überall Abfall und Verrätherei die Fortschritte dieser wilden Schaaren beförderte, und war auf dem Wege gegen Kasan, wo nur Simbirsk den wiederholten Angriffen der Kosacken widerstand und jene Stadt rettete [33]). Erst im Jahre 1671 gelang es den ernstlichsten Maaßregeln der russischen Regierung, diesen furchtbaren Aufstand zu unterdrücken, der mit Stenka Radzins Hinrichtung endete, und sich wieder der Herrschaft in den verheerten wolgischen Gebieten zu bemächtigen. Nur wenigen von der holländischen Mannschaft war es gelungen, dem Blutbade in Astrachan zu entkommen und sich nach Moskau zu retten. Unter ihnen war auch der Schiffszimmermann Karsten Brand, der nachmals für den Zaren Alexei ein kleines Boot zu Moskau erbaute, welches Peter dem Großen besondere Liebe zur Schiffahrt einflößte, und welches er den Großvater seiner

32) Strauß, a. a. O. 246 bis 261.

33) Büsching, Magazin für Historie und Geographie IX. S. 77 bis 88.

Flotte zu nennen pflegte. Bis auf seine Zeit geschah auch nichts für die Ausbildung und Hebung der Schifffahrt der Russen auf der Wolga und dem kaspischen Meere [34]).

Dennoch gerieth der Handelsverkehr in dem wolgischen Deltalande keineswegs in Verfall, und sein großes Emporium Astrachan erholte sich sehr bald von dem heftigen Unfall, welcher dasselbe in der zweiten Hälfte des siebzehnten Jahrhunderts betroffen hatte. Aus den so lehrreichen Nachrichten von dem russischen Handel, welche uns sogleich nach jener Katastrophe von dem schon oben genannten Kilburger vom Jahre 1674 mitgetheilt werden, ersieht man, daß Astrachan damals wieder in einem blühenden Zustande war. Kilburger nennt die Stadt Astrachan den Stapel zum Handel für die Residenz Moskau nach Persien hin, es sei die wolgische Wasserstraße überhaupt der bequemste Weg, um die morgenländischen Waaren durch Rußland nach dem übrigen Europa zu befördern, und besonders sei dieser Weg für den Seidehandel mit den seidereichen persischen Landschaften am kaspischen Meere sehr wichtig. Schon im Jahre 1667 schloß auch der Zar Alexei einen Handelsvertrag mit dem Schah Soliman Sofi von Persien ab, in welchem den Armeniern aus Jspahan, welche von Schah Abbas dem Großen dorthin verpflanzt die eigene große Vorstadt Dschulfa daselbst bewohnten [35]), ein freier Handel in und durch Rußland zugestanden ward; doch mußten die persischen Waaren in Astrachan und Moskau, so wie in den Grenzorten Archangel, Nowgorod und Smolensk jedesmal fünf Procent, überhaupt also bei ihrer Durchfuhr durch Rußland funfzehn Procent entrichten. Der Zar machte sich anheischig, die Waaren in Astrachan in Empfang zu nehmen und sie auf seine Unkosten und Gefahr nach Moskau transportiren zu lassen, wofür der Schah einen Rubel Fracht für jedes Pud zu entrichten und außerdem jährlich noch 8000 Ballen Seide zu liefern versprach; eine Bedingung, welche dem russischen Reiche, alle andern Han-

34) Müller, Sammlung russ. Geschichte VII. S. 501 bis 504.

35) Chardin, voyages en Perse ed. Langlès. VIII. p. 102—105. Malcolm, history of Persia I. p. 554.

delsvortheile abgerechnet, jährlich fünf Tonnen Goldes eintragen konnte[36]).

Zwar wurde in Folge der Räubereien des Stenka Radzin das gute Vernehmen zwischen Rußland und Persien etwas gestört, die persische Handelsfreiheit in Rußland wurde aufgehoben, und die Kaufleute aus Persien durften ihre Waaren nur bis Astrachan bringen, wo sie von den Russen abgeholt und nach Moskau geführt wurden, dennoch ging auch ferner eine große Menge persischer Waaren nach Rußland, und dazu gehörte besonders die Seide. Denn die seidenreiche Landschaft Ghilan fand über das kaspische Meer nach Astrachan den leichtesten Abzugskanal ihrer Naturschätze[37]), und der Transport zur See war so wohlfeil, daß zwei Ballen Seide mit Fracht und Unkosten bis Astrachan höchstens nur vier Thaler zu stehen kamen. Dagegen war der Transport nach Ormus durch Karavanen, die an 80 bis 90 Tage gebrauchten, um die Seide den Engländern einzuhändigen, sehr beschwerlich, und der Weg nach den vorderasiatischen Emporien Aleppo und Smyrna war den Persern wegen des Nationalhasses gegen die Osmannen sehr unangenehm. Schon zu Chardin's Zeit lieferte die Landschaft Ghilan beinahe die Hälfte von dem gesammten Seidengewinn des persischen Reiches, der sich damals jährlich auf 22,000 Ballen von je 276 Pfund belief[38]). Den Persern lag also selbst an der Erhaltung ihres Handels durch Rußland, dessen Hauptvortheile der Stadt Astrachan zuflossen, und kleine Mißhelligkeiten konnten ein so wesentliches Interesse nicht verändern[39]). Der Seidenhandel war ehemals ein Monopol der russischen Regierung gewesen. Die Gosten oder die Handelsfaktoren des Zaren erhandelten dieses Produkt gegen Tücher, edles Pelzwerk und Gold; damit aber diese Artikel bei den Persern immer im hohen Werthe bleiben möchten, war es allen Kaufleuten verboten mit denselben nach Persien zu handeln.

36) Kilburger bei Büsching, Magazin für Historie III. S. 310, 311.
37) Müller, Sammlung russ. Geschichte VII. S. 267, 352, 515.
38) Chardin, voyages en Perse ed. Langlès IV. p. 162—165.
39) Storch, Geschichte des russischen Handels IV. S. 306.

Doch der Zar Alexei hob dieses drückende Monopol auf, und gab den Seidenhandel allen seinen Unterthanen frei. Außer der Seide bestanden nach Kilburgers Angabe die damals aus Persien eingeführten Waaren in Saffianen, indischen und persischen Gold- und Seidenstoffen, gefärbten Kattunen, seidenen Tüchern, gewirkten Teppichen, ungeschliffenen Edelsteinen, Weihrauch, Indigo, Naphtha, Reis und andern Sachen [40]).

Die Aufhebung des persischen Monopolhandels kam jedoch in der Folge den russischen Kaufleuten wenig zu Statten. Die den Armeniern aus Ispahan im Jahre 1667 bewilligte Handelsfreiheit in und durch Rußland fand man um so nöthiger wieder herzustellen, da die Perser selbst nicht gern ihr Vaterland verlassen und sich noch weniger zu weiten Reisen, besonders in nördliche Länder, entschließen, wogegen die Armenier ihre Faktoren in Asien und Europa machen [41]). Durch jenes Privilegium aufgemuntert ließen sie sich auch in beträchtlicher Anzahl in Astrachan nieder, und bemächtigten sich nach und nach des größten Theiles des persischen Handels am kaspischen Meere, welches ihnen um so leichter gelang, da sie die persische Sprache verstanden und in beiden Ländern ihre Komtoire hatten. Auch erscheinen die Armenier als solche Mittelspersonen des Handelsverkehrs zwischen dem Morgenlande und Abendlande schon seit den Zeiten des Mittelalters [42]). Aber nicht zufrieden mit diesen Vortheilen, suchten und erhielten sie im Jahre 1681 das Monopol des persischen Seidenhandels in Rußland, welches ihnen damals zugestanden und drei Jahre nachher unter dem Namen der persisch-armenischen Kompagnie aufs Neue zugesichert ward [43]). Auch unter der Regierung Peters des Großen wußten sie diese Privilegien zu erneuern, und dennoch hörte auch die Handlung der russischen Kaufleute nach den persischen Landschaften nicht gänzlich auf, so gut es die Um-

40) Kilburger bei Büsching, Magazin III. S. 312.

41) Chardin, voyages en Perse ed. Langlès IV. p. 157—162., VIII. p. 111.

42) Depping, histoire du commerce entre le Levant et l'Europe I. p. 131.

43) Storch, Geschichte des russ. Handels IV. S. 308.

stände erlaubten. Dies zeigt vornehmlich der große Verlust, welchen die russischen Kaufleute zu Schamachie in Schirwan im Jahre 1712 bei der Plünderung dieser Stadt durch die kaukasischen Lesghier erlitten [44]).

Aus Tourneforts Reisebericht, welcher gleich am Beginn des achtzehnten Jahrhunderts die Landschaften von Armenien und Georgien besuchte, erhellt ferner, daß damals die Armenier einen lebhaften Handelsverkehr nach Astrachan und von da aus durch die weiten Gebiete des russischen Reiches bis nach Archangel betrieben, wo sie den Holländern und Engländern die Schätze des Orients zustellten. Das Lob der Betriebsamkeit wird diesem merkwürdigen Handelsvolke, welches über zwei Erdtheile zerstreut mehr außerhalb als innerhalb seines Vaterlandes heimisch erscheint [45]), auf jeden Fall bleiben, wenn auch die spätern Reisenden die ihm von Tournefort beigelegten rühmlichen Eigenschaften häufig nicht ohne Grund geläugnet haben [46]). Doch war die Anzahl der Armenier in Astrachan selbst nicht so sehr groß, denn der holländische Reisende Cornelius le Bruyn, welcher jene Stadt um dieselbe Zeit, im Jahre 1703, besuchte, berechnet ihre Anzahl nur auf vierzig Familien. Wir lernen übrigens aus seiner Beschreibung die Stadt Astrachan als ein blühendes und reiches Emporium kennen, welches zugleich noch stark befestigt war, da das wolgische Deltaland mitten auf der Wanderstraße der Völker am uralischen Völkerthore gelegen damals sich noch nicht der Sicherheit erfreute, welche erst eine Folge der spätern politischen Thätigkeit Rußlands war [47]).

Den Anfang zu derselben bildet die ruhmvolle Regierung Peters des Großen, mit welcher eine ganz neue Zeit für das wolgische Deltaland und seinen Handelsverkehr beginnen mußte. Der von Astrachan aus geführte persische Handel war beim

---

44) Müller, Sammlung russ. Geschichte VII. S. 507.

45) Saint-Martin, mémoires historiques et géographiques sur l'Arménie I. p. 2.

46) Tournefort, relation d'un voyage du Levant. Lyon 1717. 8. Tome III. Lettre 20. p. 251—258.

47) Corn. le Bruyn, voyages par la Moscovie, en Perse et aux Indes orientales. La Haye 1732. 4. Tome III. p. 284—311.

Anfange des achtzehnten Jahrhunderts vornehmlich in den Händen der Armenier, und so sehr dieses Volk auch zu mancherlei Klagen und Beschwerden Veranlassung gab, war Peter der Große nichtsdestoweniger eifrigst bemüht ihren Handel zu befördern, wozu ihnen verschiedene Vortheile gewährt wurden [48]). Aber auch die Russen selbst nahmen noch immer einen thätigen Antheil an dem Verkehr nach den persischen Landschaften am Südostfuße des Kaukasus, so geringfügig ihre Schifffahrt auf dem kaspischen Meere auch zu nennen war. Denn noch stand das kontinentale Volk der Russen sehr zurück in der Kenntniß des Schiffbaues und der Seefahrt trotz aller Bemühungen des zweiten Iwan Wasiljewitsch und des Alexei Michailowitsch, und erst des Letztern Sohne, dem Peter Alexiewitsch, gelang es durch die Schöpfung der russischen Seemacht seinem Volke einen neuen Aufschwung zu geben und seinen Staat in die Reihe der europäischen einzuführen. Auf die vier, die sarmatischen Ebenen umgebenden Meere wirkte Peter der Große gleichmäßig ein, und wenn nach vielfachen Versuchen und Kämpfen das Küstengebiet am baltischen Meere auch den Preis davon trug, das zuerst so hoch begünstigte Küstengebiet am weißen Meere aber ganz zurücktrat, so wie das am schwarzen Meere ihm wider Willen unnahbar gemacht wurde, so sah das Deltaland am kaspischen Meere wichtigen Umgestaltungen entgegen.

Die Schifffahrt der Russen war damals noch in ihrer Kindheit. An den baltischen Küstengebieten bediente man sich der Lodjen oder großer Boote, auf welchen die russischen Produkte aus dem Ladoga-See nach den schwedischen Städten gebracht wurden [49]). Auf dem weißen Meere bediente man sich seit alter Zeit der sogenannten Kotschi oder platter Fahrzeuge von ungefähr zwölf Klafter Länge, die mit einem Verdeck und mit Segeln versehen waren, und auf welchen man sich ohne Kompaß und ohne nautische Kenntnisse den Gefahren der stürmischen Polarsee preis gab um bis nach Nowaja Semla zu

---

48) Storch, Geschichte des russischen Handels V. S. 73 bis 75.

49) Kilburger bei Büsching, Magazin für Historie III. S. 252.

fahren. Auf dem kaspischen Meere gebrauchte man wiederum die Bussi oder kleine leichtgebaute Kauffahrtheifahrer, welche von Astrachan nach Nisabat, einem Hafenorte im Süden von Derbend, zu segeln pflegten, wo sie nicht vor Anker legten, sondern sich durch einen Ostwind an das Ufer treiben ließen und in dem feuchten Wellensande sich festsetzten, worauf sie zu ihrer Abreise wieder einen frischen Westwind benutzten [50]). Die besten daselbst üblichen Fahrzeuge waren die sogenannten Gallioten von 60 bis 70 Fuß Länge, welche nicht bis über 8 oder 9 Fuß tief gingen, weil die jarkowische Mündung der Wolga nur ein Fahrwasser von 8 Fuß oder bei Südwinden von 9 Fuß Tiefe gewährte [51]). Noch während des nordischen Krieges schenkte Peter der Große dem wolgischen Deltalande seine Aufmerksamkeit und suchte durch eine Gesandtschaft an den persischen Hof des Schah Hussein Sofi im Jahre 1715 den persischen Handel zu beleben und zu sichern, bei welcher Gelegenheit ihm zugleich die Aussicht eröffnet wurde, seinen Staat bei dem damals sehr verwirrten Zustande des Reiches der Sofis durch die so wichtigen persischen Landschaften am Westufer des kaspischen Meeres zu erweitern [52]). Dies gab auch die erste Veranlassung dazu, daß im Jahre 1719 der Flottenlieutenant v. Werden zur Aufnahme des kaspischen Meeres mit besonderer Berücksichtigung der westlichen Gestade vom Kaiser ausgesandt wurde. Zu dieser Expedition wurde eine eigene kleine Flotte zu Kasan erbaut, welche mit Waaren beladen, um einen Handelsverkehr anknüpfen zu können, im folgenden Jahre auf der Wolga nach Astrachan hinabging [53]).

Kaum aber hatte Peter der Große den nordischen Krieg beendigt und kaum sah er seine großartige Schöpfung am baltischen Meere in einem sichern und gedeihenden Zustande, als er sich mit ganzer Seele den kaspischen Gestadeländern zuwandte, um für das wolgische Deltaland eine ähnliche viel

50) Storch, Geschichte des russischen Handels IV. S. 366, 367.

51) Müller, Sammlung russ. Geschichte VII. S. 511.

52) Müller, a. a. O. VII. S. 185.

53) Schischkow, Geschichte der russischen Marine bei Storch, histor. Zeitschrift für Rußland VI. S. 176.

versprechende Zukunft zu begründen. Drei große Entwürfe schwebten hier seinem Geiste vor, in deren Ausführung ihn zwar der Tod ereilte, und die auch jetzt noch nicht in dem Umfange ausgeführt sind, die aber doch die Grundlage aller weitern politischen Thätigkeit seiner Nachfolger in diesen Gebieten gewesen sind. Einmal wünschte er den so wichtigen Seidenhandel über Astrachan ganz nach Rußland zu ziehen, wozu die Erwerbung der persischen Landschaft Ghilan, dem großen Seidenlande am kaspischen Meere, ein leichtes Gelingen versprach, dann sollte aber auch der indische Welthandel auf seinen alten Bahnen über Samarkand nach Astrachan wieder in Gang gebracht werden, um Moskau und Petersburg zu Stapelplätzen der indischen Waaren für das übrige Europa zu machen, und zuletzt sollte an der Westküste des kaspischen Meeres an der Mündung des Kur-Flusses ein großer Stapelort errichtet werden, der dem Gange des gesammten westasiatischen Handels eine andere Richtung geben und größtentheils wieder über Astrachan nach Rußland leiten mußte[54]). In Folge der politischen Unterhandlungen mit dem Schah Hussein Sofi von Persien, dessen Staat durch die emporstrebende Macht der Afghanen damals seiner Auflösung entgegen ging, unternahm nun Peter der Große im Jahre 1722 seinen berühmten persischen Feldzug, durch welchen er zugleich jene Pläne in Ausführung zu bringen suchte. Zu Kasan ward aus den dortigen Eichenwaldungen eine große Flotte erbaut, und zum erstenmale ward nun die untere Hälfte der Wolga von einer europäischen Kriegsflotte beschifft, welche den Kaiser selbst von einem ansehnlichen Heere begleitet nach Astrachan hinabtrug und auf den Gewässern des kaspischen Meeres in das innere Asien hinein nach den kaukasischen Küstengebieten führte[55]). Die Flotte bestand aus einem großen sehr bequemen Schiffsboote für den Kaiser, aus einem Huker, auf welchem sich der General-Admiral der Flotte, Graf Apraxin, befand, aus drei Jachten, vier Schnauen, neun Schuiten, 24 kleinen Fahrzeu-

54) Storch, Geschichte des russischen Handels V. S. 100 bis 104.
55) Müller, Sammlung russ. Geschichte VII. S. 210.

gen, 12 Galeeren, 34 Transportschiffen und 356 kleinen platten Fahrzeugen nach Art der Kanonierboote im finnischen Golfe. Die Gesammtanzahl der auf der Flotte befindlichen Mannschaft außer der Kavallerie und zwei Korps Kosacken, die von Zarizyn zu Lande gekommen waren, betrug 80,000 Mann. Hier ward zum erstenmale bei der russischen Flotte die General-Admiralsflagge aufgezogen und von allen Fahrzeugen salutirt, denn bis dahin hatte das General-Admiralsschiff immer nur die weiße Flagge des ersten Admirals geführt [56]).

Die reichen Erwerbungen, welche Peter der Große durch diesen persischen Feldzug in den westlichen und südlichen Gestadelandschaften des kaspischen Meeres machte, waren unstreitig, weil sie mit zu den reichsten Gebieten des persischen Reiches gehörten, wie vornehmlich Ghilan und Schirwan, für den in dem wolgischen Deltalande immer mehr aufblühenden Handelsverkehr von der größten Wichtigkeit, obschon der Besitz der Provinzen selbst für den russischen Staat überhaupt nicht die Vortheile gewährte, die er sich davon versprechen konnte, zumal da ihre Behauptung mit großen Unkosten verknüpft war. Deshalb mußten sie auch bei der neuen Begründung einer politischen Ordnung in Persien allmählig wieder aufgeopfert werden, und schon ein Decennium nach Peters Tode oder im Jahre 1736 waren die Grenzen des russischen Gebietes wieder nach der Mündung des Terek-Flusses zurückverlegt [57]). Überdies konnte der persische Handel für die Russen selbst um so weniger vortheilhaft sein, als die Armenier gleich nach Peters Tode durch verschiedene ihnen von der Kaiserin Katharina ertheilte Privilegien denselben ganz in ihre Hände brachten; die von Peter dem Großen gestiftete persische Kompagnie mußte in sich selbst zerfallen, und im Widerspruche mit Peters des Großen Absicht, sein Volk an den Handel mit Persien zu gewöhnen und ihm die Vortheile desselben zuzuwenden, wirkten die spätern Maaßregeln der Regierung, die seinen Grundsätzen nicht

56) Schischkow, Geschichte der russischen Marine a. a. O. VI. S. 179.

57) Malcolm, history of Persia II. p. 55, 60, 94.

immer angemessen waren, durch die übermäßige Begünstigung der Armenier nur nachtheilig auf den russischen Handelsstand ein [58]).

Nichtsdestoweniger war jedoch der persische Handel der Russen unter der Regierung der Kaiserin Anna Iwanowna wieder etwas emporgekommen, und mußte auf die Stadt Astrachan einen wohlthätigen Einfluß ausüben. Die Seide aus der Landschaft Ghilan bildete noch immer den vornehmsten Gegenstand dieses Verkehrs. Daher darf es nicht befremden, daß auch die Engländer aufs Neue den Versuch machten, durch Handelsverträge mit Rußland in den Jahren 1734 und 1738 sich wieder durch das continentale Ost-Europa hindurch einen Weg nach jenem Seidelande hin zu eröffnen und dies Produkt auf dem nächsten Wege in ihre Heimath zu ziehen. Wirklich erfolgte auch eine neue Expedition der Engländer nach Persien unter John Elton, aber auch diesmal hatte die Sache keinen Fortgang, da wegen mancher Mißhelligkeiten zwischen der russischen und englischen Regierung jene Verträge schon im Jahre 1746 aufgehoben wurden [59]). Was aber den persischen Handel Rußlands zu jener Zeit wieder in Flor brachte, war theils die neu begründete Ordnung der Dinge in Persien durch den gewaltigen Nadir Schah, theils die durch des letztern Eroberungszüge angeknüpften Verbindungen Persiens mit Indien, wodurch die indischen Waaren auf den alten Bahnen, die durch so vielfache Revolutionen in den frühern Zeiten gehemmt waren, leicht und schnell über die kaspischen Gebiete nach dem Abendlande gelangten [60]).

Aber seit der Zeit der Kaiserin Elisabeth Petrowna kamen mancherlei Umstände zusammen, welche bei den unzweckmäßigen Maaßregeln der Regierung den persischen Handel zu Astrachan nicht zu der Blüthe gedeihen ließen, welche diese Stadt bei ihrer so günstigen Lage wohl erwarten konnte. Die Erneuerung einer armenischen Handelskompagnie durch jene Kaise-

58) Storch, Geschichte des russischen Handels V. S. 292 bis 302.
59) Hanway, historical account of the british trade I. p. 9.
60) Gmelin, Reise durch Rußland IV. S. 114.

rin [61]) im Jahre 1758 auf Grundlage der von Peter dem Großen bestimmten Einrichtung war nur vorübergehend und der damaligen Zeit unangemessen. Wenigstens glaubte der jüngere Gmelin, welcher bei seinem mehrjährigen Aufenthalte zu Astrachan dem persischen Handelsverkehr seine besondere Aufmerksamkeit schenkte, daß eine ganz andere Organisation solcher Gesellschaft, als welche er die mit dem Namen der kaspischen Kompagnie bezeichnete, vorschlug, zu jener Zeit nöthig sei, und für welche er wegen des so bedeutenden Seidenhandels nach Ghilan den Besitz einer eigenen Lokalität in jener Landschaft forderte. Den Hafenort Perisabar in geringer Entfernung von Räscht, der Hauptstadt von Ghilan, hielt er für den dazu geeignetsten [62]). Diese ungünstigen Verhältnisse waren auch noch da, als Pallas am Schlusse des achtzehnten Jahrhunderts das große Emporium des wolgischen Deltalandes besuchte. Er rühmt Astrachan zwar als eine große und blühende Handelsstadt, doch erhellt auch aus seinen weitern Angaben, daß eine gänzliche Umgestaltung des bestehenden Verkehrs wahrhaft wohlthätige Folgen für die Stadt und das ganze Reich haben würde [63]). Auf eine ähnliche Weise äußert sich auch einer der jüngsten Reisenden in diesem Gebiete, Erdmann, welcher die Stadt vor ungefähr zwei Decennien besuchte. Der Verkehr nach Persien ist zwar sehr lebhaft indem von dort Seide und seidene Stoffe, Baumwolle, indische Zeuge und orientalische Früchte eingebracht werden, wogegen russische Fabrikate ausgeführt werden, dennoch überwiegt die Einfuhr der kostbaren persischen Waaren, und der ganze Handel ist nicht von der Art, wie man ihn bei einer solchen Lage auf der Grenzmark des Orients und Occidents, an dem größten europäischen Flusse und am kaspischen Meere, erwarten sollte. Das Äußere der Stadt ist düster und unfreundlich, seine Bewohner unwissend und wenig wohlhabend. Nur in wenigen Familien ist der

---

61) Büsching, Magazin für Historie und Geographie IX. S. 153 bis 162.

62) Gmelin, von dem russischen Handel über das kaspische Meer in s. Reise durch Rußland IV. S. 110 bis 130.

63) Pallas, Reise durch Süd-Rußland I. S. 179, 191 bis 201.

Reichthum gehäuft, und die Vortheile des Handels sind ganz in den Händen der Armenier, die wegen ihrer Kenntniß der orientalischen Sprachen sich überall eindrängen, und deren Beschränkung bei ihrer Charakterlosigkeit schon Gmelin zur Bedingung einer wohlthätigen Umgestaltung des persischen Handels machte[64]). Dennoch bildet Astrachan, wie die Stadt Rybinsk an der obern Wolga und Nischnei Nowgorod an der mittlern Wolga, so an der untern Wolga einen der drei großen Stapelplätze, in welche sich der gesammte Handelsverkehr des so großen wolgischen Stromgebietes concentrirt. In den verschiedenen Jahren des dritten Decenniums dieses Jahrhunderts kamen auf der Wolga abwärts hier an 600 bis 758 beladene Fahrzeuge an, während an 300 bis 460 dergleichen Fahrzeuge den Strom hinaufgingen, indem der Waarenwerth der erstern sich auf 7 bis 9 Mill. Rubel, der der letztern sich auf 6 bis 8 Mill. Rubel belief[65]).

Die merkantilischen Interessen haben in Astrachan zwar nicht eine sehr große, doch eine sehr gemischte Bevölkerung aus den verschiedensten Gegenden des Orients und des europäischen Abendlandes zusammengeführt, denn sie würde sich, selbst noch geringer als in Kasan, nur gegen 40,000 Köpfe belaufen. Aber noch vor einem Jahrhundert soll die Stadt eine fast doppelte Bevölkerung oder gegen 70,000 Bewohner gezählt haben[66]). Man findet in diesem Emporium mit Einschluß des dazu gehörigen Gebietes an der untern Wolga entlang außer den Groß-Russen und den verschiedenen Zweigen der Kosacken noch Armenier, Georgier, Griechen, Tataren von verschiedenen Stämmen, Bucharen, Chiwinen, Perser, Hindus, Kirgisen, Kalmücken und die verschiedensten Ansiedler aus dem westlichen Europa[67]). Zwar haben sich, wie es wohl sicher ist, von den frühern ugrischen Bewohnern dieser Gebiete keine Überreste erhalten, doch sind in jüngern Zeiten Kolonien derselben aus

64) Erdmann, Reisen im Innern Rußlands II, 1. S. 199, 200.
65) Rußlands Wasserverbindungen. S. 126, 127.
66) Hanway, historical account of the british trade I. p. 82.
67) Erdmann, Reisen im Innern Rußlands II, 1. S. 210, 215.

den mittlern Gebieten der Wolga hier angesiedelt worden. So finden sich hier Kolonisten von Tschuwaschen und Mordwinen, letztere vom Stamm der Mokschanen, an der Wolga zu Kamennoijar unterhalb Sarepta [68]), und Kolonisten von Tschuwaschen und Tscheremissen an der Sarpa [69]). Die Tataren sind als Abkömmlinge der ehemaligen Bewohner des Landes und der Stadt auch noch jetzt zum Theil in der letztern ansässig in den Sloboden und haben an funfzehn meistens schöne, aus Stein erbaute Moscheen. Noch zu Gmelins Zeit trat das Mongolischartige in der leiblichen Bildung derselben stark hervor [70]). Die Perser, welche sich im Unterschiede von jenen Tataren zur schiitischen Form des Islam bekennen, haben aber keine Moschee in Astrachan, denn wenn sie auch in nicht unbeträchtlicher Anzahl hier leben, halten sie sich gewöhnlich doch nur einige Jahre hier auf. Nach Verkauf der aus ihrer Heimath mitgebrachten Waaren kehren sie wieder dahin zurück. Ihre zahlreichen Laden sind aber ganz auf orientalische Weise eingerichtet. Der große Kaufhof in Astrachan ist ein mächtiges steinernes, aus vielen Laden bestehendes Gebäude, das aber meistens von russischen Kaufleuten eingenommen ist. Da er ein Privatgebäude ist, so ist seit Kurzem auf kaiserliche Kosten ein neuer Kaufhof neben der schönen Hauptkirche erbaut worden, welcher ein steinernes, sehr geräumiges und gut erhelltes Gebäude bildet, das durch einen weiten Säulengang ein schönes Ansehn gewinnt. Dort treiben Russen, Armenier und Tataren ihren Verkehr [71]).

Unter den abendländischen, west-europäischen Völkern ist am wichtigsten die deutsche Kolonie in Astrachan, die seit der Zeit Peters des Großen, seit 1702, sich hier ansiedelte. Zwar wurde sie gleich darauf im Jahre 1705 durch den Auf-

---

68) Potocky, voyage dans les steps d'Astrakhan et du Caucase I. p. 28.

69) Erdmann, Reisen II, 1. S. 219.

70) Gmelin, Reise durch Rußland II. S. 127.

71) Eichwald, Reise auf dem kaspischen Meere I, 1. S. 20, 21.

ruhr der Strelitzen fast ganz vernichtet[72]), dennoch erhielt sie sich und wuchs bald bis auf tausend Mitglieder, bis sie sodann zwei Decennien später durch die große Pest im Jahre 1727 ihren Untergang fand. Die meisten Deutschen flüchteten sich damals nach Moskau, und seitdem hat sich immer nur eine kleine Gemeinde von ihnen in Astrachan erhalten[73]). Am merkwürdigsten ist aber offenbar die Kolonie aus der fernen ostasiatischen Welt, welche von einem Volke ausgegangen ist, das ganz auf seinem heimathlichen Boden wurzelnd sich nie von demselben hat losreißen können, und das nur in einzelnen Handelskolonien sich über den natürlichen Boden seines Daseins hinaus verbreitet hat. Es sind die Banianen der Hindus, welche wie die Kalmücken ihren Buddhaismus, so sie ihren Bramaismus bis zu den Grenzmarken von Europa in Glauben und Leben mit hinübergenommen haben. Die Verbreitung indischer Kolonien durch das innere Asien wird aber um so weniger auffallend sein, wenn man ihre Verbreitung selbst auf den oceanischen Fluthen bemerkt, wo sie an den Ostküsten Afrikas die Piloten waren, durch welche die Schiffe eines Vasco de Gama nach Indien geführt wurden[74]). Gegen Norden hin finden sich die indischen Kaufleute durch Asien verbreitet bis zu der großen Handelsstadt Guldscha in der songarischen Steppensenke am Nordfuße des Thian Schan[75]), gegen Westen hin ist als der weiteste Verbreitungspunkt dieses Volks die Stadt Astrachan zu betrachten. Schwerlich möchte sich aber wohl sicher ausmitteln lassen, seit welcher Zeit die Banianen der Hindus

---

72) Backmeister, Beiträge zur Geschichte Peters des Großen. Riga 1784. 8. Th. III. S. 3 bis 18.

73) Büsching, Geschichte der evangelischen Gemeinden in Rußland II. S. 133.

74) Sprengel, Geschichte der geographischen Entdeckungen S. 383.

75) **Poutimstev**, voyage de Bouktarminsk à Gouldja bei Klaproth, magazin asiatique. Paris 1825. 8. Tome I. p. 215, 217. Doch scheint es fast noch zweifelhaft, ob man bei den in Guldscha erscheinenden indischen Kaufleuten an wirkliche Hindus denken soll, da wenigstens derjenige, dessen nähere Bekanntschaft Putimstew machte, ein Muhamedaner war.

sich bis dort hin in ihrer merkantilischen Betriebsamkeit ausgedehnt haben. Denn wenn dieselben auch in ältern Zeiten auf der großen baktrischen Handelsstraße über das kaspische Meer zu den pontischen Seehäfen am Kaukasus vorgedrungen sein mögen, so ist doch nicht bekannt, daß das wolgische Deltaland in der Zeit der Chasaren, als die Araber hier überall in Thätigkeit waren, von ihnen besucht worden sei, und wahrscheinlich gab erst das Aufblühen der dortigen Emporien unter dem Khanat der goldenen Horde die nähere Veranlassung dazu, und die blutigen Religionskriege Timurs in Indien am Schlusse des vierzehnten Jahrhunderts [76]) mochten dazu beitragen, die indischen Banianen bis dahin zu versprengen, so wie man die Verbreitung der Zigeuner nach dem europäischen Abendlande damit in Verbindung gebracht hat [77]).

In der ersten Hälfte des siebzehnten Jahrhunderts finden wir aber die Hindus schon bestimmt als Handelsleute in Astrachan von Olearius erwähnt [78]), so wie ihrer auch der Holländer Strauß daselbst etwas später gedenkt. Während des achtzehnten Jahrhunderts belief sich ihre Anzahl daselbst immer auf anderthalb bis zweihundert, welche hauptsächlich aus der Landschaft Multan am Indus stammten und einen starken Handel, besonders mit Edelsteinen, trieben. Auch jetzt noch treiben die Kaufleute jenes Gebietes, wie aus den neuesten Berichten von Alex. Burnes erhellt [79]), einen sehr ausgedehnten Handelsverkehr, der sich bis nach Astrachan und Nischnei Nowgorod erstreckt. Die Banianen zu Astrachan wohnten, wie Pallas zu seiner Zeit berichtet, in einem steinernen, mit einer Mauer eingeschlossenen Karavanserai, wovon ein Theil den armenischen Han-

76) Cherifeddin Ali, histoire de Timur Bec III. p. 8, 11, 117, 121, 125.

77) Grellmann, die Zigeuner, ein historischer Versuch. Leipzig 1783. 8. S. 155, 185, 216.

78) Olearius, moskowitische Reisebeschreibung S. 374.

79) Alex. Burnes, travels into Bokhara or account of a journey from India to Kabool, Tartary and Persia. London 1834. 8. Tome I. p. 168.

Handelsleuten gehörte [80]). Da sie wie die Perser daselbst keine Weiber aus ihrer Heimath bei sich hatten, so ergänzten sie sich durch junge Leute von ihren Verwandten und Freunden, welche sie von Zeit zu Zeit als Gehülfen und Theilnehmer ihres Handels nachkommen ließen. Sie galten in Astrachan als die vorzüglichsten Handelsleute und waren wegen ihrer Rechtschaffenheit allgemein bekannt und vor den Armeniern vortheilhaft ausgezeichnet [81]). Jetzt beläuft sich ihre Anzahl aber nur auf 70 Köpfe, und von ihnen halten sich nur gegen 30 in Geschäften zu Astrachan auf, während die übrigen von den Almosen derselben leben. Sie sind von sanftem, verträglichen Charakter, und ihre Dienstfertigkeit und Ehrlichkeit wird auch jetzt noch allgemein gerühmt [82]). Es sind diese Hindus meistens große und ansehnliche Leute theils von gelbbraunem oder schwärzlichem Ansehn, theils erscheinen sie bei längerm Aufenthalte in Astrachan mehr gebleicht gelblich und den dortigen Tataren im Ansehn nicht unähnlich. Sie sind von den beiden niedern Kasten, erst im Jahre 1733 soll der erste Bramine zu dieser Kolonie gekommen sein, und vierzig Jahre später fand auch Pallas zwei derselben dort gegenwärtig. Die eigenthümlichen Sitten und Gebräuche in ihrer Kleidung und Lebensart, welche durchaus ihrem religiösen Leben in der Heimath angemessen sind, so wie ihr merkwürdiger Kultus, den sie dort neben den Muhamedanern und Christen ungestört üben, sind uns von jenem Beobachter ausführlich geschildert worden [83]), und dies stimmt vollkommen mit dem überein, was uns Erdmann über sie mittheilt, welcher sie bei seinem Aufenthalte in Astrachan zum Gegenstande seiner Beobachtungen machte [84]).

Außer den merkantilischen Interessen richtet sich die Thätigkeit der Bewohner Astrachans vornehmlich auf die Seiden-

---

80) Falk (topogr. Beiträge I. S. 132) nennt aber diesen indischen Kaufhof ein nach russischer Art von Blockwerk aufgeführtes viereckiges Gebäude und bezeichnet es mit dem Namen Saray.

81) Pallas, neue nordische Beiträge III. S. 84.

82) Erdmann, Reisen im Innern Rußlands II, 1. S. 161.

83) Pallas, neue nord. Beiträge III. S. 85 bis 96.

84) Erdmann, Reisen II, 1. S. 162 bis 170.

kultur, den Weinbau und ganz besonders auf den Fischfang in der Wolga. Schon aus dem oben angeführten Bestreben Peters des Großen erhellt, welchen wichtigen Handelsartikel die Seide im siebzehnten und achtzehnten Jahrhundert bildete, und da von diesem Produkte auch in Rußland selbst eine so große Konsumtion statt fand, so erklärt sich leicht der Wunsch der russischen Regierung, durch Begünstigung der Seidenkultur auf heimischem Gebiete der Staatshaushaltung einen doppelten Vortheil zuzuwenden. Zwar hatte Peter der Große in dieser Absicht gewünscht, die kaspische Landschaft Ghilan, welche man als ein zweites Vaterland der Seide in West-Asien betrachten kann [85]), mit seinem Staate auf die Dauer zu vereinigen, aber auch die kaspischen und pontischen Gebiete innerhalb des jetzigen russischen Reiches sind zur Zucht der Seidenraupe tauglich genug. Die weißen und schwarzen Maulbeerbäume, deren Blätter die einzige Nahrung der Seidenwürmer sind, finden sich sehr häufig in den südlichen Regionen Rußlands, wie in der kaukasischen Steppe am Tereck und an der Kuma, in Taurien, an den Ufern der Wolga und Achtuba von Astrachan bis nach Zarizyn aufwärts, an den Ufern des Don und seines Nebenflusses, des Choper, und am untern Dnepr in der Ukraine bis nach Kiew hin. Überall kommt hier der Maulbeerbaum in freier Luft vollkommen gut fort, so daß man Anpflanzungen dieses Baumes in dem großen Landstrich vom Dnepr bis zum Ural südwärts des 53. Parallels ohne Gefahr unternehmen könnte [86]).

An der ganzen Achtuba entlang, so wie auf den hohen Stellen der wolgischen Inseln, könnte man, wie sich schon Pallas äußerte, einen so reichen Seidenbau einführen, daß diese dürre und unfruchtbare Gegend zu einer der reichsten, bevölkertsten und wichtigsten Landschaften des Reiches, zu einem russischen Ghilan werden müßte [87]). An der Achtuba in der Nähe von Zarizyn fängt der Maulbeerbaum zuerst an sich unter die

85) Müller, Sammlung russ. Geschichte VII. S. 267, 515.
86) Hermann, statistische Schilderung des russischen Reiches S. 281.
87) Pallas, Reisen durch verschied. Prov. III. S. 659.

gemeinen Holzarten zu mischen, doch hat er hier meistens nur einen schlechten Wuchs, und da er auch den Überschwemmungen der Wolga und dem Feuer der jagdlustigen Kalmücken und Kosacken blosgestellt ist, so kann er natürlich in dieser Gegend ohne eigentliche Pflege nicht besonders gedeihen. Seit einigen Jahren hat man daher ordentliche Pflanzungen auf flach erhöhten Stellen der Niederung angelegt, wo der Boden feucht genug ist ohne den Überschwemmungen ausgesetzt zu sein; auch sind durch die Veranstaltung der hiesigen Aufseher über den Seidenbau Scheunen erbaut, in welchen die Seidenwürmer bequem erzogen werden [88]).

Die erste Begründung des Seidenbaus an der Achtuba geschah noch in der Zeit Peters des Großen im Jahre 1720 durch einen Kaufmann Namens Duchow; doch kam die Sache bald in Verfall und wurde erst durch die Kaiserin Elisabeth Petrowna im Jahre 1756 wieder in Gang gebracht. Aber die zu dieser Kultur beorderten Bauern, welche durch den wolgischen Fischfang ein weit bequemeres und leichteres Auskommen fanden, unterzogen sich diesem Geschäfte mit so viel Widerwillen, daß die Sache aufs Neue einging. Doch befand sich zu Falk's Zeit ums Jahr 1770 eine Seidenbau-Anstalt in der Nähe von Krasnojarsk am Busan, wo an 400 Menschen beschäftigt waren und wo jährlich an 10 Pfund Eier ausgebrütet wurden, obschon er bemerkt, daß die meiste Seide, welche in den astrachanischen, besonders den Persern und Armeniern gehörigen Seidenfabriken verarbeitet werde, aus Persien bezogen werde [89]). Nun wurde aber auf ausdrücklichen Befehl der Kaiserin Katharina diese Kultur zu Achtubinskoi Gorodok an der obern Achtuba im Jahre 1772 aufs Neue in Gang gebracht, und dazu an 1300 freiwillige Bauernfamilien daselbst angesiedelt. Dennoch mißlang wegen des Widerwillens der Bauern gegen dieses Geschäft die Sache aufs Neue und löste sich im Jahre 1784 wieder auf, während die am Terek als Kolonisten angesiedelten Armenier und Georgier sich nicht ungern mit die-

88) Storch, Gemälde des russ. Reiches II. S. 472.

89) Falk, topographische Beiträge I. S. 135, 136.

ser Kultur beschäftigen [90]). Daher trat die Regierung später aufs Neue ins Mittel und suchte nur da die Seidenkultur zu verbessern und zu erweitern, wo die Bewohner selbst ein Interesse dafür hatten und daran gewöhnt waren. Der Seidenbau wurde zwar seit dem Jahre 1800 ganz den Privatunternehmern überlassen, doch wurde von der Regierung eine Behörde ernannt, welche über die Ordnung und Zweckmäßigkeit des Verfahrens bei dieser Kultur die Aufsicht führen sollte. So ist nun auch der Seidenbau in dem Gebiete von Kaukasien jetzt in einen blühenden Zustand gekommen, und man gewinnt eine der italiänischen ähnliche Seide. Doch bleibt der Mangel an einer zahlreichen Bevölkerung in jenem Gebiete, die Hinneigung der Bewohner zur Viehzucht und zum Ackerbau, dann die Heuschreckenschwärme und die strenge Kälte des Winters daselbst immer ein großes Hinderniß für das weitere Emporkommen dieser Kultur. Die bedeutendsten, ja fast einzigen Seidenfabriken befinden sich in Moskau, wo jährlich an 4 bis 6000 Pud italiänischer Seide und 8 bis 12,000 Pud asiatischer Seide verarbeitet werden, von welcher letztern an 6 bis 10,000 Pud aus den kaukasischen Gebieten von Kaukasien und vornehmlich Georgien bezogen werden. Noch jetzt bezahlt Rußland dem Auslande für diesen Artikel einen jährlichen Tribut von 6 bis 7 Mill. Rubel [91]).

Wenn schon der Weinstock als ein Produkt der Natur des Südens nicht die südlichen Vorhöhen des Ural erreicht, so findet er sich doch in dem wolgischen Deltalande und steigt in der großen südwärts gerichteten Thalsenkung der Wolga nach Norden hinauf bis zum Gebiet von Saratow, wo Pallas bei den deutschen Kolonisten jener Gegend die trefflichste Weinkultur fand [92]). Und dies muß um so mehr befremden, da die Rebe in den westeuropäischen Gebieten am Rhein-Strome in ausgezeichneter Güte zwar weiter nach Norden hinab sich ver-

---

90) Pallas, Reise durch Süd-Rußland I. S. 153 bis 158.

91) Iwanow, über die russischen Manufakturen in den Dorpater Jahrbüchern Th. III. S. 458 bis 460.

92) Pallas, Reisen durch verschied. Prov. III. S. 627.

breitet, aber auch dort nur an eigenthümliche Naturverhältnisse geknüpft erscheint, während im Osten von Europa das mehr nach Süden seinen Einfluß verbreitende nordische Klima der Kultur südlicher Gewächse unvortheilhaft ist. Am Fuße des Kaukasus am Terek wächst der Weinstock sogar wild [93]), aber in dem wolgischen Deltalande wurde der Weinbau erst im Anfange des siebzehnten Jahrhunderts durch einen Deutschen begründet, der als Gefangener nach Astrachan gebracht ward, hier zur griechischen Kirche übertrat und Mönch wurde. In der Nähe seines Klosters pflanzte er persische Weinstöcke, die so gut gediehen, daß er im Jahre 1613 vom Zaren Michael Feodorowitsch den Auftrag erhielt, einen ordentlichen Weinberg in der Stadt anzulegen. Seinem Beispiele folgten bald mehrere Einwohner, und im Jahre 1640 nahmen sie einen deutschen Winzer in ihre Dienste [94]).

Peter der Große, dem kein gemeinnütziger Gegenstand gleichgültig war, ließ mehrere Sorten Weinstöcke von den namhaftesten europäischen Weinen und zu jeder derselben einen eigenen Winzer verschreiben, die den Weinstock nach seiner Landesart warten und behandeln sollten. Fast alle gediehen und in kurzer Zeit besaß Astrachan einen großen Reichthum an den schönsten und mannigfaltigsten Trauben, von welchen man schon jetzt an zwanzig verschiedene Arten zählt. Nur verstand man nicht die Kunst, aus jenen Trauben einen guten Wein zu bereiten, und daher gerieth der Weinbau bald so in Verfall, daß selbst fast alle Gärten der Krone zu Grunde gingen, bis unter der Regierung der Kaiserin Elisabeth ein Serwier, Namens Parobitsch, zum Direktor derselben ernannt wurde. Dieser einsichtsvolle und thätige Mann brachte den Weinbau wieder in solche Aufnahme, daß diese Kultur in der Gegend von Astrachan ein wichtiges und einträgliches Gewerbe zu werden anfing. Der Wein wurde nun zwar besser, erlangte aber doch nicht seine gehörige Vollkommenheit, und als jener Mann nach einer funfzehnjährigen eifrigen Verwaltung starb, geriethen

93) Hermann, statistische Schilderung von Rußland S. 231.

94) Olearius, moskowitische Reisebeschreibung S. 373.

die Krongärten wieder in einen mißlichen Zustand. Später bei der neuen Organisation des Gouvernements Astrachan unter der Regierung der Kaiserin Katharina gingen die Krongärten sämmtlich ein, und der Weinbau, welcher seit seiner Entstehung an 175 Jahre lang vorzüglich nur eine Unternehmung der Regierung gewesen war, ist seitdem ein Gegenstand der Privatindustrie geworden [95]).

Dennoch wurde die Weinkultur mit Erfolg weiter betrieben, obschon nicht so sehr in der Absicht Wein zu gewinnen als gute Trauben zu erzielen, die von hier aus durch ganz Rußland und selbst außerhalb verführt werden. Daher pflegen sie von den Bucharen auch mit etwas Stroh gleichsam geräuchert zu werden, wodurch sie eine lederhafte Haut erhalten und dadurch zum Versenden um so tauglicher werden [96]). Überhaupt ist die Kultur des Weinstocks hier mehr eine Gärtnerei als Winzerei, wie dies von den Naturverhältnissen des wolgischen Deltalandes abhängig ist, wo es auf dem ganz ebenen Horizontalboden nur Weingärten und nicht Weinberge giebt, und wo bei der vorherrschenden Dürre des Klimas eine eigenthümliche Bewässerung des Weinstocks nöthig ist. Pallas, welchem wir eine ausführliche Darstellung der Behandlungsart der astrachanischen Rebe verdanken, fand die Weinkultur in den Privatgärten in einem blühenden Zustande, und er bezeichnet näher die zwölf verschiedenen Hauptarten der Rebe, welche daselbst gepflegt wurden [97]). Auch nach den jüngsten Berichten aus Astrachan befindet sich der Weinbau in den dortigen Privatgärten in einem trefflichen Zustande [98]).

Zum Schlusse der Darstellung des gesammten wolgischen Gebietes kommt hier bei Astrachan noch die Fischerei in Betracht, welche uns zugleich schon auf das kaspische Meer, die maritime Erweiterung des untern Laufes der Wolga, hinausführt, und welche seit vielen Jahrhunderten oder vielleicht schon

---

95) Storch, Gemälde des russ. Reiches II. S. 411 bis 414.
96) Hermann, statistische Schilderung S. 299.
97) Pallas, Reise durch Süd-Rußland I. S. 206 bis 225.
98) Erdmann, Reisen im Innern von Rußland II, 1. S. 175.

Jahrtausenden auf das Leben ganzer Völkerschaften einen so bedeutenden Einfluß ausgeübt hat. Denn nicht mit Unrecht behauptet Pallas, daß es schwerlich in der Welt eine Fischerei gebe, mit Ausnahme der auf den Bänken von New Foundland, welche so ergiebig und so vortheilhaft für den Staat sei, als die kaspische mit der wolgischen vereinigt. Man könne sagen, daß der ganze europäische Theil des großen russischen Reiches und seine volkreichen Residenzen in den Fasten der griechischen Kirche, welche mit den wöchentlichen Fasttagen ein gutes Drittheil des Jahres ausmachen, hauptsächlich durch diese Fischerei ernährt, und daß viele tausend Menschen theils durch den Fang selbst, theils durch die Transporte auf Schlitten und Fahrzeugen, theils endlich durch den Vertrieb beschäftigt und im Wohlstande erhalten werden [99]. Die Verbindung der Wolga mit dem kaspischen Meere ist es allerdings, welche der erstern diesen außerordentlichen Fischreichthum verschafft, obgleich jenes Meer selbst zu den an Fischen armen gehört, doch möchte die Angabe eines neuern Reisenden, wonach der Fischfang im untern Kur-Flusse, welcher sich aus dem kaukasischen Georgien ostwärts ins kaspische Meer ergießt, noch weit bedeutender als der in der untern Wolga sein soll, noch einer anderweitigen Bestätigung bedürfen [100].

Da die seichten Gegenden des nördlichen Theiles des kasschen Meeres, welche sich vor den Mündungen der Wolga und des Jaik ausbreiten, das vornehmste Standlager der verschiedenen großen Fischarten bilden, die die wolgischen Gewässer bevölkern, so kommt die Fischerei in diesem Theile der kaspischen See, wo sie gewöhnlich an astrachanische Kaufleute verpachtet ist, zunächst in Betracht. Der nächste Ort von der Ausmündung der Wolga bis zur Mündung des Jaik hin, wo die Fischerei getrieben werden darf, ist ein auf siebenzig Werst von der eigentlichen Mündung des letztern entfernter Meerbusen, der wegen seines besondern Überflusses an Fischen seit Alters den Namen Bogatoi Kultuk d. h. die reiche Bucht bekommen

99) Pallas, Reise durch Süd-Rußland I. S. 183.
100) Eichwald, Reise auf dem kaspischen Meere I, 1. S. 449, 450.

hat, bis wohin die uralischen Kosacken ihr Vorrecht zu fischen behaupten. Gewöhnlich reinigt sich die kaspische See mit Ausgang des Monats März vom Eise, welches sich von den Ufern ziemlich weit in die See hinein zu setzen pflegt, und darauf geht im April sogleich die Frühlingsfischerei an. Diese wird von mehreren Pächtern unternommen, deren jeder insbesondere an verschiedenen Stellen seine Wataga oder Niederlage hat, dergleichen an der ganzen Küste viele sind, und welche meistens den Namen des Besitzers führen. Man bekümmert sich aber bei dieser Fischerei nicht um kleine Sorten von Fischen, welche im Jaik und in der Wolga wohl auch gefangen und unter dem Namen der Tschestikowaja Ryba gleichfalls zum Verkauf nach den innern Gegenden des Reiches gesalzen oder getrocknet verführt werden, und worunter besonders Hechte, Brassen und Sandarte die größte Anzahl ausmachen. An der See werden blos die größern Fischarten, die sogenannten Krasnaja Ryba oder die Störarten gefangen, nehmlich die eigentlichen Störe (Acipenser Sturio L.), die Hausen oder Belugen (Acipenser Huso L.) und die Sewrugen (Acipenser stellatus Pall.), und nächst ihnen werden noch Welse (Somi) und Barben (Sasoni) gefischt [1]).

Eine jede Wataga ist mit guten Fahrzeugen von verschiedener Größe und Bauart versehen, mit welchen man sich über See wagen kann ohne viel Mannschaft darauf nöthig zu haben. Dergleichen Fahrzeuge sind pramenförmige Boote (Raschiwi); auch befindet sich bei jeder Wataga eine Galliote, um Proviant und Salz von Astrachan zu holen und die Fische damit zurückzuschicken. Auf einer Wataga oder Fischereigesellschaft befinden sich 50, 80 bis 120 Mann, von denen die Einen das Geschäft als Steuerleute, die Andern als Fischer oder Einsalzer, Kaviarbereiter, Hausenblasenbereiter und dergleichen haben. Die hierzu gemietheten Arbeiter, die sogenannten Burlaken, kommen aus den innern Gegenden von Rußland oder aus den an der Wolga gelegenen Ortschaften, wo wir sie schon oben bei der wolgischen Schifffahrt kennen gelernt haben, und welche sich zu

1) Falk, topograph. Beiträge III. S. 414, 415.

dieser Arbeit bald jahrweise, bald auch nur auf einen Fang im Frühjahr oder Herbst verdingen. Zur Aufbewahrung der gesalzenen Fische hat man tiefe und wohlgezimmerte Eiskeller von beträchtlicher Größe unter der Erde. Diese haben einen Fußboden von dichtgefugten Dielen, und nach der Länge große mit Dielen gekästete Behälter, worin eine starke Salzsole gemacht wird, um den frischen Fisch darin zu pökeln. Zu beiden Seiten der Solbehälter sind Abtheilungen, in welche der Fisch, wenn man ihn aus der Sole nimmt, schichtenweise gelegt und noch mit Salz bestreut wird; hinter den Abtheilungen oder Fächern, worin die Fische aufgestapelt werden, füllt man den Raum bis an die Seitenwände des Kellers mit Eis, um den Fisch frischer zu halten. Zu diesen Gebäuden muß das Bauholz alles sehr theuer von Astrachan herbeigeführt werden. Die Watagen legt man aber immer an solchem Orte der Küste an, wo die See ein genugsam tiefes Fahrwasser für die Schiffe hat und der Boden hoch genug ist, um nicht den Anwachs der See bei südlichen Winden befürchten zu dürfen, auch so trocken, daß jene Keller ziemlich tief darin gegraben werden können. Solche Stellen nun sind gewisse hohe Vorgebirge (Bugri), bei welchen die See tiefe Busen macht, von welchen aber das trokkene Land oder die Steppe noch durch weite, mit Schilf verwachsene Seemoräste abgesondert ist, durch welche man mit Kähnen kaum dahin gelangen kann. An diesen Vorgebirgen und einigen höhern Stellen der morastigen Küste findet sich auch zur Noth Heuschlag genug, um so viel Pferde bei den Watagen halten zu können, als zum Winterfang erforderlich sind [2]).

Der Fang bei diesen Watagen geschieht aber nicht das ganze Jahr hindurch, sondern hauptsächlich nur im Frühling, Herbst und Winter, als zu welcher Zeit sich die Fische am meisten nach den Ufern begeben. Im Frühlinge ist aber die gewinnreichste Fischerei, die sogenannte Periode des Kaviars [3]); denn dann wimmelt es in den Meerbusen von Hausen, die

---

2) Pallas, Reisen durch verschied. Prov. II. S. 333 bis 337.

3) Pêches de la mer Caspienne traduit du russe par Klaproth im Nouv. journal asiatique. Paris 1833. Tome XII. p. 162—168.

zu dieser Zeit ohne Rogen sind und nur wegen des Fraßes angezogen kommen, so wie auch von Sewrugen, die ihren Rogen um diese Zeit streichen und das ganze Jahr nicht wiederkommen; im Winter aber und im Herbst werden blos Hausen gefangen, welche sich theils um den Rogen zu streichen, theils um zu überwintern, alsdann aus der See wieder in die Meerbusen versammeln. Denn diese beiden Störarten suchen zur Entledigung ihres Rogens süßes oder doch weniger gesalzenes Wasser, und ziehen daher nicht alle in die Ströme, sondern auch in die Meerbusen ein, welche ihnen ein frischeres Wasser als die See und bequemere Gegenden zum Streichen des Rogens darbieten. Der eigentliche Stör aber zieht gerade nach den Mündungen der Ströme ohne sich in die Meerbusen zu verirren. Daher werden Störe nur auf denjenigen Watagen zugleich mit den Belugen gefangen, welche in den Mündungen der Wolga und in dem Flusse selbst angelegt sind. Dagegen ist ein Stör auf den Fischereien, welche an Meerbusen liegen, eine solche Seltenheit, daß es schon zur Gewohnheit geworden ist ihn demjenigen zu schenken, welcher ihn aus der See hebt.

Der Frühlingsfang beginnt, sobald die See vom Eise befreit ist. Dann kommen zuerst große Schaaren von kleinen Fischen nach dem Ufer gezogen, worunter besonders ein Schuppenfisch von einer Spanne lang, Obla genannt, am wichtigsten ist. Denn er bildet die liebste Nahrung der Belugen und zieht in ungeheuren Schwärmen, welchen bald große Schaaren von raubsüchtigen Belugen folgen, deren Schwärmen hier mit dem Kunstwort Beläk Beluschje bezeichnet wird. Die Obla werden nun sogleich mit Zugnetzen in Menge eingefangen und lebendig in Behälter gesetzt, um während des ganzen Fanges als Ätzung an der Angel für die Belugen zu dienen. Wenn die Belugen zu schwärmen und schaarenweise in die Meerbusen einzuziehen anfangen, welches anderthalb, höchstens zwei Wochen zu dauern pflegt, dann ist die rechte Zeit zum Fang, dann sind die Fischer Tag und Nacht in Thätigkeit. Südwinde sollen dabei den Fang begünstigen, Nordwinde aber hemmen. In guten Jahren kann ein Fahrzeug zu jener Zeit in vierundzwanzig Stunden bis funfzig und mehr große Fische aufbringen. Der Fang dieser Belugen geschieht durch ein großes über siebenzig Ellen langes Tau, woran an hundert und fünf und zwanzig Angelhaken befestigt sind, welche mit den ihnen angehefteten Oblas die Belugen anlocken. Ein solches Seil mit der genannten Anzahl von Angeln heißt mit einem Kunstausdruck ein Nest und dreißig solche aneinander geknüpfte Nester gehören gewöhnlich zu einem Gezeug, welches also eine Länge von einigen hundert Faden hat. Durch an den Enden befestigte Anker erhält das ganze Gezeug eine feste Lage im Wasser, und wird täglich zweimal zur Besichtigung der Haken behutsam emporgehoben und die gefangenen Fische mit Haken ins Fahrzeug geholt. In den größten Fischen dieser Art findet man auch häufig den berühmten Belugenstein, der zum Theil die Größe von einem Hühnerei erreicht. Es sind die Belugen nicht selten von ungeheurer Größe, denn im Jahre 1769 wurde einer derselben gefangen, dessen Länge achtehalb Arschinen oder Ellen und dessen Gewicht an 70 Pud betrug, so daß aus ihm allein an 20 Pud Rogen gewonnen wurden. Die allergrößten Sewrugen hingegen messen niemals über viertehalb Ellen [4]).

Nachdem das Schwärmen der Belugen aufgehört hat, geht bald darauf oder auch noch vorher der Zug der Sewrugen an, welche ihren Rogen zu streichen aus der See zu süßen Wassern sich versammeln. Dieser Zug, Beläk Sewruschje genannt, dauert auch nicht viel über zwei Wochen und findet nur einmal im Jahre statt. Wenn ein günstiger Seewind dabei weht, so fallen sie in die zu deren Fang gebräuchlichen Netze so häufig, daß man beim Nachsehen der Netze nicht alle Fische in den Fahrzeugen lassen kann, sondern oft die Hälfte am Schlepptau ans Land bringen muß. Auf einer Wataga werden in dieser kurzen Zeit, wenn guter Fang ist, an 16,000 bis 20,000 Sewrugen gefangen, welche hauptsächlich wegen des Kaviars sehr wichtig sind. Sie werden aber auch eingesalzen und an der Sonne gedörrt. Der rechte Fang an dieser Seeküste hat ungefähr in der Mitte des Mai-Monats ein Ende,

4) Pallas, Reisen durch verschied. Prov. II. S. 337 bis 343.

und alles begiebt sich alsdann mit den erbeuteten Fischen nach Astrachan, wo sie in großen Parthien an die Kaufleute abgelassen werden.

Der Herbst- und Winterfang, welche beide nur auf Belugen gerichtet sind, unterscheiden sich in dem Verfahren von dem Frühlingsfange jener Fischart nicht. Der Herbstfang beginnt Mitte September, und dauert den ganzen October hindurch; der Winterfang geschieht auf dem Eise, sobald sich dasselbe auf der See festsetzt. Dann begeben sich die Fischer mehrere Wersten weit aufs Eis, indem immer je zwei einen mit einem Pferde bespannten Schlitten haben, um die Netze in den gehauenen Eislöchern auszuwerfen. Dabei werden sie aber zuweilen durch plötzlich eintretende Nordwinde mit den abgerissenen Eismassen ins Meer getrieben. Doch versichern erfahrene Fischer, daß die Pferde von der eintretenden Veränderung des Windes Witterung haben und durch unruhige Bewegungen die Arbeiter davon in Kenntniß setzen und mit Zurücklassung ihrer Beute zur schleunigsten Rückkehr nach dem festen Lande bewegen [5]). Aber außer den großen Watagen findet man noch an der Seeküste, wo kein Störfang ist, kleine Fischerhütten, indem man dort in der Sommerzeit mit Zugnetzen auf die Welse und Barben Jagd macht. Diese den Eigenthümern der Watagen gehörigen Fischerhütten heißen Lapassi. Denn der Wels und die Barbe gehen in der Sommerzeit nicht in die Flüsse, sondern halten sich nahe an den Seeküsten auf, wo sie in dem Überfluß von kleinern Fischen und in dem Schlamm reichliche Nahrung finden. Die Welse erreichen hier ein Gewicht von acht Pud und die Barben von anderthalb Pud. Aus beiden benutzt man vornehmlich die Schwimmblase zur Verfertigung eines Fischleimes, wozu aber bekanntlich die Belugen- und Sewrugenblase am vorzüglichsten ist [6]).

Durch alle Jahrhunderte der Geschichte ziehen sich die Nachrichten von dem Fischreichthum des wolgisch-kaspischen

5) Pêches de la mer Caspienne trad. par Klaproth l. c. p. 167.

6) Pallas, Reisen durch verschiedene Prov. II. S. 343 bis 349. Vergl. Hermann, statistische Schilderung von Rußland S. 304 bis 308.

Gebietes. Schon Herodot wußte davon zu berichten in dem Deltalande seines Araxes [7]), und den italiänischen Reisenden, welche im Mittelalter diese Gebiete berührten, war diese Erscheinung keineswegs entgangen. Der Venetianer Marco Paolo rühmt das kaspische Meer vornehmlich an den Mündungen seiner Zuströme wegen des großen Reichthums an Stören und Lachsen und an andern großen Fischen [8]), und sein Landsmann Josaphat Barbaro gegen die Mitte des funfzehnten Jahrhunderts weist ohne Zweifel auf jene Störarten im kaspischen Meere hin, wenn er sagt, die Wolga und das kaspische Meer (das Meer von Baku) enthielten unzählige Fische [9]), aber vornehmlich befänden sich in jenem letztern reichliche Schenalen, welches Forster [10]) durch Panzerfische erklärt, und Moronen. Dies wird auch weiter bestätigt durch die Angabe seines jüngern Zeitgenossen und Landsmannes Ambrosio Contarini, welcher dieses Meer von Persien aus nach Astrachan beschiffte, und welcher sagt, daß man im kaspischen Meere Störe und Moronen in großer Menge fange, daß man aber andere Fische nicht zu fangen verstehe [11]).

Die der Wolga eigenthümlichen Fische, welche in die Nebenflüsse selten oder gar nicht kommen, sind außer jenen beiden oben genannten Störarten der Belugen und Sewrugen, der eigentliche Stör (**Acipenser Sturio**), welcher Ossetr bei den Russen genannt wird, und dann eine vierte Störart, der Sterlede (Acipenser ruthenus L.) [12]), ferner der Lachs (Salmo Salar), welcher Krasnaja Ryba im engern Sinne bei den Rus-

---

7) Herodot. I, 102.

8) Marsden, the travels of Marco Polo. Lond. 1818. 4. p. 53.

9) Ramusio, delle navigazioni e viaggi II. fol. 97. b. Così esso fiume Erdil come il mare di Bachù hanno pesci innumerabili, ma in esso mar si trovano schenali e morone assai.

10) Forster, Geschichte der Entdeckungen im Norden S. 210. Es erhellt jedoch aus den weiter unten anzuführenden Angaben eines Contarini, Pegolotti und Paolo Giovio, daß unter diesen Schenalen nichts weiter als Störe und zwar eigentlich nur die geräucherten und gesalzenen Rükken der Störe zu verstehen seien.

11) Ramusio, delle navigazioni e viaggi II. fol. 120.

12) Falk, topograph. Beiträge III. S. 414.

sen heißt, und der Weißlachs (Salmo Nelma), gewöhnlich Bjelaja Rybiza, aber Nelma in Sibirien genannt [13]). Etwas allgemeiner als diese Arten sind die Barbe, der Wels, der Goldfisch und der sogenannte Tschechon oder Messerfisch (Cyprinus cultratus Pall.). Alle diese Fischarten steigen aus dem kaspischen Meere in die Wolga aufwärts, und wandern zum Theil bis zu ihrem Quellgebiet nach den waldaischen Höhen. Bis nach Simbirsk aber, wo Pallas und Lepechin die Fischereien in der Wolga beobachteten [14]), geht nur der Hauptzug, und bis dahin befinden sich auch nur die großartigen Fischereien in dem Strom, wenn gleich, wie schon oben berührt, auch die Kama sowohl durch den Reichthum als durch die Trefflichkeit ihrer Fischarten ausgezeichnet ist [15]). Dagegen steigt bis nach Twer hinauf der Wels und im Herbst der Weißlachs, und im Winter ist dort der Sterlede nicht selten. Selten erscheint dort aber der eigentliche Stör, noch seltener die Beluga oder Hausen und die Sewruga niemals [16]).

Nach Pallas Angabe sind die Sterleden im Irtisch und Obi die größten, welche im russischen Reiche gefangen werden und oft an anderthalb Ellen lang [17]). Die Sterleden aus der Wolga sollen aber selten eine Länge von mehr als zwei Fuß haben [18]). Die Beluga wird in der Wolga nicht selten von 20, niemals aber über 25 Spannen lang gefangen und wiegt alsdann zwischen 30 bis 35 Pud. Indessen ist die Anzahl kleiner Milchner von sieben bis acht Spannen ungleich größer als der großen, welche durchgängig Rogner zu sein pflegen. Den Stör oder Ossetr bekommt man von fünf bis acht Spannen lang und von zwanzig Pfund bis auf zwei Pud schwer. Das Mittel zwischen diesen Arten hält die Sewruga, welche man in der Wolga bei Simbirsk nicht viel häufiger als die Störe fängt, weil die meisten in den untern Gegenden des

13) Hermann, statistische Schilderung S. 264, 266.
14) Lepechin, Tagebuch einer Reise I. S. 154 bis 160.
15) Pallas, Reisen durch verschied. Prov. III. S. 488.
16) Güldenstädt, Reisen durch Rußland II. S. 456, 457.
17) Pallas, Reisen durch verschied. Prov. II. S. 446.
18) Lepechin, Tagebuch einer Reise I. S. 154.

Stromes scheinen aufgefangen zu werden. Sie sind zwischen sieben bis acht Spannen lang, und haben ein Gewicht von 20 bis 35 Pfund [19]). Die Beluga oder eigentlich Bjeluga, wie sie von den Russen ihres weißen Fleisches wegen benannt werden soll, bildet also immer, wie schon Strahlenberg bemerkte, den größten eßbaren Flußfisch in der Welt, wenn schon seine Angabe etwas übertrieben klingt, daß er einen derselben von 56 Engl. Fuß Länge und 18 Fuß Dicke gesehen habe [20]). Doch ist es auffallend, daß auch der arabische Geograph Bakui bei Erwähnung des Fischreichthums der Wolga berichtet, daß man daselbst Fische von der Größe einer Kameel=Ladung fange, deren Fett zur Unterhaltung der Lampen gebraucht werde [21]).

Den rothen Lachs bemerkt man hier nur in den beiden letzten Monaten des Jahres und auch dann nur selten; desto häufiger aber steigt von Anfang Januar bis in den Juni der Weißlachs (Bjelaja Rybiza) stromaufwärts. Beide werden an drei bis fünf Spannen lang und höchstens 30 Pfund schwer gefunden. Noch etwas schwerer und bis auf sieben Spannen lang wird die Barbe zuweilen angetroffen. Der Wels wächst nächst dem Hausen am größten, man hat deren an zehn Spannen große und einige Pud schwere gesehen. Er wird am meisten im Frühling und Herbst gefangen und ist als ein Fisch bekannt, welcher durch seine wallende Bewegung gern über das Netz schlägt oder es zerreißt und andere Fische mit sich nimmt. Der Goldfisch, den man von seiner Farbe Scheleśniza d. h. Eisenfisch oder auch Beschenaja d. h. den tollen Fisch nennt,

---

19) Pallas, Reisen durch verschied. Prov. I. S. 131.

20) Strahlenberg, der N. und O. Theil von Europa S. 323.

21) Bakui, bei Deguignes in den Notices et extraits des manusc. de la biblioth. royale II. p. 536. Il y a un fleuve plus grand que le Tigre, dans lequel on pêche toutes sortes de poissons; un entr'autres de la charge d'un chameau, dont on tire beaucoup de graisses, qui servent aux lampes. Nur ist dabei zu bemerken, daß der Orientalist d'Ohsson einen andern Text des arabischen Geographen als Deguignes vor sich gehabt haben muß, da er in einer Angabe dieser Stelle gerade jenes Umstandes nicht Erwähnung thut. D'Ohsson, histoire des Mongols I. p. 346.

steigt von Anfang Mai bis Ausgang des Sommers in ungeheuren Schaaren die Wolga hinauf, und füllt nicht selten die Netze zum Mißvergnügen der Fischer. Denn wegen des Vorurtheils, als wenn der Genuß dieser Fische unsinnig mache, wird derselbe von den Russen nicht gegessen, sondern an die Mordwinen und Tschuwaschen verkauft, die ihn theils frisch verzehren, theils zum Aufbewahren trocknen. Er wird in der Wolga von ansehnlicher Größe gefunden, und hat das gewöhnliche Ansehn, außer daß man keine Spur von schwarzen Flekken daran wahrzunehmen pflegt. Der Tschechon wird mit dem Goldfisch zur Frühlingszeit zugweise gefangen und ist mit ihm von gleicher Größe. Wegen seines trockenen Fleisches dient er aber nur den ärmern Leuten theils frisch, theils gesalzen zur Nahrung [22]).

Außer diesen Fischen giebt es in der Wolga eine unzählbare Menge kleinerer und gemeiner Fische und vorzüglich Sandarte, Barsche und Brassen. Auch Neunaugen (Minogi) werden in der Wolga häufig bemerkt, aber wenig gefangen, und in einigen Nebenbächen derselben befinden sich Forellen. Nur allein der Aal ist weder in der Wolga noch in allen ihren Zuströmen anzutreffen. Statt dessen hat man um so häufiger die Quappen (Nalim), und Krebse finden sich im Überfluß und von außerordentlicher Größe, doch werden sie vom gemeinen Volke mit Abscheu betrachtet und nicht gegessen. Unter allen Fischen der Wolga sind die Störarten und der Weißlachs die edelsten und vortheilhaftesten im Preise. Letztere werden, so lange es der Frost erlaubt, frisch nach dem nördlichen Rußland verführt, nachher aber wie anderwärts der rothe Lachs gesalzen und geräuchert. Die Störarten, welche am meisten im Sommer und Herbst in die Netze und in die Pfahlwerke der Utschjugen bei Simbirsk kommen, pflegt man hier oft zu einigen hunderten unter einander in die an der Wolga auf der Niederung befindlichen Seen zu setzen, sobald das hohe Wasser von ihnen abgelaufen ist, worauf man sie im Winter unter dem Eise hervorsucht, um sie gefroren zu verführen. Unter allen

22) Pallas, a. a. O. I. S. 132.

len ist das Hausenfleisch am wenigsten geachtet, aber das Fleisch der Störe ist besser im Preise, und selbst die Sewrugen werden theurer als die Hausen verkauft. Der geringschätzigste unter allen großen Fischarten ist jedoch der Wels, obwohl man von ihm einen Theil benutzt, der bei allen übrigen Fischen unbeachtet bleibt, nehmlich die Haut, welche wie bei dem Aal dünn und glatt ist, und daher zu mancherlei Geräthschaften verarbeitet wird [23]).

Bei den großartigen Fischereien zu Astrachan, welche vornehmlich der jüngere Gmelin zum Gegenstande seiner Beobachtungen machte [24]), werden die dort gefangenen Fische in drei Klassen getheilt, Krasnaja Ryba oder rothe Fische, Tschastjakowa Ryba oder zahlreiche Fische und Melotschnaja oder kleine Fische. Zu der ersten gehören die vier genannten Störarten, zur zweiten die Welse, Karpfen, Weiß- und Rothlachse, Hechte und Zander, zur dritten alle kleinern Schuppenfische. Die zur ersten Klasse gehörigen Arten, so wie einige der zweiten, halten Züge oder Wanderungen in der Wolga zu bestimmten Zeiten, wo man sich ihrer dann zu bemeistern sucht. Zuerst erscheint bei Astrachan der Weißlachs von der Mitte des Januar an bis zum Monat März. Dann folgen die Belugen, welche beim Aufbruch des Eises im Monat Februar aus dem Meere zwei Wochen lang die Wolga hinaufgehen; dann bei steigendem Wasser einen Monat hindurch die Sewrugen in dichten Schaaren nebst den sogenannten tollen Fischen, den Beschenaja, und gegen die Mitte des April die eigentlichen Störe oder Ossetrinen mit den Sterleden und Welsen. Wenn das Wasser im Juni zu fallen beginnt, so kehren die Sewrugen und Ossetrinen nach der See zurück, und dann soll man gerade die größten Fische in der Wolga fangen; doch zeigen sich beide auch später noch im Sommer zugleich mit den Sterleden in Menge. Endlich kommen zu Anfang des September auch die Hausen, während jene verschwinden, wieder zum Vorschein, um sich nach der Fischersprache in ihre Winterquartiere zu begeben.

---

23) Pallas, a. a. O. I. S. 133 bis 139.

24) Gmelin, Reise durch Rußland II. S. 199 bis 246.

Diese bestehen in Gruben auf dem Grunde der tiefsten Stellen des Stromes bei seinem Ausflusse, wo sie mit ihrem Schleime umhüllt ruhig liegen. Die Fische der ersten und zweiten Klasse sind der Gegenstand der großen, die der dritten Klasse der kleinen Fischerei. Bei der erstern sieht man besonders auf die Länge und das Gewicht des Thieres. Ein Hausen muß acht, und ein Stör wenigstens sechs Spannen Länge haben um für vollständig zu gelten. Von den kleinern rechnet man ein Paar für ein Stück [25]).

Die Anstalten zum Fange dieser Fische sind ebenfalls dreifacher Art. Sie bestehen zunächst in den Wehren oder Utschjugen d. h. Pfahlverdämmungen, welche quer durch den Strom gezogen und an verschiedenen Stellen mit Fallen versehen sind, und welche häufig Jahre lang stehen und bloß der Ausbesserung bedürfen. Man unterscheidet sie nach der Beschaffenheit der Bauart wieder in Saboiken und Pereboiken, von welchen die letztere Art nur auf die Zeit der Herbstmonate brauchbar ist, aber beim Eisgang auseinander genommen und alljährlich neu gebaut werden muß. Zu dieser Gattung gehört auch die im wolgischen Deltalande übliche Gorodba oder Fischfalle, durch welche auch im Winter auf dem Eise der Fischfang fortgesetzt wird und zwar so, daß durch das Tönen einer Glocke der gefangene Fisch sich ankündigt. Zu der zweiten Art der Maschinen zum Fischfange gehören die Angeln, welche wieder in Suaste oder Angelseile, Lutschki oder Bogen und Sandowien oder zwei- oder dreizackige Gabeln zerfallen, und die dritte Art bilden die Netze, welche zum Theil eine ungeheure Größe haben. Am Ausführlichsten hat sich über alle diese so mannigfaltigen und höchst sinnreichen Anstalten und Maschinen zum Fang der Fische, welche einer so großartigen Fischerei völlig entsprechen und den eigenthümlichen Geist der Bewohner des wolgischen Deltalandes beurkunden, der jüngere Gmelin geäußert und das verschiedenartige Verfahren dabei durch Abbildungen veranschaulicht [26]). Bei jedem Utschjug wohnen

25) Erdmann, Reisen II, 1. S. 193, 194.

26) Gmelin, Reise durch Rußland II. S. 203 bis 230. Vergl. Storch, Gemälde des russ. Reiches II. S. 157 bis 162.

ungefähr funfzig Arbeiter in Hütten, welche eine Art von Dorf mit einer kleinen Kirche bilden. Diese Arbeiter haben ihre bestimmten Geschäfte, welche theils die Unterhaltung der Anlagen, theils den Fang und die Zubereitung der Fische bezwecken. So giebt es unter ihnen Taucher, welche die Pfähle unter dem Wasser untersuchen, eigentliche Fischfänger, Einsalzer, Kaviarbereiter, Hausenblasenverfertiger und Handlanger. Doch wird die Bearbeitung der Fische nicht an Ort und Stelle vorgenommen, sondern man transportirt dieselben dazu auf die Watagen, die eigentliche Arbeitsstätte mit den Magazinen. Hier werden die Fische aufgehauen, der Rogen, die Blase und die Rückensehnen, die sogenannte Wesiga, eigentlich die Scheide des Rückenmarks großer Fische, herausgenommen, dann das Fleisch in große Stücken zerschnitten, einige Tage lang in Salzwasser gelegt und dann mit trockenem Salze eingeschichtet. Nur die kleinern Fische werden nach dem Einsalzen getrocknet [27]).

Es ist zwar unter der Regierung des Kaisers Alexander oder seit dem Jahre 1803 einem Jeden frei gegeben, an mehreren Stellen des kaspischen Meeres, wie an der Mündung der Jemba und an der Insel Tschetschen vor der Mündung des Flusses Terek, Fische zu fangen [28]), doch ist es dem Einzelnen nicht leicht, viel damit zu gewinnen, weil die besten Stellen dazu schon in Besitz genommen sind und die gegenseitige Eifersucht nicht eine neu begründete Watage aufkommen läßt. Der astrachanische Kaufmann Saposchnikow hat jetzt den ganzen Fischfang in der untern Wolga gepachtet, und obwohl der Fischreichthum des Stromes wegen seiner zunehmenden Versandung etwas abgenommen hat, zahlt er doch eine jährliche Pacht von 450,000 Rub. B. an die russischen Fürsten, welche die Eigenthümer der dortigen Ländereien sind und zu welchen vornehmlich der Fürst Kurakin gehört, auf dessen Gütern an 70 Werst oberhalb Astrachan ein ungemein reicher Fang statt findet. Außerdem hat jener Saposchnikow noch den wolgischen Bauern

27) Erdmann, Reisen II, 1. S. 195.

28) Pêches de la mer Caspienne, traduit par Klaproth l. c. p. 163, 164.

und den dortigen Kosacken die Freiheit des Fischfanges abgekauft und zahlt dafür jährlich 150,000 Rub. B., und zugleich hat noch die Stadt Astrachan auf der Wolga diesseit und jenseit an sieben Werst weit Freiheit zum Fischen, wenn gleich mit der Bedingung, daß die gefangenen Fische von den Fischern frisch auf dem Markt in der Stadt verkauft werden. Die Fische dürfen weder gesalzen noch versandt werden, und dies gilt auch von dem Kaviar, welcher frisch verkauft werden muß[29]).

Schon am Ende des vorigen Jahrhunderts berechnete Pallas den Gewinn an Fischen in den wolgisch-kaspischen Gewässern im Durchschnitt jährlich an 103,500 Stück Belugen, an 302,000 Stück Ossetrinen und an 1,445,000 Sewrugen, welche allein einen reinen Ertrag von ungefähr zwei Millionen Rubel gewährten, und eine halbe Million Rubel zog man noch aus der ungeheuren Menge kleinerer Fische, als Sterleden, Karpfen, Hechte, Welse, Lachse und aus dem Robbenschlage[30]). Von 1000 Stück Belugen erhält man ferner wieder im Durchschnitt 7½ Pud Hausenblase und 100 Pud Kaviar; von 1000 Ossetrinen 2½ Pud Hausenblase und 60 Pud Kaviar; von 1000 Sewrugen aber 1¼ Pud Fischleim und 60 Pud Rogen, so wie eine unbestimmte Quantität Rückensehnen. Denn die großen Belugen gewähren häufig an 5 Pud Rogen, ein Ossetrin aber niemals über 30 Pfund, und ein Sewruge nicht mehr als 10 bis 12 Pfund. Schon aus diesen Angaben erhellt die Bedeutung der Fischereien bei Astrachan und ihre Wichtigkeit in finanzieller Beziehung, um so mehr als sich der Werth der gewonnenen Produkte seit jener Zeit mehr als verdoppelt zu haben scheint, da Erdmann wenigstens den Ertrag von den kleinern Fischen und vom Robbenschlage schon auf zwei Mill. Rub. schätzt. Nach officiellen Nachrichten aus der astrachanischen Fischexpedition vom Jahre 1815 gingen gegen 7000 Menschen auf ungefähr 1850 Fahrzeugen auf den Fisch- und Seehundsfang aus und erbeuteten gegen 1700 Störe, gegen 900,000 Sewrugen, über 9000 Hausen, über 400,000 Kar-

29) Eichwald, Reise auf dem kaspischen Meere I, 1. S. 452.
30) Pallas, Reise durch Süd-Rußland I. S. 184 bis 189.

pfen und Sandarte, gegen 4500 Welse und gegen 58,000 Seehunde, und von ihnen gewann man an 26,342 Pud Kaviar, 1327 Pud Wesiga von Sewrugen, und 1100 Pud Fischleim. Dieser Fang geschah blos in den an den Ausflüssen der Wolga belegenen Gewässern des kaspischen Meeres und in den Gewässern, in welchen der Fischfang für jedermann frei ist und auf den Seehundsinseln. Da aber überdies noch von Privatpersonen viel Fischfang getrieben wird und auch die freien Fischer nicht immer den ganzen Belauf ihres Fanges genau angeben, so kann man annehmen, daß der Fischfang in jenem Jahre an den zu Rußland gehörigen Küsten des kaspischen Meeres viermal so groß gewesen als oben angegeben worden ist [31]).

Unter allen durch den Fischfang gewonnenen Handelsartikeln bildet in mancher Beziehung der Kaviar den historisch merkwürdigsten, so daß er hier noch eine nähere Berücksichtigung verdient. Wie alt die Bereitung und Benutzung des Kaviars oder des eingesalzenen Störrogens sei, läßt sich mit Bestimmtheit wohl schwerlich ermitteln, muß aber doch schon in frühe Zeiten zurückgehen, wenn die häufig verunglückte, aber in der neuesten Zeit von Jos. von Hammer vorgeschlagene Erklärung dieses Namens sich mit Recht als sehr wahrscheinlich empfehlen möchte. Schon im vierzehnten Jahrhundert finden wir in der Handelsgeographie des Florentiners Balducci Pegolotti den Kaviar erwähnt [32]) als einen wichtigen Handelsartikel zu Tana am asowschen Meere, welcher von dort durch die im Pontus herrschenden Genuesen nach Italien und dem übrigen Abendlande ausgeführt wurde. Wenn der Name Kaviar auch nicht, wie Gesner meinte, von den griechischen Wörtern

---

31) Erdmann, Reisen II, 1. S. 197. Nähere Nachweisungen über den in den letzten Jahren im kaspischen Meere gewonnenen Fischreichthum finden sich in dem von Klaproth übersetzten Aufsatz im Nouv. journal asiatique. Tome XII. p. 169. und in Berghaus Annalen der Erd- und Völkerkunde. Berlin 1838. Jahrg. XIV. N. 159. S. 159 bis 162.

32) Bald. Pegolotti bei Pagnini, della decima e delle altre gravezze III. p. 5. Cavialli si vendono a fusco, ed ogni fusco si è uno mezzo cuojo di pesce e da mezzo in giù inverso la coda pieno d'uova di pesce.

ὠα τάριχα abzuleiten ist, so stammt davon doch wohl nach Scaligers wahrscheinlicher Behauptung das Wort Botargo, unter welchem Namen diese Waare bei den Italiänern vielfach vorkommt. Denn der jetzt übliche Name Kaviar rührt wohl von dem Volksstamm in den kaspischen und pontischen Gebieten her [33]), welcher sich gleich andern Küstenbewohnern daselbst mit Einsalzung von Fischen beschäftigte und vielleicht am besten oder meisten den Rogen derselben einsalzte, nehmlich von den Kawaren oder Kabaren. Von eben diesen Kawaren aber, welche nach des Kaisers Constantinus Angabe im neunten Jahrhundert mit den Ungarn das Land der Petschenegen bewohnten und Stammgenossen der ugrischen Chasaren waren [34]), haben auch noch später die beiden Landschaften Kabarda am Nordfuße des Kaukasus ihren Namen bekommen.

Demnach würde der Ursprung des Namens Kaviar mindestens bis ins neunte Jahrhundert zurückgehen. Bestimmt erwähnt wird aber dieser Handelsartikel unter dem bei uns jetzt üblichen Namen von Paulus Jovius im Anfang des sechzehnten Jahrhunderts [35]) und zwar von demselben Hafenort am asowschen Meere kommend, von wo er schon zu Pegolottis Zeiten nach Italien ausgeführt ward. Eben so berichtet ein Jahrhundert später Olearius von einer gewöhnlichen Speise der Russen, welche sie Ikari (jetzt Ikra bei den Russen) nennen, und welche von dem Rogen der Störe und der Weißfische bereitet werde. Sie schlagen den Rogen von der anklebenden Haut ab, salzen ihn ein, und wenn er gegen acht Tage gestanden hat, vermischen sie ihn mit Pfeffer und kleingeschnittenen Bollen und

33) Jos. v. Hammer, in den Wiener Jahrbüchern der Litteratur Th. LXV. 1834. S. 2.

34) Constantinus Porph. de administ. imper. bei Banduri imperium orientale. Venet. 1729. fol. Tom. I. c. 39, 40. Paris 1711. Tom. I. p. 108.

35) Paulus Jovius, de piscibus Romanis. Basil. 1561. 8. c. 4. p. 105, 106. Apud Tanam tanta eorum (sturionum) est copia, ut cetariae ibi institutae sint officinae, in quibus ea salsamenta ex sturionum ovis salitis, quae caviaria dicimus, itemque ipsa schinalia ex summo sturionis spinali dorso, sale fumoque inveterata, conficiantur.

richten ihn mit Essig und Baumöl an. Es ist kein uneben Essen, wie Olearius bemerkt [36]), sonderlich wenn man statt des Essigs Citronensaft darauf drückt; es soll guten Appetit machen und eine die Natur anreizende Kraft haben. Solcher Rogen wird an der Wolga vornehmlich bei Astrachan gesalzen, zum Theil an der Sonne getrocknet und einige hundert Tonnen eingeschlagen und nach andern Ländern, besonders nach Italien, wo es für ein delikates Essen gehalten und Kaviar genannt wird, ausgeführt. Mit diesen Angaben des Olearius contrastirt um so mehr die des französischen Reisenden Tournefort, welcher auf seiner Reise nach Armenien und Georgien im Anfange des achtzehnten Jahrhunderts [37]) den Kaviar dort zuerst scheint kennen gelernt zu haben, wenn gleich er in dem westlichen Europa keineswegs zu den ganz unbekannten Handelsartikeln gehörte. Doch muß man aus seiner Beschreibung von diesem, wie er sagt, verwünschten Ragout entnehmen, daß sein Genuß im Abendlande noch immer selten war.

Dennoch ist es sicher, daß auch während des Verlaufes des siebzehnten Jahrhunderts die Ausfuhr des Kaviars aus den pontischen Häfen nach Italien keineswegs aufhörte, wenn gleich sie auf diesem Wege auch beschränkter sein mochte, da sich unterdessen eine neue Bahn geöffnet hatte. Denn um die Mitte des siebzehnten Jahrhunderts rühmt der französische Reisende Chardin den taurischen Hafen Kaffa wegen der großen von dort aus statt findenden Ausfuhr von gesalzenen Fischen und Kaviar [38]). Und aus den Berichten des holländischen Reisenden

36) Olearius, moskowitische Reisebeschreibung S. 204.

37) Tournefort, rélation d'un voyage du Levant. Lyon 1717. 8. Tome III. lettre 18. p. 110—111. Le Caviar est un ragoût détestable. C'est un proverbe dans le pays, que si l'on vouloit donner à déjeûner au diable, il faudroit le régaler avec du Caffé sans sucre, du Caviar et du Tabac; je voudrois y ajoûter du vin d'Erzeron. Le Caviar n'est autre chose que les oeufs salez des Esturgeons, que l'on prépare autour de la mer Caspienne. Ce ragoût brule la bouche par son sel et empoissonne le nez par son odeur.

38) Chardin, voyages en Perse ed. Langlès I. p. 130.

Strauß aus der zweiten Hälfte jenes Jahrhunderts ersehen wir, daß man damals auch auf Corfu Bottarge oder Kaviar bereitete, indem der Störrogen gesalzen, getrocknet und, um länger gut zu bleiben, in Wachs gelegt wurde [39]). Aber um dieselbe Zeit verbreitete sich der Kaviar, wie aus Kilburgers Nachrichten vom russischen Handel hervorgeht, von dem Seehafen Archangel aus bis nach Italien. Die Russen nannten ihn damals schon Ikra oder Ikra Tschorna d. h. schwarzer Kaviar im Unterschiede von dem gelben, welcher von den kleinern und gemeinen Fischen gemacht und von den Leuten geringern Standes gegessen ward. Er ist von zweierlei Art, gepreßter und ungepreßter, und nach den drei Hauptorten der Bereitung nannte man ihn den astrachanischen, kasanischen und jaikschen. Der gepreßte Ikra war des Zaren Alexei Michailowitsch eigener Handel, und man gewann davon jährlich an 300 Fässer, jedes zu 40 bis 50 Pud gerechnet, welche von den Handelsfaktoren in den Fahrzeugen des Zaren die Wolga aufwärts zu Wasser nach Archangel gebracht wurden. Dort empfing ihn das hamburgische Handelshaus Philipp Verporten, von welchem er nach dem übrigen Abendlande bis nach Italien hin verbreitet ward. Der Zar gewann dadurch jährlich allein an 40,000 Thaler. Kilburger nennt diesen gepreßten Kaviar eine Hauptnahrung der niedern Leute in Rußland während der Fastenzeit. Der ungepreßte Kaviar werde im Überfluß zur Winterszeit mit Schlitten nach Moskau und durch das ganze Land gebracht, worauf man ihn bei Annäherung des Sommers in Eiskeller lege, um sich das ganze Jahr zu erhalten [40]). Auch Strahlenberg am Anfange des achtzehnten Jahrhunderts spricht von dem russischen Kaviar, und bemerkt, daß der Handel mit demselben ein Monopol des Zaren sei. Von den Belugen werde überhaupt der beste Kaviar gewonnen. Doch gebe es zwei Arten desselben, Zernistaja, der körnige, und Pajusnaja, der gepreßte Kaviar. Die erste Art werde vornehmlich im Lande ver-

---

39) Straußens Reise durch Italien, Griechenland, Moskau u. s. w. S. 144.

40) Kilburger bei Büsching, Magazin für Historie III. S. 252, 253.

braucht, die zweite aber meistens nach außerhalb versandt und gehe besonders nach Italien und Spanien [41]).

Zu Pallas Zeit bereitete man den Kaviar auf den kaspischen Watagen aus dem Rogen der Belugen und Sewrugen auf zwiefache Art. Die eine war der körnige Kaviar, Sernistaja Ikra, die andere der Sack-Kaviar, Meschoschnaja Ikra, und letzterer galt für den besten. Der körnige Kaviar ward durch ein grobes Sieb oder Rostwerk gedrückt, um ihn von den Häuten und Blutgefäßen zu reinigen und darauf in Trögen gesalzen, so daß etwa fünf Pfund Salz auf ein Pud Rogen kamen. Nachdem er in den Trögen eine Stunde lang durchsalzen war, ward er auf dichte Siebe gelegt um die überflüssige Lake abzuziehen, und darauf in Fässer geschlagen. Der Sackkaviar ward, nachdem er von den Häuten gereinigt, eine halbe Stunde lang in starker Salzlake geweicht, bis er, wenn man ihn mit den Fingern zerdrückt, zu milchen aufhört. Dann ward er auf dichte Siebe gebracht um abzutriefen, und zuletzt in spitzigen Säcken gedrückt, um ihn auch von der letzten Lake zu befreien. Dieser ausgerungene Kaviar wurde sodann in Fässer geschlagen. Auch bereitete man früher auf jenen Watagen noch eine dritte Art, den sogenannten armenischen oder türkischen Kaviar, Armenskaja oder Zaregradskaja Ikra, welcher nach der Türkei ausgeführt wurde. Der Rogen wurde nehmlich, wie man ihn aus den Fischen nahm, in Kisten schichtweise gelegt und jede Schicht mit Salz bestreut, welches den Rogen ganz bedeckte. Solche gefüllte Kiste wurde mit einem schweren Deckel geschlossen, damit sich durch die Pressung über dem Rogen eine Lake erzeugte, und so ließ man ihn an vier bis acht Monate pökeln. Denn der im Frühjahr eingelegte wurde im September, und der im Herbst eingelegte im Mai fertig. In dieser Zeit wurde der Rogen fast ganz trokken und überzog sich mit Salz, welches mit Wasser abgespült, der Rogen an der Sonne von Neuem getrocknet und in Fässer gepackt wurde.

Den allerschlechtesten, gepreßten Kaviar, Paisnaja Ikra

---

41) Strahlenberg, der N. und O. Theil von Europa S. 342.

genannt, machen die Arbeiter, wie Pallas berichtet, nur für sich zum Verkauf, und nehmen dazu den untauglichen Rogen von den todt ans Ufer geworfenen oder gar zu fetten Fischen, so wie die fasrigen Überbleibsel von dem durch die Siebe gearbeiteten guten Rogen, rühren dies alles mit Salz gut durcheinander und schlagen es in große hölzerne Gefäße, damit nichts davon abtrieft, und pressen es stark, bis es etwas trocken ist [42]). Der von Kilburger genannte gelbliche Kaviar erscheint bei Pallas unter dem Namen des rothen oder Krasnaja Ikra [43]). Wie bedeutend die Konsumtion dieser Waare, und wie wichtig dieser Handelsartikel in neuern Zeiten für das russische Reich geworden ist, erhellt aus der Angabe, daß im Jahre 1789 über 11,000 Pud auf englischen Schiffen, also wohl vornehmlich aus dem Hafen von Petersburg ausgeführt worden sind, während zu gleicher Zeit an 10,000 Pud nach Italien, also wohl aus den pontischen Häfen verführt wurden [44]); und doch belief sich die Ausfuhr dieser Waare aus jenem baltischen Seehafen schon im Jahre 1764 über 14,000 Pud, und im Jahre 1788 auf die Summe von 15,440 Pud [45]), so daß man bei der größern Verallgemeinerung dieser Waare in der jüngsten Zeit daraus entnehmen kann, welchen Einfluß dieser Gegenstand allein, der doch nur einen Theil der Thätigkeit bei den Fischereien bildet, auf die gesammte Thätigkeit und das merkantilische Leben der verschiedenen Bewohner der Landschaften an der Wolga und des russischen Reiches überhaupt haben müsse.

Das kaspische Meer.

Das kaspische Meer, dessen Betrachtung die Schlußparthie für das Ländergebiet des Stromsystems der Wolga bildet, ist gleich wie der persische Golf für das Stromsystem des Euphrat und Tigris, nur für eine maritime Erweiterung der Thalrinne der Wolga zu halten; beide Meere, das persische und das

---

42) Pallas, Reisen durch verschied. Prov. II. S. 345, 346.
43) Pallas, a. a. O. I. S. 138.
44) Pallas, Reise durch Süd-Rußland I. S. 190.
45) Hermann, statistische Schilderung von Rußland S. 428.

kaspische, haben auch in der Entwickelung der Völker ähnliche Funktionen zu vollziehen gehabt, wenn gleich beiden eine sehr verschiedenartige Natur zu Theil geworden ist. So wie das persische Meer die Bewohner des ihm angelagerten Deltalandes von Babylonien in der ältern Zeit mit der reichen indischen Welt in Verbindung setzte, so führte das kaspische Meer seine Anwohner zu den reichen Gebieten von Persien und Indien. Aber ersteres ist ein Theil des Oceans und führt seine Anwohner auf das Weltmeer hinaus; das kaspische Meer ist aber nur ein Binnenmeer, es führt gerade nach dem innern Asien hinein, und nur auf beschwerlichen Wegen kann man von ihm aus durch Sandwüsten und über Gebirgsanhöhen zum reichen Indien gelangen. Das Eigenthümliche seiner Weltstellung besteht aber darin, daß es von den Grenzmarken der abendländischen Welt aus sich bis in die Mitte des asiatischen Orients hineinerstreckt und diese dadurch zum Theil weit nahbarer macht als sie es sonst sein würde; und diese günstige Lage wird dadurch noch weit vortheilhafter, daß sich die große Wasserader der Wolga von den Gestaden des baltischen Meeres an bis zu diesem Meere hinabzieht, während ihr in entgegengesetzter Richtung von dem continentalen Indien her die Stromrinne des alten Oxus zugewandt ist. Auf solche Weise zeigt sich von den Ufern des baltischen Meeres an bis zum indischen Kaukasus hin eine mächtige, fast ununterbrochene Wasserlinie, welche, über das kaspische Meer hinwegführend, die geradeste und kürzeste Verbindungsstraße des nördlichen continentalen Indiens mit dem europäischen Abendlande darbietet, und welche darum wie in ältern Zeiten, so auch besonders in der jüngsten Zeit, in merkantilischer und politischer Beziehung die Aufmerksamkeit der europäischen Völker, vornehmlich der Russen und der Britten, auf sich gezogen hat.

Da sich das kaspische Meer bei seiner Längenerstreckung von Norden nach Süden an zehn Breitengrade weit ausdehnt oder vom 47. bis zum 37. Parallel, erfüllt es mit seinem Bassin diejenige geographische Breite, welche weiter westwärts von den schönsten Gebieten des südlichen Europas eingenommen wird, und indem es sich von Norden nach Süden über anderthalb hundert Meilen weit erstreckt, von Osten nach Westen aber fast überall eine größere Breite als ein halbes hundert Meilen zeigt, nimmt sein Bassin ein Areal von ungefähr 7000 □Meilen ein oder einen Raum, der sich beinahe der Größe Deutschlands nähert. Es ist demnach das kaspische Meer der größte Binnensee, welchen man auf der Erde kennt, und wegen seiner eigenthümlichen Natur und Lage mitten in den weiten Flachebenen auf der europäisch-asiatischen Grenzmark mußte er frühzeitig die Aufmerksamkeit der gebildeten Völker auf sich ziehen, wozu noch kommt, daß er den europäischen Riesenstrom, der ihm die Mehrzahl der Gewässer der sarmatischen Ebenen zuführt, verschlingt. Dies sehen wir zwar auch bestätigt durch den ersten Berichterstatter über dieses Meer, den Herodot, dessen Nachrichten über dasselbe sich so vortheilhaft vor so vielen andern seiner Nachfolger auszeichnen, dennoch kamen hier mancherlei Umstände zusammen, welche diese merkwürdige Naturform der alten Welt länger in einen Schleier der Dunkelheit hüllten, als es zu erwarten war. Und daher darf es nicht befremden, daß uns erst durch den Adam Olearius und später durch die Bemühungen Peters des Großen dies Gebiet einigermaaßen aufgeschlossen worden ist, und daß uns so manche wichtige Verhältnisse desselben noch jetzt im Dunkeln liegen, und daß es bis jetzt den Scharfsinn und den Forschungsgeist so vieler Physiker vergeblich in Anspruch genommen hat [1]). Hier kommt vornehmlich nur seine historische Bedeutung in Betracht.

Von je an ist das kaspische Meer bei den morgenländischen und abendländischen Völkern mit sehr verschiedenen Namen bezeichnet worden. Schon Plinius bemerkt, daß es außer den mannigfachen Bezeichnungen nach seinen verschiedenen Anwohnern vornehmlich als das kaspische und hyrkanische Meer benannt werde, und wenn gleich diese beiden auch durch das ganze Alterthum als die vorherrschend allgemeinen Namen erscheinen, so bezeichneten sie ursprünglich doch nur einzelne Theile desselben [2]). Als solcher besonderer Name hat sich der

---

1) Kephalides, de historia maris Caspii. Gotting. 1814. 8. p. 1—48.

2) Plinius, histor. natur. VI, 15.

letztere für den großen südlichen Golf des Meeres auch später erhalten, und wie man nach der Landschaft Hyrcanien den südlichen Theil des Meeres bezeichnete, so nannte man den nördlichen golfenartigen Theil nach seinen scythischen Anwohnern den scythischen Golf, während an den kaukasischen Gestaden der Name des albanischen Meeres nicht ungebräuchlich war[3]). Nach dem an eben jener westlichen Seite des Meeres einheimischen Volke der Kaspier wurde dieses Meer von Herodot zuerst das kaspische genannt[4]), und da durch diesen Begründer der alten Geographie dieses Seebecken auch zum erstenmale ans Licht getreten ist, so ist die von ihm ausgegangene Bezeichnung auch mit Recht in der neuern Zeit zur herrschenden erhoben worden. Strabo bemerkt sodann ausdrücklich[5]), daß das kaspische Meer auch im Allgemeinen das hyrkanische genannt werde, und darin folgen ihm alle spätern griechischen Autoren, wie Plutarchus, Arrianus und Andere[6]). Nur Ammianus Marcellinus weicht von dieser Bezeichnungsweise in so fern ab, als er von kaspischen Seen spricht[7]), wenn man nicht, wie Kephalides meint, voraussetzen dürfte, daß er weniger das ganze Meeresbecken als vielmehr die sämmtlichen Golfen desselben, bis wohin Pompejus als der erste Römer in den kaukasisch-pontischen Gebieten vordrang, angedeutet habe[8]). Dagegen wird dieses Gewässer auf eine ganz eigenthümliche Weise von Tacitus mit dem Namen des rothen Meeres benannt[9]), indem aus seiner Angabe über die Reise der Hyrcanier von den römischen Besitzungen aus in ihre Heimath mit Vermeidung des Gebietes der Parther erhellt, daß nur vom kaspischen und

---

3) Pompon. Mela, de situ orbis III, 5. Plinius, hist. nat. VI, 15.

4) Herodot. I, 202.

5) Strabo, geograph. XI, 7.

6) Plutarchus, vita Pompeji c. 38.

7) Ammianus Marcell. XXIII, 6.

8) Kephalides, de hist. maris Caspii p. 53.

9) Tacitus, annal. XIV, 25. Eos (Hyrcanos) regredientes Corbulo, ne Euphratem transgressi hostium custodiis circumvenirentur, ad littora maris rubri deduxit; unde vitatis Parthorum finibus, patrias in sedes remeavere.

nicht vom persischen Meere die Rede sei, welches letztere auch bei den Alten unter dem Namen des rothen oder erythräischen Meeres vorkommt. Da aber der Name des erythräischen Meeres, wie aus Herodot hervorgeht[10]), die allgemeine Bezeichnung des großen Ostmeeres war, die auch auf die beiden Golfen, den persischen und arabischen, ausgedehnt wurde, und in der That nichts anderes als das Meer der aufgehenden Sonne bezeichnet, so konnte aus demselben Grunde auch wohl das kaspische Meer auf solche Weise benannt werden.

Eine ganz neue Bezeichnungsweise dieses Meeres beginnt im Mittelalter. An seinen Nordgestaden im wolgischen Deltalande hatte das Volk der ugrischen Chasaren ein mächtiges Reich gegründet[11]), und die Araber, welche zunächst als Eroberer und dann als Handelsleute die kaspischen Gebiete betraten und mit jenen Chasaren in vielfachen Verkehr traten, führten fortan den Namen des Chasaren-Meeres als allgemeine Bezeichnung ein. So erscheint das Bahr el Khozar oder Derjai el Khozar bei Massudi[12]) und Ebn Haukal[13]) im zehnten Jahrhundert, bei Edrisi[14]) im zwölften Jahrhundert und bei Ebn al Vardi[15]) im dreizehnten Jahrhundert. Doch sieht man auch, daß dieses Meer bei den Arabern, und vornehmlich bei den Persern der neuern Zeit, gleich wie bei den Autoren des Alterthums, nach den einzelnen umliegenden Landschaften verschiedene Namen führte und nicht minder das Meer von Masanderan, von Ghilan[16]), von Dhilem, von Tabarestan und von Dschordschan, welches letztere dem alten Hyrcanien entspricht, genannt wurde[17]).

Unter ganz andern eigenthümlichen Bezeichnungen erscheint

---

10) Herodot. IV, 37. Strabo, geograph. XI, 14.

11) D'Ohsson, des peuples du Caucase p. 30, 46. Rasmussen, de Orientis commercio cum Russia p. 6.

12) Massudi bei Frähn, Ebn Foslan p. 61.

13) Ebn Haukal, oriental geography ed. Ouseley p. 183.

14) Edrisi, geogr. Nubiens. Paris 1619. 8. p. 244.

15) Ebn al Vardi, geogr. ed. Hylander. Lund. 1823. 4. p. 242, 254.

16) Sadik Isfahani, geogr. works p. 1.

17) Kephalides, de hist. maris Caspii p. 57—59.

dies Meer ferner bei den italiänischen Reisenden des Mittelalters. Charakteristisch benennt es Balducci Pegolotti [18]) nach dem Hoflager des Khanates der goldenen Horde das Meer von Sara, so wie es auch bei den slavischen Völkern nicht selten das Meer von Astrachan genannt wird [19]). Am üblichsten wurde es jedoch bei den Italiänern nach dem Hafenorte benannt, welcher am Südostfuße des Kaukasus auf dem naphthareichen Halbinsellande gelegen ihnen am meisten scheint bekannt gewesen zu sein, wenn gleich sie fast immer hinzufügen, daß es dasselbe mit dem kaspischen Meere sei. So erscheint es schon bei Marco Paolo im dreizehnten Jahrhundert [20]) als das Meer von Abakku, welches der spätere Giov. Maria Angiolello aus dem funfzehnten Jahrhundert näher erklärt als herrührend von dem Namen des Hafenortes Baku oder Bakkuk [21]). Der Venetianer Josaphat Barbaro ist es, welcher den Namen jenes Hafenortes am richtigsten wiedergiebt als Bachu, während derselbe bei seinem etwas jüngern Landsmann Ambr. Contarini wieder als Bachau erscheint; doch bemerken auch sie, daß dieses Meer von Bachu eben das kaspische Meer sei [22]).

Bei den türkischen Völkern, welche seit dem sechsten Jahrhundert von Osten her allmählig bis zu dem kaspischen Meere vordrangen, wird es immer nur mit dem allgemeinen Namen Denghis d. h. das Meer bezeichnet, da es das größte Gewässer war, welches dieses ursprünglich ganz continentale Volk des innern Asien kennen lernte, doch wird es auch näher als Ak Denghis, das weiße Meer, benannt [23]), obgleich dieser

---

18) Bald. Pegolotti bei Pagnini, della decima etc. III. p. 380.

19) Klaproth, mémoires rélatifs à l'Asie III. p. 271.

20) Marco Polo bei Ramusio, delle navigazioni etc. II. f. 5. In questo mare di Abaccù mettono capo Herdil, Geichon etc.

21) Angiolello bei Ramusio l. c. II. f. 73. b. Baccuc è un bonissimo porto, dal qual è chiamato mar di Baccuc, benchè altri dicano Caspio dai monti Caspij, altri il mare Hircano da Hircania.

22) Barbaro bei Ramusio l. c. II. f. 92, 106. Contarini bei Ramusio l. c. II. f. 120.

23) Vsévolojsky, dictionnaire géogr. hist. de la Russie I. p. 87.

Name wie bei den Neu-Griechen eigentlich zur Bezeichnung des Mittelmeeres im Gegensatz gegen den Pontus oder Kara Denghis bei den osmannischen Türken dient [24]). Die heutigen Perser nennen es im Allgemeinen Kolzum, ein Name, der, wie Klaproth lehrt [25]), erst von dem arabischen Golfe, wo er auch irrthümlich entstanden ist, auf das kaspische Meer übertragen worden ist. Daraus haben dann wieder seine jüngern Anwohner, die Kalmücken, den Namen Kulsom Denghis gebildet [26]). Bei den ältern Russen führt dieses Meer den Namen des Chwalinskoje More, dessen Nestor bei der Ausmündung der Wolga erwähnt [27]), und das Volk der Chwalisen, nach welchem es benannt wurde, sollte, wie Tatischtschew in den ältern russischen Annalen fand, in dem wolgischen Deltalande wohnen und den Stamm der sogenannten Nieder-Bulgaren bilden [28]). Auch noch bei Herberstein wird dieser Name erwähnt [29]), obschon er bei den jüngern Russen nicht mehr bekannt zu sein scheint, indem wenigstens jetzt bei ihnen der alte griechische, von Herodot geltend gemachte Name des Kaspinskoe More der gebräuchliche ist [30]). Eben derselbe scheint sich für dieses Meer auch bei den heutigen Armeniern und Georgiern noch aus der Zeit des klassischen Alterthums erhalten zu haben, wenn gleich es bei ihnen nicht an andern Bezeichnungsweisen dafür fehlt. Denn in den georgischen Annalen des Königs Wachtang, wie sie uns durch Klaproth bekannt geworden sind, wird jenes Bassin das Meer von Darubandi d. h. Derbend, der Stadt mit den eisernen Pforten, genannt [31]), und nach der Angabe des tür-

24) Chardin, voyages en Perse ed. Langlès I. p. 418.

25) Klaproth, mémoires rélatifs à l'Asie III. p. 271.

26) Falk, topographische Beiträge I. S. 97.

27) Nestor, russische Annalen nach Schlözer II. S. 90, 92. Auch bei den Georgiern erscheint das kaspische Meer zuweilen unter dem Namen des Meeres von Chwalim. Saint-Martin, im nouv. journal asiatique. 1830. Tome VI. p. 307.

28) Rytschkow, Orenb. Topographie bei Büsching a. a. O. V. S. 490.

29) Herberstein, rerum Moscovit. comment. p. 72.

30) Georgi, geograph. Beschreibung I. S. 257.

31) Vakhtang, histoire de la Géorgie, trad. par Klaproth im Nouv. journal asiatique 1833. Tome XII. p. 526.

türkischen Geographen Hadschi Chalfa scheint es bei den Armeniern den Namen des Meeres von Schirwan zu führen [32]. Bei den osmannischen oder abendländischen Türken erinnert aber der Name Bahri Ghus an den in frühern Zeiten berühmten türkischen Stamm der Ghus oder Ghuz im Lande Dschagatai, von welchem die Osmanli Turk selbst abstammen [33], so wie an den damit zusammenhängenden alten Stammheroen Oguz Khan, in dessen Geschlecht die Fürstenhäuser der türkischen und mongolischen Völker zusammenfallen [34]. Bei den Chinesen, bei welchen das kaspische Meer die äußerste Westgrenze ihrer bestimmtern Länderkunde bildet, trägt dasselbe zwar den Namen des innern Meeres oder Li Hai, doch soll sich derselbe auf seine Natur als eines abgeschlossenen Binnenmeeres beziehen [35].

So anschaulich und so bestimmt auch das Bild ist, welches schon Herodot uns vom kaspischen Meere entwirft [36] rücksichtlich seiner Ausdehnung, seiner Größe und seiner sonstigen Beschaffenheit als eines Binnenmeeres, und so sehr auch der etwas spätere Aristoteles damit übereinstimmt [37], worauf unstreitig die durch die persischen Feldzüge seines Zöglings gewonnenen Nachrichten Einfluß ausübten, so sehr weichen doch die spätern Geographen und Historiker, wie ein Strabo, Plinius, Mela, Dionysius Periegeta, Plutarchus und Arrianus von der von ihren Vorgängern gegebenen Darstellung ab, daß der Rückschritt in der Kenntniß dieses Naturgebietes um so auffallender sein muß, als der doch fast ununterbrochene Handelsverkehr mit dem innern Asien, dem auch Herodot seine frühzeitige Kenntniß davon verdankte, gerade das Gegentheil erwar-

32) Hadschi Chalfa, Dschihan Numa trad. par Jaubert et Brosset im Nouv. journal asiat. XII. p. 460.

33) Klaproth, mémoires rélatifs à l'Asie III. p. 272.

34) Abulgasi, histoire généal. des Tatares p. 33.

35) Klaproth, im Nouv. journal asiatique 1832. Tome X. p. 499. XI. p. 60.

36) Herodot. I, 202—204.

37) Aristoteles, meteorol. II, 1. ed. Ideler. Lips. 1834. 8. Tom. I. p. 64.

ten lassen durfte[38]). Denn abgesehen davon, daß man die Figur des Meeres von Norden nach Süden mehr zusammendrückte und dasselbe von Osten nach Westen auseinanderzog, welcher Irrthum bei den Abendländern durch das ganze Mittelalter hindurch herrschend war und erst in neuern Zeiten berichtigt worden ist, kam man frühzeitig auf die Vorstellung, daß dieses Meer durch eine schmale Meeresstraße mit dem nördlichen Oceane zusammenhinge, woran sich denn bald eine neue Vorstellung anschloß, daß man auch vom östlichen oder indischen Ocean in dasselbe hineinschiffen könne. Für diese irrthümliche Auffassung bildet nun der sonst so verdienstvolle Strabo den Heerführer[39]).

Wenn auch, wie Kephalides nicht ganz ohne Grund behauptet, die Analogie der Verbindung der beiden großen südlichen Golfen des westlichen Asiens mit dem indischen Ocean die Alten verführt haben mag, dies Verhältniß auch auf das kaspische Meer auf der Nordseite zu übertragen[40]), so hat unstreitig auch die dunkle Kunde, welche sie von der Ausmündung der Wolga oder auch der andern nicht unbedeutenden Flüsse, wie des Jaik und der Emba, in dem nördlichen Theile desselben hatten, zur Vermehrung dieses Gerüchtes beigetragen. Denn auffallend erscheint es doch, daß man der sichern Kunde von der Wolga entbehrte, so lange man von jener nördlichen Meeresstraße sprach, indem, wie schon oben berührt, die Stelle im Mela[41]), welche das Gegentheil zu beweisen scheint, in so fern beides daselbst erwähnt wird, unecht ist, und sobald zu Ptolemäus Zeit die Wolga bestimmt ans Licht tritt, verschwindet die Sage von der Meeresstraße zum Nordocean[42]). Dann aber scheint auch das berücksichtigt werden zu müssen, daß auf die Entstehung jener Sage die dunkle Kunde von Einfluß gewesen

38) **Kephalides**, de hist. maris Caspii p. 75—80. **Robertson**, historical disquisition on India. Basil. 1792. 8. p. 210—212.

39) **Strabo**, geograph. XI, 6. Cf. **Plinius**, hist. nat. VI, 15. **Arrianus**, de expedit. Alexandri V, 5.

40) **Kephalides**, de hist. maris Caspii p. 81—103.

41) **Pomponius Mela**, de situ orbis III, 5.

42) **Ptolemaeus**, geograph. aut. Magino Patav. p. 126, 155.

sein kann, welche die Alten von der noch der historischen Zeit, wie es scheint, angehörigen Verbindung des kaspischen Meeres mit dem Nordocean gehabt haben. Diese läßt sich nehmlich noch jetzt in nordöstlicher Richtung vom kaspischen Meere aus nachweisen[43]), wo sie sich durch die niedrige Sandwüste Kara Kum zum mesopotamischen Lande der Barabinzen-Steppe und zum untern Obi hinzog; eine alte Meeresverbindung, welche durch die Angaben der Chinesen von dem sogenannten bittern Meere in jenem westlichen Theile von Sibirien bestätigt werden möchte[44]). Derselbe Ptolemäus kam übrigens wohl auf die durch ihn herrschend gewordene Vorstellung, daß das kaspische Meer sich der Länge nach von Westen nach Osten ausdehne, dadurch daß er glaubte, daß der Aral-See, welcher als ein eigenes Meerbecken uns erst durch die Araber bekannt wird, einen Theil jenes Meeres bilde, und dies konnte wohl um so leichter geschehen, als beide durch dazwischen liegende kleinere Schilfseen auf gewisse Weise noch im Zusammenhange mit einander standen, obschon der Aral-See zu jener Zeit schon ein selbstständiges Gewässer gewesen sein muß[45]).

Wie wenig bekannt dieses kaspische Meer im Alterthum in der Zeit zwischen Herodot und Ptolemäus, den beiden Endpunkten der alten Geographie, gewesen ist, erhellt wohl am besten aus den Aussagen über die Natur seines Wassers, welches selbst die besten Geographen, wie ein Strabo und Plinius[46]), um hier eines Diodor, Plutarch und Curtius nicht zu erwähnen, als ganz besonders ausgezeichnet süß und fischreich rühmen, während wir in beiderlei Beziehung durch die neuern Berichterstatter gerade das Gegentheil erfahren. Jenes würde also höchstens von den, den Mündungen der großen Ströme, wie der Wolga, des Jaik und des Kur-Aras-Flusses, vorgelagerten Theilen gelten können. Weit richtiger sagt schon Ebn

---

43) Al. v. Humboldt, über die Bergketten und Vulkane von Inner-Asien bei Poggendorff, Annalen der Physik und Chemie. Leipzig 1830. 8. Th. XVIII. S. 330.

44) Klaproth, mémoires rélatifs à l'Asie I. p. 128, 162.

45) Kephalides, de hist. maris Caspii p. 117—120.

46) Strabo, geograph. XI, 7. Plinius, hist. nat. VI, 19.

Haukal von diesem Meere[47]), sein Wasser sei bitter und dunkel gefärbt, sein Boden sei ein schwärzlicher Thon und es unterscheide sich in dieser Beziehung von dem arabischen, indischen und persischen Meere. Auch finde man in demselben keine solche Dinge, wie Perlen, Korallen und andere Seeprodukte; dennoch werde es von vielen Handelsschiffen befahren und gewähre eine reiche Fischerei. Durch die Ergießung der kolossalen Wassermasse der Wolga in die seichte Nordhälfte des kaspischen Meeres, zu welcher noch die mächtigen Fluthen des Jaik kommen, bildet sich dort gleichsam ein süßer Wassersee, aber mehr innerhalb des gesammten Bassins, zeigt das Wasser dieses Meeres, wie es Olearius kennen lernte[48]), alle Eigenthümlichkeiten des oceanischen Wassers in der Bitterkeit und Salzigkeit, und übertrifft dasselbe wohl noch, obschon dieses Meer als ein Binnensee darin dem Ocean ungleich ist, daß es der Ebbe und Fluth entbehrt[49]).

Nun hat aber gerade der Umstand wiederum den Physikern zu erklären große Mühe verursacht, wo die ungeheure Menge Wasser bleibe, welche dieses Meer, auch abgesehen von den kleinen kaukasischen Zuströmen, nur allein durch die Wolga und den Jaik erhalte. Daher bildete sich die von Athanasius Kircher ausgeführte Theorie von unterirdischen Abflüssen und zwar durch Katabathren, welche nach Analogie der böotischen unter dem gesammten Plateau von Iran hinweg zum persischen Golfe leiten und das überflüssige Wasser jenes Meeres, welches sich doch keineswegs vermehre, sondern vielmehr abnehme, dorthin abführen sollten[50]). Aber so wie schon Olearius in der ersten Hälfte des siebzehnten Jahrhunderts diese Hypothese, wie es scheint, bezweifelte, so bekämpfte sie der etwas

47) Ebn Haukal, oriental geography ed. Ouseley p. 184. The water of this sea are bitter and dark-coloured, its bottom is a blackish clay, differing in this respect from the sea of Kolzum, of Oman or of Pars.

48) Olearius, moskowitische und persianische Reisebeschreibung S. 407, 410.

49) Lepechin, Tagebuch einer Reise I. S. 319.

50) Kephalides, de hist. maris Caspii p. 135—153.

spätere Engelbrecht Kämpfer, welcher in der zweiten Hälfte jenes Jahrhunderts mit einer schwedischen Gesandtschaft nach Persien abging [51]). Ganz irrigerweise glaubte man im vorigen Jahrhundert jene Annahme von unterirdischen Schlünden, durch welche die Gewässer des Meeres ihren Abfluß hätten, noch bestätigt zu sehen durch heftige Strömungen, welche man in gewissen Golfen desselben vorfand [52]), wenn gleich diese nur temporär waren und auch in umgekehrter Richtung gingen, und daher bleibt die einfachste und richtigste Erklärungsweise dieses Phänomens diejenige, welche schon Pallas mittheilt. Ihm fiel es nehmlich auf, daß der Kamysch-Samara-See in der kalmückischen Steppe zwischen der untern Wolga und dem Jaik, in welchen See sich die beiden wasserreichen Usen ergießen und der ohne Abfluß ist, so viel Wasser durch die Ausdünstung verliere und durch die Einsaugung des umherliegenden trokkenen, sandigen und lehmigen Bodens. Um so mehr, sagt Pallas, muß dies beim kaspischen Meere der Fall sein, da es unter einem viel heißern Himmelsstriche liegt und eine weit größere Fläche zum Verdunsten darbietet. Es ist also nicht nöthig, unterirdische Ableitungskanäle anzunehmen, da man an den zum kaspischen Meere gehenden Flüssen deutlich sieht, wie ansehnlich ihr Spiegel durch die Frühlingsfluth erhöht wird, und wie spät im Sommer sie erst wieder in ihre Ufer zurückfallen. Noch auch darf man, wie es selbst Parrot in der neuern Zeit aufgestellt hat [53]), an andere unterirdische Schlünde denken, welche sich durch vulkanische Gewalten plötzlich öffneten und nach Verschluckung eines Theils des Wassers sich wieder schlössen, indem der Salzgehalt dieses Meeres keineswegs so unbedeutend, als man früher meinte [54]), ist, um die Verdunstungs-Theorie ungültig zu machen. Wären solche Ableitungskanäle vorhanden, so würden die Wolga und der Jaik nicht zu der

51) Engelb. Kaempfer, amoenitatum exoticarum politico-physico-medicarum fasciculi V. Lemgov. 1712. 4. p. 253—257.

52) Müller, Sammlung russ. Geschichte VII. S. 377 bis 379.

53) M. v. Engelhardt und Parrot, Reise in die Krim und den Kaukasus. Berlin 1815. 8. Th. I. S. 263.

54) Gmelin, Reise durch Rußland III. S. 361, 363.

Zeit, wann alle zum Ocean strömenden Flüsse sogar im kalten und wasserreichen Sibirien schon zu fallen anfangen, noch im Steigen sein und bis spät im Juni ihr hohes Wasser behalten, so würde nicht die Wolga in ihrem untern Laufe wie bei Kamyschin und Zarizyn oft bis 40 Fuß und bei Astrachan doch noch an 10 bis 12 Fuß anwachsen, und um so mehr ist, wie Pallas hinzufügt, kein Abfluß des kaspischen Meeres nach andern möglich, da nach dem Wasserpasse des Don und der Wolga zu urtheilen dessen Oberfläche viel niedriger als das schwarze Meer und der Ocean steht [55]).

Wenn in früherer Zeit das Problem des Verschwindens der dem kaspischen Meere zugeführten Wasserfülle die Aufmerksamkeit der Physiker besonders in Anspruch nahm, so ist es in jüngerer Zeit und zwar schon seit dem Beginn des achtzehnten Jahrhunderts eine andere Erscheinung, welche die allgemeine Aufmerksamkeit auf dasselbe hinlenkte, nehmlich die eigenthümliche Lage dieses Meeres in Beziehung zu den umgebenden Naturgebieten und das Verhältniß desselben zu dem Aral-See auf der einen und zu dem Pontus auf der andern Seite. Denn es erscheint das kaspische Meer nach der einen Seite hin eingeklemmt zwischen den mächtigsten Erhebungen der Erdoberfläche, während sich nach der andern Seite die ausgedehntesten Flachebenen ausbreiten, welche hier in dem Herzen des asiatischen Erdtheils, aber dem europäischen Abendlande unmittelbar benachbart, die über 10,000 □ Meilen große negative Niederung bilden, deren Niveau sich noch unter den Spiegel des Oceans senkt und in welchen die beiden Seebecken des kaspischen und des aralischen Meeres die tiefsten Kessel bilden [56]). Denn im Süden jenes kaspischen Sees breiten sich die weiten Hochebenen von Iran aus, deren Steilabfall fast unmittelbar von demselben bespült wird, und westwärts liegt das alpinische Hochgebirge des Kaukasus, so daß dadurch der große halbkreisförmige südliche Theil desselben entsteht und da-

---

55) Pallas, Reisen durch verschied. Prov. III. S. 530.

56) Humboldt, über die Bergketten von Inner-Asien a. a. O. XVIII. S. 329.

durch die halbmondförmigen Golfen gebildet werden, von welchen schon die Alten vielfach als diesem Meere eigenthümlich sprechen [57]). Der Aral-See liegt nun zwar nicht in einem gleichen Niveau mit dem kaspischen Meere, indem er sich an 117 Fuß über dasselbe erhebt [58]), dennoch zeigen sich auf der Nordwest-, Nord- und Ostseite beider Seebecken weite Ebenen, welche im Wesentlichen alle von einem ziemlich gleichen Niveau die kontinentalste Niederung der alten Welt bilden. Und wohl mit Recht hat man die Entstehung dieser großen Depression der Erdoberfläche mit der Erhebung der mächtigen Erdbuckel des östlichen und westlichen Hochasiens in Verbindung gebracht, um so mehr als sich an dem Nordwestsaume des erstern das große vulkanische Gebiet an dem Gebirgssysteme des Thian Schan befindet, welches auf die Gestaltung der Erdoberfläche des innern Asiens in der Urzeit von großem Einflusse gewesen sein muß [59]).

Schon aus den frühern Angaben (Abth. 1. S. 209.) erhellt, daß das kaspische Meer nicht immer den jetzigen Umfang gehabt habe und daß ein großer Theil der angelagerten Tiefebenen einstmals von seinen Fluthen bedeckt gewesen sei. Die sorgfältigsten Forschungen in den kaspischen Steppengebieten von dem großen Naturforscher Pallas [60]), mit welchen die Untersuchungen eines Gmelin und Falk übereinstimmen, haben es auf eine unbestreitbare Weise dargethan, daß die kaspischen Gewässer einst nordwärts bis zum Fuß des uralischen Gebirgssystems oder doch bis zu dem erhabenen Steppenrande des Obstschei Syrt reichten, woraus die französischen Reisenden in den pontischen Gebieten, wie Tournefort [61]) am Anfange des acht-

57) Kephalides, de hist. maris Caspii p. 99, 100.

58) Klaproth, mémoires rélatifs à l'Asie III. p. 274.

59) Humboldt, über die Bergketten von Inner-Asien a. a. O. XVIII. S. 340, 341.

60) Pallas, Reisen durch verschied. Prov. III. S. 568 bis 576.

61) Tournefort, relation d'un voyage du Levant I. lettre 5. p. 252., II. lettre 15. p. 397—410.

zehnten und Choiseul Gouffier[62]) nebst Olivier[63]) am Ende des achtzehnten Jahrhunderts mit Recht folgerten, daß es einstmals hier ein großes nordisches Binnenmeer gegeben habe, welches in der Längenerstreckung von Osten nach Westen sich vom Aral-See über das kaspische und pontische Meer hinweg bis zu den Gebirgshöhen des Balkan ausdehnte und in welches das kaukasische Hochgebirgsland halbinselartig hineinragte. Diese durch die Naturverhältnisse sich ergebende Anschauung von dem ursprünglichen Zustande der kaspisch-pontischen Gebiete ist auf Grundlage jener Forschungen von Pallas in der neuesten Zeit von einem Dureau de la Malle[64]), einem Kephalides[65]) und v. Hoff[66]) weiter ausgeführt worden. Auch scheint es, daß man durch die noch jetzt sichtbaren Spuren der Wassergewalten auf dem alten Meeresboden der kirgisischen, kalmückischen und nogaischen Steppen vom Aral-See bis zum asowschen Meere geleitet, selbst die verschiedenen Perioden des Sinkens dieser allgemeinen Wasserfluth und der Zerspaltung des gemeinsamen großen Wasserbassins in mehrere kleinere mit ziemlicher Sicherheit bestimmen könne. Unentschieden muß aber dabei wohl bleiben, ob die Entladung dieses großen Binnenmeeres gegen Südwest hin durch den Bosporus zum Mittelmeer wirklich mit den verschiedenen griechischen Sagen von der großen Fluth zusammenhänge, wofern eine solche Entladung wirklich jemals statt fand, da Olivier wenigstens dieselbe zu läugnen sich genöthigt sah und behaupten zu müssen glaubt, daß das schwarze Meer auch in Verbindung mit dem kaspischen

---

62) **Choiseul-Gouffier**, voyage pittoresque de la Grèce. Paris 1782. fol. Tome I. p. 22.

63) **Olivier**, voyage dans l'empire Othoman, l'Egypte et la Perse. Paris 1801. 8. Tome V. Chap. 8. p. 227—250.

64) **Dureau de la Malle**, géographie physique de la mer noire. Paris 1807. 8. p. 161—195. Auf der dazu gehörigen von Buache entworfenen Charte befinden sich auch die nähern Angaben über die verschiedenen Perioden des großen Meeres.

65) **Kephalides**, de historia maris Caspii p. 158—266.

66) **v. Hoff**, Geschichte der durch Überlieferung nachgewiesenen Veränderungen der Erdoberfläche. Gotha 1822. 8. Th. I. S. 105 bis 144.

Meere nie einen bedeutend höhern Wasserstand gehabt haben könne; ob dann ferner in dem erstern Falle die Durchbrechung und eigentliche Bildung des **Bosporus** neptunischen oder, wie es Choiseul anzunehmen geneigt ist, vulkanischen Gewalten zuzuschreiben sei, deren Spuren selbst Olivier dort nicht verkennen konnte [67]), und auf welche Weise sodann die **Trennung** zwischen dem kaspischen und pontischen Meere erfolgt sei.

So lange nun das kaspische Meer mit dem Pontus noch in Verbindung stand, so lange konnte ersteres auch nur eine geringe Abnahme seiner Gewässer zeigen, da jener außer seiner Verbindung mit dem Mittelmeere durch so viele wasserreiche Ströme ernährt wird; aber sobald einmal der alte **Verbindungskanal** des **Manitsch** in der kaukasischen Steppe durch irgend eine Ursache verstopft war, mußte es sich um so schneller gänzlich isoliren und um so mehr sinken, als selbst die wasserreiche Wolga ihm nicht so viel Ersatz zuführen konnte, als ihm durch die Verdunstung entzogen wurde [68]). So zog sich also dieser Landsee allmählig in seine jetzigen Grenzen zurück, und seine Oberfläche sollte jetzt nach den bisherigen Annahmen an 300 Fuß **unter dem Wasserspiegel** des Pontus und somit auch des Oceans liegen. Dies Resultat erscheint schon bei den ersten Messungen in dieser Beziehung in der ersten Hälfte des achtzehnten Jahrhunderts, und ist schon damals so sehr wie noch in der neuesten Zeit angefochten worden. Nach den in den Jahren 1732 bis 1740 zu Astrachan durch den Franzosen Lecre angestellten Messungen, wie sie in dem Reisebericht von Chappe d'Auteroche enthalten sind [69]), welcher im Jahre 1761 eine astronomische Reise nach Sibirien machte, fand man den Spiegel des kaspischen Meeres an 51 Toisen

---

67) **Olivier**, voyage dans l'empire Othoman etc. Tome I. p. 121., V. p. 233.

68) **Olivier**, voyage V. p. 243, 244.

69) **Chappe d'Auteroche**, voyage en Sibérie fait par ordre du roi, Paris 1768. fol. Tome II. p. 491. Der Verf. bemerkt gegen das gefundene merkwürdige Resultat: L'absurdité de cette détermination est une preuve évidente, que les observations de M. Lecre donnent celle d'Astracan trop basse et les miennes celle de Cazan.

5 Fuß und 4 Zoll unter dem Niveau des Oceans, die Höhe von Kasan aber 44 Toisen 6 F., so daß der Fall der Wolga von Kasan bis nach Astrachan danach an 96 Tois. 5 Fuß betrug. Damit stimmte nun vollkommen überein, was durch Parrot's und M. v. Engelhardt's Barometer-Nivellement zwischen dem pontischen und kaspischen Meere im Jahre 1811 erforscht worden ist, indem nach zwei Messungen das kaspische Meer an 54 Tois. oder an 47 Tois. oder überhaupt an 300 Fuß tiefer als der Spiegel des Pontus liege [70]). Nach andern schon früher im Jahre 1781 zu Petersburg und Astrachan angestellten Beobachtungen würde letztere Stadt an 54 Toisen tiefer als erstere liegen, nach Wisniewsky's Angabe aber nur 43 Tois., oder nach Lotkin nur an 39 Toisen [71]).

Nun hat aber eben jener Parrot in Folge einer neuen Reise nach jenen Gebieten das zuerst von ihm gefundene Resultat umstoßen zu müssen geglaubt und als neues Resultat gefunden, daß jene beiden Meere ein völlig gleiches Niveau hätten. Denn bei dem Wolok von Zarizyn liege der Spiegel des Don an 130 Par. Fuß (nach russischen Messungen) oder an 160 F. (nach Parrot) höher als der der Wolga, und da er mit weit größerer Schnelligkeit zum Pontus eile als die Wolga zum kaspischen Meere, so müßten die Niveaus beider Meere weniger als 130 Fuß differiren. Dann betrage der Fall der Wolga von Zarizyn bis Astrachan 48 Fuß, der des Don von Katschalinsk bis Tscherkask 213 Fuß; und da nun der Don an 410 Werst zu durchlaufen habe, die Wolga aber 400 Werst, so erkläre sich auch daraus, daß die letztere viel träger fließe als der Don [72]). Indessen über das Unsichere dieser spätern Angaben Parrots ist schon von Andern genügend

---

70) M. v. Engelhardt und Parrot, Reise durch die Krim und den Kaukasus. Berlin 1815. 8. Th. II. S. 1 bis 82. S. besonders S. 55, 56.

71) Berghaus, allgem. Länder- und Völkerkunde. Stuttgart 1837. 8. Th. II. S. 361.

72) Parrot, Reise nach dem Ararat. Berlin 1834. 8. Th. II. S. 13, 31, 32.

geurtheilt worden [73]), und es blieb demnach nur zu erwarten, was das Resultat der wissenschaftlichen Expedition sein würde, welche in Folge jener Angaben seit dem Jahre 1836 nach den kaspischen Steppen zur festen Bestimmung des Niveaus jenes merkwürdigen Meeres in seinem Verhältniß zum Pontus abgegangen ist [74]). Da ergab sich aber, wie aus Al. v. Humboldt's Mittheilung darüber erhellt, daß das kaspische Meer in seinem Spiegel weder eine so tiefe Einsenkung zeige, wie man zuerst annahm, noch auch mit dem Pontus ein gleiches Niveau habe, indem der Spiegel jenes Meeres an 94,9 Par. Fuß oder an 101,2 russische Fuß unter dem des schwarzen Meeres liegen sollte, so daß dadurch doch die Erscheinung von einer unter den Spiegel des Oceans herabsinkenden kontinentalen Niederung auf den Grenzmarken von Europa und Asien bestätigt ward [75]).

Übersehen wir die Gestade des heutigen Beckens des kaspischen Meeres, so breitet sich von der Mündung der Wolga gegen Südwesten zu an dreißig Meilen weit bis zur Mündung des kaukasischen Stromes Terek ein ganz flaches, aus thonigem, sandigen und salzigen Boden bestehendes Ufer aus, welches mit mächtigen Rohr- und Schilfwaldungen umsäumt ist. Die See selbst ist bis weit von der Küste ab sehr seicht und macht viele Busen, deren einige durch den Flugsand zu abgesonderten Seen werden, sich aber bei andern Winden wieder öffnen [76]). Daraus erklärt sich auch die Entstehung der vielen flachen Salzseen an den Gestaden des kaspischen Meeres [77]). Daß übrigens durch jene westliche golfenartige Einbiegung der Küste einstmals die Verbindung mit dem asowschen Meere statt gefunden haben müsse, ist schon bemerkt, denn von dem Deltalande des Terek an beginnt mit der Umbiegung der Küste ge-

---

73) Littrow in den Wiener Jahrb. der Litteratur 1835. Th. LXXII. S. 263 bis 266.

74) Bulletin scientifique de l'Académie de St. Pétersbourg. 1836. 4. p. 256.

75) Humboldt, in the journal of the royal geogr. society of London. 1838. 8. Vol. VIII. P. I. p. 135.

76) Falk, topograph. Beiträge I. S. 97.

77) Pallas, Reise durch Süd-Rußland I. S. 259, 260.

gen Südost ein anderes Gebiet, indem von jenem Deltalande bis zum Halbinsellande von Baku auf eine Strecke von ungefähr sechzig Meilen weit das kaspische Meer von den östlichsten Vorhöhen des kaukasischen Gebirgslandes in der Landschaft Daghestan begleitet wird. Dennoch zeigt sich auch hier keine eigentliche Steilküstenbildung, und darum schon des Olearius richtige Bemerkung, daß dieses Meer nur wenige gute und sichere Häfen habe [78]). Nirgends findet man auf der ganzen Strecke von Tarku, gleich im Süden der Terek-Mündung, bis nach Baku weder Urgebirge, noch Übergangsgebirge anstehen, ja selbst der dort vorherrschende Kalkstein, bald mit bald ohne Versteinerungen, gehört durchaus nicht zu einer ältern Flötzformation, sondern muß als ein neueres Glied der Tertianzeit betrachtet werden [79]). Der am Fuße der Anhöhen sich meistens dort ausbreitende schmale, flache Küstensaum ist von unzähligen Bergwassern durchsetzt und zerrissen, welche von den Höhen des östlichen Kaukasus herabkommen; das Ufer selbst besteht wie bei dem Hauptorte Derbend aus vielen zertrümmerten gelblichen Muschelschaalen, welche das Landen so beschwerlich machen und einen so unsichern Ankergrund darbieten [80]).

Von der eigenthümlichen, weit nach Osten in das Meer sich hineinerstreckenden Halbinsel von Baku zieht sich die Küste weiter gegen Südwesten wieder bedeutend zurück, und bildet den großen Golf von Salian oder Kisil Agatsch, in dessen Mitte sich das Doppelstromsystem des Kur und Aras von dem kaukasischen Gebirgslande und von dem armenischen Hochlande ostwärts in das kaspische Meer ergießt [81]). Hier breitet sich wieder eine Flachküste aus, welche nebst dem Deltalande des Kur-Aras die größte Verwandtschaft mit dem Deltalande der Wolga, besonders auch rücksichtlich des Fischreichthums zeigt. Die im Rücken dieser Küste liegende Steppenebene Moghan war auch einst von den Fluthen des kaspischen Meeres bedeckt [82]),

78) Olearius, moskowitische und persianische Reisebeschreibung S. 410.
79) Eichwald, Reise auf dem kaspischen Meere I, 1. S. 135.
80) Gmelin, Reise durch Rußland III. S. 6.
81) Klaproth, mémoires relatifs à l'Asie III. p. 279.
82) Saint-Martin, mémoires hist. géogr. sur l'Arménie I. p. 154.

und bildete hier zu der Zeit, als die kaukasische Steppe am Manitsch noch die kaspischen Gewässer mit dem Pontus in Verbindung setzte, einen großen Golf in dem Winkel zwischen dem Kaukasus auf der einen, und dem Hochlande Armeniens auf der andern Seite. Auf den Golf von Salian folgt weiter ostwärts die Südküste des kaspischen Meeres in den persischen Landschaften von Ghilan und Masanderan, welche sich am Fuße des Hochlandes von Iran von Westen nach Osten über sechzig Meilen weit ausdehnen. In diesem schmalen und reichlich bewässerten Küstensaume, dem Vaterlande der Seide im westlichen Asien, welcher durch seine Fruchtbarkeit und üppige Vegetation sich vor allen übrigen Küstenumsäumungen dieses Meeres so vortheilhaft auszeichnet [83]), aber auch durch sein ungesundes Klima wegen des Übermaaßes der Feuchtigkeit bei den Russen [84]) wie bei den Persern [85]) berüchtigt ist, tritt nun die Natur der Steilküstenbildung vornehmlich hervor, und bildet hier die trefflichen Häfen, welche freilich von den Persern niemals benutzt worden sind. Von diesem Gestadelande des alten Hyrkanien, des heutigen Dschordschan, an dem Südostwinkel des Meeres erfolgte auch die erste wirkliche Entdeckung desselben durch die Griechen, durch Alexander den Großen, und so wie er von hier aus die Erforschung desselben durch eine Seeexpedition beschloß, so kann es auch nur von hier aus durch die Admirale der syrischen Seleuciden beschifft worden sein [86]).

Weit ausgezackter und zerrissener als die Westküste ist die gesammte Ostküste des kaspischen Meeres, und als einer der wichtigsten Theile erscheint daselbst das westwärts vorspringende Halbinselland Manghischlak mit dem gleichnamigen Golf und dem äußersten Vorgebirge Tuk Karagan, welches sich nur gegen dreißig Meilen weit der Mündung der Wolga gegen Südosten gegenüber lagert. Jener Golf, eigentlich Mank

83) Olivier, voyage dans l'empire Othoman etc. V. p. 221—226.
84) Müller, Sammlung ruff. Geschichte VII. S. 358.
85) Chardin, voyages en Perse ed. Langlès. III. p. 275.
86) Mannert, Geographie der Griechen und Römer. Leipzig 1820. 8. Th. IV. S. 424.

Kischlak genannt d. h. Sommerlager der Mank, Mangut oder Nogaier von turktatarischem Stamme [87]), ist seit Alters durch seine Hafenbildung berühmt und daher, wie auch schon aus Jenkinsons Reise erhellt, das erste Absteigequartier der aus der Wolga kommenden Seefahrer auf dem kaspischen Meere [88]), wenn gleich die in neuern Zeiten dort hausenden Stämme der sogenannten Truchmenen dem friedlichen Handelsverkehr niemals günstig gewesen sind. Schon die äußere Gestaltung dieses Halbinsellandes läßt auf eine andere Beschaffenheit desselben schließen, als welche sonst auf der dem kaukasischen Gebirgslande gegenüberliegenden Seite des kaspischen Meeres vorherrschend erscheint. Aber hier wie auch weiter südwärts an der Ostküste zeigen sich zwei merkwürdige Abweichungen. Denn das Vorgebirge Tuk Karagan steigt in achtzig Faden hohen Kalksteinmassen empor, welche von verschiedener Farbe und zum Theil mit Muschelversteinerungen erfüllt sind; einige dieser Muschelarten sind aber jetzt dem kaspischen Meere ganz fremd, und sind nur noch im Pontus zu Hause. Mit diesem Vorgebirge soll aber weiter ostwärts eine aus Kalksteinformationen bestehende Bergfläche zusammenhängen, welche den Isthmus zwischen dem kaspischen Meere und dem Aral ungefähr unter dem 45. Parallel erfüllt [89]), und welche nothwendig als eine Insel aus dem kaspischen Meere hervorgeragt haben muß, als dasselbe früher weiter nordwärts und südwärts in den niedern Sandsteppen mit dem aralischen See in Verbindung stand.

Denn zunächst weiter im Süden, dem Halbinsellande von Baku gerade gegenüber gelegen, breiten sich die Flachküsten der Sandwüste von Khowaresm aus, in welcher der jüngste Reisende daselbst, der Russe Murawiew, noch jetzt den ehemaligen Stand des kaspischen Meeres erkennen konnte [90]), und durch welche der vielfach wandernde Oxus-Strom einst einen

87) Klaproth, mémoires rél. à l'Asie III. p. 281.

88) Müller, Sammlung russ. Geschichte VII. S. 441.

89) Eichwald, Reise auf dem kaspischen Meere I, 1. S. 51 bis 54, 61.

90) Mouraviev, voyage en Turcomanie et à Khiwa. Paris 1823. 8. p. 95—97, 100, 104.

Theil seiner Gewässer gegen West und Südwest zum kaspischen Meere sandte [91]). Aber in der Mitte dieser südwärts bis nach Dschordschan und Masanderan sich ausbreitenden flachen Sandwüsten finden sich als eine ganz isolirte Erscheinung an dem sogenannten Balkan-Golfe Urgesteinmassen, indem derselbe nach den neuern Beobachtungen von Granit- und Porphyrfelsen umgeben ist, über deren Ausdehnung und Erhebung aber noch die nähern Angaben fehlen [92]). Am weitesten setzt das kaspische Meer auf der Ostseite im äußersten Nordosten unmittelbar neben der felsigen Halbinsel Manghischlak in die kirgisischen Flachebenen ein, wo sich die beiden Ströme Jaik und Emba in dasselbe ergießen, und von diesem großen Golf erstreckt sich wiederum der kleinere Mertwoi Kultuk d. h. die todte Bucht mit felsigen Ufern [93]) als der östlichste Theil des kaspischen Meeres bis in die Nähe des Aral-Sees, von welchem ersteres hier unter dem 45. Parallel nur durch einen Isthmus von einigen dreißig Meilen Breite getrennt ist.

Man kann das gesammte kaspische Meeresbecken mit Ausnahme jenes nordöstlichen Golfes, der sich über ein halbes hundert Meilen weit nach Nordosten hineinzieht, in zwei natürliche Bassins zerlegen, welche sich auch durch ihre Naturbeschaffenheit zu unterscheiden scheinen, in das nördliche astrachanische Meer, welches sich bei einer geringen Breite an hundert Meilen weit von Norden nach Süden erstreckt, und in das südliche hyrkanische Meer, welches sich in ziemlich runder Gestalt an funfzig Meilen weit von Süden nach Norden und von Osten nach Westen ausdehnt. Die Grenzlinie zwischen beiden Theilen bildet die nur an 25 Meilen breite Meerenge im Osten der Halbinsel von Baku unter $40\frac{1}{2}^{\circ}$ N. Br., und der Tradition nach soll dort auch ehemals eine sichtbare Naturgrenze beider Theile gewesen sein. Denn nach den Aus-

91) Jaubert, mémoire sur l'ancien cours de l'Oxus im Nouv. journal asiatique. Paris 1833. Tome XII. p. 481—500.

92) Eichwald, Reise auf dem kaspischen Meere I, 1. S. 253, 257 bis 261.

93) Klaproth, mémoires III. p. 281.

sagen der Bewohner von Baku hätte einstmals eine schmale, ostwärts bis zur Gegenküste hinüberreichende Landzunge das ganze Meer in zwei Hälften getheilt, und die jener Halbinsel angelagerten kleinen Inseln erscheinen noch als Überreste jener Landbrücke, welche auch auf ältern persischen Charten von diesem Meere dargestellt sein soll. Dennoch muß dies um so auffallender sein, als das Meer bei Baku jetzt die bedeutende Tiefe von 150 Faden zeigt [94]). Vielleicht möchte sich aber aus der Annahme eines in den frühern Zeiten noch bedeutendern Überrestes von jener Landbrücke die Angabe beim Ebn Haukal erklären, wo es heißt, daß das kaspische Meer zwar keine bewohnte Inseln, aber doch eine nicht unbeträchtliche mit einer Quelle und vielen Bäumen und auch eine andere an dem Ufer von Lekzan (entsprechend dem heutigen Lesghistan oder dem ostkaukasischen Gebiete) habe, wo auch frische Wasserquellen seien. Dorthin brächte man von Berdaa (am untern Aras gelegen) in Fahrzeugen Vieh und lasse es weiden, bis es fett werde [95]). Ob diese Nachricht auf die noch jetzt dort vorhandenen kleinen Inseln gehe, muß wohl unentschieden bleiben.

Das ganze astrachanische Meer nebst dem nordöstlichen Golfe erscheint nach den bisher bekannten Messungen weit flacher und seichter als das hyrkanische Meer, gleichsam als wenn ersteres nur die tiefste Einsenkung der kirgisischen Flachebenen bildete, letzteres aber seine Entstehung einer plötzlichen Vertiefung des Bodens und einem Einsturze zwischen den kaukasischen und iranischen Gebirgshöhen verdankte. Denn die frühere Behauptung von einer unergründlichen Tiefe dieses Sees ist ungegründet, selbst wenn es sich bestätigen sollte, daß Hanway an einer Stelle bei 450 Faden keinen Grund gefunden habe [96]). Gerade in der Mitte des Sees findet sich eine so bedeutende Tiefe nicht, vielmehr nur mehr südwärts bei der Annäherung an das persische Hochland. Denn nach Lepechins Angabe [97]) sollte in der Mitte desselben die Tiefe nicht über 6 bis

7 Fa=

94) Eichwald, Reise auf dem kaspischen Meere I, 1. S. 148.

95) Ebn Haukal, oriental geogr. ed. Ouseley p. 185.

96) Hanway, historical account of the british trade I. p. 103.

97) Lepechin, Tagebuch einer Reise I. S. 319.

7 Faden betragen, während man früher überhaupt die größte Tiefe dieses Meeres nur auf 70 bis 80 Toisen angab [98]). An den Steilküsten von Tuk Karagan fand man eine Tiefe von 8 bis 9 Faden. Der Meeresgrund war sandig, mit feinen Muscheln bedeckt, doch nur von gewöhnlichen Arten, die sich blos durch ihre Kleinheit und ihre schöne schwarze Farbe auszeichneten. Das Meerwasser war grün, schmeckte mehr bitter als salzig und erschien im Glase hell und klar. Von dort nach der Westküste hinüber, nach Tarku, wechselte die Tiefe des Meeres zwischen 15, 18 bis 20 Faden. Der Boden bestand aus weichem, grauen Lehm, wovon das Wasser eine schmutzige Lehmfarbe annahm; auch verminderte sich der Salzgehalt bei der Annäherung an die Westküste, wo die vielen kleinen kaukasischen Ströme sich mit den Meergewässern vermischen [99]).

Ungefähr in der Mitte des Meeres, aber nordwärts von jener Meerenge, soll sich eine große Sandbank befinden, welche sich vom 42 bis 43. Parallel oder dem Theil der Westküste gegenüber, der sich von der Mündung des Samur bis zur Mündung des Sulak, eines Armes des Koisu, erstreckt, ausbreitet, und auf welcher nur eine Tiefe von 25 bis 30 Faden gefunden wird [100]). Aber westwärts von dieser Bank nach dem kaukasischen Gestade zu, wo die heftige Strömung des Samur in dem Meere zu erkennen ist, zeigt sich wieder eine Tiefe von mehr als 100 Faden [1]). Eben so scheint in dem ganzen hyrkanischen Meere eine Tiefe von mindestens hundert Faden vorherrschend zu sein, denn auch bis an die Ufer von Masanderan hinan behält das Meer eine Tiefe von 10 Faden und bis nach dem Gestade von Ghilan eine Tiefe von $15\frac{1}{2}$ Faden [2]). Schon seit älterer Zeit war die Sage von einem wechselweisen Steigen und Fallen der Gewässer dieses Binnensees herr-

---

98) Vsévolojsky, dictionnaire géogr. hist. de la Russie I. p. 88.

99) Eichwald, Reise auf dem kaspischen Meere I, 1. S. 47, 50, 75.

100) Vergl. die Charte des kaspischen Meeres von Kolotkin bei Eichwald a. a. O.

1) Eichwald, Reise I, 1. S. 145.

2) Eichwald, a. a. O. I, 1. S. 330, 359.

schend geworden, und Hanway erfuhr[3]), daß dieselben an dreißig Jahre ansteigen und dann eben so lange Zeit wieder fallen sollten, und diese Sage ist um so auffallender, als nicht blos die Truchmenen am Balkan-Golfe, sondern auch jüngere russische Beobachter diese Bemerkung gemacht haben wollen, indem Letztere diese Periode von 25 bis 30 Jahre angeben[4]). Der jüngere Akademiker Lenz, welcher dieses Phänomen zum Gegenstande seiner Untersuchung machte, glaubte nun ein ganz allmähliges Sinken dieses Meeres nachweisen zu können, und wie aus den frühern Angaben über die Stadt Baku zu entnehmen sei, soll das Niveau des Meeres jetzt an fünf Fuß tiefer stehen als ums Jahr 1400 zur Zeit des Geographen Bakui. Doch zeigen sich von diesem stetigen Sinken auch mancherlei Abweichungen, welche die obige Sage fast bestätigen. Denn in den Jahren 1685 bis 1715 fiel das Wasser um zehn Fuß und stieg dann wieder bis zum Jahre 1743. Dann erhielt es sich ohne Veränderung bis zum Jahre 1816, worauf wieder ein allmähliges Fallen eintrat, welches bis zum Jahre 1830 sich auf zehn Fuß belief[5]). Doch meinte schon Gmelin wohl mit Recht, daß das wandelbare Steigen und Fallen des Meeres von der Witterung abhängig sei, von den Winden, welche nach seiner Angabe aus Norden, Nordwest und West vorherrschend sein sollten, und von den sich in das kaspische Meer ergießenden Flüssen[6]).

Von jenen constanten nordwestlichen Luftströmungen auf dem kaspischen Meere rührt vielleicht in Verbindung mit der allgemeinen Rotationsströmung, welche sich hier so gut wie im Ocean zeigen muß, die eigenthümliche kurze Wellenbrechung her, welche in Verbindung mit manchen anderen Umständen die Schifffahrt auf demselben so beschwerlich und gefährlich macht[7]), indem die Seichtigkeit und Geschlossenheit

3) Hanway, historical account of the british trade I. p. 103.

4) Eichwald, Reise I, 1. S. 265.

5) Lenz, über die Veränderungen der Höhe des kaspischen Meeres. Petersburg 1831. 4.

6) Gmelin, Reise durch Rußland III. S. 232, 267.

7) Kephalides, de hist. maris Caspii p. 7, 8.

des Meeres hier ganz andere Fahrzeuge als wie auf dem Ocean erfordert. Auch möchte die Nachbarschaft der kühlen Höhen von Iran, so wie der Schneegipfel des Kaukasus, nicht ohne Rückwirkung auf das Meer sein, wenn sich auf dessen weitem Spiegel eine hoch temperirte Luftschicht ausbreitet, deren Hitze durch die Nähe der glühenden Sandwüsten auf der andern Seite noch vermehrt wird. Denn es zeigen sich hier dieselben klimatischen Gegensätze wie sie oben von den benachbarten Steppenwüsten angegeben worden sind (s. Abth. 1. S. 222.), indem sich nicht nur der nördliche Theil des Meeres im Winter mit Eis überbrückt, sondern sich selbst auch der weit südlichere Balkan-Golf in strengern Wintern ganz mit festem, haltbaren Eise bedeckt [8]). Ungewiß ist es jedoch, ob sich schon jemals das ganze Meer mit einer vollständigen Eisdecke überzogen habe, und um so weniger wahrscheinlich, da man diese Erscheinung selbst an dem nordischen Boden-See auf dem Tafellande am Nordsaume der Alpen, der überdies nach seinem Umfange mit diesem See gar nicht zu vergleichen ist, in der Zeit vom eilften bis zum siebzehnten Jahrhundert nur zwölfmal nachweisen kann [9]). Als eine besondere Eigenschaft des kaspischen Meeres wird noch erwähnt, daß das Wasser zu manchen Zeiten unweit der Küste eine Bewegung hat, die den sonst gewöhnlichen Brandungen an felsigen Gestaden ähnlich ist, in der That aber nur von den zusammenstoßenden Wellen, deren einige aus der See kommen, wenn die andern wieder von der Küste zurückprallen, verursacht wird. Diese Erscheinung wird bei den Russen Burun genannt [10]). Sie zeigt sich besonders an den Süd- und Westgestaden, minder an den flachen Ostküsten; sie ist für die Schifffahrt sehr gefährlich und daher dem Schiffsvolke auch so furchtbar [11]).

---

8) Eichwald, Reise I, 1. S. 253.

9) Schwab, der Boden-See und das Rhein-Thal S. 298. Auch Olivier läugnet, daß das kaspische Meer jemals gänzlich zugefroren sei. Olivier, voyage dans l'empire Othoman etc. V. p. 224.

10) Müller, Sammlung russ. Geschichte VII. S. 376.

11) Rytschkow, Orenburg. Topographie bei Büsching a. a. O. VI. S. 514.

Man kann auf der einen Seite wohl mit Recht das kaspische Meer als eine unerschöpfliche Fundgrube der Reichthümer Rußlands betrachten [12]) wegen der großen Anzahl der mannigfaltigsten darin gefundenen Fischarten, wovon fast alle Autoren sprechen, wie selbst auch Gmelin, welcher dieses Meer vornehmlich zum Gegenstande seines Forschungsgeistes machte [13]); und doch muß man auf der andern Seite das eigentliche Meer oder seine innern Theile sehr arm an Fischen und Muscheln nennen. Der sehr beträchtliche Salzgehalt, woran das Wasser dieses Meeres alle andern Gewässer übertrifft, und dann die starke Beimischung von bitterm Salze scheint alles thierische Leben zu unterdrücken [14]). Das Wasser des Pontus ist bei seiner Salzhaftigkeit noch trinkbar, aber das kaspische Meer enthält ein so salziges und bitteres Wasser, daß es fast Brechen erregt. Gmelin glaubte die Ursache der eigenthümlichen Bitterkeit des kaspischen Meerwassers von den Naphthaquellen ableiten zu müssen, welche am Ostfuße des Kaukasus das ganze Halbinselgebiet von Baku erfüllen [15]). Weniger gesalzen und bitter als die hohe See ist aber unstreitig der nördlichste Theil dieses Meeres, wo die süßen Wassermassen der Wolga sich mit demselben vermischen, und der große, flache, nordöstliche Golf, in welchen der reißende Jaik sich ergießt, und in welchem er selbst noch eine heftige Strömung durch seine einstürzende Wassermasse bewirkt [16]); gerade diese Gegend, wo ein wärmeres und milderes Wasser sich zeigt, ist auch das Hauptstandquartier der zahllosen Störe und geringern Fischarten, die durch die südlichern salzigen und bittern Fluthen zurückgeschreckt werden. Daraus ist nun allein Hanways Angabe zu erklären, daß dieses Meer nicht sehr fischreich sei [17]).

---

12) Klaproth, mémoires rélatifs à l'Asie III. p. 275.

13) Gmelin, Reise durch Rußland III. S. 233 bis 246.

14) Eichwald, Reise I, 1. S. 247. In 100 Theilen Wasser befinden sich 42,80 Theile Salz und davon sind 24,40 salzsaure Bittererde, 10,60 salzsaure Kalkerde und 7,80 salzsaures Natron.

15) Gmelin, Reise durch Rußland III. S. 257 bis 267.

16) Eichwald, Reise I, 1. S. 47.

17) Hanway, historical account I. p. 102.

Übrigens erkannte auch Gmelin schon an, daß dieses Meer im Verhältniß zu andern an sonstigen Meerprodukten sehr arm zu nennen sei, aber so wie die ausgedehnten schilfreichen Gestade dieses Sees die Winterquartiere zahlloser Schwärme von Wasservögeln und Zugvögeln bilden, von denen schon oben beim Deltalande der Wolga die Rede war, so hebt jener Naturforscher als eine eigenthümliche Erscheinung das Vorkommen der Seehunde in diesem Meere hervor, welche hier eine wahre Heimath haben, und auf deren Schaaren von den Bewohnern Astrachans alljährlich eine sehr einträgliche Jagd gemacht wird [18]. Denn im Jahre 1828 wurden fast an 99,000 Seehunde gefangen [19]. Darauf deuten auch die Nachrichten des Contarini, obschon sich nicht alles daran erklären läßt [20].

Aus den mit Versteinerungen erfüllten Kalksteinmassen, welche sich auf der östlichen und westlichen Seite des kaspischen Meeres vorfinden, ersieht man, daß die ehemaligen Bewohner desselben vorzüglich zweischaalige Muscheln waren, wie sie sich auch noch als sehr häufige, doch meist abgestorbene Bewohner des Meeres an der Küste und im Grunde desselben zeigen. Aber so wie das Meer gegenwärtig nur wenige Arten von Muscheln ernährt, so findet man meist nur ihre oder sehr verwandte Arten unter den Versteinerungen im Muschelkalk; doch scheinen im Allgemeinen einzelne Gattungen, die sich in großer Menge versteinert finden, jetzt entweder seltene Bewohner des Meeres zu bilden oder gar nicht mehr im kaspischen Meere, wohl aber im schwarzen Meere vorzukommen [21].

Da man außer den versteinerten Muscheln durchaus keine

---

18) Gmelin, Reise durch Rußland III. S. 246 bis 256.

19) Pêches de la mer Caspienne im Nouv. journal asiat. XII. p. 169.

20) Ramusio, delle navigazioni II. fol. 120. V'è (nel mare Caspio) una grandissima copia di pescicani con la testa, piedi e coda propria come cani. Pigliano ancora una sorte di pesci lunga circa un braccio e mezo, grosso e quasi tondo, che non mostra nè testa nè altro, dei quali fanno certo liquore, che bruciano a far lume.

21) Eichwald, Reise I, 1. S. 135.

andern Reste höherer Thierarten, namentlich von Fischen im Versteinerungskalk findet, so erhellt daraus, daß damals, als sie versteinert wurden, jene entweder ganz aufgelöst wurden, oder daß sie noch nicht zu den Bewohnern des Meeres gehörten, als jener Tertiankalk niedergeschlagen wurde. Dies ist um so wahrscheinlicher, weil die Fische des kaspischen Meeres meist Flußfische sind, die sich erst bei so sehr erniedrigtem Niveau des Meeres aus den damals entstandenen Flüssen hineinbegeben konnten, während die Muscheln als Meeresbewohner offenbar eine ehemalige Verbindung des kaspischen Meeres mit dem Pontus anzeigen. Jetzt fangen sie dagegen allmählig an auszusterben, so daß sie nur mit ihren kalkigen Schaalenresten alle Küsten des Meeres bedecken und den Sand der Inseln wie den tiefsten Meeresgrund erfüllen. Wahrscheinlich besaß damals, wie Eichwald meint, das Wasser des kaspischen Meeres eine andere Beschaffenheit seiner Salze, die vielleicht weniger als jetzt das Meerwasser durchdrangen und es demnach weit eher der Lebenserhaltung der Muscheln aneigneten. Ein zu sehr erhöhter Salzgehalt, vorzüglich eine starke Beimischung des Bittersalzes in ihm, führte sodann das allmählige Absterben dieser Thiere herbei [22]).

Bei seiner eigenthümlichen Weltstellung auf der Grenzmark des Südens und Nordens der Länder der alten Welt mußte das kaspische Meer von je an in der Geschichte des Handelsverkehrs der Völker derselben eine wichtige Rolle spielen. Auch finden wir es in der Geschichte bestätigt, daß dieses Wasserbekken seit alten Zeiten den großen Kreuzweg zur Verbindung der Völker und zur Verbreitung der Produkte ihrer Gebiete bildete. Das an Schätzen aller Art so reiche Wunderland Indien ist aber der Ausgangspunkt und das eigentliche Heimathsland alles Handels zu nennen, welcher, den von der Natur dargebotenen Straßen folgend, schon seit der Urzeit sich seine Bahnen nach dem europäischen Abendlande hin eröffnet hatte. So wie der Süden Indiens oder das indische Halbinselland auf der doppelten großen Seestraße über das persische

22) Eichwald, a. a. O. I, 1. S. 136.

und über das arabische Meer nach der nachmals sogenannten Levante mit dem Westen der alten Welt in Verbindung stand[23]), so führte von dem nördlichen, kontinentalen Indien ein alter Handelsweg, die berühmte Banianen-Straße, nach den mehr nördlichen Gegenden des Abendlandes zu den pontischen Gebieten[24]). Diese Straße überschritt von dem obern Indus-Lande den indischen Kaukasus, führte über die alte, reiche Handelsstadt Baktra, und benutzte dann die große Wasserstraße auf dem Oxus (Amu Darja) abwärts, um über das kaspische Meer zum kaukasischen Flusse Kur zu gelangen und durch das georgische Gebiet und am Phasis abwärts die Seestädte am Pontus zu erreichen. Zwar haben wir für den auf diesem Wege statt findenden Waarenzug bestimmtere Zeugnisse nur erst aus später Zeit, wie von einem Strabo und Plinius[25]), doch führt die Bildung dieser Handelsstraße, wie auch Robertson mit Recht bemerkt, in weit ältere Zeiten zurück, und nicht nur verschiedene historische Verhältnisse, sondern auch mancherlei Traditionen der Anwohner des kaspischen Meeres sprechen dafür, daß dasselbe frühzeitig zur Verbindung der Völker diente und daß es, wie es sich auch aus der Natur der Sache ergiebt, ursprünglich in der Richtung von Osten nach Westen überschritten worden ist.

Denn so ersehen wir aus den ältern georgischen Annalen, daß in früher Zeit die Völker von Turan damals, als der König Kai Khosru in Persien herrschte, einen Kriegszug über das kaspische Meer und den Kur-Fluß aufwärts nach Georgien hin unternommen haben sollen, und wenn dies Faktum

23) **Robertson**, historical disquisition on India. Basil. 1792. 8. Sect. I. p. 1—43.

24) **Depping**, histoire du commerce entre le Levant et l'Europe depuis les croisades jusqu'à la fondation des colonies d'Amérique. Paris 1830. 8. Tome I. p. 8.

25) **Strabo**, geograph. XII, 3. **Plinius**, hist. nat. VI, 19. Exploratum est, in Bactros septem diebus ex India perveniri ad Icarum flumen, quod in Oxum influat, et ex eo per Caspium in Cyrum subvectas, quinque non amplius dierum terreno itinere, ad Phasin in Pontum Indicas posse devehi merces.

als solches auch der Sagengeschichte angehört, so ist doch der ihm zu Grunde liegende Gedanke ein Beweis für die hier in Betracht kommende Sache [26]). Auch erhellt von selbst, daß die merkantilische Blüthe der zahlreichen hellenischen Seestädte am Pontus und zwar an seinen östlichen Gestaden nur abhängig sein konnte von dem großen Waarenzuge, der sich von den indischen und baktrischen Gebieten über das kaspische Meer dorthin eine Bahn eröffnet hatte. Da spielt nun schon in alter Zeit die Stadt Trapezunt als reiche Handelsstadt eine wichtige Rolle, und so wie ihre Blüthe im Alterthume darauf beruhte, daß sie den Abzugskanal für jene Waaren nach der hellenischen Welt hin bildete, so hat sie aus eben dem Grunde bis zum Ende des Mittelalters hin sich ihre Wichtigkeit bewahrt. Durch eine Zeit von mehr als zwei Jahrtausenden läßt sich dieser indisch-baktrische Waarenzug von Baktra oder dem spätern Balkh auf dem geradesten Wege westwärts zum pontischen Meere verfolgen, und die kolchisch-iberischen Landschaften am Südabhange des Kaukasus zwischen jenen beiden Meeren mußten als Passageländer desselben die wohlthätigen Folgen davon empfinden, wie es für die Zeit des Alterthums von einem Strabo auch ausdrücklich hervorgehoben wird [27]). Von Trapezunt aber wissen wir bestimmt, daß es in der Zeit, als es fast an drei Jahrhunderte lang als der Herrschersitz der byzantinischen Komnenen die letzte Ruine des alten römischen Reiches bildete, durch den Handelsverkehr auf dieser Straße seine Blüthe und seinen Reichthum erwarb [28]).

Befremden kann es daher nicht, daß Alexander der Große, welcher allen Interessen des Lebens gleichmäßig seine Aufmerksamkeit schenkte, das kaspische Meer, das er auf seinem Kriegszuge in Hyrkanien an seiner Südostecke selbst kennen ge-

---

26) Vakhtang, histoire de la Géorgie, trad. par Klaproth im nouveau journal asiatique 1833. Tome XII. p. 541. Cf. Saint-Martin, mémoires hist. géogr. sur l'Arménie II. p. 46.

27) Strabo, geograph. XI, 2. 3. Plutarchus, vita Pompeji c. 36.

28) Fallmerayer, Geschichte des Kaiserthums von Trapezunt. München 1827. 4. S. 13, 161, 318.

lernt hatte, wegen der Beförderung des Handelsverkehrs in seinem neuen Reiche besonders berücksichtigte, und daß er noch kurz vor seinem Tode dem Admiral Heraklides den Auftrag gab, aus den hyrkanischen Waldungen eine Flotte zu erbauen und das kaspische Meer zu beschiffen, um genau zu erfahren, in wie fern die damals verbreitete Sage begründet sei, daß dasselbe entweder westwärts mit dem Pontus oder ostwärts mit dem östlichen oder indischen Ocean in Verbindung stehe. Denn selbst der weit jüngere Arrian, welcher als römischer Statthalter von Cappadocien doch wohl genauere Kunde über dieses Meer einziehen konnte, glaubte noch, daß es mit dem letztern zusammenhänge [29]). Aber was dem Alexander nicht vergönnt war, das suchte sein Nachfolger in der Herrschaft in Asien, Seleukus Nikator, der Begründer der syrischen Seleuciden-Dynastie, auszuführen, und der Handelsweg der indischen Waaren über das kaspische Meer nach seinen vorderasiatischen Besitzungen mußte ihm um so wichtiger erscheinen, als die schon beginnende Eifersucht gegen die Ptolemäer in Ägypten dem emporstrebenden Alexandrien, der Ausgangspforte für die südliche große indische Seestraße, Schranken zu setzen suchte [30]). Doch wurde durch seinen Admiral Patrokles die Vorstellung von einer Verbindung des kaspischen Meeres mit dem nördlichen und östlichen Ocean nicht zerstört, und darum glaubte wohl jener Herrscher in dem großen asiatischen Weltreiche durch eine Kanalverbindung zwischen dem pontischen und kaspischen Meere, die wir nur aus des Plinius Berichte kennen [31]), dem Gange des indischen Welthandels seine bestimmte Bahn vorschreiben zu können.

Wenn aber auch jenes Werk, wie es sicher ist, nicht zur Ausführung kam, so erhielt sich doch die Handelsstraße über das kaspische Meer zum Pontus auch in den nächst folgenden Jahrhunderten in ihrer alten Blüthe. Denn die ungeheuern Schätze, welche Pompejus in seinen pontischen Feldzügen erbeutete [32]), beweisen, daß die alten Hafenstädte am Pontus auch

29) Arrianus, de expeditone Alexandri V, 26. VII, 16.
30) Robertson, historical disquisition on India. Sect. I. p. 43.
31) Plinius, hist. nat. VI, 12.
32) Plutarchus, vita Pompeji c. 45.

unter der Herrschaft der Könige Mithradates noch immer die Abzugskanäle der Reichthümer des nördlichen Indien bildeten. Und wenn auch die seitdem beginnenden Kriege der Römer mit den parthischen Arsaciden und den persischen Sassaniden in den ersten Jahrhunderten unserer Zeitrechnung nicht ohne nachtheiligen Einfluß auf den Gang des Handelsverkehrs auf dieser Straße sein mochten, so muß derselbe doch in der Zeit des Kaisers Julianus oder um die Mitte des vierten Jahrhunderts noch immer fortbestanden haben. Denn die uns in jener Zeit von Ammianus [33]) an dem Südostgestade des kaspischen Meeres genannten blühenden und mächtigen Seestädte Socunda und Saramanna, von denen uns sonst weiter nichts bekannt ist, sprechen für den damals hier durchgehenden Waarenzug, von dessen Bestehen ihre Blüthe allein abhängig sein konnte.

Sicher ist es aber, daß die in der Zeit des sechsten Jahrhunderts unter der Regierung des Justinianus ausbrechenden Fehden mit dem gewaltigen persischen Könige Kesra Nuschirwan, für welche gerade die kaukasisch-pontischen Gebiete in dem kolchischen Lande der Lazier den Hauptschauplatz abgaben, und bei welchen auch der chinesische Seidenhandel aus dem innern Asien nach dem byzantinischen Reiche hin zur Sprache kam [34]), eine große Störung für diesen Handelsweg hervorrießen. Schwerlich waren auch die nächstfolgenden Zeiten bei den innern Revolutionen im Sassaniden-Reiche geeignet, das Gedeihen dieses Waarenzuges zu befördern, und die Eroberungszüge der Araber und deren blutige Religionskriege mit den heidnischen Völkern am Kaukasus und am kaspischen Meere während des siebenten und der ersten Hälfte des achten Jahrhunderts [35]) mußten dann völlig das merkantilische Leben mit Vernichtung bedrohen, bis nach der Beruhigung der Araber der

---

33) Ammianus Marcell. XXIII, 6. §. 52.

34) Edw. Gibbon, history of the decline and fall of the Roman empire. Basil. 1788. 8. Tome VII. c. 40. p. 74—80, 117. c. 42. p. 277—293.

35) D'Ohsson, des peuples du Caucase p. 46—71.

friedliche Handelsverkehr sich wieder erneuerte und gerade durch sie, wie aus dem Zustande der Stadt Trapezunt in dem Zeitalter der Kreuzzüge erhellt[36]), ein um so großartigerer Verkehr in eben diesen Gebieten wieder hervorgerufen wurde, dessen Verfall und Auflösung sich nur erst seit der Zeit der Herrschaft der Osmannen am Pontus und am Kaukasus herschreibt.

So wie aber das kaspische Meer in der Richtung von Osten nach Westen befahren wurde, um als Handelsstraße zur Verbindung der Völker zu dienen, so auch in der Richtung von Süden nach Norden und umgekehrt. Dies kann nun zwar keineswegs in so frühe Zeiten zurückgehen, als wie es bei der andern Richtung, bei der Verbindung Indiens mit dem Abendlande, hervorgerufen wurde, da der Norden der alten Welt sich erst gestalten und heranreifen mußte, um das Bedürfniß einer Verbindung mit dem Süden zu fühlen, dafür aber hat dieser Zug des Handelsverkehrs eine um so größere Bedeutung erlangt und hat sich auch in den neuern Zeiten erhalten, als jener andere schon längst in Verfall gerathen und verschwunden war. Erst seitdem das merkwürdige Kulturvolk der Chasaren in seinen Sitzen an der untern Wolga in der Geschichte hervortritt nach dem Untergange des großen Hunnen-Reiches, erst seitdem konnte bei der bekannten merkantilischen Betriebsamkeit dieses Volkes sich ein Handelsverkehr auf den kaspischen Gewässern von den reichen persischen Landschaften im Süden nach dem wolgischen Deltalande im Norden zum Austausch der gegenseitigen Produkte entwickeln. Freilich fehlen uns darüber die nähern Nachrichten, und nur erst seitdem das große Weltreich der Araber im siebenten und achten Jahrhundert begründet war, und einen großen Theil der kaspischen Gestadelandschaften auf der westlichen, südlichen und östlichen Seite umfaßte, läßt sich bei der nähern Berührung der beiden dem Handel gleich sehr ergebenen Völker der Chasaren und Araber ein solcher Verkehr angeben. Den arabischen Autoren aus dem zehnten Jahrhundert, wie vornehmlich einem Ebn Haukal und

---

36) Depping, histoire du commerce entre le Levant et l'Europe I. p. 121—130.

und Massudi, verdanken wir auch die ersten Nachrichten über denselben in dieser Beziehung, weil ihre Landsleute die Träger und Vermittler eines solchen Verkehrs waren und weil sie denselben auch lange nach dem Verschwinden des chasarischen Staates und Volkes fortgesetzt haben.

Denn die Araber zeigen die eigenthümliche Erscheinung, daß sie, obschon ein durchaus kontinentales Volk, sich doch frühzeitig mit dem Meere vertraut machten, und daß sie an allen Enden ihres weiten Reiches im Chalifate, wo sie nur mit dem Ocean oder größern Meeresbecken in Berührung kamen, sogleich die Gewässer beschifften. So war es auch auf dem kaspischen Meere, und dieses bildete bald genug für sie den nächsten und leichtesten Weg zu der großen Handelsstadt Atel im wolgischen Deltalande [37]). Durch die Ansiedlung der Araber in Atel mußte dieses Emporium selbst sich erst zu seiner größten Blüthe emporschwingen, und da die Araber zugleich von hier nach dem äußersten Norden, nach Bulghar durch religiöse und merkantilische Interessen geführt wurden, so war damit ein Verkehr zwischen allen kaspischen Gestadelandschaften nordwärts nach den Handelsstädten an der untern und mittlern Wolga eröffnet. Nach der Angabe des Ebn Haukal wurde das kaspische Meer zu seiner Zeit von zahlreichen Handelsschiffen befahren [38]), wir vernehmen von dem lebhaften Verkehr der Stadt Atel mit den andern kaspischen Küstengebieten in dem Austausch der verschiedenartigsten Erzeugnisse, und finden ausdrücklich erwähnt, daß auch der Fluß Atel als große Wasserstraße zur Verbindung von Bulghar mit den Landschaften am kaspischen Meere diente [39]). Diese Handelszüge der Araber auf den Gewässern der südöstlichen Theile von Ost-Europa wirkten aber wieder ein auf die Gestadelandschaften des baltischen Meeres, wie die zahlreichen dort aufgefundenen arabischen Münzen eben aus der Zeit eines Massudi und Ebn

---

37) **Rasmussen**, de Orientis commercio cum Scandinavia p. 4, 5.

38) **Ebn Haukal**, oriental geography ed. Ouseley p. 184.

39) **D'Ohsson**, des peuples du Caucase p. 44, 79.

Haukal beurkunden [40]), und wenn man im Allgemeinen auch wohl behaupten kann, daß die Araber sich selbst nicht bis dahin zu begeben pflegten, so kam ihnen von der Seite ein anderes Volk entgegen, welches durch seine Kühnheit und seinen Unternehmungsgeist den Arabern damals in mancher Beziehung verwandt war. Dies sind die normannischen Russen, die der Aufmerksamkeit der Araber keinesweges entgingen.

Merkwürdig ist es nun aber, daß, wie aus den bestimmten Zeugnissen der Araber erhellt, die Chasaren selbst auf ihren Gewässern nicht einheimisch gewesen sind. Denn Massudi bemerkt, daß der König der Chasaren keine Schiffe habe, und daß seine Unterthanen auch keine Seeleute seien, weshalb also die von ihm genannten Kaufmannsfahrzeuge auf dem kaspischen Meere nur den Arabern angehört haben können [41]). Aber zugleich erwähnt Ebn Haukal, daß auch die Russen auf der Wolga eine starke Schifffahrt betrieben und auf ihr bis nach Atel hinabführen [42]), bei welcher Gelegenheit dieselben mit dem kaspischen Meere und mit dem blühenden Zustande seiner Gestadelandschaften zu jener Zeit vertraut geworden sein müssen. Daraus erklären sich auch die merkwürdigen Kriegszüge, welche die Russen in der ersten Hälfte des zehnten Jahrhunderts von der untern Wolga aus nach verschiedenen Küstengebieten jenes Meeres zum Schrecken ihrer Bewohner unternahmen, dieselben ausplünderten und mit reicher Beute nach dem wolgischen Deltalande zurückkehrten [43]). Indessen diese Raubzüge der Russen konnten dem Handelsverkehr auf jener Bahn und in jenen Gebieten um so weniger Eintrag thun, als die Russen seit der Umgestaltung ihres Lebens bei der Annahme des Christenthums und der größern Verschmelzung mit den Slaven noch am Ende jenes Jahrhunderts einen mehr friedlichen Sinn annahmen, und wenn auch durch ihre Mitwirkung das Chasa-

---

40) Frähn, Ebn Foslan und anderer Araber Berichte über die Russen älterer Zeit S. 79.

41) Massudi bei d'Ohsson, des peuples du Caucase p. 106, 107.

42) Ebn Haukal bei d'Ohsson l. c. p. 90.

43) Frähn, Ebn Foslan S. 60 bis 62. D'Ohsson, des peuples du Caucase p. 105—115.

ren-Reich an der untern Wolga im Anfange des eilften Jahrhunderts zu Grunde ging [44]), so war es eben die Absicht Wladimirs des Großen und seiner Söhne, durch die Gewinnung jenes wichtigen Gebietes dem Verkehr einen um so größern Aufschwung zu geben. Zwar fehlen uns für die folgende Zeit wieder bestimmtere Nachrichten über die Handelsthätigkeit der Araber in dieser Gegend, welche durch das Vorherrschen roher türkischer Stämme daselbst nach dem Falle der Chasaren im eilften und zwölften Jahrhundert wohl manche Hemmung erleiden mochte, doch scheint ihr Verkehr, wie man aus einzelnen Notizen arabischer Autoren zu entnehmen berechtigt ist, nach den Ländern der Bulgaren und Slaven hin noch immer fortbestanden zu haben, und bekam dann nach der Beendigung der tatarischen Verwüstungszüge, als das wolgische Deltaland wieder der Sitz einer Welthandelsstadt wurde, einen neuen Anstoß seiner Entwickelung [45]).

Seitdem hier die Stadt Astrachan, seit der Mitte des vierzehnten Jahrhunderts, hervortritt und in der Handelsgeschichte bald einen so bedeutenden Namen sich erwarb [46]), seitdem läßt sich der Handelsverkehr über das kaspische Meer von den persisch-bocharischen Landschaften ununterbrochen verfolgen. So nennt uns Abulfeda in der zweiten Hälfte jenes Jahrhunderts den Seehafen Derbend an der Küste von Daghestan als den großen Handelsort für alle kaspischen Landschaften und bemerkt, daß von da aus ein starker Schiffsverkehr nach Astrachan hin statt finde [47]), und als ein Jahrhundert später der Venetianer Ambrosio Contarini aus Persien über das kaspische Meer nach Astrachan zurückfuhr, waren in seiner Gesellschaft zahlreiche Kaufleute, welche reiche Ladungen, in Reis, Seide und seidenen Zeugen bestehend, mit sich führten, um dieselben an die Russen und Tataren in Astrachan zu verkaufen oder gegen andere Waaren auszutauschen. Wohl mit

44) Karamsin, russische Geschichte II. S. 15.

45) Depping, histoire du commerce entre le Levant et l'Europe I. p. 25.

46) Bald. Pegolotti bei Pagnini, della decima etc. III. p. 7.

47) Depping, histoire du commerce I. p. 136.

Recht behauptet der Geschichtsforscher G. Fr. Müller, welcher zuerst die Schifffahrt und Handlung auf dem kaspischen Meere zum Gegenstande seiner Untersuchungen machte, daß die Russen vor der tatarischen Zeit keinen Handel nach den Küstengebieten des kaspischen Meeres betrieben haben, aber so wie sich später Serai und Astrachan mit russischen Kaufleuten füllten, wie deren auch Contarini in der letztern Stadt antraf, so unternahmen sie damals auch schon Handelsreisen nach den kaspischen Gebieten, und die Erwerbung des astrachanischen Landes für die Russen nach der Zerstörung der tatarischen Herrschaft mußte ihrem Verkehr einen neuen Aufschwung und eine größere Ausbreitung geben [48]).

Dazu kam nun, daß die Engländer seit der Mitte des sechzehnten Jahrhunderts sich einen Handelsweg durch Rußland nach Persien hin eröffneten, wobei die untere Wolga nebst dem kaspischen Meere die große Straße wurde, um bis zu jenem Lande vorzudringen. Und in die von den Engländern eröffneten Bahnen traten alsbald die Russen überall ein. Dadurch verbreitete sich auch die erste genauere Kenntniß des kaspischen Meeres nach dem europäischen Abendlande. So wie Jenkinson auf seiner ersten Reise im Jahre 1558 von Astrachan aus gegen Südost nach der Hafenküste von Manghischlak hinüberfuhr, von wo er sich dann weiter zu Lande nach Bochara begab, so fuhr er einige Jahre später von Astrachan aus über das kaspische Meer nach Derbend, von wo er sich über Schamachie und Tauris nach Kasbin an das persische Hoflager begab [49]). Durch Jenkinson und durch die spätern Fahrten der Engländer während der zweiten Hälfte des sechzehnten Jahrhunderts lernte man zum erstenmale die wahre Ausdehnung des kaspischen Meeres von Norden nach Süden in Europa kennen, obschon man von seinen Umsäumungen nicht viel Genaues wußte. Das Verdienst aber, eine genauere Kenntniß dieses Meeres in Europa verbreitet zu haben, verdankt man

48) Müller, von der Schifffahrt und Handlung auf dem kaspischen Meere in s. Sammlung russischer Geschichte VII. S. 428 bis 431.

49) Müller, a. a. O. VII. S. 434 bis 457.

dem Olearius bei der holsteinischen Gesandtschaft nach Persien in der ersten Hälfte des siebzehnten Jahrhunderts, wenn auch sonst der eigentliche Zweck dieser Reise ganz verfehlt wurde [50]), und bis auf die Zeit von Peter dem Großen blieben die von Olearius über dasselbe mitgetheilten Nachrichten die Grundlage aller Kenntniß davon.

Fortan blieb nun das kaspische Meer der große Handelsweg für die Russen und Tataren von Astrachan, um entweder nach der Südostseite von Tuk Karagan zu gelangen, wo ein Handelsverkehr mit den Bucharen angeknüpft war, oder nach der Südwestseite zu den Hafenorten und Handelsstädten Tjumen, an der Mündung des Terek, und Derbend am Ostfuße des Kaukasus zu gelangen [51]). Aber es waren nicht blos friedliche Handelsfahrzeuge, welche dieses Meer befuhren, sondern es erneuerte sich das Schauspiel von Raubgeschwadern, welches an sieben Jahrhunderte früher der Schifffahrt auf demselben und seinen Anwohnern so furchtbar gewesen war. Gleich den ältern Russen des zehnten Jahrhunderts wurden durch den hier herrschenden blühenden Verkehr die donischen Kosacken, welche sich allmählig ostwärts bis zur Wolga und bis zum Jaik hin ausgebreitet hatten und darum bald als ein selbstständiger Zweig derselben unter dem Namen der jaikschen Kosacken erscheinen, veranlaßt, als Korsaren auf der Wolga und auf dem kaspischen Meere aufzutreten, und ihre kühnen Unternehmungen und ihre Plünderungszüge nach allen Seiten hin, von welchen uns Olearius und Chardin aus der ersten und zweiten Hälfte des siebzehnten Jahrhunderts die merkwürdigsten Berichte mittheilen, dauerten zum Schrecken der Russen selbst und vornehmlich der Bewohner der persischen Landschaften durch jenes ganze Jahrhundert fort, bis sie erst am Schlusse desselben zur Ruhe kamen [52]).

Dennoch konnte die Schifffahrt auf dem kaspischen Meere im Interesse des Handels durch jene Freibeuter nicht zerstört wer=

50) Müller, a. a. O. VII. S. 490 bis 498.

51) Müller, a. a. O. VII. S. 431.

52) Lewschin, histoire des Casaques de l'Oural im journal asiatique. 1827. 8. Tome XI. p. 257—282.

werden und verfolgte ihre alten Bahnen. Wenn es aber von Norden her Russen und Tataren waren, welche die Handelsverbindung mit den persisch-bocharischen Landschaften im Süden und Osten aufrecht erhielten, so waren es von dieser Seite her nicht mehr die Araber, welche von den persisch-kaukasischen Gebieten die Verbindung mit dem Norden des kaspischen Meeres bewirkten. Denn seit den Zeiten der Kreuzzüge oder seit der größern Verbreitung türkischer Stämme über West-Asien in dem Seldschucken-Reiche verschwinden hier die Araber, und statt ihrer treten allmählig die Armenier als das den merkantilischen Bestrebungen vornehmlich ergebene Volk auf, deren Bedeutung in dieser Beziehung von Jahrhundert zu Jahrhundert zugenommen hat[53]). Denn die Perser kommen doch trotz der geographischen Lage ihres Heimathslandes für die Geschichte der Schifffahrt auf dem kaspischen Meere gar nicht in Betracht, und haben durch alle Zeiten sich den Charakter als eines echt kontinentalen Volkes bewahrt. Schon die alten Perser im Achämeniden-Reiche verabscheuten das Meer, und so wie sie niemals das persische und kaspische Meer befahren haben, so suchten sie sogar die Handelsschifffahrt auf ihnen in der Verbindung Indiens mit dem Abendlande zu stören[54]). Dasselbe berichtet auch Chardin von den Persern zu seiner Zeit. Die Perser, sagt er, haben keine Seemacht und auch kein Geschick zur Seefahrt. Da sie nun aber gerade in jener Zeit sich gegen die Raubanfälle der Kosacken in ihren kaspischen Landschaften zu schützen hatten, so errichteten sie zwar eine Flotte von kleinen Barken, welche mit gemietheten Fischern bemannt wurde, die sich aber auch sogleich wieder auflöste, wenn die Gefahr verschwunden zu sein schien. Auch bemerkt er, daß die Barken des kaspischen Meeres zwar stark gebaut seien wegen der dort herrschenden Stürme, aber auch sehr schlecht und schwerfällig[55]). Die heutigen Perser sind aber in dieser Beziehung ihren ältern

---

53) Depping, histoire du commerce entre le Levant et l'Europe I. p. 131, 132.

54) Robertson, historical disquisition on India. Sect. I. p. 41.

55) Chardin, voyages en Perse ed. Langlès V. p. 327—330.

Landsleuten vollkommen gleich. Denn Drouville, einer der jüngsten Reisenden in jenem Lande, sagt, die Perser hätten zwar in Asterabad, der Hauptstadt von Masanderan, einen guten Hafen, aber man finde daselbst weder Fahrzeuge noch Matrosen, indem das persische Volk eine unüberwindliche Abneigung gegen das Meer zeige [56]).

Seit der ersten Hälfte des vierzehnten Jahrhunderts läßt sich die Verbreitung der Armenier nach den Handelsstädten an der untern Wolga mit Bestimmtheit nachweisen [57]), und seit jener Zeit siedelten sie sich wohl mehr und mehr in den Küstenlandschaften von Ghilan und Masanderan an, von wo ein leichter Verkehr nach dem wolgischen Deltalande hin statt finden konnte, wie ihn die spätere Geschichte uns nachweist. So sehr nun jene beiden Gebiete durch ihre Fruchtbarkeit und durch ihre reiche Vegetation ausgezeichnet sind, so ungesund sind sie doch durch das Übermaaß der dort herrschenden Feuchtigkeit bei der stets schwülen Temperatur [58]). Sie sind für die Perser als die Bewohner der kühlen und trockenen Hochebenen von Iran, das Land der Dews oder der bösen Geister, und trotz der Beherrschung derselben sind sie niemals dort heimisch geworden. Darum konnte von einem Handelsverkehr der Perser auf dem kaspischen Meere, einzelne Ausnahme abgerechnet, auch niemals die Rede sein. Nur Schah Abbas der Große aus dem Geschlechte der Sofi's am Anfange des siebzehnten Jahrhunderts ist der einzige persische Fürst, welcher gerade diesen Landschaften seine Zuneigung schenkte und bei der Beförderung der merkantilischen Interessen in seinem Reiche sie besonders berücksichtigte. Einen Hauptantheil daran hatte der Umstand, daß seine Mutter aus Masanderan gebürtig war. Er ließ hier Städte und Palläste erbauen und legte Häfen und Landstraßen an, aber auch er wußte recht gut, daß er die Abneigung seines Volkes gegen diese Landschaften und gegen den

56) Gasp. Drouville, voyage en Perse. Pètersbourg 1819. 4. Introd. p. XVI.

57) Saint-Martin, mémoires historiques et géographiques sur l'Arménie I. p. 114.

58) Olivier, voyage dans l'empire Othoman etc. V. p. 221—226.

Seeverkehr nicht würde überwinden können. Um daher den Verkehr nach dem europäischen Norden hin in Aufnahme zu bringen, verpflanzte er an 30,000 armenische und georgische Familien hierher, weil diese schon seit Alters gewohnt seien, über das Meer mit ihren moskowitischen Glaubensgenossen Handel zu treiben. Auch seien diese Gebiete ein echtes Christenland, denn es habe Überfluß an Wein und an Schweinen [59]). Doch sogleich nach des Schah Abbas Tode zerfielen alle jene Anlagen, und auch jene durch Gewalt gegründeten Kolonien waren zu Chardins Zeit, ein halbes Jahrhundert später, schon fast ganz zu Grunde gegangen. Dennoch blieben im Allgemeinen die Armenier hier das vorherrschende Handelsvolk, obschon dabei nicht übersehen werden darf, daß auch sie eigentlich niemals Freunde der Seefahrt gewesen sind, und es immer vorzuziehen pflegten, ihre Waaren zu Lande nach Astrachan und dem übrigen Rußland zu bringen, als daß sie die bequeme Wasserverbindung von Baku aus nach Astrachan und dann die wolgische Wasserstraße aufwärts nach Makariew und Nischnei Nowgorod benutzt hätten [60]).

Die Regierungszeit von Peter dem Großen macht nun aber Epoche für die genauere Kenntniß des kaspischen Meeres und für die auf ihm betriebene Schifffahrt. Denn schon die von ihm veranlaßte Unternehmung unter dem tscherkessischen Fürsten Alexander Beckewitsch im Jahre 1715 nach den Ostgestaden jenes Meeres, um eine Handelsverbindung mit Indien zu bewirken, ließ jene Küste aus dem Dunkel, welches sie bis dahin bedeckte, zuerst hervortreten. Zwar mißlang diese Unternehmung gänzlich, doch entstand daraus die älteste Charte von den Ostgestaden des kaspischen Meeres, wenn gleich sie noch sehr

59) Chardin, voyages en Perse III. p. 275. C'est, disoit-il (Schah Abbas), un vrai pays pour les Chrétiens. Il est abondant en vin et en cochon, comme il leur faut. Ils aiment à aller à la mer, ils trafiqueront avec les Moscovites leurs frères par la mer Caspienne.

60) Aperçu des moyens de navigation sur la mer Caspienne et de ses ports, tiré du journal d'Odessa im Nouv. journal asiatique. 1830. VI. p. 54.

ungenau war und später viele Abänderungen erlitt [61]). Aber Peters Pläne zur Beförderung des orientalischen Welthandels nach seinem Reiche hin über das kaspische Meer wandten sich gleich nach einer andern Seite hin und schienen da von glücklicherm Erfolge begleitet zu werden. Denn in Folge der Verhandlungen mit dem Schah Hussein Sofi von Persien im Jahre 1718 wurde ihm die Besetzung der persisch-kaspischen Landschaften gestattet, und dies erforderte zunächst eine genauere Erforschung der Gestade jenes Meeres an seiner westlichen und südlichen Seite. Zu diesem Behufe wurden die beiden Seekapitaine Karl v. Werden und besonders Feodor Iwanowitsch Soimonow, aus dessen Tagebuch uns der Staatsrath Müller diese Nachrichten mitgetheilt hat, ausgesandt, und sie untersuchten im Sommer 1719 die kaspischen Küsten von der Mündung der Wolga bis zur Mündung des Kur und im Sommer 1720 die Gestade von der Mündung des Kur bis zur Hafenstadt Asterabad. Aus diesen Untersuchungen und Aufnahmen in Verbindung mit denen von Beckewitsch und des Flottenlieutenants Koschin entstand, wie Müller bemerkt, die erste berichtigte Charte vom kaspischen Meere, welche allen spätern Arbeiten zum Grunde liegt [62]).

Nach diesen Vorbereitungen erschien nun zum erstenmale eine europäische Kriegsflotte auf dem kaspischen Meere, als Peter der Große im Jahre 1722 seinen merkwürdigen Feldzug nach Persien hin unternahm, um sich in den Besitz der abgetretenen persischen Landschaften an seinem West- und Südsaume zu setzen, und Rußland hat sich seitdem das alleinige Recht vorbehalten, Kriegsfahrzeuge auf diesem Meere zu haben, die ihm sowohl zur Beschützung des Handelsverkehrs auf demselben, als auch zur Sicherung der der russischen Herrschaft unterworfenen Gestadelandschaften nothwendig sind [63]). Auch nach der Rückkehr des Kaisers aus Persien im folgenden Jahre erfolgte noch eine neue Expedition von Astrachan aus unter dem Oberbefehl des Gene-

61) Müller, Sammlung ruff. Geschichte VII. S. 158 bis 161.
62) Müller, a. a. O. VII. S. 186 bis 210.
63) Müller, a. a. O. VII. S. 214 bis 294.

rals Matuschkin und des Seekapitains Soimonow, theils um noch mehrere feste Punkte jener persischen Landschaften, die sich noch nicht unterworfen hatten, mit Gewalt dazu zu zwingen, theils auch um die genauere Erforschung jener Gebiete fortzusetzen, wie dies mit dem Plane des Kaisers zusammenhing, an der Mündung des Kur eine neue große Welthandelsstadt auf dem Berührungspunkte der persischen, türkischen und russischen Länder zu begründen. Nicht minder erhielten jene beiden Männer auch im Jahre 1724 wieder den Auftrag zu einer neuen Seeunternehmung nach jenen Gebieten, als der plötzliche Tod des Kaisers im folgenden Jahre der merkwürdigen und ausgebreiteten von ihm veranlaßten Thätigkeit daselbst ein Ende schien machen zu wollen [64]).

Indessen wenn auch die großartigen Entwürfe jenes ausgezeichneten Fürsten damals nicht gleich in ihrem vollen Umfange ausgeführt werden konnten, so verlor doch die russische Regierung diese für den Handelsverkehr so wichtigen Gebiete nie aus den Augen, und so viel es die politischen Umstände in Rußland und in den Nachbarreichen erlaubten, suchte man an der Verwirklichung derselben zu arbeiten, bis in der neuern Zeit oder ein Jahrhundert nach dem Tode von Peter dem Großen seine Plane, wenn auch in einer etwas andern Gestalt, zum Theil ausgeführt worden sind. Der Kapitain Soimonow, welcher dem Staate und der Admiralität schon so viele wichtige Dienste geleistet hatte, wurde auch von Peters Nachfolgerin, der Kaiserin Katharina, ferner zu mehreren Untersuchungen benutzt, vornehmlich nach den noch wenig genau bekannten Ost- und Südküsten des kaspischen Meeres, zu deren Aufnahme er im Jahre 1726 mit zwei kleinen Kriegsfahrzeugen ausgesandt wurde, und diesen Bemühungen verdankt man die schöne Charte vom kaspischen Meere, welche im Jahre 1731 von der russischen Admiralität herausgegeben wurde [65]). Erst durch alle diese Expeditionen, sagt der Staatsrath Müller, wurde das kaspische Meer nach seiner Naturbeschaffenheit, nach

64) Müller, a. a. O. VII. S. 320 bis 339.
65) Müller, a. a. O. VII. S. 368 bis 371.

seinen Küstenumrissen und nach der Natur der Küsten besonders an der Seite der Landschaften Daghestan, Schirwan und Ghilan genau bekannt, und alle spätern Bemühungen in dieser Beziehung haben sich nur an diese Grundlage anschließen können. Dazu gehört das, was für die Ostküsten dieses Meeres durch Tokmatschew im Jahre 1764 geleistet wurde[66]), und alle die trefflichen Studien der ältern russischen Akademiker in der Zeit der zweiten Katharina, unter denen außer einem Pallas, Falk, Lepechin und Andern vornehmlich der jüngere Gmelin zu nennen ist, welcher in den Jahren 1770 bis 1773 diesem Gegenstande seine besondere Aufmerksamkeit schenkte.

Berücksichtigen wir noch zum Schlusse dieser Darstellung den heutigen Zustand der Schifffahrt und des Handelsverkehrs auf dem kaspischen Meere, so sind dieselben, nach den von den Russen selbst darüber mitgetheilten Nachrichten, noch keineswegs von der Art, wie man es unter solchen Naturbedingungen erwarten könnte, und somit scheint es erst einer spätern Zeit vorbehalten zu sein, die wohlthätigen Folgen von der Umgestaltung der politischen Verhältnisse in jenen Gebieten seit dem Anfange unsers Jahrhunderts hervortreten zu lassen. Noch zeigt sich bis jetzt zwischen den drei Hauptpunkten Astrachan, Baku und Asterabad, welche die Natur durch ihre lokale Bildung und ihre Weltstellung vornehmlich zur Verbindung des Nordens der alten Welt mit dem asiatischen Süden und Westen bestimmt zu haben scheint, nicht der Verkehr, wie er früher hier geherrscht hat, ehe die asiatischen Völkerwanderungen im Mittelalter den Zustand der Dinge in den rings um jenes Meer ausgebreiteten Ländern umgestalteten, und besonders ehe der Zustand der Zerrüttung aller politischen Verhältnisse der gesammten muhamedanischen Welt hier eintrat. Zwar befahren jetzt fast an 400 russische Fahrzeuge dieses Meer, welche größtentheils Astrachan angehören, aber rechnet man die für den Fischfang bestimmten Fahrzeuge ab und diejenigen, welche allein dazu dienen, Vorräthe der verschiedensten Art den in den

---

66) **Vsévolojsky**, dictionnaire géogr. hist. de la Russie I. p. 87.

transkaukasischen Landschaften stationirten Truppen zuzuführen, so bleibt für die eigentliche Handelsmarine nur ein Fünftheil übrig oder eine Flotte von 70 Fahrzeugen, welche eine Tonnenlast von ungefähr 400,000 Pud haben [67]). Es erhellt also, daß die russische Regierung, um die von Peter dem Großen beabsichtigten Plane in ihrem ganzen Umfange auszuführen, hier noch manches zu thun hat, wenn schon die mancherlei Gesandtschaften an die persischen und bocharischen Herrschaften und die politischen Verhandlungen mit ihnen es nicht verkennen lassen, daß man trotz aller widerstrebenden Bemühungen der brittischen Politik das kaspische Meer zur großen Straße des orientalischen Welthandels nach dem Abendlande hin auf's Neue zu machen gesonnen ist.

---

67) Aperçu des moyens de navigation et des ports sur la mer Caspienne, tiré du journal d'Odessa *im* nouv. journal asiatique 1830. Tome VI. p. 41—57.

Gedruckt bei Trowitzsch und Sohn.

Printed in Dunstable, United Kingdom

91222334R00402